Molekularbiologie für Dummies

Schummelseite

DIE BEIDEN HAUPTDISZIPLINEN DER MOLEKULARBIOLOGIE

- ✔ **Genomik** erforscht das *Genom*, die Gene eines Lebewesens, und beschäftigt sich mit den Nukleinsäuren DNA und RNA.
- ✔ **Proteomik** erforscht das *Proteom*, alle in einem Lebewesen vorhandenen Proteine.

DIE ROHSTOFFE DES MOLEKULARBIOLOGEN

- ✔ **Desoxyribonukleinsäure DNA** (*deoxyribonucleic acid*): Träger der Gene und Molekül der Vererbung
- ✔ **Ribonukleinsäure RNA** (*ribonucleic acid*): Als mRNA kopiert sie die Information eines Gens (= *Transkription*) und trägt sie zum Ribosom, wo sie in ein Protein übersetzt wird (= *Translation*).
- ✔ **Proteine** sind die Übersetzungsprodukte der Nukleinsäuren und verantwortlich für Form und Aufbau von Zellen, Geweben und Organen sowie die biochemischen Reaktionen unseres Stoffwechsels.

DIE STRUKTUR DER DNA

Ein einziger DNA-Baustein – **das Nukleotid** (= dNTP) – besteht aus

- ✔ dem **Zucker Desoxyribose**
- ✔ einer der vier **Basen** Adenin (A), Cytosin (C), Guanin (G) oder Thymin (T)
- ✔ **Phosphat**

Viele Nukleotide bilden gemeinsam lange DNA-Einzelstränge, die sich zu Doppelsträngen – **der Doppelhelix** – verbinden. In der Nukleotidabfolge (**der Sequenz**) ist die genetische Information verschlüsselt.

- ✔ **ein DNA-Molekül = zwei Einzelstränge** (mehrere 10.000 bis >10^9 Nukleotide)
- ✔ **Adenin A** paart immer mit **Thymin T** über **zwei Wasserstoffbrücken**.
- ✔ **Cytosin C** paart immer mit **Guanin C** über **drei Wasserstoffbrücken**.

Molekularbiologie für Dummies

Schummelseite

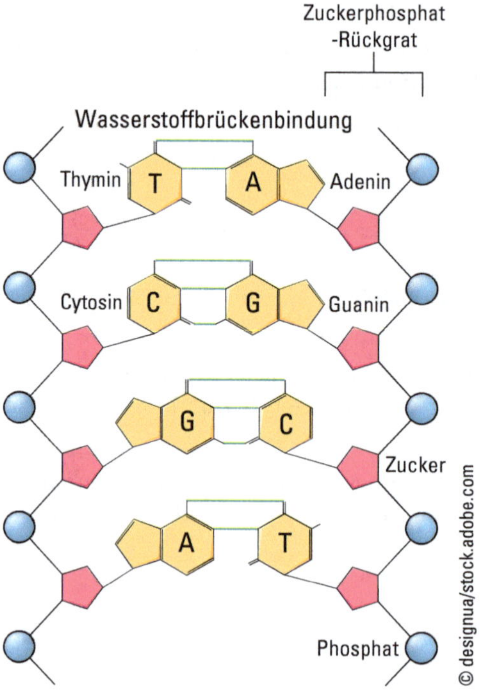

UNTERSCHIEDE ZWISCHEN DNA UND RNA

	DNA	RNA
Zucker	Desoxyribose	Ribose
Basen	A, C, G und T (Thymin)	A, C, G und U (Uracil)
Struktur	Doppelstrang	Einzelstrang
Haltbarkeit	stabil	instabil

DIE PROTEINSTRUKTUR

Proteine sind lange Perlenketten aus Aminosäuren, die über Peptidbindungen miteinander verknüpft sind. Je nach Aminosäureabfolge nehmen sie eine charakteristische räumliche Struktur ein, von der ihre Wirksamkeit ganz entscheidend abhängt.

Molekularbiologie für Dummies

Schummelseite

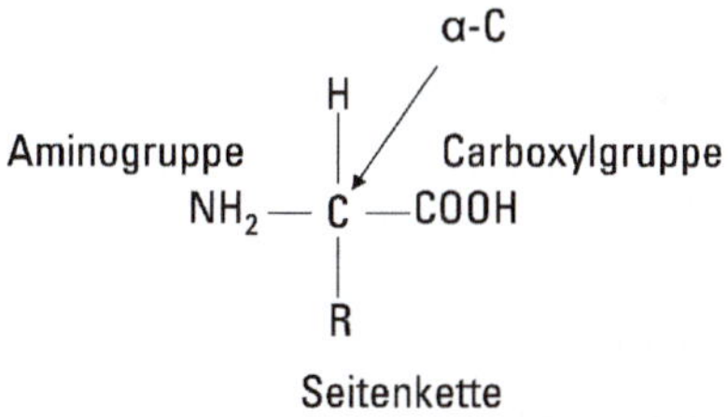

- **N-Terminus** (= Amino-Terminus): freie Aminogruppe (NH_2-) = »Anfang«
- **C-Terminus** (= Carboxyl-Terminus) freie Carboxylgruppe (COOH-) = »Ende«

LADUNG VON AMINOSÄUREN

- **In Wasser** (neutraler pH): **Zwitterion** mit **neutraler** Ladung
- **In Säure** (pH < 7): Aminosäure ist **positiv** geladen.
- **In Lauge** (pH > 7): Aminosäure ist **negativ** geladen.
- **Isoelektrischer Punkt pI:** pH-Wert, an dem die **Nettoladung der Aminosäure** = **0** ist

DAS ZENTRALE DOGMA DER MOLEKULARBIOLOGIE

Der Informationsfluss verläuft vom Gen zum Protein (einzige Ausnahme: Retroviren).

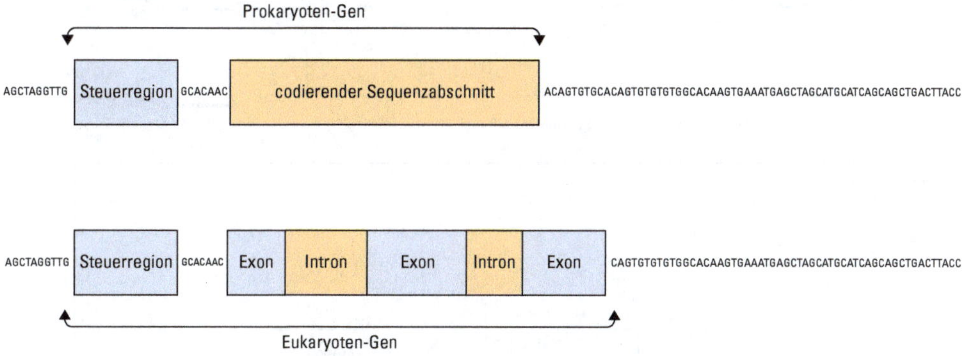

DER GENETISCHE CODE

- **1 Basentriplett** (= Codon) codiert für **1 Aminosäure**.
- Jedes Codon ergibt nur Sinn, wenn es von **5´ nach 3´** gelesen wird.
- Codons überlappen sich nicht.

Molekularbiologie für Dummies

Schummelseite

DIE WICHTIGSTEN ENZYME DES MOLEKULARBIOLOGEN

- **Restriktionsenzyme** zerschneiden als molekulare Scheren Nukleinsäure.
- **Nukleasen** zerstören Nukleinsäure.
- **Polymerasen** stellen Nukleinsäuren her.
- **Ligasen** reparieren Nukleinsäuren als molekularer Klebstoff.
- **Proteasen** verdauen Proteine und spalten sie in ihre Einzelteile.

DAS PRINZIP DER PCR

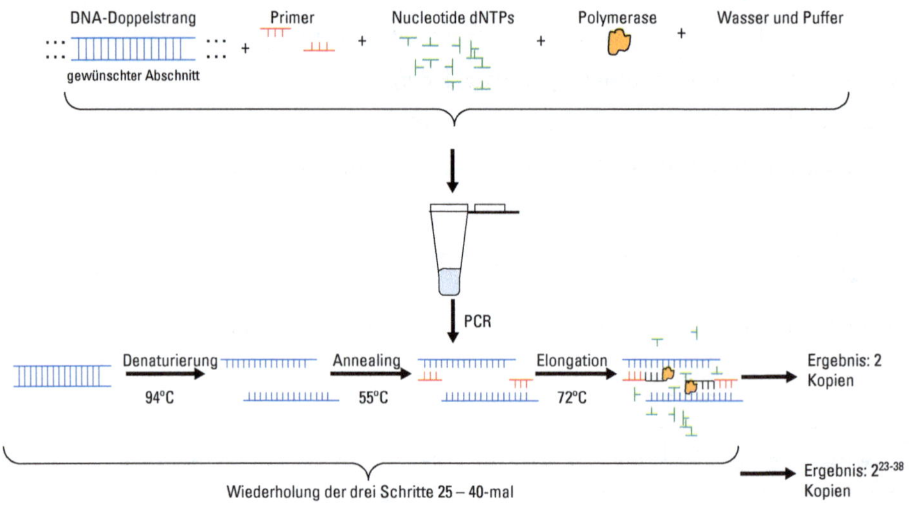

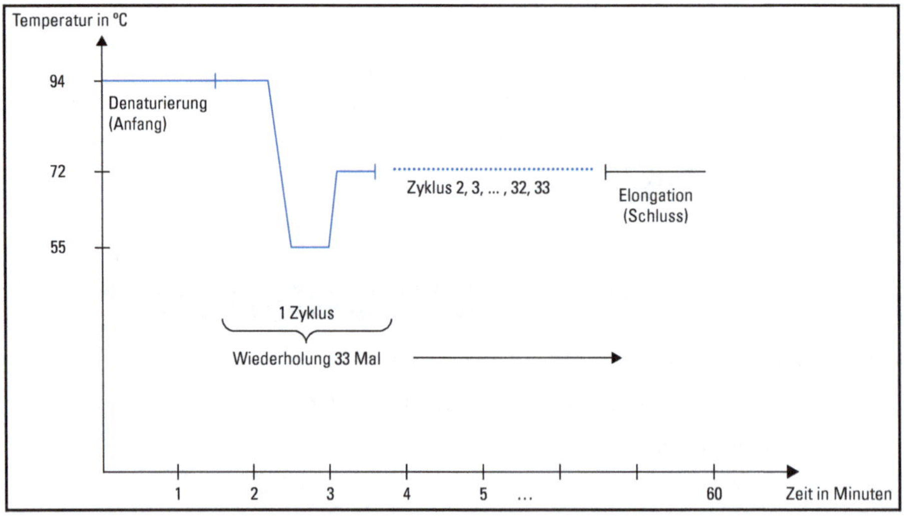

Molekularbiologie für Dummies

Petra Neis-Beeckmann

Molekularbiologie

für dummies®

4. Auflage

Fachkorrektur von
Susanne Katharina Hemschemeier

WILEY

WILEY-VCH GmbH

Molekularbiologie für Dummies

Bibliografische Information der Deutschen Nationalbibliothek

Die Deutsche Nationalbibliothek verzeichnet diese Publikation in der Deutschen Nationalbibliografie; detaillierte bibliografische Daten sind im Internet über `http://dnb.d-nb.de` abrufbar.

4. Auflage 2026

Coverfoto: ipopba - `stock.adobe.com`
Korrektur: Petra Heubach-Erdmann, Frauke Wilkens
Satz: Straive, Chennai, India
Druck und Bindung: CPI Group (UK) Ltd, Croydon CR0 4YY

Print ISBN: 978-3-527-72368-3
ePub ISBN: 978-3-527-85397-7

C9783527723683_260825

Widmung

Für Johannes

Über die Autorin

Dr. Petra Neis-Beeckmann studierte Biologie mit dem Schwerpunkt Genetik und Molekularbiologie an der Universität Ulm. Für ihre darauf folgende Doktorarbeit zum Thema Genkartierung arbeitete sie mehrere Jahre in einem molekularbiologischen Labor der Universität Hohenheim. Weitere wissenschaftliche Erfahrungen sammelte die Autorin dann bei einer Biotech-Firma in Tübingen, bei der sie als Molekularbiologin eigene Projekte leitete. Es folgte ein Studium der Journalistik an der Universität Hohenheim, das sie mit einer Untersuchung der Berichterstattung über Stammzellforschung abschloss. Zurzeit arbeitet sie als freie Journalistin und Lektorin für verschiedene Medien und lebt mit ihrer Familie in der Nähe von Stuttgart.

Über die Fachkorrektorin

Dr. Susanne Katharina Hemschemeier forschte viele Jahre als Mikrobiologin und Proteinbiochemikerin an der Universität Bielefeld, in Gießen und an der UCLA in Los Angeles, bevor sie die praktische Arbeit im Labor an den Nagel hängte und sich in Mainz mit der Erstellung von E-Learning-Materialien für das Chemie- und Biochemiestudium befasste. Sie arbeitet derzeit als selbstständige Autorin und Übersetzerin für wissenschaftliche Texte und lebt mit ihrer Familie in Berlin und Stuttgart.

Auf einen Blick

Inhaltsverzeichnis

Einführung

Sie finden, dass sich *Molekularbiologie* trocken anhört? *Moleküle* rufen in Ihnen Erinnerungen an den Chemieunterricht wach, als Sie sich mit Reaktionsgleichungen quälen mussten und man Ihnen bestenfalls dazu noch Molekülmodelle chemischer Substanzen gezeigt hat? Und *Biologie* ist auch nicht gerade beliebt und erinnert Sie vielleicht eher an abstrakte Einzeller oder Pflanzensystematik als an spannende Experimente?

Nicht so *DIE MOLEKULARBIOLOGIE*, wie sie heute in Labors auf der ganzen Welt praktiziert wird. Diese moderne Wissenschaft ist eine richtig spannende Sache – kein bisschen trocken, sie geht jeden Einzelnen von uns ganz persönlich an! Und ist deshalb wichtig, sehr wichtig sogar, denn sie beschäftigt sich mit dem Code des Lebens und wird oft auch *DIE LEBENSWISSENSCHAFT* genannt. Das behaupte ich nicht nur, weil ich ein Buch darüber geschrieben habe. Die Molekularbiologie geht den Geheimnissen des Lebens auf den Grund – wie Leben funktioniert und wie man es für Mensch und Umwelt möglichst lange (lebenswert) erhalten kann.

Molekularbiologen erforschen die Grundlagen des Lebens. Sie beschäftigen sich mit Nukleinsäuren und den Proteinen – den Molekülen also, auf denen jede Art von Leben gründet –, ob das von uns Menschen, Tieren, Pflanzen oder Bakterien. Diese Moleküle sind dafür verantwortlich, wie wir aussehen und wie gut unser Körper funktioniert. Bereits als ich zum ersten Mal von Vererbung, DNA und RNA gehört hatte, packte mich die Faszination, die vom Geheimnis um den Code des Lebens ausgeht – ich erinnere mich noch genau daran. Von da an habe ich versucht, möglichst viel über die Moleküle des Lebens zu erfahren und zu lernen, wie man mit ihnen umgeht. Ich bin noch immer und immer wieder begeistert, welche Geheimnisse die Molekularbiologie zutage fördert. In diesem Buch habe ich versucht, Ihnen etwas von dieser Faszination weiterzugeben – es wäre schön, wenn es mir gelungen wäre. Außerdem ist es mir ein Anliegen, Sie mit dem nötigen Hintergrundwissen in die Lage zu versetzen, sich eine eigene Meinung zu bilden über den Sinn (und manchmal natürlich auch den Unsinn) der molekularbiologischen Forschungsergebnisse, die in den Labors produziert werden. Bei der Berichterstattung unserer Medien und angesichts mancher Wissenschaftler oder Mitmenschen, die laut ihre Meinung über alle Art von Molekularbiologie kundtun, ist das manchmal gar nicht so einfach – da muss man sich gut auskennen. Ich hoffe sehr, dass Sie dies nach der Lektüre der folgenden Kapitel tun!

Über dieses Buch

Molekularbiologie für Dummies möchte Ihnen einen umfassenden Überblick über die beiden großen Teilgebiete der Molekularbiologie – Genomik und Proteomik – geben. Dieses Buch wird Sie über theoretische Erkenntnisse informieren, die Molekularbiologen in den letzten Jahren gewonnen haben, Sie in die praktische Arbeit in einem molekularbiologischen Labor einführen und mit den wichtigsten Methoden bekannt machen, die zur täglichen Arbeit des Molekularbiologen gehören. Ich habe dabei versucht, den Text möglichst so zu gestalten, dass Sie einen Einstieg ins Thema finden, der Ihnen Spaß macht, selbst wenn Sie noch nichts oder nicht viel über Molekularbiologie wissen. Aber auch Fortgeschrittene und Profis können auf unterhaltsame Weise bestimmte Aspekte vertiefen und werden mit praktischen Hinweisen versorgt.

Konventionen in diesem Buch

Die Sprache des Molekularbiologen kann (wie leider so oft bei Spezialisten) ziemlich kompliziert und für Außenstehende manchmal etwas verwirrend sein. Dieses Buch ist deshalb so geschrieben, dass Sie es hoffentlich gerne lesen, ohne für jedes Kapitel eine Recherche im Internet starten oder sich an einen Wissenschaftler Ihres Vertrauens wenden zu müssen, um das Geschriebene zu verstehen. Dabei möchte ich die Sprache des Molekularbiologen aber bewusst nicht vermeiden, da ich denke, dass es dazugehört, sich in Maßen damit zu befassen, wenn man beginnt, etwas Neues zu lernen (außerdem wäre das Buch sonst für die Profis total langweilig!). Fachausdrücke sind deshalb zunächst so einfach wie möglich erklärt, werden aber bewusst im Text eingesetzt, um Sie Stück für Stück in der Welt des Molekularbiologen heimisch werden zu lassen und Ihnen damit auch etwas von der typischen Laboratmosphäre nahezubringen. Die Texte sind dabei wie folgt gestaltet:

- ✔ Jeder wissenschaftliche Begriff, der in einem Kapitel neu auftaucht, ist *kursiv* geschrieben.
- ✔ Ist mir ein Begriff besonders wichtig, so habe ich ihn **fett** oder auch ***fett kursiv*** gedruckt.
- ✔ Links zu interessanten Webseiten sind **in dieser Schrift** gekennzeichnet.
- ✔ In den grauen Kästen, die Sie in manchen Kapiteln finden, stehen Informationen, die Sie zum Verständnis des Sachverhalts nicht unbedingt benötigen – Geschichten hinter wissenschaftlichen Entdeckungen, Details zu Experimenten oder Neuheiten aus der Forschung.
- ✔ Mir war wichtig, Sie so weit wie möglich mit chemischen Formeln zu verschonen. Einige Formeln sind jedoch für das Verständnis wirklich wichtig, und diese wenigen Formeln sollten Sie sich gut ansehen, um das Prinzip dahinter zu erkennen (Sie müssen die Formeln nicht auswendig lernen!).

Was Sie nicht lesen müssen

Um die wichtigsten molekularbiologischen Prinzipien zu verstehen, müssen Sie dieses Buch nicht Wort für Wort durcharbeiten. Sie müssen sich zum Beispiel *nicht* unbedingt die Abschnitte mit den Symbolen »Technischer Kram«, »Zusatzinformation« oder die grau unterlegten Kästen zu Gemüte führen. Hier stehen weiterführende oder einfach unterhaltsame Informationen, die Sie brauchen, wenn Sie ein absoluter Molekularbiologie-Profi werden wollen, oder die einfach nur interessant sind.

Törichte Annahmen über den Leser

Während ich dieses Buch geschrieben und viele Informationen über Molekularbiologie gesammelt und sortiert habe, habe ich mir gedacht, dass Sie als Leser

- ✔ Schüler sind, der sich auf das Abitur oder eine Biologie-Klausur vorbereitet.
- ✔ Student der Biologie oder Medizin sind, der für Genetik- oder Molekularbiologie-Prüfungen lernt und sich zusätzlich zu den klassischen Lehrbüchern über Theorie oder Methoden informieren möchte.
- ✔ ein medizinisch-, chemisch- oder biologisch-technischer Assistent sind, der in einer molekularbiologischen Abteilung arbeitet beziehungsweise arbeiten möchte und einen Einstieg ins Thema sucht.
- ✔ jemand sind, der sich schon immer einmal über Molekularbiologie informieren wollte oder sich vielleicht auch beruflich damit auseinandersetzen muss.

Vielleicht sind Sie auch einfach ein (kritischer) Patient oder Verbraucher, der verstehen möchte, was in der Wissenschaft passiert, wie man sie jetzt schon nutzt und was sie in Zukunft für Chancen und Risiken bieten kann. Oder Sie sind ein Molekularbiologie-Profi, der einfach gern über sein Fachgebiet liest (so wie ich selbst) oder auch die eine oder andere Anregung für seine eigene Lehrtätigkeit sucht. In jedem Fall habe ich für alle diese Personengruppen mein Bestes getan, um das Thema so informativ, spannend und unterhaltsam wie möglich zu gestalten.

Wie dieses Buch aufgebaut ist

Molekularbiologie für Dummies ist ganz einfach aufgebaut: Zunächst einmal möchte ich Ihnen etwas molekularbiologisches Grundwissen vermitteln, falls Sie ganz neu ins Thema einsteigen. Dann stelle ich Ihnen Werkzeug und Arbeitsbereich des Molekularbiologen vor, und wir begeben uns gemeinsam in die Praxis: erst in ein genomisches Labor, in dem man mit Nukleinsäuren arbeitet, dann in ein proteomisches Labor – dem Reich der Proteinfreunde. Zum Schluss möchte ich Ihnen noch ein paar Beispiele für Anwendungen der Molekularbiologie im Alltag vorstellen.

Teil I: Molekularbiologisches Grundwissen

In diesem Teil wird erklärt, was Molekularbiologie ist, wie eine Zelle aufgebaut ist und wo das Arbeitsmaterial des Molekularbiologen – DNA, RNA und Proteine – zu finden ist. Weiterhin finden Sie jeweils eigene Kapitel über diese Moleküle, in denen chemischer Aufbau, Struktur und Funktion oder charakteristische Eigenschaften erklärt werden.

Teil II: Das Werkzeug des Molekularbiologen

Dieser Teil führt Sie in die Arbeitswelt des Experimentators ein. Zunächst einmal lernen Sie ein typisches Labor kennen. Dann machen Sie Bekanntschaft mit einigen Helfern (Bakterien und Viren) und verschiedenen Handwerkern wie zum Beispiel Schere, Klebstoff, Zerstörer oder dem Arbeitstier, ohne die der Molekularbiologe sein Material überhaupt nicht bearbeiten und so auch keine Forschung betreiben könnte. Außerdem lernen Sie den molekularbiologischen Fuhrpark kennen, der Nukleinsäuren in fremde Zellen transportiert – eine wichtige Voraussetzung für viele Experimente.

Teil III: Genomik – die Arbeit mit genetischem Material

Hier geht es um Techniken, mit denen in einem genomischen Labor gearbeitet wird. Es beginnt mit einer Sammlung von Standardmethoden, die jeder Experimentator beherrschen sollte. Weitere wichtige Techniken wie die Elektrophorese, die Polymerase-Kettenreaktion oder die Klonierung werden in jeweils eigenen Kapiteln ausführlich erklärt. Außerdem stelle ich verschiedene Strategien vor, wie die Sequenz eines Gens oder die Genfunktion untersucht werden kann. Abschließend beschäftigen wir uns dann mit verschiedenen Methoden, mit denen man Gene editieren kann.

Teil IV: Proteomik – die Arbeit mit den Genprodukten

Teil IV stellt verschiedene Techniken vor, mit denen Genprodukte (die Proteine) untersucht und analysiert werden können und die typisch für die Arbeit in einem Proteomiklabor sind. Ein erstes Kapitel beschreibt Methoden, die beispielsweise angewandt werden, um Proteine zu isolieren, zu spalten, zu färben oder deren Struktur herauszufinden. In einem zweiten Kapitel geht es um die Beziehungen zwischen den Proteinen in Zellen und Geweben untereinander und darum, wie man diese erforschen kann.

Teil V: Molekularbiologie im Alltag

Für diesen Teil habe ich einige Beispiele für Anwendungen der Molekularbiologie ausgewählt, die bereits in unserem Alltag Einzug gehalten haben oder mit denen man in Zukunft rechnen kann. Im Kapitel über personalisierte Medizin geht es um individuelle Behandlungsmöglichkeiten, die dem Wohl unserer Gesundheit dienen sollen. Danach werden die Einsatzmöglichkeiten für Gen- oder Proteinchips aufgezeigt. In den darauf folgenden beiden Kapiteln wird erklärt, wie man Proteine und Nukleinsäuren als Biopharmazeutika in der Medizin nutzt und wie man sie herstellt. Den Schluss bildet ein ausführliches Kapitel über Molekularbiologie in Landwirtschaft und Ernährung. Hier geht es unter anderem um geklonte Lebewesen, transgene Tiere und Pflanzen oder um die Medikamentenproduktion mithilfe molekularbiologischer Methoden.

Teil VI: Der Top-Ten-Teil

Dies ist praktisch der Service-Teil dieses Buches. Hier sind in einem ersten Kapitel die Rezepte einiger wichtiger Reagenzien, Puffer und Lösungen aufgelistet, die täglich im molekularbiologischen Labor gebraucht werden. Das zweite Kapitel ist eine Liste von nützlichen Internetadressen, mit deren Hilfe Sie sich noch intensiver mit dem Thema befassen könnten (wenn Sie wollen!) oder sich manches schon angesprochene Thema auf andere Art zu Gemüte führen können, zum Beispiel als Spiel.

Symbole, die in diesem Buch verwendet werden

Die kleinen Symbole an den Seitenrändern dieses Buches machen Sie auf verschiedene Bedeutungen der einzelnen Textabschnitte aufmerksam.

Dieses Symbol weist auf Informationen hin, die für das Verständnis besonders wichtig sind und die Sie möglichst nicht auslassen sollten. Gut wäre es auch, wenn Sie sich diese Details merken würden.

Hinter diesem Zeichen verstecken sich Dinge, die für ein generelles Verständnis nicht unbedingt nötig sind. Hier finden Sie zusätzliche Informationen, falls Sie sich intensiver mit der Molekularbiologie beschäftigen möchten und gar zum Profi werden wollen.

Was Sie hier lesen, ist zwar nützlich und versorgt Sie mit interessantem Wissen. Sie können diese Abschnitte aber gerne überspringen, wenn Sie sich nur generell einen kurzen Überblick verschaffen wollen.

Hinter dem Praxis-Symbol finden Sie Protokolle oder Methoden aus der täglichen Arbeit im Labor. Sollten Sie nur an theoretischem Wissen interessiert sein, lassen Sie diese Abschnitte einfach aus.

Hier sind Details zu finden, die zwar nicht sehr wichtig sind, die ich Ihnen aber besonders ans Herz legen möchte, weil sie das Verständnis erleichtern oder sich mancher Sachverhalt dadurch besser merken lässt.

Wie es weitergeht

Alle ... *für Dummies*-Bücher sind so geschrieben, dass Sie in jedem beliebigen Kapitel beginnen oder sich auch hier und da einzelne Abschnitte ansehen können, die Sie besonders interessieren. Sie können trotzdem jederzeit zu Details zurückkehren, die Sie vielleicht übersprungen haben, aber im Nachhinein vielleicht doch noch einmal nachlesen wollen. Inhalts- und Stichwortverzeichnis sowie Verweise in den Kapiteln führen Sie in diesem Fall sicher zum gesuchten Wissen. Sie können dieses Buch aber auch von vorn bis hinten lesen, dann erhalten Sie einen systematischen Überblick über Grundlagen, Methoden und neueste wissenschaftliche Errungenschaften der Molekularbiologie.

Teil I
Molekularbiologisches Grundwissen

IN DIESEM TEIL …

Bevor Sie ein molekularbiologisches Labor betreten und erfahren, mit welchen Methoden man dort arbeitet und welche Anwendungen heute möglich sind, müssen wir uns erst einmal mit ein paar Grundlagen der Molekularbiologie beschäftigen. Zum Beispiel sollten Sie wissen, was Molekularbiologie überhaupt ist (siehe Kapitel 1), wo Sie das Untersuchungsmaterial des Molekularbiologen in der Zelle finden können und wie eine Zelle überhaupt aussieht (siehe Kapitel 2). Und natürlich müssen Sie *DIE* Moleküle des Lebens – DNA, RNA und Proteine –, um die sich in der Molekularbiologie alles dreht, zunächst einmal kennenlernen (siehe Kapitel 3 bis 5). Sie erfahren, wie die Moleküle des Lebens aussehen, worin sie sich unterscheiden und welche Funktion sie im Körper jedes Lebewesens haben. Kurz: In diesem ersten Teil möchte ich Ihnen zunächst einmal etwas Theorie vermitteln, bevor Sie dann im nächsten Teil in die Praxis einsteigen können.

IN DIESEM KAPITEL

- Was man unter Molekularbiologie versteht
- Wie man sie von anderen Bereichen der Biotechnologie unterscheidet
- DNA, RNA und Proteine

Kapitel 1
Was Molekularbiologie überhaupt ist

Molekularbiologie ist wichtig, sehr wichtig sogar. Und genau das möchte ich Ihnen jetzt und in den folgenden Kapiteln nahebringen. Die meisten sagen zur *Molekularbiologie* auch *Gentechnik*, was zwar nicht ganz falsch, aber auch nicht korrekt ist (Sie werden bald wissen, warum). Dieses erste Kapitel erklärt, was Molekularbiologie eigentlich ist und wofür wir sie alle brauchen. Außerdem möchte ich Ihnen die Moleküle vorstellen, um die sich in der Molekularbiologie alles dreht.

Was geht uns Molekularbiologie an?

Der Molekularbiologe erforscht die *Grundlagen unseres Lebens*: die Nukleinsäuren *DNA* und *RNA* und ihre Übersetzungsprodukte, die *Proteine*. Auf diesen Molekülen ist das Leben begründet. Sie bestimmen hauptsächlich, ob wir groß oder klein, braun- oder blauäugig sind und oft sogar, ob wir krank oder gesund sind oder dass der verhasste Nachbar doof und das eigene Kind schlau ist (im Ernst: Gedächtnisrelevante Eigenschaften sind zu etwa 50 Prozent erblich). Kurz – was *Sie* von *mir* unterscheidet. Daher geht Molekularbiologie uns alle an. Diese Wissenschaft ist der Grundlage unseres Lebens auf der Spur. Und mit ihrer Hilfe wird es uns hoffentlich irgendwann einmal gelingen, viele Krankheiten zu heilen, den Hunger auf der Welt zu besiegen oder Alternativen zu fossilen Brennstoffen wie Erdöl zu entwickeln und die Probleme der Umweltverschmutzung zu lösen. Viele der Methoden, die man braucht, um diese Ziele erreichen zu können, werden in den folgenden Kapiteln vorgestellt.

Genetik + Biochemie = Molekularbiologie

Die Molekularbiologie – wer hätte das gedacht – beschreibt die Biologie auf molekularer Ebene. Sie beschäftigt sich dabei aber überwiegend mit Fragen rund um die Nukleinsäuren und die Proteine und kann damit praktisch als Schnittmenge aus Genetik und Biochemie gesehen werden.

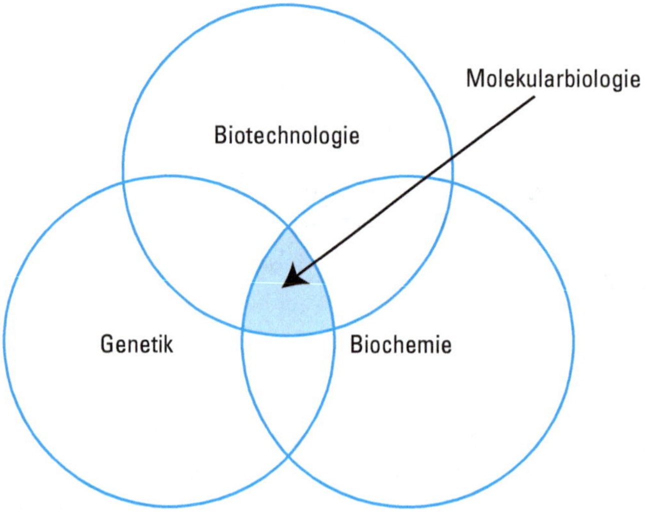

Abbildung 1.1: Verwandtschaftsbeziehungen in den Lebenswissenschaften: In der Molekularbiologie überlappen sich Forschungsbereiche aus Genetik und Biochemie. Auch die Biotechnologie gehört zur Familie.

Es ist nicht etwa so, dass man unter Molekularbiologie die »Biologie der Moleküle« oder die »Wissenschaft der Biomoleküle« versteht. Nein, das wäre zu einfach. Für die *Biologie der Moleküle* ist generell die *Biochemie* zuständig, also die Lehre von den chemischen Vorgängen in Lebewesen.

Der Molekularbiologe unterscheidet zwischen den folgenden Disziplinen:

- **Genomik:** Sie erforscht das *Genom* – also die Gene und damit die Baupläne eines Lebewesens. Hier geht es um die Nukleinsäuren DNA und RNA, in denen alle, aber auch wirklich alle Informationen über ein Lebewesen in Form von Codes gespeichert sind.
- **Proteomik:** Sie erforscht das *Proteom* – also alle in einem Lebewesen vorhandenen Proteine, oft auch Eiweiße genannt. Im Gegensatz zum statischen Genom unterliegt das Proteom eines Lebewesens ständigen Veränderungen. Abhängig von der Lebensphase kann die Proteinzusammensetzung sehr unterschiedlich ausfallen. Kaulquappe und Frosch zum Beispiel besitzen zwar das gleiche Genom, aber ein unterschiedliches Proteom. Deshalb sieht der Frosch ganz anders aus als die Kaulquappe, obwohl es natürlich immer noch ganz genau das gleiche Lebewesen ist; es befindet sich eben nur in einem anderen Lebensabschnitt.

Das ist die Molekularbiologie im »engen« Sinne. Im »weiten« Sinne beschäftigt sie sich auch mit der

- **Metabolomik:** Sie erforscht das *Metabolom* – also alle Moleküle, die im Stoffwechsel (dem Metabolismus) eines Lebewesens wichtige Funktionen wahrnehmen wie zum Beispiel Kohlenhydrate, Vitamine und Spurenelemente oder Cholesterin.

Der berühmte Genetiker und DNA-Entdecker *Francis Crick* hat 1970 übrigens ganz pragmatisch vorgeschlagen, die Molekularbiologie zu definieren als »alles, was Molekularbiologen interessiert«.

So einfach kann es also auch sein. Aber auch noch viel komplizierter. Es gibt noch andere Begriffe, die oft anstatt »Molekularbiologie« gebraucht werden, was aber nicht immer richtig ist. Profis unterscheiden die folgenden vier Forschungsgebiete voneinander:

- Von der **Biotechnologie** spricht man, wenn man biologische Reaktionen technisch nutzt; früher war dies die Herstellung von Brot oder Bier mithilfe der Hefe. Heute werden noch viel mehr Dinge unseres täglichen Lebens oft nur noch biotechnologisch hergestellt. Dies fängt beispielsweise beim ultrareinen Waschmittelzusatz an und hört bei vielen Medikamenten und Lebensmitteln auf. Produziert werden solche Stoffe meist in Bioreaktoren. Man unterscheidet verschiedene Anwendungsgebiete: Die *Rote Biotechnologie* beschäftigt sich zum Beispiel mit der Diagnostik und Therapie von Krankheiten, die *Grüne Biotechnologie* dagegen mit landwirtschaftlichen Anwendungen, die *Weiße Biotechnologie* verwendet biotechnologische Methoden in der industriellen Produktion und die *Graue Biotechnologie* erforscht, wie man Abfälle entsorgen und recyceln kann. Biotechnologen arbeiten hauptsächlich mit Methoden der Molekulargenetik.
- **Gentechnologie und Gentechnik:** Hier handelt es sich um Teilgebiete der Biotechnologie. Sie beschäftigen sich ausschließlich mit dem Erbgut – *den Genen* – von Lebewesen. Gentechnische Verfahren sind meist gezielte Eingriffe in das Erbgut oder die biochemischen Steuerungsvorgänge des Organismus.
    - Spricht man von *Gentechnologie*, so meint man die Erforschung von Methoden für die Arbeiten mit den Nukleinsäuren *DNA* und *RNA*.
    - *Gentechnik* bedeutet dagegen die *Anwendung* dieser Methoden in Forschung und Technik.
- Die **Molekularbiologie** beschäftigt sich hauptsächlich mit der Biochemie der Nukleinsäuren DNA und RNA und den Proteinen, im weiteren Sinn aber auch mit der Funktion anderer biologischer Moleküle. Und das unterscheidet die Molekularbiologie von der Gentechnologie, denn hier kommen neben den Nukleinsäuren eben auch noch andere Moleküle hinzu.

- In der **Molekulargenetik** erforscht man den *genetischen Informationsfluss* und dessen molekulare Details. Hier arbeitet man wieder »nur« mit Nukleinsäuren. Molekulargenetik ist nur schwer von der Gentechnologie abzugrenzen. Man kann es sich in etwa so vorstellen: Der Molekulargenetiker ist Architekt, der Gentechnologe ein Verfahrenstechniker und der Gentechniker ein Handwerker, der die notwendigen molekulargenetischen Bastelarbeiten mit DNAs und RNAs ausführt. Dies heißt aber nicht, dass der Architekt nicht auch einmal einen Hammer in die Hand nimmt.

Wie Sie merken, sind diese Begriffe schwer voneinander zu unterscheiden und werden daher oft einfach synonym verwendet. Beispielsweise sind Biotechnologie und Gentechnik auch verfahrenstechnisch manchmal nicht mehr voneinander zu trennen – etwa wenn ein Medikament wie das Insulin für Diabetiker mithilfe gentechnisch veränderter Bakterien hergestellt wird (siehe Kapitel 24).

Und deshalb ist für viele Menschen die Molekularbiologie einfach die Gentechnik!

Die Molekularbiologie ist eine noch sehr junge Wissenschaftsdisziplin, die es erst seit etwas mehr als 50 Jahren gibt. Wobei sich Molekularbiologen und Wissenschaftshistoriker streiten, ob »die Molekularbiologie« im engen Sinn eigentlich molekulare Genetik ist – dann existiert sie etwa seit 1970. Oder ob die »Molekularbiologie« sich ganz allgemein mit der Struktur und Funktion aller biologischer Makromoleküle befasst – dann gibt es sie schon viel länger. Entscheiden Sie einfach selbst.

Eine sehr kurze Geschichte der Molekularbiologie

1869: DNA, der Träger unserer Erbinformation, wird erstmals gesichtet: In einem Labor in Tübingen entdeckt Friedrich Miescher in Zellkernen eine bis dahin unbekannte Substanz.

1944: DNA ist tatsächlich *Träger der genetischen Information*: Oswald Avery weist nach, dass in der DNA und nicht in den Proteinen die genetische Information gespeichert ist.

1953: James Watson und Francis Crick klären die *Struktur der DNA* auf (Nobelpreis 1962).

1966: Marshall W. Nirenberg, Heinrich Matthaei und Har Gobind Khorana entschlüsseln mit ihren Arbeitsgruppen den *genetischen Code* (Nobelpreis 1968).

1970: Entdeckung der *Restriktionsenzyme* (Nobelpreis 1978), mit denen sich DNA wie mit einer Schere zerschneiden lässt. Diese Enzyme gehören zu den wichtigsten Werkzeugen des Molekularbiologen.

1973: Erstes gentechnisch verändertes *rekombinantes Bakterium* erzeugt. Solche Bakterien tragen Gene eines anderen Organismus in sich, die dann abgelesen werden. Nach diesem Prinzip werden heutzutage menschliches Insulin und viele andere Medikamente hergestellt.

1977: Allan Maxam, Walter Gilbert und Frederick Sanger erfinden Methoden zur *DNA-Sequenzierung* (Nobelpreis 1980). Mit dieser Technik kann man beliebige DNA-Stücke dechiffrieren, also die Reihenfolge ihrer Einzelteile – der Nukleotide – ablesen.

Das erste menschliche Gen wird *kloniert*, das Insulin-Gen.

1982: Das erste *gentechnisch hergestellte Medikament* kommt auf den Markt – Insulin, das in Bakterienzellen produziert wird.

1985: Kary Mullis entwickelt eine Methode, die die Molekularbiologie revolutioniert. Mit der *Polymerase-Kettenreaktion PCR* kann DNA außerhalb der Zelle kopiert und vervielfältigt werden (Nobelpreis 1993). Diese Reaktion ist die Grundlage dafür, dass man DNA in beliebiger Menge im Reagenzglas untersuchen und mit ihr experimentieren kann.

Seit 1987: Biotechnologie und damit auch die Molekularbiologie geraten zunehmend ins Licht der *Medien und die Kritik der Öffentlichkeit.* Zum Beispiel: die Anti-Matsch-Tomate, die Schiege (Mischung aus Schaf und Ziege) oder später Klonschaf Dolly.

1996: Erster *Genchip* entwickelt.

1998: Andrew Fire und Craig Mello beschreiben erstmals die Technik der *RNA-Interferenz* (*RNAi*, Nobelpreis 2006), mit der Gene gezielt stillgelegt werden können.

2001: Das *menschliche Genom* ist sequenziert.

2002: Das *Genom der Maus* ist sequenziert.

Seit 2003: Immer mehr Krankheiten können auf DNA- und Proteinebene gelindert oder gar geheilt werden.

2005: Sequenziermethoden der nächsten Generation – genannt *Next Generation Sequencing* – kommen auf den Markt. Seither kann die Basenabfolge von Genen oder gar ganzen Genomen innerhalb kürzester Zeit bestimmt werden.

2010: Das erste *künstliche Bakterium Mycoplasma mycoides* wird hergestellt, dessen Genom vollständig aus synthetischer DNA besteht. Ein großer Erfolg für ein neues Fachgebiet der Molekularbiologie, die *synthetische Biologie.*

2011: Die ersten Techniken des *Genome Editing* halten Einzug ins Labor, mit denen man Gene gezielt in ihrer natürlichen Umgebung – der lebenden Zelle – korrigieren kann. Unter ihnen die Crispr/Cas-Methode von Emmanuelle Charpentier und Jennifer Doudna (Nobelpreis 2020). Eine erste Therapie mit der Genschere ist bereits zugelassen, weitere stehen vor der Genehmigung.

2019: Techniken für den Austausch fehlerhafter Gene – *die Gentherapie* – sind etabliert. In Deutschland sind bereits eine Handvoll Gentherapeutika zugelassen; mehrere Hundert klinische Studien für weitere Medikamente sind weltweit im Gange.

2020: In der Coronapandemie hat mRNA ihren großen Auftritt: In Rekordzeit werden *mRNA-Impfstoffe* gegen *SARS-CoV-2* – das Coronavirus – entwickelt, getestet und zugelassen (Nobelpreis 2023 an Katalin Karikó und Drew Weissman für die Grundlagenforschung zur mRNA-Technologie). Viele andere Impfstoffe sind in der Entwicklung, auch gegen andere Krankheiten.

Molekularbiologie im »engen« Sinne: Nukleinsäuren und Proteine

Die Nukleinsäuren DNA und RNA sowie die Proteine sind praktisch die Rohstoffe des Molekularbiologen, um die sich alles in seiner Arbeit dreht. Die ***Desoxyribonukleinsäure***, englisch *desoxyribonucleic acid* (mit *DNA*, gelegentlich auch nach dem deutschen Begriff mit DNS abgekürzt), ist Träger der Gene. In ihr sind alle Informationen über ein Lebewesen in Form von Codes gespeichert. Diese Codes werden in der Zelle abgelesen und zunächst in eine ***Ribonukleinsäure***, englisch *ribonucleic acid* (*RNA*), übersetzt. Der Schritt von der DNA zur RNA wird *Transkription* genannt. Mit den Informationen, die in der RNA gespeichert sind, lassen sich die entsprechenden Proteine synthetisieren. Nach der Fertigstellung in der Eiweißfabrik Zelle nehmen die Proteine dann im Körper die ihnen zugedachte Funktion wahr. Der Schritt von der RNA zum Protein wird Übersetzung oder *Translation* genannt. Genaueres zum Übersetzungsprozess DNA in Protein finden Sie in den Kapiteln 4 und 5.

Die DNA: Molekül der Vererbung

Das Trägermolekül der Gene, die *Desoxyribonukleinsäure* oder *DNA*, ist aus drei verschiedenen chemischen Einzelteilen aufgebaut. Die Grundeinheit wird als ***Nukleotid*** bezeichnet und besteht aus:

1. dem **Zucker Desoxyribose**
2. stickstoffreichen **Basen**. Hier stehen die vier Varianten *Adenin, Guanin, Cytosin* und *Thymin* zur Wahl.
3. **Phosphat**

Die Grundeinheiten der DNA werden bausteinartig zu langen DNA-Einzelsträngen verknüpft, die sich mit einem anderen Einzelstrang zu Doppelsträngen verbinden. Diese Doppelstränge sind noch zusätzlich in sich gewunden. Deshalb nennt man das Ganze dann auch *Doppelhelix*. Die Doppelhelix besteht aus zwei DNA-Molekülen. Man kann sich das vorstellen wie eine Wendeltreppe: Das Geländer ist aus Zucker und Phosphat, die Stufen werden von den Basen gebildet. Ausführlicher können Sie sich über die chemische und physikalische DNA-Struktur in Kapitel 3 informieren.

Nomenklatur der Nukleinsäure-Biochemie:

- ✔ **Monomere = Einzelbausteine:**

  Zucker + Base + Phosphat = Nukleotid

  Zucker + Base = Nukleosid

- **Polymere = mehrere bis viele Bausteine:**

  Nukleotid + Nukleotid = Dinukleotid

  Nukleotid + Nukleotid + Nukleotid = Trinukleotid

  mehr als drei Nukleotide = Oligonukleotid

  mehr als 100 Nukleotide = Polynukleotid

Die RNA: Kleine Schwester der DNA

Eigentlich sollte man die *Ribonukleinsäure RNA* besser den »kleinen Zwilling« der DNA nennen, denn die beiden Moleküle sind sich sehr ähnlich. Auch die RNA besteht aus drei verschiedenen chemischen Grundbausteinen:

1. dem **Zucker Ribose**
2. stickstoffreichen **Basen**. Hier stehen die vier Varianten *Adenin, Guanin, Cytosin* und *Uracil* zur Wahl.
3. **Phosphat**

RNA unterscheidet sich von der DNA lediglich in der Art des Zuckers (Ribose statt *Desoxy*ribose) und der Basenauswahl: Statt Thymin wird in der RNA Uracil verwendet. RNA kommt nur als Einzelstrang vor und ist wesentlich kürzer als DNA. Mehr dazu finden Sie in Kapitel 4, das sich ausschließlich mit der RNA beschäftigt.

Die Proteine: Perlenketten aus Aminosäuren

Liest man die DNA-Sequenz (also die Reihenfolge der Nukleotide) eines Gens ab, so erhält man daraus den Bauplan für ein Eiweißmolekül, *Protein* genannt. Proteine sind neben Wasser die am häufigsten vorkommenden Substanzen in unserem Körper. Man findet sie beispielsweise als

- Strukturproteine in Haaren, Hufen, Krallen, Muskeln und überhaupt als Gerüst von Zellen und damit letztendlich von Geweben und Organen
- Biokatalysatoren (Enzyme), die alle unsere Stoffwechselvorgänge steuern
- Antikörper und Teil unseres Immunsystems
- Hormone, die als Botenstoffe Informationen in unserem Köper zwischen Organen und Geweben übermitteln

Der schwedische Chemiker Berzelius hat die Eiweiße deshalb nach dem griechischen Wort *protos = erstes, wichtigstes* Protein genannt.

Proteine werden zwar auch oft bei ihrem deutschen Namen *Eiweiße* genannt, sie sollten aber nicht mit dem Eiklar des Hühnereis verwechselt werden, das im Küchenjargon auch Eiweiß heißt, denn dieses besteht nur zu zehn Prozent aus Proteinen.

Proteine sind lange Perlenketten aus *Aminosäuren.* In einer solchen Kette hat jede Aminosäure praktisch zwei Arme, mit denen sie sich an zwei anderen Aminosäuren festhalten kann. Relativ kurze Perlenketten bis etwa 100 Aminosäuren nennt man *Peptide*, ab 100 Aminosäuren sagt man *Protein.* Proteine nehmen je nach Aminosäureabfolge eine charakteristische räumliche Struktur ein, von der ihre Funktion entscheidend abhängt. Alles über diese Übersetzungsprodukte des genetischen Codes erfahren Sie in Kapitel 5.

Der menschliche Körper benutzt für die Proteinsynthese nur 20 verschiedene Aminosäuren (es gibt aber noch viel mehr Aminosäuren, von denen einige im Körper andere wichtige Aufgaben übernehmen). Allein mit 20 Aminosäuren übersteigen die denkbaren Kombinationsmöglichkeiten in einem Protein fast unser Vorstellungsvermögen. Zum Beispiel: Bei einer Kettenlänge

- von nur zwei Aminosäuren gibt es schon 400 Kombinationsmöglichkeiten
- von zehn Aminosäuren gibt es dagegen schon $20^{10} = 1{,}0 \cdot 10^{13}$ (also mehrere Billionen) verschiedene Kombinationsmöglichkeiten zum Peptid
- von 100 Aminosäuren ergeben sich $20^{100} = 1{,}3 \cdot 10^{130}$ (also mehr als eine Vigintilliarde – wer kennt schon diese Zahl?) unterschiedliche Kombinationsmöglichkeiten zum Protein

Zum Vergleich: Die Anzahl aller Atome des Universums wird auf eine Größenordnung von »nur« 10^{80} geschätzt.

Molekularbiologie im »weiten« Sinne: Weitere Moleküle

Die meisten Menschen meinen die Arbeit mit den Nukleinsäuren und Proteinen im engeren Sinne, wenn sie von Molekularbiologie sprechen. Es gibt aber noch weitere Moleküle, die in Lebewesen wichtige Funktionen übernehmen. Manche Wissenschaftler dehnen daher den Begriff Molekularbiologie auch auf solche Moleküle aus und bezeichnen sie als Molekularbiologie im »weiten« Sinne.

Außer Nukleinsäuren und Proteinen gibt es noch eine Reihe anderer Moleküle, die im Stoffwechsel von Organismen eine erhebliche Rolle spielen, zum Beispiel:

- **Vitamine** sind lebensnotwendige Stoffe, die der Körper nicht selbst herstellen kann und deshalb unbedingt mit der Nahrung aufnehmen muss, damit der Stoffwechsel funktioniert. Hier kann es aber von Lebewesen zu Lebewesen erhebliche Unterschiede geben. Beispielsweise können die meisten

Säugetiere Vitamin C selbst herstellen, mit Ausnahme von Menschen und Meerschweinchen, die dieses Vitamin mit der Nahrung aufnehmen müssen. Vitamine gehören verschiedenen Stoffklassen an und können entweder fett- oder wasserlöslich sein.

✔ **Spurenelemente** werden vom Organismus genauso dringend zum Leben gebraucht wie die Vitamine, allerdings nur in sehr geringen Mengen. Für den Menschen sind vor allem die Bioelemente Eisen, Selen, Jod, Zink, Fluor, Kupfer, Mangan, Molybdän, Chrom und Kobalt von Bedeutung.

✔ **Cholesterin** ist ein kompliziert gebautes Kohlenwasserstoffmolekül, das aus aktivierter Essigsäure aufgebaut wird. Es kommt nur bei Wirbeltieren vor und kann entweder vom Körper selbst hergestellt oder mit der Nahrung aufgenommen werden. Es ist für die Zellen lebensnotwendig, gleichzeitig ist aber auch eine häufige Todesursache in den Industrienationen auf einen zu hohen Cholesterinspiegel im Blut zurückzuführen, der zu Arterienverkalkung führen kann.

IN DIESEM KAPITEL

- Erste Kontakte mit der Zelle
- Wo man DNA oder RNA findet, wenn man sie sucht
- Wie ein Gen aufgebaut ist
- Der Fluss der genetischen Information

Kapitel 2

Grundlagen der Molekularbiologie

Ein Molekularbiologe findet sein Arbeitsmaterial (DNA, RNA und die Proteine) in fast allen Zellen eines Lebewesens. Um die Molekularbiologie wirklich verstehen zu können, müssen Sie zunächst einmal wissen, wie eine typische Zelle überhaupt aussieht, wo Sie diese Arbeitsmaterialien finden können und in welcher Struktur sie vorliegen. Außerdem müssen Sie wissen, was DNA und RNA miteinander zu tun haben und wie der genetische Code in ein funktionstüchtiges Protein übersetzt wird. Bevor wir uns der Molekularbiologie zuwenden und in die Gentechnik einsteigen (also mit der DNA arbeiten können), müssen wir uns zunächst noch mit ein bisschen Zellbiologie und Genetik beschäftigen. Und genau das wollen wir in diesem Kapitel tun.

Aufbau der Zelle in Kürze

Die *Zelle* ist die kleinste eigenständige Einheit eines Organismus, also praktisch der Baustein, aus dem jedes Lebewesen zusammengesetzt ist. Einzeller bestehen eben nur aus einem solchen Baustein, Mehrzeller wie wir Menschen aus vielen.

Beim Menschen ist eine Zelle im Durchschnitt lediglich 25 Mikrometer groß. Würde man aber alle 100 Billionen Zellen, aus denen ein Erwachsener besteht, aneinanderreihen, käme man auf eine Strecke, die fast 60-mal um die Erde reichen würde.

Eine **Zelle** ist grundsätzlich eigenständig und kann sich selbst erhalten. Das heißt, sie kann Nahrung aufnehmen und in Energie umwandeln, wachsen und sich vermehren, Reize aufnehmen und verarbeiten. Im Allgemeinen sind Zellen aber nicht gern allein, sie schließen sich zu Geweben zusammen und formen so zum Beispiel Organe, um sich ihre Arbeit zu teilen. Das heißt, es gibt auch Zellen – wie in der Haut oder der Leber –, die ausgewiesene Spezialisten für bestimmte Aufgaben im Organismus sind und dann nicht mehr allein existieren können.

Zur **Grundausstattung** jeder menschlichen Zelle gehört

1. die ***Zellmembran***. Sie ist praktisch die Außenwand des Hauses »Zelle« und ihre schützende Hülle.
2. die ***Organellen*** und der ***Kern*** der Zelle. Sie stellen verschiedene Räume dar, die unterschiedliche Funktionen haben und in denen ganz bestimmte Reaktionen ablaufen können, für die sie das Mobiliar des jeweiligen Raumes brauchen.
3. das ***Cytosol***, der flüssige Inhalt der Zelle. Es füllt sie aus wie die Luft unsere Häuser. Auch hier können zahlreiche Stoffwechselreaktionen stattfinden. Cytosol und Organellen (jedoch ohne den Zellkern) bilden zusammen das **Cytoplasma**.

Es gibt auch Zellen, die ein bisschen anders aussehen, nämlich die von Bakterien und Archaeen (Archaebakterien).

In der Natur kommen grundsätzlich zwei Arten von Zellen vor, einfache Zellen wie die der Bakterien und die Zellen höherer Lebewesen:

- **Prokaryotische Zellen** sind fast immer Einzeller; dazu zählen die *Bakterien*, die *Blaualgen, Cyanobakterien* genannt (die eigentlich keine Algen, sondern photosynthetische Bakterien sind), und die *Archaeen*. Prokaryoten haben keinen von einer Membran umschlossenen Zellkern. Ihre DNA schwimmt mehr oder weniger heimatlos im Cytoplasma (also im wässrigen Inneren) der Zelle herum, und die Zellen selbst sind nicht in unterschiedliche Räume unterteilt. Bakterien sind praktisch so etwas wie eine Einzimmerwohnung.
- **Eukaryotische Zellen** sind die Zellen der *ein- oder mehrzelligen Pflanzen und Tiere*. Sie sind komplizierter strukturiert als prokaryotische Zellen und besitzen einen »echten« Zellkern, der von einer Kernhülle umschlossene DNA enthält. Die Zellen sind durch die Organellen in verschiedene (Reaktions-)Räume unterteilt, die die Biologen als *Kompartimente* bezeichnen. Eine eukaryotische Zelle kann man sich also wie ein deutlich komfortableres Apartment mit mehreren Zimmern vorstellen.

Gegen Ende der 1970er-Jahre entdeckte der amerikanische Mikrobiologe Carl Woese neben den Bakterien und den eukaryotischen Zellen die dritte Domäne des Lebens, von dem die meisten Menschen kaum etwas wissen – die ***Archaeen*** oder Archaebakterien, wie sie auch genannt werden. Archaeen sind zwar Prokaryoten, da sie keinen Zellkern besitzen – aber eben keine Bakterien. Sie stehen in vielerlei Hinsicht evolutionsbiologisch zwischen den sehr alten Bakterien und den »moderneren« eukaryotischen Zellen. Archaeen leben oft in extremen Umgebungen wie Salzseen, Vulkanen, in der Tiefsee oder sogar im menschlichen Darm und können zum Teil sogar extreme Salzkonzentrationen oder Temperaturen von weit über 100 °C aushalten. Für die Natur sind sie sehr wichtig, weil sie an allen wesentlichen Stoffkreisläufen beteiligt sind.

Wenn ich im Folgenden von »höheren« Lebewesen – den Eukaryoten – schreibe, meine ich alle Organismen von der Hefe bis zum Menschen, die keine Bakterien, Blaualgen oder Archaeen sind.

Eine typische prokaryotische und eine eukaryotische Zelle werden in Abbildung 2.1 gezeigt.

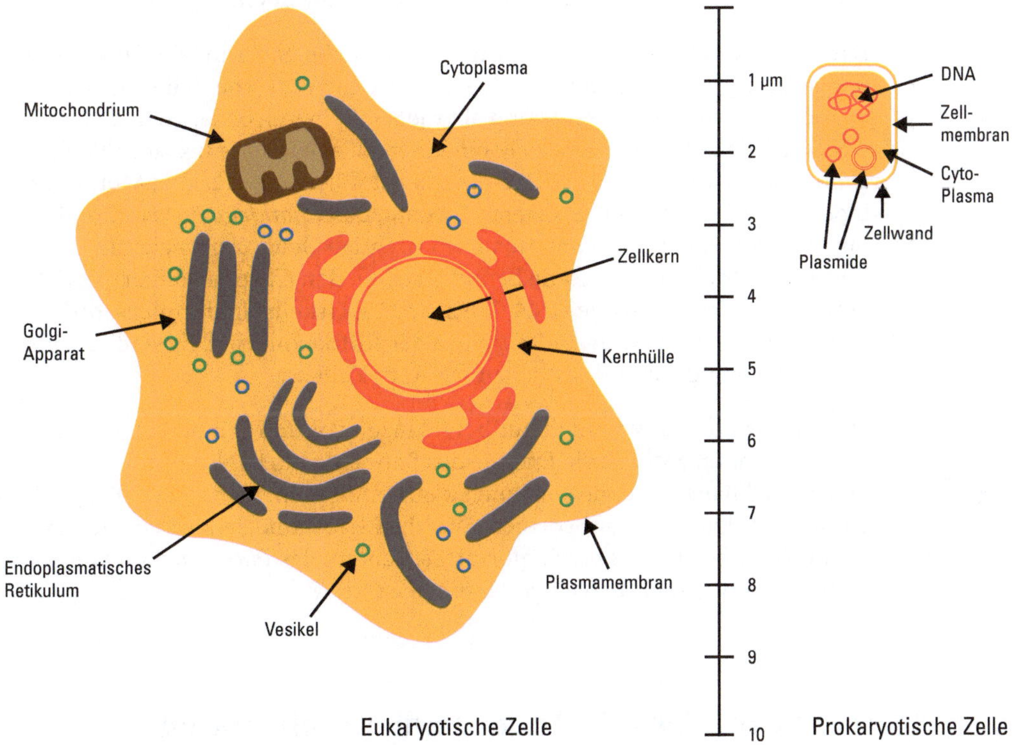

Abbildung 2.1: Prokaryotische und eukaryotische Zelle

Bei den *Prokaryoten* – also den Lebewesen, deren Zellen keinen »richtigen« Kern besitzen – sind DNA und RNA mehr oder weniger in der Zelle verteilt. Da Prokaryoten meistens Einzeller sind, enthalten sie weniger DNA als Eukaryoten. Der Bakterienorganismus ist zudem relativ einfach gebaut und benötigt deshalb weniger in den Nukleinsäuren gespeicherte Informationen als der Organismus von höheren Lebewesen. Zum Beispiel hat der Mensch in jeder Zelle ein etwa tausendmal größeres Genom als ein Darmbakterium in seiner »Einzimmerwohnung-Zelle«. Bei höheren Lebewesen gibt es verschiedene Orte in der Zelle, an denen DNA und RNA zu finden sind.

DNA-Verstecke in der eukaryotischen Zelle

Lebewesen, deren Zellen einen »echten«, vom Rest der Zelle abgegrenzten Zellkern besitzen, nennt man also *Eukaryoten* (übersetzt heißt das so viel wie »die mit dem richtigen Kern«). Weil ihre Zellen in mehrere Kompartimente – also Räume – unterteilt sind, gibt es verschiedene Orte, an denen man Nukleinsäuren antreffen kann. Und zwar:

- ✔ **Der Zellkern:** Hier befindet sich der größte Anteil der DNA einer Zelle, die *chromosomale DNA*. Der Kern ist Chefetage und Steuerzentrale der Zelle, von der fast alle notwendigen Informationen für ein Lebewesen ausgehen. Er wird umschlossen und geschützt von einer Kernhülle, die von Poren durchbrochen ist. Über diese Poren können Moleküle zwischen Kern und Außenmilieu – dem Cytoplasma – ausgetauscht werden.
- ✔ **Die Mitochondrien** sind die Kraftwerke der Zelle. Sie wandeln Glukose aus der Nahrung in Energie für den Organismus um. Fast jede Zelle enthält Mitochondrien. Ihre Anzahl kann aber je nach Energiebedarf sehr unterschiedlich sein: Unsere Leberzellen nennen beispielsweise bis zu 2.000 der kleinen Kraftwerke ihr Eigen. Und – was das Wichtigste für den Molekularbiologen ist – sie haben ein eigenes Genom, das *Chondriom*! Das Chondriom enthält viele für die Mitochondrien wichtige Gene, aber nicht alle. Der Rest der Mitochondrien-Gene befindet sich in den Chromosomen des Zellkerns. Die *mitochondriale DNA* (kurz *mtDNA*) ist ein ringförmiges, doppelsträngiges DNA-Molekül im Innern der Mitochondrien. Es verdoppelt sich unabhängig von der restlichen DNA im Zellkern.
- ✔ **Die Chloroplasten** kommen nur bei Pflanzen vor und wandeln dort während der Photosynthese die Energie des Sonnenlichts in Nährstoffe um, aus denen die Pflanze Energie gewinnen kann. Außerdem sind sie für die grüne Farbe der Pflanzen verantwortlich. Wie die Mitochondrien haben auch die Chloroplasten ein eigenes, ringförmiges Genom, das *Plastom*, das in eine Hülle aus Biomembranen eingeschlossen ist.

Einzeller frisst Einzeller – die Endosymbiontenhypothese

Mitochondrien, die kleinen Kraftwerke in unseren (und fast allen anderen eukaryotischen) Zellen haben Eigenschaften, die darauf hindeuten, dass ihre Vorfahren vor ein bis zwei Milliarden Jahren einmal frei lebende Bakterien waren. Diese sind:

- ✔ ein eigenes Genom
- ✔ eigene Ribosomen und tRNAs (siehe dazu Kapitel 5, Abschnitt »Zu Besuch in einer Proteinfabrik«), mit deren Hilfe sie selbst Proteine herstellen
- ✔ eine innere Membran, die das Mitochondrium in einzelne Räume unterteilt

Man kann sie also fast als eigene kleine Zellen in der Zelle ansehen.

Aus diesem Grund geht man bei der sogenannten ***Endosymbiontenhypothese*** davon aus, dass die Mitochondrien vor langer, langer Zeit so entstanden sind, dass ein einzelliges Lebewesen ein anderes gefressen hat, die beiden aber eine Art Symbiose eingegangen sind. Der verschluckte Einzeller in der Zelle überlebte und wurde als Mitochondrium zum unverzichtbaren Bestandteil dieser Zelle, der von nun an die Energieversorgung übernahm (quasi ein »Haustier«).

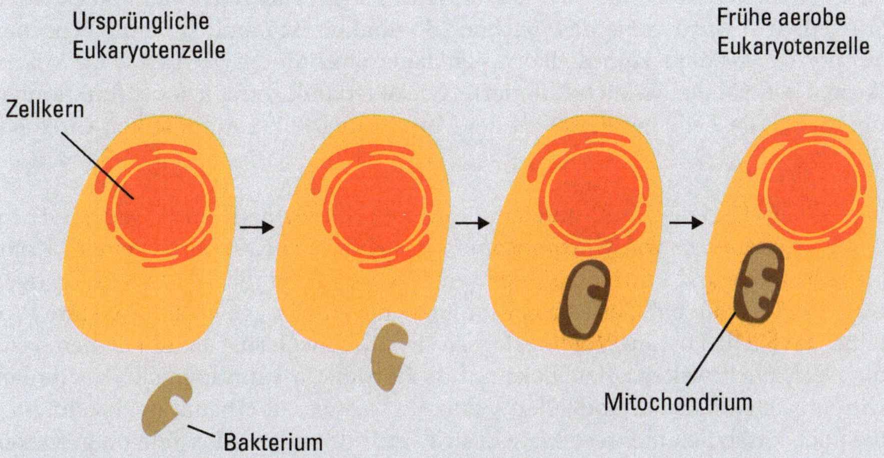

Schematische Darstellung der Endosymbiontenhypothese

Auch die Chloroplasten der Algen und Pflanzen sind vermutlich auf diese Weise entstanden, nur dass hier ein photosynthetischer Prokaryot verschlungen wurde, der sich im Laufe der Evolution als überaus nützlich für die Energieversorgung der Zelle erwies.

Molekularbiologen haben übrigens entdeckt, dass man anhand von nur 13 Genen des Mitochondrien-Genoms die maximale Lebensdauer fast jeder beliebigen Tierart voraussagen kann. Ein Tier kann demnach umso länger leben, je seltener eine bestimmte Aminosäure in den Kraftwerken seiner Zellen – den Mitochondrien – vorkommt. Je seltener die Aminosäure Cystein ist, desto stabiler das Protein und damit desto langlebiger die Tierart. Beispielsweise könnte nach diesen Berechnungen der Mensch maximal 120 Jahre leben, die Maus dagegen nur vier Jahre und manche Würmer sogar nur etwa zwei Wochen.

RNA geht ihren eigenen Weg

Wo DNA ist, findet man in der Regel auch RNA, doch umgekehrt gilt das nicht unbedingt. Im Zellkern, den Mitochondrien oder Chloroplasten wird die Information, die in der DNA gespeichert ist, ständig abgelesen und in RNA übersetzt. Aus dem Zellkern wird die neu zusammengebaute RNA dann durch die Kernporen ins Cytoplasma transportiert. Hier findet an den Ribosomen, den Eiweißfabriken der Zelle, die Proteinsynthese statt.

Das heißt, RNA findet man außer im Zellkern, den Mitochondrien oder Chloroplasten auch im Cytoplasma der Zelle. Das gilt nicht für die DNA! Und das hat auch seinen Sinn: Die DNA ist nämlich viel zu kostbar, um sie außerhalb des geschützten Raums »Zellkern« Gefahren auszusetzen.

Chromosomen sind Träger der Gene

Stellen Sie sich vor, Sie müssten einen etwa 400 Meter langen Faden in einem Stecknadelkopf unterbringen. Wie würden Sie das machen? So ähnlich ist nämlich beim Menschen das Verhältnis der DNA-Länge zum Zellkern – genauer zwei Meter DNA zu zehn Mikrometern Zellkern. Hier ist eine wirklich raffinierte Wickeltechnik gefragt, sonst funktioniert das überhaupt nicht. Die Zelle hat diese Art der Verpackungskunst mithilfe von ***Chromosomen*** gelöst.

Im Zellkern liegt die DNA (und damit unsere Erbinformation, die Gene) in Form von *Chromosomen* vor. Chromosomen bestehen aus *Chromatin*, einem Komplex aus DNA und Proteinen. In diesem Komplex sind die langen, fadenartigen DNA-Stränge um ein Gerüst aus Proteinen, die *Histone*, gewickelt. Weitere Proteine, die Nicht-Histon-Proteine, lagern sich diesem Gerüst an und dienen dazu, die DNA noch weiter aufzuwickeln. Das Chromatin kann man sich so ähnlich wie eine Telefonschnur vorstellen – falls Sie so etwas überhaupt noch kennen –, die noch zusätzlich mehrere Male in sich verdrillt und um das Telefon gewickelt wurde. So ließe sich ein langes Telefonkabel sehr platzsparend unterbringen.

Chromosomen können je nach Lebewesen unterschiedlich aussehen:

- Bakterien besitzen meist ein einziges, ringförmiges DNA-Molekül, das man als ***Bakterienchromosom*** bezeichnet. Hier ist die DNA »nackt«, das heißt, sie ist nicht um Histone gewickelt und nicht auf mehrere Chromosomen verteilt.
- Bei Tieren und Pflanzen sind die Chromosomen ***lange Fäden, die meist wie ein »X«*** dargestellt werden. Diese charakteristische X-Form nehmen sie aber nur während einer kurzen Phase ein, wenn sich der Zellkern teilt und das Genom in die Tochterzellen transportiert werden muss. Man nennt sie dann *Metaphase-Chromosomen*. Die DNA ist in den Metaphase-Chromosomen sehr dicht gepackt und daher zu diesem Zeitpunkt durch ein Mikroskop besonders gut zu beobachten. In den anderen Phasen der Zellkernteilung (auch Mitose genannt) findet man die Chromosomen weniger dicht in Form von langen Fäden vor. Nur in diesem entspiralisierten Zustand kann die DNA abgelesen oder kopiert werden, wie Sie in Kapitel 4 sehen werden.

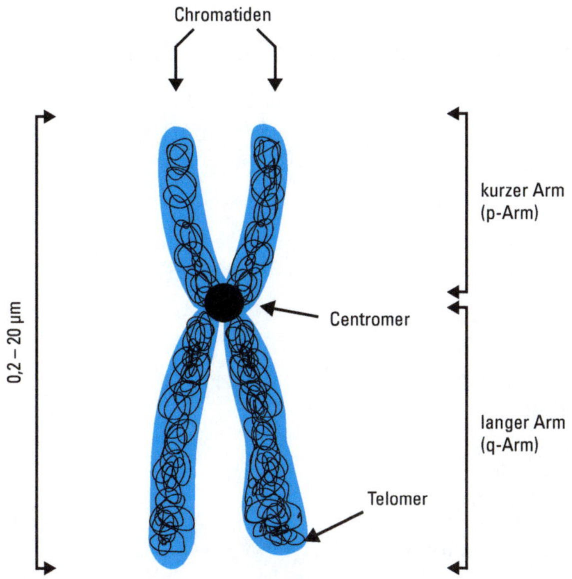

Abbildung 2.2: Struktur eines eukaryotischen Metaphase-Chromosoms: Die beiden Fäden des Chromosoms – die Chromatiden – sind durch das Centromer verbunden. Die Chromosomenenden bezeichnet man als Telomere.

Bei den höheren Lebewesen sind jeweils zwei Chromosomen in Form und Größe genau gleich, das heißt, sie liegen paarweise vor (genauer, mindestens paarweise, denn manche Lebewesen und Zellen, vorwiegend Pflanzen, haben oft auch mehr als zwei Chromosomensätze). Aber aufgepasst: Die beiden Chromosomen sind zwar äußerlich gleich, aber nicht in Bezug auf ihre DNA, denn sie stammen von jeweils einem Elternteil. Der Mensch erbt von seinen 46 Chromosomen je 23 von seiner Mutter und 23 vom Vater. Und da ist es klar, dass diese Chromosomen in ihrer DNA-Sequenz nicht identisch sein können, sonst müssten Mama und Papa eineiige Zwillinge sein …

Wenn jedes der Chromosomen zweimal vorhanden ist, ist das ein *diploider Chromosomensatz*. Die Unterschiede zwischen den einzelnen Chromosomen sind äußerlich leicht zu erkennen: Das menschliche Chromosom Nummer 1 ist beispielsweise viel größer als Chromosom Nummer 20. Die wichtigsten Unterschiede liegen aber in der DNA, und diese kann man nicht so ohne Weiteres erkennen. Hierfür braucht man den Molekularbiologen, denn er kennt Methoden, mit denen man sich die Struktur von DNA, wie beispielsweise die Reihenfolge der Nukleotide (die Sequenz), ansehen und studieren kann. Damit werden wir uns ab Kapitel 13 beschäftigen.

Lebewesen besitzen unterschiedlich viele Chromosomen

- ✔ Mensch: 46 Chromosomen (2 × 23)
- ✔ Menschenaffen: 48 Chromosomen (2 × 24)
- ✔ Maus: 40 Chromosomen (2 × 20)
- ✔ Hund: 78 Chromosomen (2 × 39)
- ✔ Amsel: 80 Chromosomen (2 × 40)
- ✔ Goldfisch: 94 Chromosomen (2 × 47)
- ✔ Taufliege *Drosophila*: 8 Chromosomen (2 × 4)
- ✔ Blumenkohl: 18 Chromosomen (2 × 9)
- ✔ Farn *Dryopteris*: 164 Chromosomen (2 × 82)
- ✔ Ackerschmalwand *Arabidopsis*: 10 Chromosomen (2 × 5)
- ✔ Darmbakterium *Escherichia coli*: 1 Chromosom

Gene und Genstruktur

Ganz nüchtern betrachtet ist ein *Gen* nichts anderes als ein bestimmter DNA-Abschnitt, in dem die Information für (in den meisten Fällen) ein Protein gespeichert ist. Man schätzt zum Beispiel, dass der Mensch maximal 23.000 Gene hat – eher ein paar weniger, so um die 20.000. Wenn man sich aber klarmacht, dass ein Lebewesen praktisch die Summe seiner Gene ist, so ist jedes einzelne Gen etwas schrecklich Aufregendes. Natürlich trägt auch die Umwelt ihren Teil zum Leben bei, aber die Grundlage allen Lebens bilden unsere Gene, die Erbanlagen. Und fast jede einzelne Zelle ist mit unseren gesamten Genen ausgestattet.

Gene haben einen charakteristischen Aufbau. Während sie bei den Prokaryoten aus einer durchgehenden Sequenz bestehen, sind bei den höheren Lebewesen abwechselnd zwei verschiedene Einzelteile aneinandergereiht:

1. Einzelteil: Das **Exon** ist die Abkürzung des englischen Begriffs ***expressed region***. Übersetzt heißt das **codierender Bereich** und bedeutet, dass dieser DNA-Abschnitt in ein Protein übersetzt wird.

2. Einzelteil: Das **Intron** ist die Abkürzung von ***intervening region***, was so viel bedeutet wie **nichtcodierender Bereich**. Diese DNA-Abschnitte enthalten also keine Informationen für ein Protein. Sie werden nach der Übersetzung der DNA in die RNA herausgeschnitten und abgebaut. Zunächst dachte man, dass es sich bei den Introns um »DNA-Müll« (*junk DNA*), also in der DNA angesammelten Unsinn handelt. Heute ist man sich nicht sicher, ob diese DNA-Sequenzen nicht doch eine Funktion haben, zum Beispiel indem sie das Ablesen und Übersetzen regulieren.

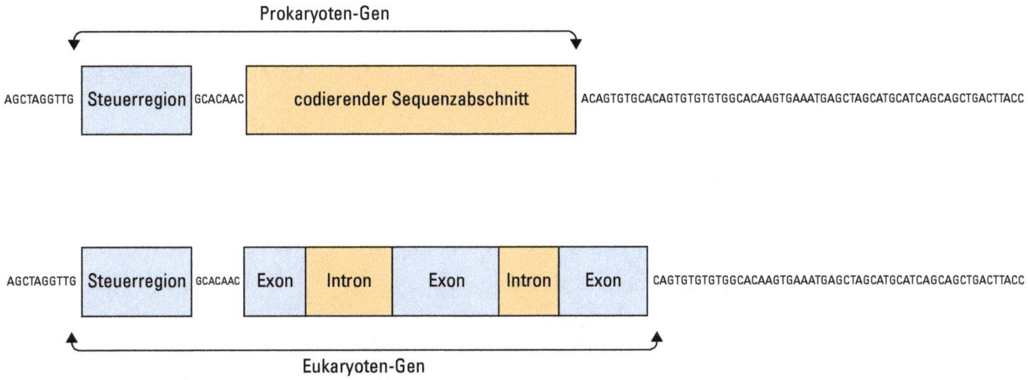

Abbildung 2.3: Die Gene von Prokaryoten und Eukaryoten unterscheiden sich in ihrem Aufbau: Prokaryoten haben Gene aus einer einzigen durchgehenden Nukleotidsequenz. Die Gene der Eukaryoten dagegen sind aus aneinandergereihten Exons und Introns aufgebaut.

Gen-Statistik

Ein *menschliches Gen,* das die Information für (mindestens) ein Protein codiert, besteht im Durchschnitt aus

- 28.000 Basenpaaren
- 8,8 Exons (1 Exon ~ 120 Basenpaare)
- 7,8 Introns (1 Intron = 100 bis 100.000 Basenpaare)

Der Fluss genetischer Information

Die Umsetzung der im genetischen Code gespeicherten Informationen in ein funktionstüchtiges Protein ist eine Einbahnstraße. Francis Crick, einer der DNA-Entdecker hat 1958 hierfür das erste Gesetz des Molekularbiologen formuliert,

> das ***»Zentrale Dogma der Molekularbiologie«***:
>
> *Der Informationsfluss verläuft vom Gen zum Protein.*

Ein Gen wird also über die Bildung einer Boten-RNA in ein Protein übersetzt, wie die Übersicht in Abbildung 2.4 zeigt.

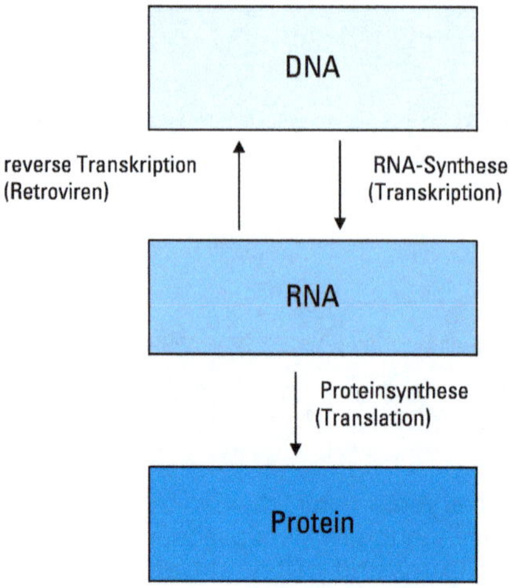

Abbildung 2.4: Das zentrale Dogma der Molekularbiologie. In allen lebenden Zellen fließt die genetische Information von der DNA zur RNA (Transkription) und von der RNA zum Protein (Translation). Man nennt diesen Prozess Genexpression. Aber wie Sie sehen, können Retroviren auch anders …

Wie so oft, so gibt es jedoch auch von dieser Regel Ausnahmen. Noch bis 1970 ging man davon aus, dass die genetische Information immer nur in dieser einen Richtung weitergeleitet wird. Dann entdeckte man Viren, die ein Enzym besitzen, das RNA entgegen dem Dogma in DNA umschreiben kann – und nicht wie sonst umgekehrt DNA in RNA. Man nennt diesen ungewöhnlichen Vorgang *reverse Transkription*. Für den Molekularbiologen ist dieses Enzym, die *reverse Transkriptase*, sehr nützlich. Deshalb werden Sie von ihr in Kapitel 13 noch mehr lesen, wenn es um die molekularbiologischen Standardmethoden geht.

Ein Gen – ein Protein – eine Eigenschaft

Neben dem zentralen Dogma der Molekularbiologie (das ja gar kein Dogma ist) enthält das Molekularbiologen-Gesetz noch einen weiteren wichtigen Paragrafen. Und zwar die sogenannte

***»Ein Gen – ein Polypeptid«-Hypothese*:**

Jedes Gen trägt die Information für ein Polypeptid (also für ein Protein).

Diese Hypothese wurde in den Anfängen der Genetik um 1940 entwickelt und 1958 mit dem Nobelpreis honoriert. Heutzutage ist sie nur noch eingeschränkt gültig. Wie Sie in Kapitel 4 sehen werden, gibt es bei höheren Lebewesen mehrere Möglichkeiten, ein und dasselbe Gen zu übersetzen. Das heißt, aus einem einzigen Gen können auch unterschiedliche RNAs und damit Proteine entstehen. Man nennt diesen Vorgang *alternatives Spleißen*. Nach aktuellem Forschungsstand formuliert man die Hypothese deshalb etwas verändert:

Ein Gen trägt die Information für mehrere biologisch aktive Ribonukleinsäuren.

Die RNA wird zwar oft, aber nicht zwangsläufig in ein Polypeptid übersetzt; sie kann auch eine regulatorische Funktion in der Zelle übernehmen. Zum Beispiel kann sie als eine Art Genschalter wirken, der Gene an- und abschaltet. Auch die Ribosomen, an denen die Proteine in der Zelle synthetisiert werden, bestehen zu etwa zwei Dritteln aus RNA.

Über die Definition, was ein Gen nun genau ist, wird noch immer diskutiert. So brauchten im Jahr 2006 beispielsweise 25 gestandene Wissenschaftler zwei Tage, um sich auf eine Definition für ***»das Gen«*** zu einigen. Heraus kam:

> *»Ein Gen ist ein Stück genomische DNA, dessen Lage man bestimmen kann, das einer Erbeinheit entspricht, und das mit regulatorischen, transkribierten – also in RNA übersetzten – und/oder funktionellen Sequenzen in Verbindung gebracht werden kann.«*

Hört sich ganz schön kompliziert an, oder? Aber auch diese neuere Erklärung dürfte nicht endgültig sein, denn Woche für Woche erfahren wir so viel Neues über Nukleinsäuren, dass wir die Definition eines Gens sicherlich noch öfter überdenken und erweitern müssen.

Die DNA als Träger genetischer Information

Bei allen Lebewesen, den Bakterien ebenso wie den Tieren und Pflanzen, ist die gesamte genetische Information in der DNA gespeichert. Das heißt, alles, was der Organismus zu seiner Existenz braucht, ist in der DNA-Sequenz jeder einzelnen Zelle niedergeschrieben. Die DNA sollen Sie in Kapitel 3 ganz genau kennenlernen, bevor wir anfangen, mit ihr zu arbeiten.

Nur manche Viren haben keine DNA. Ihre genetische Information ist in einer RNA abgespeichert. Man nennt solche Parasiten *Retroviren*. Der Molekularbiologe nutzt sie als Helfershelfer, wie Sie später noch sehen werden, wenn Sie sich mit den Werkzeugen des Molekularbiologen beschäftigen (siehe Kapitel 8).

RNA als Übersetzerin genetischer Information

Die Ribonukleinsäure RNA ist die Vermittlerin zwischen DNA und Protein – zumindest in ihrer Botenform, der sogenannten *messenger RNA (mRNA)*. Es gibt in unseren Zellen auch noch RNA-Sorten mit anderen Funktionen, aber damit möchte ich mich erst später in Kapitel 4 über RNAs beschäftigen.

Die mRNA trägt die kopierte Information eines Gens als Bote zu einem Ribosom (einem Zellorganell), an dem die Information in ein Protein übersetzt wird. Deshalb nennt man sie eben *Boten-RNA (mRNA)*.

Dieser »Umweg« über eine RNA macht die Zelle enorm flexibel. Denn die eigentliche genetische Information – die DNA – liegt geschützt und stabil im Zellkern, während RNA-Kopien nach Bedarf hergestellt und aus dem Zellkern in das Cytoplasma transportiert werden. Dort werden in den zellulären Eiweißfabriken Proteine praktisch am laufenden Band produziert. RNA ist also nicht nur die kleine Schwester der DNA, sondern ein richtiges Arbeitstier, das die Individualität jeder einzelnen Zelle ausmacht – je nachdem, wie viel gerade gearbeitet wird, und welche RNAs im Dienst sind.

Proteine bestimmen die Vielfalt des Lebens

Das Protein oder Polypeptid ist das Endprodukt, das aufgrund der Vorgaben der in der DNA gespeicherten Information hergestellt und an den Kunden »Zelle« ausgeliefert wird. Manchmal ist solch ein fabrikneues Protein schon allein funktionstüchtig, aber häufig muss es noch zusätzlich bearbeitet – *modifiziert* – werden, damit es an seinem neuen Arbeitsplatz aktiv werden kann.

Dabei gibt es verschiedene Möglichkeiten der Nachbearbeitung, der sogenannten *posttranslationalen Modifikation*:

- Zum Beispiel lagern sich viele Proteine mit anderen Proteinen zu einem **Proteinkomplex** zusammen. Dies können unterschiedliche oder auch gleiche Polypeptide sein. Zudem können sich mit solchen Komplexen auch noch Nichtproteinkomponenten verbinden wie beispielsweise beim *Hämoglobin*, dem roten Blutfarbstoff der Wirbeltiere. Hier sind beim Menschen jeweils vier Proteine mit einem Nichtproteinanteil, dem sogenannten *Häm* (einem Molekül aus Kohlenstoff, Wasserstoff und Stickstoff mit zentralem Eisenatom), verbunden.

- In den **Glykoproteinen** wird das Protein mit Kohlenhydratkomponenten (Zuckern) versehen. Sie haben als Bestandteile von Zellmembranen und des Immunsystems oder auch als Hormone viele verschiedene Funktionen im Körper.

- **Proteoglykane** gehören eigentlich zu den Glykoproteinen, sie sind aber besonders stark glykosyliert (das heißt, sie enthalten lange, lineare Zuckergruppen, die an das Protein gebunden sind) und bilden daher eine eigene Gruppe. Sie spielen im Organismus eine große Rolle bei der Stabilisierung der Zellen und sind Hauptbestandteile des Bindegewebes.

- **Lipoproteine** bestehen aus Lipiden (Fetten) und Protein. Sie transportieren im Körper die wasserunlöslichen Fette wie das Cholesterin im Blut.

- **Metalloproteine** enthalten – wie der Name schon sagt – Metalle, zum Beispiel Calcium oder Eisen. Hier handelt es sich meistens um Enzyme, die ihre Aktivität erst mit der Metallkomponente entfalten können.

- Eine wichtige Möglichkeit, Proteine zu aktivieren, ist auch die *Phosphorylierung*, das heißt das Anhängen einer Phosphatgruppe. Dieser Vorgang verbraucht Energie, die dann gewissermaßen in dem hergestellten **Phosphoprotein** gespeichert wird. Phosphorylierte Proteine spielen eine wichtige Rolle als Transkriptionsfaktoren, indem sie das Kopieren der DNA und Umschreiben in RNA steuern.

- Manche Proteine werden aber auch erst dann aktiv, wenn man ihnen etwas wegnimmt: *Abspaltung* nennt man das. Beispielsweise wird das Insulin erst funktionstüchtig, wenn aus dem Proinsulin 31 Aminosäuren herausgeschnitten werden.

Wie Sie bereits in Kapitel 1 gesehen haben, gibt es ungeheuer viele Möglichkeiten, mit den 20 Standardaminosäuren ein Protein zusammenzustellen, das dann auch noch mit Modifikationen versehen werden kann. Genau diese Riesenauswahl macht die Vielfalt des Lebens aus. Und deshalb müssen wir auch die Überschrift, die dieser Abschnitt trägt, leicht umformulieren in:

Ein Gen – mehrere Proteine – viele Eigenschaften

Somit bilden die Zigtausende Proteine, die wir in unserem Körper haben, den Grundstoff und die Eigenschaften unseres Lebens: Diese Proteine sind verantwortlich für die Form und den Aufbau von Zellen, Geweben und Organen sowie für die biochemischen Reaktionen unseres Stoffwechsels – also alles, was uns am Leben erhält. Die charakteristischen Eigenschaften eines Organismus hängen wesentlich von der Art, der Zusammensetzung und der Molekülstruktur seiner Proteine ab. Und deshalb sind Sie und ich auch so verschieden!

IN DIESEM KAPITEL

Vorstellung der chemischen Bausteine der DNA

Alles rund um die DNA vom Nukleotid bis zur Doppelhelix

Wie man die DNA entdeckt hat

Kapitel 3
DNA: Das Molekül des Lebens

Falls Sie nicht erst in diesem Kapitel zugestiegen sind, sondern sich schon die ersten beiden Kapitel zu Gemüte geführt haben, werden Sie jetzt vielleicht ein bisschen entnervt denken: »So langsam weiß ich jetzt aber wirklich, dass DNA *das* Molekül des Lebens, die Grundlage jeder Existenz und ein gigantischer Wissensspeicher ist!« Man kann es aber nicht oft genug betonen: In der DNA sind Bauplan und Anleitung für unser menschliches Leben, für jede einzelne Pflanze, alle Tiere und Bakterien – ja sogar für die sogenannten nichtzellulären Partikel, die Viren, niedergeschrieben. Und bisher haben Sie nur ganz kurz und oberflächlich die Bekanntschaft mit dem Molekül des Lebens gemacht. Die DNA ist *DER* molekularbiologische Superstar, jeder Molekularbiologe muss sich zunächst einmal intensiv mit ihr beschäftigen, bevor er ein Labor betreten darf. Und genau das wollen wir jetzt in einem eigenen Kapitel tun. Fangen Sie also an, den Superstar näher kennenzulernen!

DNA-Chemie oder warum eine (Nuklein-)Säure aus Basen aufgebaut ist

Die DNA, die *Desoxyribonukleinsäure,* ist ein gigantisches Makromolekül – ein Biopolymer, das immer aus drei Grundstoffen aufgebaut ist:

- ✔ Base,
- ✔ Zucker und
- ✔ Phosphat.

Diese drei Grundstoffe bilden gemeinsam ein *Nukleotid,* den Grundbaustein der DNA.

Durch die Wahl der Base wird festgelegt, mit welchem Nukleotid man es zu tun hat. Dabei stehen der Zelle vier verschiedene Basen zur Verfügung, sodass es also vier Nukleotid-Sorten gibt. Eine Übersicht finden Sie weiter hinten in diesem Kapitel im Abschnitt über die Nukleotide.

Im Laborjargon nennt man die Nukleotide auch einfach alle *dNTPs* (kurz für *Desoxynukleotidtriphosphate*).

Durch die *Abfolge* dieser vier Nukleotide ist die genetische Information eindeutig festgelegt. Doch davon später mehr, wenn wir uns in Kapitel 5 dem genetischen Code zuwenden. Chemisch gesehen ist die DNA also recht einfach gebaut.

DNA kann unter günstigen Bedingungen (zum Beispiel gefroren oder tief in der Erde vergraben) viele Tausend Jahre alt werden. Beispielsweise konnten Wissenschaftler in den letzten Jahren fossile DNA aus Knochen und Zähnen von Bären untersuchen, die vor 400.000 Jahren gelebt haben. Mithilfe solcher fossiler DNA-Proben können Forscher Stammbäume erstellen und herausfinden, wie sich heutige Tier- und Pflanzenarten bis hin zum Menschen im Lauf der Evolution entwickelt haben. Diese Proben sind also sehr wertvoll. In Naturkundemuseen werden sie deshalb in großen DNA-Banken tiefgekühlt aufbewahrt.

Auch »Ötzi«, der Gletschermann aus den österreichischen Alpen, lieferte den Wissenschaftlern mithilfe seiner DNA viel Aufschlussreiches über früheres Leben – zum Beispiel wovon er sich ernährte, woher er kam und dass er wahrscheinlich ermordet wurde.

Anhand der DNA aus Mammuthaaren, die man tiefgekühlt im frostigen Boden Sibiriens gefunden hat, konnte das Erbgut eines Mammuts, das vor mehr als 20.000 Jahren gelebt hat, schon fast komplett entschlüsselt werden.

Fossile DNA, die über 100 Jahre alt ist, nennt man übrigens *aDNA* (*ancient DNA* oder alte DNA). Der Zweig der Molekularbiologie, der sich mit der Untersuchung von aDNA beschäftigt, wird als ***Paläogenomik*** bezeichnet.

Aus so altem Material Erbgut zu isolieren, ist gar nicht so einfach, denn es zerfällt im Lauf der Jahre, verändert sich und ist heute oft nur noch in winzigen Mengen in den Fundstücken vorhanden. Für die Erforschung solch alter DNA erhielt der Wissenschaftler Svante Pääbo 2022 den Nobelpreis. Er entschlüsselte mit seinem Forschungsteam das gesamte Erbgut des Neandertalers und fand unter anderem heraus, dass mindestens die Hälfte des Neandertaler-Genoms bis zum heutigen Tag in uns Menschen vorhanden ist – in Form von unterschiedlichen Neandertaler-DNA-Abschnitten. Kein Wunder also, dass manche unserer Zeitgenossen immer noch mit Begeisterung ihr Fleisch auf dem Feuer zubereiten!

Wer hat Schillers Schädel geklaut?

Mithilfe von richtig alter DNA aus Knochen kann man auch nach vielen Jahren noch so manch düsterem Geheimnis auf die Spur kommen. Hier ein Beispiel aus unseren Tagen:

Er galt fast 200 Jahre als echt – der Schädel des Dichterfürsten Friedrich Schiller in der Fürstengruft in Weimar, selbst wenn es an der Echtheit immer wieder Zweifel gab. 1913 war plötzlich noch ein zweiter Schädel in der Fürstengruft aufgetaucht. Welcher Schädel stammte nun aber von Schiller, und welches Geheimnis steckte hinter dem zweiten Schädel? Man wollte es wissen und begann mit Untersuchungen: Im Jahr 2008 verglich man das Erbgut der mutmaßlichen Schiller-Schädel mit der DNA seiner engsten Verwandten – der Schwester und seinen Söhnen. Und man staune: Diese DNA-Analyse konnte zweifelsfrei klären, dass es sich bei *keinem* der beiden Schädel um »den echten« handelte! Und nun?

Für dieses Ergebnis fanden die Wissenschaftler vier mögliche Erklärungen, wobei die ersten beiden schnell ausschieden: Erstens, Schiller sei gar nicht mit seinen eigenen Eltern verwandt gewesen, und zweitens, seine Söhne seien gar nicht seine leiblichen Söhne gewesen. Die dritte Erklärung lautet, es sei zu einer zufälligen Verwechslung der Schädel gekommen, als Goethe einst nach dem Schiller-Schädel gesucht und einfach den »größten und schönsten« ausgewählt habe. Die vierte und eigentlich mysteriöseste Erklärung ist, ein Unbekannter habe den Schädel gestohlen und durch einen ähnlichen ersetzt. Dieser Unbekannte müsste aber die Form und Gestalt genau gekannt und Zugang zur Totenmaske gehabt haben. Außerdem müsste diese Person auch Zugang zu einer größeren Zahl an Schädeln gehabt haben, um dort den passenden auszusuchen, der dem von Schiller so ähnlich ist. Ein bisschen gruselig, diese Vorstellung, oder?

Grundbaustein Nummer eins: Die Basen

Die DNA enthält eine enorme Menge an Basengrundbausteinen. Ihre Anzahl bewegt sich zwischen mehreren Zehntausend in der DNA eines »einfachen« Virus bis zu mehreren Milliarden in der menschlichen DNA und anderen höheren Lebewesen (derzeitiger Spitzenreiter ist übrigens die ziemlich unspektakuläre Japanische Einbeere (*Paris japonica*) mit 50-mal mehr Basenpaaren als das menschliche Genom). Es gibt in jeder DNA aber nur vier *verschiedene* Varianten dieser Nukleinbasen, die für den Aufbau des Moleküls zur Auswahl stehen:

1. **Adenin (A)**
2. **Cytosin (C)**
3. **Guanin (G)**
4. **Thymin (T)**

Alle Molekularbiologen dieser Welt haben die stillschweigende Vereinbarung getroffen, die Abkürzungen A, C, G und T für die vier Bausteine der DNA zu verwenden. Wie Sie später noch sehen werden, ist das im Laboralltag sehr praktisch – daher sollten Sie sich diese Abkürzungen gut merken.

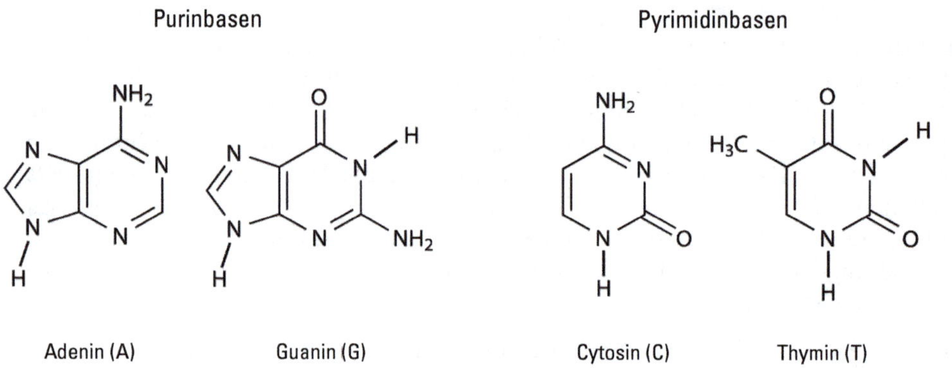

Abbildung 3.1: Chemische Struktur der vier möglichen Basenbausteine der DNA (© logos2012/ stock.adobe.com)

Alle vier Basenvarianten bestehen aus Kohlenstoff(C)-, Wasserstoff(H)-, Stickstoff(N)- und Sauerstoff(O)-Atomen. Gemessen an anderen Kohlenwasserstoffverbindungen kommt in den Basen vor allem Stickstoff relativ häufig vor. Deshalb nennt man die Nukleinbasen auch *stickstoffreiche Basen*.

Die vier Basen lassen sich in zwei Gruppen einteilen:

- Adenin und Guanin sind die beiden sogenannten ***Purinbasen*** der DNA. Ihr Grundgerüst leitet sich vom Purin ab, einer Verbindung aus zwei Kohlenstoffringen, wie Sie in Abbildung 3.1 sehen. Eine weitere, sehr bekannte Purinbase ist das Koffein, das viele von uns täglich in ihrem Kaffee zu sich nehmen.
- Cytosin und Thymin gehören zu den ***Pyrimidinbasen***. Ihr Grundgerüst geht auf den Kohlenwasserstoff Pyrimidin zurück, der aus nur einem Ring besteht.

In der Abfolge (oder *Sequenz*, wie der Molekularbiologe sagt) der vier Basen A, C, G und T ist die in der DNA gespeicherte Information verschlüsselt. Die Basen können sich aber allein nicht miteinander zur Kette verbinden. Hierfür brauchen sie die Unterstützung der beiden anderen Grundbausteine Phosphat und Zucker – dem Rückgrat der DNA.

Skelette – oder: Wo sind die Cs geblieben?

Falls Sie sich beim Betrachten von Abbildung 3.1 und Abbildung 3.2 der beiden Grundstrukturen der Nukleinsäuren – den Basen und Zuckern – verwundert fragen, wo denn die Kohlenstoffe in den Ringen sind, auf die im Text hingewiesen wird:

Der Molekularbiologe verwendet gerne und selbstverständlich die in der Chemie als *Skelettformel* bezeichnete Darstellung, bei der der Übersichtlichkeit halber die Kohlenstoffatome einfach weggelassen werden und damit jeder Ecke ein »C« (= Kohlenstoff) entspricht, an der kein anderes Atom – zum Beispiel »N« – steht. Dies ist so auch schnell und einfach zu zeichnen.

Grundbaustein Nummer zwei: Der Zucker

Das Rückgrat der DNA wird von dem Zucker *Desoxyribose* gebildet, einem Ringmolekül aus fünf Kohlenstoffatomen. Jede Base in der DNA ist an ein solches Zuckermolekül gebunden.

Der DNA-Zucker Desoxyribose ist ein *Ribose-Zucker*. Das heißt, er ist der Ribose (dem RNA-Zucker) sehr ähnlich. Der einzige Unterschied ist, dass Desoxyribose ein einziges Sauerstoffatom weniger besitzt (deshalb auch der Name »Desoxy-«, was so viel heißt wie »der, dem Sauerstoff entzogen wurde«).

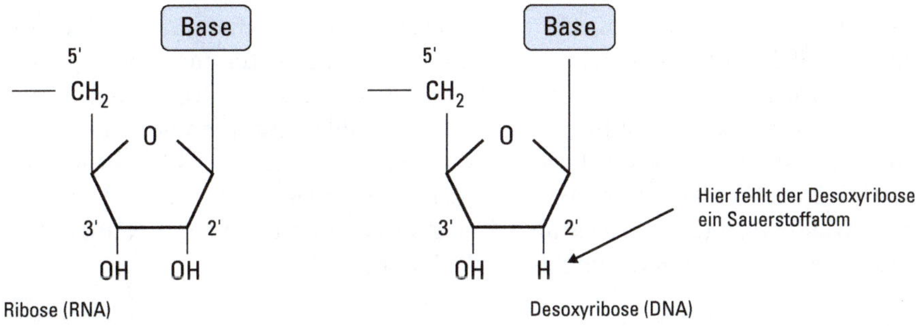

Abbildung 3.2: Chemische Struktur von Ribose, dem Zucker der RNA, und Desoxyribose, dem Zuckerbaustein der DNA

Die Hydroxyl(OH)-Gruppe an der 3´-Position der Ribosen ist eine Reaktionsstelle. Hier werden Nukleinsäuren zu langen Ketten verbunden, denn das Sauerstoff(O)-Atom, das an C3 gebunden ist, kann chemische Bindungen mit anderen Molekülen eingehen.

»Chemiker-Geheimcodes« für Zucker und Basen

In Molekülen nummeriert der Chemiker gerne die Atome, damit (wenn er sich mit anderen Chemikern unterhält) jeder weiß, wovon er spricht. In der DNA ist es aber zusätzlich noch wichtig, die Zuckeratome von den Basenatomen zu unterscheiden, und deshalb sind die Kohlenstoffatome des Zuckers nicht nur einfach durchnummeriert, sondern sie bekommen auch noch einen Strich (´) angehängt. Die Kohlenstoffatome der Basen haben dagegen keinen Strich (´). Dies ist sehr wichtig, wenn es später öfter um das 5´-Ende oder das 3´-Ende der DNA geht. Sie wissen dann, dass der Zuckerbaustein (mit Strich) und nicht der Basenbaustein (ohne Strich) gemeint ist. Wenn Sie sich Abbildung 3.2 ansehen, dann wird Ihnen der Unterschied bestimmt sofort klar.

Zucker + Base = Nukleosid

Ist eine der vier Basen an Desoxyribose gebunden, nennt man diese Kombination aus Base und Zucker *Nukleosid*.

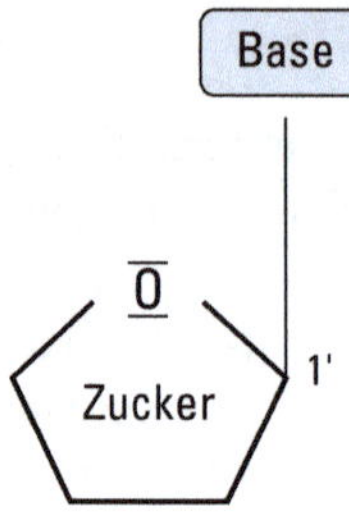

Abbildung 3.3: Struktur eines Nukleosids

Zucker und Base werden durch eine sogenannte *N-glykosidische Bindung* verknüpft. »Glykosidisch« bedeutet, dass ein Zucker an der Bindung beteiligt ist. Und »N« heißt einfach nur, dass an der Bindung ein Stickstoffatom beteiligt ist. Bei der N-glykosidischen Bindung bindet das 1´-Kohlenstoffatom der Desoxyribose an eines der N-Atome der Base. Bei Purinbasen ist dies das N9, bei Pyrimidin das N1. Dabei wird die Hydroxyl(OH)-Gruppe der Desoxyribose gemeinsam mit dem Wasserstoff (H) der Base als Wasser (H_2O) abgespalten. Die Namen der Nukleoside werden von den vier Basen abgeleitet und heißen

- Adenosin
- Cytidin
- Guanosin
- Thymidin

Grundbaustein Nummer drei: Der Phosphatrest

Phosphat (PO_4^{3-}) – also das Anion der Phosphorsäure H_3PO_4 – ist neben Zucker und Basen der dritte Baustein, den man braucht, um eine DNA herzustellen.

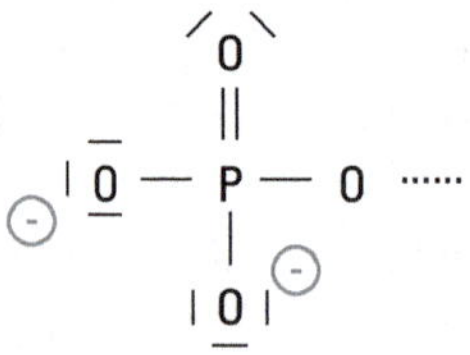

Abbildung 3.4: Der Phosphatrest

Das Phosphatmolekül verbindet die Zuckermoleküle mit den daran hängenden Basen über eine *Phosphodiesterbindung* zu langen Ketten. Der Chemiker meint mit »Phosphodiesterbindung«, dass ein Phosphatmolekül mit zwei anderen Molekülen verbunden ist. Und zwar über eine Esterbindung, das heißt unter Abspaltung von Wasser von einer Säure, hier der Phosphorsäure.

Nukleosid + Phosphat = Nukleotid

Ein Molekül Ribose oder Desoxyribose (Zucker), eine Base und Phosphat bilden gemeinsam ein Nukleotid. DNA (und auch RNA) sind aus vielen Nukleotiden aufgebaut. Im Fall der DNA nennt man die Einzelteile ***Desoxynukleotide*** oder ausführlich und chemisch korrekt »Desoxynukleotid-5´-Phosphat«.

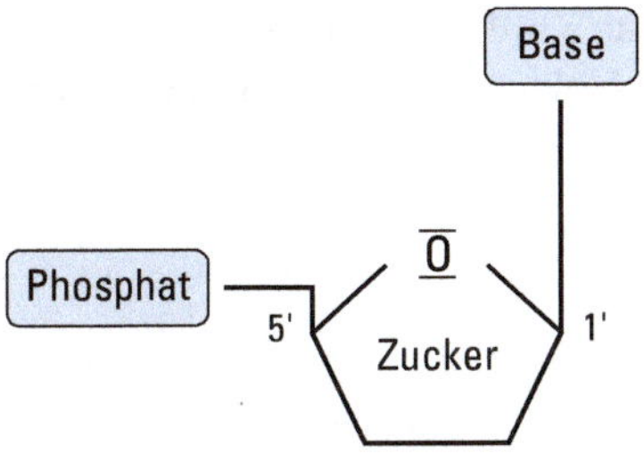

Abbildung 3.5: Struktur eines Nukleotids

Base	Nukleosid (Zucker+Base)	Nukleotid (Zucker+Base+Phosphat)
Adenin (A)	Adenosin	Adenosinmonophosphat (AMP)
Cytosin (C)	Cytidin	Cytidinmonophosphat (CMP)
Guanin (G)	Guanosin	Guanosinmonophosphat (GMP)
Thymin (T)	Thymidin	Thymidinmonophosphat (TMP)

Tabelle 3.1: Übersicht über die vier verschiedenen Nukleotide, aus denen die DNA aufgebaut ist

Nukleotide sind nicht nur Bausteine der Nukleinsäuren, sondern sie spielen auch bei Stoffwechselvorgängen eine sehr wichtige Rolle, zum Beispiel als *Adenosintriphosphat (ATP)*, dem universellen Energieträger der Zelle, als Bestandteile von Enzymen oder als Botenstoff, der die Wirkung von Hormonen im Körper vermittelt.

Nun haben Sie alle Grundbausteine einer DNA kennengelernt. Aus ihnen baut die Zelle zunächst lange Ketten zusammen, die Einzelstränge.

Die Hälfte des DNA-Moleküls: Der Einzelstrang

Ein »ganzes« DNA-Molekül besteht aus zwei DNA-Einzelsträngen, deren Einzelteile – die Nukleotide – Sie im vorigen Abschnitt kennengelernt haben.

Jeder Einzelstrang ist eine lange Polynukleotidkette, die *Nukleinsäure*. In einer solchen Nukleinsäure sind die Zucker- und Phosphatbausteine zu langen Ketten verknüpft (siehe Abbildung 3.6). Sie bilden das Gerüst des Einzelstrangs aus sich abwechselnden Grundbausteinen nach dem folgenden Prinzip:

5´–...–Zucker–Phosphat–Zucker–Phosphat–Zucker–Phosphat–...–3´

Wichtig für die Kettenbildung (der Chemiker nennt das »Polymerisation«) sind also nur Desoxyribose und Phosphat, die Basen haben eine andere Aufgabe, sie sind an der Bildung von Doppelsträngen beteiligt, wie Sie gleich sehen werden.

Dieses Prinzip der Aneinanderreihung von Nukleotiden ist die Ursache dafür, dass jeder DNA-Strang eine Polarität besitzt, nämlich ein 5´-C und ein 3´-C. Man kennzeichnet deshalb in jedem Labor dieser Welt einen DNA-Strang mit seinem *5´-Ende* und seinem *3´-Ende*. Diese Konvention geht also auf die Details der Phosphodiesterbindung zwischen den Nukleotiden eines Einzelstrangs zurück.

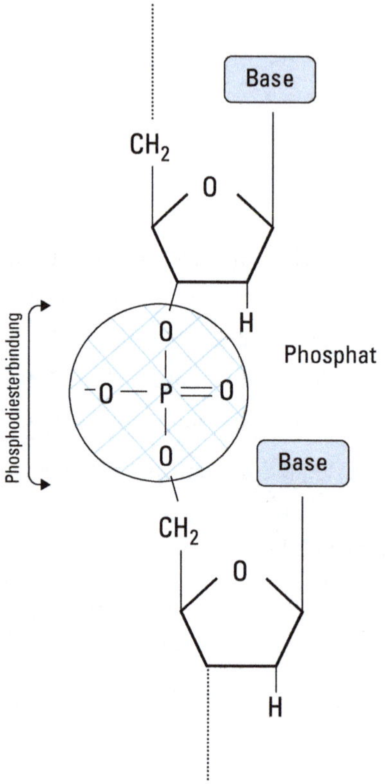

Abbildung 3.6: Die Struktur des DNA-Einzelstrangs: Viele Zucker- und Phosphatbausteine werden zu langen Ketten verbunden. Die an den Zucker gebundenen Basen ragen aus der Kette heraus.

Warum sind Nukleinsäuren Säuren?

Am Anfang dieses Kapitels über die chemische Zusammensetzung der DNA taucht die interessante Frage auf: »Wie kann ein Molekül, das aus vielen, vielen Tausend Basen besteht, eine Säure sein?«

Nachdem Sie sich nun in der Nukleinsäure-Chemie schon fast wie zu Hause fühlen, ist die Antwort relativ einfach:

Für den sauren Charakter der Nukleinsäuren (auch der RNA!) ist die Phosphorsäure H_3PO_4 – also ihre Phosphatreste – verantwortlich. Unter physiologischen Bedingungen (das heißt in der Zelle) liegt die Phosphorsäure dissoziiert vor. Das bedeutet, dass sie zwei ihrer Wasserstoff-Ionen (H^+) an die wässrige Umgebung abgibt, wie man in Abbildung 3.4 sehen kann. Bei allen Säuren ist das so, wenn man sie in Wasser löst. Dadurch wird die wässrige Umgebung sauer und die Nukleinsäure negativ geladen. Die Basen sind durch die Wendeltreppenstruktur im Innern des Nukleinsäuremoleküls miteinander verbunden, sie verstecken sich praktisch im Molekül und spielen für die Außenwirkung keine Rolle. Und deshalb ist nur das Zucker-Phosphat-Rückgrat für das äußere Erscheinungsbild – also den sauren Charakter des Moleküls – verantwortlich.

Die Doppelhelix und etwas DNA-Physik

Einzelstränge bleiben nicht gern allein, zumindest was die DNA angeht, und suchen sich deshalb den perfekt passenden Partner. Mit diesem Partner schließen sie sich zum Doppelstrang, der *Doppelhelix*, zusammen. Bei der RNA ist das anders. Sie liegt (fast) immer einzelsträngig vor, wie Sie in Kapitel 4 über RNA noch sehen werden.

Ein DNA-Molekül besteht aus **zwei** langen Polynukleotidketten, den Einzelsträngen, die über *Wasserstoffbrücken* zwischen den Basen der beiden Stränge zusammengehalten werden. Alle Basen befinden sich dabei im Inneren der Helix, während das Zucker-Phosphat-Gerüst nach außen ragt (siehe Abbildung 3.7).

Die vier Basen der DNA, Adenin, Cytosin, Guanin und Thymin, sind bei der Partnersuche äußerst wählerisch. Sie nehmen nicht zufällig den nächstbesten Partner, um mit ihm eine gemeinsame Wasserstoffbrücke einzugehen. Nein, es schließt sich aus Platzgründen eine sperrige Purinbase mit einer schlankeren Pyrimidinbase zusammen. Das heißt, es paart ***immer***

- ✔ Adenin mit Thymin über ***2*** Wasserstoffbrücken
- ✔ Cytosin mit Guanin über ***3*** Wasserstoffbrücken

Wasserstoffbrücken sind – gemessen an anderen chemischen Bindungen – relativ schwach. Aber aufgrund der vielen, vielen Tausend Wasserstoffbrücken in einem DNA-Molekül sind die beiden Einzelstränge nach dem Prinzip »gemeinsam sind wir stark« insgesamt sehr stabil miteinander verbunden.

Die Partner eines Basenpaares passen in der Doppelhelix jedoch nur zusammen, wenn beide DNA-Stränge *antiparallel* sind. Das bedeutet, dass die Stränge eine entgegengesetzte Orientierung haben. Man nennt sie dann *komplementär* und kann sich dies wie folgt vorstellen:

Strang Nr. 1: 5´--3´

Strang Nr. 2: 3´--5´

Würden die beiden Stränge nicht antiparallel, sondern parallel verlaufen, würden sie wegen der verschiedenen Abstände und Anordnungen der Atome überhaupt nicht zu einer Doppelhelix zusammenpassen.

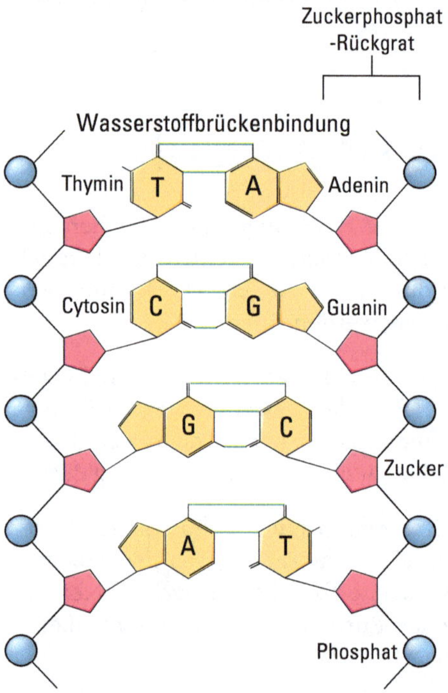

Abbildung 3.7: Die Primärstruktur der Doppelhelix: Zwei Einzelstränge schließen sich durch Wasserstoffbrücken zwischen komplementären Basen zum Doppelstrang zusammen. Die Einzelstränge verlaufen antiparallel zueinander, das heißt, der erste von 5´ nach 3´ und der zweite von 3´ nach 5´. (© designua/stock.adobe.com)

Die Chargaff-Regeln

Der Biochemiker Erwin Chargaff machte Ende der 1940er-Jahre die Entdeckung, dass in der DNA jedes Lebewesens, das er untersucht hatte, Purin- und Pyrimidinbasen jeweils im gleichen Verhältnis vorkamen. Und zwar entspricht der Anteil von Adenin in einer Zelle immer dem Anteil von Thymin, der Anteil von Cytosin ist genau der gleiche wie von Guanin, also

$[A] = [T]$ und $[G] = [C]$.

Er formulierte damit die Chargaff'sche Regel, wonach diese Basen stets paarweise auftreten.

Wobei die Basenzusammensetzung der DNA natürlich je nach Lebewesen unterschiedlich sein kann, denn genau das macht ja den Unterschied zwischen einem Grashalm und einem Käfer oder Menschen aus. Es gilt aber in allen DNA-Molekülen:

$A + G = C + T$

Weiterhin formulierte Chargaff die Gesetzmäßigkeiten, dass

- ✔ DNA-Proben aus unterschiedlichen Geweben eines Individuums gleich sind. Das bedeutet, dass eine menschliche Leberzelle die gleiche genetische Ausstattung hat wie die Muskelzelle desselben Menschen.
- ✔ die Basenzusammensetzung der DNA unabhängig von Alter, Ernährung und Lebensraum ist. Das heißt, die DNA-Sequenz ist nicht von der Umwelt abhängig.

DNA-Wendeltreppe mit großen und kleinen Furchen

Betrachtet man nun ein DNA-Molekül in seiner natürlichen Umgebung, der Zelle, so stellt man fest, dass sie dort nicht einfach in der Form einer Strickleiter herumliegt, sondern die Strickleiter in sich verdreht ist und eine Wendeltreppe bildet: Man nennt die DNA deshalb auch *Doppelhelix* (vom griechischen *Helix* = Windung).

Die Drehung wird durch die antiparallelen Stränge verursacht. Meist ist die Spirale im Uhrzeigersinn, also rechtsherum verdrillt. Jede vollständige Windung der Helix umfasst 10,5 Basenpaare. Durch die Helixform entstehen außen zwei verschieden große Furchen. Diese Furchen haben wichtige Funktionen, beispielsweise als Bindungsstellen für Moleküle, die das Ablesen der DNA regulieren (Transkriptionsfaktoren genannt), oder auch für Medikamente, die auf DNA-Ebene wirken.

Neben der sogenannten **B-Form** der DNA, in der das Molekül rechtsgängig verdrillt ist, gibt es noch andere Anordnungen des Moleküls (Konformationen). Das ist zum Beispiel die **A-Form**, in der sich in einer DNA pro Windung auch kurzzeitig einmal elf Basenpaare finden können, oder die **Z-Form**, in der die DNA linksherum gewunden ist und dann zwölf Basenpaare pro Windung hat. Diese Konformation kann von DNA-Abschnitten eingenommen werden, die besonders reich an den Basen G und C sind. Unter physiologischen Bedingungen findet man DNA jedoch fast ausschließlich in der B-Form.

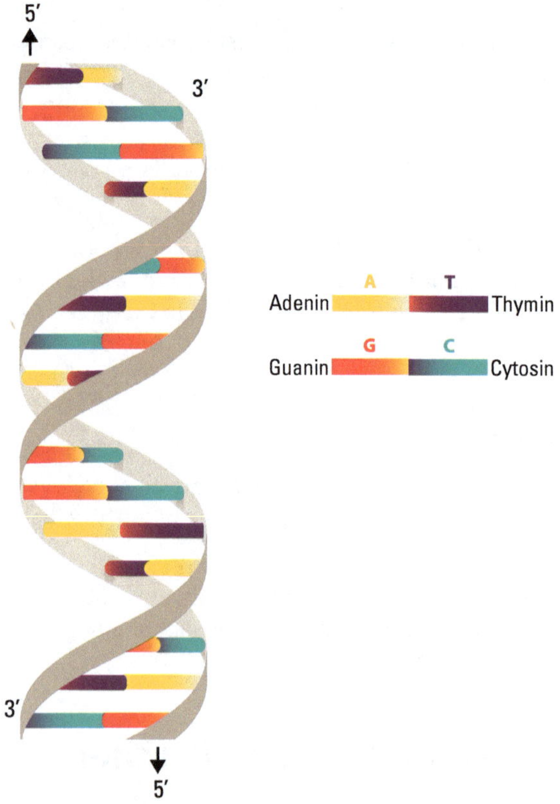

Abbildung 3.8: Die Doppelhelix (© vector punch/stock.adobe.com)

Chemische und physikalische Eigenschaften – oder was die DNA für ein Typ ist

Es gibt eine Reihe von Eigenschaften der DNA, die man sich bei der täglichen Arbeit in einem molekularbiologischen Labor zunutze macht. Die wichtigsten stelle ich Ihnen im Folgenden vor:

- ✔ **Negative Ladung:** Wie Sie schon gesehen haben, gibt die DNA in einer neutralen Umgebung, also in Wasser, positiv geladene Wasserstoff-Ionen (H^+) ab. Sie ist damit ein negativ geladenes Molekül. Diese Eigenschaft nutzt man aus, um DNA-Stücke in einem elektrischen Feld nach unterschiedlichen Größen zu sortieren. Man nennt dieses für den Molekularbiologen außerordentlich wichtige Verfahren *Gelelektrophorese*. Mehr dazu können Sie in Kapitel 14 nachlesen.

- ✔ **Löslichkeit:** Wie Sie ebenfalls in diesem Kapitel schon erfahren haben, ist für die Außenwirkung des DNA-Moleküls das Zucker-Phosphat-Gerüst verantwortlich, das die Wendeltreppenstruktur außen bildet und Wasser gerne mag. Man sagt auch dazu, es ist *hydrophil*. Die gepaarten Basen dagegen mögen Wasser nicht so gern – sie sind *hydrophob* –, sind aber im Innern des Nukleinsäuremoleküls versteckt. Daher ist die

DNA trotz des hohen Molekulargewichts gut wasserlöslich. Diese Eigenschaft nutzt der Molekularbiologe, indem er im Labor meist und gerne mit Nukleinsäurelösungen arbeitet, die in wässrigen Puffern gelöst sind. Umgekehrt ist DNA in Lösungen mit geringerer Polarität als Wasser wie zum Beispiel hochprozentigem Alkohol nicht löslich. Dies macht man sich im Labor zunutze, um DNA in wässrigen Lösungen zu fällen, um sie dort herausfischen zu können. Wie nützlich das ist, werden Sie in Kapitel 13 sehen, wenn wir DNA aus Zellen isolieren.

- ✔ **Schmelzpunkt T_m:** Unter dem Schmelzpunkt der DNA versteht man die Temperatur, bei der durch die Teilchenbewegung der Umgebung so stark an der DNA gerüttelt wird, dass sich die Wasserstoffbrücken auflösen und sich die beiden Einzelstränge voneinander trennen oder *denaturieren.* Der individuelle T_m jeder DNA hängt von der Zahl der Wasserstoffbrücken in einem Molekül ab. Wie Sie schon gesehen haben, bilden sich zwischen G und C drei Wasserstoffbrücken, zwischen A und T aber nur zwei. Das heißt, GC-reiche Abschnitte der Helix haben eine höhere T_m – sie sind somit stabiler.

  Sobald die Temperatur wieder unter die T_m fällt, können sich die Einzelstränge wieder zusammenschließen. Der Molekularbiologe sagt dazu *Hybridisierung* oder *Renaturierung.* Man macht sich diese Eigenschaften bei der *Polymerase-Kettenreaktion (PCR)* oder der *Hybridisierung* zunutze. Auch diese Verfahren beschreibe ich in Kapitel 13 und Kapitel 15 noch ausführlicher.

- ✔ **Absorption von Licht:** So wie andere Stoffe absorbiert auch die DNA Licht. Das heißt, dass ein Lichtstrahl, der durch DNA tritt, abgeschwächt wird. Und zwar ist dies besonders deutlich bei Lichtstrahlen der Wellenlänge von 260 Nanometern. Dies nutzt man aus, um die Konzentration einer DNA-Lösung zu bestimmen, wie Sie in Kapitel 13 noch sehen werden.

DNA-Isolierung für den Hausgebrauch

Mit diesem einfachen Rezept können Sie sich die DNA in der eigenen Küche einmal live anschauen und – wenn Sie wollen – sogar in die Hand nehmen. Man braucht dazu lediglich Obst oder Gemüse nach Geschmack (zum Beispiel eine Kiwi, Erdbeere, Banane, Zwiebel oder Zucchini), des Weiteren Wasser, Reibe, Kaffeefilter, Thermometer, Messbecher, zwei kleine und ein großes Glas, Spülmittel, Kochsalz, Spiritus, Eiswürfel, Schüssel.

Vorbereitung:

1. Mindestens eine Stunde vor dem Versuch 60 ml Spiritus in einem Glas ins Gefrierfach stellen.
2. Wasser auf 60 °C erwärmen.
3. Spülmittel-Salz-Lösung vorbereiten: 90 ml Wasser, 10 ml Spülmittel und ¼ Teelöffel Kochsalz mischen und rühren, bis sich das Salz gelöst hat.

Versuchsdurchführung:

1. Vom Obst oder Gemüse so viel reiben, dass Sie einen Esslöffel damit füllen können; in ein kleines Glas geben.
2. Nun müssen Sie die DNA zunächst einmal aus dem Zellkern herauslocken. Dazu müssen Sie leider Gewalt anwenden und sowohl Zellmembran als auch Kernhülle zerstören – das Spülmittel kommt zum Einsatz. Es enthält Detergenzien, die die Lipide der Membranen herauslösen und die Zellwände auflösen. Salz (NaCl) verstärkt diesen Effekt, und Sie brauchen seine Natriumionen, um die DNA sichtbar zu machen.
3. 25 ml der vorbereiteten Spülmittel-Salz-Lösung zugeben, schütteln und das gefüllte Glas für eine Viertelstunde in das 60 °C warme Wasserbad stellen. Dann in Eis abkühlen.

   Bei der Temperatur von 60 °C werden die DNA schneller freigesetzt und Enzyme inaktiviert, die DNA zerstören könnten, bevor wir sie uns angesehen haben. Auch die Abkühlung im Eis schützt die empfindliche DNA vor Zerfall.
4. Die Obst- oder Gemüsebreimischung durch den Kaffeefilter in das große Glas streichen und mindestens 10 Minuten abtropfen lassen. Den Filter können Sie dann samt Inhalt wegwerfen. Das Filtrat in das Glas mit dem tiefgekühlten Spiritus schütten, den Sie eben erst aus dem Gefrierfach geholt haben, und alles für mindestens 5 Minuten lang stehen lassen.
5. Durch das Filtern werden die nicht mehr benötigten Zellbestandteile abgetrennt, nur die DNA bleibt in der Lösung. Nukleinsäuren fallen bei niedrigen Temperaturen in Alkohol aus, weil sie unlöslich sind.

   Und hier ist sie schon, die DNA: Milchig weiße Klümpchen fallen in der Alkoholschicht aus. Sie können die DNA nun herausfischen oder in der Lösung beobachten.

Von Ränkespielen und Intrigen – oder wie man die DNA entdeckte

Während der letzten 150 Jahre gab es eine ganze Menge Wissenschaftler, die sich darin versuchten, das »Geheimnis des Lebens« zu lüften. Letztendlich geschafft haben es drei Männer und eine Frau – zwar nicht zusammen, aber in Gemeinschaftsarbeit. Der Nobelpreis für Medizin wurde in Anerkennung für diese Leistung aber nur den drei Wissenschaftlern James Watson, Francis Crick und Maurice Wilkins verliehen. Die Arbeit der Forscherin Rosalind Franklin, die mit ihren Röntgenaufnahmen der DNA den wichtigsten Teil der Arbeit beigetragen hatte, wurde allerdings praktisch unterschlagen.

Der Wettlauf um das »Geheimnis des Lebens«

Die Suche nach der DNA war ein Wettrennen mit teils unfairen Mitteln – eine spannende und gleichzeitig traurige Geschichte.

Was bisher geschah

Bereits um 1860 hatte der Benediktinermönch *Gregor Mendel*, der Vater der Vererbungslehre, in seinem Klostergarten systematische Kreuzungsexperimente mit Erbsen durchgeführt und dabei die Erbfaktoren entdeckt – das, was wir heute Gene nennen. Seine revolutionären Schlussfolgerungen, dass Erbanlagen durch diese Erbfaktoren weitergegeben werden, sind heute als die *Mendel'schen Regeln* bekannt und bilden die Grundlage der Genetik.

Etwa zur gleichen Zeit hatte der Biochemiker *Friedrich Miescher* in Tübingen ausführlich den Eiter aus benutzten Operationsverbänden studiert und daraus Zellkerne weißer Blutkörperchen gewonnen. In diesen Kernen entdeckte er einen grauen Niederschlag, den er *Nuklein* nannte – heute als DNA bekannt. Nach vielen weiteren Experimenten in den darauf folgenden Jahren war man sicher, dass Vererbung eine Art chemische Reaktion war. Eine Analyse der Chromosomen hatte ergeben, dass diese aus DNA und Proteinen bestanden. Welche von beiden Substanzen war aber nun der Träger der genetischen Information?

Man hatte noch bis in die 1950er-Jahre hinein angenommen, dass dies nur die Proteine sein könnten, weil sie komplizierter als DNA gebaut und deshalb eher in der Lage sind, die ungeheuer große Menge an Information über ein Lebewesen zu speichern. Im Jahr 1952 hatten die Forscher *Alfred Hershey* und *Martha Chase* dann mithilfe von Viren einen eindeutigen Nachweis erbracht, dass nur die DNA der Träger genetischer Information sein könne und nicht die Proteine. Jedoch waren trotz solider und gesicherter Experimente Fragen offengeblieben. Man wusste jetzt, dass die Nukleinsäuren das genetische Material waren. Aber, wie sah dieses wirklich aus – und wie wurde die Information von Generation zu Generation weitergegeben? Und hier beginnt das Rennen um die Aufklärung der Nukleinsäure-Struktur, des »Geheimnisses des Lebens«.

Die Beteiligten am Rennen um die DNA-Struktur

Der Wettbewerb darum, wer zuerst die Struktur der DNA veröffentlichen könne, wurde zwischen Forschern aus verschiedenen Disziplinen ausgetragen. Am Start waren

- ✔ ***Francis Crick***, sehr selbstbewusster, extrovertierter Physiker,
- ✔ ***James Watson***, Biologe, will »das Genproblem lösen, ohne deswegen Chemie lernen zu müssen«,
- ✔ ***Maurice Wilkins***, bekannter Physiker, der sich der Molekularbiologie zugewandt hat,
- ✔ ***Rosalind Franklin***, Wilkins brillante Assistentin, Spezialistin auf dem Gebiet der Röntgenbeugung, und
- ✔ ***Linus Pauling***, bedeutendster Chemiker seiner Zeit, der als Erster vermutet, dass die DNA eine Helixstruktur hat.

Die Geschichte beginnt im Jahr 1950; Schauplatz ist ein wissenschaftlicher Kongress, auf dem sich James Watson und Maurice Wilkins kennenlernen. Wilkins hat Röntgenbeugungsaufnahmen der DNA mitgebracht (das sind sehr detaillierte, aber für den Laien ziemlich unverständliche Fotos, die nach Röntgenbestrahlung des Moleküls entstehen). Er zeigt sie Watson, und der – von Genetik fasziniert – erkennt sofort deren Bedeutung. Von da an hat er nur noch ein Ziel: die DNA-Struktur zu knacken, das Geheimnis des Lebens zu lüften und damit berühmt zu werden. Er lernt Crick kennen und beide arbeiten fortan zusammen. Sie haben eines gemeinsam: grenzenloses Selbstvertrauen und das Interesse an der Struktur der DNA. Chargaff, ein bekannter Biochemiker und älterer Kollege, nimmt die beiden nicht so recht ernst und nennt sie »wissenschaftliche Clowns«.

1951 macht Rosalind Franklin weitere aufsehenerregende Abbildungen von der DNA und zieht daraus wichtige Schlüsse über die Struktur. Als sie die Ergebnisse präsentiert, lädt Wilkins Watson und Crick dazu ein, ohne Franklin zu fragen. Was er noch nicht weiß: Die beiden sind versessen auf die Ergebnisse. Wieder zurück im eigenen Labor machen sich die beiden sofort daran, ein Modell der DNA zu bauen, das jedoch zunächst außerordentlich wenig mit der Realität zu tun hat – irgendetwas passt noch nicht. Mittlerweile ist ein erbitterter Wettlauf um die Veröffentlichung der DNA-Struktur entbrannt, und auch Pauling arbeitet fieberhaft daran, das Rätsel zu lösen. Kurz vor der Veröffentlichung seiner Ergebnisse kommen Watson und Crick durch die Freundschaft mit Paulings Sohn Peter an die Kopie des Manuskripts, in dem er seine Theorie von der DNA-Struktur detailliert beschreibt: drei helikal verflochtene Ketten mit einem Zucker-Phosphat-Rückgrat an der Außenseite.

Aber auch dieses Mal haben Watson und Crick das Gefühl, dass irgendetwas nicht stimmt. Und wieder haben die beiden im wahrsten Sinne des Wortes unverschämtes Glück: Bei einem Besuch zeigt Wilkins seinem Freund Watson wiederum ohne Franklins Wissen und Zustimmung die neuesten Röntgenaufnahmen seiner Assistentin – ein schwerwiegender Fehler. Schon auf dem Weg zurück zeichnet Watson fieberhaft Skizzen an den Rand seiner Zeitung: eine DNA als zwei helikal ineinander verschlungene Stränge.

Auf der Basis von Franklins neuesten Aufnahmen, Paulings Hypothese und den Chargaff'schen Regeln (also nur aus Forschungsergebnissen anderer!) bauen Watson und Crick in Windeseile ein neues, maßstabsgetreues Modell der komplizierten Struktur zweier miteinander verbundener Molekülspiralen. Schließlich haben sie es tatsächlich geschafft: Die Struktur der DNA – das Doppelhelix-Modell mit den Basenpaaren in der Mitte – war geklärt! Am 7. März 1953 – lediglich fünf Wochen nach Baubeginn – enthüllen Crick und Watson stolz ihr Modell der DNA-Struktur vor der wissenschaftlichen Welt.

Wilkins ist ein guter Verlierer, doch andere Forscher beurteilen die Verwendung von Franklins Material weniger wohlwollend. Das Nobelpreiskomitee berücksichtigte die erhobenen Einwände und verleiht 1962 den Nobelpreis für Medizin gemeinsam an Crick, Watson und Wilkins. Tragischerweise war Franklin vier Jahre zuvor gestorben und konnte nicht mehr geehrt werden.

IN DIESEM KAPITEL

- Die chemische Struktur der RNA
- Die unterschiedlichen RNA-Typen
- Wie DNA in RNA übersetzt wird

Kapitel 4
RNA: Transportunternehmen für genetische Information

In allen Zellen gibt es ein Transportunternehmen für genetische Information, die *Ribonukleinsäure RNA*. Das heißt, während die DNA geschützt und träge in der Chefetage der Zelle – dem Zellkern – auf der faulen Haut liegt und lediglich die Aufgabe hat, die kostbaren Baupläne für die Proteine sicher aufzubewahren, ist die RNA außerordentlich aktiv. Sie entsteht fortlaufend und praktisch wie am Fließband als Kopie von DNA-Abschnitten und transportiert die ihr anvertrauten Informationen zuverlässig zu den Proteinfabriken im Cytoplasma, den Ribosomen. Nachdem sie ihre Arbeit dort getan hat und die in ihr gespeicherte Information in ein Protein übersetzt wurde, wird die RNA früher oder später wieder abgebaut. Dieser Zerstörungsakt ist ein äußerst wichtiges Mittel der Zelle, um die produzierte Proteinmenge gezielt zu steuern und den Vorrat an Basenbausteinen wieder aufzufüllen. Es werden aber bei Weitem nicht alle Gene in Proteine übersetzt. Manchmal erfüllt die RNA auch allein wichtige Funktionen. Sie ist also alles in allem genauso wie die DNA ein lebenswichtiges Molekül, mit dem ich mich nun in einem eigenen Kapitel beschäftigen möchte.

Nur ein kleines bisschen anders als DNA

Im Prinzip ist die RNA genauso aufgebaut wie die DNA, auch sie besteht aus aneinandergereihten Nukleotiden. Es gibt aber vier wichtige Unterschiede zur DNA, und zwar:

1. **Der Zucker:** Der Zuckerbaustein der RNA ist keine Desoxyribose, die Sie in Kapitel 3 schon kennengelernt haben, sondern ***Ribose***.
2. **Die Base:** Auch für den Aufbau der RNA stehen vier verschiedene Basen zur Verfügung. Jedoch kommt in Ribonukleinsäuren kein Thymin vor. An die Stelle von Thymin tritt die Pyrimidinbase ***Uracil***.

3. **Haltbarkeit:** Im Gegensatz zur DNA ist RNA sehr ***instabil***.

4. **Die Struktur:** RNA besteht (fast) immer nur aus einer Polynukleotidkette. Sie ist ***einzelsträngig***.

Diese Unterschiede haben Folgen für die Eigenschaften des RNA-Moleküls und entsprechen der Funktion der RNA in der Zelle. Ich möchte diese nun der Reihe nach beschreiben.

Ribose oder Sauerstoff macht aktiv

In der RNA liegt der Zucker Ribose »ganz normal« und unmodifiziert vor. Das hat sich auch in der Namensgebung der ***Ribo***nukleinsäure niedergeschlagen. In der DNA ist dagegen die OH-Gruppe am 2´-C-Atom der Ribose modifiziert, das heißt durch Wasserstoff ersetzt. Daher der Name ***Desoxyribo***nukleinsäure.

Der einzige Unterschied zwischen den beiden Zuckern ist also, dass die Ribose eine OH-Gruppe am 2´-C hat, die Desoxyribose nur ein H-Atom (ihr fehlt der Sauerstoff). Sehen Sie sich einfach nochmals Abbildung 3.2 an; Ihnen wird der Unterschied sofort auffallen.

Die OH-Gruppe der Ribose ist durch den Sauerstoff im Vergleich zur Desoxyribose wesentlich reaktiver. Das heißt, die RNA kann viel leichter abgebaut werden als die DNA, weil an der OH-Gruppe gerne chemische Reaktionen stattfinden, die das Molekül zerlegen. Dieses Strukturmerkmal ist mit dafür verantwortlich, dass die RNA sehr *instabil* und nur kurze Zeit haltbar ist.

Uracil ist das Thymin der RNA

Auch in der RNA ist die genetische Information in der Abfolge – der Sequenz – von vier verschiedenen Basenbestandteilen der Nukleotide gespeichert. Es stehen folgende Basen zur Auswahl:

1. **Adenin (A)**

2. **Cytosin (C)**

3. **Guanin (G)**

4. **Uracil (U)**

A, C und G haben Sie schon in der DNA kennengelernt. Die Pyrimidinbase *Uracil* ist jetzt neu und tritt in Ribonukleinsäuren an die Stelle von Thymin. Uracil und Thymin sind sich jedoch sehr ähnlich; sie unterscheiden sich nur durch eine einzige Methyl(CH_3)-Gruppe (siehe Abbildung 4.1).

Die CH_3-Gruppe schützt das Thymin der DNA vor Enzymen, die Nukleinsäuren abbauen, den *Nukleasen*. Fehlen diese Methylgruppen (wie beim Uracil), so können die Nukleasen das Molekül leichter angreifen. Neben dem Sauerstoff der Ribose ist das ein weiterer Grund, warum RNA *instabiler* ist als DNA.

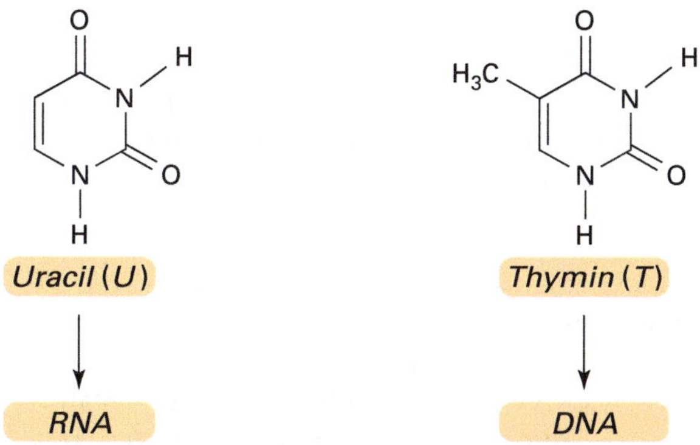

Abbildung 4.1: Strukturformeln der beiden Pyrimidinbasen Uracil (RNA) und Thymin (DNA)

- ✔ Anstelle von Thymin paart Adenin nun mit Uracil über **2** Wasserstoffbrücken.
- ✔ Bei Guanin und Cytosin bleibt alles beim Alten: Sie paaren genauso wie in der DNA über **3** Wasserstoffbrücken.

Einzelsträngigkeit macht RNA flexibel

Als aufmerksamer Leser werden Sie nun zu Recht einwerfen, ich hätte vorher geschrieben, dass RNA als Einzelstrang vorliegt – was sollen dann also die Wasserstoffbrücken und Basenpaarungen? Sie haben recht, RNA ist wirklich fast immer ein *Einzelstrang*. Das hindert das Molekül aber nicht daran, Wasserstoffbrücken zwischen Basen innerhalb des Moleküls und dadurch *dreidimensionale Strukturen* auszubilden. Diese sogenannten Sekundärstrukturen haben sogar ganz wichtige Funktionen. Sie sind die Voraussetzung dafür, dass verschiedene RNA-Typen unterschiedliche Aufgaben in der Zelle wahrnehmen können. Um diese RNA-Typen und ihre Aufgabenbereiche geht es im nächsten Abschnitt.

Das einzelsträngige RNA-Molekül kann zum Beispiel haarnadelförmige Schleifen bilden, die bei der Regulation der Transkription (also dem Ablesen und Übersetzen) der DNA ein wichtiges Signal übermitteln. Die doppelsträngige DNA kann keine Knoten und Schleifen bilden. Und das ist auch gut so, denn die in ihr codierte genetische Information muss geschützt aufbewahrt werden und kann sich solche Aktionen, bei denen sie verletzt werden könnte, nicht leisten.

Das RNA-Molekül ist vielseitig einsetzbar

Eine der wichtigsten Funktionen der RNA ist zwar der zuverlässige Transport genetischer Information von der DNA zu den Ribosomen, das ist aber noch längst nicht alles. RNA-Moleküle sind in der Zelle vielseitig im Einsatz.

Es gibt verschiedene Klassen von RNA-Molekülen, die sich mehr oder weniger unterscheiden und jeweils ganz spezifischen Aufgaben nachkommen. Hier ein Überblick über einige der wichtigsten:

✔ Die **messenger (Boten-)RNA (mRNA)** transportiert die in der DNA gespeicherte Information zu den Ribosomen und dient dort als Vorlage zur Übersetzung in ein Protein. Ihr Anteil an der Gesamt-RNA in einer Zelle liegt bei Eukaryoten lediglich zwischen 1 und 5 Prozent, da sie nach Auftragserledigung oft schon innerhalb von Minuten wieder abgebaut wird. Ihre Länge ist, je nach Art des kopierten Gens, sehr variabel.

✔ Die **transfer RNA (tRNA)** spielt eine wichtige Rolle bei der Herstellung eines Proteins: Sie ist der Lieferant für die Aminosäuren und transportiert sie zu den Ribosomen (siehe Kapitel 5). Hier kommt die Basenpaarung innerhalb des Moleküls zum Einsatz: tRNAs nehmen die Form eines Kleeblatts an (siehe Abbildung 4.2), das dann durch weitere intramolekulare Basenpaarung nochmals dreidimensional verbogen wird. Beim Menschen gibt es 31 verschiedene tRNAs, die bis zu 15 Prozent der Gesamt-RNA ausmachen.

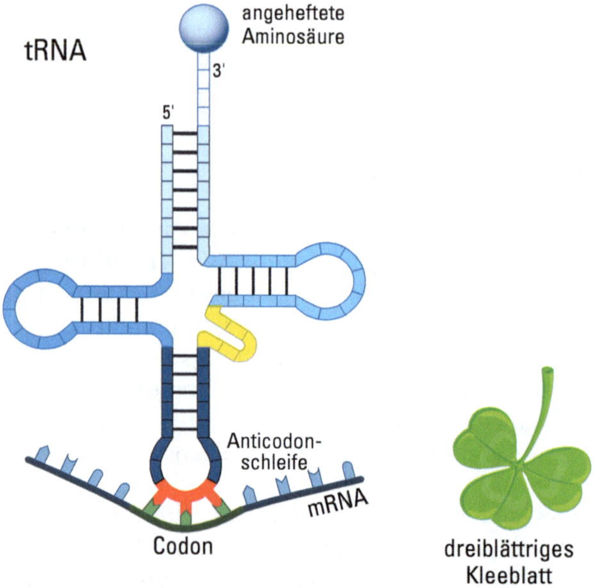

Abbildung 4.2: Der RNA-Einzelstrang kann durch intramolekulare Basenpaarung dreidimensionale Strukturen bilden, die in der Zelle wichtige Aufgaben übernehmen. Ein Beispiel ist die hier abgebildete kleeblattförmige tRNA. (© Kleeblatt: creator7561/stock.adobe.com und tRNA: designua/stock.adobe.com)

✔ Die größte Menge an RNA kommt in der Zelle als **ribosomale RNA (rRNA)** vor (80 bis 90 Prozent). Sie ist Bestandteil der Ribosomen (den Eiweißfabriken der Zelle) und fügt dort Aminosäuren zu langen Ketten zusammen. Auch sie können durch Basenpaarung innerhalb des Moleküls interessante Formen annehmen. In unseren Ribosomen kommen vier verschiedene Arten an rRNAs vor.

✔ Zur **heterogenen nukleären RNA (hnRNA)** gehören Moleküle unterschiedlicher Länge im Zellkern, vor allem Vorläufer von mRNAs, die erst nach ihrer Bearbeitung zu »richtigen mRNAs« werden.

- Bei der **Micro-RNA (miRNA)** handelt es sich um sehr kurze RNA-Abschnitte aus nur 18 bis 24 Nukleotiden, die zwar nicht für Proteine codieren, aber proteincodierende DNA-Abschnitte beeinflussen und daher eine wichtige Rolle bei der Genregulation spielen. Gegenwärtig sind weit über 6.000 verschiedene miRNAs bekannt, Forscher vermuten jedoch, dass davon maximal 800 für die Zelle wirklich wichtig sind. Für die Entdeckung der miRNA erhielten die Molekularbiologen Victor Ambros und Gary Ruvkun 2024 den Nobelpreis für Medizin.

- Darüber hinaus existiert neben tRNA, rRNA oder miRNA noch eine Vielzahl weiterer RNA-Sorten, die keine Informationen für ein Protein tragen. Man fasst sie alle unter dem Namen **non-coding RNA (ncRNA)** zusammen. Die Funktionen der meisten dieser Gruppen sind noch nicht bekannt. Man vermutet jedoch, dass sie wichtige Aufgaben bei der Genregulation übernehmen. Und man weiß, dass die Menge an RNA in einer Zelle, die nicht für ein Protein codiert, also die ncRNA, umso größer ist, je höher das betreffende Lebewesen entwickelt ist: Bei Bakterien beispielsweise enthalten über 80 Prozent des Genoms Informationen für Proteine, beim Menschen dagegen nur etwa 1,5 Prozent. Aus den restlichen 98,5 Prozent entsteht ncRNA. Sie scheint also eine besonders wichtige Rolle in der Zelle zu spielen.

Alle RNA-Arten werden auf die gleiche Weise hergestellt. Die Synthese wird nur jeweils von einem anderen, speziellen Enzym durchgeführt. Wie dies im Fall der mRNA geschieht, wird im folgenden Abschnitt erklärt.

Transkription: Aus DNA mach RNA

Die DNA selbst ist viel zu kostbar, um den sicheren Zellkern zu verlassen. Würde sie beim Transport verloren gehen, wäre dies das Ende der Zelle. Andererseits wird die in der DNA codierte genetische Information dringend an den Ribosomen benötigt, denn sonst könnte kein Protein hergestellt werden. Deshalb bleibt die DNA sicher im Zellkern und wird dort abgelesen. Anhand dieser Kopieranleitung wird dann eine mRNA synthetisiert, die den Zellkern verlässt und die genetische Information zu den Ribosomen transportiert. Diese Herstellung einer mRNA anhand einer DNA-Vorlage nennt man ***Transkription***.

Eine RNA ist aufgrund der kleinen Unterschiede zwischen DNA und RNA, die ich am Anfang dieses Kapitels beschrieben habe, keine exakte Kopie des dazugehörigen DNA-Abschnitts. Zudem ist sie *komplementär* zur abgelesenen DNA. Das heißt, dass sie immer aus dem dazugehörigen Paarungspartner des abgelesenen DNA-Strangs besteht. Diese Komplementarität sieht beispielsweise wie folgt aus:

DNA-Vorlage: 3′-...GAC TTA CTG AAA CCG CGC GAT...-5′

RNA-Transkript: 5′-...CUG AAU GAC UUU GGC GCG CUA...-3′

Die Transkription läuft grundsätzlich in drei Schritten ab:

1. **Initiation (Vorbereitung):** Die an der Transkription beteiligten Enzyme, die *RNA-Polymerasen*, die fast die ganze Arbeit bei der Prozedur leisten, erkennen den DNA-Abschnitt, der abgelesen werden soll. Hierbei werden sie von einer ganzen Reihe von Hilfsproteinen unterstützt, die man *Transkriptionsfaktoren* nennt.

2. **Elongation (Synthesephase):** Die DNA-Doppelhelix wird in dem kurzen Abschnitt, der abgelesen werden soll, aufgedreht und die Basenpaare des Doppelstrangs voneinander getrennt. Die RNA-Polymerasen synthetisieren dann an der geöffneten DNA den neuen RNA-Strang. Dabei lagern sich an die einzelsträngige DNA-Vorlage durch Basenpaarung komplementäre Ribonukleotide, die miteinander verknüpft werden. Direkt danach finden sich die beiden DNA-Stränge ähnlich wie bei einem Reißverschluss wieder zusammen und werden wieder zur Doppelhelix verdrillt.

3. **Termination (Ende):** Die RNA-Polymerase wandert so lange an ihrer DNA-Vorlage entlang, bis sie auf ein Stoppsignal stößt. Dort löst sie sich von der Vorlage ab, und die Transkription ist beendet.

Das Ergebnis ist eine RNA, die die Bauanleitung für ein Protein enthält. Sie befindet sich immer noch im Zellkern und muss hier auch noch bearbeitet werden – unter anderem müssen die Introns aus der unreifen RNA entfernt werden. Man nennt sie deshalb auch *prä-mRNA*. Erst dann haben wir es mit der fertigen und funktionstüchtigen mRNA zu tun, die ihren Weg aus dem Zellkern in Richtung Ribosom antritt.

Bei der Transkription wird immer das komplette Gen (also nicht nur die Exons, sondern auch die Introns) abgelesen und in mRNA umgeschrieben. Wie Sie in Kapitel 2 im Abschnitt über die Genstruktur der Eukaryoten gesehen haben, tragen aber nur Exons die Information für ein Protein, Introns sind nichtcodierende Sequenzen mit anderen Funktionen. Deshalb werden die Introns nach der Transkription einfach aus der RNA herausgeschnitten und die Exons wieder aneinandergefügt. Man nennt diesen Vorgang ***Spleißen.*** Die fertige mRNA ist danach logischerweise um einiges kürzer.

Dabei gibt es mehrere Möglichkeiten, in welcher Reihenfolge die Exons wieder verbunden werden können – oder kompliziert ausgedrückt: Bei n Exons gibt es n! (n Fakultät) Möglichkeiten. Zum Beispiel gibt es bei nur drei Exons bereits sechs Kombinationsmöglichkeiten, wie in Abbildung 4.3 dargestellt ist.

Man bezeichnet dies als *alternatives Spleißen*. Aus diesem Grund ist ein einziges Gen sehr flexibel, denn es kann auf verschiedene Weise exprimiert (also in ein Protein übersetzt) werden. Dank der Möglichkeit des alternativen Spleißens können aus den rund 20.000 Genen des Menschen sehr, sehr viel mehr verschiedene Proteine hergestellt werden.

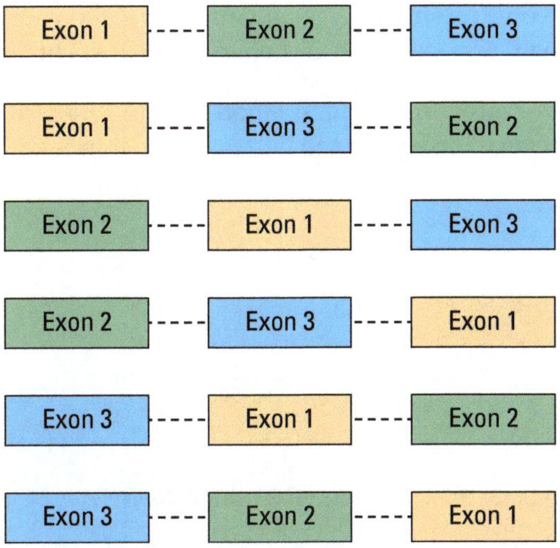

Abbildung 4.3: Exons können durch alternatives Spleißen in unterschiedlichen Kombinationen verbunden werden.

Vergessen Sie an dieser Stelle nicht, dass Prokaryoten sehr viel einfacher aufgebaut sind als Eukaryoten – so auch im Hinblick auf die Gene und die mRNA. Prokaryotische Gene haben keine Introns, jedes Gen enthält Information für genau ein Protein oder eine RNA. Prokaryotische mRNAs werden daher in der Regel nicht durch Spleißen nachbearbeitet und müssen auch nicht transportiert werden, da die Ribosomen ebenso wie DNA und mRNA im Cytoplasma – also innerhalb ihres »Ein-Raum-Apartments« – vorliegen.

Was nach dem Spleißen von einer eukaryotischen mRNA übrig geblieben ist, besteht wie eine prokaryotische mRNA aus zwei grundsätzlichen Bereichen:

1. Das **offene Leseraster** (*open reading frame* oder **ORF**) enthält die Bauanleitung für das Protein, ist also der codierende Bereich.
2. **Nichtcodierende Bereiche** (*untranslated region* **UTR**) an den Enden der Ribonukleinsäure, deren Funktionen bisher nur zum Teil bekannt sind.

Zudem besitzt eine typische eukaryotische mRNA an ihrem 5´-Ende ein modifiziertes Nukleotid, das *5´-Cap*, und am 3´-Ende einen langen Schwanz aus Adenosin-Bausteinen, den *Poly-A-Schwanz*. Dieser Schwanz schützt die RNA vor dem Abbau durch Enzyme, und zwar so lange, bis sie ihre Schuldigkeit getan hat und in ein Protein übersetzt wurde. Dabei bestimmt die Länge des Poly-A-Schwanzes wesentlich die Haltbarkeit der RNA. Je kürzer er ist, desto eher wird die RNA zerstört.

Das Gift des Knollenblätterpilzes (Amanitin) hemmt schon in sehr niedrigen Dosen die RNA-Polymerase und ist damit tödlich. Fällt das Arbeitstier der Transkription – die RNA-Polymerase – aus, dann kommt die komplette RNA-Synthese und damit die Herstellung von Proteinen zum Erliegen. Der Körper ist aber auf eine ständige Neusynthese von Proteinen in fast allen seinen Zellen angewiesen, sodass der Mensch innerhalb weniger Tage an Leberversagen stirbt.

Das Schicksal Europas hätte 1740 Voltaire zufolge auch einen anderen Verlauf nehmen können, wenn Karl VI. nicht gern Pilze gegessen hätte … (was aber letztendlich eine Spekulation bleibt).

Die RNA-Welt-Theorie

- ✔ Wie begann das Leben auf der Erde?
- ✔ Wer war zuerst da – die DNA oder die RNA?
- ✔ Waren die Baupläne für die ersten Lebewesen in Form von DNA oder als RNA gespeichert?

Diese Fragen spalten bis heute Wissenschaftler in zwei Lager, die kontrovers darüber diskutieren, welche Hypothese nun richtig ist. Der Nobelpreisträger Walter Gilbert, ein bekannter Molekularbiologe und Miterfinder der DNA-Sequenzierung (siehe dazu mehr in Kapitel 17), hat 1986 die *RNA-Welt-Theorie* begründet. Er meint, dass die RNA in der chemischen Evolution der Vorläufer aller Organismen war: »It's an RNA world«, so Gilbert. Und dafür spricht so einiges.

So wie bei der Suche nach dem Träger der genetischen Information (siehe Kapitel 3) könnte man theoretisch für den Start des Lebens drei Kandidaten in Betracht ziehen: Proteine, DNA oder RNA.

- ✔ **Proteine** scheiden bei näherer Betrachtung schnell aus, denn sie können sich nicht selbst vermehren. Es gibt sie nur, solange Informationen in Form von RNA aus dem Zellkern zu den Ribosomen gelangen. Allerdings haben sie eine andere ganz wichtige Fähigkeit: Sie katalysieren als Enzyme so gut wie alle Reaktionen eines Organismus. Ohne diese Biokatalysatoren wäre kein Leben möglich, denn die Reaktionen würden in den Zellen bei Körpertemperatur viel zu langsam ablaufen.
- ✔ Nächster Kandidat ist die **DNA**. Sie kann sich zwar selbst replizieren (vermehren), ist aber sonst ein eher passiver Datenspeicher und wirkt nicht katalytisch. Das heißt, sie ist nicht in der Lage, Reaktionen zu beschleunigen.
- ✔ **RNA** dagegen hat alle erforderlichen Eigenschaften: Sie kann sich selbst replizieren, speichert Daten und wirkt dazu in Form von Ribozymen auch noch katalytisch. Der Verdacht liegt also nahe, dass sie der erste Datenspeicher unserer Urorganismen war!

Im Jahr 2001 wurde zudem entdeckt, dass die wichtigen katalytischen Zentren der Ribosomen nicht (wie bis dahin angenommen) aus Protein, sondern aus RNA bestehen. Dies bestätigt, dass die katalytische Funktion der RNA, auf die sich die RNA-Welt-Theorie stützt, auch noch von heutigen Lebewesen benutzt wird.

Aktuellere Forschungsergebnisse erweiterten die Theorie zu einer RNA-Peptid-Welt, bei der man davon ausgeht, dass sich bestimmte RNA selbst mit Aminosäuren oder Peptiden »dekorieren« konnte und dadurch beständig größer werdende Moleküle entstanden.

Ein bisschen anders als andere: RNA-Viren

Nach dem »Zentralen Dogma der Molekularbiologie«, das Sie aus Kapitel 2 kennen, ist bei ausnahmslos allen Lebewesen und vielen Viren die DNA der Träger genetischer Information, die über die Zwischenstufe RNA in ein Protein übersetzt wird. Allerdings gibt es auch von diesem Gesetz eine Ausnahme, und das sind die *Retroviren*.

Das Genom der ***Retroviren*** besteht nicht aus DNA, sondern aus RNA. Bei ihnen fließt die genetische Information ein bisschen anders als bei anderen, wie Sie in Abbildung 4.4 sehen können.

Diese Eigenschaft verdanken die Retroviren dem Besitz eines besonderen Enzyms, das RNA in DNA umschreiben kann, der *reversen Transkriptase*. Deshalb nennt man den Vorgang *reverse Transkription*. Sowohl dieses Enzym als auch die Retroviren sind wichtige Werkzeuge des Molekularbiologen, wie Sie in den Kapiteln 8 und 13 sehen werden. Dort erfahren Sie auch mehr über Viren.

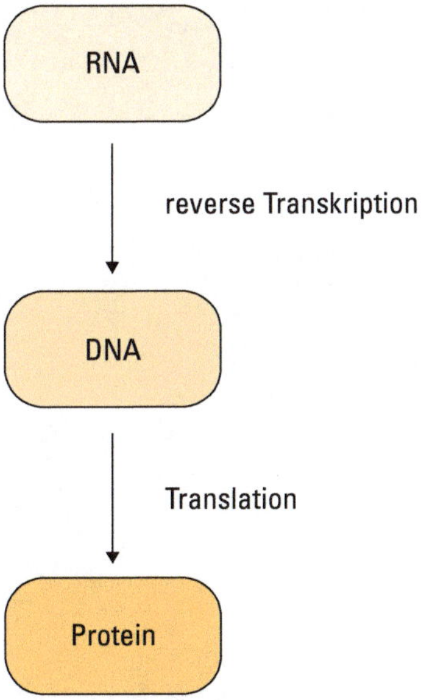

Abbildung 4.4: Bei Retroviren ist die genetische Information als RNA gespeichert.

Das bekannteste Retrovirus ist das Humane Immundefizienz-Virus (HIV), der Aids-Erreger. Aber auch viele Onkoviren (das sind Viren, die Krebs verursachen) gehören dieser Gruppe an.

IN DIESEM KAPITEL

Den genetischen Code knacken

Die Struktur der Proteine

Besuch einer Proteinfabrik

Kapitel 5
Lebewesen sind aus Proteinen gemacht

Jedes Lebewesen besteht aus vielen Tausend verschiedenen Proteinen und dazu auch noch aus Kohlenhydraten, Fetten, Wasser, Mineral- und Spurenelementen. Einzigartig an den Proteinen ist jedoch, dass sie gewissermaßen eine lebenswichtige Doppelfunktion haben. Proteine sind erstens Bausteine: Ob Mensch, Hummel, Giraffe oder Gänseblümchen – der Unterschied zwischen diesen Lebewesen geht auf die Ausstattung ihrer Zellen mit unterschiedlichen Proteinen zurück. Proteine bestimmen damit die Vielfalt des Lebens. Sie sind aber nicht nur Körperbausteine, sondern kontrollieren zweitens als Enzyme jede noch so kleine Reaktion, die in unserem Körper abläuft. Ohne sie wäre Leben gar nicht denkbar. Alle anderen Moleküle kann man also nur mithilfe der Proteine herstellen oder verwerten.

Wie Sie in den vorigen Kapiteln gesehen haben, ist die Bauanleitung für ein Protein als Gen in der DNA-Sequenz – der Nukleotidabfolge – gespeichert. Diese Information wird in die Transportform mRNA übersetzt, und auch in dieser ist der Bauplan für das Protein noch in Form einer Nukleotidsequenz gespeichert. Erst an den Ribosomen wird der genetische Code geknackt und die Nukleotidsequenz in ein Protein übersetzt. Wie das funktioniert und wie dieser Code – die »Geheimsprache der Zelle« – genau aussieht, wollen wir uns nun im Folgenden ansehen.

Der genetische Code

In Kapitel 3 haben Sie gesehen, dass die DNA immer aus den drei Zutaten Zucker, Phosphat und Basen besteht. Zucker und Phosphat sind immer gleich; mit diesen Bausteinen kann man also keine Botschaft für ein Protein verschlüsseln. Bleiben also nur die vier verschiedenen Nukleinbasen A, C, G und T als Code-Alphabet.

Proteine sind lange Perlenketten aus Aminosäuren. Routinemäßig stehen der Zelle dafür 20 verschiedene »Perlen« (die Aminosäuren) zur Auswahl. Zur Verschlüsselung dieser 20 Bausteine hat die Zelle aber nur vier verschiedene Buchstaben (A, C, G und T) zur Verfügung – wie könnte der Code also aussehen? Machen wir ein paar Rechenbeispiele:

1. Die vier Basen ***allein*** reichen zur Codierung bei Weitem nicht aus. Damit könnte es nur vier verschiedene Aminosäuren geben.

2. Auch die Codierung durch eine Kombination von jeweils ***zwei*** aufeinanderfolgenden Basen (also zum Beispiel AT oder CG oder TG) würde nur für $4^2 = 16$ Aminosäuren ausreichen. Immer noch zu wenig Codes für 20 Aminosäuren.

3. Erst wenn man ***drei*** Basen für den Code verwendet (also zum Beispiel ATT oder CGC oder AGC), hat man genügend Schriftzeichen – nämlich $4^3 = 64$ – für 20 Aminosäuren zur Verfügung. Und genau so macht es die Natur.

Der genetische Code – Leseregeln

- ✔ Drei aufeinanderfolgende Basen eines DNA-Strangs – ein ***Basentriplett*** – codieren für je eine Aminosäure.
- ✔ Ein solches Triplett ist die Grundeinheit des genetischen Codes und heißt ***Codon***.
- ✔ Jedes Codon ergibt nur Sinn, wenn es in ***einer Richtung*** (von 5´ nach 3´) gelesen wird. Wir lesen hier ja auch von links nach rechts.
- ✔ Die Codons überlappen sich nicht, jedes Triplett wird separat betrachtet.

Dadurch, dass die Codons getrennt voneinander und nacheinander gelesen werden, entsteht ein sogenannter *Leserahmen*. Dieser beginnt mit dem Startcodon und endet mit dem Stoppcodon. Dazwischen wird Triplett für Triplett hintereinander weg gelesen. Ein Leserahmen könnte beispielsweise wie in Abbildung 5.1 gezeigt aussehen.

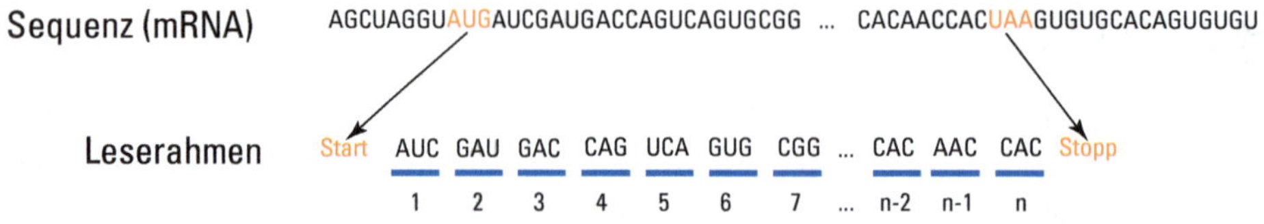

Abbildung 5.1: Der genetische Code ist nicht überlappend, dadurch entsteht ein Leserahmen.

Die Code-Sonne: Hilfsmittel zum Entschlüsseln

Auch der Molekularbiologe muss nicht alle 64 Codes auswendig lernen. Ein sehr praktisches Hilfsmittel, um den genetischen Code zu knacken und in die dazugehörige Aminosäuresequenz zu übersetzen, ist die *Code-Sonne* (siehe Abbildung 5.2). Man liest sie von innen nach außen und kann dann für jedes Triplett die zugehörige Aminosäure bequem ablesen.

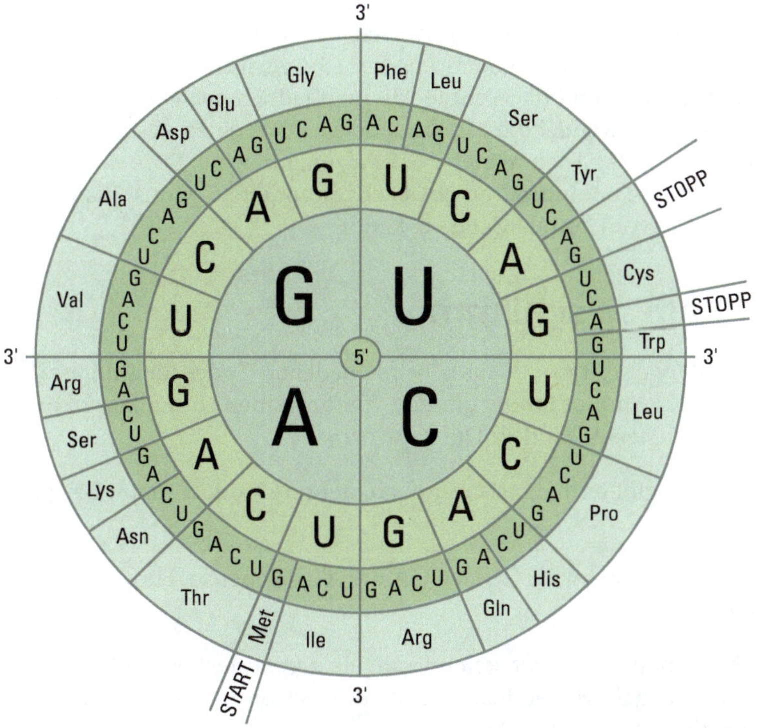

Abbildung 5.2: In der Code-Sonne sind alle 64 möglichen Basentripletts der mRNA (deshalb Uracil statt Thymin!) aufgeführt. Von innen nach außen gelesen findet man zu jedem Triplett-Code die verschlüsselte Aminosäure. Zum Beispiel: GCC bedeutet Alanin, AAA Lysin und CCA Prolin.

Die Abkürzungen für die Aminosäuren bedeuten: Ala = Alanin, Arg = Arginin, Asn = Asparagin, Asp = Asparaginsäure, Cys = Cystein, Gln = Glutamin, Glu = Glutaminsäure, Gly = Glycin, His = Histidin, Ile = Isoleucin, Leu = Leucin, Lys = Lysin, Met = Methionin, Phe = Phenylalanin, Pro = Prolin, Ser = Serin, Thr = Threonin, Trp = Tryptophan, Tyr = Tyrosin, Val = Valin.

Sieht man sich die Code-Sonne genau an, so stellt man fest, dass nicht alle 64 Tripletts auch für Aminosäuren codieren, sondern nur 61. Es gibt nämlich noch zwei andere wichtige Arten von Codons:

- ***AUG*** markiert als **Startcodon** den Anfang eines Gens und ist damit ein sehr wichtiges Erkennungssignal. Gleichzeitig ist das Triplett aber auch Code für die Aminosäure Methionin. Es ist nun aber nicht etwa so, dass alle

Proteine zwangsläufig mit Methionin anfangen müssen. Sie werden nach ihrer Herstellung oft noch bearbeitet, sodass nur wenige der fertigen Proteine dann noch Methionin als erste Aminosäure haben.

- Die drei Tripletts ***UAA***, ***UAG*** und ***UGA*** sind als **Stoppcodons** das Signal für das Ende eines Gens. Sie codieren für keine Aminosäure, sodass keine tRNA gebunden werden kann und die Aminosäurekette damit automatisch abbricht.

Lange Zeit galt der genetische Code als universell – man glaubte, dass jedes Lebewesen in allen Zellen die gleiche genetische Sprache verwendet. Dies ist zwar grundsätzlich richtig, nach und nach entdeckte man jedoch auch ein paar Ausnahmen. Zum Beispiel verwendet die Mitochondrien-DNA einen etwas anderen Code als die Zellkern-DNA. Auch manche Grünalgen, Einzeller, Pilze oder Bakterien haben für einzelne Aminosäuren etwas abgewandelte Codons. Bis heute sind 16 Abweichungen vom Standardcode bekannt.

Degeneration ist halb so schlimm

Wundern Sie sich nicht, warum es ein Alphabet aus 61 verschiedenen Codes für Aminosäuren gibt, aber im Zellalltag nur 20 Aminosäuren zum Bau von Proteinen zum Einsatz kommen? Was ist dann mit den restlichen 41 Codes? Die Antwort:

Für ein und dieselbe Aminosäure gibt es manchmal einfach mehrere Codons. Zum Beispiel steht

> CG**C** für die Aminosäure Arginin – aber CG**U**, CG**A** und CG**G** ebenso. Für Arginin gibt es vier verschiedene Codes.

Aus diesem Grund bezeichnet man den genetischen Code als *degeneriert*. Es ist bei manchen Aminosäuren vollkommen egal, welche Base die dritte Position im Code einnimmt, entscheidend sind dann nur die ersten beiden Basen.

Vorsicht: Das gilt aber nicht für alle Aminosäuren. Zum Beispiel gibt es für die beiden Aminosäuren Methionin und Tryptophan nur ein einziges Codon!

Die Wobble-Hypothese (Wackelbasen-Hypothese)

Die Wobble-Hypothese (vom Englischen *to wobble* = wackeln) stammt von Francis Crick, einem der DNA-Entdecker. Er erklärte damit die Beobachtung, dass es zwar 64 verschiedene Tripletts, aber nur 20 Aminosäuren und auch nicht mehr als 41 verschiedene tRNAs in einer Zelle gibt.

Nach Crick wird ein *Wobble* bei der Übersetzung der RNA in ein Protein (Translation) möglich, weil die Basenpaarung, die dabei zwischen mRNA und tRNA stattfindet, nur bei der ersten und zweiten Base durch eine feste Wasserstoffbrücke fixiert wird. Die Bindung der dritten Base ist weitaus schwächer – also *wackeliger* – und kann deshalb auch zu unüblichen Basenpaarungen führen. Zum Beispiel ist dort eine Basenpaarung von G mit U zulässig, obwohl G sonst nur mit C paart (siehe Kapitel 3 für Details).

Damit solche sonst verbotenen Paarungen möglich sind, müssen die Basen während der Translation aus ihrer normalen Position am Ribosom »herauswackeln«. Genaueres über den Vorgang der Proteinbiosynthese erfahren Sie weiter hinten in diesem Kapitel im Abschnitt über die Translation.

Die Genauigkeit leidet vielleicht etwas unter den Wackelbasen, dafür nimmt die Schnelligkeit zu. Diesen Kompromiss muss die Natur eingehen; nur so kann die relativ hohe Translationsgeschwindigkeit erreicht werden, die im Proteinstoffwechsel nötig ist, um neues Material heranzuschaffen und damit die Zelle lebensfähig zu erhalten.

Degeneration bedeutet im Zusammenhang mit dem genetischen Code nichts Negatives, sondern hat einen entscheidenden Vorteil: größere Flexibilität und die Toleranz kleiner Fehler. Verändert nämlich eine Mutation – also praktisch ein Unfall auf DNA-Ebene – die letzte Base des Tripletts, muss sich das nicht unbedingt auf das zukünftige Protein auswirken: Man nennt das *stille Mutation*. In das Protein wird trotz des Basenaustauschs die korrekte Aminosäure eingebaut. Die Zelle bekommt von diesem kleinen Unfall gar nichts mit, während es fatale Folgen haben könnte, wenn die falsche Aminosäure eingebaut würde.

Da der genetische Code degeneriert ist, kann man die Code-Sonne leider nicht einfach umkehren! Von der Aminosäure lässt sich nur in wenigen Fällen eindeutig auf das Triplett rückschließen, das für diese Aminosäure steht.

Proteine sind Perlenketten aus Aminosäuren

Die meisten Molekularbiologen beschäftigen sich entweder mit *Nukleinsäuren* (und nennen sich *Genomiker*) oder mit den *Proteinen* (dann sind es *Proteomiker*). Beide Gruppen finden natürlich »ihre« Moleküle am wichtigsten und interessantesten überhaupt. Proteomiker argumentieren damit, dass Proteine *die* Hauptfiguren des Stoffwechsels sind, und haben damit auch nicht ganz unrecht. Protein ist nach Wasser die Substanz, die mengenmäßig am häufigsten in Lebewesen vorkommt. Und als Enzyme haben Proteine praktisch die Leitung über den gesamten Stoffwechsel. Dagegen meinen Genomiker zu Recht, dass das Genom die grundlegenden Informationen enthält, damit ein Protein überhaupt erst entstehen kann.

Proteine – auch manchmal Eiweiße genannt – sind chemisch gesehen unterschiedlich lange Ketten (Polypeptide) aus aneinandergereihten kleinen Bausteinen, den *Aminosäuren.* Die Information darüber, welche Aminosäure an welcher Position eingebaut wird, ist in der Basenabfolge der DNA gespeichert. Diese Bauanleitung wird über die Transportform mRNA zu den Ribosomen gebracht und dort in eine Aminosäuresequenz übersetzt.

Die meisten Proteine bestehen aus 100 bis 300 Aminosäuren, können aber auch wesentlich größer sein. Im größten bekannten menschlichen Protein, dem Muskelprotein Titin, sind beispielsweise über 30.000 Aminosäuren miteinander verknüpft.

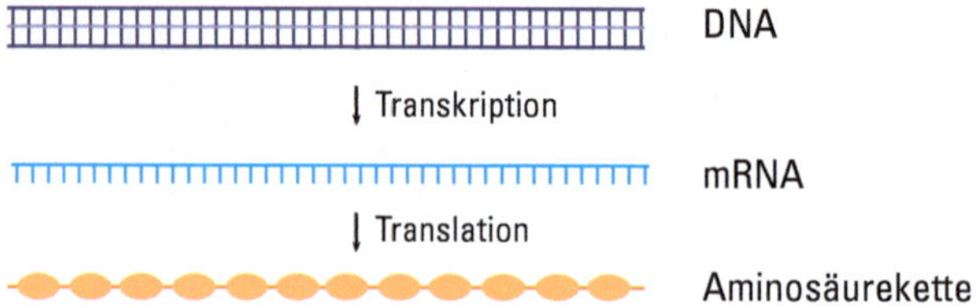

Abbildung 5.3: Aus der in der Nukleinsäure gespeicherten genetischen Information werden Proteine.

Der Chemiker bezeichnet Aminosäuren korrekt als ***α-Aminocarbonsäuren.*** Das heißt übersetzt, sie besitzen ein zentrales Kohlenstoffatom (das α-C-Atom) und je

- eine ***Carboxyl(COOH)-Gruppe***
- eine ***Amino(NH_2)-Gruppe***
- ein ***Wasserstoff(H)-Atom***
- eine ***Seitenkette,*** die ganz verschieden sein kann und die für die Unterschiede zwischen den verschiedenen Aminosäuren verantwortlich ist.

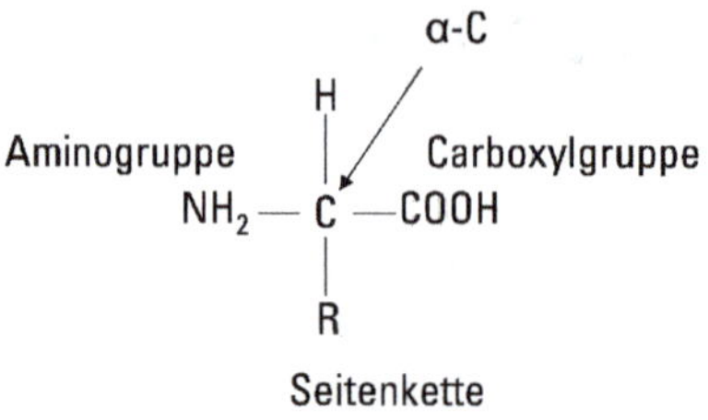

Abbildung 5.4: Grundstruktur einer Aminosäure. Die Seitenkette oder Restgruppe R bestimmt die Eigenschaft der Aminosäure.

Es gibt zahlreiche verschiedene Aminosäuren, aber nur 20 werden im Alltag der Zelle regelmäßig in Proteine eingebaut. Man nennt sie *proteinogene Aminosäuren,* manchmal auch *kanonische Aminosäuren.* Je nachdem, welche Aminosäuren für das Endprodukt verwendet werden, können sich die Proteine in ihren

Eigenschaften teilweise erheblich voneinander unterscheiden. Man denke nur an zwei extreme Beispiele:

- Das *Eiklar des Hühnereis* ist glibberig, wasserlöslich und stockt beim Kochen.
- Das *Keratin in Haaren, Nägeln und Krallen* dagegen ist hart, unlöslich und widerstandsfähig.

Beide Proteine haben den gleichen chemischen Grundbauplan, es wurden nur unterschiedliche Bausteine (Aminosäuren) kombiniert. Alle Proteine, die in Prokaryoten, Pflanzen oder Tieren vorkommen, sind aus diesen 20 Aminosäuren zusammengesetzt. Von diesen 20 Bausteinen kann der Mensch aber nur zwölf selbst herstellen oder in seinem Darm durch bakterielle Mitbewohner herstellen lassen.

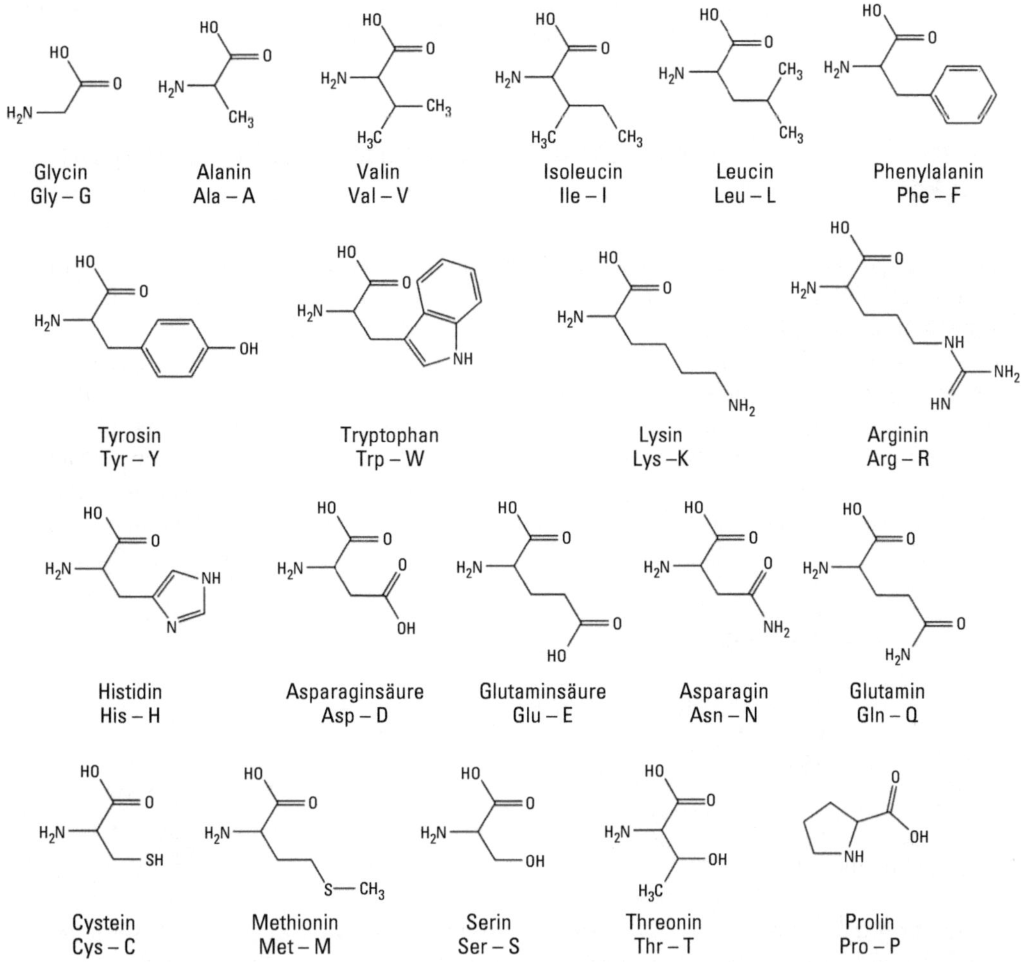

Abbildung 5.5: Die 20 proteinogenen Aminosäuren. Sie unterscheiden sich lediglich in der Seitenkette voneinander. (© logos2012/stock.adobe.com)

Die restlichen acht Aminosäuren muss er mit der Nahrung zu sich nehmen, es sind *essenzielle Aminosäuren*. Man kann sich diese gut mit dem Satz merken:

»Leider fehlen wichtige Moleküle im Körper vieler Tiere.«

Dabei steht jeder Anfangsbuchstabe im Satz für den Einbuchstabencode einer Aminosäure – also L F W M I K V T = Leucin, Phenylalain, Tryptophan, Methionin, Isoleucin, Lysin, Valin, Threonin.

In der DNA ist lediglich die Information für die 20 proteinogenen Aminosäuren gespeichert. Es gibt im Organismus aber noch eine ganze Reihe weiterer Aminosäuren, die zwar nicht in Proteine eingebaut werden, aber wichtige Funktionen im Stoffwechsel übernehmen. Sie sind Derivate der proteinogenen Aminosäuren, das heißt, sie entstehen aus den proteinogenen Aminosäuren, indem diese chemisch modifiziert werden. Bekannte Beispiele hierfür sind die Schilddrüsenhormone Thyroxin oder das Stresshormon Adrenalin aus der Nebenniere, die sich von der proteinogenen Aminosäure Tyrosin ableiten.

Aminosäure Nummer 21, 22 und 23: Selenocystein, Pyrrolysin und Formylmethionin

Erst vor einigen Jahren entdeckte man, dass in Proteinen manchmal auch noch eine 21. Aminosäure vorkommt, das *Selenocystein*, daher werden Sie in einigen Büchern auch die Zahl 21 für proteinogene Aminosäuren finden. Selenocystein entsteht, indem Selen statt Schwefel an die Aminosäure Serin angehängt wird. Allerdings kommt das Selenocystein nur in relativ wenigen Proteinen vor, und seine Entstehung ist verglichen mit den 20 anderen Aminosäuren etwas ungewöhnlich, sodass Selenocystein in den meisten Fällen nicht zu den proteinogenen Aminosäuren gezählt wird. Da diese Aminosäure über kein eigenes Codon verfügt, muss bei der Herstellung von Selenoproteinen (also Proteinen, die Selenocystein enthalten) das Ribosom so umprogrammiert werden, dass Selenocystein eingebaut werden kann.

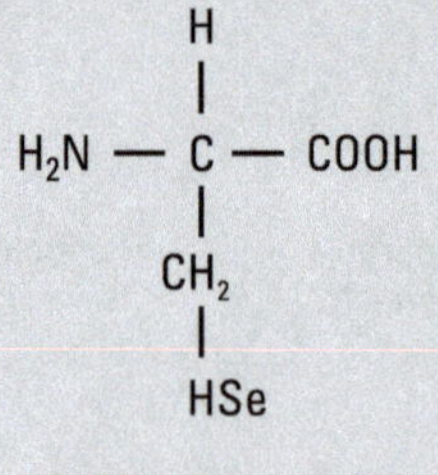

Abbildung 5.6: Selenocystein als proteinogene Aminosäure Nummer 21

Ähnliches gilt für die Aminosäuren *Pyrrolysin* und *Formylmethionin*. Auch sie leiten sich von den beiden Standardaminosäuren Lysin und Methionin ab, indem diese chemisch leicht verändert werden. Aber auch sie kommen nicht oft vor und werden deshalb von vielen Wissenschaftlern nicht zu den proteinogenen Aminosäuren gerechnet.

Aminosäuren halten über Peptidbindungen zusammen

Proteine entstehen, wenn sich proteinogene Aminosäuren miteinander über *Peptidbindungen* verbinden.

Wenn zwei Aminosäuren aufeinandertreffen und miteinander eine Peptidbindung eingehen wollen, kann man sich das wie folgt vorstellen: Aminosäure Nr. 1 reicht Aminosäure Nr. 2 ihren Arm, an dem die Carboxyl(COOH)-Gruppe hängt, und nimmt den Arm mit der Amino(NH_2)-Gruppe der Aminosäure Nr. 2. Dabei spaltet sich Wasser ab, und eine Peptidbindung -NH-CO- wird geknüpft. Das Ergebnis dieses Treffens ist ein Dipeptid. Auf diese Weise können Ketten aus mehreren Hundert Aminosäuren entstehen. Man bezeichnet eine solche Perlenkette als Aminosäuresequenz oder *Primärstruktur* des Proteins. Wie es zu einer Peptidbindung kommt, ist auch in Abbildung 5.7 dargestellt.

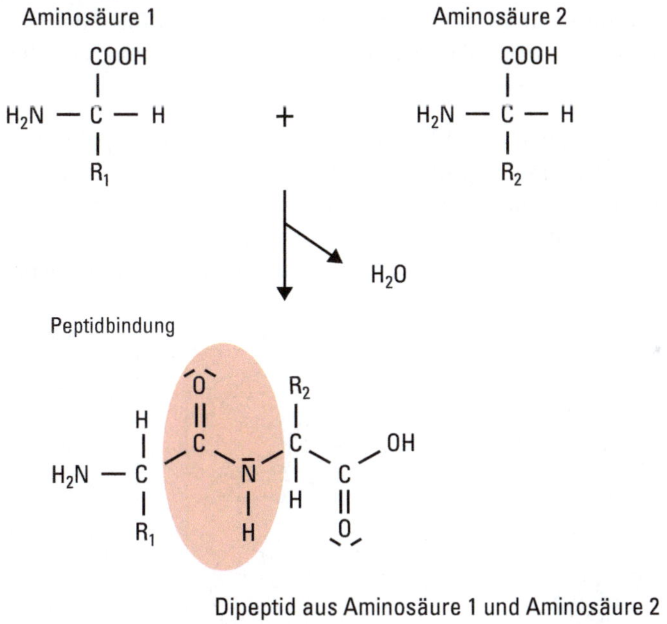

Abbildung 5.7: Aminosäuren verbinden sich über Peptidbindungen zu Peptiden (< 100 Aminosäuren) und Proteinen (> 100 Aminosäuren).

Nur gefaltet aktiv: Von der Primär- zur Quartärstruktur

In der Regel liegen Proteine in der Zelle nicht linear als einfache »Perlenketten« vor, sondern die meist sehr langen Ketten bilden komplizierte 3D-Strukturen. Nur in dieser korrekt gefalteten Form sind Proteine aktiv und können die ihnen jeweils zugedachte Funktion erfüllen, beispielsweise als Enzym oder Transportmolekül.

Dabei unterscheidet man vier verschiedene Faltungsebenen der Anordnung von Proteinen im Raum:

1. Die lineare Perlenkette – also die Aminosäuresequenz – ist die **Primärstruktur** des Proteins. Sie ist in der Nukleotidsequenz der DNA festgelegt und bestimmt auch, wie alle weiteren Faltungsebenen aussehen.

2. Die **Sekundärstruktur** ist die lokale räumliche Anordnung der Peptidkette selbst: Über die Bildung von Wasserstoffbrücken zwischen den CO- und NH-Gruppen in der Nähe liegender Aminosäuren kann sich die Kette wie eine Schraube aufdrehen (eine *α-Helix*) oder mit weiter entfernt liegenden Bereichen der gleichen oder einer zweiten Kette eine Zickzackform bilden, die an Plisseefalten erinnert (ein *β-Faltblatt*).

3. Als **Tertiärstruktur** bezeichnet man die dreidimensionale Anordnung der Sekundärstruktur im Raum. Hierfür sind die Seitenketten verantwortlich, die Bindungen miteinander eingehen (zum Beispiel Disulfid- oder Wasserstoffbrücken) und dadurch α-Helix oder β-Faltblatt nochmals verdrillen, falten oder knicken.

4. In der **Quartärstruktur** schließen sich mehrere Tertiärstrukturen unterschiedlicher Proteine zu größeren Einheiten zusammen, etwa wie eine Bürogemeinschaft, die eine gemeinsame Basis nutzt, aber unterschiedliche Aufgaben abdeckt. Beispiele für solche Proteinkomplexe sind die Ribosomen, viele Enzyme oder das Hämoglobin, das den Sauerstoff im Blut transportiert.

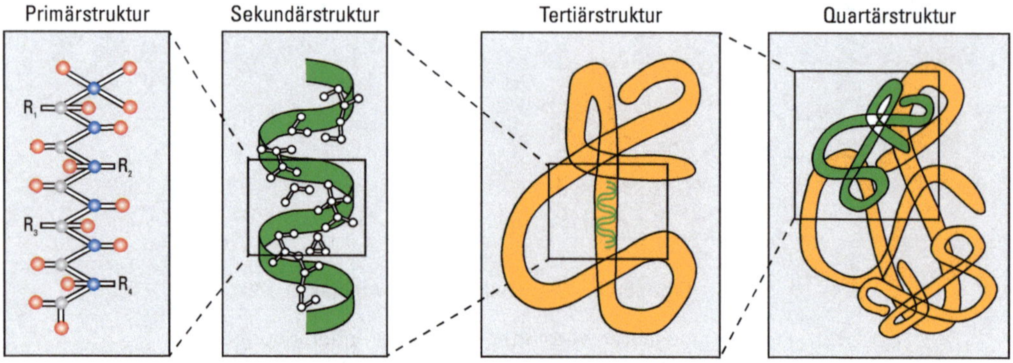

Abbildung 5.8: Aus den Aminosäure-Perlenketten entstehen komplizierte dreidimensionale Strukturen, die das Protein erst funktionstüchtig machen.

Die Faltung der Primärstruktur zum funktionstüchtigen dreidimensionalen Protein wird bereits während und vor allem nach der Synthese an den Ribosomen vorgenommen. Die richtige Faltung eines Proteins ist außerordentlich wichtig, denn Proteine, die nicht »in Form sind«, können die Ursache für Krankheiten wie Alzheimer oder Parkinson sein. Bei der Parkinsonkrankheit wird beispielsweise ein Schutzfaktor nicht korrekt gefaltet, nämlich das Protein Parkin, das normalerweise das Absterben von Nervenzellen im Gehirn verhindert.

Für dieses wichtige Unterfangen wird den Proteinen eine Art »Anstandsdame« zur Seite gestellt. Die *Chaperone* (englisch für Anstandsdamen) sind ebenfalls Proteine, die den neu synthetisierten Kollegen helfen, sich korrekt zu falten. Wie diese molekularen Helfer ihre Tätigkeit ausüben, ist noch nicht vollständig geklärt. Man vermutet aber, dass die Anstandsdamen die Proteine durch Wechselwirkungen so lange festhalten, bis sie korrekt gefaltet sind. Tritt dies nach einer bestimmten Zeit nicht ein, wird dem Protein nicht erlaubt, die Zelle zu verlassen – es wird dann einfach abgebaut.

Zu Besuch in einer Proteinfabrik

Die Proteinfabrik der Zelle ist das *Ribosom*. Dieses Zellorganell von nur wenigen Nanometern Größe ist ein Komplex aus unterschiedlichen Proteinen und speziellen Ribonukleinsäuren, die *rRNA* (ribosomale Ribonukleinsäure) genannt werden.

Da der Organismus laufend große Mengen an Protein produzieren muss (beim Menschen beispielsweise rund 400 Gramm am Tag), sind im Cytoplasma einer typischen Zelle Millionen von Proteinfabriken angesiedelt. Sogar die einzige Zelle eines kleinen Darmbakteriums enthält etwa 15.000 Ribosomen.

Um ein Protein herstellen zu können, erhält eine Proteinfabrik ständig neue Lieferungen mit Bauaufträgen, Bausteinen und Hilfsmitteln. Diese sind:

- **Die Boten-RNA (messenger oder mRNA):** Sie transportiert den in der DNA verschlüsselten Bauplan für jedes einzelne Protein aus dem Zellkern zum Ribosom. Aufgrund der Anweisungen in der mRNA wird hier das Protein zusammengebaut. Man nennt diesen Vorgang ***Translation***.
- **Aminosäuren:** Sie sind die Bausteine des Proteins und werden an den Ribosomen über Peptidbindungen zu mehr oder weniger langen Ketten verknüpft – genauso, wie es in der mRNA geschrieben steht.
- **Die transfer RNA (tRNA):** Sie ist der Aminosäure-Transporter – diese spezielle Ribonukleinsäure hat eine kleeblattähnliche Form, die durch Basenpaarungen innerhalb des Moleküls entsteht (wie eine tRNA aussieht, zeigt Abbildung 4.2).

Es gibt insgesamt 41 verschiedene tRNA-Moleküle, beim Menschen kommen zum Beispiel 31 vor – also mehr als eine für jede der 20 Aminosäuren. Die tRNA wird mit »ihrer« speziellen Aminosäure beladen, transportiert diese zum Ribosom und liefert sie dort ab. Dazu hat jedes tRNA-Molekül ein spezifisches Basentriplett entsprechend seiner geladenen Aminosäure in der mittleren Schleife seines Kleeblatts, das *Anticodon*. Passt dieses Triplett zum komplementären Codon der mRNA, so kann sich die tRNA dort anlagern und die mitgebrachte Aminosäure an die entstehende Proteinkette anknüpfen.

Viele Antibiotika, die wir vom Arzt verschrieben bekommen, blockieren die Ribosomen der Bakterien, die uns erkranken lassen. Die Medikamente verhindern äußerst wirkungsvoll, dass die Bakterienzelle weiterhin Proteine an ihren eigenen Ribosomen herstellt und es sich in unserem Körper gemütlich machen kann. Ohne laufende Proteinproduktion geht das Bakterium dann über kurz oder lang zugrunde.

Diese Art der Behandlung funktioniert allerdings nur, weil sich Ihre Ribosomen von denen der bakteriellen Invasoren unterscheiden. Bestimmte Antibiotika hemmen nur die prokaryotischen und nicht die eukaryotischen Ribosomen Ihrer Körperzellen.

Die Translation: Aus RNA wird Protein

Den Vorgang der Proteinherstellung nennt man ***Translation***, also die Übersetzung einer Sprache in eine andere. In diesem Fall wird die »Nukleinsäuresprache« der DNA beziehungsweise der mRNA-Kopie am Ribosom in die »Aminosäuresprache« eines Proteins übersetzt. Das Ergebnis ist ein lineares Proteinmolekül, das anschließend noch zu einer funktionstüchtigen Form gefaltet wird.

Die Translation läuft analog zur Transkription in drei Schritten ab (siehe auch Abbildung 5.9):

1. **Initiation (Translationsstart):** Bevor die Translation beginnen kann, werden die tRNA-Moleküle mit Aminosäuren beladen; auch das Ribosom macht sich startklar, indem es seine Untereinheiten zusammenfügt.

   Der Startpunkt für die Translation ist die Kappe am 5´-Ende der mRNA (siehe Kapitel 4). An dieser Kappe fischt sich das Ribosom die mRNA aus dem Cytoplasma und sucht so lange nach dem Startcodon, bis es das Triplett AUG, den Code für die Aminosäure Methionin, gefunden hat. Dabei leisten spezielle Proteine, die *Initiationsfaktoren*, Unterstützung. Jetzt erst kann es richtig losgehen.

2. **Elongation (Kettenverlängerung):** Vom Startcodon aus werden weitere Aminosäuren an die erste Aminosäure, das Methionin, angehängt. Dabei bringt das Ribosom jeweils eine mit Aminosäure beladene tRNA (*Aminoacyl-tRNA* genannt) so mit der mRNA zusammen, dass sich zwischen deren Codon und dem passenden Anticodon der tRNA eine Basenpaarung ausbildet (siehe auch den Kasten »Die Wobble-Hypothese« weiter vorne in diesem Kapitel). Eine zweite, ebenfalls mit ihrer Aminosäure beladene tRNA setzt sich nach dem gleichen Prinzip daneben, und zwischen den beiden an ihren tRNAs hängenden Aminosäuren wird eine Peptidbindung geknüpft. Die erste tRNA verlässt unbeladen das Ribosom. Es lagert sich eine dritte beladene tRNA an, und zwischen Aminosäure zwei und drei wird ebenfalls eine Peptidbindung geknüpft. tRNA Nr. 2 verlässt nun ebenfalls ohne ihre Ladung das Ribosom, tRNA Nr. 4 setzt sich neben tRNA Nr. 3 und so weiter. Eine immer länger werdende Kette aus Aminosäuren entsteht.

Dabei bewegt sich das Ribosom jeweils um ein Codon auf der mRNA weiter, und zwar immer vom 5´- zum 3´-Ende.

3. **Termination (Ende):** Die Kette wird so lange verlängert, bis die in der mRNA gespeicherte Information abgearbeitet ist. Dann trifft das Ribosom auf eines der drei Stoppcodons, an die keine tRNA mehr andocken kann. Das neu hergestellte Protein, die mRNA und die letzte tRNA lösen sich vom Ribosom. Die Translation ist beendet.

   Die Untereinheiten des Ribosoms können sich nun eine andere mRNA aus dem Cytoplasma fischen, und ein neuer Translationsvorgang startet. Auch die tRNAs sind recyclingfähig und können wieder mit »ihrer« Aminosäure beladen werden. Eine mRNA wird oft mehr als einmal in ein Protein übersetzt, bevor sie dann früher oder später von speziellen Enzymen abgebaut wird. Dies ist ein wichtiger Regulationsmechanismus der Zelle, damit immer nur die gerade benötigten Proteine neu produziert werden.

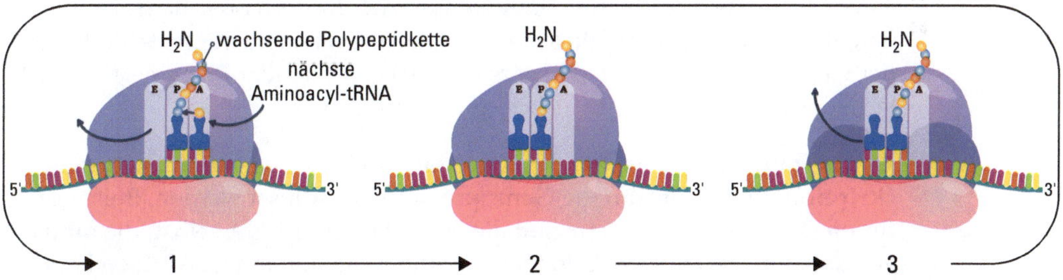

Abbildung 5.9: Die Translation läuft in drei Schritten ab (Beschreibung der drei Schritte im Text). A = Aminoacyl-Erkennungsort, P = Peptidydstelle, E = Exit-Stelle (© VectorMine/stock.adobe.com)

Am Ribosom gibt es drei Stellen, die für die Translation wichtig sind: Am Aminoacyl-Erkennungsort (A-Stelle) wird die zur mRNA passende Aminoacyl-tRNA gebunden. In der Position in der Mitte (der P- oder Peptidylstelle) wird die neue Peptidbindung geknüpft, und an der E(Exit)-Stelle verlässt die wachsende Peptidkette das Ribosom.

Genexpression: Alles unter Kontrolle hier!

Woher weiß eine Zelle eigentlich, welche Proteine sie gerade braucht? Die DNA im Zellkern trägt zwar die Information für viele Tausend verschiedene Proteine in sich, aber alles ist nach dem gleichen Prinzip niedergeschrieben. Trotzdem wird normalerweise zu einem bestimmten Zeitpunkt nur ein Bruchteil dieser Informationen abgelesen und übersetzt: Gene können an- und abgeschaltet werden. Wird ein Gen angeschaltet und in ein Protein übersetzt, dann sagt der Molekularbiologe dazu: *Das Gen wird exprimiert.* Dieser komplizierte mehrstufige Prozess unterliegt einer ausgeklügelten Kontrolle.

Es gibt verschiedene Stufen zwischen einem Gen und einem funktionstüchtigen Protein, an denen die Zelle die Genexpression kontrollieren kann. Im Folgenden ein paar Beispiele; einen Überblick über die verschiedenen Stufen erhalten Sie auch in Abbildung 5.10.

- Die **Position des Gens** auf den Chromosomen bestimmt, wie gut es zugänglich ist und wie leicht es abgelesen werden kann. Je besser ein Gen zugänglich ist, desto häufiger kann es abgelesen werden.
- In der DNA selbst sind **Steuerelemente** codiert. Diese Steuerelemente sind kurze Nukleotidsequenzen, die aktiviert werden können und dann fördernd oder hemmend auf die Expression eines Gens wirken. Die Transkription kann beispielsweise beschleunigt werden, sodass das Gen schneller und häufiger abgelesen wird. Gene können auch in mehreren Kopien in der DNA vorliegen und werden entsprechend mehrmals abgelesen.
- Es gibt aber auch auf der Ebene der Transkription spezielle Proteine, die als Außenstehende das Ablesen eines Gens gezielt fördern oder hemmen können, die **Transkriptionsfaktoren**. Sie spielen eine herausragende Rolle bei der Genregulation: Man weiß, dass etwa 10 Prozent aller Proteine einer Zelle an der Regulation der Transkription beteiligt sind.
- Ist die Transkription bereits erfolgt, kann durch die sogenannte **posttranskriptionale Regulation** die Genexpression beeinflusst werden. Beispiele für diese Art der Regulation sind die Stabilität der mRNA selbst, die oft davon abhängt, ob eine RNA doppelsträngige Schleifenbereiche bilden kann, oder auch eine Interaktion mit weiteren RNA-Molekülen, die spezifisch an die mRNA binden und eine Translation verhindern (**RNA-Interferenz**). Etliche moderne Medikamente machen sich übrigens genau dieses Prinzip der RNA-Interferenz zunutze, indem sie die Herstellung krank machender Proteine stören (siehe Kapitel 11).
- Während der Translation können spezielle regulatorische Proteine, die **Translationsfaktoren**, Einfluss auf die Menge an produziertem Protein nehmen.
- Sogar nachdem das Gen bereits komplett exprimiert wurde – das Protein also schon fertig ist –, kann die Zelle durch **posttranslationale Modifikation** noch eingreifen. Beispielsweise kann das Protein gezwungen werden, eine ganz bestimmte dreidimensionale Struktur aus mehreren möglichen Strukturen einzunehmen, oder es können noch verschiedenste Komponenten zum Protein hinzugefügt werden (zum Beispiel Metalle, Phosphat oder Zuckermoleküle).

Dabei treten die verschiedenen Stufen auch miteinander in Wechselwirkung und bilden so noch weitere komplizierte Kontrollmechanismen.

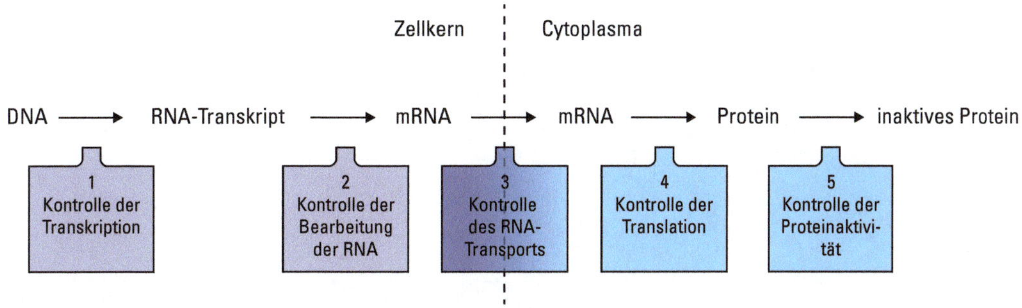

Abbildung 5.10: Die Genexpression bei Eukaryoten kann auf verschiedenen Stufen kontrolliert werden. Es gibt Beispiele für jede der Stufen, aber bei den meisten Genen ist der Hauptkontrollpunkt Schritt Nummer eins – die Transkription.

Welche Gene aktiv sind, kann von verschiedenen Faktoren abhängen. Zum Beispiel:

1. Vom *Entwicklungsstadium*: In einem Embryo müssen andere Gene angeschaltet sein als bei einem erwachsenen Lebewesen. Und auch beim Embryo gibt es verschiedene Entwicklungsstadien mit unterschiedlich aktiven Genen.

2. Vom *Gewebe*: Zellen in verschiedenen Geweben exprimieren unterschiedliche Gene, und genau das macht auch den Unterschied aus – beispielsweise zwischen einer Nervenzelle und einer Muskelzelle oder einer Wurzelzelle und einer Blattzelle.

3. Von *Signalstoffen*: Viele Hormone (zum Beispiel das Schilddrüsenhormon Thyroxin) können die Transkription bestimmter Gene stimulieren.

4. Vom *Licht*: Bei Pflanzen werden Gene für die Photosynthese lichtabhängig exprimiert.

5. Von der *Temperatur*: Wird ein Organismus starker Hitze ausgesetzt, wird eine Reihe von Genen aktiviert, die für Hitzeschockproteine (Chaperone) codieren. Sie helfen den anderen Proteinen des Körpers, sich vor der für sie oftmals tödlichen Hitze zu schützen.

6. Von weiteren *Umwelteinflüssen*: etwa Trockenheit, Sauerstoff- oder Nährstoffmangel.

7. Es gibt aber auch Gene, die ständig abgelesen werden und niemals einer Kontrolle unterliegen, denn deren Produkte benötigt die Zelle immer. Man bezeichnet sie als *Housekeeping-Gene*. Diese Haushaltsgene enthalten meistens Informationen, die für die Aufrechterhaltung des Grundstoffwechsels wichtig sind und beispielsweise zur Nahrungsverwertung und Energiegewinnung dienen. Beim Menschen sind etwa 2.000 der insgesamt etwa 20.000 Gene Haushaltsgene.

Teil II

Das Werkzeug des Molekularbiologen

IN DIESEM TEIL …

Nachdem Sie im letzten Teil mit dem theoretischen Rüstzeug des Molekularbiologen wie der Zellbiologie oder der Nukleinsäure- und Proteinbiochemie ins Thema Molekularbiologie eingestiegen sind, werden Sie im nun folgenden Teil dieses Buches zum ersten Mal ein molekularbiologisches Labor betreten. Hier machen Sie Bekanntschaft mit allen Werkzeugen, die der Molekularbiologe für seine tägliche Arbeit braucht: Zunächst einmal wird erklärt, wie ein typisches Labor ausgestattet ist (siehe Kapitel 6), welche lebenden und nicht lebenden Helfer dort zu finden sind (siehe Kapitel 7 und 8) und welche Handwerker dort arbeiten (siehe Kapitel 9).

Anschließend können Sie den Fuhrpark des Molekularbiologen besichtigen, mit dem er seine Moleküle in die lebende Zelle transportiert (siehe Kapitel 10), und es wird erklärt, wie man künstliche Nukleinsäure nach Wunsch herstellt und wofür man sie braucht (siehe Kapitel 11). Ganz zum Schluss sehen wir uns an, welche Automaten und Roboter schon im Labor Einzug gehalten haben (siehe Kapitel 12). Kurz: In diesem zweiten Teil stelle ich Ihnen die Ausstattung und Hilfsmittel vor, die Sie für typische molekularbiologische Arbeiten brauchen werden, bevor Sie sich dann im nächsten Teil in die Experimente stürzen können.

IN DIESEM KAPITEL

Die Ausstattung eines molekularbiologischen Labors

Organisation von Experimenten und Labortätigkeiten

Sicherheitsvorkehrungen im Labor

Kapitel 6
Die Hardware des Molekularbiologen

Auch der brillanteste Molekularbiologe kann die allermeisten seiner nobelpreisverdächtigen Experimente nicht am heimischen Küchentisch durchführen. Er braucht dazu ein Labor samt molekularbiologischer Ausstattung, und dieses kann – je nachdem, ob man an einer Universität, in einer großen oder kleinen Firma arbeitet – sehr unterschiedlich aussehen: Molekularbiologie ist leider ein ziemlich teures Hobby! Allein ein Sequenziergerät kann unter Umständen so viel kosten wie ein kleines Einfamilienhaus. Also muss man sich natürlich sehr genau überlegen, was zum Arbeiten unbedingt gebraucht wird und was Luxus ist. Zudem sollte ein solches Labor wirklich gut organisiert sein – im schlimmsten Chaos nützen auch die teuersten Geräte nicht viel.

Bevor wir also mit den molekularbiologischen Standardmethoden loslegen können, sollten wir uns erst einmal einen typischen Laborarbeitsplatz ansehen. Deshalb geht es in diesem Kapitel um die Hardware des Molekularbiologen – also um »Anschaffungen fürs (Molekularbiologen-)Leben« wie Zentrifuge, Pipetten und andere Klein- und Großgeräte. Außerdem wollen wir uns einem nicht ganz unwesentlichen Punkt widmen, der Sicherheit im Labor.

Die Grundausrüstung: Pipette und Co.

Im Idealfall hat jeder Molekularbiologe seine eigene Laborbank. Dies ist ein eigenes Plätzchen für alle Laborarbeiten, ähnlich der Arbeitsfläche in einer Küche, an der man stehend arbeiten kann. In der Realität sieht das aber meist anders aus. Vor allem an den Universitätsinstituten herrscht oft großer Platzmangel, sodass sich mehrere Molekularbiologen eine *Bench* (wie der Molekularbiologe auch zu seinem Arbeitsplatz sagt) teilen müssen.

Zur Grundausstattung eines molekularbiologischen Arbeitsplatzes wie in Abbildung 6.1 gehören in jedem Fall

- ***Desinfektionsmittel*** (zum Beispiel Alkohol, also Ethanol) und Papiertücher, denn Sauberkeit ist eine der Grundvoraussetzungen molekularbiologischen Arbeitens.
- ***Chemikalien, Lösungen und Wasser***, das mehrfach destilliert und autoklaviert wurde (also ultrarein ist und wirklich nur aus Wasserstoff und Sauerstoff besteht und weder Kalk, Bakterien oder andere Mitbewohner enthält).
- ***Einmalhandschuhe*** aus Vinyl, Latex oder Nitril. Handschuhe trägt der Molekularbiologe nicht nur zum eigenen Schutz, sondern auch, um Verunreinigungen der Nukleinsäuren und Proteine zu verhindern, die er untersucht.
- ***Reaktionsgefäße, Messzylinder, Flaschen und Kolben*** aus Plastik oder Glas, die zuvor sterilisiert wurden. Hier machen meist die sogenannten »Eppis« (Reaktionsgefäße aus Plastik mit Schnappdeckeln, die liebevoll nach der Abkürzung der ursprünglichen Herstellerfirma benannt sind) mit 0,1 bis 2 Milliliter Fassungsvolumen die größte Menge an Verbrauchsmaterial aus.

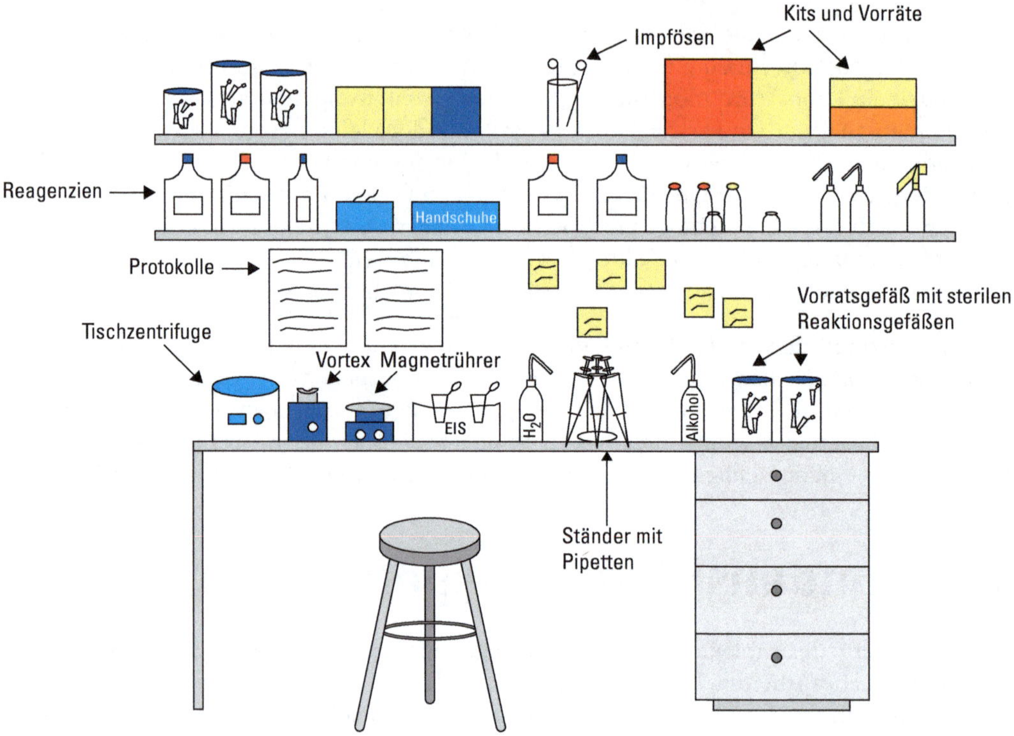

Abbildung 6.1: Der typische Arbeitsplatz eines Molekularbiologen (hier in ziemlich aufgeräumtem Zustand)

- Ein Satz (= drei bis vier) ***Pipetten***, mit denen man idealerweise Volumina zwischen 0,1 und 1.000 Mikrolitern dosieren kann, plus abnehmbare Pipettenspitzen aus Kunststoff. Am besten ist es natürlich, wenn jeder seinen »eigenen« Pipettensatz hat, den nur er verwendet. Wie im ersten Punkt erwähnt, spielt nämlich Sauberkeit eine tragende Rolle bei praktisch jedem Experiment, und da sollte man sich am besten nur auf sich selbst verlassen. Es lohnt sich durchaus, möglichst mit wirklich guten (sprich: leichtgängigen) Pipetten zu arbeiten: Der Daumen eines Molekularbiologen verrichtet nämlich beim Pipettieren im Labor mitunter Schwerstarbeit: Bei alten Modellen muss er oft mehr als 5 Kilogramm pro Aufsaug- und Abgabevorgang stemmen, bei modernen Helfern ist das nur etwa 1 Kilogramm.

- ***Glaspipetten*** zur Dosierung größerer Flüssigkeitsmengen von beispielsweise 10 oder 25 Millilitern, die nach Gebrauch wieder gespült und sterilisiert werden können.

- ***Kühl- (4 °C) und Gefrierschränke (-20 °C)***; hier sollte jeder mindestens ein eigenes Fach haben, das nur er oder sie mit persönlichen Lösungen, Reaktionsprodukten, Enzymen, Proben und Bakterien bis zum Anschlag füllen kann. Dann weiß nämlich jeder im Labor genau, wer aufräumen muss, wenn die Tür oder Schublade nicht mehr zugeht. Weiterhin sollte es Gemeinschaftsfächer geben, in denen beispielsweise gemeinsam genutzte Enzyme alphabetisch geordnet untergebracht sind. Je mehr Ordnung, desto schneller ist die Tür wieder zu – und schont Inhalt, spart Energie und Arbeit, wenn man nicht zu oft abtauen muss!

- ***Zentrifuge***; mit ihr trennt der Molekularbiologe verschiedene Substanzen in Flüssigkeit voneinander – zum Beispiel ganz wichtig bei der Isolierung von DNA aus Zellen (das Prinzip der Zentrifuge wird im nächsten Abschnitt erklärt).

- Ein ***Magnetrührer*** mit Heizvorrichtung sieht aus wie eine Kochplatte und ist eigentlich auch eine. Nur dass es in der Platte noch einen Magneten gibt, der sich bewegen kann. Man verwendet das Gerät, um zum Beispiel Salze in Flüssigkeiten zu lösen. Dazu gibt man einen zweiten kleinen Magneten – den »Rührfisch« – in die Flüssigkeit, der von dem unsichtbaren Magneten in der Platte angezogen wird und sich dadurch in der Flüssigkeit bewegt, ähnlich wie ein Kochlöffel.

- Der ***Vortex*** (übersetzt »Wirbel«) ist ein kleines, aber wichtiges Gerät, das auf keiner Bench fehlen darf. Mit ihm kann man den Inhalt von Reaktionsgefäßen durchmischen, indem man das Gefäß in einen kleinen Gummitopf stellt und kurz »vortext« (auf den Vortex drückt). Durch kräftige, kurze Schüttelbewegungen wird der Inhalt des Reaktionsgefäßes durcheinandergewirbelt und perfekt durchmischt. Es gibt mittlerweile auch schon moderne Luxusversionen davon, in denen ein Infrarot-Bewegungssensor sich nähernde Gefäße erkennt und der Vortex schon automatisch loslegt, sodass man sich das Drücken spart.

- Abwasch- und desinfizierbare ***Ständer*** für Reaktionsgefäße aller Art sowie ***Boxen*** aus Pappe oder Kunststoff zur sicheren Lagerung der kostbaren und meist unter viel Schweiß gewonnenen Proben.
- Große ***Behälter für Eis***, denn viele Reaktionsschritte müssen gekühlt und auf Eis durchgeführt werden.
- Ein ***Abfallgefäß***, das regelmäßig gereinigt und autoklaviert wird, damit vom Inhalt keine Gefahr mehr ausgeht. Am besten kleine Plastiktüten, die man dann nach dem Autoklavieren wegwirft (siehe auch weiter hinten in diesem Kapitel die Abschnitte zu den Themen Sicherheit und Nachhaltigkeit).
- Eine ***Stoppuhr***, mit der Reaktionszeiten exakt gemessen werden können und die idealerweise ein Signal gibt, sodass man – wenn man, wie sehr oft, in einem Labor viele Dinge gleichzeitig macht – weiß, wo man am dringendsten weitermachen muss.

Lebensgefährlich – Pipettieren früher

Heute unvorstellbar, aber noch gar nicht so lange her. Bis etwa 1960 hat der Molekularbiologe seine Proben noch mit dem Mund pipettiert: Glasröhrchen in den Mund, ansaugen und Probe wieder abgeben, so machte man das. Dann wurde sie glücklicherweise erfunden: die *Mikropipette* – oder komplizierter: *Kolbenhubpipette* –, wie sie heutzutage in Laboren auf der ganzen Welt ganz selbstverständlich Tag für Tag unzählige Male zum Einsatz kommt und mittlerweile in den verschiedensten Variationen angeboten wird. Einen Überblick plus Tipps und Tricks, wie man richtig pipettiert, können Sie sich zum Beispiel unter `www.eppendorf.com` und dem Menüpunkt »Liquid Handling« ansehen.

Natürlich gibt es je nach Anwendung noch viele andere Geräte und Materialien, auf die in bestimmten Fällen nicht verzichtet werden kann. Es gibt speziell für Molekularbiologen von vielen Firmen dicke Kataloge, in denen es viel Nützliches, Unnötiges und Luxuriöses zu entdecken gibt. Sehen Sie sich einfach einmal im Internet an, was es so alles gibt (zum Beispiel unter `www.carlroth.com` oder `www.neolab.de`) – Sie werden staunen.

Das Laborkarussell und andere Geräte

Zusätzlich zur (mehr oder weniger) eigenen Laborbank kommen noch größere Geräte und Einheiten, die ein Team gemeinsam benutzt. Damit es keinen Ärger gibt, empfiehlt es sich, zu manchen dieser Geräte Listen zu legen, in die jedes Teammitglied einträgt, von wann bis wann es das Gerät benutzen möchte.

Das kann man zum Beispiel mit einer Folie machen, auf die man einen Wochenstundenplan malt, in den sich jeder mit abwaschbarem Filzstift einträgt – montags wird alles abgewischt, und es kann von Neuem eingetragen werden.

Die wichtigsten (Groß-)Geräte eines molekularbiologischen Labors möchte ich nun im Folgenden vorstellen:

- Elektronische ***Waagen*** und ***Analysenwaagen*** ermöglichen einen sehr genauen Einsatz von kleinsten bis größeren Mengen an Chemikalien.
- Ein ***Photometer*** wird dazu benutzt, um die Konzentration und Reinheit einer Lösung zu bestimmen, zum Beispiel wenn man wissen möchte, welche Menge an DNA, RNA oder Protein man in Wasser oder Puffer gelöst hat, und wie sauber man gearbeitet hat.

Das Prinzip des Photometers

Mit dem Photometer kann man **Lichtstärke** messen. Diese Fähigkeit nutzt man in der Biochemie dazu, um die Konzentration und Reinheit einer Lösung zu bestimmen:

Wird ein Lichtstrahl durch eine Substanz geschickt, die Licht *absorbiert* (»verschluckt«), dann ist der Lichtstrahl anschließend logischerweise nicht mehr so stark wie vorher. Auch Lösungen aus DNA, RNA oder Proteinen absorbieren Licht, und zwar UV-Licht. Dabei bestimmt man Konzentrationen beim Absorptionsmaximum der zu messenden Probe (bei der Wellenlänge in Nanometern (nm), bei der die Substanz am meisten Licht verschluckt). Man misst deshalb

- Nukleinsäuren bei einer Wellenlänge von 260 nm
- Proteine bei einer Wellenlänge von 280 nm

Dank des **Lambert-Beer'schen Gesetzes** kann man aus der Schwächung des Lichtstrahls, die man in Photometern messen kann, die Konzentration der absorbierenden Substanz (also DNA, RNA oder Protein) ganz einfach berechnen. Ein Photometer vergleicht also ganz einfach den Lichtstrahl vorher mit dem Lichtstrahl nachher und berechnet die Differenz der Strahlungsintensität.

Ich möchte Sie hier nicht mit Formeln langweilen – diese sind in allen einschlägigen Lehrbüchern der Biochemie nachzulesen. Sie sollten sich nur Folgendes merken:

$$1\ OD_{260} = 50\ \mu g/ml\ DNA\ oder\ 38\ \mu g/ml\ RNA$$

OD_{260} ist die »optische Dichte bei einer Wellenlänge von 260 Nanometern« – also die Absorption des Lichts bei 260 nm –, und man kann diesen Wert ganz einfach am Photometer ablesen.

Die Formel besagt also in einfachen Worten: Erhalten Sie den Wert von 1, dann haben Sie eine Menge von 50 Mikrogramm DNA in einem Milliliter Lösung aus Wasser oder Puffer. Erhalten Sie den Wert von 0,5, dann ist die Konzentration der Lösung 25 Mikrogramm pro Milliliter und so weiter.

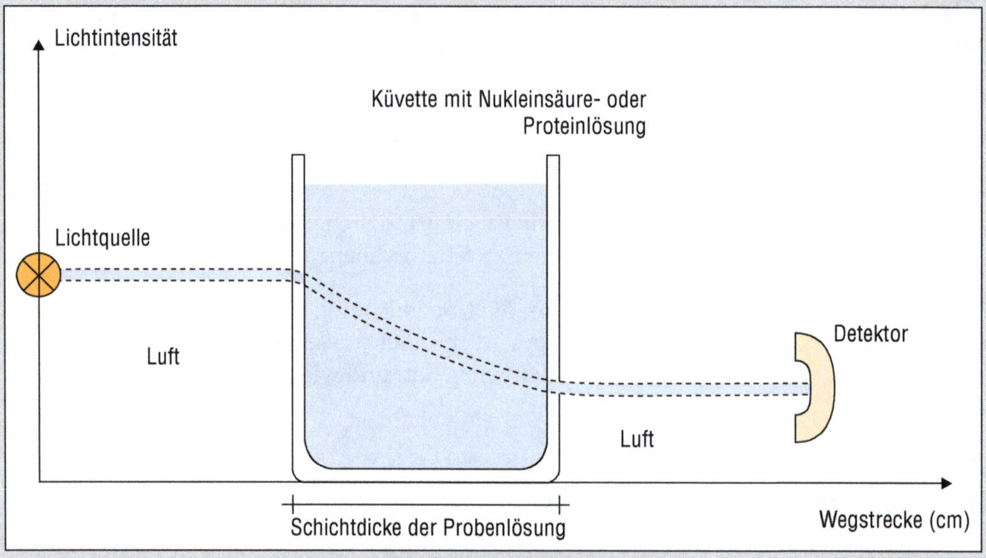

Abbildung 6.2: Funktionsprinzip des Photometers. Wenn UV-Licht durch eine Lösung aus Nukleinsäuren oder Proteinen wandert, wird es absorbiert. Die Intensität des abgeschwächten Lichtstrahls wird vom Photometer bestimmt. Daraus lässt sich dann die Konzentration der Lösung berechnen: Je höher die Konzentration der Lösung, desto mehr wird der Lichtstrahl abgeschwächt.

Bei Proteinen ist die Sache etwas komplizierter. Es gilt als Faustregel etwa:

$$1\ \mathbf{OD_{280} = 1\ mg/ml\ Protein}$$

Allerdings hängt dies stark vom jeweiligen Protein ab; zur Berechnung exakter Werte muss man deshalb die genaue Aminosäuresequenz kennen.

Mit der Konzentrationsbestimmung von Nukleinsäuren beschäftige ich mich noch ausführlicher in Kapitel 13 bei den molekularbiologischen Standardmethoden. Die Konzentrationsbestimmung von Proteinen ist in Kapitel 20 beschrieben.

- Besondere ***Tiefkühler***, die in der Lage sind, Proben bis zu -80 °C zu kühlen. Nur so lassen sich empfindliche Proben wie beispielsweise DNA auch über einen längeren Zeitraum stabil aufbewahren.

- Größere ***Zentrifugen***, in denen man nicht nur kleine »Eppis«, sondern auch größere Gefäße oder Platten mit vielen Proben zentrifugieren kann – und dies eventuell auch noch gekühlt und stundenlang.

Das Prinzip der Zentrifuge

Eine Zentrifuge ist ein Gerät, das die **Zentrifugalkraft** nutzt, um verschiedene Substanzen voneinander zu trennen. So wie Ihre Waschmaschine im Schleudergang Wasser und Wäsche voneinander trennt, sodass die Wäsche nicht mehr tropfnass aufgehängt werden muss. Genauso wie die Waschmaschinentrommel, so bewegt auch ein elektrischer Motor den Rotor der Zentrifuge im Labor.

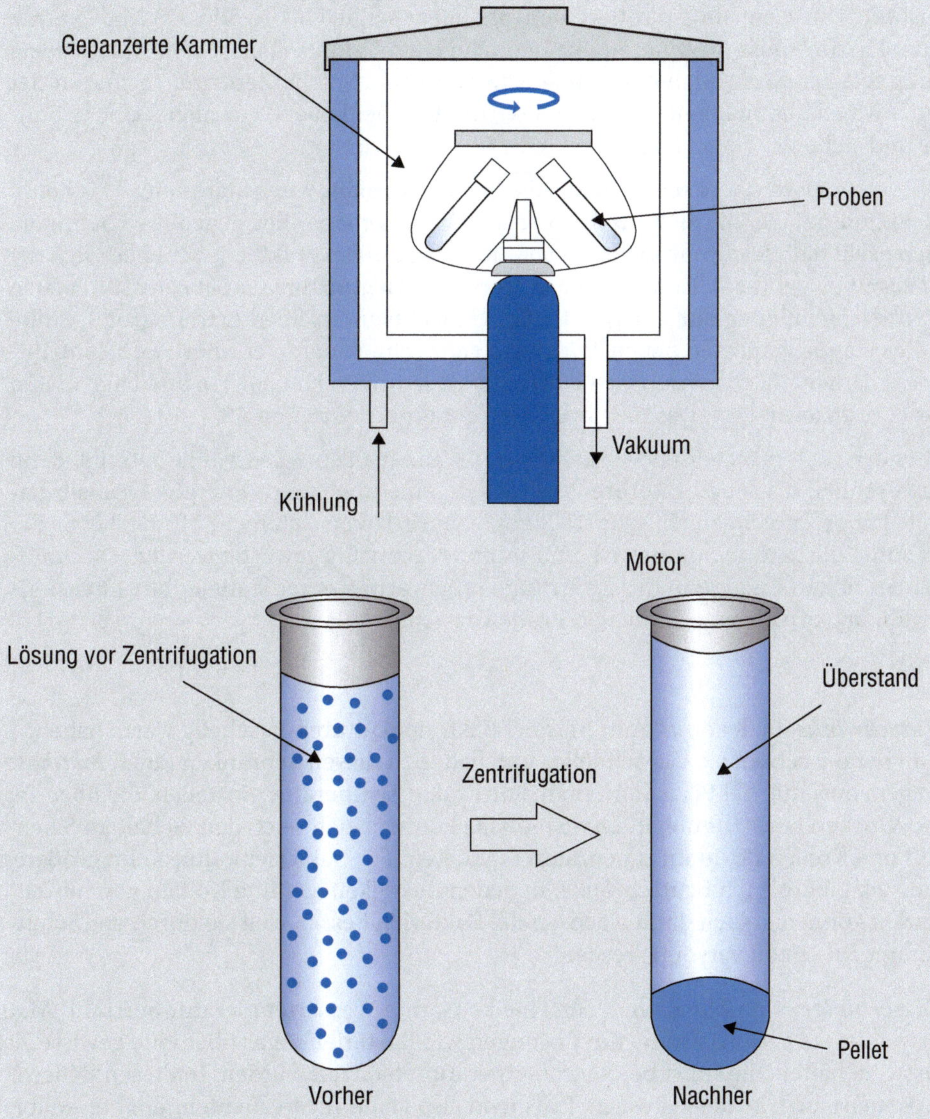

Abbildung 6.3: Funktionsprinzip einer Zentrifuge

In der Molekularbiologie verwendet man die Zentrifuge, um *Flüssigkeiten verschiedener Dichte oder Feststoffe aus einer Flüssigkeit zu trennen*. Dies ist zum Beispiel wichtig bei der DNA-Präparation aus Zellen, um die restlichen Zellbestandteile von der DNA abzutrennen. Dazu gibt man das Gemisch in spezielle Reaktionsgefäße, die so stabil sein müssen, dass sie unter Anwendung der Zentrifugalkraft nicht platzen (das ist sonst eine riesige Sauerei – eine Zentrifuge zu putzen ist gar nicht lustig!).

Kleine Tischzentrifugen können es auf hundert bis zu mehreren Tausend Umdrehungen pro Minute bringen. Für manche Anwendungen braucht man sogar noch eine höhere Leistung: Ultrazentrifugen rotieren unvorstellbar schnell bis zu 500.000 Mal in einer Minute. Hierfür muss im Inneren der Zentrifuge ein Vakuum herrschen, sodass keine Reibung mit den Molekülen der Luft stattfinden kann. Solche Zentrifugen sind in der Welt des Molekularbiologen (wie auch des Atombombenbauers) gar nichts Ungewöhnliches und stehen in vielen Labors.

Beim Zentrifugieren ist es sehr wichtig, die Reaktionsgefäße »auszutarieren«. Das heißt, die Reaktionsgefäße, die sich im Rotor der Zentrifuge einander gegenüber befinden, müssen exakt das gleiche Gewicht haben – und zwar umso exakter, je schneller sich die Zentrifuge bewegt (bei Ultrazentrifugen treten Beschleunigungen bis zum 10^6-Fachen der Erdbeschleunigung auf – da wird jeder Gewichtsunterschied extrem groß!). Sollte man dies einmal vergessen haben, wird man ganz schnell daran erinnert: Die Zentrifuge macht dann nämlich je nach Gewichtsunterschied einen Höllenlärm und fängt an, im Labor herumzuwandern. Das passiert einem garantiert nur einmal!

Es gibt noch weitere Sicherheitsvorkehrungen, wenn man eine Zentrifuge betreibt, denn die sich schnell drehenden Rotoren entwickeln eine ungeheure Energie. Deshalb haben alle Laborzentrifugen ein sehr stabiles Gehäuse, lassen sich nicht öffnen, bevor der Rotor zum Stillstand gekommen ist, und sollten regelmäßig gewartet werden. Da es aufgrund der hohen Energie in der Zentrifuge sehr warm werden kann, gibt es meistens eine Kühlung, um die empfindlichen Proben zu schützen.

- ✔ ***Brutschränke***, in denen es zum Beispiel Bakterienkulturen kuschelig warm haben, denn dann wachsen sie viel schneller und lieber. In diesen Schränken (auch *Inkubatoren* genannt) mit viel Platz kann man eine exakte Temperatur einstellen, die über Tage und Wochen konstant bleibt. Luxusmodelle können auch noch den Gehalt an Sauerstoff und Kohlendioxid im Innenraum regulieren. Für Bakterienkulturen im größeren Maßstab gibt es auch Brutschränke, in denen flüssigkeitsgefüllte Kolben geschüttelt werden können – auch dann wachsen die Bakterien besser, weil sie durch das Schütteln mit Sauerstoff versorgt werden.

- ✔ ***Wasserbäder*** ohne Algen, in denen eine konstante Wassertemperatur herrscht. Man verwendet sie beispielsweise, um Lösungen wie Bakterien-Agar über eine gewisse Zeit flüssig zu halten, die sonst bei Raumtemperatur erstarren würden. In diesen Bädern ist es meist auch kuschelig warm. Falls man also keine Algen züchten möchte, sollte man sie regelmäßig reinigen und zudem einen chemischen Stabilisator ins Wasser geben, der das Algenwachstum verhindert.

- Der ***Autoklav*** ist eines der wichtigsten Geräte im Labor. In ihm werden Reaktionsgefäße, Pipettenspitzen oder Glaspipetten sterilisiert, bevor sie mit kostbarem Probenmaterial oder Enzymen in Kontakt kommen und diese sonst verunreinigen könnten. Und auch der Abfall eines molekularbiologischen Labors wird zunächst autoklaviert, bevor er entsorgt wird.

Das Prinzip des Autoklaven

Der Autoklav ist im Prinzip ein großer **Schnellkochtopf**, also ein luftdicht verschließbarer Druckbehälter, in dem Flüssigkeiten und feste Stoffe unter erhöhtem Druck in Wasserdampf und Temperaturen über 100 °C **sterilisiert** werden. Diese feuchte Hitze im Autoklaven schädigt Bakterien und viele ihrer Sporen, sodass sich die Zahl der Keime stark reduziert. Wie wirksam das ist, hängt von der Sterilisationszeit ab. In der Regel dauert die ganze Prozedur mit Aufheizen und Abkühlen eine gute Stunde. Die festen Substanzen sind dann natürlich noch nass und werden in der Regel zum Trocknen in einen Trockenschrank gestellt, in dem es schön warm ist.

Zur Kontrolle, ob Verbrauchsmaterial und Lösungen auch tatsächlich sterilisiert wurden, beklebt man diese vor dem Autoklavieren mit speziellen Krepppapierstreifen. Dieses *Autoklavierband* hat chemische Indikatorfelder, die braun werden, wenn eine Sterilisation stattgefunden hat. Verwenden Sie also in einem molekularbiologischen Labor bevorzugt Materialien, die mit braun-weiß gestreiften Klebern versehen sind – diese wurden sterilisiert.

Es ist aber nicht etwa so, wie manche glauben, dass Nukleinsäuren durch Autoklavieren plötzlich komplett von der Bildfläche verschwinden – sie werden einfach nur zerstört und dadurch inaktiviert.

- Auch ein Labor ist im Idealfall mit mehreren ***Computern*** ausgestattet, an denen man Ergebnisse, Probennummern, Protokolle und Ähnliches direkt eingeben oder kontrollieren kann und nicht auf Schmierzettel zurückgreifen muss. Idealerweise sind auf ihnen auch verschiedene Programme mit Auswertesoftware installiert. So können Wartezeiten bei Experimenten direkt im Labor mit der Auswertung von Ergebnissen überbrückt oder kurz mal die neuesten E-Mails gelesen werden.

- Nukleinsäuren und Proteine können durch Elektrophorese ihrer Größe nach aufgetrennt und sortiert werden. ***Elektrophoresekammern*** und dazugehörige ***Spannungsgeräte*** werden oft an festen Laborbänken platziert und von allen Teammitgliedern gemeinsam genutzt – auch weil hier oft giftige Substanzen zum Einsatz kommen, die nicht überall im Labor verteilt werden sollten. Diese sind dann auf diesen einen Platz beschränkt, an dem sich jeder besonders schützen kann. Das Prinzip der Elektrophorese beschreibe ich in Kapitel 14.

Keine Angst vor großen (und teuren) Geräten

Neben den oben aufgeführten Standardgeräten gibt es in sehr vielen molekularbiologischen Labors spezialisierte »Hightech«-Geräte, auf die man beim heutigen Stand der Forschung nicht mehr verzichten kann. Meist sind diese Apparate von einer gewissen Hemmschwelle umgeben, da sie in der Regel sehr teuer sind und kompliziert aussehen. Aber keine Angst, die (meisten) Geräte sind dazu da, dem Molekularbiologen die Arbeit zu erleichtern. Wenn man sie ein paarmal benutzt hat, ist die Bedienung kein Problem mehr. Solche Geräte sind beispielsweise

- ✔ der ***Thermocycler***, auch ***PCR-Maschine*** genannt. Er ist dazu da, eine Polymerase-Kettenreaktion auszuführen, die ich in Kapitel 15 ausführlich beschreiben werde.

Das Prinzip des Thermocyclers

Noch in den 1990er-Jahren war ein Thermocycler nichts anderes als drei unterschiedlich temperierte Wasserbäder, an denen sich der Molekularbiologe mit der Stoppuhr die Zeit vertrieb und regelmäßig seine Proben von einem Wasserbad ins nächste überführte. Das war keine beliebte Beschäftigung, denn wie man sich vorstellen kann, war das ziemlich aufwendig, aber gleichzeitig furchtbar langweilig, denn die ganze Prozedur dauerte manchmal stundenlang.

Heute geht so eine PCR (*Polymerase-Kettenreaktion*, siehe Kapitel 15) ruckzuck. Die modernen Thermocycler, **PCR-Geräte** genannt, haben nicht mehr viel mit den ursprünglichen Wasserbädern gemeinsam – sie sehen eher wie kleine Computer aus. Und die Proben werden auch nicht mehr per Wasser erhitzt oder abgekühlt, sondern stehen in dünnwandigen Reaktionsgefäßen in einem Heizblock.

Dabei ist das Prinzip ganz einfach und das gleiche wie bei den drei Wasserbädern: Ein Thermocycler ist eigentlich »nur« ein Gerät, das verschiedene Temperaturen zwischen 4 °C und etwa 100 °C sehr genau (meist auf ein Zehntel Grad Celsius) einstellen und über eine beliebige Zeit halten kann. Für eine PCR benötigt man nämlich drei Temperaturschritte, die mehrfach (meist 20- bis 30-mal) hintereinander abgearbeitet werden: etwa 90 °C, 55 °C und 72 °C. Der Vorteil der modernen Geräte ist, dass das Heizen und Abkühlen nur Sekunden dauert. Damit ist die ganze Prozedur meist in 60 bis 90 Minuten erledigt. Je nach Ausführung kann man in einem PCR-Gerät viele verschiedene Reaktionsvarianten programmieren und in einem persönlichen Ordner speichern, da das Gerät oft von mehreren benutzt wird. Deshalb bietet sich hier auch ein Stundenplan (wie in der Schule) besonders an, in den jeder vorher einträgt, wann er das Gerät wie lange benutzen möchte. Es ist sehr ärgerlich, wenn man mit den fertigen Proben in der Hand zur PCR antreten möchte und plötzlich alle Geräte besetzt sind.

Je nachdem, was der Thermocycler noch für Tricks auf Lager hat (zum Beispiel die Bestückung mit mehreren verschiedenen Heizblocks, Gradientenfunktion, mit der auch die Temperaturänderung individuell gesteuert werden kann, oder die Möglichkeit, die DNA-Produktion »live« zu beobachten), kostet ein Gerät zwischen etwa 3.000 und 100.000 Euro.

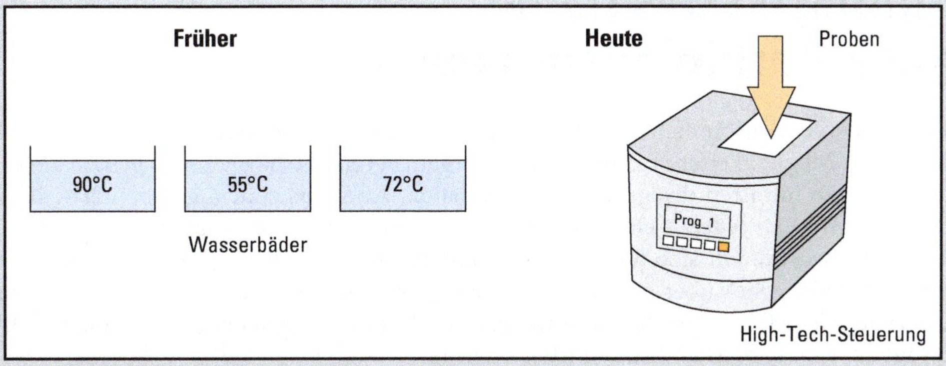

Der Thermocycler gestern und heute

- Ein ***Pipettierroboter*** ist unerlässlich, wenn es um Experimente geht, bei denen eine große Anzahl von Proben verarbeitet werden muss. In vielen Fällen müssen Versuche mit Tausenden von Proben durchgeführt werden, beispielsweise bei der Entwicklung von Medikamenten oder der Entschlüsselung ganzer Genome. Hier wäre das Pipettieren von Hand viel zu aufwendig und zu fehlerbehaftet – ganz zu schweigen davon, dass man viel zu viele Leute dazu bräuchte, die man meist in einem Team nicht hat. In der Regel wird der Pipettierroboter von der Herstellerfirma schon für die gewünschte Anwendung eingestellt. Oft gibt es auch im Labor Kollegen, die für das Gerät zuständig und speziell geschult sind. Als »08/15«-Molekularbiologe muss man sich dann eigentlich nur die Genehmigung zur Benutzung holen, seine Proben reinstellen und los geht es. Das Tolle an solchen Helfern ist aber nicht nur, dass viele Proben in kurzer Zeit untersucht werden können, sondern dass manche von ihnen Dinge können, die kein Molekularbiologe kann: zum Beispiel extrem kleine Flüssigkeitsmengen von nur wenigen Nanolitern pipettieren (das ist ein milliardstel Liter – ein einziger Wassertropfen hat mehrere Tausend Mal mehr Flüssigkeit). Mit diesen Hightechgeräten schließen Sie auch in Kapitel 12 nochmals nähere Bekanntschaft, wenn es um die Laborautomation geht.

- Ein ***Sequenziergerät*** steht in vielen molekularbiologischen Labors. Man kann mit ihm die Nukleotidabfolge der DNA – also die Bauanleitung für ein Protein oder eine RNA – bestimmen. Solche Geräte können ganz einfach sein, nichts anderes als Elektrophorese-Einheiten, aber auch hochkomplizierte *Sequenzierautomaten*, mit denen man viele Hundert Proben am Tag entschlüsseln kann und die so teuer wie ein kleines Einfamilienhaus sein können. Solche Automaten sind meist im Besitz von Firmen, die auf Sequenzierung spezialisiert sind. So kann man seine Proben auch sequenzieren (lassen), wenn man selbst kein Gerät besitzt – einfach Probe einschicken. Man bekommt dann die fertigen Ergebnisse zurück – natürlich nicht kostenlos –, und auch dies kann je nach Probenzahl ganz schön teuer werden.

  Eine große Auswahl solcher Firmen finden Sie im Internet unter dem Stichwort »Auftragssequenzierung«. Mit der Sequenzierung werde ich mich in Kapitel 17 ausführlich befassen.

Ordnung ist das halbe (Molekularbiologen-)Leben

Wie in fast allen Lebensbereichen gibt es auch beim molekularbiologischen Arbeiten mehrere Millionen Möglichkeiten, Experimente zu organisieren. Es mag ja Leute geben, die ihre kreativen Phasen inmitten des größten Chaos haben. Aber das sind – glaube ich – die allerwenigsten. *Mise en place* – einfach mit »Aufräumen« übersetzt – ist in der Kochkunst ein stehender Begriff, den sich auch der Molekularbiologe zu Herzen nehmen sollte. Nur so kann er den Überblick über parallel laufende Experimente und zahlreiche Proben behalten. Überhaupt ist Molekularbiologie sowieso ein bisschen wie Kochen: Man erhitzt, kühlt, rührt, fügt zu, wiegt ab, friert ein, schüttelt oder mixt.

Fast noch wichtiger als ein gewisser Überblick ist für das ordentliche molekularbiologische Arbeiten die Sauberkeit. Dazu gehört es, dass man wenigstens morgens und abends seine Bench sauber macht und desinfiziert, sich regelmäßig die Hände wäscht, den persönlichen Abfall einmal täglich entsorgt, Lösungen regelmäßig auf Kontaminationen kontrolliert, seine Pipetten ab und zu reinigt oder Verschmutztes spült und nicht wochenlang einweicht, bis sich jemand erbarmt, der es spült.

Es gibt mehrere gute Gründe, warum man als Molekularbiologe auch aus ganz egoistischen Gründen auf Ordnung und Sauberkeit bedacht sein sollte:

- ***Schutz der Proben:*** Wie Sie in den vorangegangenen Kapiteln erfahren haben, sind Nukleinsäuren an sich zwar sehr robuste Moleküle. Was DNA und RNA aber gar nicht mögen, sind Enzyme, die sie zerkleinern und damit zerstören – die *Nukleasen* (mehr dazu können Sie in Kapitel 9 nachlesen). Nukleasen finden sich in fast allen Körperflüssigkeiten wie Tränen, Schleim oder Spucke, aber auch auf Haut und Händen und damit auch auf dem Labortisch. Fallen diese Nukleasen durch unsauberes Arbeiten in Ihre Probe, ist diese ganz schnell enzymatisch in kleine Stücke zerhackt – und vorbei ist es mit dem Experiment!

  Daher wird in einem molekularbiologischen Labor alles autoklaviert, was mit den kostbaren Proben in Kontakt kommt. Arbeitet man anschließend jedoch mit solchen sterilen Materialien auf einem Labortisch, der nicht wenigstens ab und zu desinfiziert wird, dann kann man sich die Mühe mit dem Autoklavieren auch gleich sparen und lieber auf sein Glück vertrauen.

- ***Schutz von Chemikalien, Enzymen und Co.:*** Verbrauchsmaterialien für die Molekularbiologie sind meistens sehr teuer, oft mühsam im eigenen Labor sterilisiert oder als Lösungen hergestellt worden und sollten deshalb mit Sorgfalt behandelt werden. Außerdem möchte man eigentlich auch nur das untersuchen, was geplant ist, und nicht stattdessen die Beschaffenheit von in Chemikalien schwimmenden Haaren, Staubmolekülen und Keimen aller Art studieren.

  Allerdings hört man auch oft, dass sich Laborreagenzien, die eigentlich identisch sein sollten, von Hersteller zu Hersteller oder von Charge zu Charge unterscheiden. Bevor Sie mit Ihrem Experiment an sich selbst (ver-)zweifeln, sollten Sie sich mit anderen austauschen. Und für manche Fragestellungen gibt es sogar tatsächlich schon Datenbanken (zum Beispiel `www.chemicalprobes.org` mit Proteinmolekülen), in denen jeder ähnlich wie bei den einschlägigen Bewertungsseiten für den Urlaub seine Erfahrungen mit solchen Dingen mitteilen kann.

- ✔ ***Verwechslungsgefahr:*** Vor allem (aber nicht nur!) in der medizinischen Molekularbiologie, in der es um die Diagnostik von Krankheiten geht, sollten Proben immer sauber und eindeutig beschriftet werden, um die Gefahr von Verwechslungen möglichst gering zu halten. Auch sollte man sich beim Pipettieren von vielen Proben ein gewisses System überlegen, das man notfalls immer nachvollziehen kann.

- ✔ ***Fehlersuche und Reproduzierbarkeit:*** Wenn man sich zum x-ten Mal und entsprechend verzweifelt fragt, warum ein bestimmtes Experiment wieder nicht geklappt hat, sollte man über eine lückenlose Dokumentation seiner Arbeit verfügen. Dazu führt man ein *Laborbuch*. Das ist in einem molekularbiologischen Labor sowieso Pflicht, und nur so kann man auch den Überblick behalten.

- ✔ ***Sich selbst und andere schützen:*** Es gibt in einem molekularbiologischen Labor genügend ungesunde Substanzen, zum Beispiel giftige Chemikalien, Radioaktivität, Bakterien oder Viren. Deshalb sollte besonders mit solchem Material ein vorsichtiger, sauberer und verantwortungsvoller Umgang selbstverständlich sein – schon der eigenen Sicherheit wegen. Mit diesem so wichtigen Thema möchte ich mich im folgenden Abschnitt noch ausführlicher beschäftigen.

- ✔ ***Sauberkeit und Genauigkeit der Hardware:*** Der beste Geistesblitz, der in einem aufsehenerregenden Experiment mündet, nützt einem nichts, wenn Sie Ihre Laborgeräte nicht picobello sauber halten und regelmäßig deren korrekte Funktionsweise kontrollieren.

  Pipetten muss man zum Beispiel von Zeit zu Zeit *kalibrieren* (einfacher ausgedrückt: kontrollieren, ob auch wirklich 100 µl pipettiert werden, wenn man 100 µl eingestellt hat – und nicht nur 90 µl. Hört sich nach nicht viel Unterschied an, kann aber eventuell gravierende Folgen für das Ergebnis des Experiments haben). Um Pipetten zu kalibrieren, verschickt man sie einfach an einen Dienstleister, der dies übernimmt, oder man macht dies selbst mithilfe einer Mikrowaage und etwas Wasser.

Das Laborbuch: Intimes Tagebuch des Molekularbiologen

Ein Laborbuch sollte jeder Molekularbiologe sein Eigen nennen. Darin hält er alle seine Experimente detailliert fest, und zwar sowohl die Durchführung als auch die Ergebnisse. Was im Detail mindestens vermerkt werden muss, hängt von der Sicherheitsstufe des Experiments ab und ist in der Gentechnik-Aufzeichnungsverordnung (GenTAufzV) festgelegt, während andere Dinge eher aus eigenem Interesse aufgeschrieben werden sollten. Dazu gehören beispielsweise

- ✔ Datum, Versuchsnummer oder eine gewisse Systematik und ein Stichwort oder eine Überschrift,
- ✔ verwendete Materialien (zum Beispiel Proben mit Beschriftung, Enzyme und Chemikalien mit Hersteller und Chargennummer, Bakterienstamm, Plasmidkarten mit Restriktionsschnittstellen),
- ✔ Versuchsbedingungen,
- ✔ Fotos und Ausdrucke von Ergebnissen oder Berechnungen und
- ✔ eine kurze Beschreibung des Ergebnisses oder ein Fazit.

Manchmal müssen solche Aufzeichnungen und die Originalergebnisse aus patentrechtlichen Gründen auch noch mit der Unterschrift des Experimentators versehen sein und von einem anderen Wissenschaftler gegengezeichnet werden. Am besten sollte man zum Schreiben einen möglichst haltbaren Stift (zum Beispiel Kugelschreiber) verwenden, falls die Aufzeichnungen bei einem »Laborunfall« nass werden.

Eigentlich sollte ein Laborbuch so geführt werden, dass eine andere Person die Experimente ohne Probleme nachmachen könnte, was ganz schön aufwendig ist. Zuallererst sollten Sie aber darauf achten, dass Sie es selbst verstehen – und das vielleicht auch noch Wochen und Monate später, denn die Aufzeichnungen müssen je nach Sicherheitsstufe zwischen zehn und dreißig Jahren aufbewahrt werden!

Auch wer nicht gerne mit der Hand schreibt oder zeichnet, muss nicht auf ein Laborbuch verzichten. Man kann es nämlich auch elektronisch führen – dies ist in der Gentechnik-Aufzeichnungsverordnung ausdrücklich vermerkt. Um dies möglichst professionell zu gestalten, stehen verschiedene Versionen von *elektronischen Laborjournalen* von Softwareanbietern zur Auswahl. Allerdings muss sichergestellt werden, dass der Inhalt nicht geändert werden kann – dies gilt aber ebenso für die handgeschriebene Version.

Das Labor: Rumpelkammer oder Hochsicherheitstrakt?

In Deutschland müssen in jedem Labor bestimmte Sicherheitsbestimmungen eingehalten werden. Diese sind grundsätzlich für alle Naturwissenschaftler, Mediziner und Ingenieure in der *Gefahrstoffverordnung* geregelt. Hier sind beispielsweise bestimmte bauliche Gegebenheiten vorgeschrieben. Essen, Trinken und Rauchen sind im Labor verboten, und es ist eine angemessene Schutzkleidung zu tragen.

Die vorgeschriebene Schutzkleidung in einem molekularbiologischen Labor besteht aus

- einem ***Laborkittel***, den die meisten nicht tragen, weil das viel zu umständlich ist – aber Vorschrift ist es eben. Jeder muss selbst entscheiden, ob er sich beim Pipettieren von Wasser, Enzymen oder Nukleinsäuren besonders schützt. Man sollte sich aber angewöhnen, beim Umgang mit gefährlichen Chemikalien oder Bakterien wenigstens kurz seinen »Kittel« überzuwerfen, man kann ihn danach ja wieder ausziehen.
- festen ***Schuhen***. Für den männlichen Teil der Molekularbiologenwelt sicher kein Problem; der weibliche Teil kann sich ein paar sichere Schuhe zum Wechseln im Labor deponieren.
- einer ***Schutzbrille***, die eigentlich immer getragen werden muss. Wundern Sie sich nicht, wenn Sie ein molekularbiologisches Labor besuchen und kein Mensch hat eine Brille auf. Der Arbeitgeber ist aber verpflichtet, jedem eine solche Schutzbrille zur Verfügung zu stellen. Man sollte seine Eitelkeit auf alle Fälle überwinden und eine solche Brille tragen, wenn man mit ätzenden Substanzen wie Säuren oder unter UV-Licht arbeitet!
- ***Handschuhen***, die beim Umgang mit gefährlichen Stoffen getragen werden müssen. In der Praxis ist dies wohl die einzige Vorschrift, die in einem molekularbiologischen Labor »übererfüllt« wird. In der Regel trägt der Molekularbiologe sie eigentlich fast immer – nicht so sehr, um sich selbst zu schützen, sondern um den »Mikrokosmos«, der an seinen Händen haftet, nicht auf die kostbaren Proben und Enzyme zu übertragen und damit beispielsweise DNA mit den eigenen Nukleasen klein zu häckseln.

  Es gibt dabei auch immer wieder Zeitgenossen, die des Guten zu viel tun, weil sie zu faul oder zu sparsam sind, ihre Einmalhandschuhe auszuziehen, wenn sie Türklinken, Wasserhähne, Telefone oder Computertastaturen anfassen und diese dadurch mit mehr oder weniger giftigen Chemikalienresten, Bakterien und mehr überziehen.

Molekularbiologen arbeiten in Sicherheitsstufen

Nach dem Gentechnikgesetz werden molekularbiologische Labors je nach Gefährdungspotenzial der verwendeten gentechnisch veränderten Organismen in vier verschiedene Sicherheitsstufen eingeteilt:

- **Biologische Schutzstufe (BSL, Biosafety level) 1 (S1-Labor):** Hier darf nur mit solchen Organismen gearbeitet werden, die *kein Risiko* darstellen. In einem S1-Labor haben gut bekannte und ungefährliche Laborstämme des Darmbakteriums *Escherichia coli* (zum Beispiel Stamm K12, aus dem fast alle heute verwendeten Laborstämme hervorgegangen sind), die Bäckerhefe *Saccharomyces cerevisiae*, Labormäuse, die Fruchtfliege *Drosophila melanogaster* oder verschiedene ungefährliche Zelllinien ihr Zuhause.

  Außerdem gibt es im Gesetzestext noch Anweisungen, wie *Mit den Mund darf nicht pipettiert werden* oder *Ungeziefer ist zu vernichten*, die eigentlich selbstverständlich sein sollten, aber offensichtlich doch ab und zu einer Regelung bedürfen. Das Gesetz regelt weiterhin, dass jeder Mitarbeiter ausreichend Platz haben muss – also der Raum etwas größer als eine Abstellkammer sein sollte mit Wänden, Decke und Fußboden (*abgegrenzt*). Es sollte auch eine Tür mit Sichtfenster geben, die aber vorwiegend geschlossen zu halten ist. Das Labor ist als Gentechnik-Arbeitsbereich mit S1 zu kennzeichnen, man sollte sich die Hände waschen können und so weiter. Wer sich für Details interessiert, kann diese im Gentechnikgesetz unter `http://bundesrecht.juris.de/gentg/index.html` in 42 Paragrafen studieren.

- **Schutzstufe 2:** In einem **S2-Labor** werden gentechnische Arbeiten durchgeführt, von denen ein *geringes Risiko* ausgehen kann. Das heißt, die verwendeten Organismen können zwar Krankheiten hervorrufen, eine Verbreitung außerhalb des Labors ist aber unwahrscheinlich und eine eventuelle Behandlung möglich. Hier sind beispielsweise die Wildstämme des Darmbakteriums *Escherichia coli* sowie das Schnupfen- oder Hepatitis-Virus zu Hause.

  In einem S2-Labor sind die Vorschriften schon strenger. Man darf beispielsweise kein Fenster öffnen, es sind spezielle Desinfektionsverfahren vorgeschrieben und nur Befugte dürfen das Labor betreten.

- Ziemlich ernst wird es in einem Labor der **Schutzstufe 3 (S3-Labor).** Hier arbeitet man mit Organismen, die schwere Krankheiten auslösen können. Außerdem kann die Gefahr einer Verbreitung in der Bevölkerung bestehen, doch ist normalerweise eine wirksame Vorbeugung oder Behandlung möglich. Man nennt das ein *mäßiges Risiko.* Dabei handelt es sich vorwiegend um Viren oder um Zelllinien, die Viren abgeben können (zum Beispiel der Tuberkulose-Erreger, aber auch das HI-Virus – der Aids-Erreger –, weil es außerhalb des Körpers nicht lange lebensfähig ist).

  Die Bestimmungen sind natürlich sehr streng. Unter anderem ist der Zutritt nur über eine Schleuse möglich, die Fenster können gar nicht erst geöffnet und die Abluft muss gefiltert werden.

- In Deutschland gibt es derzeit nur vier Labors, die für Arbeiten der **Sicherheitsstufe 4 (S4-Labor)** genehmigt wurden. Solche Räume gleichen Hochsicherheitstrakten und werden auch »Virenfestungen« genannt. Hinter Panzerglas werden Ebola-, Lassa-, SARS- oder Maul-und-Klauenseuche-Viren aufbewahrt. Diese Erreger sind alle sehr gefährlich und rufen schwere Krankheiten hervor, die noch nicht therapierbar sind. In dieser Sicherheitsstufe herrscht also ein *hohes Risiko.*

Weg damit: Wie man biologische Abfälle entsorgt

Biologische Abfälle, besonders solche aus Labors, in denen gentechnisch gearbeitet wird, müssen speziell behandelt werden. Dies ist ebenfalls vom Gesetzgeber geregelt, zum Beispiel in der *Gentechnik-Sicherheitsverordnung.* Hier gibt es eine lange Liste mit Anforderungen an die Abwasser- und Abfallbehandlung. Grundsätzlich gilt:

- Abfall aus einem S1-Labor kann ohne Vorbehandlung entsorgt werden.
- Ab Sicherheitsstufe 2 müssen feste und flüssige Abfälle angemessen inaktiviert, also zum Beispiel autoklaviert werden.

Unter vielen Molekularbiologen hat es sich eingebürgert, auch in einem S1-Labor alle Abfälle, die mit biologischem Material wie DNA oder Bakterien in Kontakt gekommen sind, zunächst im Autoklaven zu sterilisieren und erst dann in den Restmüll zu geben.

Für Chemikalien gibt es in jedem Labor besondere Vorschriften für die Entsorgung. Die meisten Säuren, Laugen oder Lösungen dürfen nicht einfach in den Abfluss gekippt werden, sondern werden zunächst nach Substanzen getrennt gesammelt und dann speziell entsorgt. Dies organisiert der *Sicherheitsbeauftragte*, den jedes Labor vorweisen muss. Er kann auch Auskunft darüber geben, wie gefährlich eine bestimmte Chemikalie ist oder wie diese gelagert werden muss – er hat für jede Chemikalie im Labor sogenannte *Sicherheitsdatenblätter* zur Verfügung, die alle notwendigen Informationen enthalten.

Umweltsünder Labor

In diesem Buch wird an jeder Ecke darauf hingewiesen, wie wichtig und faszinierend die Arbeit mit dem Code des Lebens ist. Aber hierbei wird auch – und ich schreibe das natürlich nicht gerne – leider nicht nur Gutes produziert. Sehr viele der Tätigkeiten im Labor sind alles andere als umweltfreundlich: Für die Experimente wird viel Energie und Wasser verbraucht, außerdem tonnenweise Verbrauchsmaterialien aus Kunststoff, die meistens nur ein einziges Mal benutzt und dann in den Müll geworfen werden. Schätzungen zufolge gehen über fünf Millionen Tonnen Plastikmüll weltweit auf das Konto der biowissenschaftlichen Forschung – und wenn Sie bedenken, wie wenig eine Pipettenspitze oder ein Reaktionsgefäß aus Kunststoff wiegen, ist das sehr, sehr viel Abfall.

Glücklicherweise wird auch im Labor mehr und mehr umgedacht. Es gibt einige gute Ansätze für mehr Nachhaltigkeit, die jeder Molekularbiologe aus Kräften unterstützen und – genau wie auch außerhalb des Labors – bedenken kann, wie sich die eigene Arbeit möglichst umweltfreundlich gestalten lässt. Beispielsweise können Sie:

- ✔ Abzüge immer schließen, wenn sie nicht in Gebrauch sind, und so selten wie möglich auf höchster Stufe laufen lassen. Gefrierschränke nur möglichst kurz öffnen, regelmäßig ausmisten und abtauen sowie Autoklaven und Spülmaschinen immer erst komplett gefüllt anstellen.
- ✔ prüfen, ob wirklich alle Proben und Chemikalien immer maximal kalt gelagert werden müssen. Vielleicht reichen statt -80 °C manchmal auch stromsparende -70 °C? Wissenschaftler haben solche Aspekte einmal systematisch untersucht und herausgefunden, dass in nur einem einzigen Labor viele Tausend Proben, die im Tiefkühler gelagert worden waren, auch problemlos bei Raumtemperatur hätten gelagert werden können.
- ✔ bei Neuanschaffungen von Geräten nicht nur auf den tagesaktuellen Preis achten, sondern auch, welche Variante langfristig weniger Energie verbraucht.

- ✔ auf Nachfüllsysteme, mehrfach verwendbare Verbrauchsmaterialien oder recyclingfähige Öko-Varianten setzen, zum Beispiel für Pipettenspitzen.
- ✔ mit größeren Mengen langfristiger planen, denn dies bedeutet weniger Verpackung (hier können Sie oft zwischen mehr oder weniger umweltfreundlichen Varianten wählen!), und außerdem werden dadurch Transportwege gespart.
- ✔ Plastikabfälle zumindest sammeln, gerne auch mehrfach verwenden. Dies ist laut Gentechnikgesetz in Deutschland autoklaviert erlaubt, selbst wenn diese Abfälle Kontakt mit gentechnisch veränderten Organismen hatten (Ausnahmen sind manche Reststoffe aus der Medizin).
- ✔ Artikel mit abgelaufenem Mindesthaltbarkeitsdatum oder Laborgeräte mit kleinen Schönheitsfehlern kaufen. Sie sind noch für viele Anwendungen problemlos zu verwenden und sehr günstig zu bekommen.
- ✔ Chemikalien, Geräte und andere Materialien, die nicht mehr benötigt werden, weitergeben, verkaufen oder tauschen, bevor sie Staub ansetzen und weggeworfen werden müssen. Hierfür gibt es an manchen Unis bereits Chemikalien- und Gerätebörsen. Firmen sind hier ebenfalls aktiv, und Laborbedarf kann man sogar mittlerweile auf eBay kaufen und verkaufen.

Alternativen zum Gift

Neben den mehr oder weniger gefährlichen Viren und Bakterien, mit denen der Molekularbiologe arbeitet, gibt es noch eine Reihe giftiger Stoffe, die leider auch heute noch zum molekularbiologischen Alltag gehören. Dazu zählt zum Beispiel Ethidiumbromid, ein Farbstoff, der dazu dient, DNA und RNA in Elektrophoresegelen sichtbar zu machen (siehe Kapitel 14), Chloroform, um DNA aus Zellen zu gewinnen (siehe Kapitel 13), oder Acrylamid, um Proteine oder Nukleinsäuren aufzutrennen (siehe Kapitel 14).

Zu vielen Giften gibt es aber auch eine (mehr oder weniger gute) Alternative, und hier sollte der Molekularbiologe abwägen, ob er nicht an der einen oder anderen Stelle Kompromisse zugunsten der Sicherheit eingehen möchte. Falls nicht, sollten Sie sich und andere in jedem Fall so gut wie möglich schützen (zum Beispiel Handschuhe, Labormantel, Schutzbrille oder Tür schließen und Warnschild anbringen, solange man mit der gefährlichen Substanz arbeitet)! Ich werde an geeigneten Stellen dieses Buches auf Alternativen zum Gift hinweisen, wenn wir uns in Teil III und Teil IV ins Labor begeben. Eine Alternative zu *Ethidiumbromid* (einem giftigen und mutagenen Farbstoff für DNA) ist beispielsweise der Cyanin-Farbstoff *SYBR Green I*, der allerdings Nachteile hat (siehe Kapitel 14).

Biohacking: Das Labor in der eigenen Garage

Biohacking (oder *Do-it-yourself-Biologie*) ist ein relativ neuer Begriff, hinter dem – analog zum Computerhacking – steckt, dass es Menschen gibt, die biotechnologische Experimente in der eigenen Küche, Garage oder im Keller mit einfachsten Mitteln oder auch schon käuflichen Do-it-yourself-Kits durchführen. In Deutschland ist das (wie in den vorangegangenen Abschnitten erklärt) verboten; für gentechnische Experimente braucht man spezielle Anlagen mit den entsprechenden Sicherheitsvorkehrungen und darf nicht in einer aus einem CD-Player gebastelten Zentrifuge Bakterienkarussell spielen. Die Motivation der Biohacker, die von der reinen Freizeitbeschäftigung über die Entwicklung von neuen Geschäftsideen bis hin zum Gedanken, die Gentechnik zukünftig der Kontrolle öffentlich finanzierter Forschungseinrichtungen, Biotechnologieunternehmen oder Großkonzernen zu entziehen, reicht, ist sicherlich in manchen Fällen verständlich. Aber bilden Sie sich am besten selbst eine eigene Meinung zu diesem Thema! Falls Sie selbst einmal auf legale Art zum Biohacker werden wollen, gehen Sie einfach in Ihre Küche und isolieren ein bisschen DNA aus Erdbeeren oder Ähnlichem, das Rezept finden Sie in Kapitel 3 im Kasten »DNA-Isolierung für den Hausgebrauch«.

Do-it-yourself-(DIY-)Basteleien mit Sinn

Etliche molekularbiologische Techniken sind heute aus unserem Alltag nicht mehr wegzudenken – ja, genau, auch aus Ihrem Alltag, obwohl Sie hier noch relativ am Anfang dieses Buches sind und vielleicht noch gar nicht so viel über Molekularbiologie wissen. Zu diesen Techniken gehört auch die Polymerase-Kettenreaktion oder PCR (siehe Kapitel 15), die unter anderem in der Medizin tagtäglich zum Einsatz kommt. Denken Sie nur an die Infektionstests während der Coronapandemie.

Für viele Labors in Entwicklungsländern sind solche Geräte jedoch schlichtweg zu teuer, obwohl der Bedarf für diese Untersuchungsmethoden hoch ist. Hier haben sich findige Leute etwas einfallen lassen und ein einfaches PCR-Gerät aus Thermoskannen für den Einsatz in Entwicklungsländern konstruiert, das sogar tatsächlich ganz ähnlich funktioniert wie seine teuren Kollegen. Auch für Schüler- und Studentenlabors gibt es gute, lehrreiche Ideen aus der Bastelkiste (siehe auch Kapitel 12 den Kasten »Pipettierroboter – selbst gemacht aus Legosteinchen«). Und das macht ja durchaus Sinn und hat nichts mit gentechnischen Experimenten zu Hause zu tun!

IN DIESEM KAPITEL

Wie Bakterien dem Molekularbiologen helfen

Wie man Bakterien pflegt, damit sie wachsen

Wie eine Bakterienzelle fremde DNA aufnimmt

Kapitel 7

Bakterien: Die fleißigen Helfer des Molekularbiologen

Ein Molekularbiologe untersucht Moleküle wie Nukleinsäuren und Proteine, und dabei braucht er Unterstützung. In der Praxis können Gene und ihre Produkte nämlich nicht direkt in ihrer natürlichen Umgebung – in Zellen, Geweben und Organen eines Lebewesens – untersucht werden, das wäre viel zu kompliziert. Der Wissenschaftler muss sie vielmehr zunächst aus dieser Umgebung isolieren und dann so stark vermehren, dass er auch »etwas in der Hand hat«, was er untersuchen kann. Mit einem Molekül allein, das so unvorstellbar klein ist, dass man es nicht einmal unter einem Mikroskop sehen kann, kann er nichts anfangen. Außerdem weiß er manchmal noch gar nicht, was aus einem Gen so alles werden kann – also wie das Protein aussieht, das aus seiner genetischen Bauanleitung entsteht, und was es für eine Funktion hat.

Und hier kommen die Bakterien als Helfer ins Spiel. Sie haben nämlich ein paar erstaunliche Fähigkeiten, die der Molekularbiologe gern für sich nutzt. Unter anderem können sie sich (wenn man sie gut pflegt) in wenigen Stunden schnell vermehren. Neben dem Chromosom besitzen viele Bakterien kleine ringförmige DNA-Moleküle, die man auseinanderschneiden kann. In eine so entstandene Lücke klebt der Molekularbiologe dann einfach das Gen ein, das er untersuchen möchte, und verbindet die Enden wieder miteinander. Die Bakterien lesen anschließend das fremde Gen gemeinsam mit den eigenen Genen ab und vermehren sich, als ob nichts gewesen wäre. Und wenn man alles richtig gemacht hat, dann hat man innerhalb von ein paar Stunden sein Gen »in der Hand«, kann es weiter untersuchen oder sogar exprimieren lassen (das heißt, man bringt das Bakterium dazu, das Gen in Protein zu übersetzen). Wie man mit Bakterien umgeht, erfahren Sie in diesem Kapitel. Die Methoden zur Untersuchung von Genen und Proteinen mithilfe von Bakterien möchte ich in Kapitel 16 und 18 noch im Detail erläutern.

Wie man sich ein Bakterium hält

Bakterien sind in vielen Fällen genügsame Kleinstlebewesen und machen sich damit zu guten Freunden des Molekularbiologen. Sie lassen sich leicht im Labor halten und vermehren und nehmen es dem Experimentator nicht einmal übel, wenn er sie zur Aufbewahrung längere Zeit einfriert und später bei Bedarf einfach wieder auftaut.

Alles, was die kleinen bakteriellen Freunde brauchen, ist ein geeignetes ***Nährmedium*** und eine für sie kuschelige Umgebungstemperatur. Da hat jede Bakterienart ihre besonderen Vorlieben. Was das Nährmedium betrifft, gibt es grundsätzlich zwei Möglichkeiten, um Bakterien zu halten:

- Entweder in einem *flüssigen Kulturmedium*, das man in ein steriles Glasgefäß gießt und die Bakterien dann einfach dazuschüttet
- Oder man zieht die Bakterien auf der Oberfläche eines *festen Kulturmediums* an, das in etwa so aussieht wie Sülze oder Tortenguss. Der gelartige Nährboden enthält *Agar*, der unter Erhitzen im Kulturmedium gelöst wird. Das Ganze wird in eine flache Plastikschale (*Petrischale*) gegossen und wieder abgekühlt. Auf solch einem Nährboden entwickelt sich überall, wo auch nur eine einzige Bakterienzelle hängen bleibt, über Nacht im Brutschrank eine Bakterienkolonie aus mehreren Millionen Nachkommen dieser einen Ursprungszelle.

Agar-Agar macht Bakterien fest

Agar – oder korrekt Agar-Agar genannt – ist ein perfektes Geliermittel für Bakteriennährböden. Agar ist ein Zucker, der aus den Zellwänden von Algen gewonnen wird. Schon eine Spatelspitze (entspricht einer Prise), aufgelöst in heißer Flüssigkeit, ergibt – wieder abgekühlt – ein festes Gel; ein Teelöffel Agar entspricht acht bis zehn Blatt Gelatine.

Gegenüber Gelatine hat Agar aber einen entscheidenden Vorteil: Agar verträgt auch hohe Temperaturen (hier ist Gelatine nicht mehr stabil). Das ist sehr wichtig, denn die Nährböden müssen, bevor man Bakterien züchten will, im Autoklaven bei hohen Temperaturen sterilisiert werden. Der Molekularbiologe möchte ja nur »seine« Bakterien ernähren und nicht irgendwelche anderen, die sich schon vorher auf den Agarplatten wohlgefühlt haben. Diese ungebetenen Gäste muss man deshalb vorher abtöten.

Die Verwendung von Agar im Labor ist ganz einfach: Man gibt die abgewogene Menge (1 bis 2 Prozent) an Agar einfach ins Kulturmedium, sterilisiert das Ganze dann im Autoklaven und gießt diese Lösung nach einer gewissen Abkühlung noch flüssig in Petrischalen. Schon nach kurzer Zeit verfestigt sich der Nährboden, und es entsteht ein feinporiges Zuckergerüst, das von den Bakterien nicht abgebaut werden kann. Man kann Agarplatten gut für mehrere Tage im Kühlschrank aufbewahren und sich somit einen Vorrat anlegen, damit man nicht ständig neue Platten gießen muss.

Agar ist absolut unbedenklich, er wird sogar manchen Lebensmitteln als Verdickungsmittel zugesetzt und ist mittlerweile fast in jedem Supermarkt zu finden. Agar pur zu verzehren ist allerdings nicht zu empfehlen, denn der Zucker ist auch für den Menschen unverdaulich und wirkt deshalb abführend.

Das Medium macht's

Jeder Bakterienstamm stellt andere Anforderungen an das Kulturmedium, in dem er sich ernähren muss, um zu leben und sich auch noch zu vermehren. Man kann sich ein solches Medium wie eine kräftige Fleischbrühe vorstellen (früher verwendete man genau diese sogar zur Bakterienzucht). Auch heute setzt man den meisten Medien Hefe- oder Rindfleischextrakt zu. Also sollte man einmal gekochte Suppe nicht zu lange ungekühlt in der Küche stehen lassen – hier fühlen sich Bakterien außerordentlich wohl!

Ein Nährmedium enthält in der Regel mindestens folgende Bestandteile:

- ✔ Wasser, um die Nährstoffe zu lösen
- ✔ alle Elemente, die am Aufbau einer Bakterienzelle beteiligt sind, zum Beispiel
  - eine Energiequelle wie Glukose (Traubenzucker) als Kohlenstoffquelle
  - Mineralien und Spurenelemente
  - Schwefel und Stickstoff

Weiterhin werden je nach Anwendung noch weitere Zutaten wie Puffer, Hormone oder Vitamine gebraucht – eben alles, was das Bakterium zum Wohlfühlen braucht. Für eine einfache Auswertung des Experiments werden auch häufig Farbstoffe oder Hemmstoffe zugesetzt. Je nach Experiment wählt der Molekularbiologe zwischen

- ✔ einem ***Minimalmedium (MM)***, dem nur die allernötigsten Zutaten hinzugefügt sind, um ein ganz bestimmtes Bakterium am Leben zu halten, und
- ✔ einem ***Komplex- oder Vollmedium (VM)***, das den Vorteil hat, dass Bakterien darin viel schneller wachsen und auch verschiedene Arten von Bakterien alles darin finden, was sie zum Überleben benötigen.

Mancher sparsame oder besonders effizient arbeitende Molekularbiologe verwendet seine Vollmedien übrigens mehrfach. Das klappt, sofern sie nur »reichhaltig« genug sind – und natürlich nur mit dem gleichen Bakterienstamm, es sei denn, man möchte einen Bakterienzoo eröffnen!

In der Molekularbiologie sind aus den vielen möglichen Nährmedien für Bakterien normalerweise nur einige wenige im Laboralltag relevant, die ich im Folgenden kurz vorstellen möchte (die exakten Mengen der Zutaten in Gramm beziehungsweise Milliliter und die Anleitung für die Zubereitung finden Sie in

Kapitel 28, einschlägigen Lehrbüchern der Mikrobiologie oder dem Laborhandbuch *Molecular Cloning* von Sambrook und Russell, einem Standardwerk, das es in jedem molekularbiologischen Labor gibt):

- ✔ **LB-Medium** (abgekürzt für *Lysogeny Broth*-Medium) ist eines der am häufigsten verwendeten Medien für das Darmbakterium *Escherichia coli (E. coli)* und besteht aus Wasser, Hefeextrakt, Trypton (das ist ein Gemisch aus schon verdauten Peptiden und Aminosäuren) sowie Kochsalz. Das Medium hat einen neutralen pH-Wert.

- ✔ **TB-Medium** (abgekürzt für *Terrific Broth*-Medium) besteht aus Wasser, Hefeextrakt, Trypton, Glycerin und Kaliumhydrogenphosphat ($KHPO_4$) und es hat ebenfalls einen neutralen pH-Wert. Der Vorteil gegenüber dem LB-Medium ist, dass die Bakterien viel besser wachsen, weil TB gehaltvoller ist. Man verwendet dieses Medium bevorzugt dann, wenn man hohe Ausbeuten braucht, zum Beispiel bei der Gewinnung von Plasmid-DNA (siehe Kapitel 16).

- ✔ **SOB-Medium** (abgekürzt für *Super Optimal Broth*-Medium) setzt sich aus Wasser, Hefeextrakt, Trypton, Kochsalz, Kaliumchlorid und Magnesiumchlorid zusammen und hat einen neutralen bis ganz leicht sauren pH-Wert. Dieses Medium wird ebenso wie das folgende SOC-Medium bevorzugt eingesetzt, wenn man Bakterien dazu bringen möchte, fremde DNA aufzunehmen (also für die Transformation kompetenter Bakterien).

- ✔ **SOC-Medium** besteht aus SOB-Medium plus Glukose.

Für ganz Eilige gibt es heute Hunderte verschiedener Nährmedien in Form von Kapseln (ähnlich wie Vitamintabletten) zu kaufen. Diese muss man einfach nur noch ins Wasser werfen, autoklavieren – und fertig ist das Bakterienfutter.

Kuschelig muss es sein

Jede Bakterienart hat »ihre« Temperatur, bei der sie sich besonders wohlfühlt, das *Temperaturoptimum*. Das heißt aber nicht, dass die Bakterien sich bei anderen Temperaturen gar nicht vermehren; nur eben unter Umständen sehr viel langsamer.

BEISPIEL

Die meisten Bakterien des menschlichen Magen-Darm-Trakts fühlen sich bei unserer Körpertemperatur von etwa 37 °C besonders wohl. Das gilt auch für das Darmbakterium *Escherichia coli*, mit dem man in der Molekularbiologie außerordentlich gerne arbeitet. Deshalb macht es der Molekularbiologe seinen Bakterien gern bei 37 °C über Nacht im Brutschrank kuschelig; hier erreichen diese Bakterien eine hohe Wachstumsrate. Wenn der Molekularbiologe dann morgens ausgeschlafen wiederkommt, sind die Bakterienkolonien schön gewachsen und das Experiment kann weitergehen. Falls er keine Kolonien vorfindet, fängt der Tag leider nicht so gut an – dann hat er ein Problem und muss erst einmal auf Fehlersuche gehen. Bakterien wachsen auch fast genauso gut bei Raumtemperatur, benötigen dann aber mindestens doppelt so lange. Da selbst die engagiertesten Molekularbiologen nicht an allen Wochenenden durcharbeiten wollen oder können, verwenden sie gern diesen Trick, um das gewünschte Resultat erst am Montagmorgen vorzufinden. Bakterien wachsen sogar im Kühlschrank, wenn auch sehr, sehr langsam.

Viele Bakterien im Labor sind mesophil – das bedeutet, sie bevorzugen mittlere Temperaturbereiche. Die meisten ... aber nicht alle! Einige Prokaryoten mögen es gern heiß wie das Archaebakterium *Thermus aquaticus*, das erst bei Temperaturen über 65 °C so richtig loslegt und daher als *thermophil* bezeichnet wird. Es lebt in der Natur in heißen Quellen und Geysiren und ist für die Molekularbiologie sehr, sehr wichtig, deshalb erwähne ich es hier. Aus ihm wird die ***Taq*-Polymerase** (nach *Thermus aquaticus* genannt) gewonnen, ein hitzestabiles Enzym. Dieses Enzym spielt eine wichtige Rolle bei der Polymerase-Kettenreaktion, um die es ausführlich in Kapitel 15 geht.

Fühlen sich die Bakterien wohl, dann wachsen sie wie der Teufel. Man nennt die Zeit, in der sich die ursprüngliche Bakterienanzahl verdoppelt, die *Generationszeit.* Für das Darmbakterium *Escherichia coli* liegt die Generationszeit in einem reichen Medium zwischen 20 und 30 Minuten.

Molekularbiologie – undenkbar ohne Helfer

Jetzt wissen Sie zwar, wie man sich ein Bakterium hält – aber wozu? Wofür der Molekularbiologe solche fleißigen Helfer braucht und was man mit ihnen anfangen kann, erfahren Sie in den folgenden Abschnitten.

Es gibt im Wesentlichen drei Bereiche, in denen der Molekularbiologe auf die Hilfe von Bakterien angewiesen ist.

1. Bei **Klonierungsexperimenten** benutzt man Bakterien, um ein Gen zu vermehren; zum Beispiel um es besser untersuchen zu können (siehe Kapitel 16).
2. Bei **Genexpressionsexperimenten** (also bei der Untersuchung der Funktion von Genen) bringt man Bakterien dazu, als kleine Bioreaktoren Proteine zu produzieren. Und zwar nach Bauanleitung des Gens, dessen Funktion man herausfinden möchte. Man sagt, das Gen wird *exprimiert* (siehe Kapitel 18).
3. Bakterien sind **Enzymproduzenten.** Das heißt, sie liefern einen Großteil der wichtigsten Werkzeuge des Molekularbiologen: Aus Bakterien gewinnt man molekulare Scheren, Klebstoff und Werkzeuge, die Nukleinsäuren oder — Proteine auf- und abbauen können. Diese bakteriellen Enzyme sind die Grundlage der meisten molekularbiologischen Arbeiten und werden in jedem Labor ständig eingesetzt und entsprechend vorrätig gehalten (siehe Kapitel 9).
4. Manche unserer Medikamente werden mithilfe von Bakterienzellen hergestellt, man nennt sie dann auch **Biopharmazeutika.** Am Beispiel des Insulins für Diabetiker können Sie dies in Kapitel 24 nachlesen.

Klonieren ist nicht Klonen, nur ein bisschen

Möchte man ein Gen zu Untersuchungszwecken vermehren, muss die Bakterienzelle erst fremde DNA aufnehmen und sie dann ins eigene Genom integrieren. Wenn man ein solches DNA-Stück (zum Beispiel ein menschliches Gen) in ein anderes Stück DNA (wie das Bakterienchromosom) einführt, dann nennt der Molekularbiologe diesen Vorgang ***Klonieren***. Für eine Klonierung braucht man drei Komponenten:

1. Die **Wirtszelle** ist oft ein Bakterium, kann aber zum Beispiel auch eine Hefezelle sein. Sie nimmt das Konstrukt aus fremder und eigener DNA auf und integriert es in ihren ganz normalen Zellzyklus – das heißt, die DNA wird abgelesen und vermehrt. Im Idealfall merkt die Wirtszelle also eigentlich gar nichts von ihrem Gast-Gen.

2. Das *fremde* DNA-Stück, das in die Wirtszelle eingeschleust werden soll, nennt man **Insert**. Das Insert kann ein Gen oder eine kürzere DNA-Sequenz (zum Beispiel des Menschen) sein, die man untersuchen möchte. Man muss diese fremde Nukleinsäure natürlich zunächst gewinnen und entsprechend zurechtbasteln, damit es in das Genom des Wirts passt. Das kann sich, je nach Gen und Probenmaterial, als mehr oder weniger schwierig erweisen.

3. Die *bakterielle* DNA, in die das Insert integriert (also »eingeklebt«) wird, ist der **Vektor** (mehr dazu in Kapitel 10). Das Konstrukt aus Vektor plus Insert wird in die Wirtszelle eingeschleust. Vektoren sind also einerseits Transporter, die das Insert in die Wirtzelle bringen, sie sorgen aber auch dafür, dass sich der fremde DNA-Abschnitt in seiner Wirtszelle überhaupt vermehren (replizieren) kann. Geeignete Vektoren sind zum Beispiel die ringförmigen extrachromosomalen DNA-Elemente vieler Bakterien, die *Plasmide*.

Hat man alle drei Komponenten beisammen, dann kann das Klonierungsexperiment beginnen. Und das geht wie folgt:

- ✔ Zunächst einmal schneidet man mithilfe von molekularen Scheren, den *Restriktionsenzymen* (siehe Kapitel 9), eine Öffnung in den Vektor, damit das Insert Platz hat. Diesen Schneidevorgang nennt man ***Restriktion*** oder auch ***Verdau***.

- ✔ Anschließend gibt man den geöffneten Vektor mit dem vorbereiteten Insert zusammen und klebt mithilfe von molekularem Klebstoff, dem Enzym *Ligase*, das Insert in den Vektor. Dieser Vorgang wird ***Ligation*** genannt.

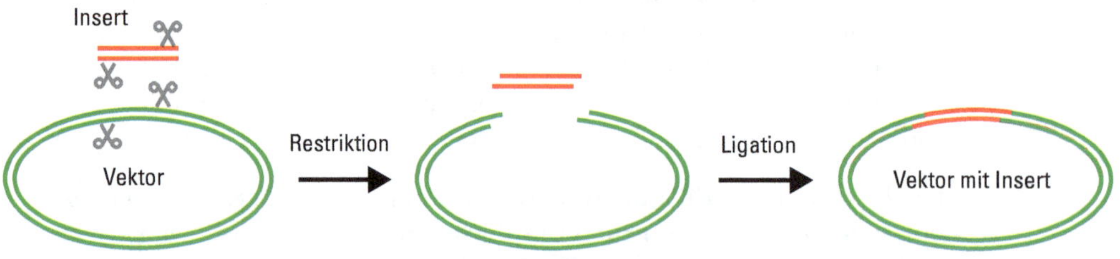

Abbildung 7.1: Durch Restriktion (= Schneidevorgang) und Ligation (= Klebe- und Verbindevorgang) wird ein Insert in den Vektor kloniert.

Das Produkt einer Klonierung ist die *rekombinante DNA*:

Vektor + Insert = Rekombinante DNA

Sie wird in die Wirtszelle (das Bakterium) eingeschleust – man nennt diesen Gentransfer ***Transformation***.

Hat alles geklappt, vermehrt sich die Wirtsbakterienzelle durch Zellteilung, und schon nach kurzer Zeit ist aus wenigen Wirtszellen eine ganze Population von Zellen geworden, die alle *Klone* des DNA-Fragments enthalten. Wie man so eine Klonierung durchführt, beschreibe ich in Kapitel 16.

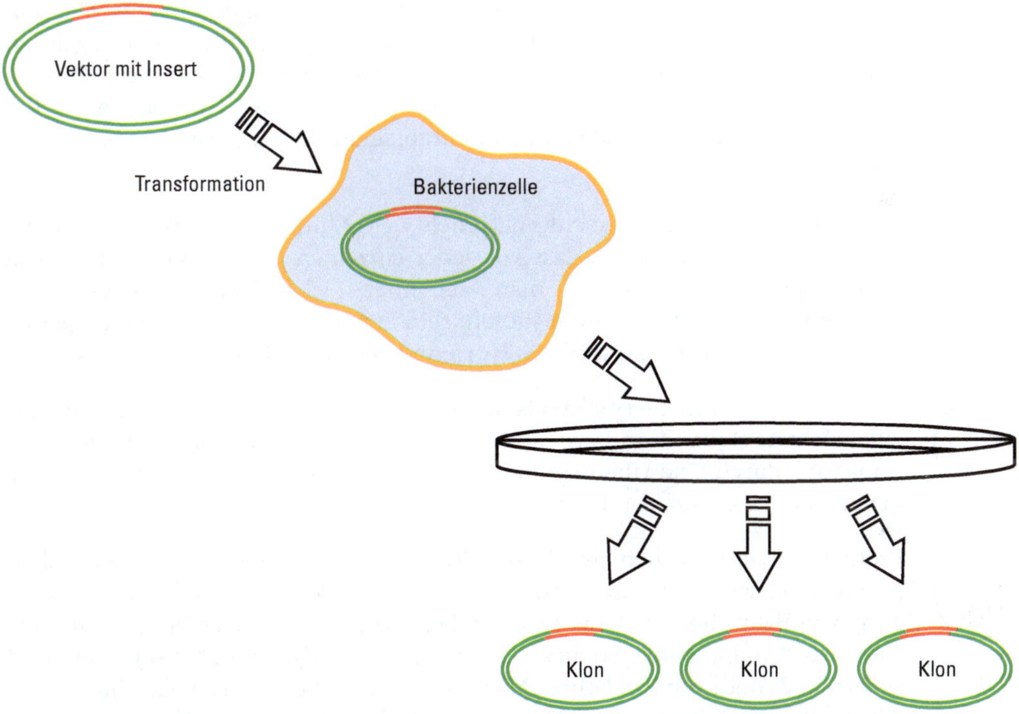

Abbildung 7.2: Die Transformation einer Bakterienzelle mit rekombinanter DNA

Obwohl das Produkt in beiden Fällen ein Klon ist, darf man »Klonieren« nicht mit dem »Klonen« verwechseln.

- ✔ **Klonieren** ist die Integration eines DNA-Fragments (dem Insert) in einen Vektor und die anschließende Vermehrung in einer Wirtszelle. Der Klon ist in diesem Fall die *rekombinante DNA*.
- ✔ Mit **Klonen** meint der Biotechnologe die Herstellung von kompletten genetisch identischen Lebewesen wie das Klonschaf Dolly. Der Klon ist in diesem Fall die *identische Kopie eines Lebewesens*.

Manche Menschen verwenden beide Begriffe synonym, was – wie Sie sehen – nicht ganz korrekt, aber auch nicht komplett falsch ist.

Das Bakterium als Bioreaktor

Man kann Bakterien dazu bringen, auf Anweisung Proteine zu produzieren. Man nennt diesen Vorgang ***Überexpression***, weil dies mit der normalen Proteinexpression der Bakterienzelle nicht mehr viel zu tun hat. Man kann sich das so vorstellen, als wenn in einer Fabrik, in der normalerweise viele verschiedene Produkte hergestellt werden, plötzlich eine Zeit lang nur noch ein einziges Produkt vom Band läuft. Dies macht man sich in Genexpressionsexperimenten und bei der Produktion von Medikamenten zunutze.

Um ein Protein gezielt zu exprimieren, muss man nur das entsprechende Gen mit der Bauanweisung für das Protein, das hergestellt werden soll, in einen geeigneten Vektor klonieren und dieses Konstrukt in ein Bakterium einschleusen. Das fremde Gen wird dann genauso wie die eigenen bakteriellen Gene abgelesen und in das Protein übersetzt. Man nennt dieses fremde Protein ein ***rekombinantes Protein***. Das gewünschte Protein wird mit geeigneten Methoden aus den Bakterienzellen isoliert und kann dann untersucht oder als Medikament eingesetzt werden.

Da man für solche Experimente natürlich viele Millionen von Bakterienzellen verwendet und dafür sorgt, dass von jeder einzelnen Zelle so viel Protein wie möglich produziert wird, kann man nach einer solchen Überexpression bis zu mehreren Hundert Milligramm Protein sein Eigen nennen. Wie man das genau macht, können Sie am Beispiel des Hormons Insulin in Kapitel 24 nachlesen.

BEISPIEL

Rekombinante Proteine spielen als Medikamente – Biopharmazeutika – für uns eine wichtige Rolle. Zum Beispiel sind Insulin und andere Hormone oder viele Impfstoffe durch eine Überexpression erzeugte rekombinante Proteine, die wir in der Apotheke kaufen können.

Proteine lassen sich auch gezielt mithilfe von Viren, Hefen und anderen Zellen produzieren, jedoch haben die *bakteriellen Expressionssysteme* (also die Verwendung von Bakterien als kleine Proteinfabriken) einige Vorteile: Sie sind im Vergleich zu den anderen Systemen relativ kostengünstig mit guter Ausbeute und geringem Zeitaufwand zu halten. Nach wie vor ist oft das Darmbakterium *E. coli* der beliebteste Zeitgenosse unter den unentbehrlichen Laborhelfern.

Künstliche Bakterien – oder wie viele Gene braucht das Leben?

Anfang des Jahres 2008 gab ein Forscherteam aus 20 Wissenschaftlern des amerikanischen J. Craig Venter Institute bekannt, dass erstmals ein komplettes Genom (des Bakteriums *Mycoplasma genitalium*) aus einzelnen, künstlich hergestellten DNA-Stücken zusammengesetzt wurde. Diese künstlichen DNAs sind zusammen 582.970 Basenpaare lang und bestehen aus 482 Genen – also das größte künstliche Molekül zu diesem Zeitpunkt. Ein DNA-Molekül allein ist jedoch noch lange kein Lebewesen, ihm fehlt die biochemische Maschinerie der Zelle. Eine lebende Zelle aber kann von den

Wissenschaftlern nicht nachgebaut werden. Sie transferieren das synthetische Genom deshalb in Bakterienzellen, aus denen sie vorher das eigene Erbgut entfernt haben.

Das Genom von *Mycoplasma genitalium* war bereits einige Zeit zuvor sequenziert worden. Mithilfe dieser Information ließen sich die Forscher von einer Biotechfirma die einzelnen Genomabschnitte als maßgeschneiderte Schnipsel aus jeweils mehreren Tausend Basenpaaren nachbauen. Diese wurden im Reagenzglas zu größeren Stücken zusammengeklebt und dann per Transformation in das Bakterium *E. coli* gebracht und vermehrt. Auf diese Weise entstand jeweils ein Viertel des Gesamterbguts, das mithilfe von Hefezellen zum kompletten Kunstgenom zusammenmontiert wurde.

Mycoplasma genitalium kann Schätzungen zufolge auf mindestens 100 seiner 482 Gene verzichten. In einem nächsten Projekt bastelten die Wissenschaftler deshalb nun ein solch minimalistisches Genom für den kleinen Einzeller: *Mycoplasma laboratorium* heißt das genügsame Bakterium. Ziel des Versuchs ist es, die für einen lebenden Organismus mindestens notwendige Zahl an Genen herauszufinden. Dazu werden Stück für Stück so viele Gene wie möglich eliminiert. Schon vor einigen Jahren entdeckte man, dass das Bakterium *Bacillus subtilis* in einem Kulturmedium mit ausreichend Nährstoffen lediglich 271 Gene seiner insgesamt 4.100 Gene zum Leben benötigt – also gerade mal sieben Prozent! Zum Vergleich: Der Mensch hat rund 20.000 Gene – wie viele davon wohl überhaupt im Einsatz sind? Vielleicht werden wir es irgendwann erfahren und uns vermutlich ziemlich wundern.

Das Bakterium als Werkzeuglieferant

Eine Bakterienzelle ist wie ein Baumarkt für Molekularbiologen: Ihre wichtigsten Werkzeuge werden nämlich aus Bakterien gewonnen. Aus ihnen erhält man die meisten Enzyme, die täglich in großen Mengen in jedem molekularbiologischen Labor verbraucht werden. Hier die wichtigsten Gruppen:

- ✔ ***Restriktionsenzyme*** sind molekulare Scheren und zerschneiden Nukleinsäuren. Sie gehören zu den
- ✔ ***Nukleasen***, die Nukleinsäure zerstören.
- ✔ ***Polymerasen*** stellen Nukleinsäuren her; sie setzen DNA oder RNA aus ihren Grundbausteinen zusammen.
- ✔ ***Ligasen*** können als molekularer Klebstoff Nukleinsäuren reparieren.
- ✔ ***Proteasen*** verdauen Proteine und spalten sie in ihre Einzelteile.

Ohne diese Werkzeuge aus Bakterienzellen wäre Molekularbiologie eigentlich überhaupt nicht möglich – genauso wie auch der beste Chirurg ohne Operationsbesteck und Skalpell nichts ausrichten kann, um seinen Patienten zu helfen. Weil Enzyme für den Molekularbiologen lebenswichtig sind, widme ich diesen Werkzeugen später noch ein ganzes Kapitel (siehe Kapitel 9).

Welche Bakterien nehme ich?

Für Klonierungs- und Genexpressionsexperimente gibt es eine ganze Reihe von Bakterien, die gastfreundliche Wirte für fremde DNA sind. Der Klassiker unter den Wirtszellen ist das Darmbakterium *Escherichia coli* (*E. coli*), weil sein Genom bereits entschlüsselt und als natürlicher Bestandteil der menschlichen Darmflora weitgehend ungefährlich ist. Es gibt allerdings auch gefährliche *E. coli*-Kollegen wie beispielsweise den Problemstamm EHEC (für *Enterohämorrhagische E. coli*), der beim Menschen blutige Durchfallerkrankungen auslösen kann. Derart gefährliche Stämme werden selbstverständlich nicht in der täglichen Laborarbeit eingesetzt.

Welches Bakterium man für seine Experimente wählt, hängt vor allem vom Vektor (dem Plasmid) ab, den man verwenden möchte. Tipps und Informationen zum passenden Bakterienstamm bekommt man am besten bei der Firma, bei der man sich seinen Vektor kauft (falls Sie sich einmal umschauen möchten: zum Beispiel bei den Firmen NEB New England Biolabs `www.neb.com` oder Biomol `www.biomol.com/de`).

BEISPIEL

Am häufigsten kommt in der Molekularbiologie der Sicherheits- und Laborstamm *E. coli K12 (JM109)* zum Einsatz – und zwar so häufig, dass man ihn »das Haustier« des Molekularbiologen nennen könnte. Dieses Bakterium kann nämlich weder den menschlichen Darm besiedeln, noch ist es außerhalb des Labors allein lebensfähig. Es fehlen ihm hierzu bestimmte Eigenschaften, die die natürliche Form – der Wildtyp – von *E. coli* besitzt. Der Sicherheitsstamm ist praktisch maßgeschneidert und wurde speziell für Experimente herangezüchtet. Er enthält einige chromosomale Änderungen, die die Aufnahme von Fremd-DNA unterstützen und der Sicherheit dienen, wie zum Beispiel die beiden Mutationen mit den Abkürzungen

- ✔ *endA1*, die verhindert, dass fremde DNA (das Insert) angegriffen und abgebaut wird. Denn das möchte der Molekularbiologe ja nicht, sondern er hofft auf freundliche Aufnahme des von ihm aufwendig vorbereiteten Inserts.
- ✔ *thi-1*, die einen Defekt im Gen für Thiamin (Vitamin B_1) bedingt. Bakterien mit dieser Mutation können das Vitamin nicht mehr selbst herstellen und sind ohne die äußere Zugabe von Thiamin ins Medium nicht lebensfähig – eine biologische Sicherheitsmaßnahme.

Die passende Wirtszelle allein reicht aber noch nicht aus; sie muss auch bereit sein, fremde DNA aufzunehmen. Der Molekularbiologe sagt dazu: *Die Zellen müssen kompetent sein* – nur dann ist eine Transformation erfolgreich. Man kann sich kompetente Zellen bei verschiedenen Anbietern kaufen, kann sie aber auch selbst herstellen.

Bakterien aus dem Katalog – die gibt es wirklich!

Ist in den reichhaltig bestückten Katalogen der gängigen Anbieter das richtige Bakterium für Ihre Anwendung nicht enthalten, finden Sie es sicher bei der *Deutschen Sammlung von Mikroorganismen und Zellkulturen (DSMZ)* unter `www.dsmz.de/de/kataloge.html`. Das weltweit größte Zentrum für Bioressourcen besitzt über 30.000 verschiedene Bakterien- und Pilzstämme, fast 1.000 menschliche und tierische Zelllinien, über 1.600 Pflanzen-Viren und Antiseren und noch vieles mehr. Sie können diese Organismen einfach online bestellen (teilweise ist allerdings eine besondere Genehmigung erforderlich).

Wie man Bakterien kompetent macht

Bakterien können fremde DNA aufnehmen, wenn diese sich frei im Nährmedium herumtreibt. Manche Bakterien (wie der Erreger der Lungenentzündung *Streptococcus pneumoniae*) haben diese Fähigkeit von Natur aus, andere (wie des Molekularbiologen Liebling, das Darmbakterium *E. coli*) allerdings nicht. Mithilfe einer speziellen chemischen oder physikalischen Behandlung kann man *E. coli* und anderen Bakterien aber zu der *Kompetenz* verhelfen, DNA aufzunehmen.

Die gebräuchlichste chemische Methode, Bakterien kompetent zu machen, ist die ***Calciumchlorid-Behandlung*** mit anschließendem Hitzeschock. Das geht folgendermaßen: Eine Bakterienkultur in LB-Medium, die man auf Eis gekühlt hat, wird vorsichtig zentrifugiert und das Bakterienpellet in Calciumchlorid-Lösung gelöst. Noch einmal zentrifugieren und resuspendieren (das heißt ganz einfach so viel wie: »Das Pellet, das durch Zentrifugieren an der Wand des Reaktionsgefäßes klebt, wird wieder in geeigneter Flüssigkeit aufgelöst«) – das war's schon fast. Allerdings muss man die Zellen bei der Transformation einem Hitzeschock aussetzen, sonst nehmen sie die fremde DNA nicht auf. Zu diesem Zweck setzt man das Gemisch aus Bakterien und Calciumchlorid-Lösung mit einer kleinen Menge Fremd-DNA für lediglich zwei Minuten einer Temperatur von 42 °C aus (Hitzeschock) und gibt den Bakterien danach circa eine Stunde Zeit, sich bei 37 °C zu erholen.

Durch welchen Mechanismus die künstliche Kompetenz erreicht wird, ist noch weitgehend unbekannt. Es wird aber vermutet, dass die Salze die Struktur der bakteriellen Zellwand so sehr auflockern, dass für kurze Zeit die fremde DNA hindurchtreten kann.

Die Qualität der kompetenten Zellen ist ein entscheidender Faktor bei Klonierungsexperimenten, deshalb muss man kompetente Zellen testen und sich dann gegebenenfalls einen möglichst großen Vorrat anlegen. Sie sind aliquotiert (das bedeutet im Molekularbiologen-Jargon *in kleinen Portionen aufgeteilt*) bei -70 °C relativ lange haltbar – allerdings werden sie dort nicht besser, die Kompetenz leidet unter dem Einfrieren und Auftauen.

Die ***Elektroporation*** ist eine physikalische Methode, Bakterienzellen kompetent zu machen. Diese Methode ist komfortabel, und man erreicht in der Regel eine viel höhere Ausbeute als mit der chemischen Behandlung. Allerdings braucht man hierfür ein spezielles Gerät, den *Elektroporator*. Hat man ein solches Gerät im Labor, gibt man ein Aliquot der vorbereiteten (gewaschenen!) Bakterienkultur gemischt mit der Fremd-DNA einfach in eine spezielle Elektroporationsküvette (ein kleines Gefäß in Form einer rechteckigen Säule aus Kunststoff, das mit einer Aluminiumelektrode ausgestattet ist) und drückt auf den Knopf des Geräts.

Was dann passiert, ist im Prinzip ganz einfach: Der Elektroporator erzeugt ein elektrisches Feld, das die Bakterienzellen völlig durcheinanderbringt. Für kurze Zeit entstehen deshalb kleine Löcher in der Zellmembran, die fremde DNA hindurchlassen. Durch Elektroporation kann man nicht nur Bakterien, sondern auch eukaryotische Zellen zur DNA-Aufnahme anregen.

Wenn Sie im Labor ein kleines Feuerwerk veranstalten wollen, verzichten Sie einfach auf das sorgfältige Waschen der Proben (die dann allerdings eher im Müll landen als einen Beitrag zu Ihrer Publikationsliste leisten werden). *Elektrokompetente* Zellen müssen salzfrei und damit wenig leitfähig sein, sonst kommt es zum Funkenschlag.

Mit einem geringen Zeitbudget und dem nötigen Kleingeld können elektrokompetente Zellen von verschiedenen Herstellern bezogen werden (zum Beispiel unter `www.agilent.com`, Stichwort »Mutangenesis & Cloning«, oder `www.neb-online.de`, Stichwort »kompetente Zellen«). Ein Milliliter kompetenter Zellen für normale Klonierungen kostet ab etwa 80 Euro. Es gibt aber auch superkompetente oder ultrakompetente Zellen mit Preisen von mehreren Hundert Euro pro Milliliter.

IN DIESEM KAPITEL

Bekanntschaft mit einem Virus machen

Wozu man Viren in der Molekularbiologie braucht

Wie ein Virus fremde DNA in eine Zelle transportiert

Kapitel 8
Das Virus: Der Kuckuck unter den Helfern

Viren sind Parasiten lebender Zellen: Sie haben keinen eigenen Stoffwechsel und sind deshalb darauf angewiesen, als Schmarotzer am Stoffwechsel einer von ihnen gekaperten Zelle teilhaben zu können – so ähnlich wie auch der Kuckuck seine Eier nicht selbst ausbrütet, sondern sie anderen Vögeln unterschiebt. Deshalb streiten sich die Wissenschaftler auch darüber, ob Viren überhaupt zu den Lebewesen gehören, da sie allein gar nicht lebens- und reproduktionsfähig sind. Man bezeichnet sie daher diplomatisch als »nichtzelluläre Partikel«.

Für den Molekularbiologen können Viren sehr wertvolle Helfer sein, um fremde DNA in eine Zelle zu schmuggeln. Diese Unterstützung braucht er in seiner Forschung hauptsächlich bei zwei Anwendungsgebieten:

- um – ähnlich wie bei der Klonierung in Bakterien – DNA in einer Zelle zu vermehren und dann untersuchen zu können
- um in einer Gentherapie ein defektes Gen durch ein gesundes Gen zu ersetzen

Das Tolle an einem Virus ist nämlich, dass man mit seiner Hilfe genetisches Material (also zum Beispiel ein Gen) ganz elegant in die Zellen fast aller Lebewesen einschleusen kann. Dabei nutzt man die Fähigkeit des Virus schamlos aus, sich als Parasit in der Zelle breitzumachen, und gibt ihm dabei einfach etwas fremde Nukleinsäure mit auf den Weg. Diese Nukleinsäure gelangt im Virus verpackt in die Wirtszelle und kann dort die ihr zugedachte Aufgabe erfüllen.

Unter den Viren gibt es jedoch für Mensch und Umwelt auch einige wirklich gefährliche Exemplare wie beispielsweise das HI-, Ebola- oder Lassa-Virus. Mit solchen Erregern darf natürlich nur in Labors der höchsten Sicherheitsstufe zu deren eigener Erforschung gearbeitet werden, und nicht, um sie als Helfer in Experimenten einzusetzen. Der »Normal«-Molekularbiologe verwendet schon aus eigenem Interesse harmlose Viren – beispielsweise solche, die nur Bakterien befallen, die Phagen. Im Folgenden möchte ich Ihnen die praktischen DNA-Schleuser vorstellen: Wir sehen uns an, wie ein Virus aussieht und was man mit einem solchen nichtzellulären Partikel machen kann.

Ein Virus ist kein lebender Helfer – oder doch?

Bis vor circa hundert Jahren war *Virus* lediglich ein Synonym für *Gift*. Erst 1892 entdeckte man eine Gruppe von kleinsten Krankheitserregern, die man von da an Viren nannte. Mindestens einen »eigenen« Virus gibt es für jede biologische Art, das heißt, Viren befallen sowohl die Zellen von Prokaryoten als auch von Eukaryoten.

Ein Virus besteht aus nichts anderem als Nukleinsäure, also einem DNA- oder RNA-Faden oder -Ring als Genom und einer schützenden Proteinkapsel (Hülle) drum herum. Das Genom eines Virus ist entweder aus

- DNA (*DNA-Virus*) wie das Pocken-, Herpes- oder Schnupfenvirus oder
- RNA (*RNA-Virus*) wie das Grippe-, Masern-, HI- oder SARS-CoV-2-Virus,

aber niemals aus beiden Nukleinsäurearten. Sowohl DNA als auch RNA kann im Virus entweder als Einzel- oder Doppelstrang vorliegen. Das heißt, hier müssen Sie die Regel aus Kapitel 4, dass DNA immer doppelsträngig und RNA meistens einzelsträngig ist, ausnahmsweise einmal vergessen – Viren sind da ein bisschen anders als die »richtigen« Lebewesen.

Viren fangen mit sich allein nichts an

Ein Virus besitzt außer seinem Genom und der mehr oder weniger schicken Hülle drum herum keine Moleküle zum Leben, also etwa Enzyme zur Energiegewinnung oder zur Proteinherstellung. Es ist daher nicht in der Lage, mit seiner eigenen Erbinformation etwas anzufangen. Deshalb schmarotzen Viren in fremden Zellen: Sie nisten sich dort ein und benutzen die fremde biochemische Einrichtung für ihre eigenen Zwecke. Die Wirtszelle wird dazu gezwungen, für das Virus Proteine herzustellen, seine Nukleinsäuren abzulesen und zu vervielfältigen und schließlich sogar nach der vom Eindringling mitgebrachten Anweisung Nachkommen für ihn zu erzeugen. Es braucht also sogar zur Fortpflanzung die Hilfe seiner Wirtszelle.

In der Frage, ob Viren überhaupt Lebewesen sind oder nicht, sind sich sogar die Wissenschaftler uneinig. Ein Virus braucht immer eine Wirtszelle, um existieren zu können. Viren können ***nicht*** selbst

- Stoffwechsel betreiben,
- Nahrung aufnehmen,

- ✔ sich bewegen,
- ✔ wachsen und sich eigenständig vermehren.

Andererseits haben Viren ein Genom, das sie vererben; sie besitzen also durchaus auch Kennzeichen von Lebewesen. Damit stehen sie zwischen dem Lebenden und dem Toten – in einem Grenzbereich, den wir uns schwer vorstellen können und der den meisten daher ein bisschen gruselig erscheint.

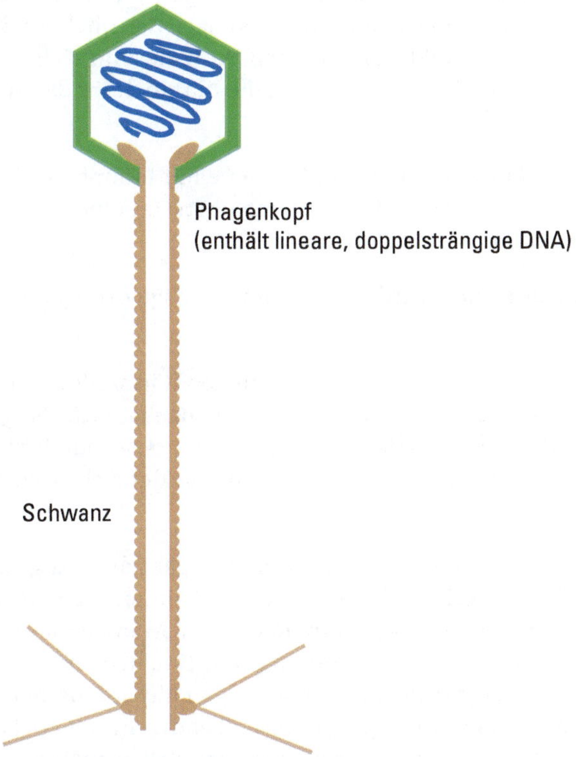

Abbildung 8.1: Schematische Darstellung eines einfachen Virus, des Bakteriophagen Lambda λ, dessen Wirt das *Escherichia coli*-Bakterium ist

Was bei einer Infektion passiert

Da sich Viren nicht selbst bewegen können, sind sie auf der Suche nach einer geeigneten Wirtszelle meistens per Anhalter – nämlich in Flüssigkeiten wie Blut oder Schleim – unterwegs. Treffen sie dann auf eine Wirtszelle, die ihnen gefällt, infizieren sie diese.

Eine Infektion und die meistens damit einhergehende Vermehrung des Virus läuft in mehreren Schritten ab:

1. Bei der ***Adsorption*** dockt das Virus zunächst an sein Opfer, die Wirtszelle, an.

2. Der Schmarotzer wird in die Wirtszelle aufgenommen, lässt seine Hüllen fallen (***Entkleidung***) und setzt seine Nukleinsäure frei oder: Er injiziert sein Erbmaterial von außen in die Zelle.

   Die infizierte Zelle wird nun gezwungen, ihren eigenen Stoffwechsel komplett umzustellen: Innerhalb weniger Minuten nach der Infektion kommt die Produktion aller eigenen Nukleinsäuren und Proteine zum völligen Stillstand – stattdessen arbeitet die arme Zelle nur noch für das eingedrungene Virus.

3. Bei der ***Genexpression*** werden die viralen Gene mit tatkräftiger Unterstützung der Wirtzelle abgelesen und in Proteine übersetzt (auch die Proteinherstellung übernimmt die Wirtszelle).

4. In einer ***Replikationsphase*** wird das Genom des eingedrungenen Virus vervielfältigt.

5. Aus dem vervielfältigten Genom und den von der Wirtszelle synthetisierten Hüllen werden viele neue Viruspartikel zusammengebaut (***Reifung***). Diese Nachkommen verlassen die Zelle, begeben sich ihrerseits auf der Suche nach Wirten und infizieren neue Zellen – der Zyklus aus den Schritten 1 bis 5 beginnt erneut.

   Wenn die Nachkommen die Wirtszelle verlassen, geht diese zugrunde, weil die Zelle aufbricht (Bakteriolyse) oder Teile der Zellmembran einfach als Bestandteile der Virushülle mitgenommen werden. Man nennt diese Art der Virusvermehrung ***lytisch***; die Viren, die so etwas tun, heißen *virulent*. Viele unserer Symptome bei einer Infektion sind Folgen dieser lytischen Eigenschaften des Virus. Zum Beispiel gehen die juckenden Pusteln bei einer Windpockeninfektion auf das Absterben von Hautzellen zurück.

   Es gibt aber auch Viren, die sich nicht lytisch, sondern ***lysogen*** vermehren: Sie zerstören die Wirtszelle nicht sofort, sondern parken ihre DNA erst einmal vorübergehend im Genom des Wirts. Erst wenn bestimmte Umweltfaktoren (wie zum Beispiel UV-Strahlung oder die Behandlung mit bestimmten Chemikalien) einwirken, tritt das Virus in den lytischen Zyklus ein. Dies kann Wochen, Monate oder manchmal sogar Jahre dauern. Viren, die so etwas tun, heißen *temperent*.

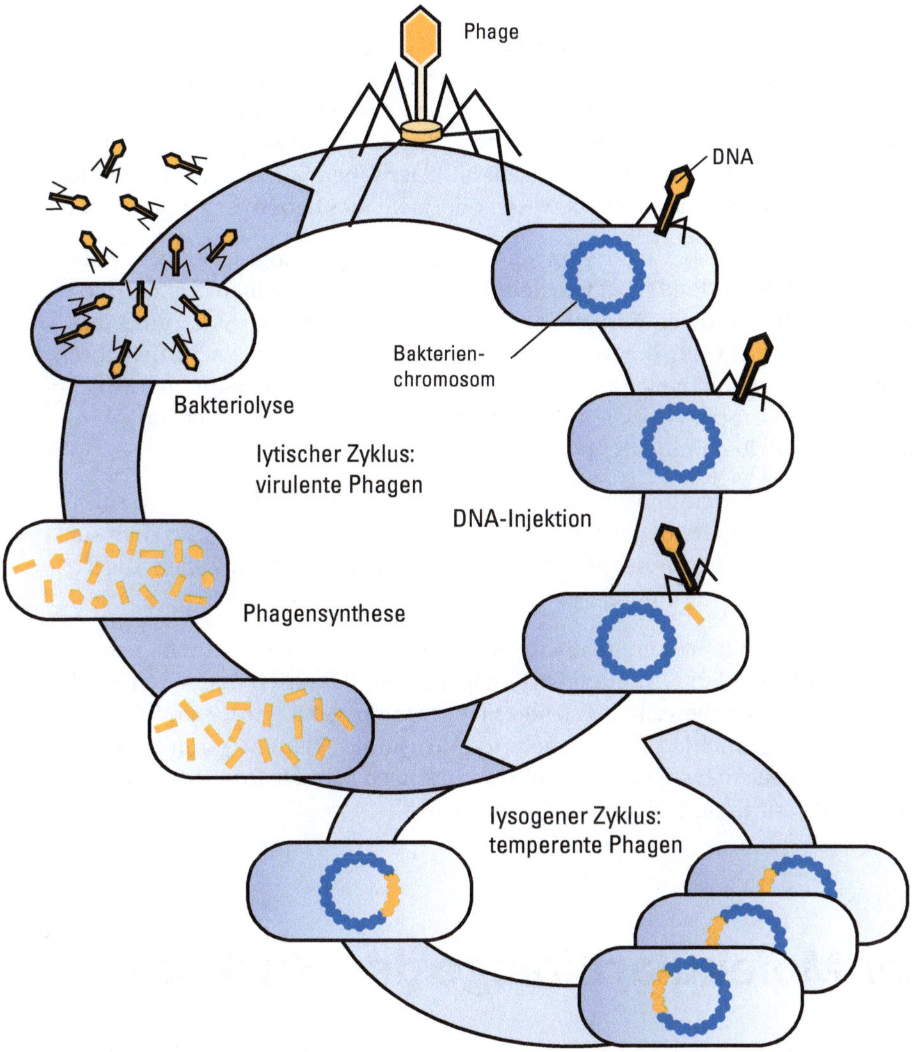

Abbildung 8.2: Wie eine Infektion abläuft – Schema der Vermehrung virulenter und temperenter Bakteriophagen

Virus oder Bakterium?

Bakterien und Viren haben gemeinsam, dass sie sehr klein sind und schwere Infektionen verursachen können; das ist aber auch alles. Hier die Unterschiede:

- ✔ **Größe:** Bakterien sind um ein Vielfaches – ungefähr hundert Mal – größer als Viren. Deshalb kann man sich viele Bakterien noch unter einem Lichtmikroskop ansehen, für ein Virus muss es schon ein Elektronenmikroskop sein.

- **Lebewesen?** Bakterien sind eine komplett ausgestattete Zelle. Viren dagegen bestehen nur aus ihrer Proteinhülle plus Erbgut und können somit nicht selbstständig existieren. Sie brauchen aber auch keine Nahrung, weil sie im Stoffwechsel der Wirtszelle schmarotzen. Auch für die Vermehrung des Virus sorgt die Wirtszelle. Sie gehören damit nicht zu den Lebewesen im klassischen Sinne. Je nach Definition für »Leben« werden sie den Lebewesen oder den Nichtlebewesen zugeordnet.
- **Stoffwechsel:** Die meisten Bakterien sind Selbstversorger (abgesehen von einigen obligat intrazellulären Bakterien wie dem Lepra-Erreger, der einen Teil der Stoffwechselfunktionen von der Wirtszelle erledigen lässt). Im Gegensatz zum Virus haben Bakterien nicht nur ihr Genom, sondern auch ihren eigenen Stoffwechsel, mit dem sie sich unabhängig am Leben halten können. Deshalb kann der Molekularbiologe die meisten Bakterien in Nährmedien züchten, während er für Viren immer lebende Zellen braucht.
- **Pathogenität:** Bakterien und Viren machen auf unterschiedliche Weise krank. Viele Stoffwechselprodukte der Bakterien sind giftig, und deshalb fühlt man sich krank, wenn diese Gifte im Körper sind. Viren dagegen zerstören Zellen, die sie brauchen, um sich zu vermehren.
- **Therapie:** Antibiotika wirken bei Bakterien, indem sie ihr Wachstum hemmen, aber nicht bei Viren. Eine Impfung wirkt dagegen bei Bakterien und Viren, da das Immunsystem auf den jeweils speziellen Erreger vorbereitet wird, zum Beispiel durch den abgeschwächten Erreger oder die Virushülle. Manche Viren haben jedoch die Fähigkeit, sich sehr schnell zu verändern, sodass der Impfstoff unwirksam wird oder zumindest nicht mehr so gut wirkt.

Wie der Molekularbiologe den Kuckuck nutzt

Viren sind perfekte Helfer, um fremde DNA in eine Zelle zu schmuggeln. Dafür verpackt man die einzuschleusende DNA gemeinsam mit der Erbinformation des Virus in der Virushülle. Außerdem wird das Virus dabei so verändert, dass es sich nicht einfach weiter nach Lust und Laune in den Zellen vermehren und dadurch gefährlich werden kann. Der Molekularbiologe sagt dazu: *Wir machen ein rekombinantes Virus.* Solch ein rekombinantes Virus wird dann in die wehrlose Zelle befördert. Man nennt den Vorgang, fremdes genetisches Material so in Zellen zu schleusen, *Transduktion.*

Die ***Vorteile der Transduktion*** gegenüber anderen Methoden, DNA in Zellen zu befördern, sind:

- eine nahezu hundertprozentige Erfolgsrate – das heißt, praktisch alle Zellen erhalten das fremde genetische Material, ohne dass ihre Lebensfähigkeit eingeschränkt wird.

- ✔ Je nach Wahl des Virus kann man seine »Wunsch«-DNA stabil in das Genom der Wirtszelle integrieren, sodass die fremde DNA sogar an die Nachkommenzellen weitervererbt wird.

Der ***Nachteil der Transduktion*** ist es, dass die Herstellung eines viralen Vektors relativ aufwendig ist. Deshalb wird die Methode nur für bestimmte Fragestellungen verwendet.

Klonieren – das Wunsch-Gen isolieren

Wozu nun der ganze Aufwand, arme Zellen mit Viren zu infizieren und Nukleinsäure einzuschleusen? Die Antwort klingt banal:

> Um ein Gen in seiner natürlichen Umgebung »Zelle« zu klonieren; um es vermehren, isolieren und seine Eigenschaften untersuchen zu können, und zwar abgetrennt von allen anderen Genen, mit denen es normalerweise gemeinsam in der Zelle vorkommt.

Es gibt nämlich (noch) keine Maschine, die das so gut kann wie eine Zelle. Und so eine Zelle muss man natürlich erst einmal dazu bringen, fremde DNA aufzunehmen und zu verarbeiten, was – wie Sie ja jetzt gesehen haben – gar nicht so einfach ist. Und hierfür braucht man die Unterstützung von Bakterien, Viren oder anderen Helfern.

Die Klonierung ist in der Molekularbiologie bei sehr vielen Anwendungen gefragt. Ich werde mich deshalb später in Kapitel 16 ausführlich damit beschäftigen, wie man das macht. Klonieren muss der Molekularbiologe immer dann, wenn er Folgendes tun möchte:

- ✔ die Struktur eines Gens untersuchen
- ✔ die Funktion eines Gens untersuchen
- ✔ Proteine mit klonierten Genen produzieren

Und für alle diese Aufgaben kann das Virus ein ganz nützlicher Helfer sein, um das Gen erst einmal überhaupt an Ort und Stelle zu bringen, bevor es untersucht und Proteine produziert werden können.

Gentherapie – Taxi in die Zelle, bitte!

Ein weiterer, ganz wichtiger Anwendungsbereich, bei dem der Molekularbiologe die Unterstützung von Viren brauchen kann, ist die *Gentherapie*, mit der große Hoffnungen für bisher unheilbare Krankheiten verbunden sind. Mit einer Gentherapie möchte man Krankheiten heilen, indem ein krankes Gen durch ein gesundes ersetzt wird oder einem schwachen Gen ein starkes zur Seite gestellt wird, das es in der Produktionskette von Proteinen unterstützt. Seit 1989 wurden mehrere Tausend klinische Studien mit gentherapeutischen Arzneimitteln begonnen, aber im Vergleich dazu wurden bisher relativ wenige zur Behandlung zugelassen: In der EU sind dies im Jahr 2025 15 Gentherapien. Erst seit einigen Jahren hat der Molekularbiologe brandneue Methoden wie die Genschere CRISPR zur Hand, mit denen er das Genom beliebig und relativ einfach editieren kann. Diese Methoden werden in Kapitel 19 ausführlich vorgestellt. Konkrete Anwendungen für virale Gentaxis bei Nukleinsäuretherapien werden in Kapitel 25 vorgestellt.

Für die Gentherapie braucht man geeignete *Transporter* – also Vektoren, die das »heilende« Gen in den Körper des Kranken befördern. Und hier kommen die Viren ins Spiel, denn sie können leicht in den Körper eindringen und Zellen infizieren, wie das jedem aus eigener Erfahrung bekannt ist, der schon einmal eine Grippe oder die Windpocken hatte. Bei solchen »normalen« Infektionen bringt das Virus seine eigenen Gene in die Körperzellen. Es sucht dabei gezielt bestimmte Köperzellen und Organe auf, und diese Eigenschaft macht man sich in der Gentherapie zunutze. In einer erzwungenen Infektion transportiert das virale Taxi die Gene zum gewünschten Einsatzort und schleust sie dort in die Zellen ein, wo sie dann ihre Funktion ausüben können. Für eine solche Gentherapie werden die viralen Taxis aber mehr und mehr durch moderne Methoden des Genome Editing (siehe Kapitel 19) ersetzt, weil man damit Gene gezielt ansteuern kann und die therapeutische Sequenz nicht blind im Genom des Patienten platziert wird, wie das bei Viren der Fall ist. Allerdings muss die Genschere auch irgendwie in die Zelle gebracht werden, und dazu nutzt man manchmal auch Viren.

Um die »Taxilizenz« für die Zelle zu erhalten, wird das Virus zunächst so verändert, dass es nicht nur das gewünschte Gen trägt, sondern auch sichergestellt ist, dass es sich in den infizierten Zellen nicht weiter vermehrt und dann viele andere Zellen infizieren kann. Eine solche Infektion wäre dann nämlich nicht mehr zu kontrollieren.

Welches Virus nehme ich?

Je nachdem, was man mithilfe »seines« Virus tun möchte, wählt man aus der großen Anzahl nichtzellulärer Partikel seinen Favoriten. Hier die in der Molekularbiologie gebräuchlichsten kleinen Helfer, Schmarotzer oder Schleuser:

- **(Bakterio-)Phagen** (aus dem Griechischen: *Bakterienfresser*) befallen nur Bakterien, also zum Beispiel das Darmbakterium *E. coli*. In der Molekularbiologie werden sie häufig und gern verwendet, da sie nur Bakterien mögen und daher für den Menschen ungefährlich sind. Ihr Genom besteht je nach Phagen-Art aus DNA oder aus RNA. Man verwendet Phagen für die Klonierung von Genen in Bakterien.
- **Retroviren** besitzen RNA als Erbinformation und befallen die Zellen von Wirbeltieren; allerdings in den meisten Fällen nur solche Zellen, die sich teilen. Hier wird ihre RNA mithilfe eines selbst mitgebrachten Enzyms, der *reversen Transkriptase* (siehe Kapitel 13), in DNA umgeschrieben und dann ins Genom der Wirtszelle eingebaut. Retroviren sind die derzeit wichtigsten Helfer in der gentherapeutischen Forschung, weil sie ihre mitgebrachten Gene stabil ins Genom des Wirts einbauen, wo sie dann kontinuierlich exprimiert werden. Der wohl bekannteste Vertreter der Retroviren ist das HI-Virus (HIV), das Aids verursacht.

- **Lentiviren** sind eine eigene Gattung der Retroviren und spezifisch für Säugetiere. Das Besondere an ihnen ist, dass sie – anders als andere Retroviren – auch als Vektoren für den Gentransfer in Zellen eingesetzt werden können, die sich nicht mehr teilen, zum Beispiel im zentralen Nervensystem. Man verwendet sie deshalb in der Erforschung von neurologischen Erkrankungen wie der Parkinson'schen Krankheit. Ein Problem ist jedoch, dass sämtliche Immunschwächeviren (also auch das Aids-verursachende HI-Virus) Lentiviren sind, sodass strengste Sicherheitsmaßnahmen nötig sind.

- **Adenoviren** infizieren verschiedene Zelltypen von Wirbeltieren und rufen beim Menschen erkältungsähnliche Symptome hervor – auch das Schnupfenvirus gehört zu dieser Gruppe. Ihr Genom besteht aus einem doppelsträngigen DNA-Faden. Sie werden nicht ins Genom der Wirtszelle eingebaut, werden somit nicht weitervererbt und gehen deshalb im Lauf der Zeit wieder verloren, sodass die Wirkung der Therapie nur eine begrenzte Zeit anhält. Dafür ist das Risiko deutlich geringer, dass die Helfer unbeabsichtigte Schäden anrichten können. Man setzt sie daher nur für eine vorübergehende Expression von Genen ein, zum Beispiel in der Gentherapie von Tumoren.

- **Adeno-assoziierte Viren (AAV)** kommen ohne einen Helfer, der dieselbe Zelle befällt, nicht aus. Bei den AAV ist das – wer hätte es gedacht – ein Adenovirus. Sie werden gerne für die Gentherapie verwendet, weil sie keine Krankheitsüberträger sind und sich ein kleines bisschen stabiler als Adenoviren, aber genauso spezifisch in den Ort des Geschehens einfügen lassen, sodass man beispielsweise auch Nervenzellen damit infizieren kann.

- **Baculoviren** infizieren die Zellen von Insekten und haben ein relativ großes Genom aus doppelsträngiger DNA, sodass mit ihrer Hilfe auch große Gene transportiert werden können. Man verwendet sie, um in den Insektenzellen Proteine mit typischen eukaryotischen Modifikationen produzieren zu lassen, was Bakterienzellen nicht leisten können, weil sie als Prokaryoten nicht über die entsprechenden biochemischen Einrichtungen verfügen (siehe auch Kapitel 18).

BEISPIEL

Je nach Anwendung hat man die Qual der Wahl zwischen vielen verschiedenen Virustypen. Bei der Gentherapie von Erkrankungen wie der Hämophilie (Bluterkrankheit) möchte man beispielsweise, dass das gesunde Gen dauerhaft im Genom der Wirtszellen verbleibt, damit bei den Patienten die Blutgerinnungsstörung lebenslang behoben ist. In solchen Fällen muss man Vektoren einsetzen, die sich stabil in das Genom der Zielzelle integrieren. Bei anderen Krankheiten reicht es unter Umständen aus, wenn die eingebrachten Gene nur über einen gewissen Zeitraum aktiv sind, zum Beispiel bei Krebserkrankungen. Und möchte man »nur« ein Gen klonieren, um es zu untersuchen, wird man sich nicht den großen Aufwand machen, eukaryotische Zellen zu kultivieren. In diesem Fall greift man lieber auf die Hilfe von Viren zurück, die Bakterien befallen und für die man nur eine geeignete Bakterienkultur braucht.

Haben Sie das geeignete Virus für sich ausgewählt, müssen Sie es einfach nur noch bestellen. Firmen bieten per Katalog ganz unterschiedlich Systeme an. Sie können hier entweder einfach nur Einzelteile wie den Vektor kaufen oder auch die Komplettausstattung aus Vektor, Wirtszellen, geeigneten Puffern und vielem mehr ordern.

λ ist des Molekularbiologen Liebling

Der wichtigste temperente Phage, der in der Molekularbiologie als Gentaxi verwendet wird, ist *λ (Lambda)*. Sein Wirt ist das Darmbakterium *Escherichia. coli* und er hat ein lineares, doppelsträngiges DNA-Genom aus 48.502 Basenpaaren, die für rund 70 Proteine codieren. Hat λ seine *E. coli*-Zelle infiziert, wird er in der freien Wildbahn zunächst ins Genom des Wirts integriert, ohne seine Gene zu exprimieren, denn er ist ja ein temperenter Phage (siehe den Abschnitt »Was bei einer Infektion passiert« weiter vorn in diesem Kapitel).

In seiner Hülle hat λ zusätzlich noch etwas Platz für fremde DNA, sodass ihm der Molekularbiologe eine Wunsch-Nukleinsäure mit einer Größe von bis zu 12.000 Basenpaaren (also zusätzlich nochmals bis zu etwa einem Viertel des Virus-Genoms) mit auf den Weg geben kann, ohne den Kleinen zu beeinträchtigen.

Alternativ kann man auch zunächst mithilfe von molekularen Scheren, den Restriktionsenzymen (siehe Kapitel 9), diejenigen Phagen-Gene aus dem λ-Genom herausschneiden, die für das Experiment nicht unbedingt gebraucht werden (dies sind alle Gene, die nicht zur Vermehrung gedacht sind). Diesen dadurch frei werdenden Platz in der Virushülle kann man nutzen, um noch mehr fremde DNA mitzugeben, nämlich insgesamt bis zu etwa 24.000 zusätzliche Basenpaare.

Der Molekularbiologe verwendet das λ-Genom als Klonierungsvektor für sein Wunsch-Gen. Hierzu verpackt er dieses in den Phagen und infiziert dann mit dem gentechnisch veränderten Virus *E. coli*-Zellen. Dort wird das Wunsch-Gen zusammen mit der λ-DNA vermehrt und – falls erwünscht – auch das entsprechende Protein gebildet. Schon nach kurzer Zeit kann das vermehrte (klonierte) Gen oder auch das entsprechende Protein isoliert werden. Mithilfe von λ erstellte Klonierungsvektoren verwendet man beispielsweise zur Herstellung von cDNA-Banken (siehe Kapitel 13).

M13: Kleiner Kerl mit Einzelstrang

Auch der Phage mit dem etwas fantasielosen Namen *M13* ist in sehr vielen molekularbiologischen Labors zu Hause. Er hat ein kleines ringförmiges Genom aus nur 6.407 Basenpaaren mit zehn Genen, das deshalb für viel weniger Nukleinsäure Platz bietet als das Genom des Kollegen λ. Aber auch M13 infiziert *E. coli*-Zellen. Das Besondere an M13 ist aber, dass das Virus ausschließlich aus einzelsträngiger DNA besteht. Deshalb verwendete man das Genom des kleinen Kerls früher gerne für Klonierungsexperimente, bei denen der Klon anschließend sequenziert werden sollte (also die Abfolge der Nukleotide bestimmt). Das geht mit einzelsträngiger DNA nämlich viel einfacher als mit doppelsträngiger DNA, wie Sie in Kapitel 17 nachlesen können. Heute verwendet man dafür nicht mehr M13 »persönlich«, sondern nur seine Sequenzen, die in andere Vektoren übernommen wurden.

Sobald M13 seine DNA in der Wirtszelle untergebracht hat, wird sie dort in eine doppelsträngige Form überführt. Außerdem bleibt die infizierte Zelle nach dem Verlassen der Phagennachkommen intakt und lebt weiter.

Welche Alternativen gibt es zur viralen Schleuserbande?

Auch wenn der Pakt mit dem Virus für den Molekularbiologen eine elegante Möglichkeit ist, Nukleinsäure in eine Zelle zu schleusen, gibt es natürlich auch Nachteile bei der Arbeit mit Viren. Beispielsweise braucht man in Deutschland für die meisten Viren eine spezielle Genehmigung (mindestens S2, Sicherheitsstufe 2). Deshalb sollte der Experimentator bei der Planung seiner Arbeit auch einen Blick auf alternative Vektoren werfen. Es gibt nämlich außer Bakterien und Viren auch noch chemische und physikalische Möglichkeiten, Nukleinsäuren in eine Zelle zu bringen, zum Beispiel:

- ✔ die direkte Injektion von DNA
- ✔ die Elektroporation und anschließende Diffusion der DNA in die Zelle
- ✔ das Beladen von Liposomen mit DNA und anschließende Fusion mit der Zelle
- ✔ Verfahren, bei denen DNA gebunden an Chemikalien durch die Zellmembran transportiert wird
- ✔ den Beschuss der Zelle mit Goldpartikeln, die zuvor mit DNA beladen wurden
- ✔ die Magnetofektion, die magnetische Felder zur Nukleinsäureaufnahme nutzt

Einigen dieser Verfahren widme ich mich später im Methodenteil. Weitere biochemische Vektoren werden in Kapitel 10 vorgestellt.

IN DIESEM KAPITEL

Was ein Enzym ist

Welche Enzyme im molekularbiologischen Labor zu Hause sind

Restriktionsenzyme, Polymerasen & Co.

Kapitel 9

Enzyme: Die Handwerker des Molekularbiologen

Wussten Sie, dass es 1970 eine Revolution in der Molekularbiologie gab? Nein? Dann wahrscheinlich nur deshalb nicht, weil das, was damals passierte, heute zum selbstverständlichen Alltag eines jeden Molekularbiologen gehört und absolut nichts Besonderes mehr ist. Die Molekularbiologie, speziell die Gentechnik, wäre aber ohne diese Revolution undenkbar – sie begann damit praktisch erst so richtig. Damals wurden per Zufall die Restriktionsenzyme entdeckt, die neben ihren Kollegen, den Ligasen und Polymerasen, heute unverzichtbare Handwerker für den Molekularbiologen sind. Sie meinen, das hört sich nicht besonders revolutionär an?

Ohne diese Enzyme wäre es für den Molekularbiologen praktisch unmöglich, Nukleinsäuren und Proteine in irgendeiner Weise zu bearbeiten, es sei denn, er hätte unvorstellbar kleine Werkzeuge im Größenmaßstab von etwa einem milliardstel Meter zur Verfügung. Hat er aber natürlich nicht, und deshalb ist er auf die Handwerker angewiesen – ohne sie kann er in seiner molekularbiologischen Welt eigentlich gar nicht existieren.

Wie solche Handwerker aussehen, wie nützlich diese Enzyme sind und was man mit ihnen machen kann, möchte ich Ihnen in diesem Kapitel zeigen. Wie die Methoden aussehen, bei denen der Molekularbiologe auf die Unterstützung der Handwerker setzt, erfahren Sie dann später, wenn wir uns gemeinsam an die Bench begeben.

Ohne Enzym läuft gar nichts

Vor der Entdeckung der Restriktionsenzyme und ihrer Kollegen konnte man sich in der klassischen Genetik lediglich indirekt mithilfe von Modellorganismen wie Fliegen oder

Bakterien mit der Struktur von Genen beschäftigen, indem man diese kreuzte oder ihre Vererbung beobachtete. Aber gar mit einem einzelnen Gen oder Nukleinsäureabschnitt zu arbeiten, schien damals unmöglich zu sein.

Wie Sie in den vorangegangenen Kapiteln schon gesehen haben, ist ein Gen ganz im Gegensatz zu einem Protein nicht *ein einzelnes* Molekül, sondern liegt in einem ziemlich großen DNA-Molekül gemeinsam mit meist vielen Tausend anderen Genen auf einem Haufen in der Zelle vor. Selbst ein Bakterium, das eines der weniger komplizierten Genome hat, bringt es in einem solchen Haufen auf mehrere Millionen Nukleotide. Ein einzelnes Gen muss also vom Molekularbiologen zunächst einmal aus diesem Haufen anderer Gene und nicht-codierender Sequenzen herausgefischt werden, damit die Forscher etwas damit anfangen können.

Um mit einzelnen Genen oder Nukleinsäureabschnitten arbeiten zu können, braucht der Molekularbiologe also Handwerker. Dank der Enzyme hat er heute die Möglichkeit, Nukleinsäuren gezielt zu manipulieren – also sie zu schneiden, zu kopieren oder mit anderen Nukleinsäuren zu verbinden.

Handwerker und Werkzeug zugleich

Mit einem Enzym hat der Molekularbiologe »zwei in einem«: ein Werkzeug, mit dem er schneiden, kleben, modifizieren oder kopieren kann, aber auch gleichzeitig den Handwerker dazu. Er muss nämlich die entsprechende Tätigkeit nicht einmal selbst ausüben, sondern kauft sich lediglich bei einem der zahlreichen Anbieter von Enzymen ein paar Mikroliter vom gewünschten Enzym, gibt es zu seinem Reaktionsansatz mit den übrigen Zutaten und kann sich dann ruhig zurücklehnen und warten, bis das Enzym seine Arbeit getan hat. Wie man solche Experimente in der Praxis durchführt, erfahren Sie in den Teilen III und IV, wenn es um Genomik und Proteomik geht. Hier lernen Sie zunächst einmal die Arbeiter selbst kennen.

Enzyme sind einfach »nur« Proteine, die eine chemische Reaktion katalysieren.

Das hört sich zunächst sehr nüchtern an, ist aber überhaupt erst die Voraussetzung dafür, dass der Stoffwechsel eines jeden Lebewesens – ob Bakterium, Tier oder Pflanze – funktionieren kann. Gäbe es die Enzyme nicht, würden sämtliche Stoffwechselreaktionen bei den relativ niedrigen Temperaturen, die in den Zellen herrschen, viel zu langsam ablaufen, um Leben aufrechtzuerhalten. Ohne Enzyme gäbe es also kein Leben.

Nahezu alle biochemischen Reaktionen in den Zellen von der Verdauung, Energiegewinnung oder Photosynthese bis hin zum Kopieren und Übersetzen der Erbinformation werden von den Enzymen gesteuert, indem sie die *Geschwindigkeit dieser chemischen Reaktionen um ein Vielfaches beschleunigen.* Und zwar können sie die Reaktionen um einen Faktor von bis zu 10^{14} beschleunigen (das ist 100 Billionen Mal schneller als ohne Enzym). Die Bauanleitung für ein Enzym ist – wie für jedes Protein – in der DNA gespeichert.

Jedes Enzym ist in höchstem Maße *selektiv* – das heißt, es katalysiert nur ganz bestimmte Reaktionen: Die Zelle hat also für jede Reaktion ein eigenes Enzym. Der Biochemiker nennt diese Eigenschaft von Enzymen ***wirkungsspezifisch***.

Enzymnamen enden fast immer auf ***-ase***. Das heißt, wenn ich im Folgenden von Endonukle*asen*, Polymer*asen* oder Lig*asen* schreibe, wissen Sie, dass es sich um Enzyme handelt.

Ribozyme: Die Exoten unter den Enzymen

Nicht alle Enzyme sind Proteine! 1982 machten die beiden amerikanischen Wissenschaftler Sidney Altman und Thomas R. Cech eine aufsehenerregende Entdeckung, für die sie ein paar Jahre später den Nobelpreis für Chemie erhalten sollten. Sie stießen auf RNA-Moleküle, die ganz ähnliche Fähigkeiten hatten wie die klassischen Protein-Enzyme: Diese RNAs konnten biochemische Reaktionen katalysieren. Bis zu diesem Zeitpunkt hatte man angenommen, dass Enzyme ausschließlich Proteine sind.

Mittlerweile weiß man, dass solche RNA-Moleküle mit enzymatischer Aktivität – die *Ribozyme* – in der Zelle gar nicht so selten sind. Zum Beispiel sind viele Tausend Ribozyme bei der Translation dafür verantwortlich, die Peptidbindungen zwischen den Aminosäuren zu knüpfen (siehe Kapitel 5). Die Entdeckung hatte auch Auswirkungen auf die Theorie über den Ursprung des Lebens. Noch einmal in aller Kürze:

Ribozym = ***Ribo***nukleinsäure (RNA) + En***zym***

Runter mit der Aktivierungsenergie

Enzyme sind Biokatalysatoren, deren Job darin besteht, die *Aktivierungsenergie* der biochemischen Reaktionen herabzusetzen, die in jeder Sekunde in einer Zelle ablaufen.

Die *Aktivierungsenergie* ist die Energie, die nötig ist, damit eine chemische Reaktion in Gang kommt und überhaupt erst ablaufen kann – also praktisch wie ein Schubs, den man braucht, um über ein Hindernis zu kommen. Diesen Schubs kann man einer Reaktion zum Beispiel durch Erhitzen geben. Mithilfe eines Katalysators kann man aber fast ganz auf ihn verzichten, weil das Hindernis kleiner wird. In der Zelle muss also dank der enzymatischen Biokatalysatoren der Schubs nicht ganz so kräftig sein, um eine biochemische Reaktion zu starten. So können alle Reaktionen unter der Regie von Enzymen spontan bei der Temperatur ablaufen, die in der Zelle herrscht (zum Beispiel bei einer Körpertemperatur von rund 37 °C).

Die Katalysatoren der Zelle machen das wie folgt:

1. Die Ausgangsstoffe der Reaktion (= *Substrate*) werden in einer höhlenartigen Tasche, dem *aktiven Zentrum* des Enzyms gebunden. Dadurch entsteht der ***Enzym-Substrat-Komplex (ES)***.

Dabei passt nur ein einziges, ganz spezifisches Substrat in das aktive Zentrum. Zum Beispiel bindet eine DNA-Polymerase grundsätzlich nur DNA und keine Glukose, auch wenn zufällig eine ganze Menge Glukose in der Nähe sein sollte und sich die Verwertung anbieten würde. Man nennt diese Eigenschaft ***Substratspezifität*** und spricht deshalb vom ***Schlüssel-Schloss-Prinzip***: Zum Enzym (Schloss) passt nur ein einziger, besonders geformter Schlüssel (Substrat).

2. Im aktiven Zentrum findet nun die entsprechende Reaktion statt. Dabei wird das Substrat durch die Bindung im aktiven Zentrum in eine besonders günstige Form gebracht, sodass die Reaktion sehr viel leichter ablaufen kann, als wenn es sich frei in der Zelle herumtreiben würde.

3. Die Reaktion ist beendet und die Produkte bleiben zunächst im aktiven Zentrum als ***Enzym-Produkt-Komplex (EP)*** gebunden. Dann werden die Produkte freigesetzt. Der Biokatalysator kann nun das nächste Substrat binden und dessen Umsetzung steuern. Das Enzym selbst wird bei der Reaktion nicht verändert und kann deshalb sofort weiterarbeiten.

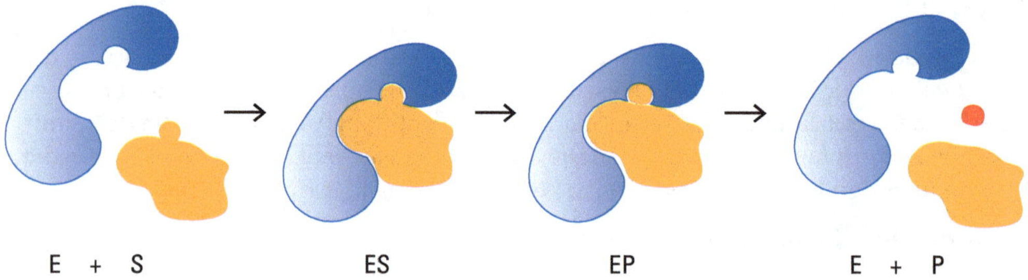

Abbildung 9.1: Schematischer Ablauf einer enzymkatalysierten biochemischen Reaktion. Das Enzym E bindet an das Substrat S. Es entsteht der Enzym-Substrat-Komplex ES. Nach der Reaktion bleibt das Produkt zunächst als Enzym-Produkt-Komplex EP gebunden, bevor das Produkt P freigesetzt wird und seine Funktion in der Zelle ausüben kann.

Übrigens ist Aktivierungsenergie an sich nichts Schlechtes! Unser ganzes Leben funktioniert nur, weil es sie gibt: Andernfalls könnten sich die komplexen Strukturen der Zelle nämlich nicht sehr lange aufrechterhalten, weil sie dauernd »hin und her reagieren« würden – es würde ja keine Energie kosten. Die Aktivierungsenergie bringt Ruhe in das sonst herrschende Chaos. In der Evolution haben sich deshalb bevorzugt solche Strukturen durchgesetzt, die relativ stabil sind und sich erst nach Überwindung einer Aktivierungsenergie verändern können.

Manche mögen's heiß, andere überhaupt nicht

Für den Molekularbiologen und seine Experimente ist es wichtig zu wissen, unter welchen Bedingungen seine Handwerker am besten arbeiten.

Optimale Arbeitsbedingungen herrschen für Enzyme bei ihrem jeweiligen

✔ **Temperaturoptimum:** Die meisten Enzyme arbeiten am liebsten bei Körpertemperatur, also bei etwa 37 °C. Es gibt aber auch Enzyme, die es heißer mögen, und diese sind für die Molekularbiologie sehr wichtig. Zum Beispiel sind bestimmte Polymerasen, die für den Molekularbiologen DNA oder RNA herstellen, sogar bei Temperaturen um die 70 °C am aktivsten.

- **pH-Optimum:** Der überwiegende Teil der Enzyme bevorzugt einen neutralen pH-Wert von etwa 7, wie er auch in den meisten Zellen herrscht. Der Molekularbiologe muss daher durch Zugabe von geeigneten Puffern dafür sorgen, dass sich die Enzyme wohlfühlen und optimal arbeiten können. Informationen zum geeigneten Puffer erhält man vom Hersteller des jeweiligen Enzyms, meistens bekommt man sogar den passenden Puffer gleich mitgeliefert.

Eine weitere wichtige Eigenschaft, die der Experimentator in seiner Arbeit mit Enzymen berücksichtigen muss, ist die ***Aktivität***. Sie wird in *Units (U)* gemessen. Dabei gilt beispielsweise für die Scheren des Molekularbiologen (die Restriktionsenzyme):

> *1 Unit ist die Menge an Enzym, die 1 µg DNA in 1 Stunde bei optimaler Temperatur (meist 37 °C) vollständig schneidet.*

Die Aktivität für jedes Enzym wird vom Hersteller angegeben. Danach berechnet der Experimentator, wie viele Handwerker er für seine Reaktion braucht. Normalerweise gibt man in einen Restriktionsansatz zwischen fünf und zehn Units an Enzym.

Des Molekularbiologen Lieblinge – ein Überblick

Nachdem Sie nun grundsätzlich wissen, was ein Enzym ist, möchte ich sie Ihnen in diesem Abschnitt endlich einzeln und persönlich vorstellen, die Handwerker des Molekularbiologen. Ihm stehen für seine tägliche Arbeit mit Nukleinsäuren und Proteinen hauptsächlich folgende Arten von Enzymen zur Seite:

- Restriktionsenzyme sind **Scheren**, die DNA zerschneiden.
- Ligasen sind **Klebstoffe**, die beliebige Nukleinsäurestücke zusammenzukleben.
- Polymerasen sind **Hersteller**, die neue DNA und RNA produzieren.
- Nukleasen und Proteasen sind **Zerstörer**, die ihr jeweiliges Substrat verdauen und es in kleine Stücke zerlegen.

Aber alles der Reihe nach. Ich beginne mit den Restriktionsenzymen.

Die Schere

Die Schere des Molekularbiologen ist das ***Restriktionsenzym***, korrekt *Restriktionsendonuklease* genannt. Sie gehört grundsätzlich zur Gruppe der Nukleasen, also der Zerstörer.

Ich möchte den Scheren aber einen eigenen Abschnitt widmen, weil sie gezielter arbeiten als die anderen Zerstörer. Nur mit Restriktionsenzymen ist es möglich, Gene von einem Organismus auf einen anderen zu übertragen, denn man muss den entsprechenden DNA-Abschnitt ja zuerst einmal aus Organismus Nr. 1 herausschneiden, um ihn dann in Organismus Nr. 2 zu integrieren.

In der Natur dienen Restriktionsenzyme den Bakterienzellen eigentlich als Verteidigungssystem gegen eine Invasion von Viren: Sie zerschneiden die DNA des Virus an ganz bestimmten Stellen und zerstören sie und das Virus auf diese Weise gleich mit. Woher weiß das Restriktionsenzym aber, welches die eigene (»gute«) DNA des Bakteriums und die fremde (»böse«) DNA des Virus ist? Zur Unterscheidung haben die Bakterien ihre DNA besonders gekennzeichnet: Sie liegt in methylierter Form vor (das heißt, die Base Cytosin trägt zusätzlich noch eine Methyl(CH_3)-Gruppe) und wird durch dieses Erkennungszeichen vor dem Abbau durch die eigene Schere geschützt. Diese Tatsache ist für den Molekularbiologen wichtig, deshalb sollten Sie sie sich merken:

Viele Restriktionsenzyme schneiden keine methylierte DNA!

Der Schutzmechanismus, den das Bakterium für seine DNA erfunden hat, ist für den Molekularbiologen manchmal ziemlich unpraktisch, denn auch andere Lebewesen haben geschützte (methylierte) DNA. Unter anderem wird nämlich dadurch auch die Genexpression reguliert. Dabei ist das Methylierungsmuster für jeden Organismus spezifisch und damit eine Art persönliches Immunsystem.

Das heißt, dass auch die methylierte DNA anderer Lebewesen von vielen Restriktionsenzymen *nicht* geschnitten wird. Wenn man also unbedingt an einer bestimmten Stelle schneiden will, die aber leider methyliert ist, so muss man sich einen Scherentyp aussuchen, der methylierte DNA schneiden kann – solche gibt es, aber die anderen sind in der Überzahl. Meist schneidet die andere Schere dann auch nicht ganz genau an der gleichen Stelle wie das »Wunsch«-Enzym, und meistens sitzt die Methylgruppe sowieso ganz genau dort, wo man eigentlich furchtbar gerne mit einer ganz bestimmten Schere schneiden möchte, die dort aber nicht schneiden kann – wie das im Leben eben so ist. Da kann man unter Umständen gar nichts machen!

Die kleinen bakteriellen Scheren schneiden die DNA generell nicht irgendwo, wo sie gerade Lust dazu haben, sondern jedes Restriktionsenzym erkennt seine ganz individuelle Sequenz aus vier bis acht Basen – ***Erkennungssequenz*** genannt – und zerschneidet dort (und nur dort!) die DNA. Das heißt, Restriktionsenzyme sind ungeheuer spezifisch! Heutzutage kann der Molekularbiologe bei verschiedenen Anbietern meist aus über 200 verschiedenen Restriktionsenzymen auswählen. Die Informationen über Erkennungssequenz, optimale Reaktionsbedingungen oder Schnittmuster bekommt er dort gleich mit dazu. Einige Beispiele für Erkennungssequenzen gibt es in Tabelle 9.1 weiter hinten in diesem Kapitel.

Enzym	Ursprungsbakterium	Erkennungssequenz und Schnittstelle	Ende
*Bam*HI	*Bacillus amyloliquefaciens* H	5´... GGATCC ... 3´ 3´... GGTAGG ... 5´	sticky (5´-Überhang)
*Eco*RI	*Escherichia coli* RY13	5´... GAATTC ... 3´ 3´... GTTAAG ... 5´	sticky (5´-Überhang)
*Hae*III	*Haemophilus aegypticus*	5´... GGCC ... 3´ 3´... CCGG ... 5´	blunt
*Hpa*I	*Haemophilus parainfluenzae*	5´... GTTAAC ... 3´ 3´... CAATTG ... 5´	blunt
*Pst*I	*Providencia stuartii*	5´... CTGCAG ... 3´ 3´... GACGTC ... 5´	sticky (3´-Überhang)
*Sau*3AI	*Staphylococcus aureus* 3A	5´... GATC ... 3´ 3´... CTAG ... 5´	sticky (5´-Überhang)

Tabelle 9.1: Die Erkennungssequenzen und Schnittmuster einiger Restriktionsenzyme

Schere ist nicht gleich Schere

Bastel-, Haushalts-, Geflügel-, Friseur-, Rosen- oder Heckenscheren haben eines gemeinsam: *Sie schneiden.* Auch wenn es vielleicht nicht optimal ist, Haare mit der Geflügelschere zu schneiden, gehen würde das. Genauso hat der Molekularbiologe für jede seiner Anwendungen eine optimale Schere zur Hand. Mittlerweile kennt man nämlich mehr als 2.000 verschiedene Restriktionsenzyme mit über 200 Erkennungssequenzen, und der Experimentator hat die Qual der Wahl, welches am besten zu ihm passt. Grundsätzlich unterscheiden sich die molekularbiologischen Scheren in

- der ***Erkennungssequenz***
- der ***Schnittstelle*** innerhalb dieser Erkennungssequenz
- dem ***Bakterium***, aus dem das Enzym gewonnen wurde

Im eigenen Interesse sollte der Molekularbiologe genau auf die jeweils optimalen Arbeitsbedingungen der gewählten Schere achten, zum Beispiel unbedingt auf die folgenden Vorlieben:

- **Die *Temperatur*:** Die meisten Restriktionsenzyme arbeiten am effektivsten bei 37 °C. Es gibt aber auch solche, die es ungewöhnlich lieben (wie das Enzym *Sma*I, 25 °C oder *Bst*XI, 50 °C). Wieder andere mögen es gar nicht, wenn man sie bei -20 °C einfriert, und arbeiten dann nicht mehr zufriedenstellend.
- **Der *Puffer*:** Enzyme arbeiten optimal bei bestimmten pH-Werten und Konzentrationen an Mineralstoffen wie zum Beispiel an Natrium, Magnesium, Kalium oder Chlorid. Die meisten Anbieter liefern den passenden Puffer gleich mit. Erwischt man jedoch einen Puffer, der dem Enzym nicht so richtig passt, dann schneidet es meistens trotzdem, aber eben viel langsamer.

Oder – gar nicht gut – es schneidet einfach an anderen als den vorgesehenen Stellen: Der Molekularbiologe sagt dazu *Staraktivität*. Das kann einem übrigens auch passieren, wenn man nach dem Motto »viel hilft viel« einfach ein bisschen mehr Enzym in seinen Ansatz gibt als nötig. Das Enzym fängt ebenfalls an zu »spinnen« (zeigt also Staraktivität), wenn im Ansatz zum Beispiel noch Alkoholreste von der vorhergehenden Reinigung enthalten sind.

Je nachdem, auf welche Art die Scheren schneiden, teilt man Restriktionsenzyme in drei verschiedene Gruppen ein:

1. ***Typ I*** erkennt zwar »seine« typische Sequenz, schneidet aber dann an einer zufälligen Stelle, die sich von der Erkennungssequenz entfernt befindet.

2. ***Typ II*** zerschneidet die DNA innerhalb der Erkennungssequenz oder in unmittelbarer Nähe.

3. ***Typ III*** wird etwa 20 Basenpaare vor oder nach der Erkennungssequenz aktiv.

Für jede Anwendung muss sich der Molekularbiologe also überlegen, welches Restriktionsenzym er wählt – wie schon erwähnt, schneidet man Papier ja normalerweise auch nicht mit der Gartenschere! In den meisten Fällen kommen jedoch Enzyme vom Typ II zum Einsatz, weil nur sie die DNA an genau definierten Stellen schneiden und die größte Auswahl bieten, während die Typen I und III eher selten verwendet werden. Wenn ich also im Folgenden von *Restriktionsenzym* schreibe, meine ich die Scheren vom ***Typ II***.

Beim Molekularbiologen hat jede Schere ihren eigenen, ganz persönlichen Namen. Die Benennung hat System und ist daher auch ganz einfach zu durchschauen: Normalerweise wird ein Restriktionsenzym nach dem Bakterium benannt, aus dem es isoliert wurde, also aus dessen (ebenfalls kursiv abgekürzten) Vor- und Nachnamen, dem eine Art laufende Nummer angehängt wird. Zum Beispiel:

- ***Eco*RI** ist das erste Restriktionsenzym, das aus *Escherichia coli* (*rough* – das ist ein spezieller Stamm) gewonnen wurde.

- ***Bam*HI** ist das erste Enzym aus *Bacillus amyloliquefaciens,*

- ***Hae*III** das dritte Enzym aus *Haemophilus aegypticus* und

- ***Dpn*II** das zweite Enzym aus *Diplococcus pneumoniae.*

Für die tägliche Arbeit im molekularbiologischen Labor ist es aber in der Regel völlig unwesentlich zu wissen, aus welchem Bakterium ein Restriktionsenzym stammt. Hauptsache, Sie kennen die Erkennungssequenz und die Art des erzeugten Schnittmusters.

Eine extrem nützliche Übersicht über Restriktionsenzyme gibt es zum Beispiel bei den New England Biolabs NEB, einem der weltweit größten kommerziellen Anbieter von Restriktionsenzymen, unter `www.neb.com/products/restriction-endonucleases`. Hier finden Sie Informationen zu weit über 200

Restriktionsenzymen wie Erkennungssequenz, Schnittmuster oder Reaktionsbedingungen in alphabetischer Reihenfolge. Diese Informationen von NEB sind mittlerweile Klassiker und als Poster oder Übersicht Inventar in so gut wie jedem molekularbiologischen Labor.

Schnittmuster in allen Variationen

Die Erkennungssequenzen von Restriktionsenzymen werden auch ***Restriktionsschnittstellen*** genannt. Sie müssen ganz bestimmte Eigenschaften haben, damit sie von den Scheren erkannt und bearbeitet werden.

Restriktionsschnittstellen sind solche Stellen in der DNA, die auf beiden Strängen – von 5′ nach 3′ gelesen – dieselbe Buchstabenkombination ergeben, also quasi symmetrisch sind. Sie heißen *Palindrome*. Hier zum Beispiel die Erkennungssequenz von *Eco*RI:

5′– G A A T T C – 3′

3′– C T T A A G – 5′

Dabei kann das Enzym entweder

- ✔ *versetzt* schneiden: Dann entstehen sogenannte ***sticky ends*** (klebrige Enden). Dabei kann der Überhang je nach Schere entweder am 5′- oder am 3′-Ende sein.
- ✔ *gerade* schneiden: Das Ergebnis ist dann ein ***blunt end*** (glattes Ende).

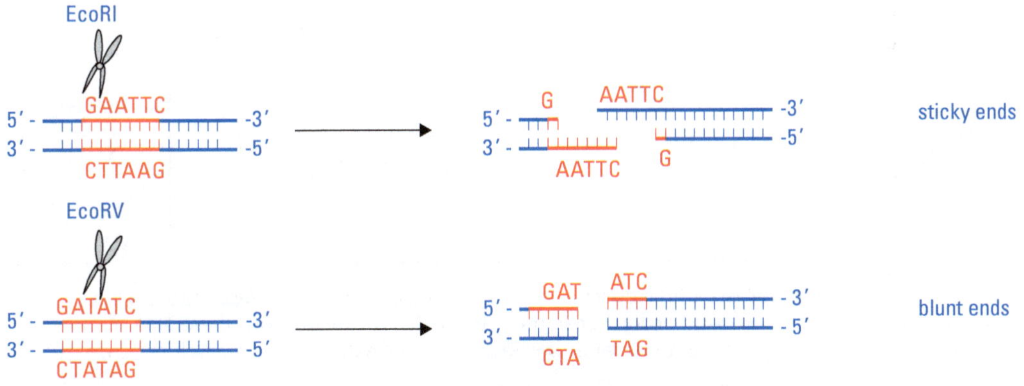

Abbildung 9.2: Restriktionsenzyme schneiden DNA entweder gerade oder versetzt.

Die entstehenden Nukleinsäureschnipsel haben dann in den meisten Fällen an ihrem 5′-Ende einen Phosphatrest und am 3′-Ende eine OH-Gruppe, was nicht ganz unwesentlich ist, wenn man dieses DNA-Stück wieder mit anderer DNA zusammenkleben möchte (siehe den Abschnitt »Der Klebstoff« weiter hinten in diesem Kapitel). Die Begriffe *sticky* beziehungsweise *blunt end* sind wichtige Bestandteile des Molekularbiologen-Jargons. Die sollten Sie sich deshalb merken.

Worüber der Molekularbiologe auch Bescheid wissen muss, ist die Tatsache, dass es Restriktionsenzyme gibt, die zwar aus verschiedenen Bakterienarten stammen, aber trotzdem identische Erkennungssequenzen haben. Produzieren diese Scheren

- ein *identisches* Schnittmuster, dann nennt man sie *Isoschizomere*
- ein *unterschiedliches* Schnittmuster, sind sie *Neoschizomere*

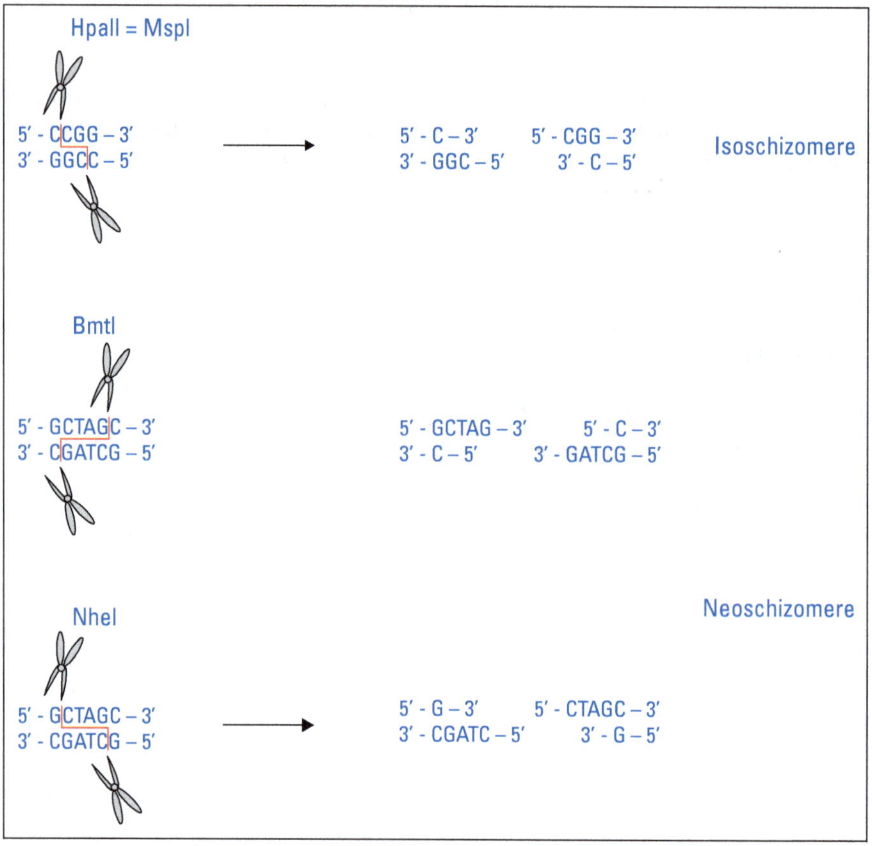

Abbildung 9.3: Beispiele für Iso- und Neoschizomere: Die Enzyme *Hpa*II und *Msp*I haben eine identische Erkennungssequenz und produzieren das gleiche Schnittmuster. BmtI und NheI haben zwar eine identische Erkennungssequenz, aber das Produkt ihrer Aktivität ist unterschiedlich.

Die Tatsache, dass verschiedene Enzyme gleiche Erkennungssequenzen haben, kann man beispielsweise nutzen, um das Problem zu umgehen, dass DNA an manchen Stellen gegen Schnitte geschützt (also methyliert) ist: Es gibt nämlich auch Restriktionsenzyme, die nicht empfindlich auf einen Schutz der DNA in Form von Methylgruppen reagieren, sondern trotzdem ihre Arbeit verrichten.

Der Klebstoff

Der Klebstoff des Molekularbiologen ist das Enzym ***Ligase***, korrekt als *DNA-Ligase* oder *RNA-Ligase* bezeichnet (es gibt nämlich auch noch andere Ligasen). Diese Proteine werden – ebenso wie die Restriktionsenzyme – gebraucht, wenn man Nukleinsäure von einem Organismus auf einen anderen übertragen will: Beispielsweise schneidet man erst den gewünschten Abschnitt aus der DNA von Organismus Nr. 1 heraus, dann klebt man diesen DNA-Schnipsel mithilfe der Ligase ins Genom von Organismus Nr. 2, wo er im Idealfall gemeinsam mit den eigenen Genen von Nr. 2 abgelesen werden kann, als wäre da nichts gewesen.

Ligasen sind Proteine, die Moleküle miteinander verknüpfen können. Und was für den Molekularbiologen wichtig ist: Sie machen das nicht von allein, sondern brauchen dafür ein wenig Energie. Man gibt ihnen deshalb für ihre Arbeit Adenosintriphosphat (ATP, siehe Kapitel 3), den universellen Energieträger der Zelle, mit auf den Weg – ohne dieses Ligationsdoping wird nämlich nicht geklebt. Man sagt daher, die Reaktion ist *ATP-abhängig*. Es gibt auch Ligasen, die andere Energielieferanten brauchen, deren Bereitstellung aber wiederum ATP-abhängig ist.

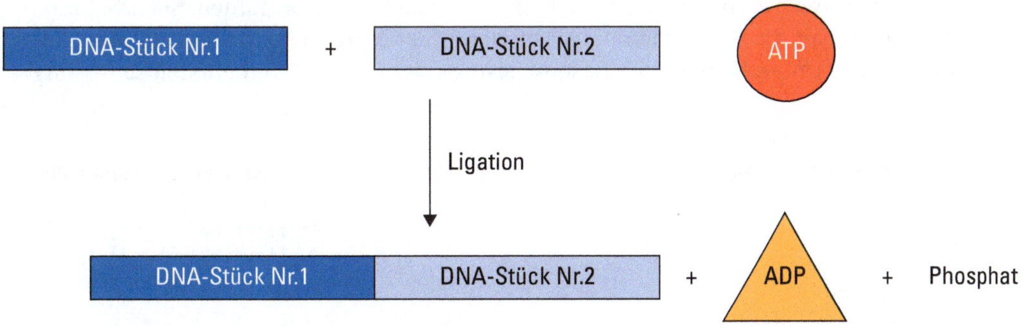

Abbildung 9.4: Schema der Ligase-Reaktion. Zwei DNA-Stücke werden zusammengeklebt. Dabei wird Energie in Form von ATP verbraucht: ATP besitzt sehr energiereiche Phosphatbindungen. Werden diese gelöst, wird Energie für die Ligation frei. Dabei werden ein oder auch zwei Phosphatreste abgespalten, und ATP wird zu ADP (Adenosindiphosphat) beziehungsweise AMP (Adenosinmonophosphat).

Normalerweise hat eine Ligase in ihrer natürlichen Umgebung – der Zelle – eigentlich zwei verschiedene Aufgaben:

1. Sie hilft bei der Replikation mit, also bei der Verdopplung der DNA, bevor sich die Zelle in zwei Tochterzellen teilt.

2. Sie repariert DNA, wenn es zu Brüchen kommt, zum Beispiel durch UV-Strahlen. Nach einem Sonnenbrand sind Ligasen also total überlastet. Und das kann für die Zellen gefährlich werden, nämlich dann, wenn der molekulare Klebstoff es nicht schafft, alle Schäden zu reparieren und Mutationen zurückbleiben (also das Erbgut dauerhaft verändert ist).

Wenn der Molekularbiologe Nukleinsäureschnipsel zusammenklebt, nennt er das ***Ligation***. Dabei verbindet die Ligase die OH-Gruppe am 3´-Ende des einen Schnipsels mit der Phosphatgruppe am 5´-Ende des anderen Schnipsels. Dabei entsteht eine neue Phosphodiesterbindung (sollten Ihnen diese chemischen Begriffe nicht mehr geläufig sein, sehen Sie sich einfach in Kapitel 3 nochmals die Struktur des DNA-Einzelstrangs an).

In der Molekularbiologie kommen hauptsächlich drei Arten von DNA-Ligasen zum Einsatz. Sie werden aus Bakterien oder aus Bakteriophagen isoliert:

- ✔ Die *T4-DNA-Ligase* wird aus dem Bakteriophagen *T4* gewonnen, der das Bakterium *E. coli* infiziert. Sie klebt sowohl sticky als auch blunt ends zusammen.
- ✔ Die *E.-coli-DNA-Ligase* wird aus dem Darmbakterium *E. coli* gewonnen und kann nur sticky ends kleben.
- ✔ Die *T4-RNA-Ligase* verbindet zwei RNA-Moleküle miteinander; sie klebt aber auch einzelsträngige DNA.
- ✔ Für spezielle Anwendungen gibt es auch noch *thermostabile DNA-Ligasen*, die sich erst bei höheren Temperaturen zwischen 45 °C und 65 °C wohlfühlen. Sie arbeiten etwas anders als die »einfachen« Ligasen, denn hier wird nur geklebt, wenn die Nukleotide der Schnipsel zuvor eine Basenpaarung mit einer anderen Nukleinsäure eingegangen sind.

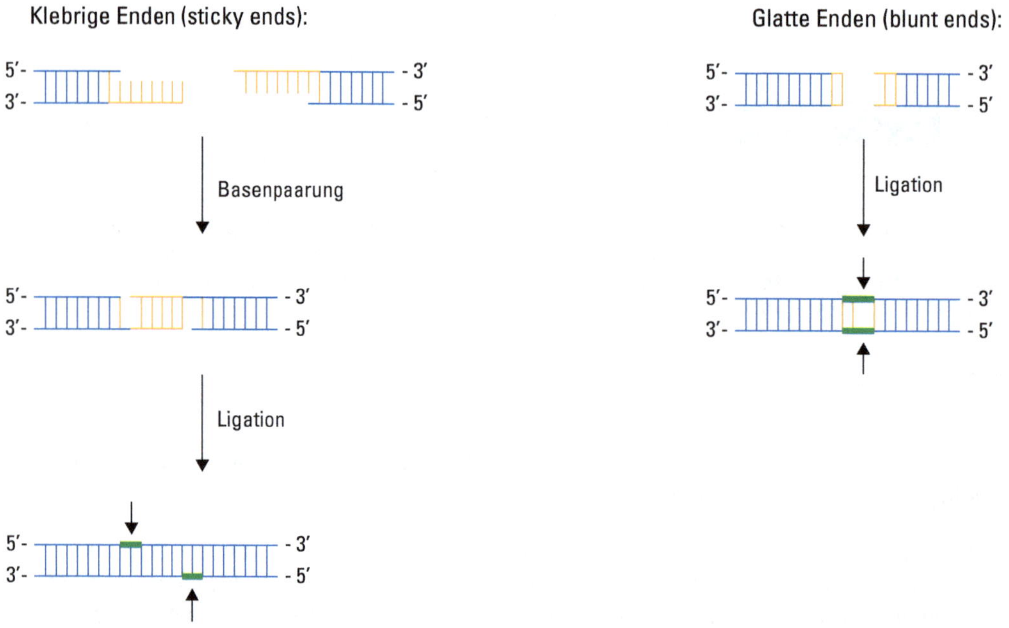

Abbildung 9.5: Ligation von sticky und blunt ends. Auch wenn es hier nicht so aussieht, ist die Ligation von glatten Enden wesentlich schwieriger: »Klebrige« Enden verarbeitet die Ligase effizienter.

Die Zerstörer

Eine Gruppe von Zerstörern haben Sie bereits kennengelernt: die Restriktionsenzyme. Es gibt aber noch andere Enzyme, die Moleküle zerlegen können. Diese arbeiten jedoch nicht so kontrolliert wie die molekularen Scheren, sondern hauen Nukleinsäuren oder Proteine kurz und klein – etwa so wie eine Axt. Auch solche brutaleren Helfer kann der Molekularbiologe manchmal gut gebrauchen, etwa wenn er Nukleinsäuren oder Proteine aus Lösungen entfernen möchte, wo sie nichts zu suchen haben.

Je nach Art des Moleküls, das zerstört wird, unterscheidet man zwischen

- **Nukleasen**, die Nukleinsäuren abbauen, und
- **Proteasen**, die die Peptidbindungen in Proteinen spalten.

Die Nuklease: Feind der Nukleinsäuren

Es gibt eine ganze Menge unterschiedlicher Nukleasen, die Nukleinsäuren mehr oder weniger brutal zerstören – sie zerschneiden, verkürzen oder in kleine Stücke hacken, indem sie die Phosphodiesterbindungen zwischen den einzelnen Nukleotiden auflösen:

- ***DNasen*** haben es auf DNA abgesehen,
- ***RNasen*** zerstören RNA.

Je nachdem, wo die Enzyme angreifen, unterscheidet man zwischen

- ***Endonukleasen***, die Nukleinsäuren im Innern des Moleküls spalten (hierzu gehören auch die Restriktionsenzyme oder Cas9, die Klinge der Genschere CRISPR, siehe Kapitel 19), und
- ***Exonukleasen***, die DNA oder RNA vom Ende her abbauen.

Beide Typen haben in der Natur auch durchaus ihren Sinn, beispielsweise korrigieren sie Fehler bei der Verdopplung des Erbguts vor der Teilung der Zelle. Die Nukleasen können entweder wie die Restriktionsenzyme *spezifisch* wirken und zerstören dann an ganz bestimmten Stellen oder sie wüten weitgehend *unkontrolliert*. Bei der spezifischen Wirkweise entstehen ganz bestimmte Schnittmuster, ansonsten unterschiedlich große Nukleinsäureschnipsel. Der Molekularbiologe setzt Nukleasen, die unkontrolliert arbeiten, unter anderem überall dort ein, wo er bewusst auf eine bestimmte Art von Nukleinsäure verzichten will: Hat er beispielsweise mit viel Mühe die RNA eines Organismus gewonnen, dann möchte er, dass diese Probe möglichst sauber ist und keine DNA, sondern nur RNA enthält. Dies erreicht er, indem er einfach etwas DNase zu seiner RNA-Präparation gibt.

Vorsicht – Nukleasen lauern praktisch überall. Man kann sie also nicht nur in den verschiedensten Variationen und schön sortiert nach Typ kaufen, sondern ein ganzer Zoo der zerstörerischen Proteine findet sich beispielsweise an den Händen oder Haaren des Experimentators, auf seiner Nasenschleimhaut, seiner

Bench und an Pipetten oder Geräten. Möchte man also bei seinen Versuchen nicht plötzlich vor dem »Nichts« stehen (sprich: Die Nukleinsäure, die man eigentlich untersuchen wollte, ist zwar noch da, aber klitzeklein gehackt), sollte man regelmäßig gut sauber machen und Handschuhe tragen. Dabei reicht es schon, die Arbeitsfläche ab und zu mit Alkohol abzuwischen, das mögen Nukleasen nämlich gar nicht.

Proteasen verdauen Proteine

Es gibt auch eine ganze Reihe von Enzymen, die Proteine, also ihre eigenen Verwandten zerkleinern – die Proteasen. Proteasen haben in der Natur wichtige Funktionen im Stoffwechsel, zum Beispiel bei der Verdauung oder der Blutgerinnung. Und natürlich ganz allgemein beim Recycling von Proteinen, sonst würden die Zellen ja irgendwann platzen beziehungsweise ihnen würden irgendwann die Aminosäuren ausgehen.

Ähnlich wie die Nukleasen, so unterteilt man auch die Proteasen je nach Angriffspunkt des Zerstörers in

- ***Endoproteasen***, die Peptidbindungen im Innern des Moleküls spalten, und
- ***Exoproteasen***, die mehr oder weniger große Stücke von den Enden des Proteins abhacken.

Viele Endoproteasen spalten ihr Protein an jeweils spezifischen Aminosäuren, sodass ähnlich wie beim Schneiden mit Restriktionsenzymen ein charakteristisches Schnittmuster entsteht. Solche spezifischen Proteasen verwendet man bei der Untersuchung von Proteinen. Unspezifischere Zerstörer wie die Endoprotease *Proteinase K* setzt man ein, wenn man Nukleinsäuren aus Zellen gewinnen möchte. Proteine würden hier nämlich den Hauptteil der Probe ausmachen, wenn man sie nicht verdauen und anschließend entfernen würde.

Das Arbeitstier

Das Arbeitstier des Molekularbiologen ist die ***Polymerase***, die für ihn in beliebigen Mengen neue Nukleinsäuren herstellt. Dieses Enzym wurde zwar bereits 1955 von Arthur Kornberg im Darmbakterium *E. coli* entdeckt (Nobelpreis 1959), aber spätestens ab 1983, als Kary Mullis die *Polymerase-Kettenreaktion* (siehe Kapitel 15) entwickelte, sind Polymerasen als Handwerker aus keinem molekularbiologischen Labor mehr wegzudenken.

Normalerweise hat die Polymerase in der Zelle die Aufgabe, die DNA vor der Zellteilung zu verdoppeln, damit jede der beiden Zellen die gleiche Portion an Erbinformation erhält, oder aber bei der Transkription RNA von der DNA-Vorlage abzuschreiben. Dabei sorgt sie dafür, dass die Einzelteile – die Nukleotide – miteinander verknüpft werden und so das neue Nukleinsäuremolekül entsteht. Die Vorlage für ihre Arbeit, ein DNA- oder RNA-Molekül, nennt man *Matrize* oder *Template*. Je nach Produkt des Arbeitstiers unterscheidet man:

- **DNA-Polymerasen:** Sie produzieren DNA und können *DNA-abhängig* (Matrize: DNA) oder *RNA-abhängig* (Matrize: RNA) sein. DNA-abhängige DNA-Polymerasen sind für die Replikation der DNA vor der Zellteilung verantwortlich, während die reverse Transkriptase, die für Retroviren RNA in DNA umschreibt (siehe Kapitel 4), ein RNA-abhängiges Enzym ist.

- **RNA-Polymerasen:** Sie produzieren – wer hätte es gedacht – RNA und können ebenfalls *DNA-abhängig* (Matrize: DNA) oder *RNA-abhängig* (Matrize: RNA) sein. Die DNA-abhängige RNA-Polymerase ist für die Transkription zuständig, RNA-abhängige RNA-Polymerasen kommen in manchen Viren vor und sorgen dort für die Vermehrung des Erbguts.

Um die Verwirrung perfekt zu machen: Es gibt außerdem auch noch *unabhängige Polymerasen*, die keine Vorlage benötigen und Nukleotide an die Enden von Nukleinsäuren hängen.

Am wichtigsten sind für die meisten Molekularbiologen *thermostabile DNA-Polymerasen*, wie man sie für die Polymerase-Kettenreaktion (PCR) braucht, zum Beispiel die *Taq*-Polymerase. Thermostabil heißt, dass das Enzym bei hohen Temperaturen weit über Körpertemperatur nicht zerfällt, wie es bei den allermeisten anderen Proteinen der Fall wäre. Deshalb kann es für uns ja auch so gefährlich werden, wenn bei Fieber die Körpertemperatur für längere Zeit deutlich über 40 °C steigt: Unsere körpereigenen Proteine sind nämlich nicht thermostabil.

Die erste thermostabile DNA-Polymerase wurde aus dem Bakterium *Thermophilus aquaticus* – genannt *Taq* – isoliert, das in 80 °C heißen Quellen des Yellowstone Nationalparks zu Hause ist. Dieses Enzym, die ***Taq*-Polymerase**, ist deshalb hitzestabil und verträgt für einige Minuten extreme Temperaturen bis über 90 °C.

Thermostabile Polymerasen verwendet man seit 1988 für die PCR. Mittlerweile gibt es auch noch einige andere hitzestabile Polymerasen auf dem Markt – das Angebot ist heute so groß, dass man nur schwer den Überblick behalten kann. Der Nachteil der *Taq*-Polymerase ist, dass sie relativ fehleranfällig ist. Das heißt, sie kopiert ihre Vorlage nicht exakt, sondern baut etwa alle 10.000 Nukleotide eine falsche Base ein – manche behaupten sogar, alle 4.200 Nukleotide. Mit niedrigeren Fehlerraten, aber auch viel langsamer, arbeiten beispielsweise die *Pfu*- (aus *Pyrococcus furiosus*) oder *Pwo*-Polymerase (aus *Pyrococcus woesei*). Sie sind nicht nur sehr thermostabil, sondern haben auch noch eine Korrekturaktivität, die falsch eingebaute Nukleotide durch richtige ersetzt. Man nennt das *Proofreading*-Funktion (»Korrekturlesen«).

Alles, was die Polymerasen außer optimalen Reaktionsbedingungen zu ihrer Arbeit brauchen, sind

- **Bausteine:** Nukleotide – also dNTPs zur DNA-Herstellung
- **die Nukleinsäure-Vorlage** (Template), die sie kopieren
- **Primer:** also kurze Oligonukleotide (DNA-Moleküle), die als Starthilfe dienen; an sie fügt die Polymerase Bausteine an.

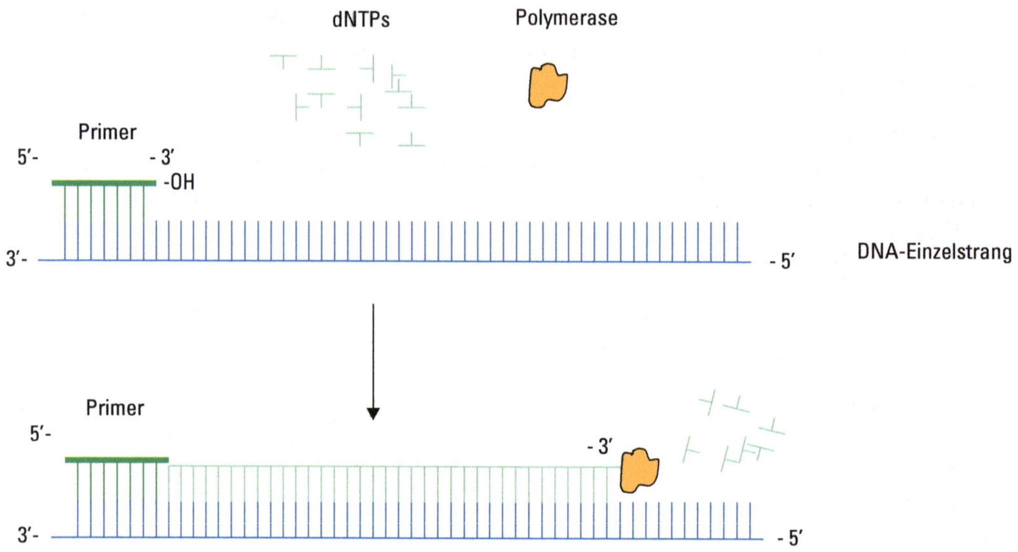

Abbildung 9.6: Schematische Darstellung der Arbeit einer Polymerase. Das Enzym reiht ausgehend von einem DNA-Startmolekül, dem sogenannten Primer, Nukleotide (dNTPs) aneinander und kopiert dabei die DNA-Vorlage ziemlich genau.

Ist teurer immer besser?

Alle in diesem Kapitel erwähnten Handwerker gibt es in verschiedenen Ausführungen und Qualitäten – aber auch zu ganz unterschiedlichen Preisen. Als Molekularbiologie-Einsteiger sollte man sich deshalb durchaus die Mühe machen, erst einmal das große Angebot zu sichten, bevor man loslegt. Und Sie werden sicher die Erfahrung machen, dass »gut« nicht immer mit »teuer« gleichzusetzen ist – wie ja auch im Leben außerhalb des Labors. Die Einsparmöglichkeit beläuft sich bei den Enzymen ganz schnell auf ein paar Tausend Euro.

Vor allem bei den Polymerasen gibt es enorme Preisunterschiede. Deshalb kann man sich als Experimentator durchaus von Zeit zu Zeit einmal die Mühe machen und Enzyme von verschiedenen Anbietern parallel testen. Man wird unter Umständen sein blaues Wunder erleben. Die Spanne kann dabei von »gar nichts« (also überhaupt kein Produkt) über »genau mein Produkt und sonst nichts« bis hin zu »ganz viel« (also viel zu viel und damit »gar nichts«) reichen (siehe auch Kapitel 15 über die PCR).

Haben Sie aber »Ihr« Enzym einmal gefunden, dann wird das sicherlich meist eine Freundschaft fürs Leben, denn jede molekularbiologische Reaktion hat ihr Eigenleben – mit anderen Worten, wenn sie am Montag klappt, heißt das nicht unbedingt, dass sie am Dienstag genauso klappt –, und wenn sonst schon alles schiefgeht, kann man treue Freunde, auf die man sich verlassen kann, gut gebrauchen. Die besten Freunde müssen aber nicht unbedingt auch die teuersten sein!

IN DIESEM KAPITEL

Die verschiedenen Typen von Vektoren

Plasmide & Co.

Künstliche Chromosomen

Kapitel 10

Vektoren: Die nützlichen Transporter

Vektoren sind die Transportfahrzeuge des Molekularbiologen. Er kann sie mit Genen oder DNA-Abschnitten seiner Wahl beladen, um diese in fremde Zellen zu transportieren, wo sie dann gemeinsam mit der eigenen Erbinformation der Wirtszelle vermehrt oder abgelesen und in Protein übersetzt werden. Das Ergebnis eines solchen Transportvorgangs sind dann viele Klone, die alle das Wunsch-Gen des Experimentators in sich tragen, das bei den Teilungen der Wirtszelle viele Tausend Mal identisch kopiert wurde.

Von diesen Transportern besitzt der Molekularbiologe einen ganzen Fuhrpark! Die Wahl des Transportertyps richtet sich nach Anwendung und Größe des Transportguts. Mit einem Fahrzeugtyp, den bakteriellen Plasmiden, haben Sie in Kapitel 7 schon flüchtig Bekanntschaft gemacht. Solche Transporter erhält man nicht nur aus Bakterien, sondern auch aus Viren oder Eukaryotenzellen.

Ohne diese praktischen Transportwerkzeuge wäre es nur sehr schwer möglich, fremde Nukleinsäure in die mikroskopisch kleinen Zellen zu bekommen – und dazu auch noch in aktivem Zustand. Zum Einsatz kommen die Transporter unter anderem bei der Klonierung, in der Gentherapie oder bei der Herstellung von Medikamenten in lebenden Zellen. In diesem Kapitel möchte ich zunächst einmal den molekularbiologischen Fuhrpark an sich unter die Lupe nehmen; die Methoden, für die man solche Transportfahrzeuge braucht, beschreibe ich später.

Vektoren nehmen DNA-Moleküle mit

Vektoren sind Nukleinsäuremoleküle, die fremde DNA aufnehmen und in andere Zellen einführen können. Es gibt verschiedene Typen von Vektoren, die sich vor allem in der Größe der DNA unterscheiden, die sie aufnehmen und transportieren können – der sogenannten *Klonierungskapazität*. Die wichtigsten Typen sind

- **Plasmide:** Sie stammen aus Bakterien und nehmen Inserts (fremde Nukleinsäureabschnitte) einer Größe von mehreren Tausend Basenpaaren mit (< 6 Kilobasen, abgekürzt kb) auf.

- **Viren** injizieren die in ihnen verpackte DNA in Wirtszellen. Als Vektoren verwendet man Phagen oder modifizierte Viren wie das Schnupfenvirus. Mit ihrer Hilfe kann man DNA einer Größe von bis zu mehreren Zehntausend Basenpaaren in fremde Zellen schleusen (< 25 kb).

- **Künstliche Chromosomen** werden meistens aus Bakterien- oder Hefe-DNA hergestellt und können sehr viel fremde DNA transportieren: bis zu mehreren Hunderttausend Basenpaaren (< 1.000 kb).

Ich möchte Ihnen die Arten von Transportern nun in den folgenden Abschnitten der Reihe nach vorstellen.

Plasmide – die Minis unter den Vektoren

Eigentlich sind Plasmide kleine ringförmige DNA-Moleküle, die in Bakterienzellen vorkommen, aber nicht zum eigentlichen Bakterienchromosom gehören. Sie sind zwischen 1 kb und 25 kb (Kilobasen – also 25.000 Basenpaare) groß. Auf dieser »Extra«-DNA befinden sich Informationen, die für die Bakterien nützlich sind, auf die sie aber unter normalen Bedingungen auch verzichten könnten (beispielsweise Resistenzgene gegen Antibiotika).

Plasmide vermehren sich unabhängig vom Bakterienchromosom. Sie besitzen hierfür einen eigenen Replikationsstartpunkt, genannt *origin of replication (ori)*, an dem die Verdopplung der DNA vor der Zellteilung beginnt. Diese Eigenschaft ist für den Molekularbiologen sehr wichtig, damit er sein eingeschleustes Wunsch-Gen in der Wirtszelle vermehren kann – das ist nämlich der Sinn des Experiments. Von manchen Plasmiden gibt es in einer Bakterienzelle eine ganze Menge gleichartiger Exemplare. Plasmide mit einer Kopienzahl > 20 werden als *High-copy-number-Plasmide* bezeichnet.

Für molekularbiologische Experimente hat man in der Natur vorkommende Plasmide maßgeschneidert verändert. Ein typisches Plasmid enthält:

- **Markergene** zum Beispiel für Antibiotikaresistenzen oder die Herstellung eines Farbstoffs. Mit ihrer Hilfe kann man ganz leicht kontrollieren, ob ein Experiment geklappt hat, das heißt, ob das Plasmid mitsamt seiner Ladung in der Bakterienzelle angekommen ist. Ich komme weiter hinten in diesem Kapitel im Zusammenhang mit dem *lacZ*-Gen darauf zurück.

- Den **Replikationsstartpunkt ori:** Nur mit dieser DNA-Sequenz ist eine Vermehrung des fremden Plasmids in der Zelle möglich. Und genau das möchte man: dass nach dem Transport in die Wirtszelle viele, viele Klone mit dem Wunsch-Gen entstehen.

- **Restriktionsschnittstellen** werden benötigt, damit die Scheren des Molekularbiologen, die Restriktionsenzyme (siehe Kapitel 9), den Plasmidring öffnen und fremde DNA in die so entstandene Lücke geklebt werden kann.

BEISPIEL

Plasmidvektoren wurden meist so konstruiert, dass mehrere Restriktionsschnittstellen hintereinanderliegen. Man nennt diesen DNA-Abschnitt *Polylinker* oder auch *multiple Klonierungsstelle (Multiple Cloning Site* oder *MCS).* Idealerweise kommen die Schnittstellen nur dort und nicht noch an anderen Stellen des Vektors vor, sodass der Vektor ganz gezielt aufgeschnitten werden kann und nicht mehrere Vektorschnipsel ohne System entstehen.

Plasmidvektoren kann man sich bei vielen verschiedenen Herstellern in allen denkbaren Variationen kaufen. Oftmals werden spezielle Konstrukte auch von Experimentator zu Experimentator weitergegeben – man muss sich seinen Transporter also nicht erst selbst zurechtbasteln. Meistens erhält man sogar noch alles dazu, was man sonst noch braucht, zum Beispiel die passenden Bakterienzellen samt Kulturmedium.

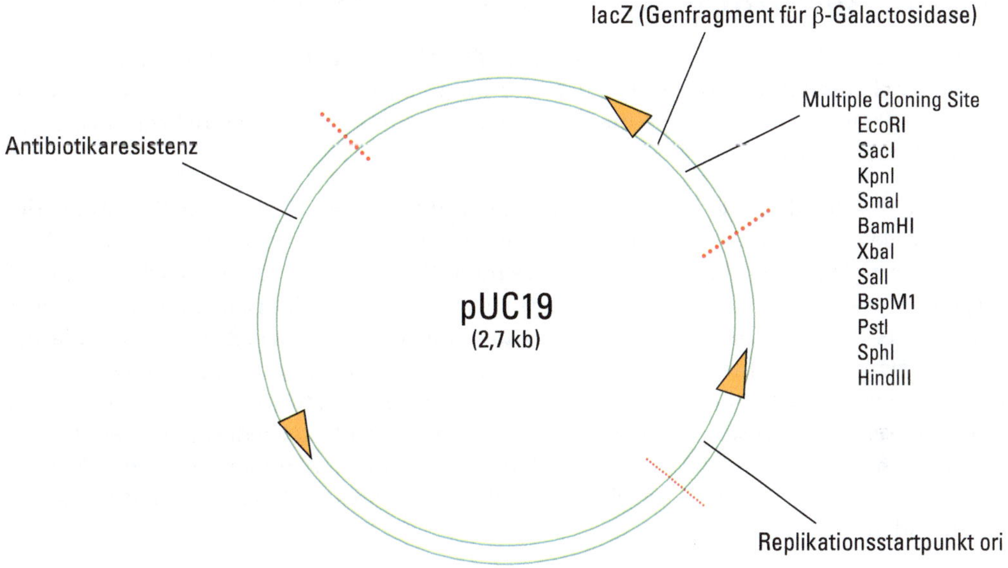

Abbildung 10.1: Schema eines typischen Plasmidvektors. Das Plasmid pUC19 kommt in der Molekularbiologie häufig zum Einsatz. Es enthält alles, was ein guter Transporter braucht: Markergene, Replikationsstartpunkt (ori) und den Polylinker (Multiple cloning site) mit zahlreichen Restriktionsschnittstellen.

BEISPIEL

Ein für Klonierungen und die Expression von Proteinen im Bakterium *E. coli* häufig verwendeter Vektor ist das Plasmid *pUC19*. Es enthält unter anderem das *lacZ*-Gen, das die Information für einen Teil des Enzyms β-Galaktosidase trägt, das Bakterienkolonien auf bestimmten Nährmedien blau färbt. Da sich innerhalb dieses Gens auch die multiple Klonierungsstelle befindet, wird das Gen zerstört, wenn der Plasmidring aufgeschnitten wird. Man verwendet diesen Trick – die sogenannte ***Blau-Weiß-Selektion*** –, um festzustellen, welche Kolonien nach der Klonierung den gewünschten Klon enthalten:

- ✔ Kolonien, bei denen das Gen durch das Insert *zerstört* wurde, sind auf speziellen Nährböden *weiß*, denn die β-Galaktosidase kann die Bakterien nicht blau färben. Man weiß also, dass das Einfügen des fremden DNA-Fragments *geklappt* hat.

- ✔ Ist das lacZ-Gen *intakt* (wurde also nicht durch Einkleben des Inserts zerstört), dann färbt das aktive lacZ-Gen die Kolonien *blau*. Die Bakterien sehen zwar hübsch aus, das Experiment hat aber leider *nicht geklappt*.

Mit der Blau-Weiß-Selektion sieht man also auf den ersten Blick, welches die »richtigen« Bakterien sind, in die die fremde DNA erfolgreich transportiert und eingebaut wurde, und mit denen man weiterarbeiten kann – nämlich nur die weißen! Die Methode wird ausführlicher in Kapitel 16 erklärt (siehe dort den Kasten »Bakterien sofort durchschauen: Die Blau-Weiß-Selektion«).

Phagen – die Anhänger unter den Vektoren

Wie Sie schon in Kapitel 8 erfahren haben, sind Phagen Viren, die Bakterien befallen. Man kann sie so als indirektes Transportsystem für die Beförderung in Bakterienzellen hinein verwenden. Phagen hängen sich an die Bakterienzelle an und injizieren ihre Erbinformation in die von ihnen befallene Zelle.

Verpackt der Molekularbiologe seine Wunsch-DNA im Kopf des Virus, wird diese mit in die Bakterienzelle transportiert und von der Bakterienmaschinerie vermehrt. Hat man Bakterien mit den präparierten Phagen infiziert, werden die infizierten Zellen anschließend auf Agarplatten gegeben. Hier wächst innerhalb kurzer Zeit ein Bakterienrasen, in dem sich kleine Löcher bilden – die sogenannten *Plaques*. Sie sind ein Zeichen dafür, dass die Infektion erfolgreich war und die Bakterienzellen an diesen Stellen durch die Phagen lysiert (aufgelöst) wurden. Jedes Loch geht auf eine Infektion der Bakterien durch einen Phagen zurück, der reproduziert wurde und dann in einer Kettenreaktion wiederum weitere Bakterienzellen infiziert hat, die auch lysiert wurden. Jeder Plaque enthält also Tausende Kopien des Wunsch-Gens. Die Arbeit mit Phagen ist allerdings etwas aufwendiger und teurer als mit Plasmiden.

In der Molekularbiologie kommen die Phagen λ und M13 häufig zum Einsatz, mit denen Sie schon in Kapitel 8 Bekanntschaft gemacht haben. Sie infizieren die Zellen von *E. coli* und transportieren zwischen 9 und 24 kb an fremder DNA.

Cosmide – die Kombis unter den Transportern

Cosmide sind eine Kombination aus einem Plasmid und DNA-Sequenzen, die aus dem Phagen λ stammen – den sogenannten *cos-sites*. Die cos-sites sind einzelsträngige komplementäre Überhänge an den Enden eines linearen Moleküls, über die die DNA sich zum Ring schließen, aber auch wieder geöffnet werden kann.

Deshalb können Cosmide zunächst in Phagen verpackt werden und Bakterienzellen infizieren. In der befallenen Zelle schließen sich die cos-sites dann zum Ring zusammen, der sich im Bakterium genau wie ein Plasmid und nicht wie ein Phage verhält und deshalb nicht von der Wirtszelle abgebaut wird.

Cosmide können größere Fragmente fremder DNA aufnehmen und transportieren etwa doppelt so große Stücke wie die Plasmide. Hier sind also die vorteilhaften Eigenschaften von Plasmiden (einfachere technische Handhabung) und λ-Vektoren (Transport größerer DNA-Stücke) kombiniert.

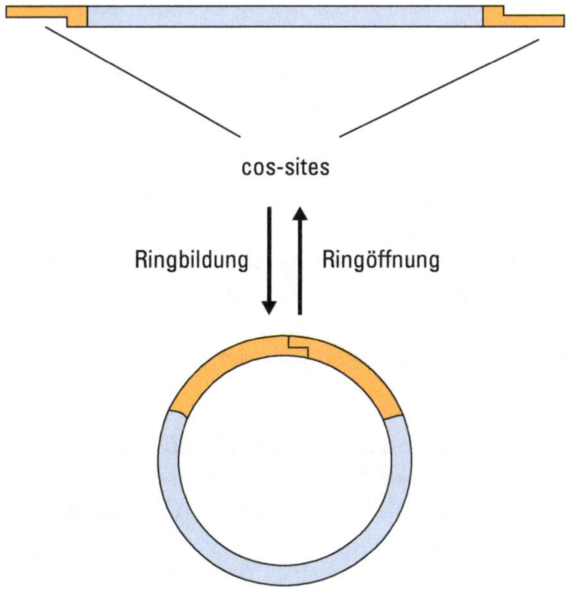

Abbildung 10.2: Cosmide können zum Ring geschlossen, aber auch wieder geöffnet werden.

Künstliche Chromosomen – die Schwertransporter

Zum Transport von großen Genen und DNA-Abschnitten in fremde Zellen gibt es künstliche Chromosomen. Man braucht sie zum Beispiel, um eine Genbibliothek anzulegen, also die komplette Erbinformation eines Lebewesens aus vielen Millionen Basenpaaren in kleineren Teilstücken zu speichern (mehr über DNA-Bibliotheken können Sie in Kapitel 16 lesen).

Im Prinzip sind künstliche Chromosomen große Plasmide mit Elementen eines Chromosoms. Diese Elemente sind: ein Startpunkt für die Replikation, Centromer und Telomer (sollten Sie sich hier unsicher fühlen, sehen Sie sich einfach nochmals Abbildung 2.3 in Kapitel 2 mit der Struktur eines Chromosoms an). Diese Elemente sind wichtig, um eine korrekte Verdopplung der Erbinformation vor der Zellteilung sicherzustellen. Sonst kann auch die fremde DNA nicht vermehrt werden – und das ist ja der Sinn des Experiments. Je nach Organismus, dem die künstlichen Chromosomen nachempfunden sind, unterscheidet man zwischen:

- ✔ **PACs** (*P1-derived artificial chromosomes*): Diese künstlichen Chromosomen wurden aus dem Phagen mit dem nüchternen Namen *P1* entwickelt. Mit ihrer Hilfe können DNA-Abschnitte mit einer Größe bis zu 100 kb transportiert werden.

- **BACs** (*Bacterial Artificial Chromosomes*): Sie wurden aus einem Plasmid des Darmbakteriums *E. coli* entwickelt und eignen sich deshalb besonders zum Transport von fremden Genomabschnitten in *E. coli.* Mit ihnen können DNA-Abschnitte mit einer Größe bis zu 300 kb in die Bakterienzellen geschleust werden. BACs haben den großen Vorteil, dass sie extrem stabil sind und über mehr als 100 Bakteriengenerationen weitergegeben werden können.

  Sowohl BACs als auch PACs können in Bakterienzellen vermehrt werden und sind *ringförmige* DNA-Moleküle, mit denen man genauso einfach arbeiten kann wie mit Plasmiden.

- **YACs** (*Yeast Artificial Chromosomes*): Sie wurden aus dem Genom der Hefe entwickelt und bestehen aus *linearer* DNA. YAC-Klone sind die größten Klone, die man heute herstellen kann; sie sind im Gegensatz zu BACs allerdings nicht sehr stabil. Mit ihrer Hilfe kann man sehr große DNA-Abschnitte von mehreren Hunderttausend Basen transportieren. Eine Genbibliothek aus YACs anzulegen ist allerdings sehr kompliziert und erfordert viel Erfahrung. Es existieren schon einige solcher Banken, die auch für andere Wissenschaftler zugänglich sind.

Neben diesen drei gebräuchlicheren Typen von künstlichen Chromosomen gibt es mittlerweile auch schon *MACs* (*Mammalian Artificial Chromosomes*) auf der Basis von Säugetierchromosomen und *HACs* (*Human Artificial Chromosomes*) auf der Grundlage menschlicher Chromosomen.

IN DIESEM KAPITEL

Künstliche Nukleinsäuren

Wie man synthetische Nukleinsäuren herstellt

Ein Überblick darüber, was man mit Oligos anstellen kann

Kapitel 11

Nukleinsäuren für alle Fälle: Synthetische Oligonukleotide

In den Werkzeugkasten des Molekularbiologen gehören auch selbst gemachte, künstliche Nukleinsäurestücke, deren Sequenz er je nach Experiment gezielt festlegt, die sogenannten *synthetischen Oligonukleotide* – im Laborjargon *Oligos* genannt. Diese kurzen Nukleinsäurefäden aus DNA oder RNA sind zwischen zehn und 100 Basenpaaren lang, und im Labor kann man allerhand mit ihnen machen. Der Molekularbiologe braucht sie für alle möglichen molekularbiologischen Anwendungen: Eine ganz wichtige Rolle spielen sie beispielsweise als Startmoleküle bei der Polymerase-Kettenreaktion (PCR) oder auch als Arzneimittel der Zukunft. Diese »Nukleinsäuren für alle Fälle« werden so ausgewählt, dass sie spezifisch an DNA-Abschnitte binden – ihre Sequenz muss daher komplementär zu diesen Abschnitten sein, damit es zu den charakteristischen Basenpaarungen kommt: A mit T oder U und G mit C. Man kreiert sie daher meist mithilfe des Computers und lässt sie dann maßgeschneidert herstellen.

Wie solche Oligos aussehen, wie man sie herstellt und wozu man sie braucht, zeige ich nun im Folgenden. Um die Methoden, für die die Oligos unverzichtbar sind, geht es später in Teil III, mit praktischen Anwendungen in Teil V.

DNA und RNA auf Bestellung

Oligo heißt im Griechischen *wenige*, und gemeint sind hier in diesem Fall wenige Nukleotide: *Oligonukleotide (Oligos)* sind kleine DNA- oder RNA-Moleküle mit einer Länge von bis zu 100 Nukleotiden. Man kann sie nach Belieben bei vielen verschiedenen Herstellern bestellen und bekommt sie meist schon ein bis zwei Tage später auf die Bench geliefert. Oder man kann sie selbst synthetisieren, sofern man die Geräte dazu hat. Der Molekularbiologe braucht die Oligos unter anderem für folgende Anwendungen:

- **Polymerase-Kettenreaktion (PCR), reverse Transkription oder Sequenzierung:** Hier heißen Oligos *Primer* und dienen als Startpunkt für die Polymerase zur Synthese neuer DNA-Stränge. An die Primer werden dabei so lange Nukleotide angehängt, bis der neue Abschnitt fertig ist (siehe Kapitel 15 und 17).
- **Hybridisierung:** Hier heißen die Oligos *Sonden* und werden als Testmoleküle verwendet, um zu prüfen, ob eine bestimmte Sequenz komplementär zu ihnen ist oder Mutationen aufweist (siehe Kapitel 13). Ist die Sequenz komplementär, bindet die Sonde an die Testsequenz und kann dort nachgewiesen werden. Wenn nicht, wird das Oligo beim Waschen von der Probe entfernt und kann logischerweise nicht nachgewiesen werden.
- Für manche **Genchips** werden Oligos auf kleine Glasplatten geklebt, auf denen dann viele Hybridisierungsreaktionen parallel stattfinden können (siehe Kapitel 23).
- Als **Medikamente** dienen *Antisense-Oligos (ASOs)*, die komplementär zu einer bestimmten mRNA sind, an diese binden und dadurch die Translation dieser mRNA hemmen. In der Folge kann ein Protein, das normalerweise krankmacht, durch diese Blockade nicht mehr hergestellt werden (siehe weiter hinten in diesem Kapitel und ausführlich Kapitel 25).

Für jede einzelne Anwendung müssen Oligos ganz bestimmte charakteristische Eigenschaften haben, vor allem eine spezifische und ausgeklügelte Sequenz, und werden dazu maßgeschneidert hergestellt.

So wird's gemacht

Schon bald nach der Entdeckung der DNA-Struktur durch Franklin, Watson und Crick versuchte man, Oligonukleotide mit genau definierten Sequenzen chemisch herzustellen. Seither wurden gleich mehrere Methoden entwickelt, um künstliche DNA und RNA maßgeschneidert synthetisieren zu können.

Heute werden Oligos durch automatisierte Verfahren mit guter Ausbeute in sogenannten *DNA-(oder RNA-)Synthesizern* nach der *Phosphoramidit-Methode* hergestellt. Mit chemischen Details dieser Methode möchte ich Sie verschonen. Nur so viel: Als Basenbausteine dienen Phosphoramidite, die an einem festen Trägermaterial durch chemische Reaktionen zum gewünschten Oligo aneinandergereiht werden. Phosphoramidite bestehen aus den drei Nukleotidbausteinen Ribose, Phosphat und Base, die jeweils an ihren Enden mit Schutzgruppen versehen sind. Der Aufbau des Nukleotidstrangs findet vom 3´- zum 5´-Ende statt. Ist der Oligo-Strang fertig aufgebaut, wird das Molekül von der festen Phase getrennt und muss dann noch gereinigt werden.

Aufgrund der zusätzlichen OH-Gruppe am 2´-C der Ribose ist die Synthese von RNA ein bisschen komplizierter als die Synthese von DNA. Man verwendet zur Herstellung der RNA-Oligos ebenfalls Phosphoramidite, dabei wird zusätzlich noch die 2´-OH-Gruppe mit besonderen Gruppen geschützt. Die fertigen Oligos sind aber sehr empfindlich und müssen unter sterilen Bedingungen in absolut RNAse-freiem Wasser oder Puffer gelöst werden.

Da die *chemische Methode* zur Herstellung von künstlichen Nukleinsäuren ziemlich schmutzig – sprich: giftig und umweltschädlich – ist und außerdem die Länge der Wunsch-Oligos derzeit auf maximal 200 bis 300 Nukleotide begrenzt, arbeiten Forscher an alternativen Verfahren. Denn auch in der Natur gibt es Enzyme, die Nukleinsäure herstellen können, und mit diesem »Arbeitstier des Molekularbiologen« haben Sie auch bereits in Kapitel 9 Bekanntschaft gemacht: den Polymerasen. Zur Herstellung von Oligos experimentiert man zum Beispiel mit der TdT (oder auf kompliziert: der Terminalen Desoxyribonukleotidyl-Transferase), die Nukleotide an 3′-Enden von DNA hängen kann. Was sich zunächst nicht besonders spannend anhört, ist allerdings einzigartig: Dieses Arbeitstier ist die einzige Polymerase, die dies »frei Hand« ausführt, das heißt, dazu keine DNA-Vorlage braucht.

BEISPIEL

Für die Zukunft hofft man, dass man eines Tages einmal mithilfe von *enzymatischen Syntheseverfahren* sehr große Mengen Nukleinsäure preisgünstig herstellen kann. Damit könnte man komplette Gene künstlich produzieren oder DNA als ultramodernen Datenspeicher einsetzen. Ja, Sie haben sich nicht verhört: einer der vielversprechendsten Kandidaten für eine völlig neuartige *Datenspeicherung* ist DNA. Theoretisch soll man in nur 1 Gramm DNA weit über 400 Trillionen Bytes an Information speichern können, also ein Vielfaches der Informationsdichte aktueller Datenspeicher – ist das nicht unvorstellbar? Hierzu wird die zu speichernde Information vom Computer in DNA-Sequenzen übersetzt, die DNA dann produziert und gelagert. Um die Daten wieder abzurufen, sequenziert man die künstliche Nukleinsäure und übersetzt die Sequenz wieder digital zurück.

Oligos als Primer für PCR und Sequenzierung

Die Oligonukleotide, die man zur Polymerase-Kettenreaktion (PCR) oder zur Sequenzierung einsetzt, nennt man ***Primer***. Hierbei handelt es sich um kurze DNA-Stücke, meist um die 20 Basen lang, die an ihre komplementäre Sequenz der zu kopierenden Nukleinsäure binden und dort als Startpunkt für die Polymerase dienen. Mithilfe der Primersequenz wird der spezifische Nukleinsäureabschnitt, der kopiert werden soll, genau festgelegt, weil die Primer nur an die Stellen binden, die die komplementäre Sequenz aufweisen und den zu kopierenden Abschnitt idealerweise flankieren. Die Primersequenzen sollten – wenn möglich – einzigartig sein und nirgendwo anders im Genom vorkommen.

BEISPIEL

Für die Auswahl von **PCR-Primern** gelten gewisse Faustregeln:

- ✔ Sie sollten zwischen 18 und 30 Basen lang sein.
- ✔ Der Anteil der Basen G und C sollte zwischen 40 und 60 Prozent liegen.
- ✔ Um Fehler bei der Anlagerung des Primers an sein Template zu vermeiden, sollten die Primer nicht mehr als vier gleiche Basen nacheinander haben, also zum Beispiel keine Sequenz wie GGGGG enthalten.

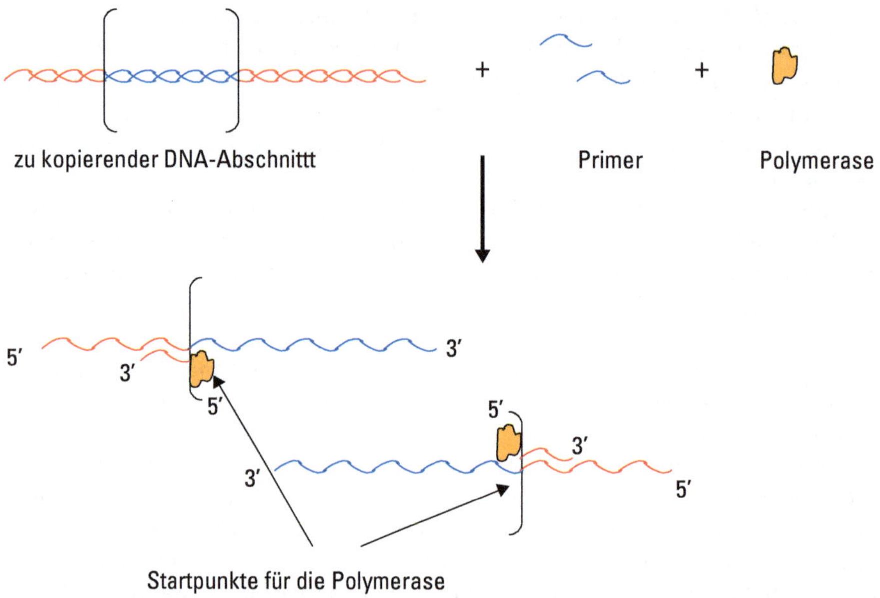

Abbildung 11.1: Schematische Darstellung der Verwendung von Primern bei der Polymerase-Kettenreaktion PCR

- Die Schmelztemperatur T_M sollte möglichst irgendwo zwischen 55 und 70 °C liegen. Der T_M ist die Temperatur, bei der sich der Primer von der DNA-Vorlage löst, die kopiert werden soll. Bei dieser Temperatur ist die Teilchenbewegung so stark, dass die Wasserstoffbrücken nicht mehr halten.

- Mit der Länge des Primers erhöht sich dessen Schmelztemperatur; sie hängt aber auch von seiner Basenzusammensetzung ab (G-C-Basenpaarungen werden über drei Wasserstoffbrücken zusammengehalten, A-T-Paare nur über zwei und sind deshalb nicht so stabil). Mit folgender Formel kann man die Schmelztemperatur grob abschätzen:

  T_M = [Anzahl A und T] · 2 °C + [Anzahl G und C] · 4 °C

- Die Sequenz muss so gewählt werden, dass Primer nicht an andere Primer binden und so *Primerdimere* (das sind zwei aneinander gebundene Primer) entstehen, sondern an die Vorlage, die zu kopieren ist.

- Die Primersequenz sollte so gewählt werden, dass keine internen Sekundärstrukturen entstehen können, die wie Haarnadeln aussehen und deshalb *hairpins* genannt werden. Sonst binden die Primer nicht mehr oder nur unvollständig an die Vorlage.

- Je sauberer der Primer, desto besser. Deshalb sollte man je nach Anwendung entscheiden, ob man sie kostengünstig nur entsalzt bestellt oder mehr investiert und sie noch zusätzlich besonders aufreinigen lässt.

Es gibt mittlerweile schon viele Computerprogramme, die den idealen Primer samt Schmelztemperatur berechnen. Hat man seine Primer sorgfältig ausgewählt, muss man nur noch die Bestellung bei der Firma seiner Wahl tätigen und auf die künstlich hergestellten Nukleinsäurestückchen warten.

Für die **Primer zur Sequenzierung** gilt grundsätzlich das Gleiche wie für PCR-Primer. Hier gibt es allerdings zwei verschiedene Möglichkeiten: Entweder man weiß schon etwas über die zu entschlüsselnde Sequenz und kann die Primer dann aufgrund dieser ersten Information selbst festlegen, oder man weiß noch überhaupt nichts über die Sequenz. In diesem Fall wird das zu entschlüsselnde DNA-Stück zuerst noch in einen Vektor kloniert, dessen Sequenz man kennt und für den es schon Primer gibt. Da man oft noch gar nichts über die zu ermittelnde Sequenz weiß, kommen diese Vektor-Primer häufig zum Einsatz: Man nennt sie daher *Universalprimer*.

BEISPIEL

Primer können in der Regel entweder lyophilisiert (also gefriergetrocknet) oder schon in Wasser oder Puffer gelöst geliefert werden. In trockenem Zustand sind die Primer über längere Zeit haltbar, und meist bekommt man sogar vom Hersteller genaue Angaben mitgeliefert, in wie viel Flüssigkeit sie zu lösen sind, um eine bestimmte Konzentration zu erhalten – man muss also keine Angst vor mehr oder weniger komplizierten Rechnungen haben! Die Haltbarkeit spielt vor allem eine Rolle, wenn die Primer mit Farbstoffen markiert sind.

Oligos als Sonden für Hybridisierungen

Maßgeschneiderte künstliche Oligonukleotide braucht man auch als ***Sonden*** bei Hybridisierungsexperimenten (siehe Kapitel 13). Von der Biochemie her sehen diese Oligo-Sonden natürlich genauso aus wie die Primer für PCR und Sequenzierungen, es sind also wenige Nukleotide lange DNA- oder RNA-Stücke mit definierter Sequenz. Allerdings dienen sie nicht als Startpunkt für die Synthese eines neuen DNA-Strangs, sondern als Kontrollmoleküle für eine spezielle komplementäre Nukleotidsequenz. Je nachdem, ob die Sonden an eine komplementäre Sequenz binden (*hybridisieren*) oder nicht, erhält man Hinweise auf Mutationen oder Sequenzänderungen in der zu testenden Probe. Hybridisiert die Sonde mit der Probe, so ist die Nukleotidabfolge beider Nukleinsäuren identisch, beziehungsweise natürlich komplementär identisch.

Durch eine geeignete Markierung der Sonden mit zum Beispiel Fluoreszenzfarbstoffen kann man Bindung oder Nichtbindung leicht sichtbar machen und dadurch nachweisen.

Auch für eine bestimmte Form von Genchips werden immobilisierte (das heißt auf einer festen Oberfläche gebundene) Oligos verwendet (siehe Kapitel 23).

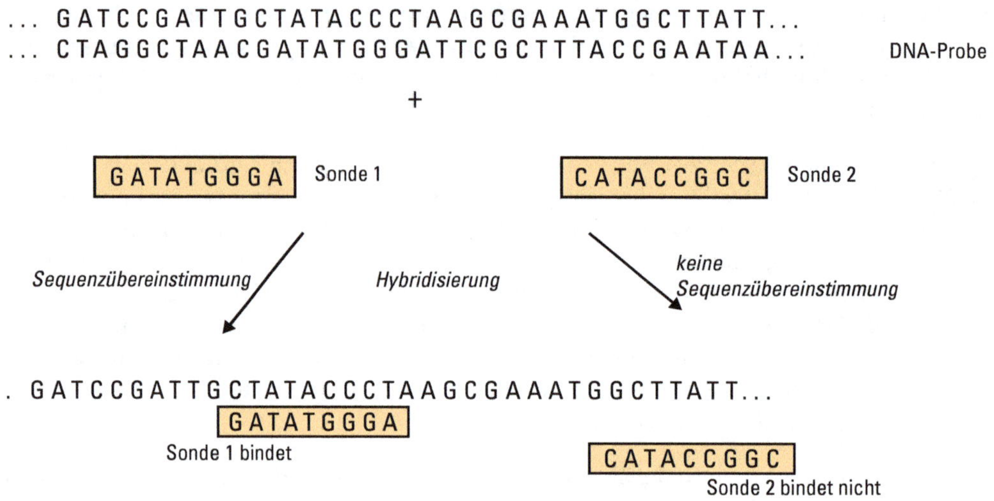

Abbildung 11.2: Schematische Darstellung der Hybridisierung einer Oligonukleotid-Sonde

Mit Oligos die Herstellung krank machender Proteine blockieren

Oligonukleotide eignen sich aber nicht nur für Forschungszwecke, man kann sie auch als Therapeutika für Krankheiten einsetzen. Diese Oligos sind ebenso kurze künstliche Nukleinsäuren mit einer Länge von 16 bis 24 Basen, die komplementär zu einer bestimmten RNA sind. Durch sie kann theoretisch jede beliebige Ziel-RNA einer Zelle spezifisch blockiert oder zerstört werden. Während das Prinzip herkömmlicher Arzneimittel häufig darin besteht, die *Funktion* von krank machenden Proteinen zu hemmen, verhindern solche sogenannten ***Antisense-Oligos*** durch die Blockade der mRNA bereits die *Herstellung* dieser Proteine. Diese Verfahrensweise gilt als hoffnungsvolle Alternative zur Gentherapie, bei der defekte Gene ersetzt oder unterstützt werden sollen und die bisher nicht sehr erfolgreich war. Die Unterdrückung der Genexpression auf der Stufe der mRNA nennt man ***Gene Silencing*** (Gen-Stilllegung) oder ***Gene Knockdown***. Für ihre Entwicklung von Antisense-RNA-Medikamenten für neurodegenerative Erkrankungen wie etwa Parkinson und die spinale Muskelatrophie erhielten C. Frank Bennett und Adrian R. Krainer 2019 den Breakthrough Prize in Life Sciences. In Kapitel 25 beschreibe ich die Wirkungsweise solcher Nukleinsäure-Therapeutika noch etwas ausführlicher.

Komplementäre Oligos werden aber auch in der Forschung verwendet, um die Funktion eines Gens aufzuklären. Indem man das entsprechende Transkriptionsprodukt – die mRNA – ausschaltet, kommt es zu Ausfallerscheinungen aufgrund des fehlenden Proteins. Und das lässt sich in der äußeren Erscheinung eines Organismus oder seiner Zellbestandteile registrieren und erlaubt somit Rückschlüsse auf die Funktion des ausgeschalteten Gens.

Um die Herstellung von (krank machenden) Proteinen zu unterdrücken, gibt es im Prinzip zwei Möglichkeiten:

- **Antisense-Oligonukleotide** (ASOs) sind *einzelsträngige*, kurze künstliche Nukleinsäuren, die sich mit homologen RNA-Stücken – zum Beispiel der mRNA – komplementärer Sequenz zu sogenannten Hybriden zusammenschließen. So wird das entsprechende mRNA-Molekül blockiert und auf diese Weise gezielt die Biosynthese eines bestimmten Proteins ausgeschaltet. Durch die Blockade kann die mRNA keine Information mehr zum Ribosom transportieren – sie ist ja vom Antisense-Oligo gefangen. Und ohne Vorlage in Form von mRNA findet an den Ribosomen auch keine Proteinsynthese statt.

- **RNA-Interferenz** (RNAi): Die Genexpression kann auch durch *doppelsträngige* kurze RNA-Moleküle (*siRNA = short interfering RNA*) unterdrückt werden. Man nennt diese Form des Gene *Silencing RNA-Interferenz*. Die Wirkung ist die gleiche wie mit einzelsträngigen Nukleinsäuren – nämlich letztendlich die Hemmung der Proteinbiosynthese –, der Mechanismus aber ein etwas anderer. Die siRNAs bewirken, dass eine mRNA mithilfe zellulärer Enzyme gespalten und abgebaut wird. Für die Entdeckung der gezielten Ausschaltung von Genen durch die RNA-Interferenz erhielten Andrew Fire und Craig Mello 2006 den Nobelpreis für Medizin.

Mit nichtcodierenden RNAs, also beispielsweise siRNAs oder auch den microRNAs, wird heute intensiv geforscht, weil man bereits weiß, dass sie nicht nur Auslöser für die verschiedensten Krankheiten sein, sondern sie auch positiv beeinflussen können. So möchte man auf ihrer Basis *Medikamente* entwickeln, die die Biosynthese krank machender Genprodukte hemmt, aber sie auch als *diagnostische Biomarker* etablieren, um Erkrankungen nachweisen zu können.

Die Forschung mit siRNAs ist schon so weit, dass bereits eine Handvoll Medikamente in der EU zugelassen wurden, beispielsweise Givosiran, ein si-Therapeutikum gegen die Krankheit Akute hepatische Porphyrie, die den Stoffwechsel des Bluts beeinträchtigt.

Bisher haben sich Therapieansätze bewährt, bei denen sich die künstlichen Oligos leicht verabreichen lassen, zum Beispiel als Augentropfen, Salben gegen Hautkrankheiten oder Infusionen. In der Erprobung sind aber auch siRNAs zur Heilung von Alzheimer, Chorea Huntington, Virusinfektionen oder Krebserkrankungen. siRNAs werden aber auch in der Wissenschaft dazu benutzt, um nach noch unbekannten Genen zu fahnden, die Krankheiten auslösen. Hierfür haben Forscher eine Bibliothek mit der fast unvorstellbaren Zahl von 50.000 siRNAs – je zwei pro menschliches Gen – zusammengestellt, die gezielt durchsucht werden kann.

Der Vorteil dieser Medikamente ist es, dass sie sehr spezifisch nur mit bestimmten Nukleinsäuren reagieren, zu deren Sequenzen sie komplementär sind. Dies ist bei anderen derzeit verwendeten pharmakologischen Substanzen nicht der

Fall: Sie sind relativ unspezifisch und reagieren auch mit zellulären Makromolekülen, gegen die sie eigentlich gar nicht gerichtet sind. Allgemein gilt: Je spezifischer eine Substanz, desto weniger unerwünschte Nebenwirkungen hat sie.

Zur Hemmung der Genexpression für therapeutische Zwecke kann man keine natürlichen Nukleinsäuren als Wirkstoffe einsetzen. Sie würden im Organismus innerhalb weniger Sekunden durch die Nukleasen der Zelle zerstört. Daher werden therapeutische Oligos chemisch etwas modifiziert und so vor einem Angriff durch die Nukleasen geschützt.

IN DIESEM KAPITEL

Was man unter Laborautomation versteht und wofür man sie braucht

Wie man an der Bench auch schon im Kleinen effizient arbeiten kann

Wie Laborautomation im großen Stil aussehen kann

Kapitel 12

Lasst Roboter an die Bench: Laborautomation

Vielleicht haben Sie früher ja gern Roboter aus Legosteinen gebastelt. Dann ist dieses Kapitel genau richtig für Sie. Ich möchte Ihnen nämlich jetzt ein mehr oder weniger automatisiertes molekularbiologisches Labor zeigen. Aber keine Angst: Hier sind die Automaten zwar nicht aus Lego aufgebaut, aber für den Anwender auch nicht so viel schwieriger zu bedienen, wenn er erst einmal weiß, wie es geht. Für den Aufbau und die Wartung braucht es natürlich Spezialisten, denn das ist sehr, sehr viel komplizierter – wie Sie sich sicherlich vorstellen können. Das Tolle an Robotern aber ist, dass die fleißigen Metallkerle nicht nur montieren, stapeln, verpacken oder schweißen und ein Auto zusammenbauen oder Ihren Rasen mähen können, sondern man ihnen auch beibringen kann, wie man pipettiert, Reaktionsgefäße umsetzt oder Reaktionen überwacht.

Deshalb werden solche künstlichen Helfer auch für den Molekularbiologen zunehmend wichtiger und sind längst ein gewohnter Anblick in so manchem molekularbiologischen Labor – von den Laboren der großen Pharma- und Biotechnologiefirmen ganz zu schweigen, in denen oft Tausende Substanzen innerhalb kürzester Zeit getestet werden müssen. Kommen Sie also in diesem Kapitel mit in die Welt der Laborroboter; Sie sehen sich an, wie Sie mit dem Experimentator gemeinsam an der Bench arbeiten. Zunächst einmal fange ich ganz einfach an mit Dingen, die auch im kleinsten Labor angewandt werden können, und zeige dann die großen (und oft auch teuren!) Geräte für vollautomatisiertes Arbeiten.

Automation in der Molekularbiologie – wozu?

Dass man als Molekularbiologe möglichst viele Proben verarbeiten oder zahlreiche Experimente parallel ausführen kann, wird immer wichtiger. Sie fragen sich, warum? Die Antwort ist: Weil man in den letzten Jahren immer mehr Informationen darüber gewonnen hat, wie man im »Buch des Lebens« – also den in den Nukleinsäuren codierten Informationen und ihren Übersetzungsprodukten, den Proteinen – liest und was dort geschrieben steht. Dies sind unzählige Informationen, die es weiter zu verarbeiten gilt – und das ist gerade erst einmal der Anfang. Manche Forschungsprojekte erfordern die Untersuchung von Hunderten oder gar Tausenden Proben. Oft wird dabei nicht nur ein Gesichtspunkt getestet, sondern mehrere, da kommt man ganz schnell auf sehr, sehr viele Tests. Wenn zum Beispiel ein Experimentator fünf verschiedene Markergene mit jeweils zehn Nukleinsäureabschnitten bei einer Gruppe von 1.000 Patienten untersuchen möchte, muss er 5 Gene × 10 Abschnitte × 1.000 Patienten = 50.000 Tests durchführen.

Und egal, ob er das »nur« als PCR mit anschließender Elektrophorese oder gar als Sequenzierung macht (siehe Kapitel 14 bis 17), bedeutet das für ihn ganz schön oft pipettieren, mischen, Reaktionen starten, wieder pipettieren und so weiter. Das ist von Hand fast nicht mehr zu bewältigen. Außerdem ist die Gefahr groß, dass er bei so vielen Proben auch mal einen Fehler macht und falsch pipettiert oder Proben vertauscht – das ist einfach menschlich, der Experimentator ist eben kein Roboter. Daher ist es sehr praktisch, wenn man bestimmte Prozeduren auch im Labor automatisieren und zum Beispiel pipettieren lassen kann. Außerdem ist die Gefahr von Verunreinigungen – *Kontaminationen*, wie der Molekularbiologe sagt – geringer, wenn nicht von Hand pipettiert wird. Aber das Wichtigste ist: Es geht einfach viel, viel schneller. Während ein Molekularbiologe für eine solche Untersuchung schätzungsweise mindestens einen Monat bräuchte (sofern er pausenlos und schnell arbeiten würde), braucht ein entsprechend ausgestatteter und programmierter Pipettierroboter dafür gerade einmal zehn Minuten. Beeindruckend, oder?

Das ultimative Argument für die Automatisierung in der Molekularbiologie lautet also:

Möglichst viel Durchsatz bei geringen Kosten und hoher Qualität in kurzer Zeit.

Dabei soll es aber nicht darum gehen, den Menschen völlig überflüssig zu machen, sondern ihm monotone, ermüdende und sich ständig wiederholende oder gefährliche Arbeiten abzunehmen. Und nicht zu vergessen: Der intelligente, künstliche Molekularbiologe aus Blech, der auch Ergebnisse interpretieren kann, ist meines Wissens noch nicht erfunden!

Um die Laborautomation herum hat sich auch schon eine ganze Horde von Dienstleistern entwickelt, die vom kleinen Pipettierroboter für ein ganz »normales« Labor bis zur großen Roboterstraße für die Pharmaindustrie alles Mögliche anbieten. Schauen Sie sich das Angebot doch einmal an, zum Beispiel unter `www.lifesciences.tecan.de` oder `https://www.beckman.de/liquid-handlers`.

Ein spezielles Fachgebiet der Automatisierungstechnik befasst sich mit der ***Laborautomatisierung*** in verschiedenen Labors, so auch in der Molekularbiologie. Diese Automatisierung kann mehrere einzelne Arbeitsgänge bei der Laborarbeit oder auch alle in einer Arbeitskette betreffen. Dabei spielen Computer eine herausragende Rolle, denn – wer hätte das gedacht? – die Laborautomatisierungsvorgänge sind rechnergestützt. Zu den Schritten, die von Robotern oder sonstigen Maschinen erledigt werden können, gehört beispielsweise:

- die automatische Durchführung von Reaktionen oder Messungen wie der Extraktion und Konzentrationsbestimmung von Nukleinsäuren oder der Polymerase-Kettenreaktion PCR (siehe zum Beispiel auch Kapitel 15, Kasten »Lab-on-a-Chip: Extrem-PCR in einem Tröpfchen«)
- das Pipettieren von Reaktionsansätzen durch Pipettierroboter, man nennt das auf »Schlau« auch manchmal *Liquid Handling*
- eine eventuelle Datenaufnahme, zum Beispiel mit Kameras
- entsprechende Einträge ins Laborbuch. Dabei wird das Laborbuch (siehe Kapitel 6) entweder komplett elektronisch geführt oder die Protokolle ausgedruckt und eingeklebt. Und mit diesem Punkt im Zusammenhang steht
- die automatische Beschriftung der Proben, zum Beispiel mithilfe von Barcodes sowie
- die Auswertung und Darstellung der Ergebnisse

Ideal ist es natürlich, wenn alle im Labor verwendeten Prozeduren die gleiche »Sprache« (also Computersprache) sprechen. Dann ist das System sehr flexibel und kann zudem im Idealzustand nach dem Motto »Probe vorn rein und Ergebnis hinten raus« bedient werden, weil sich alle Geräte untereinander »verstehen«.

Der Automatisierungsgrad eines Labors kann, je nach Geldbeutel und Anforderung, verschiedene Stufen erreichen. Die unterschiedlichen Möglichkeiten möchte ich im Folgenden zeigen und beginne mit der einfachsten.

Automation für Arme

Für jedes Experiment braucht der Molekularbiologe sogenannte *Verbrauchsmittel*, die Sie teilweise schon in Kapitel 6 im Abschnitt »Grundausrüstung: Pipette und Co.« kennengelernt haben. Dazu gehören vor allem Reaktionsgefäße und Pipettenspitzen, von denen man leider ganz viele verbraucht (ich schreibe »leider«, weil sie teuer sind und viel Plastikmüll produzieren). Führt man nun nicht nur ein einziges Experiment mit einer oder wenigen Proben durch, kann man hier durchaus bereits eine ganz simple Form der Automatisierung einführen. Die Profis unter den Molekularbiologen werden gleich lachen, wenn sie erfahren, was ich damit meine, weil das für viele schon ganz selbstverständlicher Alltag ist, über den sie nicht mehr viel nachdenken müssen.

BEISPIEL

Statt einzelner Reaktionsgefäße lassen sich für Experimente mit vielen Proben oder Tests auch sogenannte ***Mikrotiterplatten,*** auch ***Multiwellplatten*** genannt, mit 96 oder gar 386 Vertiefungen (»Wells«) für Proben und Chemikalien verwenden. Sie können sich das so vorstellen, als ob Sie 96 beziehungsweise 386 Reaktionsgefäße geordnet auf einem kleinen Tablett stehen hätten. Der Vorteil liegt auf der Hand: Man kann 96 beziehungsweise 386 Untersuchungen gleichzeitig machen. Natürlich braucht man auch die passenden Geräte dazu, also beispielsweise Thermocycler, in die solche Platten passen. Aber die gehören heutzutage schon fast zur Standardausstattung.

Meist bestehen Mikrotiterplatten aus speziellem, sehr dünnem Kunststoff, seltener auch aus Glas, und alle Platten – egal wie viele Wells sie aufweisen – haben die gleichen Außenabmessungen, die sogar von der Society for Biomolecular Sciences als allgemeingültige Norm für alle und jeden festgelegt wurden. Der Trend geht also zu immer mehr Wells pro Fläche! Außer der Zahl der Wells und dem Material hat man mittlerweile auch noch die Qual der Wahl zwischen verschiedensten Farben, Vertiefungsformen – rund, quadratisch, flach, ... –, Rahmenvarianten und vielem mehr.

In vollautomatisierten Labors werden sogar Multiwellplatten verwendet, die noch viel mehr Vertiefungen haben, zum Beispiel 1536 oder gar 3456 (also 16 beziehungsweise 36 × 96-Wellplatten in einer Platte – ganz schön viele, oder?). In solche Platten passen natürlich nur ganz kleine Volumina. Man verwendet sie für sogenannte *Hochdurchsatz-Screenings* (siehe weiter hinten in diesem Kapitel). Die Volumina sind hier so klein, dass man sie fast nicht mehr mit der Hand pipettieren kann (auch vom Roboter verlangt das eine immer präzisere Arbeitsweise, was gar nicht so einfach ist!). Hochmoderne Pipettierroboter können sogar Proben im Nanolitermaßstab abmessen und verteilen – zur Erinnerung: 1 Nanoliter ist 1 milliardstel Liter!

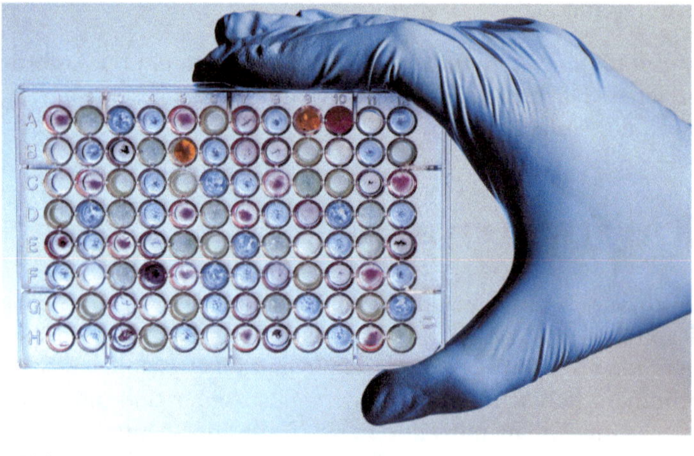

Abbildung 12.1: So sieht eine typische Mikrotiterplatte mit 96 Vertiefungen aus. An den Seiten sind die Reihen praktischerweise von A bis H und die Spalten von 1 bis 12 beschriftet – damit man nicht so leicht durcheinanderkommt, falls man von Hand pipettiert. (© angellodeco/stock.adobe.com)

BEISPIEL

Wenn man viele Experimente geplant hat und Multiwellplatten verwendet, ist es natürlich auch praktisch, wenn man nicht in jede Vertiefung einzeln von Hand pipettieren muss, sondern eine sogenannte ***Multikanalpipette*** besitzt. Diese kann darauf ausgerichtet sein, entweder acht Pipettenspitzen gleichzeitig (dann pipettieren Sie zwölfmal von links nach rechts) oder sogar zwölf Pipettenspitzen (dann pipettieren Sie achtmal von oben nach unten) aufnehmen und wieder abwerfen zu können. Solche Multikanalpipetten besitzen natürlich auch alle Pipettierroboter, die Multiwellplatten verarbeiten. Leider braucht man dazu meist auch spezielle Pipettenspitzen, die praktisch und schichtweise in Türmen übereinandergestapelt und bereits sterilisiert erhältlich (aber natürlich sehr teuer!) sind. Als weiteres »Bonbon« gibt es solche Pipetten auch in elektronischer Version: Hier stellt man das gewünschte Volumen in Mikrolitern ein und muss die Pipette nur noch von zu pipettierender Flüssigkeit zur Multiwellplatte führen – der Experimentator übernimmt quasi den Part des Roboterarms.

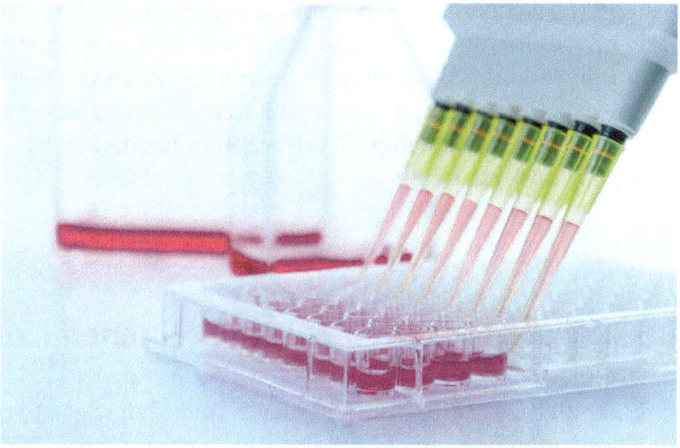

Abbildung 12.2: Beispiel für eine Multikanalpipette für acht Pipettenspitzen. (© kazoo80/stock.adobe.com)

Laborautomatisierung für »Normalos«

Wie Sie eben gesehen haben, kann eine »Automation für Arme« praktisch jeder Molekularbiologe im eigenen Labor einführen, der etwas mehr als nur zehn Proben hat – damit es sich lohnt. Hat er aber noch viel mehr Proben und ist dies auch häufiger der Fall als nur einmal pro Woche, dann lohnt es sich vielleicht für ihn, sich einen *Pipettierroboter* anzuschaffen. Ein solches Gerät gibt es »schon« ab etwa 5.000 Euro als platzsparendes Basismodell – nach oben hin sind natürlich fast keine Grenzen gesetzt.

Ein ***Pipettierroboter*** ist ein Gerät, das aus einem oder (je nach Automatisierungsgrad) mehreren Roboterarmen besteht und verschiedene typische, immer wiederkehrende und gleichförmig ablaufende Labortätigkeiten ausführen kann, wie beispielsweise

- Pipettieren, Abfüllen und Verteilen von Flüssigkeiten, auch *Liquid Handling* genannt
- Einstellen von Konzentrationen
- Nukleinsäureextraktionen und -aufreinigungen
- Durchführen von Polymerase-Kettenreaktionen und Sequenzierungen

Dabei pipettiert der Roboter die für einen Prozess benötigten Reagenzien zu einem exakt festgelegten Zeitpunkt und in definierter Menge in die einzelnen Wells der Mikrotiterplatten oder (seltener) in Einzelgefäße. Die gesamte Arbeitskette wird vom Experimentator oder einem ihm zur Seite stehenden Automatisierungsspezialisten programmiert. Der Computer überwacht die Arbeitskette und führt sie aus.

Aus dem reichhaltigen Angebot an Pipettierrobotern kann man wählen zwischen eher einfacheren Varianten wie kleinen Tischgeräten, die man auch immer wieder von Hand unterstützen muss, und den supertollen, großen Stationen, die komplette Arbeitsgänge von *Probe rein* bis *Ergebnis raus* selbstständig abarbeiten. In jedem Fall muss das Gerät, das man sich anschafft, so flexibel sein, dass es an unterschiedliche Erfordernisse angepasst werden kann. Was nützt dem Experimentator ein solches Gerät, wenn es nächstes Jahr schon in der Ecke steht, weil seine Tests ganz anders aussehen?

Pipettierroboter – selbst gemacht aus Legosteinchen

Kaum zu glauben, aber einen fleißigen Pipettierhelfer kann man sich sogar auch aus Legosteinen selbst bauen. Dies haben Forscher einer amerikanischen Universität nämlich bereits zu Lehrzwecken für ihre Studenten getan. Man braucht gar nicht so viel Zubehör aus der Legokiste – lediglich eines der Sets, mit denen auch Kinder schon die Welt der Roboter erkunden können, plus einer automatischen Pipette aus dem Labor. Und fertig ist der eigene, farbenfrohe Pipettierkamerad. Wie er aussieht und was er alles kann, können Sie sich auf YouTube unter dem Stichwort »Modified DIY robotics kit can fill test tubes« ansehen. Wie lange er allerdings einem harten Arbeitstag des »richtigen« Molekularbiologen standhalten würde, bleibt dahingestellt.

Die Edelvariante der Laborautomatisierung

Manche Biotechunternehmen, klinische Labors und natürlich die großen Pharmafirmen besitzen auch ganze Roboterstraßen. Hier werden die fleißigen Blechlaboranten unter anderem für das sogenannte ***Hochdurchsatz-Screening HTS*** (*H*igh-*T*hroughput-*S*creening) benötigt, bei dem man bestimmte molekularbiologische Tests an vielen Tausend Substanzen parallel durchführt.

Ab der Zahl von 10.000 Proben, die man pro Tag bearbeiten kann, spricht man von **Hochdurchsatz-Methoden (HTS)**, ab einer Zahl von mehr als 100.000 Proben pro Tag von **Ultrahochdurchsatz-Methoden (uHTS)**.

Früher wurden neue Arzneimittel häufig durch Zufall entdeckt. Bestes Beispiel ist das Penicillin, das Alexander Flemming 1928 in einer vergammelten Agarplatte mit Bakterien fand. Heutzutage sieht das ganz anders aus: Die Pharmaindustrie entwickelt mithilfe des HTS neue Wirkstoffe, indem in einem ersten Schritt umfangreiche Substanzbibliotheken nach bestimmten Kriterien durchsucht werden. Diese Bibliotheken können aus niedermolekularen Verbindungen (*small molecules*), aus Nukleinsäuren, Proteinen oder ganzen Zellen bestehen. Trotzdem kann eine solche Untersuchung Tage oder sogar Wochen dauern. Aber Sie können sich sicher vorstellen, wie lange die gleiche Untersuchung dauern würde, wenn sie von menschlichen Kollegen durchgeführt werden würde – und das nicht nur, weil sie keine sieben Tage pro Woche für 24 Stunden durcharbeiten können. Zudem können in den Mikrotiterplatten bis zu 3.456 Proben mit extrem kleinen Volumina parallel untersucht werden, was sehr kostengünstig ist – der menschliche Experimentator kann solch kleine Volumina nur sehr schwer handhaben. Man nennt das auch ***Miniaturisierung***. Ein nächster Schritt, um Tests zu miniaturisieren, wäre die Anordnung von Nukleinsäuren oder Proteinen auf Chips. Dies wird ausführlich in Kapitel 23 beschrieben.

Aber auch wenn er keine eigene Ausstattung besitzt, muss der Experimentator, der HTS-Tests in seinem Forschungsprojekt durchführen will, nicht darauf verzichten. Es gibt Servicezentren, oft an Universitäten, die HTS als Auftragsleistung für auswärtige Forscher oder Biotechfirmen anbieten. Für die eine oder andere Fragestellung macht es durchaus Sinn, auch einmal solch einen umfangreichen Test durchzuführen.

BEISPIEL

Eine typische Roboterstraße für die Molekularbiologie besteht aus mehreren einzelnen Robotern, die auf einer Arbeitsplattform (dem *Automatendeck*) angebracht sind. Sie bestehen aus Komponenten wie

- ***Liquid Handler*** (bedeutet auf »Schlau« nichts anderes als ein Pipettierkopf, der so ausgestattet und programmiert ist, dass er Flüssigkeiten aufnehmen und verteilen kann).
- ***Magazine*** für Mikrotiterplatten – also Vorratstürme für Verbrauchsmaterial und Proben. Neben Magazinen gibt es auch größere Lager mit den lustigen Namen: *Mikrotiterplatten-Hotels* und *-Karussells*, in denen je nach Modell über 1.000 Mikrotiterplatten gelagert werden können.
- logischerweise ***Roboterarmen***, die die Platten und Reaktionsgefäße umsetzen.

Je nach Fragestellung, die solche Automaten bearbeiten sollen, kommen dann noch Zusatzgeräte hinzu wie beispielsweise Mikroskope, PCR-Maschinen, Barcodeleser, Schüttler oder Zentrifugen. Idealerweise kann man mit solchen Geräten die entsprechenden Experimente vollständig automatisieren. Man nennt das dann *Walk-away-Automation* – der (meist unerfüllte) Traum des Molekularbiologen, der bei seinen Experimenten viele, viele Proben, Gene, Proteine oder anderes untersuchen muss.

Zukunftsvision: Mobile Roboterschwärme

Der ultimative Schritt zur Laborautomatisierung *de luxe* wird einmal der Einsatz von mobilen Robotern sein. Diese haben so gar nichts gemeinsam mit den klassischen Pipettierrobotern in Form eines Arms, der mehr oder weniger monoton hin und her fährt, sondern ähneln schon eher dem »richtigen« Experimentator. Hört sich komisch an, oder? Ist aber nicht mehr nur Science-Fiction: In diesem Bereich wird geforscht, und ein erstes Modell namens Kevin wird tatsächlich schon seit Kurzem in Serie produziert. Kollege Kevin ist ein Transportroboter und kann den Molekularbiologen in seiner Arbeit unterstützen, indem er Dinge verschiedenster Art wie Proben oder Verbrauchsmaterial autonom von A nach B fährt und dabei Hindernissen souverän ausweicht.

Generell sollen solche Hightech-Gehilfen Handgriffe zunehmend übernehmen können, die der Molekularbiologe in seinen Experimenten häufig ausführt, die aber für einen stationären Roboter zu kompliziert sind. Hilfreiche Anwendungen zur Arbeitserleichterung gäbe es zuhauf, beispielsweise auch Vorbereitungen frühmorgens oder nachts, gefährliche beziehungsweise giftige Tätigkeiten und so weiter. Ziel ist es aber nicht, den menschlichen Kollegen überflüssig zu machen, sondern bestehende, stationäre Automateninseln durch Teamarbeit von mobilen Robotern und Menschen so zu verbinden, dass Arbeitsgänge möglichst effizient ablaufen können. Wir werden sehen, ob das eines Tages Routine in molekularbiologischen Labors sein wird. Ein Anfang ist jedenfalls gemacht.

Teil III
Genomik: Die Arbeit mit genetischem Material

IN DIESEM TEIL …

Die Genomik ist das Teilgebiet der Molekularbiologie, das sich mit den Genen und damit mit den Bauplänen des Lebens beschäftigt – also mit den Nukleinsäuren DNA und RNA, in denen alle Informationen über ein Lebewesen in Form von Codes gespeichert sind. Die Methoden, die ein Genomiker beherrschen muss, um sich mit den Nukleinsäuren DNA und RNA beschäftigen und ihre Geheimnisse erforschen zu können, werden in diesem Teil beschrieben: Zunächst einmal sollen Sie mit einigen der molekularbiologischen Standardmethoden ins Thema einsteigen (siehe Kapitel 13) und beispielsweise lernen, wie man Nukleinsäuren isoliert. Danach möchte ich Ihnen gängige Untersuchungsmethoden wie die Elektrophorese (siehe Kapitel 14), die Sequenzanalyse (siehe Kapitel 17) oder auch die Genexpressionsanalyse (siehe Kapitel 18) vorstellen. Außerdem können Sie erfahren, wie man Nukleinsäure gezielt vermehrt, indem man etwa den Kopierer des Molekularbiologen – eine PCR-Maschine (siehe Kapitel 15) – benutzt oder ein Gen in eine fremde Zelle einschleust und es dort vervielfältigen lässt – es kloniert (siehe Kapitel 16). Außerdem erfahren Sie, wie man Gene editiert (siehe Kapitel 19). Kurz: In diesem Teil werden Sie sich mit der praktischen Arbeit beschäftigen, die tagtäglich in einem typischen Genomiklabor anfällt.

IN DIESEM KAPITEL

Wie man Nukleinsäure gewinnt

Wie man die isolierte Nukleinsäure bearbeiten kann

Wie man blottet, hybridisiert und eine cDNA synthetisiert

Kapitel 13

Molekularbiologische Standardmethoden: Die muss man können

Nun ist es so weit. Nachdem Sie jetzt wissen, was DNA und RNA ist, und einen Blick in den Werkzeugkasten des Molekularbiologen geworfen haben, kann ich Sie endlich mit ins Labor nehmen – ins Herzstück der molekularbiologischen Welt. Als Einstand für Ihre praktische Arbeit möchte ich mich in diesem Kapitel mit einigen typischen Standardmethoden der Genomik beschäftigen, die jeder Experimentator beherrschen sollte. Natürlich können diese Methoden von Labor zu Labor je nach Forschungsgebiet variieren, aber einige werden Ihnen immer wieder begegnen!

Sie sehen sich an, wie man Nukleinsäuren – also das Wichtigste: unser Arbeitsmaterial – aus Zellen gewinnt und was man dann mit ihnen machen kann, um mehr über ihre Struktur oder Funktion zu erfahren. In den darauf folgenden Kapiteln geht es dann um andere wichtige Methoden, die oft auf den Standardmethoden aufbauen. Lassen Sie uns also jetzt mit dem wirklich spannenden Teil beginnen, der praktischen Arbeit mit genetischem Material, und nehmen Sie Ihren Platz an der Bench ein!

Wie man Nukleinsäure aus Zellen isoliert

Am Anfang eines jeden Experiments mit genetischem Material muss der Molekularbiologe oft erst einmal an seine (DNA- oder RNA-)Proben kommen. Werden diese nicht schon fertig von anderen zur Verfügung gestellt, muss er sie aus den Zellen oder Zellkernen isolieren:

Er nennt das *extrahieren*. Je nachdem, woher die Nukleinsäure stammt, sind etwas unterschiedliche Methoden erforderlich. Grundsätzlich unterscheidet man bei der Nukleinsäureextraktion zwischen

- ✔ **genomischer DNA**, also der DNA, die man im Zellkern eines Lebewesens beziehungsweise bei Prokaryoten im Cytoplasma findet, und die bei Eukaryoten als Chromosomen strukturiert sind. Falls Sie in diesem Zusammenhang nochmals eine kleine Gedächtnisstütze brauchen, sehen Sie einfach in Kapitel 2 nach.

- ✔ **Plasmiden**, den ringförmigen DNA-Molekülen der Bakterien, die wesentlich kleiner als das eigentliche Bakterienchromosom sind und die man bei vielen Klonierungsexperimenten verwendet.

- ✔ **Phagen-Nukleinsäuren**, der Erbinformation von Viren, die Bakterien befallen. Diese kann je nach Phage sehr unterschiedlich aussehen und ein lineares (Phage λ) oder ringförmiges (Phage M13) DNA-Molekül oder auch ein RNA-Molekül sein.

- ✔ **RNA:** Hier geht es oft darum, Abschriften der genomischen DNA (mRNAs) zu isolieren.

Bei allen molekulargenetischen Versuchen geht es ausnahmslos um DNA oder RNA – und die muss erst einmal aus Zellen oder Geweben gewonnen werden. Da es sich also bei der Gewinnung von Nukleinsäuren um eine der wichtigsten Beschäftigungen in einem molekularbiologischen Labor handelt, muss jeder dort Tätige mindestens eine Isolierungsmethode wie im Schlaf beherrschen. Auf der Qualität der Proben bauen alle weiteren Schritte auf, denn ohne eine brauchbare Nukleinsäure hat sich auch der Rest des Experiments erledigt und die ganze Arbeit war umsonst. Aufgrund der Bedeutung der Isolierungsverfahren gibt es mittlerweile viele, viele unterschiedliche Methoden zur Extraktion von Nukleinsäuren. Im Folgenden möchte ich Ihnen die gebräuchlichsten vorstellen. Viele Protokolle sind in der »Bibel des Molekularbiologen«, dem Handbuch *Molecular Cloning: A Laboratory Manual* von Sambrook und Russel (Cold Spring Harbor Laboratory Press) gesammelt, das Sie mit seinen drei Bänden in fast jedem molekularbiologischen Labor vorfinden müssten.

BEISPIEL

Für die Isolierung oder Extraktion von Nukleinsäuren gibt es ebenso wie für viele andere molekularbiologische Verfahren sogenannte *Kits* zu kaufen. Bei einem Kit handelt es sich um ein Komplettpaket, bei dem alles, was Sie für Ihr Experiment brauchen (beispielsweise Lösungen oder Reaktionsgefäße), in einem Set zur Verfügung gestellt wird und Sie nur noch Schritt für Schritt nach dem mitgelieferten Rezept verfahren müssen. Kits sparen viel Zeit, sind aber natürlich meist teurer als »selbst gemachte« Experimente – eine Garantie fürs Gelingen gibt es trotzdem nicht.

Zur Isolierung und Reinigung von genomischer DNA werden in den Kits meistens *Anionenaustauschersäulen* eingesetzt, durch die die Lösungen zentrifugiert werden. Dies hat den Vorteil, dass keine giftigen Chemikalien verwendet werden müssen, aber den Nachteil, dass die DNA leicht in kleinere Stücke zerlegt wird, was bei einigen Anwendungen nicht erwünscht ist. Eine andere Möglichkeit, auf die in Kits auch zurückgegriffen wird, ist die Verwendung von Mini-Magnetperlen (*Beads*), die nur die gewünschten Nukleinsäuren binden und nichts anderes wie Schmutz oder Proteine. Deren Funktionsweise wird in diesem

Kapitel im grauen Kasten »Magnetische Kräfte im Spiel« erklärt. Das Verfahren ist praktisch, schnell und einfach und wird deshalb auch gerne in automatisierten Extraktionsverfahren eingesetzt.

Die Extraktion genomischer DNA

Die genomische DNA ist die gesamte DNA, die man aus einer Zelle gewinnen kann. Hierfür gibt es ganz viele verschiedene Protokolle, weil es auch unüberschaubar viele Zelltypen gibt, aus denen man DNA gewinnen kann. Je nachdem, ob Sie Ihre DNA aus Blut, Blättern, einer Stuhlprobe, Knochen oder gar aus einem einzigen Spermium gewinnen möchten, sieht die Vorgehensweise ein bisschen anders aus. Gemeinsam sind aber allen Protokollen die folgenden Schritte:

1. Man öffnet die Zellen meist mithilfe von Chemikalien und befreit die DNA aus den Zellkernen. Der Molekularbiologe nennt diesen Vorgang ***Lyse***. Hierbei wird aber leider nicht nur die zelluläre DNA freigesetzt, sondern auch Nukleasen, die die kostbare DNA gleich zerstören könnten. Deshalb ist es außerordentlich wichtig, deren Arbeitseifer möglichst schnell zu hemmen, indem ein spezieller Extraktionspuffer zugegeben wird.

2. Da Proteine nun den größten Teil der lysierten Probe ausmachen (die man aber nicht haben will!), werden sie durch eine Proteinase – also durch ein Enzym, das Proteine verdaut – **zerstört** und manchmal durch eine Behandlung mit Phenol und Chloroform sowie Zentrifugation entfernt. Dabei werden auch unerwünschte Zelltrümmer mit entsorgt. Dieser Schritt wird meist wiederholt, damit die Probe auch wirklich sauber wird.

3. Die DNA befindet sich nun stark verdünnt und schon relativ sauber in wässriger Lösung. Sie wird nun noch ein letztes Mal gereinigt und **aufkonzentriert**: Durch Zugabe von hochprozentigem Alkohol fällt die DNA aus, kann aus dem Reaktionsgefäß gefischt werden oder findet sich nach einer Zentrifugation am Boden des Reaktionsgefäßes als *Pellet* (fester Niederschlag). Die DNA wird dann in Puffer oder sterilem Wasser wieder gelöst (der Molekularbiologe sagt auch *resuspendiert* dazu).

Die isolierte DNA sollte man nicht bei Raumtemperatur lagern. Sie bleibt für kürzere Zeit im Kühlschrank bei 4 °C stabil. Wenn man sie länger aufbewahren möchte, sollte man sie tiefgefrieren.

Die Kunst bei der Isolierung von genomischer DNA ist es, die extrem großen Moleküle möglichst in ihrer *vollen Länge* zu gewinnen, also sie nicht allzu klein zu hacken. Scherkräfte, die bei der Extraktion entstehen, können sie nämlich sehr leicht in kleine Bruchstücke zerlegen. Die DNA intakt zu gewinnen, ist sehr schwer und gelingt in der Regel nicht perfekt. Sie sollten DNA-haltige Lösungen daher nur sehr vorsichtig mischen oder pipettieren und keine Pipettenspitzen mit kleinen Durchmessern verwenden. Außerdem muss man sie sorgfältig vor Nukleasen, den Zerstörern, schützen. Beispielsweise sollte man DNA niemals ohne Handschuhe extrahieren – an den Händen hängt ein ganzes Sammelsurium der gefährlichen Zerstörer.

Das Beispiel im Kasten »DNA-Extraktion aus Blut (Aussalzmethode)« ist nur eine von vielen Möglichkeiten, um genomische DNA zu gewinnen. Wenn Sie sich DNA einfach nur mal zum Spaß in der eigenen Küche ansehen wollen, finden Sie ein Protokoll zur DNA-Extraktion mit Hausmitteln in Kapitel 3.

DNA-Extraktion aus Blut (Aussalzmethode)

Zunächst einmal isoliert man aus der Blutprobe die Leukozyten (die weißen Blutkörperchen), weil diese die einzigen Blutkörperchen mit DNA sind (rote Blutkörperchen und Blutplättchen sind kernlos und enthalten daher auch keine DNA).

Hierfür mischt man 10 ml EDTA-Blut mit 3 x so viel Volumen kaltem Lysispuffer (aus Ammoniumchlorid, Kaliumhydrogencarbonat, Na_2EDTA, pH 7,4) und stellt das Gemisch für eine halbe Stunde auf Eis. Anschließend zentrifugiert man die Leukozyten und gießt den Überstand ab, löst den Bodensatz (das Pellet) nochmals in 10 ml Lysispuffer, zentrifugiert nochmals und gießt wiederum den Überstand ab.

Nun werden die Proteine zerstört:

Man löst das Leukozytenpellet in 5 ml SE-Puffer (aus Kochsalz und Na_2EDTA, pH 8) und 25 µl Proteinase K (10 mg/ml) und gibt danach 250 µl SDS-Lösung (20 %) zu (Natriumdodecylsulfat, eine Chemikalie ähnlich wie Seife, die die Bindung zwischen Nukleinsäuren und Proteinen auflöst). Dieses Gemisch wird bei 37 °C über Nacht inkubiert.

Jetzt kommt die eigentliche DNA-Isolierung:

Zu 5 ml der noch immer stark verunreinigten DNA-Lösung gibt man 2,5 ml gesättigte Kochsalzlösung, vortext 15 Sekunden lang und zentrifugiert. Aus dem Überstand fällt man die DNA mit dem doppelten Volumen an eiskaltem Ethanol und löst die Probe nach der Zentrifugation in TE-Puffer.

Falls man möchte, kann man die DNA je nach Anwendung auch noch ein- oder mehrmals mit 70-prozentiger Ethanollösung waschen. Dazu wird etwas Alkohol auf das Pellet gegeben, kurz zentrifugiert und der Überstand vorsichtig abgekippt oder abpipettiert.

Dies ist nur eine der vielen Möglichkeiten, DNA zu isolieren. In den meisten Protokollen wird die DNA von den übrigen Zellbestandteilen durch Behandlung mit Phenol und Chloroform getrennt. Phenol und Chloroform sind aber giftig, riechen stechend und hinterlassen schädliche Abfälle, sodass alternative Methoden nach Möglichkeit vorzuziehen sind.

DNA-Isolierung aus Plasmiden: Maxi- und Minipräp

Für jedes Klonierungsexperiment braucht man zunächst einmal saubere Plasmid-DNA. Im Prinzip gewinnt man diese aus den Bakterienzellen auf sehr ähnliche Weise wie die genomische DNA, mit dem Unterschied, dass die kleinen, ringförmigen Plasmide jedoch zuallererst von der chromosomalen Bakterien-DNA getrennt werden müssen. Man unterscheidet zwischen

✔ **der Minipräparation** (genannt *Minipräp*): Man macht sie dann, wenn man viele Proben hat und nicht allzu viel Plasmid-DNA für sein Experiment braucht, denn man gewinnt im Idealfall circa 25 µg DNA – aber nur, wenn es sich um ein High-copy-number-Plasmid handelt (siehe Kapitel 10). Sonst fällt die Ausbeute logischerweise entsprechend geringer aus – von nichts kommt nichts.

✔ **der Maxipräparation** (genannt *Maxipräp*) : Mit dieser Methode erhält man viel mehr Plasmid-DNA, bis etwa zu 0,5 mg, falls es gut läuft. Wie man sich denken kann, ist dieses Verfahren etwas aufwendiger.

Die beiden erstgenannten Methoden sind die am häufigsten gebrauchten Labormethoden zur Gewinnung von Plasmid-DNA. Je nach Anwendung gibt es aber auch noch andere: Aus einem **Megapräp** erhält der Experimentator bis zu 2 mg DNA, aus einem **Gigapräp** gar bis zu stolze 10 mg.

Im Prinzip unterscheiden sich die »Präps« lediglich im Maßstab voneinander, in dem man arbeitet. Zunächst einmal züchtet man sich ein paar Bakterien, aus denen man die DNA gewinnt. Hierfür impft man wenige Milliliter Kulturmedium mit Bakterien an und lässt sie über Nacht bei kuschligen 37 °C wachsen, damit man schön viele Zellen zur Verfügung hat. Dabei ist auch ein reichhaltiges Sauerstoffvolumen im Gefäß wichtig, damit sich die kleinen Helfer wohlfühlen und sich gut vermehren. Am nächsten Morgen geht man wie folgt vor:

1. Die Bakterien werden zentrifugiert und der Überstand verworfen. So hat man erst einmal das überschüssige Kulturmedium entfernt und nur noch Bakterienzellen vor sich.

2. Das Pellet aus Bakterienzellen löst man in Puffer, der einen stark basischen pH-Wert von 12 hat und SDS enthält. Dadurch werden DNA und Proteine in der Zelle denaturiert und die Zellen lysiert. Gleichzeitig wird RNA (die man ja nicht haben will!) mit RNase zerstört.

3. Nun neutralisiert man das Ganze mit Kaliumacetat (einer schwächeren Säure), wobei die genomische Bakterien-DNA einzelsträngig (also denaturiert) bleibt und die Plasmid-DNA wieder renaturiert (also wieder doppelsträngig wird), weil sie viel kleiner ist als die genomische DNA.

4. Die denaturierte genomische DNA kann man dann mitsamt den Proteinen und anderen Zellresten durch Zentrifugieren von der Plasmid-DNA trennen – diese ist in der Kaliumacetatlösung gelöst, der Zellmüll nicht.

5. Der Überstand, in dem sich die Plasmid-DNA befindet (deshalb dieses Mal nicht wegwerfen!), wird in ein frisches Reaktionsgefäß überführt und die DNA mit dem 2- bis 2,5-fachen Volumen an eiskaltem Ethanol (oder 0,7 bis 1 Volumen Isopropanol) aus dem Überstand gefällt und abzentrifugiert (zum Beispiel durch eine Zentrifugation für 15 Minuten in einer Kühlzentrifuge). Der Überstand wird abgekippt, das Pellet mit 70-prozentigem Ethanol gewaschen und in Puffer oder Wasser gelöst. Soll die DNA besonders sauber sein, wird vor der Ethanolfällung noch eine Phenol-Chloroform-Behandlung durchgeführt.

Dieses Verfahren nennt man ***alkalische Lyse***. Wie bei der Präparation genomischer DNA gibt es je nach Anwendung und Aufwand, den man betreiben möchte, noch viele andere Methoden. Und gerade für die Isolierung von Plasmid-DNA kann man auch viele praktische Kits kaufen.

Lassen Sie mich kurz noch mal generell auf die Fällung von Nukleinsäuren eingehen! Sie werden dafür so viele verschiedene Anleitungen wie Wochen im Jahr finden. Mal wird mit Isopropanol gefällt, mal mit Ethanol; mal wird bei Raumtemperatur, über Nacht, für eine Stunde im Eisfach bei -20 °C oder für 20 Minuten bei -80 °C inkubiert. Ähnlich verhält es sich mit den Angaben für den Zentrifugationsschritt, um das DNA- oder RNA-Pellet zu erhalten. Für die Fällung von Nukleinsäuren gibt es nur wenige wichtige Regeln:

- ✔ Eine Fällung mit 2 bis 2,5 Volumina *Ethanol* (-20 °C) ist generell effektiver als eine Fällung mit 0,7 bis 1 Volumen Isopropanol (-20 °C). Wenn allerdings das Volumen der Fällung eine kritische Größe sein sollte (beispielsweise bei einem kleinen Reaktionsgefäß), ist *Isopropanol* das Mittel der Wahl.
- ✔ Nukleinsäuren lassen sich bevorzugt aus leicht sauren, salzhaltigen Lösungen fällen. Wenn Sie mit wässrigen DNA/RNA-Lösungen arbeiten, setzen Sie üblicherweise ein Zehntel des Volumens einer 3 M Natriumacetat-Lösung mit einem pH-Wert von 4,8 bis 5,2 zu. Zu viel Salz schadet zwar bei der Fällung nicht, kann aber nachfolgende Enzymreaktionen stören und muss gegebenenfalls durch mehrere Waschschritte mit 70-prozentigem Ethanol wieder entfernt werden.
- ✔ Für den Fällungsschritt selbst gilt: Je kälter und je länger die Inkubation im Alkohol, desto effektiver wird die Fällung sein. Über Nacht im Kühlschrank ist vermutlich ebenso gut wie eine halbe Stunde bei -20 °C oder 15 Minuten bei -80 °C, aber auch eine Fällung bei Raumtemperatur funktioniert. Wenn Sie sichergehen wollen, inkubieren Sie den Ansatz lange bei geringer Temperatur und zentrifugieren dann mindestens eine halbe Stunde in der Kühlzentrifuge. Aber wie so oft im Labor ist manchmal »quick and dirty« völlig ausreichend!

Die Isolierung von Phagen-DNA

Hat man Nukleinsäure mithilfe von Phagen in fremde Zellen transportiert, dann möchte man anschließend seine vermehrte Beute auch wieder aus den Zellen herausbekommen. Das macht man im Prinzip folgendermaßen:

1. Eine Bakterienkultur, die in Flüssigmedium oder auf Agarplatten wächst, wird mit den Phagen (meist λ) infiziert. Für eine optimale Vermehrung sollte man etwa 50- bis 500-mal mehr Bakterien als Phagen einsetzen. Nach der Infektion lysieren die Phagen ihre Wirtszellen; sowohl die chromosomale Bakterien-DNA als auch die Plasmide werden frei.

2. Die bakterielle DNA (die wir ja nicht wollen!) zerstört man durch Zugabe von DNase. Außerdem gibt man auch RNase dazu, um Verunreinigungen mit RNA zu vermeiden. Dieser Zerstörungsvorgang macht der Phagen-DNA nichts aus, weil sie noch in ihrer schützenden Proteinhülle verpackt ist. Durch Zentrifugieren trennen Sie die Bakterienreste von den Phagen.

3. Nun muss die Phagen-DNA von der Hülle befreit werden. Man macht dies beispielsweise durch eine Phenolbehandlung, bei der die Proteine denaturiert und die Phagen-DNA freigesetzt wird.

4. Die Phagen-DNA kann jetzt noch durch eine Fällung mit Alkohol konzentriert und gereinigt werden. Anschließend wird die DNA wieder in Puffer gelöst.

Eine solche Phagenpräparation ist allerdings nicht so einfach, wie es hier auf dem Papier vielleicht erscheint. Meist erhält man schlechte Ausbeuten oder unsaubere DNA. Auch für die Isolierung von Phagen-DNA gibt es viele verschiedene Protokolle für Maxi- und Minipräps zur Auswahl – je nachdem, wie viel DNA Sie zum Weiterarbeiten benötigen.

Die Isolierung von einzelsträngiger DNA wie beispielsweise aus dem Phagen M13 läuft prinzipiell genauso ab wie die oben beschriebene Extraktion. Ein Unterschied besteht darin, dass eine Infektion mit M13 und Kollegen die befallene Bakterienzelle nicht lysiert, sondern nur langsamer wachsen lässt. Der Experimentator muss die Zellen daher selbst lysieren.

Magnetische Kräfte im Spiel

Sehr schnell und elegant ganz ohne Gift und Zentrifuge kann man DNA auch mithilfe von kleinen Magnetkügelchen gewinnen, den sogenannten **Beads**. Das geht folgendermaßen:

1. Man gibt eine kleine Menge Beads zu einer Probe aus lysierten Zellen, die ziemlich schnell die Nukleinsäure an sich binden. Dazu wurden die nur rund 3 µm großen magnetischen Kügelchen mit einer speziellen Oberfläche aus aktiven Gruppen versehen, sodass sie sich die DNA wie mit vielen kleinen Ärmchen greifen. Sie binden ganz spezifisch nur DNA und nichts, aber auch gar nichts anderes! Bis jedes Molekül sein Ärmchen gefunden hat, dauert es ein Weilchen, deshalb lässt man das Ganze etwas stehen.

2. Nun kommt der Trick: Es wird ein Magnetfeld angelegt. Dazu stellt man die Reaktionsgefäße in einen großen Ständer (genannt *magnetic particle separator*), der aus einem Dauermagneten besteht. Die Beads werden mitsamt der von ihnen festgehaltenen Nukleinsäure von den magnetischen Kräften angezogen, wandern an die Wände der Gefäße und bleiben dort kleben, solange der Magnet an ihnen zieht. Dieser Vorgang dauert nur wenige Sekunden. Den Rest der Probe (Proteine, Zelltrümmer), der ja nicht magnetisch ist und deshalb auch nicht festgehalten wird,

spült man einfach weg. Dazu saugt man die Lösung der Zellreste einfach mit einer Pipette aus dem Gefäß: Übrig bleiben nur noch die festgehaltenen Beads plus DNA.

3. Jetzt kann das Magnetfeld aufgelöst werden: Dazu nimmt man die Proben einfach wieder aus dem Magnetständer heraus, die Beads lösen sich von den Wänden, und man kann die DNA von den Kügelchen trennen.

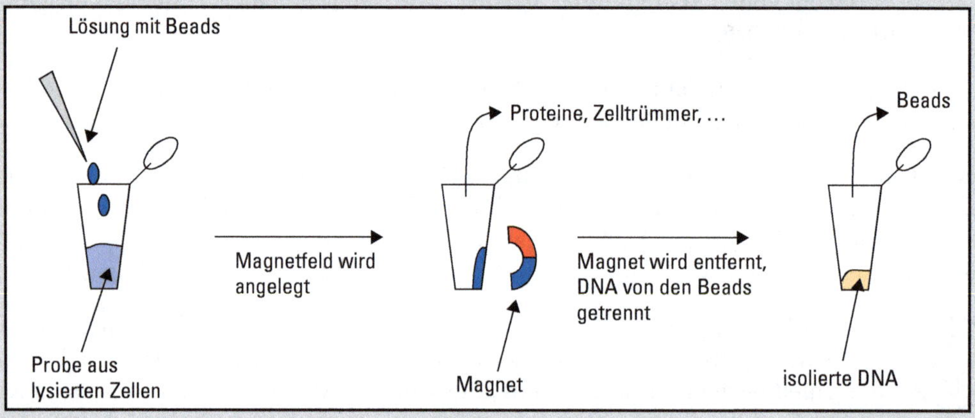

Prinzip der DNA-Isolierung mit Beads. Nach Anlegen des Magneten werden die magnetischen Beads samt der gebundenen DNA an den Rand des Reaktionsgefäßes gezogen und bleiben dort so lange kleben, bis der Magnet wieder entfernt wird. Der Rest der Probe kann bequem abpipettiert werden.

Da man im Verlauf der ganzen Prozedur kein einziges Mal zentrifugieren muss, eignet sich die Methode besonders gut, wenn man Experimente mit unheimlich vielen Proben durchführt, denn das Verfahren kann leicht automatisiert werden (siehe Kapitel 12 über »Laborautomation«). Außerdem ist die DNA nicht so großen Scherkräften ausgesetzt, die sie in kleine Stücke hacken könnten. Jetzt aber die schlechte Nachricht: Die Zutaten samt Kügelchen sind teuer, hinzu kommt noch die einmalige Anschaffung des Magneten, in den man die vorbereiteten Proben stellt. Deshalb gehört die Methode nicht unbedingt zum Standard unter den Möglichkeiten, Nukleinsäure zu gewinnen.

Beads kann man nicht nur zur DNA-Isolierung einsetzen. Es gibt auch noch viele andere Gelegenheiten, bei denen man die kleinen Magnetkügelchen gut gebrauchen kann, zum Beispiel zur Isolierung oder Reinigung von Proteinen, Zellen, mRNA oder PCR-Produkten.

Die RNA-Isolierung

Die Isolierung von RNA ist eine sehr heikle Angelegenheit, weil man im Vergleich zur DNA sehr vorsichtig arbeiten muss. Der Grund dafür: RNasen! DNasen sind bei der DNA-Extraktion zwar auch kein Vergnügen, doch RNasen sind noch wesentlich aktiver und stabiler als ihre Zerstörerkollegen aus der DNA-Abteilung.

RNasen, die RNA sehr effektiv zerstören, sind außerordentlich stabil. Man kann sie beispielsweise nicht »kaputt kochen« – also durch Erhitzen zerstören. RNasen denaturieren zwar durch Hitzeeinwirkung, finden aber dann wieder zu ihrer aktiven Form zurück. Trotzdem muss der Molekularbiologe nicht verzweifeln oder Experimente mit RNA ganz aufgeben. Es gibt ein Mittelchen gegen diese lästigen Zerstörer: *Diethylpyrocarbonat (DEPC)*, mit dem man alle Lösungen und Verbrauchsmittel behandelt, bevor sie mit der kostbaren RNA in Kontakt kommen können.

RNase-freie Lösungen und Gefäße dank DEPC

Die Chemikalie **Diethylpyrocarbonat (DEPC)** blockiert RNasen und macht damit ihre Zerstörungspläne für die frisch isolierte RNA zunichte. Die Wirkung von DEPC besteht darin, dass es an bestimmte Gruppen im aktiven Zentrum der Enzyme bindet und dieses für Reaktionen mit RNA blockiert ist.

Um Lösungen von RNase zu befreien, gibt man ein tausendstel Volumen an DEPC zu und inkubiert das Ganze über Nacht bei 37 °C. Am nächsten Morgen muss man die so behandelten Reagenzien aber noch unbedingt autoklavieren, denn hierbei zerfällt überschüssiges DEPC in Kohlendioxid und Ethanol. DEPC-Reste könnten die nachfolgenden Experimente sonst stören.

Reaktionsgefäße aus Glas und Plastik behandeln Sie prinzipiell genauso; sie werden einfach mit einer Lösung aus Wasser und DEPC gefüllt. Gekaufte Plastikwaren sind meistens entsprechend vorbehandelt. Glasgefäße lassen sich alternativ durch Backen bei 300 °C von lästigen RNasen entledigen.

Aber Vorsicht! DEPC ist für den Experimentator ebenfalls gesundheitsschädlich, da es auch alles andere modifiziert, das die entsprechenden Reaktionsgruppen aufweist. Man sollte also entsprechend vorsichtig mit dieser Substanz umgehen. Als Alternative kann ich Ihnen an dieser Stelle lediglich die Verwendung eines RNA-Isolierungskits empfehlen, das die Lösungen gleich RNase-frei liefert. Es gibt zwar auch RNase-Inhibitoren auf der Basis von Proteinen, diese werden allerdings nicht mit der kompletten Armee an Zerstörern fertig. Für Laborgeräte, Tischoberflächen und Reaktionsgefäße können Sie alternative Reinigungslösungen kaufen, die ungefährlicher sind.

Die ***Extraktion von RNA*** läuft prinzipiell wie die von DNA ab und besteht im Wesentlichen aus drei Schritten:

1. Freisetzen der RNA aus den Zellen
2. Reinigen
3. Konzentrieren

Im Kasten »Gewinnung von Gesamt-RNA aus Gewebe (Single-Step-Methode)« ist eine Methode beschrieben, mit der man RNA aus Gewebe gewinnen kann. Wie auch bei den Methoden zur DNA-Extraktion gibt es aber noch viele alternative Protokolle, und auch für diese Anwendung gibt es gute Kits bei verschiedenen Anbietern zu kaufen. Verfügen Sie also über das nötige Kleingeld, können Sie ruhig auf diese zurückgreifen, denn hier sind alle Zutaten schon RNase-frei.

Gewinnung von Gesamt-RNA aus Gewebe (Single-Step-Methode)

Das Gewebe, aus dem der Experimentator RNA gewinnen möchte, wird in flüssigem Stickstoff – also Temperaturen um die -70 °C – schockgefroren und dann in einem Mörser zerkleinert. Die extrem tiefen Temperaturen sind erforderlich, weil die Nukleasen in den verwendeten Geweben bei Verletzung der Zellen außerordentlich aktiv werden können. Durch das Gefrieren werden sie erst einmal geschockt und geben Ruhe.

- ✔ Die zermörserten Zellen werden nun möglichst rasch (Kaffeepause später machen!) in Puffer gelöst, der *Guanidinthiocyanat (GTC)* enthält. GTC ist ein Salz des Guanidins, das Proteine denaturiert. Aber Vorsicht ist angebracht! Auch GTC ist gesundheitsschädlich. Die beiden Chemikalien β-Mercaptoethanol und N-Laurylsarkosin, die man auch noch zugibt, verhindern, dass die RNA zersetzt wird.
- ✔ Daran schließt sich eine Phenol-Chloroform-Extraktion an: Man gibt nach und nach ein Gemisch aus Natriumacetat (100 µl, 2M), Phenol (1 ml) und Chloroform (200 µl) zu und mischt das Ganze immer wieder gut. Dann für 15 Minuten auf Eis stehen lassen und zentrifugieren.
- ✔ Den Überstand in ein frisches Reaktionsgefäß geben und den Rest wegwerfen.
- ✔ Zur RNA-Fällung entweder 0,7 bis 1 Volumen Isopropanol oder 2 bis 2,5 Volumina Ethanol zugeben und gut mischen. Anschließend über Nacht auf Eis im Kühlschrank oder für eine Stunde bei -20 °C inkubieren. Am nächsten Morgen zentrifugieren und den Überstand (vorsichtig!) abkippen.
- ✔ Das Pellet mit eisgekühltem 70-prozentigem Ethanol waschen – also etwas Alkohol auf das Pellet pipettieren, kurz zentrifugieren und den Überstand abkippen. Waschschritt eventuell wiederholen.

Zum Schluss wird das Pellet getrocknet und in Wasser oder Puffer gelöst – fertig. Auch die RNA sollte man zur längeren Lagerung möglichst einfrieren.

Sehr oft fängt man mit der Gesamt-RNA – also einem Gemisch aus allen RNAs einer Zelle (mRNA, rRNA, tRNA und weiteren) – nicht viel an, zum Beispiel wenn der Experimentator an der Kopie eines Gens, der ***mRNA***, interessiert ist. Diese muss er dann im Anschluss an eine RNA-Extraktion noch aus dem Gemisch heraussammeln. Dazu nutzt er eine besondere Eigenschaft aus, die nur die mRNA hat: den sogenannten *Poly-A-Schwanz*, der an das 3´-Ende jeder frisch von der DNA abgeschriebenen mRNA angehängt wird. Der Poly-A-Schwanz ist einfach eine lange Sequenz aus vielen Adenin-Nukleotiden, die aneinandergereiht sind. Deren Zahl ist für jedes Lebewesen charakteristisch und liegt zwischen etwa 80 und 250.

Durch die vielen A´s (den Poly-A-Schwanz) am Ende der meisten eukaryotischen mRNA können Sie sie mithilfe eines Tricks ganz leicht aus einem Topf an Gesamt-RNA herausfischen: Und zwar geben Sie einfach eine Sequenz vieler Thymin-Nukleotide (genannt Oligo-dT-Nukleotide) zu – also den komplementären Paarungspartner von Adenin. Die mRNA mit ihrem Poly-A-Schwanz bindet an die Oligo-dT´s und kann dadurch ganz leicht vom Rest getrennt werden. Den ***Oligo-dT-Trick*** nutzt man auch bei der cDNA-Synthese (siehe den Abschnitt »Aus RNA mach cDNA: Die reverse Transkription« weiter hinten in diesem Kapitel).

Wie Sie die Konzentration von Nukleinsäuren bestimmen

Da man in der Genomik mit der Lebensweisheit »Viel hilft viel« in der Regel nicht weiterkommt (ganz im Gegenteil!), muss der Molekularbiologe in den meisten Fällen die Menge seiner frisch gewonnenen Nukleinsäure bestimmen oder die Konzentration seiner Lösung aus Wasser oder Puffer und Nukleinsäure. Natürlich auch, um das Gegenteil zu vermeiden: Nämlich, dass man Experimente mit einer Probe macht, in der gar keine Nukleinsäure enthalten ist. Die beiden gebräuchlichsten Methoden für Konzentrationsbestimmungen sind:

- ✔ Man misst die ***optische Dichte*** der DNA- oder RNA-Lösung mithilfe eines Photometers und kann daraus die Konzentration der Lösung berechnen.
- ✔ Man nutzt die ***Agarose-Gelelektrophorese*** (siehe Kapitel 14). Hierzu braucht man aber einige DNA-Vergleichsproben mit bereits bekannter Konzentration, sodass man eine Eichkurve erstellen und die neue Probe damit vergleichen kann.

Da es in fast allen molekularbiologischen Labors ein mehr oder weniger modernes Photometer gibt und die Verwendung nicht allzu kompliziert ist, greift der Experimentator meist auf die erste Möglichkeit zurück und bestimmt die Menge der gewonnenen Nukleinsäuren mithilfe der optischen Dichte (OD). Das Funktionsprinzip des Photometers wurde bereits in Kapitel 6 bei unserem Rundgang durchs Labor vorgestellt. Deshalb kann ich jetzt sofort zum praktischen Teil der Messungen übergehen.

Falls Sie ein Photometer zur Konzentrationsbestimmung von DNA und RNA verwenden, sollten Sie sich relativ sicher sein, dass die Lösung möglichst *keine* Verunreinigung mit der jeweils anderen Nukleinsäure enthält – also die DNA-Lösung keine RNA und umgekehrt, weil man diese bei der Messung nicht wirklich voneinander unterscheiden kann. Sowohl DNA als auch RNA besitzen beide ein Absorptionsmaximum bei einer Wellenlänge von 260 nm (bei der ja auch gemessen wird). Sonst können Sie sich die Messung nämlich gleich sparen oder die Konzentration per Handauflegen bestimmen!

Wie man's macht: Doppelsträngige DNA

Zur Konzentrationsbestimmung von DNA brauchen Sie folgende Zutaten:

- Ein ***Photometer*** mit UV-Lampe. Vorsicht! Viele Geräte benötigen etwa eine halbe Stunde zum Warmlaufen. Vorher sind die Messungen nicht *reproduzierbar* (das sagt der Molekularbiologe gern – es heißt so viel wie: *Es kommt das Gleiche raus, wenn man den Versuch noch mal genauso wiederholt* – es ist nämlich so, dass ein Experiment nichts wert ist, wenn man es nicht wiederholen kann!). Also das Gerät mindestens 30 Minuten vorher anschalten.
- Die zu messende ***DNA-Probe*** sowie Puffer oder Wasser zum Verdünnen
- eine ***Küvette***, in der man die Probe ins Photometer stellt und misst

Zunächst einmal verdünnt man die DNA, denn man möchte ja nicht die ganze mühsam gewonnene Probe für die Messung vergeuden. Für viele Küvetten reicht ein Volumen von 100 bis 200 µl. Am besten verdünnt man die DNA-Lösung im Verhältnis 1:20, dann ist der abgelesene OD-Wert am Gerät gleich der Konzentration in µg/µl und man muss überhaupt nichts mehr rechnen (das gilt aber nur für DNA!). Schlau, oder? Sie werden verstehen, was ich meine, wenn Sie sich das unten stehende Rechenbeispiel ansehen. Das heißt, bei einer 1:20-Verdünnung nimmt man für 100 µl Messlösung 5 µl DNA-Probe und verdünnt diese mit 95 µl Wasser oder Puffer. Zuerst macht man den Nullabgleich, dann kann es losgehen: einfach die (saubere!) Küvette mit der jeweiligen Probe (die gut gelöst sein muss!) ins Gerät stellen, Knopf drücken, fertig.

Der ***Nullabgleich***, auch ***Leerwert*** genannt, ist eine allererste Messung, die man nur mit Wasser oder Puffer (ohne DNA-Probe!) macht, je nachdem, welches Lösungsmittel man für die Verdünnung gewählt hat. Diese Messung ist nötig, weil das Lösungsmittel selbst ja auch eine optische Dichte (OD) besitzt, die man bei der »richtigen« Messung von der OD der Nukleinsäure abziehen muss, weil man sonst viel zu hohe Werte bekommt. Wenn man den Nullabgleich gemacht hat, zieht das Gerät den Wert fürs Lösungsmittel automatisch bei den folgenden Messungen ab.

In Kapitel 6 hatte ich geschrieben, dass

1 OD_{260} = 50 µg/ml doppelsträngige DNA

ist. Ihre DNA-Konzentration können Sie nun einfach mit den Messwerten durch einen simplen Dreisatz berechnen (oder, wenn Sie eine Verdünnung von 1:20 wählen, in µg/µl am Gerät direkt ablesen, siehe oben). Zum Beispiel: Sie haben für Ihre Probe eine OD = 0,2 vom Gerät abgelesen, dann ist die Konzentration c der Lösung

$$c = \frac{0{,}2 \times 50\,\mu\text{g}}{1\,\text{ml}} \times \text{Verdünnung (in diesem Fall 20)} = 200\,\mu\text{g/ml} = 0{,}2\,\mu\text{g}/\mu\text{l}$$

Das heißt, Sie haben in Ihren 100 µl Messlösung insgesamt 20 µg DNA.

Wissenswertes rund um die DNA

Damit Sie sich vielleicht ein bisschen besser vorstellen können, was es heißt, wenn man ein paar Mikrogramm DNA in der Hand beziehungsweise im Reaktionsgefäß hat, möchte ich das Ganze einmal in die Zahl der Nukleotide umrechnen:

- ✔ Unser menschliches Genom hat eine Größe von 3×10^9 bp (3 Milliarden bp!). Da die DNA ein Doppelstrang ist, besteht das Humangenom also aus 6×10^9 Nukleotiden.
- ✔ 1 Gramm DNA = 2×10^{21} Nukleotide (2 Trilliarden Nukleotide!)
- ✔ 1 Mikrogramm DNA = 2×10^{15} Nukleotide (2 Billiarden Nukleotide!)
- ✔ 1 Millimeter DNA = $2{,}9 \times 10^6$ Nukleotide (fast 3 Millionen Nukleotide!)

Wie man's macht: Oligos und RNA

Analog zur Messung von DNA verfährt der Molekularbiologe, wenn er die Konzentration einer Lösung mit Oligos oder RNA bestimmen will. Nur rechnen muss er nach der Messung ein bisschen anders.

BEISPIEL

Für Oligos gilt

1 OD_{260} = 25 µg/ml Oligonukleotid,

und für RNA gilt

1 OD_{260} = 38 µg/ml RNA.

Wie man's macht: Den »Schmutz« bestimmen

Leider kann man sich bei der Präparation einer Nukleinsäure noch so viel Mühe geben und ordentlich arbeiten – Verunreinigungen werden sich trotzdem nicht vermeiden lassen. Da dieser »Schmutz« nachfolgende Schritte im Experiment mit DNA oder RNA empfindlich stören kann, sollte man sich vorher ein Bild über die Ausmaße der Verschmutzung machen. Ist die Probe nämlich zu stark verunreinigt, fängt man besser noch mal ganz von vorn an, bevor man tagelange Arbeit in den Sand setzt. Mithilfe des Photometers kann man jedoch lediglich die Verunreinigung durch Proteine bestimmen. Reste von Lösungsmitteln wie Phenol oder von RNA beziehungsweise DNA, die nicht durch Nukleasen entfernt werden konnten, kann man leider nicht so einfach messen.

BEISPIEL

Die Verunreinigung einer DNA-Lösung mit Protein kann man bestimmen, indem das Photometer nicht nur die optische Dichte bei einer Wellenlänge von 260 nm, sondern auch bei 280 nm misst und man dann beide Werte ins Verhältnis setzt. Die meisten Geräte machen dies sogar gleich automatisch und spucken dann schon den fertig berechneten Wert aus. Es gelten die Faustregeln:

- **Für DNA:** Bei einem Verhältnis OD_{260}/OD_{280} von 1,8 – 2,0 hat man den Hinweis auf eine Nukleinsäurelösung, die *frei* von Proteinen ist.
- **Für RNA** kann man bei einem Verhältnis OD_{260}/OD_{280} von 1,9 – 2,1 davon ausgehen, dass die Lösung keine Proteine enthält.

Heute weiß man allerdings, dass es sich hierbei nur um Anhaltspunkte handelt, auf die man sich nicht hundertprozentig verlassen sollte, denn die Messungen sind sehr stark abhängig vom pH-Wert und Salzgehalt des verwendeten Lösungsmittels. Je nach Puffer oder Wasser können dann auch Lösungen, die eigentlich sehr rein sind, aus der Skala herausfallen. Man sollte auf jeden Fall kleinen OD-Werten unter etwa 0,1 und sehr großen Werten über 1,5 nicht trauen. Nach einer DNA-Präparation sieht man sich seine Probe sowieso am besten zusätzlich zu den OD-Messungen auf einem Agarosegel an. Wie man das macht, können Sie in Kapitel 14 nachlesen.

Nukleinsäure isoliert – und dann?

Was kann man nun mit der frisch gewonnenen Nukleinsäure anfangen? Je nachdem, was Sie gerne wissen oder tun möchten, gibt es da verschiedene Möglichkeiten, DNA oder RNA weiter zu bearbeiten. In vielen Fällen manipuliert der Molekularbiologe Nukleinsäuren mithilfe seiner Handwerker – den Enzymen, die in Kapitel 9 beschrieben wurden. Zu den am häufigsten zum Einsatz kommenden Manipulationsmethoden gehören:

- **der Restriktionsverdau**, bei dem DNA mit Scheren, den Restriktionsenzymen, an definierten Stellen zerschnitten wird
- **die Ligation**, bei der man Nukleinsäuren aneinanderklebt
- **die Markierung**, bei der man Moleküle (zum Beispiel Fluoreszenzfarbstoffe) an Nukleinsäuren anhängt, mit deren Hilfe man diese später nachweisen kann
- **die Polymerase-Kettenreaktion PCR**, bei der ein kleines, genau ausgewähltes DNA-Stück millionenfach kopiert wird. Ähnlich der PCR wird bei der **reversen Transkription** RNA in DNA umgeschrieben
- **die Mutagenese**, bei der die Sequenz der Nukleinsäure gezielt verändert wird

Wie man Nukleinsäuren manipuliert

Über zwei der Methoden, mit denen man Nukleinsäuren manipulieren kann, der Restriktion und der Ligation, haben Sie schon einige wichtige Fakten in Kapitel 9 erfahren, als ich Ihnen Schere (Restriktionsenzym) und Klebstoff (Ligase) des Molekularbiologen vorgestellt habe. Nun möchte ich die beiden Handwerkszeuge verwenden und Ihnen zeigen, wie man mit ihnen im Labor umgeht. Andere Manipulationsmethoden sehen Sie sich in den Kapiteln weiter hinten an.

Der Restriktionsverdau

Wenn der Molekularbiologe seine DNA erfolgreich isoliert hat, hat er es zunächst einmal mit einem großen Nukleinsäurehaufen aus vielen, vielen Millionen Nukleotiden zu tun. Damit weiterzuarbeiten ist in den meisten Fällen unmöglich, und so sucht er sich aus dem Haufen das heraus, was ihn interessiert. Dazu kann er zum Beispiel eine molekulare Schere verwenden: Mit einem sorgfältig ausgewählten Restriktionsenzym schneidet er sich die DNA-Abschnitte, die ihn interessieren, aus dem meterlangen Nukleinsäurefaden heraus und kann sich dann nur mit diesen weiter beschäftigen.

BEISPIEL

Hat der Experimentator die geeigneten Schnittstellen erst einmal ausgewählt, ist der *Restriktionsverdau* an sich eigentlich eine der lockersten Übungen für ihn. Er holt sich einfach das entsprechende Enzym samt passendem Puffer aus dem Gefrierschrank, gibt etwas davon zu einem Aliquot (auch dieses Wort benutzt der Molekularbiologe gern und häufig; es heißt so viel wie »ein kleiner Teil von«) der DNA und lässt das Gemisch eine Stunde bei 37 °C stehen, bevor er die Reaktion wieder stoppt. Danach wird es schon arbeitsreicher für ihn: Er muss nämlich überprüfen, ob seine Schere auch ordentlich gearbeitet hat. Dazu trennt er den Verdau auf einem Agarosegel auf (siehe Kapitel 14). Auf einem solchen Gel befindet sich im Regelfall auch ein sogenannter *Marker*, ein Gemisch aus Nukleinsäurestückchen mit bekannten Größen, sodass er die Probe damit vergleichen kann. Hat die verdaute DNA die erwartete Größe, war das Ganze erfolgreich, und es kann weitergehen. Falls nicht, muss er leider noch mal von vorn anfangen.

Der Restriktionsverdau

Ein typischer Ansatz (ein **Restriktionsverdau**), um DNA an den Erkennungssequenzen des gewählten Restriktionsenzyms zu zerschneiden, sieht wie folgt aus: Man mischt

1 µl DNA + 2 µl 10-fach konzentrierten Enzympuffer + 1 µl Enzym + 16 µl Wasser = 20 µl Restriktionsverdau

und inkubiert (das heißt nichts anderes als »stehen lassen«, hört sich aber schlauer an) bei 37 °C oder eben dem jeweiligen Temperaturoptimum des Enzyms, oft eine Stunde lang. Danach stoppt man den Verdau, indem man das Enzym durch Erwärmen inaktiviert. So mancher Schere macht die Hitze aber gar nichts aus – sie arbeitet trotzdem fröhlich weiter. In diesem Fall muss man zu härteren Maßnahmen greifen und den Ansatz reinigen. Zum Schluss kontrolliert man, ob die Schneiderei auch geklappt und man die Schnipsel mit der erwarteten Größe bekommen hat, meist mit einem Agarosegel.

Sie können sogar auch mithilfe von zwei verschiedenen Enzymen gleichzeitig schneiden, man nennt das *Doppelverdau*. Wichtig ist aber, dass beide Scheren für ihre Arbeit die gleichen Bedingungen brauchen, zum Beispiel den gleichen Puffer. Sind die Reaktionsbedingungen zweier Scheren nicht unter einen Hut zu bringen, verdaut man einfach erst mit dem einen, dann mit dem anderen. Für manche Anwendungen brauchen Sie auch einen *Mehrfachverdau* mit mehr als zwei Scherentypen.

Je nachdem, wie lange Sie Ihr(e) Enzym(e) arbeiten lassen, fällt das Ergebnis aus: Bei einem *vollständigen Verdau* arbeitet die Schere so ziemlich alle vorhandenen Schnittstellen, die für sie infrage kommen, ab. Für einen *Partialverdau* muss der Experimentator frühzeitiger eingreifen und den Arbeitseinsatz beenden. Dies ist oft bei Klonierungsexperimenten (siehe Kapitel 16) gefragt.

Die Ligation

Hat der Molekularbiologe DNA zerschnitten, möchte er sie oft anschließend auch wieder zusammenkleben. Allerdings nicht sofort – dann hätte er sich die Schneiderei ja sparen können –, sondern er möchte sie zum Beispiel mit der DNA-Schnipseln eines fremden Organismus kombinieren. Sehr oft klebt man solche Schnipsel in Plasmide oder andere Vektoren ein und überträgt das Konstrukt in den fremden Organismus, zum Beispiel in Bakterien, wo die Nukleinsäure dann vermehrt und abgelesen werden kann (siehe Genaueres über die Klonierung in Kapitel 16).

BEISPIEL

Sofern er Fragment und Vektor vorbereitet hat, ist auch der *Ligationsansatz* an sich eine eher lockere Angelegenheit für den Molekularbiologen: Er mischt einfach Fragment + Vektor + Enzym samt Puffer, lässt das Ganze stehen, stoppt die Reaktion nach einiger Zeit und kann schon weiterarbeiten, zum Beispiel den rekombinanten Vektor in die fremde Zelle transformieren.

Der Ligationsansatz

Möchte man zum Beispiel ein menschliches DNA-Fragment in einen bakteriellen Vektor kleben, um das Ganze in ein Bakterium einzuschleusen, macht man eine Ligation. Dafür pipettiert man in einem Reaktionsgefäß zusammen:

- ✔ DNA-Fragment (5 x mehr als Vektor)
- ✔ Vektor-DNA
- ✔ Reaktionspuffer (meist 10-fach konzentriert)
- ✔ DNA-Ligase
- ✔ Wasser

Diesen Ansatz mischt man gut und inkubiert eine Stunde bei Raumtemperatur (für sticky ends) oder über Nacht bei 4 °C (für blunt ends; hier ist die Ligation etwas schwieriger, wie in Abbildung 9.5 gezeigt).

Abschließend stoppt man die Reaktion, indem man den Ansatz für 10 bis 20 Minuten bei 65 °C erhitzt.

Fang mich auf, Membran: DNA und RNA blotten

Manchmal möchte der Molekularbiologe auch seine Nukleinsäuren für weitere Versuche dauerhaft fixieren. Man nennt diese Technik ***Blot***. Dafür trennt man die Probe, die meist mit Restriktionsenzymen zerschnitten wurde, zunächst mithilfe der Elektrophorese (siehe Kapitel 14) nach Nukleinsäuregrößen sortiert auf, transferiert (= *blottet*) die sortierten Fragmente auf spezielle Membranen und fixiert sie dort irreversibel. Diese Membranen kann man dann in Folie eingeschweißt für einige Zeit im Kühlschrank aufbewahren. Man hat mit ihnen eine haltbare Kopie der aufgetrennten Nukleinsäuren erzeugt, mit der man noch dazu gut arbeiten kann: Die Membranen lassen sich anfassen wie etwas dickeres Papier, sodass es sich beim Blot um eine recht stabile Angelegenheit handelt.

Jedes Blot-Verfahren hat seinen eigenen Namen, je nachdem, was für den Transfer verwendet wird.

- ✔ Blottet man **DNA**, dann heißt das ***Southern Blot***. Das Verfahren wurde 1975 von dem Wissenschaftler Edwin Southern erfunden und ist deshalb nach ihm benannt.
- ✔ Blottet man **RNA**, dann ist das ein ***Northern Blot***,
- ✔ und auch **Proteine** kann man blotten, das nennt man ***Western Blot***
- ✔ ***Eastern Blot*** nennt man es, wenn man damit *posttranslationale Modifikationen* nachweisen möchte (das sind Veränderungen, denen die Proteine noch nach ihrer Produktion an den Ribosomen unterzogen werden).

Fällt Ihnen etwas auf? Sicher haben Sie schon längst bemerkt, dass nur der Southern Blot einen »sinnvollen« Namen bekommen hat, die anderen Verfahren wurden so benannt, weil einfach jemand eine lustige Idee hatte. Mit den Himmelsrichtungen haben sie aber absolut nichts zu tun. Man kann es sich so aber ganz gut merken, oder?

Ab in den Süden: Der Southern Blot

Der Sinn eines Southern Blots ist es im Allgemeinen, aus einem Gemisch von vielen verschieden langen ***DNA***-Fragmenten ein Fragment mit einer ganz bestimmten Sequenz nachzuweisen, ohne dass dazu alle anderen Sequenzen des Gemisches entschlüsselt werden müssen. Hierzu geht man wie folgt vor:

1. Man zerschneidet eine DNA-Probe mit einem oder mehreren Restriktionsenzymen in sehr viele unterschiedlich lange DNA-Schnipsel.
2. Das Gemisch aus DNA-Schnipseln trennt man mithilfe eines Agarosegels (siehe Kapitel 14) auf. Sie liegen dann nach Größen sortiert im Gel vor. Dort werden sie nun denaturiert, das heißt, die Doppelstränge werden in Einzelstränge getrennt, indem man das Gel für eine halbe Stunde in eine alkalische Lösung aus Natronlauge

(Natriumhydroxid, NaOH) legt. Anschließend neutralisiert man das Gel wieder für eine halbe Stunde in einer Neutralisierungslösung (aus Tris-HCl pH 7 und Kochsalz).

3. Jetzt kommt das eigentliche ***Blotten***.

   Dafür existieren unterschiedliche Techniken. Beim gängigsten Verfahren legt man das Gel mit den aufgetrennten DNA-Fragmenten auf ein dickes Filterpapier oder einen Schwamm, dessen Enden in eine mit *SSC* (einem Salzpuffer aus Kochsalz und Natriumcitrat, siehe Kapitel 28) gefüllte Schale ragen. Auf das Gel wird die Blotting-Membran aus Nylon oder Nitrocellulose gelegt. Auf die Membran schichtet man wieder Filterpapier und noch eine dicke Lage aus saugfähigen Papierhandtüchern, die oben mit einem Gewicht beschwert wird (siehe Abbildung 13.1). Weil die Salzlösung nicht am Gel vorbeilaufen soll, ist es wichtig, alle Komponenten auf Gelgröße zurechtzuschneiden. Durch die Kapillarkräfte, die in dem dicken, saugfähigen Papier sehr wirksam sind, saugt sich der Salzpuffer durch das Gel und die Blotting-Membran hindurch in die obere Lage Filterpapier. Und das Wesentliche dabei ist: Die DNA-Fragmente wandern mit der Salzlösung und werden so auf die Membran übertragen. Am besten macht man solch einen Blot über Nacht, denn der ganze Vorgang dauert ein paar Stunden. Am nächsten Morgen wird die geblottete DNA fixiert, indem man die Membran zwischen zwei Lagen Filterpapier ein bis zwei Stunden bei 80 °C erhitzt oder mit UV-Licht bestrahlt.

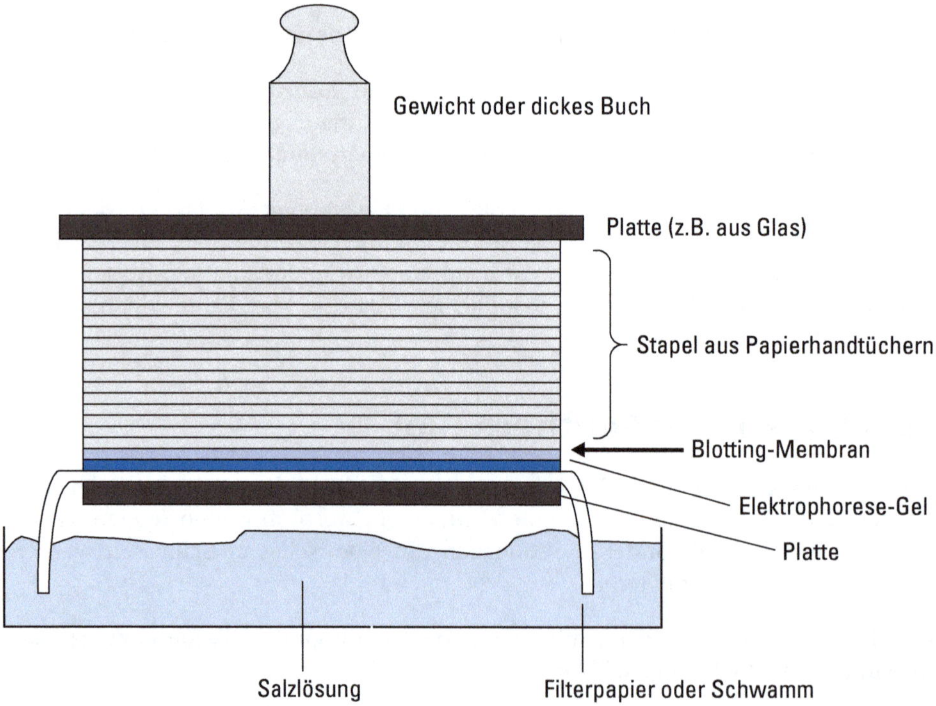

Abbildung 13.1: Aufbau eines Blots: Durch die vielen Schichten des saugfähigen Papiers wird die Salzlösung nach oben gezogen, die DNA oder RNA wandert zunächst im Lösungsstrom mit, bleibt aber dann in der Blotting-Membran hängen.

4. Nun kann man die Membran entweder aufbewahren oder die entsprechende Sequenz sofort im Anschluss durch *Hybridisierung* (siehe den Abschnitt »Suche Partner für gemeinsame Bindung: Die Hybridisierung« weiter hinten in diesem Kapitel) nachweisen. Wurde die DNA durch UV-Bestrahlung fixiert, kann man die Membran auch für mehrere Hybridisierungen verwenden.

Der Blotting-Vorgang läuft natürlich nur so lange ab, wie Salzlösung in der Wanne und trockenes Papier vorhanden sind. Ist eines von beiden nicht mehr gegeben, kann man die Konstruktion abbauen.

Eine Alternative zum klassischen Blotting-Verfahren ist die Verwendung eines *Vakuum-* oder eines *Elektroblotters*, sofern man eines der Geräte im Labor hat. Mit beiden Verfahren geht der Transfer wesentlich schneller. Beim Vakuumblotter wird der Salzpuffer durch Anlegen eines Vakuums durch das Gel hindurchgesaugt, beim Elektroblotter legt man das Gel zwischen eine Kathoden- und eine Anodenplatte, zwischen denen im Salzpuffer ein elektrischer Strom fließt, der die negativ geladene DNA in Richtung Anode zieht. Wie beim klassischen Blot wandern die DNA-Schnipsel aus dem Gel und bleiben in der Membran hängen.

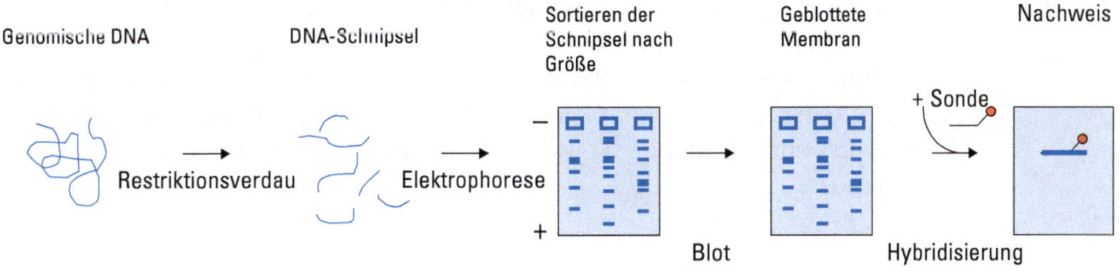

Abbildung 13.2: Ablauf eines Southern Blots

Der Southern Blot hat auch noch einen (Fast-)Namensvetter, den *Southwestern Blot*. Er funktioniert prinzipiell genauso wie sein Kollege aus dem Süden, nur verwendet ihn der Experimentator, um Interaktionen zwischen DNA und Proteinen zu untersuchen. Er ist also eine Kombination aus Southern und Western Blot.

Auf in den Norden: Der Northern Blot

Das Prinzip von Nord und Süd ist im Fall der Blots eigentlich das gleiche – der einzige Unterschied ist die Nukleinsäure: Beim Northern Blot wird ***RNA*** transferiert. Das eigentliche Blotten und den anschließenden Hybridisierungsnachweis macht man genauso wie beim Southern Blot. Der Sinn eines Northern Blots ist es, das Vorhandensein einer bestimmten RNA nachzuweisen, zum Beispiel zu untersuchen, ob eine mRNA in einem Organ, Gewebe oder zu einem bestimmten Entwicklungszeitpunkt vorhanden ist, das entsprechende Gen also exprimiert wird. Das kann ja von Gen zu Gen sehr verschieden sein: In einer Leberzelle sind andere Gene aktiv als in einer Muskelzelle, und der Embryo braucht andere Gene als der Erwachsene.

Genauso wie die DNA beim Southern Blot wird auch die RNA-Probe zunächst in einer Elektrophorese (siehe Kapitel 14) aufgetrennt. Allerdings muss es in diesem Fall ein *denaturierendes Gel* sein, weil der RNA-Einzelstrang gerne Sekundärstrukturen wie zum Beispiel Schleifen und Knicke innerhalb des Moleküls ausbildet, die dann die Trenneigenschaften beeinflussen und verfälschen können. Zur Prophylaxe denaturiert man also die RNA bei über 65 °C kurz vor dem Auftragen auf das Gel und setzt dem Gel zudem noch Chemikalien wie Formaldehyd zu, die verhindern, dass solche Sekundärstrukturen entstehen. Daher ist ein nochmaliger Denaturierungsschritt vor dem Blotten wie bei der DNA nicht mehr nötig.

Wie bei allen Arbeiten mit RNA sollte man besondere Vorsichtsmaßnahmen ergreifen, um die Proben vor RNasen zu schützen. Also verwendet man am besten nur DEPC-behandelte Lösungen und möglichst eine eigene Ausstattung für RNA (Pipetten, Elektrophoresekammern und so weiter).

Man kann sich aber auch schon vorgefertigte Northern Blots kaufen, die man nur noch mit seiner eigenen Probe hybridisieren muss. Es gibt solche fixierten RNAs von Maus, Ratte und Mensch. Für den Menschen gibt es sogar spezialisierte Blots aus Krebszellen, Zellen des Herz-Kreislauf- oder Verdauungssystems, aus Gehirn oder fötalen Geweben. Der große Vorteil daran ist, dass man sich nicht erst entsprechende Gewebeproben aus einem pathologischen Institut besorgen muss.

Suche Partner für gemeinsame Bindung: Die Hybridisierung

Hat der Molekularbiologe seine DNA oder RNA auf eine Membran geblottet, dann ist sie dort fixiert. Das heißt, sie ist zwar da, aber sehen kann er sie nicht. Das ist auch nicht unbedingt für alle Nukleinsäuren nötig, die dort kleben. Aber die Sequenzen, die er nachweisen will, muss er schon irgendwie sichtbar machen. Und das macht er mithilfe einer *Hybridisierung*.

Bei einer ***Hybridisierung*** findet einfach »nur« ein kurzer Einzelstrang – die sogenannte *Sonde* (siehe Kapitel 11), die auf verschiedene Weise gekennzeichnet sein kann (zum Beispiel durch Markierung mit einem Farbstoffmolekül) – ihren komplementären Paarungspartner mit der passenden Sequenz und bindet an ihn. Dabei bilden sich zwischen den komplementären Basen Wasserstoffbrücken aus. Die beiden Stränge müssen allerdings nicht hundertprozentig zueinander passen, aber je größer die Übereinstimmung, desto stabiler die Paarung. *Hybridisieren* bedeutet also eigentlich nichts anderes als *paaren*. Durch die Markierung der Sonde kann man dann die gesuchte Sequenz indirekt nachweisen.

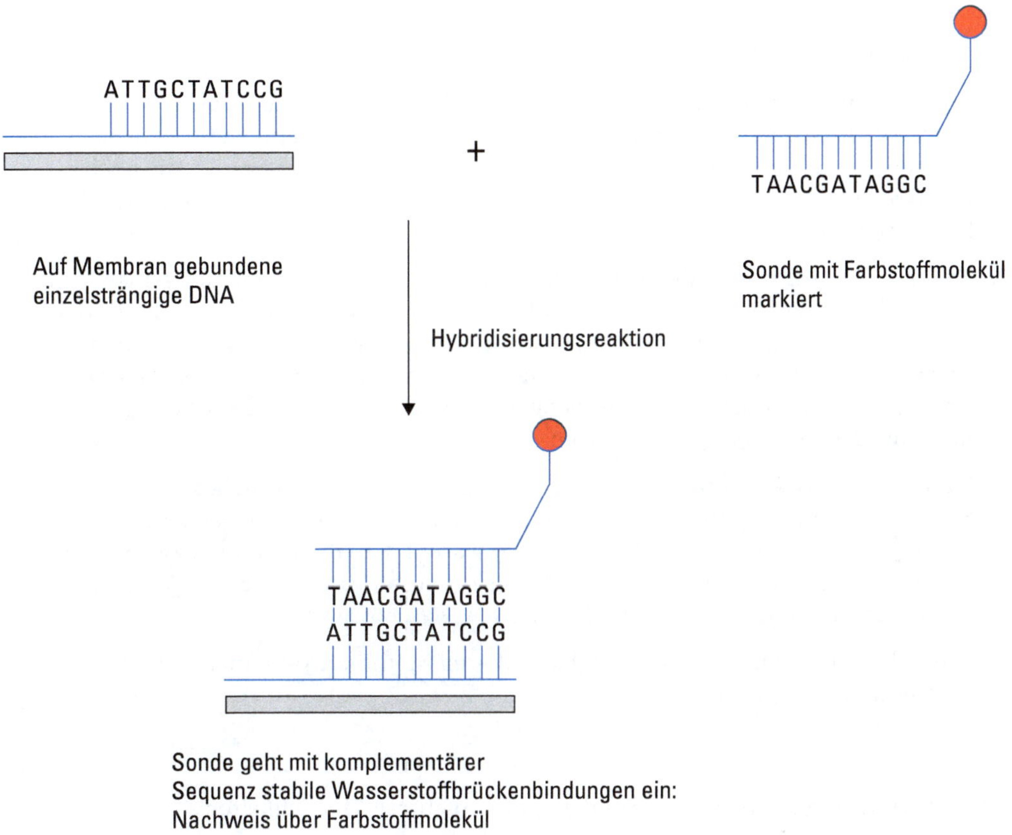

Abbildung 13.3: Das Prinzip der Hybridisierung, dargestellt am Beispiel eines Southern Blots.

Hybridisierungen spielen auch bei anderen wichtigen molekularbiologischen Methoden eine Rolle, zum Beispiel bei der Polymerase-Kettenreaktion PCR (siehe Kapitel 15). Auch Genchips (siehe Kapitel 23) funktionieren nach dem Hybridisierungsprinzip.

Die Hybridisierungsreaktion

Für eine Hybridisierung braucht man:

- ✔ eine Nukleinsäureprobe (zum Beispiel als Southern oder Northern Blot)
- ✔ eine markierte Sonde
- ✔ Hybridisierungslösung (Rezept siehe Kapitel 28)
- ✔ Waschlösung (2× SSC, 0,1 % SDS)

Die Reaktion findet in folgenden Schritten statt:

1. Zunächst macht man eine *Prähybridisierung*: Dazu lässt man die Nukleinsäureprobe, die nach einem Blot auf der Membran fixiert ist, erst einmal für eine halbe Stunde *ohne* (!) Sonde im Hybridisierungspuffer baden. Damit werden die noch freien Stellen der Membran blockiert und binden nicht noch allen möglichen Schmutz aus der Umgebung.
2. Zur *Hybridisierung* wird die Nukleinsäureprobe auf der Membran nun gemeinsam *mit* (!) der Sonde über Nacht oder mindestens vier Stunden bei etwa 65 °C in Hybridisierungslösung inkubiert. Dabei bindet die Sonde (hoffentlich!) an die identischen oder nah verwandten komplementären Sequenzen der Probe. Die Hybridisierungstemperatur hängt von der Sequenz der Sonde ab und sollte etwa 25 °C unter ihrer Schmelztemperatur liegen.
3. Nun geht es ans *Waschen*: Dabei werden unspezifisch oder gar nicht gebundene Sonden weggespült, damit man von diesen beim anschließenden Nachweis kein falsch positives Signal bekommt. Und zwar wäscht man die Membran zweimal hintereinander für 15 Minuten bei Hybridisierungstemperatur oder sogar noch etwas höherer Temperatur in einer speziellen Waschlösung.
4. Die stabil gebundenen Sonden auf der sauberen Membran kann man nun über deren Markierung nachweisen.

Für Markierung und Nachweis der Sonden gibt es mehrere Möglichkeiten:

- ✔ **Radioaktivität:** Die Sonde wird an ihrem Ende mit radioaktivem Phosphor markiert und kann dann mithilfe eines Röntgenfilms nachgewiesen werden, den man auf den Blot legt. Durch die radioaktive Strahlung wird der Röntgenfilm geschwärzt, und zwar nur an den Stellen, an denen sich die Sonden befinden. Diese Nachweismethode war früher, als man noch nicht so viele Alternativen zur Hand hatte, sehr angesagt, wird heute aber aus verständlichen Gründen nicht mehr so gerne gewählt.
- ✔ **Immunologische Verfahren:** Dabei hängt man an die Enden der Sonden Biomoleküle wie Biotin oder Digoxigenin an. Der Trick dabei ist, dass es Antikörper gibt, die gegen diese Biomoleküle gerichtet sind, diese erkennen und daran binden und damit auch an die Sonde. An den Antikörper ist wiederum ein Enzym gebunden, das eine Farbreaktion steuert. Gibt man dann in einem letzten Schritt das zum Enzym passende Substrat auf die Membran, werden farbige Banden sichtbar (siehe Abbildung 13.4).
- ✔ **Chemolumineszenz:** Das Prinzip ist ähnlich wie bei den immunologischen Verfahren. Das Substrat des an den Antikörper gekoppelten Enzyms führt hier jedoch zu keiner Farbreaktion, sondern es wird Licht produziert, das man nachweisen kann.
- ✔ **Fluoreszenz:** Auch bei diesem Prinzip bindet ein Antikörper mit Enzym an die Sonde. Das Enzym wandelt dieses Mal das Substrat in ein fluoreszierendes Produkt um, das selbst nicht strahlt, sondern durch einen Laser angeregt werden muss. Hierfür und für die Detektion des Signals braucht man ein spezielles Gerät.

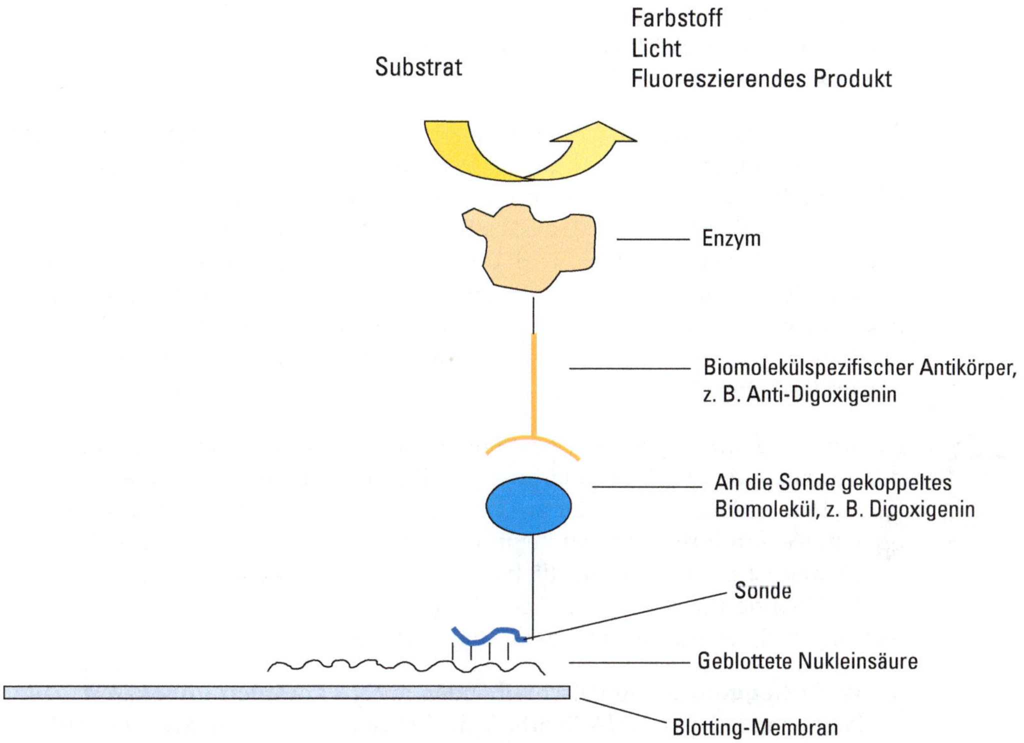

Abbildung 13.4: Prinzip des nicht-radioaktiven Nachweises von Hybridisierungssonden durch Antikörperbindung und Enzymreaktion. Das an den Antikörper gekoppelte Enzym katalysiert die Umsetzung des jeweiligen Substrats in Farbstoff, Licht oder ein fluoreszierendes Produkt.

Aus RNA mach cDNA: Die reverse Transkription

Wie Sie aus Kapitel 2 wissen, sind Eukaryoten genetisch gesehen eigentlich Mülleimer, denn nur ein kleiner Teil ihres Genoms besteht aus Sequenzen, die auch tatsächlich in Proteine umgesetzt werden – den Exons. Der Rest – die Introns – ist Sequenzmüll, der eigentlich keine so richtige Funktion hat oder dessen Funktion man noch nicht kennt. Deshalb möchte der Molekularbiologe in seinen Experimenten oft nur die Exons (aus denen auch etwas »rauskommt«) untersuchen. Da es aber viel zu viel Aufwand wäre, diese gezielt aus dem riesigen Knäuel genomischer DNA herauszuschneiden, greift er stattdessen lieber gleich zur mRNA. Denn in der mRNA sind die Introns ja – wie Sie wissen – schon herausgeschnitten. Das heißt, die fertige mRNA besteht nur noch aus in RNA-Sprache übersetzten Exons.

Leider ist es aber so, dass man viele der gebräuchlichsten molekularbiologischen Methoden (wie zum Beispiel die Polymerase-Kettenreaktion PCR oder eine Klonierung) nicht mit RNA machen kann. Die Lösung dieses Problems heißt *cDNA*:

Eine ***cDNA*** (von complementary DNA, also *komplementäre DNA*) ist eine wieder in DNA rückübersetzte RNA. Und da die Vorlage für die cDNA eine mRNA ist, enthält die cDNA im Gegensatz zur »Original-DNA« keine Introns. Man nennt die Rückübersetzung von RNA in DNA (den ersten Schritt einer cDNA-Synthese) *reverse Transkription.*

Sie meinen, das schon mal gehört zu haben? Als aufmerksamer Leser liegen Sie da vollkommen richtig. Denn die Retroviren wie das HI-Virus (siehe Kapitel 3 und 8) reisen auf diese Tour durch das Leben ihrer Wirte: Ihr Genom ist aus RNA, die durch reverse Transkription in DNA umgeschrieben und ins Genom der Wirtszelle eingebaut wird. Dazu besitzen sie ein für den Molekularbiologen außerordentlich nützliches Werkzeug, das Enzym *reverse Transkriptase,* das RNA in DNA umschreiben kann. Viren können also durchaus auch einmal nützlich sein – nämlich als Enzymlieferanten: Ohne reverse Transkriptase gäbe es nämlich keine cDNA-Synthese.

BEISPIEL

Die ***reverse Transkriptase*** ist eine Polymerase (siehe Kapitel 9), gehört also zu den Arbeitstieren des Molekularbiologen. Ihr Temperaturoptimum liegt je nach Exemplar bei einer Temperatur zwischen 37 °C und 42 °C. Wie alle Polymerasen braucht sie, um ihre Arbeit zu beginnen, eine *Starthilfe* in Form eines *Primers.* Ein Primer ist ein kurzes künstliches Oligonukleotid (siehe Kapitel 11), an das die Nukleotide für den neuen DNA-Strang angehängt werden können. Dabei gibt es prinzipiell drei verschiedene Starthilfetypen:

- ✔ Ist die **Sequenz** der umzuschreibenden mRNA **komplett unbekannt**, dann kann man bei der cDNA-Synthese die Tatsache ausnutzen, dass alle mRNAs der höheren Lebewesen einen Poly-A-Schwanz haben, dass also an ihrem 3´-Ende zwischen 80 und 250 A´s hintereinander hängen. Zu dieser Schwanz-Sequenz ist es einfach, den komplementären Primer zu finden. Dieser besteht – wer hätte das gedacht – aus mehreren hintereinanderhängenden T´s. Man nennt diesen Primer *Oligo-dT-Primer*, er besteht aus 15 bis 25 Thymin-Nukleotiden.
- ✔ Eine andere Primervariante für **unbekannte RNA-Sequenzen** sind die sogenannten Random Primer (von englisch »random« = Zufall). Sie sind mit ihren maximal sechs Basenpaaren sehr kurz, sodass die Wahrscheinlichkeit groß ist, dass sie irgendwo komplementäre Basen finden und dort mehr oder weniger stabil binden.
- ✔ Ist allerdings die **Sequenz** der RNA schon **teilweise bekannt**, kann man einen *sequenzspezifischen Primer* verwenden.

Die cDNA-Synthese besteht aus zwei Schritten:

1. Der Synthese des *ersten DNA-Strangs*: Während dieses ersten Schritts paart RNA mit DNA, es bildet sich ein *RNA-DNA-Hybrid.*
2. Der Synthese des *zweiten DNA-Strangs*: Im zweiten Schritt wird die RNA-Vorlage aus dem Hybrid entfernt und stattdessen ein zweiter, komplementärer DNA-Strang hergestellt.

Die cDNA-Synthese: Reverse Transkription

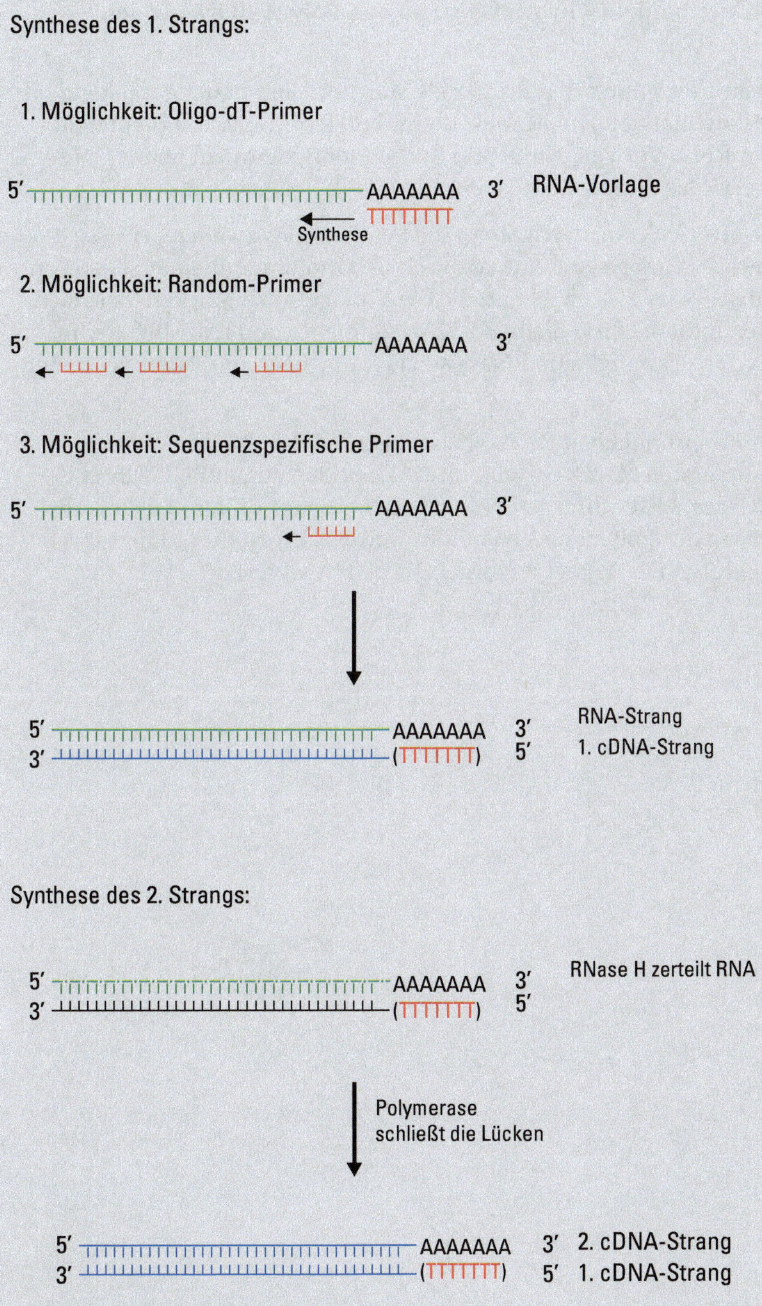

Ablauf der cDNA-Synthese

Eine **cDNA-Synthese** dauert in der Regel etwa eine Stunde und läuft folgendermaßen ab (in diesem Beispiel verwende ich einen Oligo-dT-Primer):

- ✔ Der Oligo-dT-Primer bindet (= hybridisiert) an den Poly-A-Schwanz der mRNA.
- ✔ Die reverse Transkriptase nutzt den Primer als Starthilfe und hängt ausgehend davon Nukleotide aneinander. Die Abfolge dieser Nukleotide ist komplementär zur Sequenz der mRNA-Vorlage. Nukleotid für Nukleotid wird ein neuer DNA-Strang synthetisiert. Das Endprodukt ist ein RNA-DNA-Hybrid.
- ✔ Ist der erste neue cDNA-Strang fertig, folgt die Synthese des zweiten Strangs. Dazu wird die mRNA-Vorlage erst einmal durch Behandlung mit einer speziellen Ribonuklease – der RNase H – abgebaut, die die Vorlage so zerstückelt, dass sich viele kleine Lücken bilden. Übrig bleiben RNA-Fragmente und natürlich der intakte erste cDNA-Einzelstrang (eine RNase schadet nur RNA und kann der neuen cDNA nichts anhaben!).
- ✔ Die Lücken in der ursprünglichen RNA-Vorlage werden durch eine Polymerase komplementär zum ersten cDNA-Strang mit Nukleotiden aufgefüllt. Währenddessen geht die RNase weiter ihrer Arbeit nach und erzeugt weitere Lücken, die ihrerseits wieder von der Polymerase aufgefüllt werden. Dies geht so lange, bis das letzte RNA-Stück durch DNA ersetzt wurde: Die cDNA ist fertig.

IN DIESEM KAPITEL

Wie man Nukleinsäuren elektrophoretisch auftrennt

Alles rund um Agarose- und Acrylamidgele

Wie man Nukleinsäuren färbt und aus Gelen isoliert

Kapitel 14

Die Elektrophorese: Wettlauf der Nukleinsäuren

Zum Glück sind Nukleinsäuren aufgrund der Phosphatgruppen negativ geladen! Denn so bewegen sie sich in einem elektrischen Feld immer in Richtung Pluspol. Warum das? Erinnern Sie sich kurz zurück an den Physikunterricht: »Ungleichnamige Ladungen ziehen einander an, gleichnamige Ladungen stoßen einander ab.« Diese Tatsache nutzt der Molekularbiologe Tag für Tag und für unzählige Anwendungen, um Nukleinsäuren unterschiedlicher Größe voneinander zu trennen. Dazu gibt er DNA oder RNA in eine schwabbelige, gelartige Substanz, legt eine elektrische Spannung an, und schon machen sich die negativ geladenen Nukleinsäuren auf den Weg und wandern in Richtung Pluspol. Dabei bewegen sich kleinere Moleküle schneller als größere und sortieren sich so entlang ihres Wanderwegs von selbst: Sie liefern sich also ein vorhersagbares Wettrennen, bei dem immer die kürzeste Nukleinsäure gewinnt. Man nennt dieses Trennverfahren *Elektrophorese.*

Diese Technik, Nukleinsäuren nach Größen zu sortieren, ist ein Segen für die Molekularbiologie. Sie haben es in den vorangegangenen Kapiteln ja schon mehrfach gelesen, dass es sich bei einem Gen nicht um ein einzelnes Molekül handelt, sondern dass viele, viele Gene gemeinsam ein Riesenmolekül – den großen Haufen genomischer DNA im Zellkern – bilden. Um also einzelne Gene untersuchen zu können, muss man sich diese erst einmal aus dem Haufen heraussuchen. Das heißt, der Molekularbiologe schneidet oder kopiert sich »sein« Gen aus dem Riesenmolekül heraus und kann dann die Elektrophorese nutzen, um dieses spezielle Stück von den restlichen Nukleinsäurefragmenten zu trennen, die ihn nicht interessieren.

In den folgenden Abschnitten erfahren Sie, wie eine Elektrophorese funktioniert, und welche verschiedenen Trennverfahren es gibt. Und da Elektrophoresen und die Herstellung der Gele zum täglichen Brot eines jeden Molekularbiologen gehören, widme ich diesen Techniken hier auch ein eigenes Kapitel.

Wie die Nukleinsäure zum Pluspol wandert

Der Begriff ***Elektrophorese*** bedeutet ganz allgemein, dass elektrisch geladene Teilchen in einem elektrischen Feld wandern. In der Molekularbiologie verwendet man diese Technik, um Nukleinsäuren unterschiedlicher Größen – oder auch Proteine (siehe Kapitel 20) – voneinander zu trennen. Dies eröffnet dem Molekularbiologen die Möglichkeit, bestimmte, ihn interessierende Nukleinsäureabschnitte isoliert zu untersuchen. Als Trägermaterial für die zu trennende Probe verwendet man im molekularbiologischen Labor sogenannte ***Gele***. Ein Gel ist ein schwabbeliges Etwas, das in erwärmter, flüssiger Form gegossen wird und dann nach kurzer Zeit erstarrt. In der Molekularbiologie dient es als Trägermaterial für die aufzutrennenden Nukleinsäuren und Proteine und wirkt dabei wie ein Sieb für das Molekülgemisch. Grundsätzlich gibt es zwei verschiedene Arten von Gelen:

- ✔ **Agarosegele** sind aus *Agarose*, einem gelierfähigen Zucker aus Algen. Die Trenneigenschaften der Agarosegele sind begrenzt, dafür ist die Arbeit mit ihnen aber relativ unproblematisch und einfach. Außerdem ist die Agarose nicht giftig, man könnte sie sogar verschlucken und würde keinen größeren Schaden davontragen.

- ✔ **Polyacrylamidgele (PAA-Gele)** bestehen aus polymerisiertem Acrylamid. Mit ihnen kann man auch sehr kleine Nukleinsäurestücke noch voneinander trennen. Acrylamid ist zwar ein harmlos aussehendes, geruchloses Pulver, aber ziemlich giftig, und der Umgang mit solchen Gelen ist etwas komplizierter.

Ein Gel hat am oberen Rand, dem Startpunkt der Elektrophorese, viele kleine nebeneinanderliegende *Geltaschen*. Diese Taschen sind Vertiefungen im Gel, in die man die Probe einfüllen kann, ohne dass diese gleich wieder weggespült wird. Das Gel liegt nämlich in einer ionischen Pufferlösung, meist TAE-(Tris-Acetat-EDTA-) oder TBE.(Tris-Borat-EDTA-) Puffer, die einerseits Austrocknung und Überhitzung (bei einem Elektrophoreselauf entsteht Wärme) verhindern soll, aber auch andererseits dafür sorgt, dass Strom fließt. Im Gel wandert die Mischung aus zu trennender DNA oder RNA im elektrischen Feld in Richtung Pluspol. Dabei hängt die Geschwindigkeit der Nukleinsäuren von deren Größe ab: Das Gel wirkt wie ein Molekularsieb und lässt kleinere Fragmente schneller durch als größere.

Die Bewegung der Nukleinsäuren während einer Elektrophorese können Sie sich so vorstellen, als ob sich Schlangen verschiedener Größen durch ein Netz schlängeln müssen: Eine lange, dicke Boa bleibt öfter mal in einer Masche stecken und braucht deshalb für den gleichen Weg durchs Netz länger als eine kleine, schlanke Ringelnatter, die ihren Weg problemlos hinter sich bringen kann. Genauso wandern kleine Nukleinsäureschlangen schneller durch die Poren des Gels als größere. Das Ergebnis der elektrophoretischen Trennung von DNA- und RNA-Molekülen ist ein sogenanntes ***Bandenmuster*** (siehe Abbildung 14.1): Während der Gelelektrophorese konzentrieren sich die Moleküle gleicher Größe in der Form von ***Banden***, die sich auch mit bestimmten Färbemethoden sichtbar machen lassen.

BEISPIEL

Woher weiß der Molekularbiologe, welche Größe in Basenpaaren die Nukleinsäuren einer Bande haben? Die Größe der Nukleinsäure einer Bande im Gel bestimmt er, indem er in eine oder mehrere der Taschen eine Probe mit Fragmenten genau bekannter Länge gibt und als Größenstandard mitlaufen lässt.

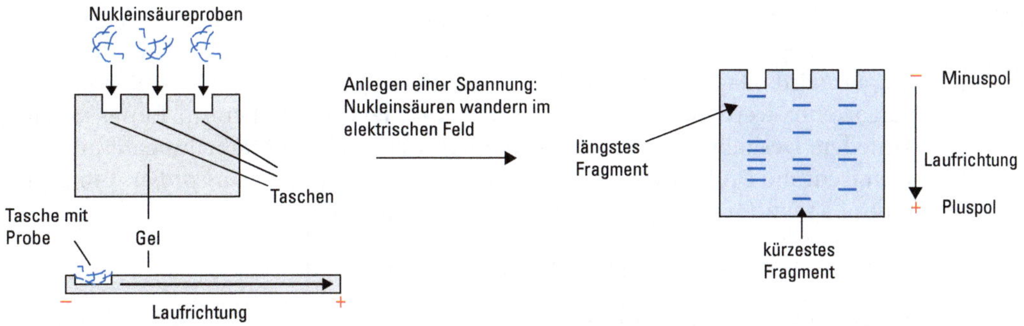

Abbildung 14.1: Das Funktionsprinzip eines Elektrophoresegels zur Auftrennung von Nukleinsäuren. Fragmente mit der gleichen Länge schließen sich in Banden zusammen und können so leicht nachgewiesen werden.

Er nennt so eine bekannte Probe *Marker, DNA-* beziehungsweise *RNA-Leiter* oder *Standard.* Nach der Elektrophorese vergleicht er dann einfach die neuen Banden mit den Markerbanden und kann so die Größe abschätzen. Einen solchen Marker kann man selbst herstellen, indem man einen Restriktionsverdau mit einer bekannten Probe macht, sodass man das Ergebnis – das heißt die Länge der zerschnittenen Stücke – genau kennt. Oder man kauft sich einfach einen solchen Standard, dann steht die Länge der enthaltenen Stücke im Beipackzettel. Solche Standards gibt es natürlich auch für die Proteinelektrophorese.

Mithilfe des Standards kann der Experimentator aber nicht nur die Größe seiner aufgetrennten Probe bestimmen, sondern er kann auch die darin enthaltene ungefähre *Nukleinsäuremenge* bestimmen. Dazu vergleicht er nicht die Laufstrecken der Banden, sondern deren Intensität nach einer Färbung (siehe weiter hinten in diesem Kapitel). Dicke, intensiv gefärbte Banden enthalten mehr Nukleinsäure als dünnere, schwächer gefärbte. Die Markerbande kann als Referenz dienen; sie enthält nämlich eine genau definierte Menge an Nukleinsäure, die man ebenfalls auf dem Beipackzettel findet.

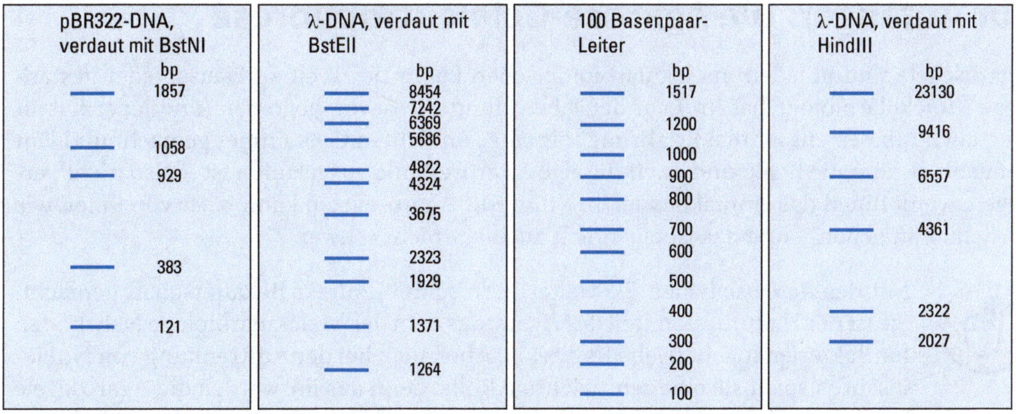

Abbildung 14.2: Vier Beispiele für häufig benutzte DNA-Standards. pBR322 ist der Name für ein Plasmid, λ steht für den Bakteriophagen λ. Rechts neben den Banden sind die entsprechenden Größen in Basenpaaren angegeben.

Die Vertiefung der Taschen allein reicht nicht aus, um zu verhindern, dass ein Teil der eingefüllten Proben im umgebenden Elektrophoresepuffer wieder weggespült wird. Das will man natürlich verhindern, denn die Probe soll ja im Gel aufgetrennt werden und sich nicht auf Nimmerwiedersehen im Puffer verabschieden. Deshalb muss der Experimentator zusätzliche Maßnahmen ergreifen: Er mischt die Proben vor dem Auftragen auf das Gel mit *Ladepuffer*. Ein typischer Ladepuffer (Rezept siehe Kapitel 28) besteht aus

- ✔ den Farbstoffen Bromphenolblau und Xylencyanol
- ✔ Glycerin oder Saccharose
- ✔ Wasser

Dabei ist das Glycerin oder die Saccharose besonders wichtig; beide beschweren die Probe, sodass sie nach dem Beladen in der Geltasche bleibt. Die Farbstoffe erleichtern das Auftragen der Proben – man sieht sie einfach besser. Außerdem wandern bei der Elektrophorese auch die Farbstoffe als blaue Banden unabhängig von den zunächst mit ihnen gemischten Nukleinsäuren, sodass der Experimentator einen guten Anhaltspunkt hat, wo sich seine Proben im Gel gerade befinden (denn sie sind ja ohne speziellen Nachweis zunächst unsichtbar!). Als Faustregel gilt: Bromphenolblau wandert in einem Gel aus 1 % Agarose ungefähr auf der gleichen Höhe wie ein DNA-Stück mit einer Länge von 300 Basenpaaren. Lässt man die Elektrophorese nämlich zu lange laufen, sind die Proben unter Umständen bereits aus dem Gel gelaufen. Einmal am unteren Rand des Gels angekommen, wandern sie nämlich auf direktem Weg in den Elektrophoresepuffer, und das war's dann mit dem Experiment. Einmal im Puffer gelöst, findet der Molekularbiologe »sein« DNA-Fragment ungefähr mit der gleichen Wahrscheinlichkeit wie einen Zuckerwürfel, den jemand in einen Swimmingpool geworfen hat. Damit das nicht passiert, gibt es moderne Elektrophorese-Apparaturen, die mit automatischer Abschaltung und integrierter Stoppuhr versehen sind.

Für Anfänger: Die Agarose-Gelelektrophorese

Agarosegele sind in jedem molekularbiologischen Labor der Welt zu Hause. Jeder gestandene Molekularbiologe hat im Lauf der Jahre Hunderte davon gegossen (und jeder hat sicher auch mindestens einmal Erfahrung mit einer undichten Gelkammer gemacht und laut geflucht, als ihm die heiße und noch flüssige Agarose-Soße ausgelaufen ist – also nicht verzagen, wenn Ihnen das einmal passiert!). Kurz: Mit Agarosegelen kann jeder von ihnen wie im Schlaf umgehen – und das ist eigentlich auch gar nicht schwer.

Mit der ***Agarose*** haben Sie weiter vorn schon indirekt Bekanntschaft gemacht: Sie ist der Hauptbestandteil des Agars, aus dem der Molekularbiologe Nährböden für Bakterien macht (siehe Kapitel 7). Aber auch bei der Auftrennung von Nukleinsäuren spielt sie eine sehr wichtige Rolle, denn aus ihr werden die Agarosegele hergestellt. Agarose ist ein pulverartiger, aus Algen gewonnener cremefarbener Zucker, der absolut harmlos und überhaupt nicht giftig ist. Beim Gelieren des Zuckers werden lange Fäden aus Agarosepolymeren zum Gel vernetzt. Ebenso wie eine Agarplatte sieht auch ein Agarosegel wie ein dünnes Stück Sülze aus – nur eben pur, ohne Gemüse, Fleisch oder Wurst. Je höher die Agarosekonzentration des Gels, umso kleiner sind die Poren dieses »Nukleinsäuresiebs« und umso besser und schärfer die Auftrennung von DNA oder RNA. Das heißt, für kleinere Moleküle muss man eine höhere Agarosekonzentration wählen als für größere Moleküle. Grundsätzlich lassen sich in Agarosegelen Nukleinsäurefragmente trennen, die etwa zwischen 100 und 30.000 Basenpaaren lang sind. Agarose wird meistens in Konzentrationen von 1 bis 2 % verwendet, für manche Anwendungen gießt sich der Molekularbiologe aber durchaus auch einmal Gele mit einer Konzentration von 0,5 % oder auch 3 %.

Agarosekonzentration (%)	Optimaler Trennbereich linearer DNA-Fragmente (bp)	Bromphenolblau auf der Höhe eines DNA-Fragments der Größe (bp)
0,5	1.000–30.000	1.000
0,7	800–12.000	700
1,0	500–10.000	300
1,5	200–3.000	120
2,0	100–2.000	unter 100

Tabelle 14.1: Konzentration der Agarosegele für optimale Trennergebnisse sowie Laufeigenschaften des Farbstoffs Bromphenolblau

Um Nukleinsäuren in einem Agarosegel elektrophoretisch aufzutrennen, braucht man

- ✔ ***Agarose:*** Für ein Gel wird sie in Puffer aufgekocht und im flüssigen Zustand in den Gelträger gegossen. Nach dem Abkühlen erstarrt die Agarose zum Gel.
- ✔ ***Elektrophoresepuffer:*** meist TBE oder TAE (Rezept siehe Kapitel 28)
- ✔ einen ***Gelträger***, in dem das Gel auch gegossen wird. Und einen ***Kamm***, der beim Gießen die Löcher für die Taschen ausspart und später, wenn das Gel fest ist, herausgezogen wird. Den Gelträger dichtet man an den Enden mit Klebeband oder einem Dichtungsgummi ab, damit das Gel nicht herausfließt, solange es noch flüssig ist.
- ✔ eine ***Elektrophoresekammer:*** meist rechteckige Kammer, sieht aus wie eine Schachtel aus Plexiglas, in der die Elektrophorese durchgeführt wird und an die zwei Stromkabel (Plus- und Minuspol) angeschlossen werden können
- ✔ eine ***Stromquelle***
- ✔ die ***Nukleinsäureprobe***, die man auftrennen möchte; mit Ladepuffer verdünnt
- ✔ den ***Längenstandard*** zum Abschätzen der Größe von DNA oder RNA. Wird meist in die äußerste (linke) Tasche aufgetragen, bei größeren Gelen auch noch zusätzlich in die Mitte und den (rechten) Rand.

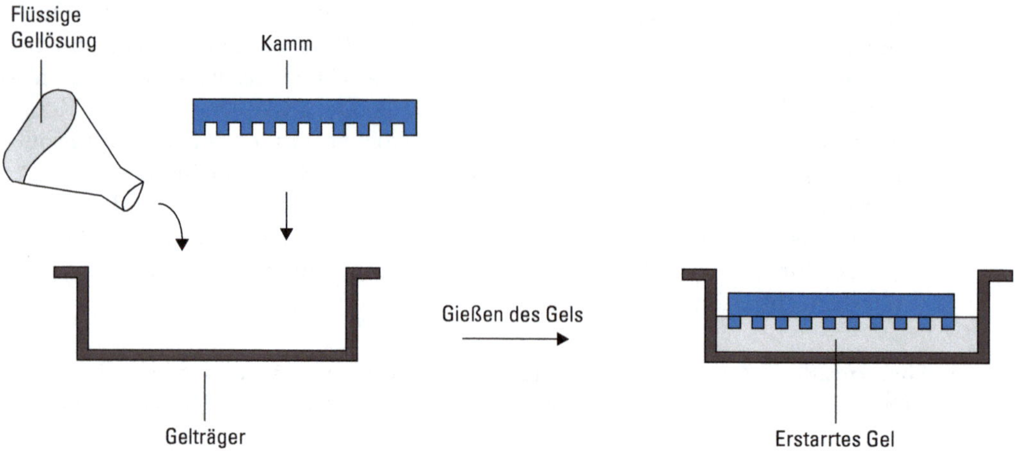

Abbildung 14.3: Herstellung eines Agarosegels

So macht man eine Agarose-Gelelektrophorese

Das Gießen des Gels:

1. Zunächst einmal löst man die Agarose im Elektrophoresepuffer, zum Beispiel in TBE-Puffer. Die Konzentration wählt man je nach Größe der Fragmente, die man erwartet (1 % Agarose für Nukleinsäure, die nicht kleiner ist als 500 bp, 2 % Agarose für kleinere Fragmente). Zum Beispiel wiegt man für ein einprozentiges Gel 1 g Agarosepulver ab und löst es in einem Gesamtvolumen von 100 ml TBE-Puffer (je nach Größe des Gels kann man auch ein anderes Volumen wählen).
2. Diese Lösung aus Agarose und Puffer bringt man zum Kochen und erhitzt sie so lange, bis sich das Pulver vollständig gelöst hat (Vorsicht, das Ganze kocht auch schnell über!). Dazu ist eine Mikrowelle sehr praktisch, man kann aber auch eine Kochplatte verwenden.
3. Die heiße Lösung lässt man etwas abkühlen, sonst reißt das Plexiglas des Gelträgers, wenn man das Gel zu heiß gießt. Eventuell gibt man nun zur Lösung auch etwas Farbstofflösung wie Ethidiumbromid, um die Nukleinsäuren später sichtbar zu machen (siehe weiter hinten in diesem Kapitel).
4. Die abgekühlte, aber noch flüssige Lösung gleichmäßig in den abgedichteten (!) Gelträger gießen. Entstandene Luftblasen kann man mithilfe einer Pipettenspitze zerstechen oder an den Rand schieben. Den Kamm für die Aussparung der Taschen nicht vergessen – entweder hat man ihn bereits bei der Vorbereitung in die entsprechende Vorrichtung der Gelkammer gesteckt oder tut dies jetzt. Der Kamm sollte etwa einen Zentimeter vom oberen Rand des Gels platziert werden. Man kann auch große Gele mit mehreren Kämmen gießen – zum Beispiel einer oben und ein weiterer in der Mitte des Gels, falls man viele Proben hat, dann spart man sich einmal Gel gießen.

5. Sobald das Gel fest ist, zieht man den Kamm vorsichtig heraus. Die Taschen bleiben als Aussparungen zurück und können nun die Proben aufnehmen.

Die Elektrophorese:

1. Zur Vorbereitung der Elektrophorese legt man das Gel im Träger nun in die Elektrophoresekammer, die mit ausreichend (TBE-)Puffer gefüllt ist, damit das Gel gut bedeckt ist.

2. Jetzt trägt man die Proben auf. Dazu füllt man die Mischung aus Nukleinsäure und Laufpuffer mit einer Pipette vorsichtig in die Taschen, möglichst ohne sie unten zu durchstechen (sonst wird die Tasche undicht, und die Probe ist weg), und ohne dass die Probe oben aus der Tasche in den Elektrophoresepuffer gespült wird (dann ist sie nämlich auch weg). Da Gel, Puffer und Taschen durchsichtig sind, erfordert das Auftragen etwas Übung, bis man sicher trifft.

3. Jetzt geht's los: Die Stromkabel an die Gelkammer anschließen, und zwar die negative Elektrode oben in der Nähe der Taschen und die positive Elektrode (zu der die negativ geladenen Nukleinsäuren wandern sollen) unten. Wenn die Elektroden falsch angelegt wurden, merkt man es eigentlich schnell, sofern man sich nach ein paar Minuten das Gel ansieht: Dann bewegt sich die blaue Bande des Laufpuffers nämlich in die falsche Richtung. Falls man es schnell bemerkt, kann man den Fehler aber noch korrigieren, indem man die Kabel umstöpselt.

4. Sobald die Spannung angelegt wird (etwa 5 Volt pro cm, also normalerweise um die 100 Volt je nach Größe der Gelkammer, sonst wird das Ganze zu heiß!), bewegen sich die Nukleinsäuren aus den Taschen ins Gel in Richtung Pluspol. Je höher die Spannung, desto schneller wandern DNA und RNA. Man sieht die Nukleinsäuren selbst nicht, kann aber die Bewegung anhand des blauen Ladepuffers gut beobachten und abschätzen. Sobald die Proben ausreichend aufgetrennt sind, beendet man die Elektrophorese, indem man den Strom einfach abschaltet.

Nun nimmt man das Gel aus der Kammer und bearbeitet die Proben weiter oder wertet den Auftrennungsversuch einfach nur aus. Dazu macht man nach einem geeigneten Nachweis von DNA oder RNA (siehe weiter hinten in diesem Kapitel) meist ein Foto vom Gel, das man schön beschriftet in sein Labortagebuch einklebt.

Einmal Farbe für die Nukleinsäure, bitte! (Teil 1)

Auch wenn man Nukleinsäuren elektrophoretisch aufgetrennt hat, bleiben sie für unser Auge im Gel immer noch unsichtbar. Das heißt, um sich die Trennergebnisse überhaupt ansehen zu können, muss der Molekularbiologe seine Nukleinsäure erst noch anfärben. Das macht er klassischerweise in einem Agarosegel gerne mit dem Farbstoff *Ethidiumbromid.*

Dieser hat den Vorteil, dass Färbungen mit ihm gut funktionieren und er dazu auch noch sensitiv und außerordentlich günstig ist. Von Nachteil ist allerdings (und das wiegt schwer!), dass Ethidiumbromid für den Experimentator sehr schädlich sein kann. Aus diesem Grund kamen in den letzten Jahren eine ganze Menge neuer DNA-Farbstoffe auf den Markt (siehe den Abschnitt »Die Alternativen: Anders bunt geht auch« weiter hinten in diesem Kapitel), die aber manchmal auch nicht »das Gelbe vom Ei« sind – also beispielsweise nicht so ungiftig wie behauptet sind oder das Laufverhalten der Nukleinsäuren im Gel beeinflussen können.

Ethidiumbromid $C_{21}H_{20}BrN_3$ ist ein rotbraunes, kristallines Pulver, das man in Wasser löst oder besser schon gelöst kauft und das als ***sehr giftig*** gilt. Über das Maß an Giftigkeit streitet man sich zwar, aber man sollte auf alle Fälle beim Umgang mit dem Farbstoff besondere Sicherheitsvorkehrungen treffen, zum Beispiel Nitrilhandschuhe und einen Laborkittel tragen! Außerdem darf Ethidiumbromid niemals einfach in den Ausguss geschüttet werden, sondern wird gesammelt und dann speziell entsorgt, und zwar alles, was damit in Kontakt kommt – also auch die Gele und der Elektrophoresepuffer. Wenn man die Möglichkeit hat, empfiehlt es sich, einen speziellen Platz im Labor einzurichten, an dem mit Ethidumbromid gearbeitet wird (und zwar nur dort und nirgends anders!). Dann weiß man genau, wo man sich besonders schützen muss.

Ethidiumbromid *interkaliert* in Nukleinsäuren (das heißt, der Farbstoff setzt sich zwischen benachbarte Basenpaare) und macht sie dadurch in UV-Licht sichtbar. Das funktioniert am besten bei doppelsträngiger DNA; bei einzelsträngiger DNA oder RNA fällt das Ergebnis deutlich schwächer aus. Durch die Interkalation ändert sich das Absorptionsspektrum der Nukleinsäure, sodass sie unter einer UV-Lampe kräftig orangerot erscheint und gut zu erkennen ist. Die Fähigkeit zur Interkalation, die der Molekularbiologe nutzt, um Nukleinsäure sichtbar zu machen, macht aber leider auch gleichzeitig die Giftigkeit aus: Dadurch, dass sich der Farbstoff nicht nur zwischen die Basen der zu färbenden Probe quetscht, sondern auch überall, wo er in Kontakt mit Erbgut kommt (also beispielsweise in den Hautzellen des Experimentators), kann es zu Mutationen kommen – also zu Veränderungen im Erbgut –, die schwerwiegende Folgen haben können, je nachdem, welches Gen betroffen ist.

Es gibt mehrere Möglichkeiten der **Ethidiumbromidfärbung**:

- ✔ Entweder führt man erst die Elektrophorese durch und legt das Gel ***danach*** für etwa 15 bis 30 Minuten in eine Lösung aus Elektrophoresepuffer oder Wasser und Ethidiumbromid (0,5 µg Farbstoff/ml). Man nennt das dann auf »Schlau« *Post-Staining*. Eventuell kann man das Gel nach der Färbung noch, um den Kontrast zu erhöhen, für eine halbe Stunde in eine Wanne mit Wasser legen und entfärben – man muss aber nicht. Der Vorteil dieser Möglichkeit ist, dass man die Färbelösung mehrfach verwenden kann. Der Nachteil ist, dass man nach der Elektrophorese noch extra Zeit für die Färbung einplanen muss und außerdem eine ganz schöne Spritzerei daraus werden kann. Und das ist mit Ethidiumbromid »im Nacken« nicht so lustig.

- ✔ Oder man gibt ***vor*** der Elektrophorese einen Tropfen Ethidiumbromid zur flüssigen Gellösung, bevor man diese in die Gelträger gießt (etwa 0,1 µg Farbstoff/ml). Der Vorteil dieser Möglichkeit – man nennt sie *Pre-Casting* – ist, dass man die Elektrophorese jederzeit unterbrechen und sich ansehen kann, wie weit die Proben gelaufen sind. Generell spart man natürlich die extra Färbezeit, und die ganze Angelegenheit geht etwas sauberer vonstatten. Der Nachteil ist, dass man insgesamt mehr Sondermüll produziert. In manchen Labors ist es üblich, zudem noch Ethidiumbromid ***in den Laufpuffer*** zu geben (*Pre-Loading*). Das ist aber eigentlich nicht nötig und sollte nur praktiziert werden, wenn die Elektrophorese sehr, sehr lange läuft.

Ist das Gel dann gefärbt, beziehungsweise die Elektrophorese fertig, kann man sich die orangefarbene DNA oder RNA unter UV-Licht ansehen. Aber Vorsicht! Je nachdem, wie hoch die Agarosekonzentration und wie dick das Gel ist, kann der Transport zur UV-Lampe eine ganz schön schwabbelige Angelegenheit sein: Bei niedrig konzentrierten und/oder sehr dünnen Gelen ist das schöne Trennergebnis ganz schnell auf den Boden des Labors geflutscht und zerbrochen und man kann noch mal von vorn anfangen.

Vor dem *UV-Licht* sollte man sich und seine Augen unbedingt besonders schützen, mindestens mit Laborkittel und einer Schutzbrille oder noch besser mit einer speziellen Maske aus Plexiglas, die man vors Gesicht zieht. Es ist wirklich kein Witz, sondern eigene leidvolle Erfahrung: Betrachtet man sein Gel begeistert einige Minuten zu lange oder schneidet gar Banden aus dem Gel aus, dann hat man ohne UV-Schutz ganz schnell einen deftigen Sonnenbrand im Gesicht oder an den Armen.

Die Alternativen: Anders bunt geht auch

Aufgrund der mutagenen Wirkung von Ethidiumbromid ist die Nachfrage nach alternativen Farbstoffen für das orangerote Gift groß. Daher kamen in den letzten Jahren immer mehr Alternativen auf den Markt. Diese haben aber oft andere Nachteile, und so muss der Experimentator einfach abwägen, welcher Kompromiss ihm am wenigsten wehtut. Neben Ethidiumbromid kann man Nukleinsäuren auch beispielsweise mit folgenden Substanzen färben:

- **SYBRR® Safe, SYBR® Green I** (für doppelsträngige DNA) und **SYBR® Green II** (für einzelsträngige DNA und RNA) binden an Nukleinsäure, können sowohl von blauem als auch von UV-Licht angeregt werden und fluoreszieren dann grün. Die Farbstoffe gelten als ungiftig, was nicht heißt, dass sie es auch wirklich sind – das ist einfach noch nicht hinreichend bekannt. Sie gelten jedoch als weniger mutagen und sind sehr viel sensitiver als Ethidiumbromid, das heißt, man bekommt auch mit einer geringeren Nukleinsäuremenge ausreichend starke Signale. Außerdem muss man nicht unbedingt mit UV-Licht arbeiten, bekommt das Grün fix und fertig geliefert und kann die Proben vor oder nach der Elektrophorese anfärben, allerdings muss man Färbezeit mit einplanen. Ein großer Nachteil der Farbstoffe ist, dass sie um ein Vielfaches teurer sind als Ethidiumbromid. **SYBR Gold** soll sogar noch sensitiver sein als das grüne Pendant und kann für Einzel- oder Doppelstränge verwendet werden.
- **Methylenblau** ist ein dunkelgrünes Farbstoffpulver, das zwar nicht so giftig ist wie Ethidiumbromid, aber auch sehr viel weniger sensitiv. Man kann mit diesem Farbstoff also nur größere Mengen an Nukleinsäure anfärben. Eine Färbung mit Methylenblau ist allerdings auch ohne UV-Lampe bei normalem Tageslicht zu sehen. Nach der Elektrophorese färbt man das Gel zunächst für 15 Minuten in Färbelösung (0,02 % Methylenblau in

Wasser gelöst) und entfärbt dann die gleiche Zeit in reinem Wasser. Aufgrund der niedrigen Sensitivität und der extra Zeit, die man für die Färbung einplanen muss, wird in den wenigsten molekularbiologischen Labors aber routinemäßig mit dieser Färbemethode gearbeitet. Falls Sie aber Ihre Banden trotzdem gerne bei Tageslicht betrachten möchten, kaufen Sie sich den Farbstoff **DNAzure®**, der als etwas sensitiver gilt.

- ✔ Neuerdings gibt es auch **Fluoreszenzfarbstoffe** wie *SafeView®* oder *EZ-Vision® In-Gel*, die genauso sensitiv sind wie Ethidiumbromid, aber als nicht giftig gelten, an doppelsträngige und teilweise auch an einzelsträngige DNA und RNA binden und sogar mit dem Hausmüll entsorgt werden können. Man kann sie praktischerweise gleich als Ladepuffer einsetzen oder auch das fertige Gel damit färben. Nach Anregung durch UV- oder Blaulicht erstrahlt die angefärbte Nukleinsäure dann in grünem Fluoreszenzglanz. Jedoch ist auch diese Variante um einiges teurer als eine Ethidiumbromidfärbung.

- ✔ **Gel®Red** ist ebenso wie Ethidiumbromid ein interkalierender Farbstoff, der unter anderem aus zwei Ethidium-Untereinheiten besteht und dessen Eigenschaften deshalb im Wesentlichen die gleichen sind wie die von Ethidiumbromid: Bei Bestrahlung mit UV-Licht erscheint die DNA orangerot. Der Farbstoff gilt aber als ungiftig und kann deshalb auch mit dem normalen Abfall entsorgt werden.

- ✔ Auch **Gel®Green** interkaliert ebenso wie Ethidiumbromid, setzt sich aber aus dem Fluoreszenzfarbstoff Acridinorange zusammen und gilt als außerordentlich stabil. Die Nukleinsäurebanden erscheinen dann unter blauem oder UV-Licht – wer hätte es gedacht – grün. Der Farbstoff gilt als weniger giftig als Ethidiumbromid und kann ebenfalls einfach im Restmüll beziehungsweise über den Ausguss entsorgt werden.

Aber auch diese Farbstoffe sind überwiegend alles andere als harmlos für Experimentator und Umwelt, weshalb auch hier gilt: möglichst wenig Farbstoff einsetzen, mit Schutzkleidung arbeiten – mindestens mit Handschuhen – und alles umweltgerecht entsorgen – wo erforderlich.

Für Fortgeschrittene: Die Polyacrylamid-Gelelektrophorese (PAGE)

Auch mit ***Acrylamid*** C_3H_5NO gießt der Molekularbiologe oft (aber nicht so gern) Gele, die in Anwesenheit von zwei Helfern, den Chemikalien Ammoniumperoxidisulfat (*APS*) als Initiator und Tetramethylethylendiamin (*TEMED*) als Katalysator zu *Polyacrylamidgelen* (*PAA-Gel*) auspolymerisieren. In einem solchen Gel läuft die Elektrophorese grundsätzlich genauso ab wie in einem Agarosegel, lediglich die Herstellung des Gels ist etwas schwieriger, sodass Sie dafür normalerweise ein bisschen Übung brauchen und sich dies am besten erst einmal von einem netten Laborkollegen zeigen lassen, der es schon ein paarmal gemacht hat. Auch der Umgang mit dem fertigen Gel nach der Elektrophorese braucht etwas Geschick, weil die Gele viel dünner – aber eine mindestens ebenso schwabbelige Angelegenheit – sind wie Agarosegele: Ein Polyacrylamidgel hat in etwa die gleiche Konsistenz und Dicke wie ein Blatt eingeweichte Gelatine und ist oft auch noch größer, was den Umgang damit nicht unbedingt leichter macht. Es gibt allerdings noch weitere Unterschiede zu Agarosegelen:

- PAA-Gele haben den wesentlichen Vorteil, dass sie die Nukleinsäuren viel *besser trennen*, das heißt, man kann mit ihnen auch sehr kleine Fragmente sauber voneinander unterscheiden. Diese Eigenschaft nutzt man zum Beispiel für die Sequenzierung (siehe Kapitel 17), wo man darauf angewiesen ist, DNA-Fragmente zu trennen, die sich in ihrer Größe nur um ein einziges Nukleotid unterscheiden. Ebenso wie die Konzentration der Agarose bei Agarosegelen entscheiden hier die Konzentration und Zusammensetzung von Acrylamid, aber auch die Geldicke, die Temperatur, die Stärke des elektrischen Felds und die Laufstrecke, wie gut das Trennergebnis ausfällt. Zum Vergleich: Eine Pore im Agarosegel ist etwa um die 100 nm (also zehn millionstel Meter) groß, bei PAA hat das Sieb je nach Konzentration eine Porengröße von etwa 4 nm (also vier milliardstel Meter). Obwohl beides für uns fast unvorstellbar klein ist, macht das schon einen großen Unterschied.
- Man kann auf PAA-Gele wesentlich *mehr DNA* auftragen, ohne dass die Auflösung darunter leidet, bis zu 10 µg pro Tasche (bei Agarose sollten dies in keinem Fall mehr als 0,5 µg sein – je nach Maß der Tasche, sonst ist das Gel überladen, und man bekommt keine scharfe Bande mehr).
- Aufgetrennte DNA, die man aus PAA-Gelen isoliert, ist sehr viel *reiner* als aus Agarose, auch wenn es etwas *komplizierter* ist, sie zu gewinnen.

Leider haben PAA-Gele den Nachteil, dass Acrylamid ***sehr giftig*** ist, solange es nicht polymerisiert hat, sodass man beim Gießen der Gele außerordentlich sauber arbeiten und sich selbst mindestens mit Handschuhen schützen sollte, solange die Gelmatrix nicht fest ist. Im eigenen Interesse sollte man auch auf das Abwiegen von Acrylamidpulver verzichten, damit kein Staub eingeatmet wird, und sich stattdessen gleich fertige Lösungen kaufen, die dann nur noch abgefüllt, mit APS und TEMED versetzt und gegossen werden müssen. Aber auch APS und TEMED, das sehr streng nach altem Fisch riecht, sind nicht unbedingt gesundheitsfördernd – deshalb Vorsicht! Hat man im Labor keine Geldsorgen und ist es einem die Ausgabe wert, dann kann man sich PAA-Gele (meist als Mini-Gele) auch schon fertig kaufen.

Bei der PAA-Gelelektrophorese unterscheidet man grundsätzlich zwischen zwei Arten von Gelen:

1. **Nicht-denaturierende PAA-Gele** bestehen nur aus Acrylamid, und man verwendet sie zur Auftrennung von doppelsträngiger DNA. In solchen Gelen hängt die Wanderungsgeschwindigkeit sowohl von der Größe als auch der Sequenz der Nukleinsäure ab.
2. Mit **denaturierenden PAA-Gelen** trennt man einzelsträngige Nukleinsäuren. Sie enthalten neben Acrylamid auch noch Harnstoff oder seltener Formamid, was die Renaturierung – also, dass sich komplementäre Basen wieder zum Doppelstrang zusammenschließen – verhindert. Die Wanderungsgeschwindigkeit in denaturierenden Gelen hängt allein von der Fragmentlänge ab und ist absolut unabhängig von der Sequenz.

PAA-Gele verwendet man übrigens auch zur Auftrennung von Proteinen (siehe Kapitel 20).

Acrylamid-Konzentration (%)	Optimaler Trennbereich (bp)	Bromphenolblau auf der Höhe eines DNA-Fragments der Größe (bp)
3,5	1.000–2.000	100
5,0	80–500	65
8,0	60–400	45
12,0	40–200	20
15,0	25–150	15
20,0	6–100	12

Tabelle 14.2: Konzentration der PAA-Gele für optimale Trennergebnisse sowie Laufeigenschaften des Farbstoffs

So macht man eine Polyacrylamid-Gelelektrophorese

Das Gießen des Gels:

Dieser Punkt ist erheblich komplizierter als bei einem Agarosegel, denn die Gele sind viel dünner und werden zwischen zwei Glasplatten gegossen. Das heißt, man kann die Gellösung nicht einfach von oben in den Gelträger schütten, sondern muss sie mit einer Spritze irgendwie zwischen die beiden Glasplatten bekommen (die meistens nur einen Abstand von ein paar Millimetern haben), ohne dass alles wieder rausläuft.

1. Vor dem Gießen bereitet man den Aufbau vor: Dazu legt man zwischen zwei sehr saubere Glasplatten (mit Alkohol und destilliertem Wasser gereinigt und nur mit Handschuhen berührt!) zwei Abstandshalter – *Spacer* genannt – und dichtet alles je nach Elektrophoresesystem mit Klammern oder in einer speziellen Gießapparatur ab.
2. Nun misst man die Acrylamidlösung ab, zum Beispiel 100 ml, gibt APS und TEMED (35 µl/100 ml Acrylamid) dazu, zieht das Gemisch, ohne lang zu trödeln, in eine Spritze auf und spritzt es vorsichtig zwischen die Glasplatten. Danach entfernt man Luftblasen – zum Beispiel mit einer Kanüle -, setzt den Kamm, damit das Gel auch Taschen bekommt, in die man die Proben pipettieren kann, und lässt das Gel 30 bis 60 Minuten stehen, bis es auspolymerisiert und damit fest ist.

Die Elektrophorese:

Sie läuft ganz genauso ab wie bei einem Agarosegel:

Gel in Elektrophoresepuffer stellen, Kamm ziehen, Proben in die Taschen auftragen, Strom anschließen und warten, bis das Gel fertig gelaufen ist.

Genauso wie nach der Agarose-Gelelektrophorese sind die aufgetrennten Nukleinsäuren unsichtbar und müssen durch eine geeignete Färbung erst noch nachgewiesen werden.

Der Umgang mit PAA-Gelen ist schwierig, weil sie so dünn und schwabbelig sind. Zur Färbung muss man die beiden Glasplatten, zwischen denen sich das Gel befindet, auseinanderbauen und das Gel erst zumindest von einer Platte lösen, ohne dass es reißt. Mit etwas Übung klappt das aber immer besser.

Farbe und Co. für die Nukleinsäure (Teil 2)

Auch für PAA-Gele gibt es verschiedene Möglichkeiten, Nukleinsäure nachzuweisen beziehungsweise anzufärben:

- ✔ **Ethidiumbromid:** Im Gegensatz zur Agarose kann man Ethidiumbromid nicht direkt in die flüssige Acrylamid-Gellösung mischen, weil Acrylamid sonst nicht polymerisieren und damit nicht fest werden würde. Man kann PAA-Gele aber *nach* der Elektrophorese mit Ethidiumbromid anfärben, allerdings fällt die orangerote Färbung der Nukleinsäure schwächer aus als bei Agarose. Dafür geht die Färbung aber schneller, weil die Gele so dünn sind. Das Gleiche gilt für **SYBR® Green** und Co. sowie für die Färbung mit **Methylenblau.**
- ✔ Die **Silberfärbung** ist eine gute Alternative zur Ethidiumbromidfärbung, allerdings etwas aufwendiger und sehr empfindlich. Mit ihr können schon wenige Nanogramm DNA nachgewiesen werden (ein Nanogramm ist ein Milliardstel eines Gramms!). Dabei bilden Silber-(Ag^+-)Ionen Komplexe mit der Nukleinsäure. Wenn das Silber anschließend mit Formaldehyd reduziert wird, entsteht für jede Bande ein schwarzer Niederschlag auf dem Gel. Mit einem Agarosegel kann man allerdings keine Silberfärbung durchführen, weil Silbernitrat auch die Agarosematrix färbt und so durch den hohen Hintergrund eine Auswertung unmöglich wird.
- ✔ **Fluoreszenzfärbung** ist eine bequeme und elegante Möglichkeit, sich seine aufgetrennte Nukleinsäure anzusehen. Leider ist dieses Nachweisverfahren teuer, denn die Nukleinsäure muss mit einem fluoreszierenden Molekül markiert werden, und man braucht spezielle, meist computergesteuerte Systeme für Elektrophorese und Auswertung. Das Prinzip ist einfach: Die DNA mit dem Fluoreszenzmarker, der beispielsweise im Laufe einer Polymerase-Kettenreaktion eingebaut wird, wird elektrophoretisch aufgetrennt. Sobald die DNA im Gelsystem einen Laserstrahl passiert, wird der Marker vom Laser angeregt, sodass die Probe fluoresziert. Dieses Signal wird von einem Detektionssystem aufgezeichnet, was man sich dann als Peak auf seinem Computerbildschirm ansehen kann. Fluoreszenzmarkierte Nukleinsäuren kommen meist in Hochdurchsatzsystemen der Kapillar-Gelelektrophorese (siehe am Schluss dieses Kapitels) zum Einsatz.
- ✔ **Autoradiografie** gehört heute nicht mehr zu den gebräuchlichsten Nachweismethoden, weil sicherlich die wenigsten gern mit Radioaktivität zu tun haben. Bei diesem Verfahren ist die nachzuweisende DNA schon vor dem Auftragen aufs Gel radioaktiv markiert. Nach der Elektrophorese wird ein Röntgenfilm aufs Gel gelegt, die radioaktive Markierung schwärzt den Film an der Stelle, an der sich die entsprechende Bande befindet.

Die Silberfärbung von PAA-Gelen

Bei der Silberfärbung werden die elektrophoretisch aufgetrennten Nukleinsäuren in einem PAA-Gel zunächst mit Silbernitrat gefärbt. Die Färbung muss dann entwickelt werden, damit das Silber ausfällt und die Banden dunkel gefärbt erscheinen:

1. Zur Vorbereitung des Gels fixiert man es in einer Wanne für 10 Minuten mit Ethanol (10 %), behandelt für 5 Minuten mit Salpetersäure (0,2 N = 1 %) und wäscht es dann kurz in destilliertem Wasser.
2. Nun färbt man für 25 Minuten mit Silbernitrat (12 mM = 0,2 %), das man anschließend mit destilliertem Wasser abwäscht.
3. Nach der Färbung wird das Gel drei- oder viermal in Entwicklerlösung aus Natriumcarbonat (3 %) und Formaldehyd (0,04 %) gelegt, bis die DNA-Banden deutlich sichtbar sind. Dann stoppt man die Reaktion mit Essigsäure (10 %).

Die Färbung verschwindet nicht, wenn man das Gel trocknet oder in Folie einschweißt. So kann man das Ergebnis über längere Zeit aufbewahren.

RNA – ein Spezialfall?

Grundsätzlich kann man RNA-Proben genauso wie DNA-Proben mithilfe von Agarose- und PAA-Gelen auftrennen. Es gibt allerdings zwei Punkte, die man beachten sollte:

- ✔ ***Sauberkeit:*** Wie auch schon bei der Isolierung von RNA aus Zellen erwähnt, ist diese Nukleinsäureart besonders anfällig für Nukleasen, beziehungsweise die zuständigen Enzyme sind besonders aggressiv, sodass man entsprechende Vorsichtsmaßnahmen treffen muss, zum Beispiel mit einer DEPC-Behandlung der Lösungen und Arbeitsgeräte (siehe Kapitel 13).

- ✔ ***Sekundärstrukturen:*** Da die RNA als Einzelstrang nicht gern allein ist, bildet sie, sobald sich komplementäre Basen treffen, gerne Sekundärstrukturen im Molekül selbst. Dies verfälscht das Laufverhalten, weil eine auf diese Art zusammengeknuddelte RNA ja viel schneller die Poren des Gels durchwandert als der lang gestreckte und damit größere Einzelstrang. Deshalb führt man eine Elektrophorese mit RNA meist unter denaturierenden Bedingungen durch. Das heißt, man gibt Harnstoff zur Gellösung und verwendet auch einen speziellen denaturierenden Ladepuffer. Außerdem denaturiert man die Proben kurz vor dem Auftragen noch einmal sicherheitshalber, indem man ihnen bei mindestens 65 °C einheizt. Diese geballten Geschütze an Sicherheitsmaßnahmen verhindern, dass die RNA unerwünschte Sekundärstrukturen ausbildet, sondern sich stattdessen in ihrer »wahren« Länge durch ein Gel bewegt.

Nukleinsäuren getrennt – was dann?

Falls Sie sich auch die vorangegangenen Kapitel dieses Buches zu Gemüte geführt haben, haben Sie sicherlich schon gemerkt, dass es heutzutage schon unzählige Möglichkeiten und

Methoden gibt, um Nukleinsäuren zu bearbeiten und zu untersuchen – so auch, wenn eine DNA- oder RNA-Probe elektrophoretisch aufgetrennt ist. Die einfachste Art, ein Trennergebnis zu verarbeiten, ist natürlich, es zur Kenntnis zu nehmen: Das heißt, in vielen Fällen soll die Elektrophorese dem Experimentator nur dazu dienen, sich seine frisch isolierte Nukleinsäure anzusehen, oder um zu prüfen, ob ein Restriktionsverdau auch die DNA-Schnipsel in den erwarteten Größen liefert und somit funktioniert hat. Er macht also in diesem Fall ein Foto von seinem Gel, klebt es (schön beschriftet) ins Laborbuch ein und wirft das Gel weg. Es gibt aber auch Fälle, in denen er mit den aufgetrennten Nukleinsäuren, das heißt meist mit einer ganz bestimmten Bande, weiterarbeiten möchte. Dazu muss er sie aber erst wieder aus der Gelmatrix herausholen.

Nukleinsäurefragment aus Agarosegelen

Um eine spezielle Bande aus einem Agarosegel zu gewinnen, nimmt der Experimentator zunächst ein Skalpell zur Hand und schneidet die Bande, die ihn interessiert, je nach der gewählten Färbung unter UV- oder sichtbarem Licht möglichst exakt aus dem Gel aus. Falls die UV-Variante gewählt wird, sollte man dabei schon aus eigenem Interesse, und da UV-Strahlung auch der Nukleinsäure schadet (man möchte ja mit ihr weiterarbeiten!), nicht zu lange trödeln und beispielsweise schon ein beschriftetes Reaktionsgefäß vorbereitet haben, in das man das ausgeschnittene Gelstückchen geben kann. Anschließend wird die Nukleinsäure aus dem Gelstückchen isoliert. Dabei hat man die Wahl zwischen einer ganzen Menge verschiedener Methoden. Auch hierfür gibt es eine Reihe praktischer Kits zu kaufen, deren Anschaffung sich wirklich lohnt, wenn man diese Arbeit oft macht. Im Kasten »Wie man DNA wieder aus Agarose zurückgewinnt« ist eine der Methoden beschrieben.

Wie man DNA wieder aus Agarose zurückgewinnt

Die Glasmilchmethode

Das Prinzip der Methode ist, dass die DNA an Kügelchen aus Glasmilch (das ist ein spezielles Silica-Material) bindet und damit geschützt wird, während man die Agarose zerstört und auflöst. Auch viele Kits funktionieren nach diesem Prinzip:

1. Zunächst wiegt man das ausgeschnittene Agarosestück sehr genau auf der Analysenwaage (0,1 g Gel wird im Folgenden mit 100 µl Flüssigkeit gleichgesetzt), gibt dazu das Vierfache an Volumen Natriumiodid-Lösung (6 M) dazu und inkubiert für 5 Minuten bei 50 °C, um die Agarose zu verflüssigen: Wiegt Ihr Gelstück zum Beispiel 1 g, dann müssen Sie also 4 ml Lösung dazugeben.

2. Nun gibt man 10 µl gelöste Glasmilch dazu, mischt gut und lässt den Ansatz 5 Minuten auf der Bench stehen. Dann kurz zentrifugieren und den Überstand (das ist die flüssige Agarose) entsorgen.

3. Die Glasmilch mit der gebundenen DNA zweimal waschen: dazu in 200 µl gut gekühltem Waschpuffer (enthält zur Hälfte Ethanol und Kochsalz 0,1 M, Tris 10 mM pH 7,5, EDTA 2,5 mM) aufnehmen und vortexen, kurz zentrifugieren und den Überstand wegwerfen. Anschließend das Pellet trocknen.

4. Zum trockenen Niederschlag aus Glasmilch und DNA jetzt 10 µl Wasser geben, wieder kurz zentrifugieren und den Überstand (der die DNA enthält – nicht wegwerfen!) in ein frisches Reaktionsgefäß geben. Diesen Schritt nochmals wiederholen. Fertig!

Die Erfolgsrate dieser Methode hängt von der Größe der DNA-Stückchen ab: je kleiner, desto geringer die Ausbeute.

Nukleinsäure aus PAA-Gelen

Die Nukleinsäure wieder aus einem PAA-Gel herauszubekommen, ist an sich auch nicht schwieriger als bei einem Agarosegel, aber der Umgang mit dem dünnen schwabbeligen Etwas aus PAA ist schon ein Geschicklichkeitstest. Um DNA zu gewinnen, schneidet man die entsprechende Bande zunächst einmal möglichst exakt aus dem Gel aus, gibt sie in ein frisches, beschriftetes Reaktionsgefäß und macht dann eine *Elution*, das heißt, die DNA wird praktisch aus dem Gel ausgewaschen.

Wie man DNA aus PAA-Gelen isoliert

Eine **Elution** von ausgeschnittenen DNA-Banden ist ganz einfach, aber man muss etwas Geduld aufbringen:

1. Gelstück mit Elutionspuffer aus Ammoniumacetat (0,5 M) und EDTA (1 mM) überschichten und bei 37 °C am besten über Nacht, aber mindestens drei Stunden je nach Größe der Fragmente (kleine Fragmente lassen sich schneller auswaschen) stehen lassen. Dabei gilt: Je mehr Elutionspuffer, desto mehr DNA kann ausgewaschen werden, aber desto größer ist auch das Risiko, sie in nachfolgenden Schritten wieder zu verlieren.
2. Am nächsten Morgen den Überstand in ein frisches Reaktionsgefäß geben und die Gelstücke weitere ein- oder zweimal mit Elutionspuffer waschen.
3. Nun fällt man mit dem Doppelten des Überstandvolumens an Ethanol, zentrifugiert, löst das Pellet in Wasser und wiederholt den Fällungsschritt nochmals.
4. Zum Schluss trocknet man das Pellet und löst es in Puffer oder Wasser.

Eine Variante dieser Methode, die allein die Diffusionskräfte nutzt, die im Elutionspuffer wirken, ist die Verwendung eines elektrischen Felds, die ***Elektroelution***. Hierbei ist die Ausbeute meist wesentlich befriedigender als bei der klassischen Elution. Dazu braucht man lediglich eine freie Elektrophoresekammer und einen kleinen Dialyseschlauch: Man gibt das Gelstückchen zusammen mit sehr wenig Elektrophoresepuffer (und nur 0,1x konzentriert!) in den Schlauch, steckt ihn in die Kammer und legt für die Dauer von zwei Stunden eine Spannung (2V/cm Elektrodenabstand) an. Anschließend gießt man den Puffer vorsichtig aus dem Schlauch in ein Reaktionsgefäß, wäscht den Schlauch mit etwas Puffer aus und pipettiert ihn ebenfalls in das Gefäß. Nun wird die DNA im Puffer nur noch gefällt, zum Beispiel mit Natriumacetat und Ethanol. Zum Schluss löst man das Pellet in Puffer oder Wasser. Diese Methode funktioniert übrigens auch mit *Agarosestückchen.*

Für Leute mit Geld, vielen Proben oder wenig Zeit: Die Kapillar-Gelelektrophorese

Das »Hightech«-Verfahren unter den Elektrophoresen ist die ***Kapillar-Gelelektrophorese (CGE,*** für *capillary gel electrophoresis),* die man hauptsächlich zur Sequenzierung oder Genotypisierung (siehe Kapitel 17) einsetzt – Untersuchungen also, die meist mit sehr vielen Proben und deshalb mit der größtmöglichen Automatisierung durchgeführt werden müssen (Hochdurchsatz-Untersuchungen, siehe auch Kapitel 12).

Die Auftrennung bei einer CGE funktioniert nach dem gleichen Prinzip wie bei den klassischen Verfahren: Die negativ geladenen Nukleinsäuren wandern in einer von Elektrophoresepuffer umgebenen Gelmatrix aus Polyacrylamid (PAA) in einem elektrischen Feld zum Pluspol und werden dabei nach Größen sortiert. Bei der CGE findet diese Trennung jedoch in sehr dünnen Kapillaren mit einem maximalen Innendurchmesser von nur rund 100 µm (das ist in etwa genauso dick wie eines Ihrer Haare!) statt, die für jeden Lauf neu mit PAA gefüllt werden. Die Läufe können unter sehr hoher Spannung durchgeführt werden, weil die Wärme, die dabei entsteht, aus den extrem dünnen Kapillaren schnell abgeführt werden kann. Die Auftrennung geht deshalb sehr schnell und dauert je nach Länge der Fragmente nur ein paar Minuten. Jedes solcher Hochdurchsatzgeräte hat mehrere Kapillaren – zwischen 4 und 96, sodass man sich vorstellen kann, was für eine Riesenmenge an Proben man mit nur einem Gerät aus 96 Kapillaren pro Tag analysieren kann – ganz zu schweigen von Instituten, die mehrere solcher Geräte besitzen! Dabei sind die Trenneigenschaften extrem gut, das heißt, der Experimentator kann auch DNA-Fragmente scharf voneinander trennen, die sich in ihrer Länge nur um ein einziges Nukleotid unterscheiden. Und damit ist es des Guten noch nicht genug: Man muss nur wenige Nanoliter (also wenige Milliardstel Liter – eine unvorstellbar kleine Menge!) seiner kostbaren Proben erübrigen.

Eine aufwendige Färbung entfällt bei der CGE, die Proben werden direkt in der Kapillare detektiert. Allerdings ist es dann auch nicht möglich, die Nukleinsäure im Anschluss an die Elektrophorese aus dem Gel zu isolieren. Für Experimente, bei denen man mit der Nukleinsäure einer bestimmten Größe weiterarbeiten möchte, kommt die CGE also nicht infrage. Allerdings kommt man bei der CGE um das lästige Gelgießen herum: Man kauft die Gelmatrix bereits in kleinen Plastikröhrchen abgefüllt, die man nur noch vor jedem Lauf ins Gerät stellen muss – die Kapillaren werden dann automatisch mit Gel befüllt. Wie man sich vorstellen kann, sind Gerät und Zutaten nicht ganz billig – hier kommt man je nach Ausführung bald auf die Kosten für ein kleines Einfamilienhäuschen.

Auch die Auswertung der Läufe ist bei einer CGE ziemlich praktisch. Statt mit Färbung arbeitet man mit einer *Fluoreszenzmarkierung*. Dabei wird die DNA im Vorfeld der Elektrophorese mit einem Fluoreszenz-Erkennungsmolekül versehen (zum Beispiel im Lauf einer PCR, siehe Kapitel 15), das durch einen Laserstrahl im Gerät zum Strahlen gebracht werden kann. Läuft das markierte DNA-Molekül dann auf seiner Wanderung zum Pluspol am Laserstrahl vorbei, wird es zur Fluoreszenz angeregt. Ein Detektionssystem im Gerät registriert diese Strahlung und zeichnet sie auf. Eine spezielle Software für die Datensammlung konvertiert das Fluoreszenzsignal in digitale Daten, speichert sie und macht sie für den Experimentator am Computerbildschirm sichtbar, wo er sie direkt auswerten kann. Für jedes registrierte Fluoreszenzsignal entsteht im System eine kleine Kurve (*ein Peak* sagt der Experimentator dazu). Auch bei der CGE lässt man Standards bekannter Länge mit der Probe mitlaufen, sodass man die Längen der DNA-Fragmente der Probe anschließend bei der Auswertung abschätzen kann.

Abbildung 14.4: Die Detektion einer fluoreszenzmarkierten DNA-Probe bei der Kapillar-Gelelektrophorese (CGE)

Noch winziger für Leute mit noch weniger Zeit: Die Mikrochip-Elektrophorese

Was die Kapillar-Gelelektrophorese kann, ist ja schon beeindruckend. Sie werden es daher kaum glauben, aber es geht sogar noch besser. Denn halten Sie sich fest: Bei der erst seit kurzer Zeit existierenden ***Mikrochip-Elektrophorese*** (*MCE*, für *microchip capillary electrophoresis*) dauern die Analysen von Nukleinsäuren (und auch Proteinen, siehe auch Kapitel 20) meist nicht viel länger als eine Minute. Eine solche MCE funktioniert prinzipiell gleich wie die große Schwester, die CGE, allerdings sind die Kapillaren in Mikrochips eingraviert und damit noch feiner und kürzer und die Spannung, die angelegt werden kann, darf noch größer sein. Ähnliche Lösungen, die auf Mikrochips basieren, gibt es auch bereits für die PCR (siehe Kapitel 15). Das System muss aber erst noch ein bisschen ausreifen, bis es zum gängigen Laborstandard werden kann.

IN DIESEM KAPITEL

- Wie eine PCR funktioniert
- Die verschiedenen Zutaten für einen PCR-Ansatz
- Verschiedene PCR-Techniken

Kapitel 15

Die Polymerase-Kettenreaktion PCR – Kopierer für Nukleinsäuren

So wie sich einzelne Seiten oder Abschnitte eines Buches mit einem Kopierer in beliebiger Menge vervielfältigen lassen, ohne dass Sie gleich das ganze Buch kopieren müssen, kann sich auch der Molekularbiologe ganz gezielt einzelne Gene oder Abschnitte aus dem »Buch des Lebens« – der DNA – kopieren. Das macht er in einer Polymerase-Kettenreaktion – ein Wort, das man in einem molekularbiologischen Labor praktisch nie hört, sondern meist nur seine Abkürzung: PCR (von »Polymerase Chain Reaction«). Für die PCR gibt es dort zwar keinen Genkopierer nach dem Prinzip »Klappe auf – Buch rein – Knopf drücken – Kopie raus«, aber so etwas Ähnliches: Der Kopierer des Molekularbiologen heißt PCR-Maschine, und diese muss er mit etwas mehr füttern als einen Kopierer mit Papier und Kopiervorlage.

Was man für eine PCR braucht, wie sie funktioniert und in welchen Experimenten der Molekularbiologe sie einsetzt, möchte ich in den folgenden Abschnitten erläutern. Also auf ins PCR-Labor! Hier müssen Sie übrigens besonders sauber arbeiten, weil schon der kleinste Schmutzpartikel – sofern er DNA enthält – millionenfach mitkopiert wird und man anschließend die »richtige« Kopie in dem unvorstellbar großen Chaos aus Millionen, Milliarden oder gar Billionen und mehr vervielfältigten Nukleinsäuremolekülen (je nach dem Ausmaß der Verschmutzung – der Molekularbiologe nennt das *Kontamination*) nicht mehr findet und dann die ganze Mühe umsonst war.

(Fast) Alles dreht sich um die PCR

Schon öfter haben Sie im Lauf dieses Buches von ihm gehört – dem Haufen genomischer DNA im Zellkern, in dem viele, viele Gene in einem Molekül aus mehreren Millionen Basenpaaren aneinandergereiht sind – und ich muss jetzt schon wieder damit anfangen.

Wie Sie wissen, kann der Molekularbiologe mit diesem Haufen nicht arbeiten, sondern er muss das gesuchte Gen irgendwie aus dem Haufen fischen. Dafür gibt es eine elegante Methode: Er kopiert sich sein Stückchen DNA einfach so oft er will und kann diese Genkopie dann isoliert untersuchen oder weiter bearbeiten. Diese praktische DNA-Kopiermethode, für die man keinen lebenden Organismus wie beispielsweise ein Bakterium mehr braucht, heißt ***Polymerase-Kettenreaktion (PCR)***. Für die Erfindung dieser noch relativ neuen Methode wurde 1993 der Nobelpreis für Chemie verliehen – verdientermaßen, denn das Verfahren gehört zu den allerwichtigsten der Molekularbiologie (manche nennen es sogar *DIE Methode* der Molekularbiologie!). Viele bedeutende molekularbiologische Entdeckungen wären ohne die Erfindung der PCR nicht möglich gewesen. Was Arbeiten mit DNA angeht, drehen sich fast alle Experimente um diese Reaktion, so zum Beispiel

- ✔ die Diagnose vieler Krankheiten
- ✔ genetische Fingerabdrücke zur Aufklärung von Verbrechen und Vaterschaftsbestimmungen
- ✔ die Genkartierung, also das Auffinden von Genen im Genom
- ✔ die Klonierung von Genen
- ✔ die Mutagenese, das heißt die gezielte Veränderung der Nukleotidsequenz

Was man alles braucht: Oligos, Arbeitstiere und mehr

Die PCR gehört neben der Isolierung von Nukleinsäuren zu den Methoden, die jeder Molekularbiologe im Schlaf beherrschen muss. Den Vorgang des Kopierens einer DNA-Vorlage nennt man ***Amplifikation***; eine Vorlage wird *amplifiziert*.

Die eigentliche Reaktion wird in elektrischen Geräten, den *PCR-Maschinen* oder *Thermocyclern* durchgeführt, die sehr präzise Heiz- und Kühlmaschinen und meist auch dementsprechend teuer sind. Je nach Ausführung sind sie in der Lage, innerhalb von Sekunden für eine exakte Temperatur im Reaktionsgefäß zu sorgen, die wahlweise zwischen Kühlschranktemperatur (4 °C) und sehr heißem Wasser (über 90 °C) liegen kann. Die PCR-Maschine ist zwar die teuerste Komponente, mit ihr allein ist es aber nicht getan – man braucht noch ein paar andere Zutaten. Für eine PCR werden folgende Zutaten in einem Reaktionsgefäß gemischt, bevor es richtig losgeht:

PCR-Zutat Nummer eins: Die DNA-Probe

Um etwas kopieren zu können, braucht man natürlich vor allem eine Vorlage. Das ist bei der PCR eine DNA-Probe, die man auch als ***Template*** bezeichnet. Theoretisch würde *ein einziges DNA-Molekül* als Vorlage reichen, in der Praxis geht man da allerdings kein Risiko ein und setzt mindestens 10.000 Moleküle, aber höchstens eine Million ein. Die richtige DNA-Menge ist für das Ergebnis einer PCR sehr wichtig:

- ✔ Mit ***zu viel Template*** hat man sich als Experimentator nichts Gutes getan, denn die Reaktion wird unspezifisch. Das heißt, Enzym und Oligos, die die Kopien produzieren sollen, fangen vor lauter Überfluss an zu »spinnen«, und es werden plötzlich auch ganz andere Kopien als die gewünschten hergestellt. Das Ergebnis ist ein Gemisch aus vielen verschiedenen DNA-Stücken unterschiedlicher Länge, die in einem Gel keine exakten Banden, sondern einen einzigen dicken »Schmier« ergeben – also eigentlich genau das Gegenteil von dem, was man machen wollte. Da man die richtige Kopie in so einem Chaos meistens nicht wiederfinden kann (sofern sie überhaupt vorhanden ist), wandern solche PCR-Produkte leider auf direktem Weg in den Mülleimer. Sie können sich das ungefähr so vorstellen, als wenn Sie fünfmal die Seite 10 dieses Buches kopieren wollen, stattdessen aber je einmal Seite 2, 11, 23, 126 und 54 aus dem Kopierer kommen.

- ✔ Auch ***zu wenig Template*** ist nicht gut, denn der Experimentator braucht eine gewisse Zahl an Kopien, um damit weiterarbeiten zu können. Setzt er zu wenig DNA ein, kann es passieren, dass in der vorgegebenen Zeit einfach zu wenige Kopien produziert werden, obwohl die Reaktion an sich eigentlich klappt.

- ✔ Wichtig ist auch die ***Qualität der Vorlage***: Je besser diese ist, desto besser funktioniert die PCR. Verunreinigungen mit Resten aus vorigen Experimenten wie Proteinase K und Phenol (greift die Polymerase an), EDTA (komplexiert die für die Polymerase wichtigen Ionen) oder Ladepuffer hemmen die PCR. Wenn es ganz schlecht läuft, steht der Experimentator nach der Reaktion mit leeren Händen an der Bench.

Die DNA-Menge, die einer Anzahl von etwa 10.000 Molekülen entspricht, richtet sich logischerweise danach, wie groß das Genom des Lebewesens ist, das man untersucht. Ein DNA-Molekül des Menschen (großes Genom) ist eine viel größere DNA-Menge als ein DNA-Molekül eines Bakteriums (kleines Genom). Will man also menschliche DNA kopieren, dann entspricht ein Molekül aus etwa drei Milliarden Basenpaaren einer wesentlich größeren DNA-Menge als die nur etwa fünf Millionen Basenpaare eines *E. coli*-Moleküls.

Als Faustregel gilt deshalb:

> *100.000 DNA-Moleküle = 300 ng menschliche DNA* oder = *0,5 pg Plasmid-DNA* (1 ng = 1 milliardstel Gramm, 1 pg = 1 billionstel Gramm).

Die Nukleinsäuremenge in einer Lösung bestimmt man mithilfe eines Photometers (siehe Kapitel 6 und 13).

PCR-Zutat Nummer zwei: Die Primer

Da die DNA-Vorlage ein Doppelstrang ist, benötigt der Molekularbiologe für eine PCR ***zwei Primer*** unterschiedlicher Sequenz, also für jeden Einzelstrang einen eigenen. Primer sind künstlich hergestellte Oligonukleotide (Oligos), die Sie bereits in Kapitel 11 kennengelernt haben. In einer PCR braucht man Oligos als *Starthilfen* für die Polymerase, das Enzym, das die DNA-Kopie herstellt. Ohne Primer kann sie ihre Arbeit nicht ausführen. Die Primer binden (hybridisieren) in jedem Zyklus einer PCR an die komplementäre Sequenz der Vorlage, dann knüpft die Polymerase an diese nun verankerte Starthilfe Nukleotid um Nukleotid an, bis die Kopie fertig ist.

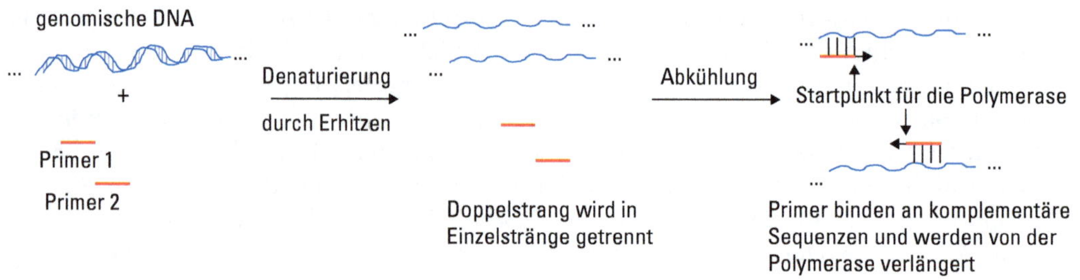

Abbildung 15.1: Primer werden als Starhilfen für die Polymerase gebraucht.

Die Primer binden aber nicht irgendwo, sondern gezielt an die benachbarten Sequenzen links und rechts des DNA-Stücks, das man kopieren möchte – sie flankieren es also. Damit dieser Trick auch klappt, muss man diese kurzen Nachbarsequenzen kennen und sich dann die komplementären Primer dazu bestellen oder selbst herstellen. Primer setzt man zwar im extremen Überschuss zu, damit die Trefferquote mit der DNA auch gut ist, man darf es aber auch hier nicht übertreiben, sonst wird die Reaktion unspezifisch. Für eine Standard-PCR pipettiert man normalerweise von jedem Primer zwischen 0,1 und 0,5 µM in den Ansatz. Dies entspricht in etwa 10^{13} (10 Billionen) Molekülen und reicht für etwa 30 Zyklen.

PCR-Zutat Nummer drei: Die Nukleotide

Von nichts kommt nichts, deshalb braucht man Rohstoffe, wenn man neue DNA herstellt: Die vier verschiedenen *Nukleotide A, C, G und T* – im Labor ***dNTPs*** *(Desoxynukleosidtriphosphate)* genannt – sind die *Baustoffe* für die DNA-Kopie. Aus ihnen wird der neue, vervielfältigte Nukleinsäurestrang aufgebaut. Laut Standardprotokoll soll man dem PCR-Ansatz dNTPs in einer Konzentration von 200 µM pro Nukleotid zugeben (dies reicht für die Herstellung von über 6 µg nagelneuer DNA). Für eine normale PCR ist es praktischer, die dNTPs nicht einzeln, sondern schon als fertig gemixte Lösung zu kaufen, die alle vier Nukleotide zu gleichen Teilen enthält.

PCR-Zutat Nummer vier: Das Enzym

Da sich die dNTPs nicht von selbst zur Kopie aneinanderknüpfen, braucht man ein *Arbeitstier*, das diese Aufgabe übernimmt – ein Enzym. Mit der ***Polymerase*** haben Sie in Kapitel 9 bereits ausführlich Bekanntschaft gemacht. Da im Laufe einer PCR immer wieder sehr hohe Temperaturen erreicht werden, muss die Polymerase thermostabil sein, das heißt, sie darf nicht gleich die Arbeit verweigern oder auseinanderfallen, wenn es einmal heiß hergeht. Auch Enzym gibt der Experimentator nicht zu viel in einen Reaktionsansatz, und das nicht nur aus Kostengründen (die *Taq*-Polymerase und ihre thermostabilen Kollegen, die man für PCRs verwendet, sind sehr teuer!). Auch zu viel Polymerase kann unspezifische Kopien produzieren (die man nicht will und die nur kostbare Zutaten verschwenden!). Deshalb setzt man in der Regel zwischen 0,5 und 2,5 Units Enzym für eine Standardreaktion in einem Volumen von 25 bis 50 µl ein.

PCR-Zutat Nummer fünf: Puffer

Um sich wohlzufühlen und optimale Leistung bringen zu können, braucht die Polymerase eine leicht basische Umgebung mit einem pH-Wert über 8. Das heißt, der Molekularbiologe macht seine PCR nicht in reinem Wasser, sondern in einem mit Wasser verdünnten ***Puffer***. Diesen muss man sich auch nicht selbst herstellen, sondern bekommt ihn in der Regel 10-fach konzentriert mit dem gekauften Enzym geliefert.

Der PCR-Puffer enthält verschiedene Salze, die die Polymerase für ihre Aktivität braucht. Ganz besonders wichtig für die Arbeitsleistung des Enzyms ist hierbei die Konzentration an ***Magnesiumchlorid*** *($MgCl_2$)*. Von der Anzahl an freien Magnesium-Ionen (Mg^{2+}) hängen aber auch noch viele andere wichtige Schritte der Reaktion ab, zum Beispiel die korrekte Bindung der Primer an die Vorlage oder die Trennung der Doppelstränge und damit letzten Endes auch die Fehlerrate. In eine Standardreaktion setzt man eine $MgCl_2$-Konzentration von 1,5 mM ein. So sind auch die meisten fertigen Puffer konzentriert. Möchte man eine andere Konzentration, dann kann man sich den Puffer magnesiumfrei bestellen und das $MgCl_2$ extra dazugeben. Die richtige Konzentration für eine PCR zu finden, kann aber eine ganz schön verflixte Sache sein. In manchen Fällen gilt: je höher die Konzentration, desto größer die Wahrscheinlichkeit, dass auch unspezifische und fehlerhafte DNA-Stränge entstehen. In anderen PCRs ist eher das Gegenteil der Fall: Je höher man die Konzentration wählt, desto größer wird die Spezifität, desto schwieriger sind aber auch die Produktionsbedingungen für DNA-Stränge. Es kann also manchmal wirklich eine Kunst sein, die optimale $MgCl_2$-Konzentration für eine Reaktion richtig auszutüfteln. Man muss es von Fall zu Fall neu ausprobieren.

PCR-Zutat Nummer sechs: Wasser

Das ***Wasser***, das man für die PCR verwendet, sollte nicht nur sauber, sondern rein sein. Manche behaupten sogar, dass es am Wasser liegt, wenn es einmal nicht klappt mit der PCR. Und hier kommen Sie das erste (aber nicht das letzte!) Mal in Kontakt mit einem gewissen Mysterium, das die Polymerase-Kettenreaktion umgibt. Mal klappt es, mal nicht, obwohl man nichts an den Bedingungen geändert hat und zuvor alles schon hundert Mal funktioniert hat – und niemand weiß, warum. Jeder gestandene Molekularbiologe wird Ihnen davon berichten können, dass es solche Phasen gibt, in denen in der PCR gar nichts läuft und plötzlich – wie von Geisterhand – klappt es wieder. Meist nützt es auch nicht viel, wenn man in tagelanger Kleinarbeit beginnt, alle Zutaten und Reaktionsbedingungen systematisch auszutesten. Oft bleibt dann wirklich nur das Wasser (oder die persönliche Aura) als Sündenbock übrig. Aber wenn es dann plötzlich wieder klappt, dann weiß man: »Auch Wissenschaft kann oft ganz schön mysteriös sein« – und das gilt in besonderem Maße für die PCR!

Das Wasser dient hauptsächlich dazu, ein gewisses Volumen für die Reaktion zu schaffen, da die anderen Zutaten oft so konzentriert sind, dass sie nur in minimalen Mengen zugegeben werden müssen. Eine PCR findet je nach Anwendung und Thermocycler in Volumina zwischen 10 µl und 100 µl statt. Mit dem Wasser füllt man dann die übrigen Zutaten einfach bis zum Endvolumen auf, wie das Beispiel im Kasten »Der PCR-Standardansatz« zeigt.

Der PCR-Standardansatz

Dies ist ein Beispiel für einen typischen PCR-Ansatz mit einem Reaktionsvolumen von **50 µl**. Man arbeitet jedoch – gerade bei sehr schnellen Hightech-PCR-Geräten – heute auch oft mit sehr viel kleineren Volumina, dann muss man den Standardsatz einfach entsprechend umrechnen.

PCR-Puffer 10-fach konzentriert	5 µl
Nukleotide dNTPs (2 mM)	5 µl
Primer 1 (0,1 µg/µl)	1 µl
Primer 2 (0,1 µg/µl)	1 µl
Taq-Polymerase (5 Units/µl)	0,5 µl
DNA-Probe (100 ng/µl)	3 µl
Wasser	34,5 µl

Da man meistens mehrere DNA-Proben parallel untersucht, pipettiert man die Zutaten nicht für jede Probe einzeln, sondern macht sich zunächst einen sogenannten ***Mastermix***, das geht wesentlich schneller:

Beispielsweise pipettiert man für 20 unterschiedliche DNA-Proben, die amplifiziert werden sollen, alle Zutaten *außer* der DNA (denn die ist ja in jedem der 20 Ansätze unterschiedlich) in 21-facher Menge (einmal als Reserve für den Verlust beim Pipettieren) zusammen, mischt diesen Mastermix gut, verteilt im Fall des Beispiels oben jeweils 47 µl auf 20 Reaktionsgefäße und gibt dann die jeweilige DNA-Probe einzeln in jedes der 20 Gefäße. So spart man sich 6 × 20 = 120 Pipettierschritte. Jetzt muss man nur noch 20-mal DNA-Probe dazugeben und die fertigen Ansätze in den Thermocycler stellen. Nach etwa einer Stunde Reaktionszeit enthält jedes Reaktionsgefäß mehrere Millionen Exemplare der gewünschten DNA-Kopie – die PCR-Produkte.

Wie es funktioniert: Trennen, binden und kopieren

Das Prinzip, nach dem eine Polymerase-Kettenreaktion funktioniert, wurde der Natur abgeschaut: So etwas Ähnliches wie die PCR (aber in viel größerem Maßstab) läuft in den Zellen aller Lebewesen vor der Zellteilung ab. Dann verdoppeln Polymerasen das Erbgut, damit die neue Zelle eine exakte Kopie aller genetischen Informationen erhält. Dazu binden die Polymerasen an die DNA im Zellkern, die abschnittsweise zu den beiden Einzelsträngen entspiralisiert wird, und stellen mit Unterstützung eines kurzen komplementären Oligonukleotids als Starthilfe (Primer) eine Kopie des Originalstrangs her. Während einer PCR läuft das Ganze im Reaktionsgefäß grundsätzlich genauso ab, nur dass hier nicht das komplette Erbgut vervielfältigt wird, sondern nur die gewünschten Gene oder Abschnitte.

Eine **Polymerase-Kettenreaktion** setzt sich aus meist 20 bis 40 aneinandergereihten *Zyklen* zusammen. Jeder Zyklus besteht wiederum immer aus den drei aufeinanderfolgenden Schritten:

1. **Denaturierung:** Der Denaturierungsschritt ist dazu da, die Doppelstränge der zu kopierenden DNA-Probe in seine zwei Einzelstränge zu zerlegen.

   Warum ist das nötig? Weil man sonst mit den im Inneren des Moleküls liegenden Basen (siehe Kapitel 3) nichts anfangen kann – sie sind dort fürs Ablesen nicht zugänglich. Da in der PCR aber die vier Nukleotide nicht nach dem Zufallsprinzip aneinandergereiht werden, sondern die Basenabfolge vom Enzym genau abgelesen wird, um den genetischen Code des betreffenden Abschnitts zu kopieren, muss der Doppelstrang zur Vorbereitung auf den Kopiervorgang in die beiden Einzelstränge zerlegt werden.

   Wie zerlegt man den Doppelstrang in Einzelstränge (= Denaturieren)? Die Zelle hat für diesen Vorgang einen ganzen Satz an Enzymen parat, aber im Labor denaturiert man einfach durch Erhitzen. Die PCR-Maschine heizt dazu der DNA zu Beginn eines jeden Zyklus bei Temperaturen zwischen etwa 80 °C und 96 °C so richtig ein. Dabei werden die Wasserstoffbrücken zwischen den komplementären Basenpaaren zerstört, und die Einzelstränge trennen sich. Der Denaturierungsschritt dauert je nach Protokoll zwischen wenigen Sekunden und maximal zwei Minuten; der Experimentator sollte ihn so kurz wie möglich halten, weil die Hitze nicht nur der DNA-Probe zusetzt (was ja gewollt ist), sondern auch die anderen Zutaten oder die DNA zerstören kann (was nicht gewollt ist).

2. **Primer-Anlagerung (Annealing):** Nachdem nach der Denaturierung im Reaktionsgefäß im Idealfall nur noch Einzelstränge herumschwimmen, gibt man den Primern jetzt Gelegenheit, an ihre komplementären Sequenzabschnitte der DNA-Probe zu binden (= hybridisieren, »annealen«). Hierzu kühlt man den Ansatz auf eine Temperatur zwischen 45 °C und 65 °C ab. Welche *Annealingtemperatur* der Experimentator wählt, hängt von der Primersequenz ab; sie sollte etwa 5 °C unter der Schmelztemperatur des Oligos liegen. Da die zwei verschiedenen Primer oft unterschiedliche Schmelztemperaturen haben, muss man in solchen Fällen Kompromisse machen. Die Wahl der richtigen Annealingtemperatur ist für den Erfolg der PCR sehr wichtig, da sie maßgeblich die Spezifität der Reaktion bestimmt:

   - Ist sie *zu niedrig*, kann es passieren, dass die Primer aus reinem Übermut auch an Stellen binden, die gar nicht komplementär zu ihrer Sequenz sind. Dann entstehen unerwünschte Nebenprodukte, die die ganze Reaktion verderben können, weil man dann irgendwann nicht mehr erkennt, was richtig und was falsch ist.

   - Ist sie *zu hoch*, können sich die Primer gar nicht anlagern, weil keine stabilen Wasserstoffbrücken zwischen Primer und Proben-Einzelstrang gebildet werden. Die Folge: Es entstehen keine Kopien, weil dem Enzym die Starthilfe fehlt.

3. Die **Kettenverlängerung (Elongation)** ist der eigentliche Kopiervorgang: Die Polymerase produziert den gewünschten DNA-Abschnitt, indem sie die richtigen Nukleotide zusammensetzt und so die Sequenz kopiert, die

zwischen den beiden Primern liegt. Für diesen Produktionsprozess heizt der Thermocycler die Reaktionsgefäße während des gesamten Elongationsschritts auf eine Temperatur von 72 °C, dem Temperaturoptimum der Polymerase, denn sie soll sich ja beim Arbeiten möglichst wohlfühlen. Für seine Aufgabe gibt man dem Enzym etwas Zeit. Wie lange genau, richtet sich nach der Länge des DNA-Stücks, das die Polymerase herstellen muss: Je länger das Stück, desto mehr Zeit braucht sie logischerweise. Als Faustregel gilt eine Kapazität von etwa 1.000 Basenpaaren in einer Minute. Normalerweise dauert der Elongationsschritt zwischen einer und zwei Minuten. In einer Standard-PCR kann man ohne besondere Vorkehrungen DNA-Stücke mit einer Länge von 1.000 bis 2.000 Basenpaaren herstellen. Sollen die Kopien größer sein, muss man ein bisschen an den Reaktionsbedingungen feilen, zum Beispiel spezielle Zutaten in größerer Menge verwenden.

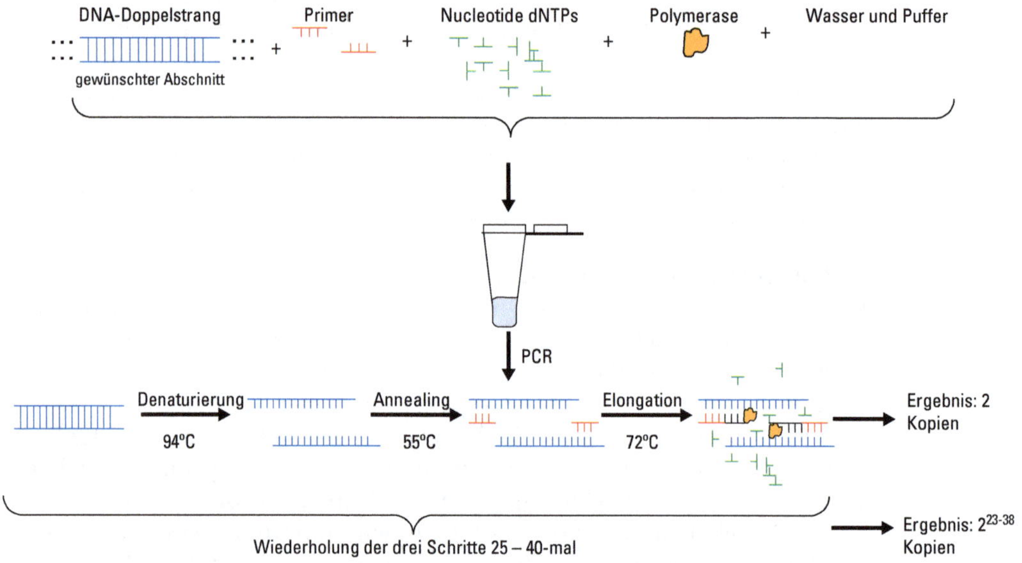

Abbildung 15.2: Das Prinzip der PCR

Die Zahl der Kopien vom gewünschten DNA-Abschnitt hängt von der Anzahl an Zyklen ab. Nach einer PCR *eines einzigen Doppelstrangs* mit 25 Zyklen hat der Experimentator theoretisch im Idealfall die fast unvorstellbare Anzahl von 2^{23} = über 8 Millionen Kopien, mit 40 Zyklen 2^{38} = fast 300 Milliarden Kopien (also immer $2^{(\text{Zyklenzahl-2})}$ Kopien, aber das müssen Sie sich nicht unbedingt merken!) zur Verfügung. Wenn man jetzt noch bedenkt, dass man meistens nicht nur mit einem einzigen Doppelstrang startet, sondern mit mindestens *10.000 DNA-Molekülen,* dann steht in unserer Rechnung nicht 2^{23}, sondern 10.000 × 2^{23} – Wahnsinn, oder? Ganz so ideal ist es aber in der Praxis nicht. Durchschnittlich rechnet man statt mit 2 mit etwa 1,5.

Beispiel für ein PCR-Programm

Bei allen PCRs werden zusätzlich zu den 25 bis 40 »normalen« Zyklen aus den drei Schritten Denaturierung, Annealing und Elongation zum Anfang und zum Schluss der Reaktion noch zwei »besondere« Zyklen angehängt:

- ✔ **Am Anfang** ein besonders langer **Denaturierungsschritt**, der mehrere Minuten dauert. Dieser Schritt hat die Funktion, den Doppelstrang so richtig vollständig in Einzelstränge zu zerlegen, bevor es losgeht.
- ✔ **Zum Schluss** soll ein besonders langer **Elongationsschritt** von fünf bis zehn Minuten der Polymerase die Gelegenheit geben, ihre Arbeit ordentlich zu beenden: Das heißt, schon angefangene, aber unvollständige Kopien können fertiggestellt werden.

Und so kann das Ganze dann aussehen:

2 Minuten	94 °C	***1 x***
30 Sekunden	94 °C	
30 Sekunden	55 °C	***33 Zyklen***, das heißt 33 × Wiederholung der drei Schritte
1 Minute	72 °C	
5 Minuten	72 °C	***1 x***

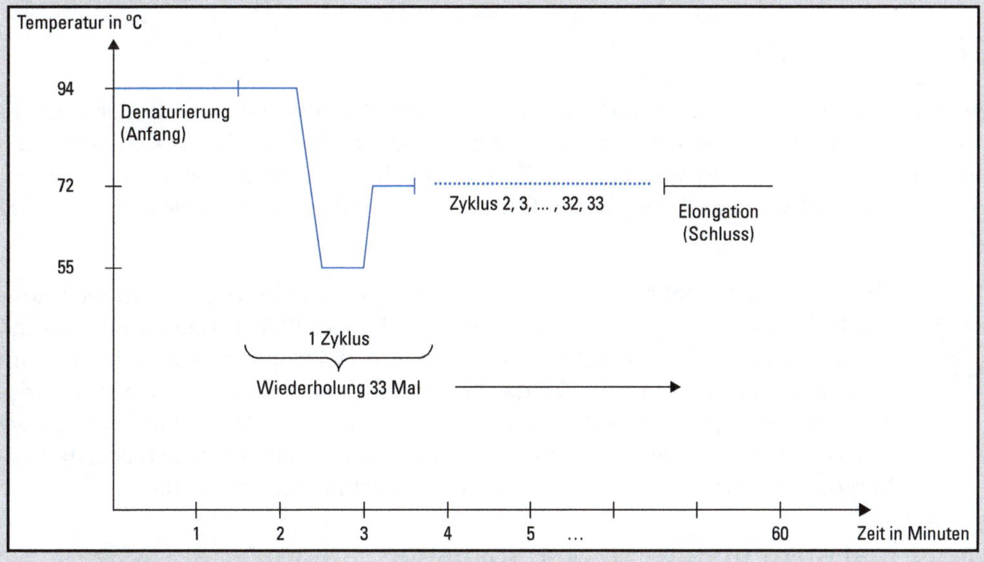

Temperaturprofil einer PCR

Der Chef als »Kontrollator«

Wenn Sie als Molekularbiologe eine PCR machen, dann nervt Sie garantiert irgendwann Ihr Chef mit der Nachfrage nach *Kontrollen*. Aber ärgern Sie sich nicht – der Chef hat recht! Um sich des Erfolgs der Polymerase-Kettenreaktion sicher zu sein, sollte man in das Experiment unbedingt Kontrollen integrieren (nicht nur, weil der Chef danach fragt!). Kontrollen sind vor allem ganz wichtig, wenn man die PCR *etabliert* (so sagt der Molekularbiologe, wenn er eine Reaktion zum ersten Mal macht, um die optimalen Bedingungen auszutesten). Zum Beispiel müssen mindestens folgende Kontrollen im Versuch enthalten sein:

- ✔ ***Die Negativkontrolle:*** Hierzu macht man eine PCR mit allen Zutaten *außer der DNA-Probe*. Das Ergebnis sollte dabei sein: »Nichts!« Erhält man trotzdem Kopien, ist irgendeine der Zutaten mit Nukleinsäure verunreinigt: Denn ohne Vorlage sollte es normalerweise auch keine Kopie geben. Wenn Sie ein weißes Blatt in einen Kopierer legen und auf den Knopf drücken, sollte ja auch kein beschriebenes rauskommen! In einem solchen Fall muss man jede einzelne Zutat systematisch auf Verunreinigungen testen oder sich gleich neue Reagenzien bestellen.
- ✔ ***Die Positivkontrolle:*** Hierzu amplifiziert man eine DNA-Probe, von der man sicher weiß, dass sie funktioniert. Damit testet der Experimentator die Zutaten und die Reaktionsbedingungen. Falls er nämlich mit der DNA-Probe und unter den Reaktionsbedingungen, mit denen die PCR schon hundertmal geklappt hat, keine Kopien erhält, dann stimmt sehr wahrscheinlich etwas mit den Zutaten nicht. Und falls er mit der DNA-Probe plus bewährten Zutaten auch leer ausgeht, dann stimmt etwas mit den Reaktionsbedingungen nicht.

PCR und dann?

Wenn die PCR fertig ist, dann nützt das allein dem Molekularbiologen noch nicht viel: Er hat – genauso wie vorher – seine paar Mikroliter farblose Flüssigkeit vor sich, äußerlich ist also nichts Dramatisches während der Zeit in der PCR-Maschine passiert. Das heißt, er muss sich irgendwie vom Erfolg der PCR überzeugen, indem er zumindest ein paar der Kopien sichtbar macht.

BEISPIEL

Ob die PCR geklappt hat oder nicht, kontrolliert man meistens auf einem Agarosegel (siehe Kapitel 14). Dazu trägt man 1 bis 2 µl des PCR-Produkts aufs Gel auf, trennt die im Ansatz enthaltene Nukleinsäure elektrophoretisch auf, färbt mit Ethidiumbromid und kann sich das Gel dann unter UV-Licht ansehen. Im Idealfall ist das Ergebnis, das der Experimentator dann vor Augen hat, eine einzige scharfe Bande in genau der richtigen Größe. Dann kann er mit sich und den Laborgöttern zufrieden sein und mit seinen Experimenten fortfahren.

Wenn's mal nicht klappt: Zu viel, zu wenig – oder verunreinigt?

Falls die PCR nicht geklappt hat, kann der Experimentator entweder alles noch mal machen und hoffen, dass es dieses Mal einfach so klappt (das ist durchaus möglich; das Thema »Mysterium und PCR« gab es ja schon weiter vorn in diesem Kapitel!). Oder er geht auf Fehlersuche, und da gibt es verschiedene Möglichkeiten, je nachdem wie das Agarosegel aussieht – siehe hierzu Tabelle 15.1.

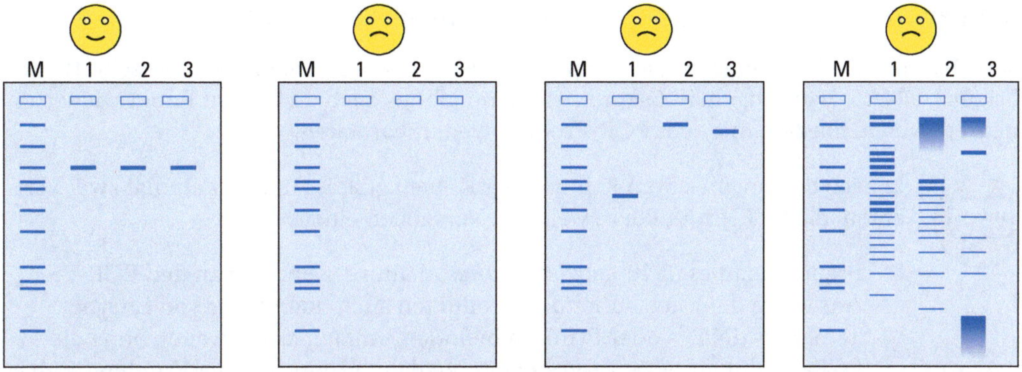

Die PCR hat tiptop geklappt: je 1 scharfe Bande in der erwarteten Größe

Die PCR hat nicht geklappt: überhaupt keine Bande

Die PCR hat zwar geklappt, es wurden aber Banden in der falschen Größe hergestellt

Die PCR war unspezifisch: vor lauter Nebenbanden kann man das richtige Produkt nicht identifizieren

Abbildung 15.3: Beispiele für mögliche Ergebnisse einer Polymerase-Kettenreaktion; M: Marker, 1, 2, 3: verschiedene PCR-Ansätze

Problem	Erklärung	Mögliche Abhilfe
Das Gel ist schwarz und ***leer***, das heißt, es wurde kein Produkt hergestellt – die PCR hat nicht geklappt.	Zutaten wurden vergessen oder sind zu alt. Es wurde zu wenig DNA eingesetzt.	Die PCR mit frischen Zutaten wiederholen und sicherstellen, dass alles in den Ansatz pipettiert wird. Mehr DNA einsetzen oder Zyklenzahl erhöhen.
Auf dem Gel sind ***so viele Banden***, dass man das richtige Produkt nicht findet.	Die Reaktion war unspezifisch: Entweder man hat zu viel des Guten (der Zutaten) verwendet oder die Bedingungen falsch gewählt.	Weniger Enzym, DNA, Nukleotide und/oder Primer einsetzen. Höhere Annealingtemperatur. Mehr $MgCl_2$ verwenden. Die Spezifität steigernde Chemikalien (zum Beispiel Dimethylsulfoxid DMSO oder Formamid) zugeben. Andere Primer wählen.
Die ***Negativkontrolle*** zeigt eine Bande auf dem Gel.	Eine oder mehrere der Zutaten sind mit Nukleinsäure verunreinigt.	Bench und Pipetten reinigen und frische Zutaten verwenden.
Die Bande auf dem Gel ist nur ganz ***schwach*** zu sehen.	Es wurden zu wenige Kopien gemacht, zum Beispiel, weil die Vorlage Sekundärstrukturen ausbildet. Das kann vorkommen, wenn die zu kopierende Sequenz viele Wiederholungen wie zum Beispiel GCGCGCCCGG … hat.	Zyklenzahl erhöhen und/oder Zusätze verwenden (zum Beispiel DMSO oder Formamid, die die Sekundärstrukturen auflösen, oder Deaza-dGTP – ein dNTP, das Sekundärstrukturen verhindert). Andere Primer (oder anderes Enzym) wählen (es gibt spezielle Polymerasen für Sequenzwiederholungen oder schwer zu kopierende Sequenzen).

Tabelle 15.1: Fehlersuche bei der PCR

Weiter mit der Kopie: Soll sie sauber oder rein sein?

Hat der Molekularbiologe seine Kopie – also den vervielfältigten Abschnitt der Original-DNA – wunschgemäß bekommen, dann gibt es auch an diesem Punkt wiederum mehrere Möglichkeiten, mit dem PCR-Produkt weiterzuarbeiten.

BEISPIEL

Je nach der gewünschten Reinheit der Kopien gibt es zunächst einmal zwei Varianten, die PCR-Produkte in weiteren Versuchen einzusetzen:

- Braucht man es nicht ganz so ***sauber***, dann verwendet man den PCR-Ansatz, in dem sich außer den Produkten auch noch Reste von Enzym, Template, dNTPs oder Primern befinden, einfach *direkt* weiter, ohne die PCR-Produkte speziell zu reinigen. Weil der größte Teil der Zutaten für die Reaktion verbraucht wurde, wenn die PCR optimal etabliert ist, ist diese Variante relativ unproblematisch. Der Ansatz ist also schon ziemlich sauber (sofern es im Agarosegel keine oder nur sehr wenige Nebenbanden gab!).

  Mag man es aber trotzdem lieber ***rein***, trennt man den Ansatz in einem Agarosegel auf, schneidet die Bande mit den Produkten der richtigen Größe aus und *isoliert* die DNA-Kopien aus dem Gelstückchen (siehe Kapitel 14).

- Falls man bei einer PCR ***markierte Produkte*** erhalten hat (zum Beispiel, wenn man Primer verwendet hat, an die ein Fluoreszenzmolekül angehängt wurde), braucht es der Experimentator gezwungenermaßen ***rein*** – dann muss er den Ansatz auf jeden Fall reinigen, weil sonst nicht nur die markierten PCR-Produkte nachgewiesen werden, sondern alles, was sonst noch markiert im Ansatz herumschwimmt. Das gäbe einen enorm hohen Hintergrund, sodass man die eigentlichen Kopien nicht erkennen könnte. Solche markierten Ansätze kann man zum Beispiel durch eine *Gelfiltration* mit Sephadex® reinigen. Sephadex® ist ein weißes Pulver aus vernetzten Glukosemolekülen, das zu einem Gel (ähnlich wie Agarose) mit Poren ausquillt, wenn man Wasser dazugibt. Im Gegensatz zur *Gelelektrophorese* wandert die DNA bei der *Gelfiltration* nicht aufgrund eines elektrischen Felds, sondern bewegt sich durch Zentrifugieren (oder, wenn man mehr Geduld hat, durch die Schwerkraft) durch die Poren des Gels. Es gibt aber auch Kits zu kaufen, bei denen die PCR-Produkte beispielsweise mithilfe von kleinen Säulen mit Glasfiltermembranen gesäubert werden.

Nun können die PCR-Produkte gereinigt oder ungereinigt für weitere Experimente eingesetzt werden: für genetische Fingerabdrücke, Klonierungen, Sequenzanalysen und vieles mehr, je nach Geschmack und Bedarf des Experimentators. Ich werde in den folgenden Kapiteln noch sehr oft an diesen Punkt zurückkommen, wenn eine Methode mit den PCR-Produkten startet. Ab jetzt wissen Sie dann, wovon die Rede ist und wie man als richtiger Molekularbiologe zu diesen PCR-Produkten kommt.

Lab-on-a-Chip: »Extrem«-PCR in einem Tröpfchen

Ein kleines Minilabor hat sich sicher so mancher von uns als Kind gewünscht. Seit Neuestem gibt es so etwas auch für erwachsene Molekularbiologen – aber nicht, um damit nach Feierabend zu Hause weiter zu experimentieren, sondern um Zeit und auch Reagenzien zu sparen. Eine »normale« PCR dauert nämlich je nach PCR-Maschine und Zyklenzahl etwa ein bis zwei Stunden. Und es ist nicht etwa so, dass das Enzym faul oder langsam wäre: Die Polymerase bräuchte nicht halb so lange, um die nagelneue DNA-Kopie zusammenzubauen, aber in jedem der etwa 30 Zyklen muss geheizt und gekühlt werden: von 90 °C über 55 ° auf 72 °C, dann wieder auf 90 °C und das Ganze 30 Mal. Das dauert – und das umso länger, je langsamer der Thermocycler beim Heizen und Kühlen ist.

Gleichzeitig gibt es in der Molekularbiologie aber immer mehr Experimente, in denen man Tausende von Proben möglichst schnell untersuchen will – auch die molekulargenetische Welt wird immer komplexer. Deshalb wurde das sensationell kleine sogenannte ***Lab-on-a-Chip*** (oft als »Westentaschenlabor« übersetzt) entwickelt. Dabei handelt es sich um ein kreditkartengroßes Kunststoffsubstrat, auf dem verschiedene biologische Reaktionen in kleinen Flüssigkeitströpfchen stattfinden können – so auch die Polymerase-Kettenreaktion. Dazu wird ein Tröpfchen, das die Zutaten DNA, Primer, Nukleotide, Polymerase und Puffer enthält, mit einem weiteren Flüssigkeitströpfchen aus magnetischen Partikeln vermischt, und dann geht es los: Der jetzt magnetische PCR-Ansatz wird im Minilabor in einem Kreis immer wieder über die drei verschiedenen Temperaturzonen geführt, die für die PCR benötigt werden. Das heißt, es muss überhaupt nicht geheizt oder gekühlt werden, denn die Temperatur in den Zonen ändert sich nicht, es wird stattdessen der PCR-Ansatz bewegt. Deshalb dauert ein einziger Zyklus im Minilabor nur ein paar Sekunden, die gesamte Reaktion aus etwa 30 Zyklen nur etwa fünf Minuten. Eine Lab-on-a-Chip-Lösung gibt es auch bereits für die Elektrophorese (siehe Kapitel 14). Man rechnet damit, dass in ein paar Jahren eine ganze Menge weiterer molekulargenetischer Methoden in ähnlicher Weise automatisiert werden können, sodass man irgendwann einmal in jeder beliebigen Arztpraxis mithilfe eines Minilabors nach wenigen Minuten aus einem Blutstropfen alle möglichen Diagnosen bekommen könnte, zum Beispiel welche Erreger sich darin befinden. Teure und kompliziert zu bedienende Laborgeräte zur Auswertung könnten dann ebenfalls der Vergangenheit angehören und durch gängige Smartphones und Tablets ersetzt werden.

PCR noch raffinierter

Aus der vor rund 40 Jahren von Kary Mullis erfundenen »normalen« Standard-Polymerase-Kettenreaktion haben sich mittlerweile viele verschiedene Varianten für alle möglichen Anwendungen entwickelt. Im Folgenden werden ein paar dieser Varianten vorgestellt.

Verschachtelt: Die Nested PCR

Nested PCR heißt wörtlich übersetzt »verschachtelte PCR«, und so wird sie auch ausgeführt: An eine erste, »normale« PCR schließt sich eine zweite PCR an, in der man als Vorlage für die Kopieraktion das PCR-Produkt aus der ersten Reaktion und ein in der gesuchten Sequenz etwas weiter innen liegendes Primerpaar verwendet.

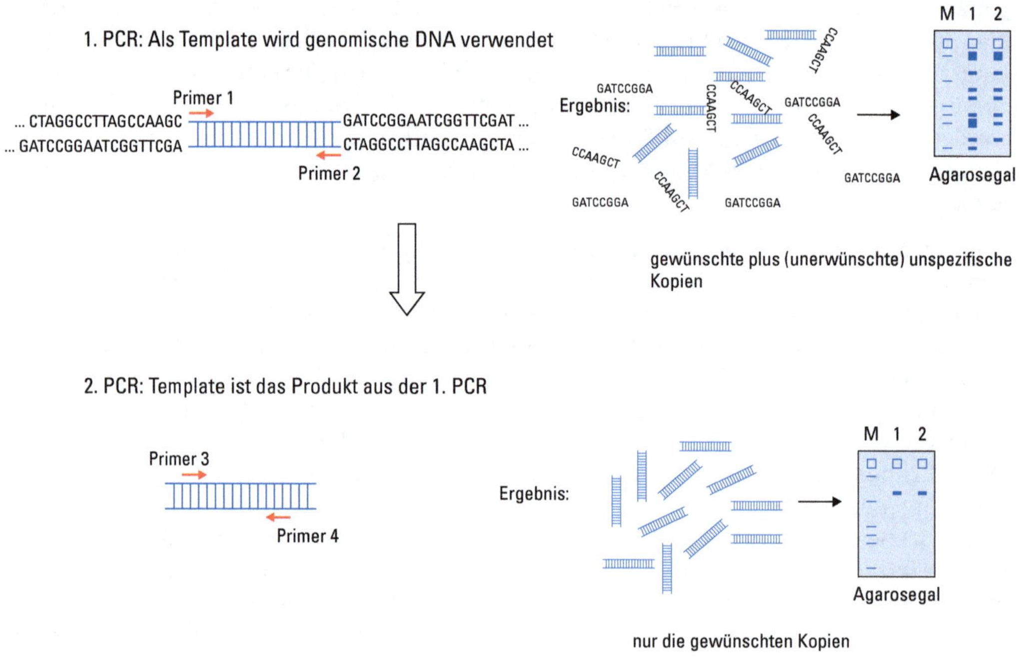

Abbildung 15.4: Das Prinzip der Nested PCR

Eine Nested PCR macht man dann, wenn man vermeiden möchte, dass unspezifische Nebenprodukte entstehen, weil nur wenig Template zur Verfügung steht (zum Beispiel aus seltenem und daher kostbarem Gewebe) und man daher die Zyklenzahl erhöhen muss. Denn dabei erhöht sich leider auch oft gleichzeitig die Zahl an unsinnigen Produkten.

Mehrere auf einmal: Die Multiplex-PCR

Zu einer *Multiplex-PCR* kann der Molekularbiologe dann greifen, wenn viele Proben zu untersuchen sind, denn mit ihr spart er Zeit und auch etwas Reagenzien. Während man bei einer »normalen« Polymerase-Kettenreaktion nur ein Primerpaar verwendet (und somit auch idealerweise nur eine Sorte an Kopien herauskommt), gibt man bei einer Multiplex-PCR in einen einzigen Reaktionsansatz *mehrere Primerpaare*, sodass im Reaktionsgefäß mehrere PCRs parallel ablaufen, das heißt mehrere Sorten an vervielfältigten Fragmenten entstehen.

Hört sich gut an, wenn man zum Beispiel statt drei, vier oder fünf einzelner PCRs mit jeweils hundert DNA-Proben (= 300, 400 oder 500 PCR-Ansätze) nur eine einzige PCR (= 100 PCR-Ansätze) machen muss, um die gleichen Daten zu erhalten, oder?

Der Nachteil ist allerdings, dass eine solche Multiplex-PCR meistens schwer und zeitaufwendig zu etablieren ist, weil man natürlich nur solche Primer zusammenarbeiten lassen kann, die die gleichen oder zumindest ähnliche Reaktionsbedingungen brauchen und keine ähnlichen Sequenzen amplifizieren. Daher muss man bei den Bedingungen oft Kompromisse machen, die nicht immer unbedingt zugunsten der Spezifität ausfallen. Ein weiteres Problem ist, dass zwar theoretisch alle Fragmente gleich gut amplifiziert werden sollten, was in der Praxis aber so nicht der Fall ist: Es gibt immer DNA-Abschnitte, die bevorzugt kopiert werden (man nennt das *preferential amplification*). Das bedeutet, von ihnen hat man am Ende der Reaktion ganz viel PCR-Produkt und von anderen ganz wenig. Das erschwert den Nachweis, und daher ist die Multiplex-PCR nicht in allen Fällen praktizierbar. Wenn zum Beispiel bei einem Vaterschaftstest der wirkliche Vater ausgeschlossen wird, weil von einem Fragment aufgrund der »preferential amplification« zu wenige Kopien erstellt werden, um die Nachweisgrenze zu erreichen, obwohl es in Wirklichkeit in seinem Erbgut vorhanden ist, dann kann man sich die Untersuchung gleich sparen.

Eine gute Alternative zur Multiplex-PCR ist es, die PCR mit jedem Primerpaar einzeln durchzuführen und danach die Produkte zu mischen, um sie gemeinsam zu untersuchen. Das spart zwar nicht so viel Zeit wie ein Multiplexansatz, man kann aber sicher sein, dass die zu kopierenden DNA-Abschnitte nicht um die Zutaten konkurrieren müssen. Dabei muss man bei einer Elektrophorese aber aufpassen, dass sich die Längen der entstehenden Fragmente nicht überschneiden, sondern genügend weit auseinanderliegen: Ideal wäre beispielsweise eine Auftrennung von drei PCR-Produkten mit den Längen 120 bp, 180 bp und 250 bp; schlecht zu unterscheiden wären Fragmente mit den Längen 120 bp, 125 bp und 130 bp.

Mit RNA gemacht: Die Reverse Transkriptase-PCR (RT-PCR)

Mit der »normalen« Polymerase-Kettenreaktion kann sich der Molekularbiologe nur DNA kopieren, weil die PCR-Polymerasen (*Taq*, *Pfu* & Co.) nur mit DNA arbeiten können. Das heißt aber nicht, dass man RNA nicht kopieren kann. Dazu muss der Molekularbiologe nur einen kleinen Umweg in Kauf nehmen, indem er vor einer PCR eine reverse Transkription macht (siehe Kapitel 13). Dabei wird die RNA mithilfe der reversen Transkriptase zunächst in DNA (cDNA) übersetzt. Diese cDNA kann anschließend als Vorlage in einer ganz normalen PCR amplifiziert werden.

Abbildung 15.5: Reverse Transkription

Live dabei: Die Real-Time-quantitative-PCR (qPCR)

Eine Real-Time-quantititative-PCR (qPCR) ist eine ganz »normale« PCR, bei der man jedoch zu jeder Zeit genau verfolgen und feststellen kann, wie viele Kopien – also wie viel neue DNA – schon produziert wurde. Man macht das mithilfe von Fluoreszenzmessungen, die während eines Zyklus – also live (deshalb der Name »real time«) – erfasst werden. Dazu braucht der Molekularbiologe einen speziellen Thermocycler mit Fluoreszenzdetektoren, der das entstehende Fluoreszenzsignal kontinuierlich messen kann. Dieses Signal nimmt während der PCR ständig zu, und zwar proportional zu den produzierten PCR-Produkten. Eine solche Real-Time-PCR ist also ein quantitatives Verfahren und der Molekularbiologe macht es dann, wenn er nicht nur eine bestimme DNA-Sequenz in einer Probe nachweisen möchte, sondern wenn ihn auch noch interessiert, in welcher *Menge* ein DNA-Abschnitt in der Probe vorhanden ist.

Für die Erzeugung des Fluoreszenzsignals in einer Real-Time-PCR existiert – wie in der Molekularbiologie in der Regel so üblich – eine ganze Reihe von Methodenvarianten. Den meisten von ihnen liegt das sogenannte Prinzip des ***Fluoreszenz-Resonanz-Energie-Transfers (FRET)*** zugrunde. Für diesen physikalischen Prozess arbeiten zwei verschiedene Fluoreszenzfarbstoffe zusammen: Wird der erste durch eine Lichtquelle angeregt, gibt er seine Energie nicht als fluoreszierende Strahlung ab, sondern überträgt sie auf den zweiten Farbstoff. Der zweite Farbstoff kassiert die übertragene Energie, und da nichts strahlt, sieht man auch nichts. Sobald die beiden Farbstoffe aber getrennt werden, funktioniert die Übertragung nicht mehr. Das Ergebnis ist: Der erste Farbstoff strahlt. Und zwar umso stärker, je weiter der zweite Farbstoff entfernt ist.

Der TaqMan® macht's möglich

Eine der Methoden, die in vielen molekularbiologischen Labors praktiziert wird und das FRET-System nutzt, ist der *TaqMan®-Assay* (das Wort *Assay* verwendet der Molekularbiologe gerne, wenn er von einem Test oder Nachweis spricht). Es gibt aber noch einige andere Techniken, die mit FRET arbeiten (zum Beispiel das *LightCycler®-Verfahren*).

Beim TaqMan®-Assay wird dem PCR-Ansatz zusätzlich zu den üblichen Zutaten eine weitere (die TaqMan®-)Sonde zugegeben. Diese Sonde befindet sich ähnlich wie ein Primer komplementär zu einer ganz bestimmten Sequenz auf einem der beiden DNA-Stränge und kann dort während der PCR binden. Zudem trägt sie an ihren Enden die beiden für den FRET benötigten Farbstoffe: Den Farbstoff Nr. 1 nennt man *Reporter*, Farbstoff Nr. 2 den *Quencher* (von *to quench = löschen*). Anders als bei den »normalen« Primern ohne Anhängsel verleihen Reporter und Quencher dieser Sonde aber ganz besondere Eigenschaften: Solange der Quencher in der Nähe des Reporters (und also die Sonde intakt) ist, unterdrückt er dessen Fluoreszenz, sodass die Sonde allein nicht fluoresziert (also nicht leuchtet).

Wenn die Polymerase aber während der PCR wie üblich den neuen DNA-Strang herstellt, stößt sie irgendwann auf die TaqMan®-Sonde und baut sie ab, weil sie ihr den Weg versperrt. Reporter und Quencher werden während dieser Aktion voneinander getrennt und schwimmen dann frei im Reaktionsansatz herum. Und nun kann der Reporterfarbstoff endlich aufleben – er wird vom Quencher nicht mehr unterdrückt und beginnt zu fluoreszieren, sobald er von einer Lichtquelle im Gerät angeregt wird. Dieses Fluoreszenzsignal wird von einem Detektor im Thermocycler registriert und in digitale Daten umgewandelt, sodass man das Ergebnis im Computer auswerten kann. Die Strahlung wird logischerweise umso stärker, je mehr Kopien die Polymerase herstellt, weil sie jedes Mal, wenn sie sich den Weg freikämpft, eine Sonde abbaut: In Ihrem Wohnzimmer ist es ja auch umso heller, je mehr Lampen dort herumstehen.

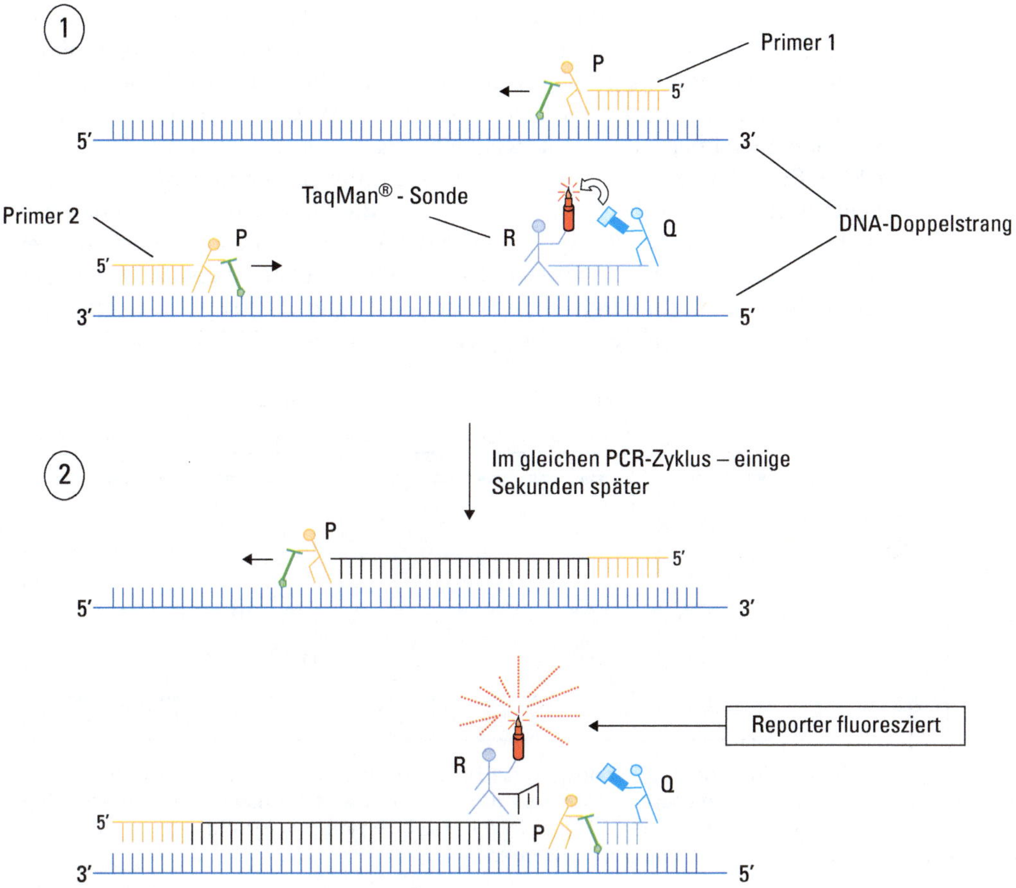

Abbildung 15.6: Das Prinzip des TaqMan®-Assays. 1) Die TaqMan®-Sonde ist im Normalzustand intakt: Der Quencher (Q) unterdrückt die Strahlung des Reporters (R). 2) Während die Polymerase (P) den neuen DNA-Strang herstellt, trennt sie Reporter und Quencher. Die Sonde wird abgebaut und der freie Reporterfarbstoff fluoresziert.

Zufällig: RAPD und Kollegen

Eine weitere Möglichkeit, PCR zu betreiben, ist es, *zufällige Kopien* herzustellen.

Moment mal! Als aufmerksamer Leser werden Sie sich jetzt sicher fragen, ob Sie den Sinn der PCR missverstanden haben, wenn Sie bis zu diesem Punkt geglaubt haben, dass der Molekularbiologe eine PCR eigentlich macht, um das Gegenteil zu erreichen – nämlich ein *definiertes* und eben kein zufälliges PCR-Produkt zu bekommen (denn dazu hat er ja spezifische Primer aufgrund der zu kopierenden DNA-Sequenz ausgesucht). Gut kombiniert! Deshalb liegt der *Amplifikation zufälliger Produkte* zwar das Reaktionsprinzip der PCR zugrunde (und daher behandle ich es auch in diesem Kapitel), die Anwendung ist aber eine ganz andere.

Da man bei der Amplifikation zufälliger Produkte keine definierten Kopien, sondern eben (wie es der Name sagt) zufällige bekommt, ist diese Technik bei anderen Experimenten gefragt als die »normale« PCR: In der Molekularbiologie analysiert man mithilfe solcher Techniken DNA-Proben, über deren Sequenz man noch überhaupt nichts weiß. Die Ergebnisse dienen dazu, das Muster der PCR-Produkte aus verschiedenen Proben miteinander zu vergleichen, zum Beispiel wenn man in der Populationsgenetik die Unterschiede zwischen verschiedenen Populationen (Gruppen von Individuen derselben Art) herausfinden möchte. Dazu amplifiziert man viele Nukleinsäureproben unter exakt den gleichen Bedingungen und vergleicht das nach PCR und Elektrophorese erhaltene Bandenmuster miteinander. Ein Beispiel ist in Abbildung 15.7 dargestellt.

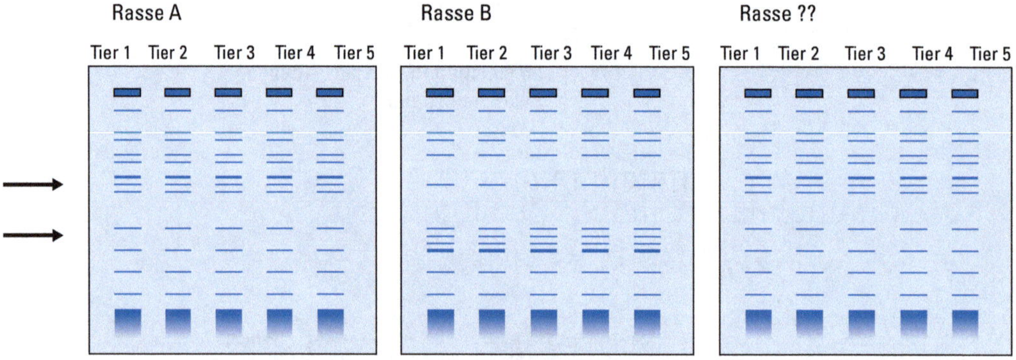

Abbildung 15.7: Beispiel für eine populationsgenetische Untersuchung von verschiedenen Tierrassen. Die Rassen haben ein charakteristisches, individuelles Bandenmuster und unterscheiden sich nur in wenigen Banden voneinander. Die fragliche Rasse (»??«) kann aufgrund des Bandenmusters eindeutig Rasse A zugeordnet werden.

Zu den Techniken, mit denen man zufällige Produkte erzeugt, gehören:

- ✔ **RAPD** (Random Amplified Polymorphic DNA)
- ✔ **AP-PCR** (Arbitrarily Primed-PCR)
- ✔ **Differential Display-PCR** für RNA

Das Prinzip dieser drei Zufallstechniken ist sehr ähnlich: Statt der beiden spezifischen Primer wie bei einer »normalen« PCR verwendet man viel kürzere Primer aus nur etwa zehn Nukleotiden, die zufällig erzeugt werden. Zudem macht man die PCR mit einer sehr niedrigen Annealingtemperatur unter 40 °C, sonst hybridisieren die Primer nicht oder zu selten an die Probe. Die Primer binden dann unter diesen sehr »lockeren« Bedingungen zufällig an Nukleinsäureabschnitte, zu denen sie mehr oder weniger komplementär sind: Es wird ein Sammelsurium aus den verschiedensten Sequenzbereichen vervielfältigt, das im Idealfall nach elektrophoretischer Auftrennung ein individuelles und charakteristisches Bandenmuster ergibt. Anhand dieser Muster – falls sie unter exakt den gleichen Bedingungen erzeugt wurden (!) – kann man die Erbsubstanz von Lebewesen, Arten oder Stämmen miteinander vergleichen, ohne diese im Detail zu kennen.

Mit der RNA-Variante dieser PCR untersucht man die unterschiedliche Expression von Genen in Geweben und Zellen.

Der Nachteil bei der Amplifikation zufälliger Produkte ist aber, dass die Ergebnisse relativ schlecht reproduzierbar und anfällig für die kleinsten Schwankungen in den Reaktionsbedingungen sind, sodass sie sich nicht unbedingt für Vaterschaftstests oder zur Diagnose von Krankheiten eignen, bei denen man sich hundertprozentig auf die Resultate verlassen können muss.

Ein bisschen anders: Die digitale PCR (dPCR)

Eine digitale PCR macht der Experimentator nicht, um ein bestimmtes Gen oder einen bestimmten DNA-Abschnitt zu kopieren, damit er diese Kopie untersuchen oder weiter damit arbeiten kann. Nein: Bei dieser Art der PCR geht es darum, *sehr viele einzelne Kopien* eines Gens oder eines DNA-Abschnitts zu erzeugen, um diese zählen zu können. Das heißt, mit einer dPCR können Sie etwas über das »Wieviel« des Templates in einer Probe erfahren (*Quantifizierung* heißt dies auf »schlau«).

Die Durchführung ist sehr einfach: Zunächst pipettieren Sie einen ganz »normalen« PCR-Ansatz aus unseren sechs Standard-Zutaten Template, Primer, dNTPs, Enzym, Puffer und Wasser zusammen, wie Sie dies bereits im Laufe dieses Kapitel kennengelernt haben. Jetzt kommt aber die Besonderheit: Die PCR findet nicht in einer einzigen Reaktion aus einigen Mikrolitern in diesem kompletten Ansatz statt, wie Sie ihn vorbereitet haben, sondern der Ansatz wird nun noch auf viele, viele kleinste Mikroreaktionsansätze aufgeteilt, wobei dann jede Einzelreaktion in einem getrennten Kompartiment (*Partition* genannt) abläuft.

Keine Angst, das müssen Sie nicht per Hand machen (könnten Sie auch gar nicht!), sondern spezielle digitale PCR-Geräte übernehmen diese Partitionierung in Tausende Teile für Sie. Das Ergebnis der Amplifikation: In jeder Partition ist mindestens eine Kopie oder auch keine (also 0 Kopien), und das ist genau das, was Sie wollen – nämlich prüfen, ob ein bestimmter DNA-Abschnitt vorhanden ist oder eben nicht. Für den Nachweis werden sequenzspezifische Fluoreszenzsonden verwendet, damit das Gerät die (positiven) Signale detektieren kann. Ist keine Kopie vorhanden, so bleibt die entsprechende Partition dunkel.

Dieses Verfahren ist also eine Art »Alles-oder-Nichts-PCR«. Bei der Auswertung gibt es für »Vorhanden« eine »1«, für »Nicht vorhanden« die »0« – ähnlich dem Binärcode, den Computer verwenden (deshalb auch der Name »digitale PCR«). Da in den positiven Tröpfchen auch mehr als eine Kopie enthalten sein kann, wird nach der Reaktion mithilfe einer Wahrscheinlichkeitsverteilung (genau genommen, der *Poisson-Statistik*) die Zahl der Ziel-Gene in der Probe berechnet. Aber auch das müssen Sie nicht selbst machen, sondern wird von dem dPCR-Gerät übernommen. Eine dPCR wird in der Regel auf Chips oder Mikroplatten mit Tausenden Mini-Näpfchen ausgeführt, in die die Probe in möglichst viele Partitionen verteilt wird, damit die statistische Signifikanz für die Berechnungen stimmt.

Aber wozu macht man das Ganze? Die dPCR ist im Vergleich zu anderen PCR-Methoden sehr sensitiv. Genau das ist die Voraussetzung, um einzelne DNA-Moleküle überhaupt aufspüren, zählen und dann damit die Menge vor der Reaktion bestimmen zu können. Deshalb wird diese ein bisschen andere PCR beispielsweise verwendet,

- ✔ um (seltene) Mutanten in einer Probe aufzuspüren,
- ✔ für Genexpressionsanalysen, um zu ermitteln, welche Gene in einem bestimmten Gewebe oder Entwicklungsstadium gerade aktiv sind,
- ✔ zum Nachweis von Mikroorganismen,
- ✔ zur Bestimmung der Viruslast bei einer Infektion,
- ✔ für Verfahren, bei denen Viren als Transporter eingesetzt werden (zum Beispiel bei Gentherapien, siehe die Kapitel 8 und 25), oder
- ✔ zum Nachweis von Verunreinigungen in Lebensmitteln.

IN DIESEM KAPITEL

Was eine Klonierung ist

Wie man Gene mithilfe von Bakterien vervielfältigt

Verschiedene Genbanken

Kapitel 16

Klonieren: Einmal schneiden, kleben und vervielfältigen, bitte!

Neben der Polymerase-Kettenreaktion PCR (siehe Kapitel 15) gibt es noch eine andere Methode, mit der man DNA vervielfältigen und damit aus dem Genom isolieren kann: die *Klonierung*. Im Gegensatz zur PCR kopiert man aber bei einer Klonierung das gewünschte Gen nicht aus dem Genom, sondern schneidet es aus, klebt es in ein geeignetes Transportmolekül und schleust es in eine Wirtszelle ein. Dort wird es gemeinsam mit der Erbinformation der Wirtszelle vermehrt, und schon hat man massenhaft vervielfältige DNA. Allerdings ist der ganze Prozess etwas aufwendiger als eine PCR und dauert deshalb auch länger. Dafür ist die vermehrte DNA als Klon stabiler und kann viel länger aufbewahrt werden.

Für die Klonierung nutzt der Molekularbiologe also einen lebenden Organismus – meist eine Bakterienzelle – als Kopierer, den er dazu bringt, die gewünschte Tätigkeit für ihn auszuführen. In diesem Zusammenhang haben Sie die Helfer des Molekularbiologen – die Bakterien und Viren – schon kennengelernt (siehe Kapitel 7 und 8). Und auch mit den Werkzeugen – Schere und Klebstoff – sowie den Transportern, die die fremde DNA in die Wirtszelle bringen, haben Sie bereits Bekanntschaft gemacht (siehe Kapitel 9 und 10). In diesem Kapitel möchte Ihnen nun erklären, wie man eine Klonierung durchführt und wie Werkzeug, Handwerker, Helfer und Transporter verwendet werden. Zum Schluss zeige ich Ihnen dann noch eine ganze Sammlung von Klonen – eine *Genbank* – und wie eine solche Sammlung entsteht.

Massenhafte DNA-Vermehrung

Bei einer ***Klonierung*** wird DNA gezielt vermehrt. Man verwendet diese Technik im molekulargenetischen Labor, um genügend DNA für nachfolgende Experimente zu gewinnen. Und zwar nicht irgendwelche DNA, sondern ein bestimmtes Gen oder einen DNA-Abschnitt, den man näher untersuchen möchte und deshalb irgendwie aus dem großen Haufen DNA im Zellkern herausfischen möchte.

Es gibt noch ein anderes Motiv, warum der Molekularbiologe ein Gen kloniert: Er möchte dieses Gen *exprimieren*. Das heißt, er verwendet ein Bakterium (oder auch eine andere lebende Wirtszelle), in das er das fremde Gen einschleust, als Bioreaktor und lässt sich dort das Genprodukt – also das entsprechende Protein – herstellen. Er kann dann entweder das Protein untersuchen, es als Medikament einsetzen oder überhaupt erfahren, welches Produkt aus einem noch unbekannten Gen synthetisiert wird. Allerdings muss er dann nach einer ersten »normalen« Klonierung, bei der das Gen vermehrt wurde, noch eine zweite Klonierung vornehmen, in der das Gen in einen speziellen *Expressionsvektor* umkloniert wird, damit es von der Wirtszelle abgelesen und in Protein übersetzt werden kann.

Bei einer Klonierung wird DNA = ***Insert*** in ein geeignetes Transportmolekül = ***Vektor*** eingeführt und das ***Konstrukt*** = Insert + Vektor dann in einer Wirtszelle, meist einem Bakterium, durch Zellteilung vermehrt. Dabei wird die fremde DNA als identische Kopie an die Tochterzelle der Wirtszelle weitergegeben, diese gibt sie wiederum an ihre Tochter weiter und so fort. Diese ständige Verdopplung geht so lange weiter, bis der Experimentator den Prozess abbricht oder die Zellen nicht mehr weiter wachsen können, weil sie zum Beispiel nicht mehr ausreichend Nahrung haben. Grundsätzlich lässt sich diese DNA-Produktion also unbegrenzt fortführen, sodass man mit dieser Technik massenhaft Nukleinsäure gewinnen kann. Im Prinzip lässt sich DNA in jeder Größenordnung klonieren, also entweder

- ✔ kurze DNA-Fragmente,
- ✔ komplette Gene oder
- ✔ das ganze Genom eines Lebewesens (= DNA-Bank).

Das hört sich vielleicht zunächst einmal kompliziert an. Eine Klonierung ist aber grundsätzlich überhaupt nicht schwer. Jeder richtige Molekularbiologe beherrscht diese Arbeitstechnik aus dem Effeff. Funktioniert es nicht, dann liegt es auch meist nicht an ihm und seinen Klonierungskünsten, sondern zum Beispiel daran, dass die Bakterien die eingeschleuste DNA nicht vertragen, weil das Genprodukt für sie giftig ist, oder dass das Enzym arbeitsunlustig ist. Eine typische Klonierung läuft in folgenden Schritten ab:

1. Gewinnen des ***Inserts:*** Das DNA-Stück, das vermehrt werden soll, wird mithilfe von Restriktionsenzymen aus dem großen Haufen genomischer DNA im Zellkern ausgeschnitten oder alternativ durch eine PCR erzeugt.

2. Vorbereitung des ***Vektors:*** Der Transporter, der die DNA in die fremde Zelle schleusen soll, wird ebenfalls mit einem Restriktionsenzym aufgeschnitten, damit die Passagier-DNA (das Insert) im Vektor Platz nehmen kann.

3. ***Ligation:*** Um die *rekombinante DNA* zu erzeugen, wird das Insert mithilfe des Enzyms Ligase in den Vektor geklebt. Das Insert ist damit transportfähig, und das Konstrukt kann sich auf den Weg zur Wirtszelle machen.

4. ***Transformation:*** Sobald die Wirtszelle bereit (= *kompetent*) ist, die rekombinante DNA aufzunehmen, wird diese in die fremde Zelle geschleust – die Wirtszelle wird *transformiert*.

5. ***Zellteilung:*** In einem Kulturmedium, in dem sich die Wirtszelle bei einer geeigneten Temperatur (meist 37 °C) wohlfühlt, teilt sie sich schnell. Dabei wird das Insert gemeinsam mit dem eigenen Erbgut der Zelle verdoppelt und an die Tochterzelle weitergegeben. Diese teilt sich auch wieder und so weiter. Man lässt eine solche Bakterienkultur meist über Nacht wachsen. Wenn alles geklappt hat, hat man am nächsten Morgen schon viele Tausend Kopien des Inserts gewonnen.

6. ***Selektion und weitere Vermehrung:*** Bevor man die Bakterien weiter vermehrt, prüft man erst einmal mit einem geeigneten Test, ob die über Nacht gewachsenen Kolonien die fremde DNA überhaupt in sich tragen. Nur solche *positiven Klone* werden dann weiter vermehrt. Die DNA kann anschließend isoliert und die positiven Klone aufbewahrt werden. Mit der gewonnenen DNA kann man entweder weiterarbeiten oder sie in einen speziellen Expressionsvektor umklonieren. Nur mit einem Expressionsvektor kann man die Wirtszelle dazu bringen, das fremde Gen zu exprimieren – also das entsprechende Protein herzustellen. Die Wirtszelle braucht zur Produktion des fremden Proteins bestimmte Anweisungen, die auf einem normalen Klonierungsvektor nicht stehen, sondern nur auf einem Expressionsvektor.

So viel zur Kurzübersicht: Die einzelnen Schritte der Klonierung möchte ich nun im Detail durchgehen.

Klonierung zum Ersten: Die Kopiervorlage

Die Kopiervorlage bei einer Klonierung ist das ***Insert*** – also ein mehr oder weniger großes Stück DNA, das vermehrt werden soll. An diesem Stück ist der Experimentator ganz besonders interessiert (sonst würde er die molekulargenetischen Bastelarbeiten mit anschließender Bakterienzucht ja gar nicht auf sich nehmen) und deshalb ist ihm meistens zumindest ein Teil der Sequenz bekannt. Aufgrund dieses Wissens sucht er sich zuerst ein geeignetes Restriktionsenzym aus, das an Stellen schneidet, an denen er es haben will. Das Problem ist nur: Die molekulare Schere schneidet ja nicht nur gezielt das Insert aus dem großen Haufen genomischer DNA heraus, sondern sie schneidet im Haufen überall dort, wo sie ihre Erkennungssequenz vorfindet – und das kann alle paar Hundert Basenpaare sein. Das heißt, Sie haben nach einem Restriktionsverdau (siehe Kapitel 13 bei den Standardmethoden) ein Gemisch aus verschieden langen Schnipseln in Ihrem Reaktionsgefäß, und das Insert ist mittendrin und unsichtbar. Die gute Nachricht: Es gibt die Elektrophorese. Also trennt der Experimentator das Schnipselgemisch einfach in einem Agarosegel auf (siehe Kapitel 14). Und da er zumindest einen Teil der Sequenz kennt, weiß er in der Regel auch, wie groß das Insert sein muss. Das heißt, er sucht sich die Bande mit der passenden Größe, schneidet sie aus, isoliert sie aus dem Gel und fertig ist das Insert.

Vorsicht! Bei einer Klonierung muss man darauf achten, dass die Enden von Insert und Vektor *zusammenpassen*, sonst klebt die Ligase sie nicht. Zerbrochenes Glas kann man ja auch nur reparieren, wenn man die passenden Stücke miteinander verklebt, sonst hält das nicht lange. Deshalb muss man diesen Punkt bei der Wahl des Restriktionsenzyms beachten: Ein Enzym, das klebrige Enden erzeugt, kann man nicht verwenden, wenn man die Schnipsel in einen Vektor mit glatten Enden kleben möchte. Im Idealfall schneidet man Insert und Vektor mit dem gleichen Scherentyp, dann gibt es da überhaupt keine Probleme.

Manchmal bringt man Insert und Vektor aber partout nicht auf einen Nenner, was das Schnittmuster angeht, weil das Restriktionsenzym, das an der richtigen Stelle schneiden würde, keine zum Vektor passenden Enden erzeugt. Dann hat der Vektor glatte Enden (blunt ends) und das Insert klebrige Enden (sticky ends) oder umgekehrt. In einem solchen Fall muss der Molekularbiologe aber nicht gleich aufgeben, sondern sich nur ein bisschen mehr Mühe mit der Klonierung machen. Vektor und Insert können doch noch zusammenkommen, wenn man den Überhang der sticky ends auffüllt. Allerdings ist eine Ligation mit blunt ends generell nicht so effizient wie mit sticky ends – die kleben besser. Deshalb sollte man möglichst versuchen, mit sticky ends zu basteln.

Die Polymerase als Lückenfüller

Die Polymerase, das Arbeitstier der Molekularbiologie (siehe Kapitel 9), kann neue DNA nicht nur in einer PCR herstellen, sondern auch Lücken füllen. Man nennt diesen Vorgang ***Fill-in-Reaktion*** und muss auf sie zurückgreifen, wenn die Enden von Vektor und Insert nicht zusammenpassen. Dazu wird einfach die zu reparierende DNA mit Enzym, Puffer und Nukleotiden gemischt und der Polymerase je nach Enzymtyp (zum Beispiel *Taq* oder Klenow-Polymerase) zwischen 5 und 20 Minuten Zeit gegeben, ihre Arbeit zu erledigen. Das funktioniert aber nur in eine Richtung. Die Polymerase kann neue DNA nämlich nur vom 5′-Ende in Richtung 3′-Ende synthetisieren. Bei einem 5′-Überhang also kein Problem!

Ist also ein 3′-Überhang ein hoffnungsloser Fall? Nein – in diesem Fall macht sich der Molekularbiologe eine weitere gute Eigenschaft der Polymerase zunutze. Das molekulare Arbeitstier kann nämlich nicht nur DNA aufbauen, sondern auch *abbauen* – und das von 3′ nach 5′. In beiden Fällen, 5′- oder 3′-Überhang, ist der Reaktionsansatz der gleiche. Aber komischerweise werden auch beim Abbau Nukleotide gebraucht, weil sie die DNA vor zu viel Zerstörung bewahren: In Anwesenheit von dNTPs kürzt die Polymerase den 3′-Überhang nur um wenige Nukleotide, dann wird der Abbau gestoppt. Die Ergebnisse sind – egal ob die Polymerase auffüllt oder kürzt – in beiden Fällen DNA-Stränge mit glatten Enden (blunt ends). Hat der Vektor also glatte Enden, dann passt das aufgefüllte und abgeknabberte Insert jetzt dazu – oder umgekehrt.

PCR-Produkte klonieren: Die Kopiervorlage kopieren

Das Insert kann man nicht nur gewinnen, indem man es aus einem DNA-Molekül ausschneidet, sondern man kann es auch kopieren, und zwar durch eine PCR. Jetzt werden Sie fragen, warum man das PCR-Produkt dann überhaupt noch kloniert und den

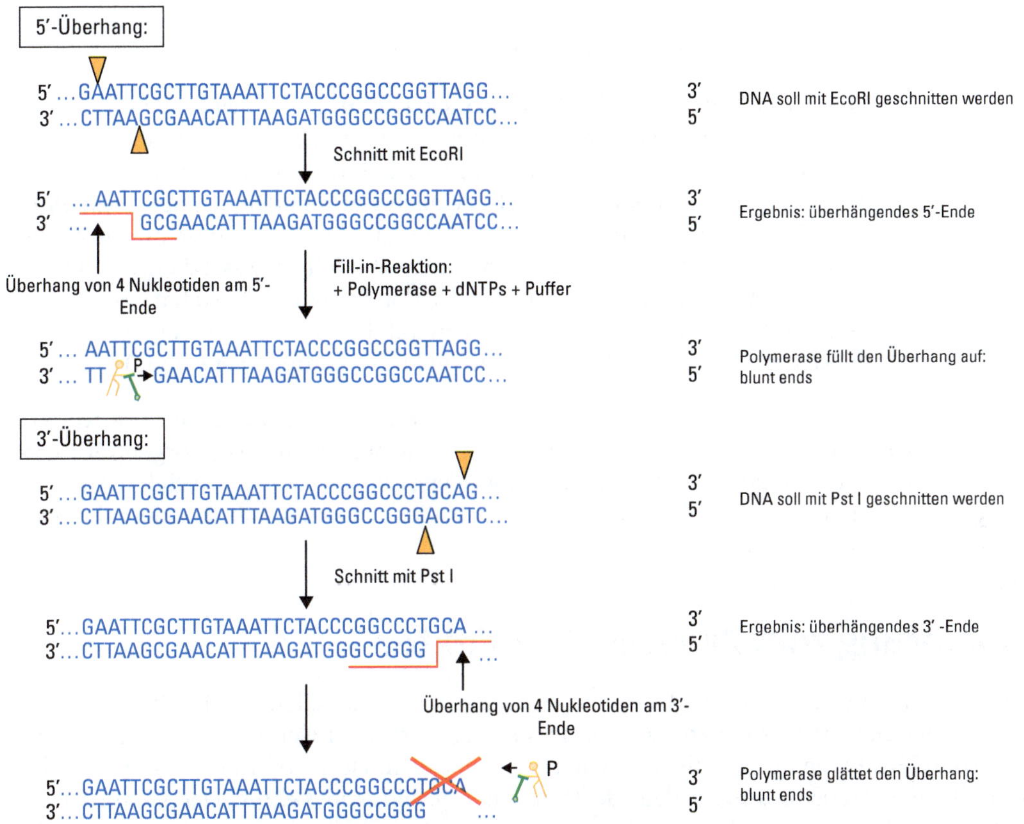

Abbildung 16.1: Die Fill-in-Reaktion: Die Polymerase (P) füllt bei 5´-Überhängen die Lücke auf oder glättet sie bei 3´-Überhängen. Das Ergebnis: Fragmente mit glatten Enden (blunt ends).

DNA-Abschnitt, den man untersuchen will, nicht gleich mit einer PCR vervielfältigt. Eine berechtigte Frage. Die Antwort: Man macht das nur bei ganz speziellen Anwendungen, nämlich wenn man das PCR-Produkt an den Enden noch mit zusätzlichen, bekannten Sequenzen versehen will, zum Beispiel wenn das PCR-Produkt anschließend sequenziert wird (siehe Kapitel 17). Dazu verwendet man nämlich meistens sogenannte Universalprimer, die nicht innerhalb des PCR-Produkts, sondern an den Vektor binden, aber das werden Sie im folgenden Kapitel sehen. Durch Klonieren kann man PCR-Produkte also mit einem zusätzlichen Stück DNA – nämlich dem Vektor – versehen, man verlängert sie also.

BEISPIEL

Ein PCR-Produkt zu klonieren ist ein bisschen komplizierter, weil es an seinen Enden meistens keine Schnittstellen hat. Deshalb gibt es grundsätzlich zwei Möglichkeiten:

- ✔ Man verwendet für die PCR ***Primer***, die in ihrer Sequenz ***Schnittstellen*** für ein Restriktionsenzym haben. Diese Primer werden einfach verlängert, das Produkt trägt also die Schnittstelle an seinen Enden. Dort kann es anschließend mit dem passenden Restriktionsenzym geschnitten und in den Vektor geklebt werden. Allerdings schneiden viele Enzyme am Ende eines Moleküls viel schlechter als in der Mitte. Nach dem Restriktionsverdau darf man also nicht mit einer hundertprozentigen Erfolgsrate rechnen.

- ✔ Man kloniert das PCR-Produkt in einen ***Vektor***, der (so wie das Produkt) ebenfalls ***glatte Enden*** hat. Wie schon erwähnt, geht das etwas schlechter als mit klebrigen Enden. Man muss dabei außerdem beachten, dass man für die PCR eine Polymerase einsetzt, die auch glatte Enden erzeugt – also *Pfu* oder *Pwo* (siehe Kapitel 9) und keine *Taq* (die *Taq*-Polymerase macht kurze sticky ends und hängt in ihrem Übereifer oft noch ein zusätzliches Nukleotid ans 3´-Ende, obwohl sie eigentlich schon fertig wäre – so hat eben jeder seine Macke). Falls man trotzdem nicht auf die *Taq* verzichten möchte, muss man nach der PCR eben noch die Enden glätten (siehe oben).

Wer einfach nur sein PCR-Produkt klonieren möchte, ohne lange zu überlegen, kann sich natürlich auch ein Kit kaufen, mit dem man (fast) sorgenfrei PCR-Produkte direkt klonieren kann. Mittlerweile gibt es davon eine schöne Auswahl von den verschiedensten Herstellern, die alles enthalten, was das Herz des Klonierers begehrt.

Klonierung zum Zweiten: Der Vektor

Das Insert ist nun da, aber DNA kommt nicht einfach so von allein in eine fremde Zelle, wo sie eigentlich auch von Natur aus gar nicht hingehört. Und wenn sie doch hineinkommen sollte, bleibt sie mit ziemlicher Sicherheit nicht drin. Deshalb braucht das präparierte Insert eine Transportmöglichkeit dorthin: einen geeigneten ***Vektor***. Der Vektor ist ein anderes Nukleinsäuremolekül, das das Insert aufnehmen kann und es in die fremde Zelle bringt. Von diesen praktischen Transportern gibt es verschiedene Typen, die in Kapitel 10 vorgestellt wurden. Bei einer Klonierung in Bakterien, bei der das Insert nicht allzu groß ist (maximal 6.000 Basenpaare), lässt man die fremde DNA meist von *Plasmiden* transportieren, den kleinen ringförmigen DNA-Molekülen aus Bakterien.

Aus dem reichhaltigen Angebot an Plasmiden der verschiedenen Hersteller sucht man sich einfach etwas Passendes aus und bereitet das Plasmid für seine Transportaufgabe vor. Dazu muss der DNA-Ring zunächst einmal mithilfe eines Restriktionsenzyms geöffnet werden, damit eine Lücke entsteht, in die man das Insert einkleben kann. Am einfachsten verdauen Sie das Plasmid mit dem gleichen Enzym, das Sie verwendet haben, um das Insert aus dem Haufen genomischer DNA auszuschneiden. Dann haben beide Schnipsel dieselben Enden und können leicht und stabil zusammengeklebt werden. Und das ist eigentlich schon alles: Der Vektor ist präpariert (= geöffnet), und das Insert kann einsteigen – zumindest theoretisch. Es gibt da nur noch ein kleines Problem.

Wie kann der Klebstoff – die Ligase – die Enden von Insert und Vektor unterscheiden, damit sie richtig zusammengeklebt werden? Die Antwort ist: Gar nicht! Und das ist ein Problem. Aber kein unlösbares. Hier muss der Experimentator eingreifen. Denn tut er das nicht, kann es passieren, dass die Enden der Vektoren mit sich selbst ligieren – also der Ring wieder geschlossen wird, ohne ein Insert aufgenommen zu haben. Das ist natürlich nicht der Sinn der Sache, und deshalb wird der Vektor vor der Ligation behandelt.

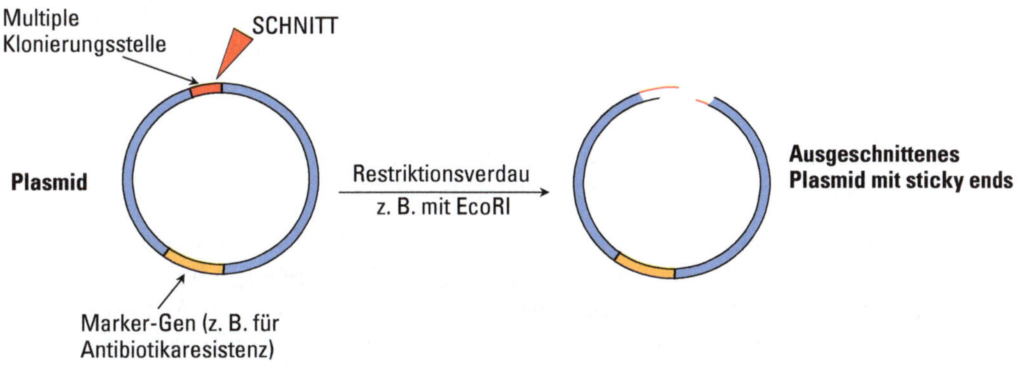

Abbildung 16.2: Schema der Präparation eines Plasmid-Vektors mit klebrigen Enden (sticky ends)

Nur ein »ge-CIP-ter« Vektor ist ein guter Vektor

Um zu verhindern, dass der geöffnete Vektor sich vor Aufnahme des Inserts wieder schließt, *dephosphoryliert* (das heißt *Phosphatrest entfernen*) man ihn. Das macht man mit einer alkalischen Phosphatase, einem Enzym, das aus dem Darm von Kälbern gewonnen wird und deshalb auch *CIP* heißt (abgekürzt für *Calf Intestine Alkaline Phosphatase*). Beim »CIPen« (so heißt das unter Molekularbiologen) werden die Phosphatreste an den Enden des Vektors entfernt, die er eigentlich brauchen würde, um sich wieder zum Ring zu schließen. Da jedoch das Insert diese Phosphatreste noch hat (es wird nicht geCIPt!), macht das nichts, denn der Vektor kann sich dann mithilfe des eingeklebten Inserts zum Ring schließen. Sehen Sie sich einfach noch mal die DNA-Struktur in Kapitel 3 an, dann ist das Prinzip des CIPens leichter zu verstehen.

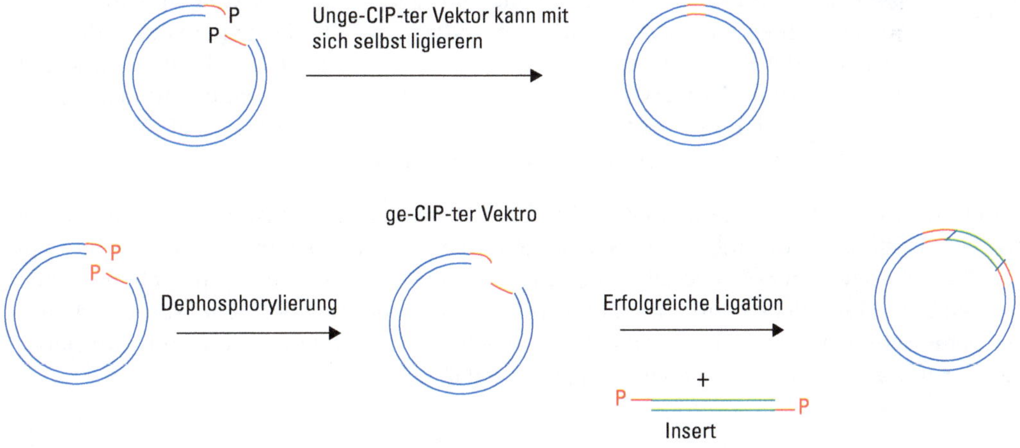

Abbildung 16.3: Das Prinzip des CIPens

BEISPIEL

Das CIPen an sich ist ganz einfach: Man gibt zum Vektor einfach etwas CIP (meist 1 µl) und den mitgelieferten Puffer und inkubiert den Ansatz

- ✔ bei einem *5´-Überhang* für 1 Stunde bei 37 °C,
- ✔ bei einem *3´-Überhang* oder *glatten Enden* 30 Minuten bei 37 °C und anschließend noch mal genauso lange bei 56 °C.

Damit das Enzym die nachfolgende Ligation nicht stört, muss man es jedoch danach wieder loswerden und den geCIPten Vektor reinigen. Praktische Alternativen zur CIP sind die *antarktische Phosphatase* aus in der Antarktis lebenden Bakterien oder die *Shrimp-Alkaline-Phosphatase* aus Eismeergarnelen. Sie haben den Vorteil, dass sie ganz einfach und zu hundert Prozent durch Hitze (65 bis 70 °C) inaktiviert werden können und man sich so die Aufreinigung spart. Allerdings gelten sie als nicht so stabil wie die CIP.

Klonierung zum Dritten: Die Ligation

Stehen Insert und Vektor bereit, dann kann der Klebstoff des Molekularbiologen – das Enzym Ligase (siehe Kapitel 9) – aus der Tiefkühltruhe geholt werden, denn jetzt steht die ***Ligation*** an. In der Ligation klebt die Ligase das Insert in die Lücke des aufgeschnittenen Vektors und fügt beide Komponenten zu einem intakten DNA-Molekül zusammen. Ein Plasmid wird dadurch wieder zum Ring geschlossen. Der Ligationsansatz wurde bereits in Kapitel 13 bei den Standardmethoden vorgestellt.

Das tägliche Brot der Ligase ist es, zwischen den Nukleotiden an den Enden von DNA-Stücken Phosphodiesterbindungen zu knüpfen. Dadurch entsteht aus zwei oder mehr DNA-Stücken ein einziges durchgehendes Molekül – die Einzelstücke werden sozusagen zusammengeklebt. Bei Klonierungen verwendet man meistens die *T4-DNA-Ligase* (aus dem Bakteriophagen *T4*), denn sie verknüpft sehr schnell und zuverlässig sowohl sticky als auch blunt ends und benötigt lediglich den richtigen Puffer sowie ATP (Adenosintriphosphat) als Energielieferant (nicht dATP = Desoxy-Adenosintriphosphat!).

Durch die Tätigkeit der Ligase entsteht *in vitro* (im Reagenzglas) eine *rekombinante DNA*, also ein künstliches Molekül aus DNA-Fragmenten unterschiedlicher Herkunft. Dabei kann die DNA von zwei unterschiedlichen Lebewesen stammen oder auch künstlich hergestellt worden sein. Eine solche Neukombination von Erbgut außerhalb der Zelle ist möglich, weil der genetische Code bei allen Organismen gleich ist und Transkription und Translation vom Grundsatz her bei allen Lebewesen gleich ablaufen.

Klonieren ohne Ligase: Ligase-independent cloning (LIC)

Es geht auch ohne: In den letzten Jahren wurden verschiedene Klonierungsmethoden entwickelt, mit denen man einfach, schnell und sehr kostengünstig ganz ohne Ligase klonieren kann. Dies ist vor allem in Hochdurchsatzexperimenten wichtig, in denen viele, viele Proben kloniert werden sollen. Man nennt sie ***Ligase-unabhängige Klonierungsmethoden*** (LIC). Und so funktioniert's:

Die LIC nutzt eine bestimmte Eigenschaft der T4-DNA-Polymerase, die unter bestimmten Bedingungen auch als 3´-5´-Exonuklease arbeiten kann. Das bedeutet, dass sie nicht nur Nukleinsäurestränge *herstellen*, sondern auch wieder *zerstören* kann – aber nur unter bestimmten Bedingungen. Und zwar knabbert das Enzym dann vom 3´-Ende eines Nukleinsäurestrangs so lang Nukleotide ab, bis man sie stoppt. Beim LIC macht man sich diese »dunkle Seite« des Enzyms zunutze, um im Vektor sehr spezifische, einzelsträngige Überhänge aus 10 bis 15 Basenpaaren zu erzeugen. Passend dazu stellt man auch die Inserts mit den komplementären (also zum Vektor passenden) Überhängen her, indem man in einer PCR spezielle Primer einsetzt, die zuvor ebenfalls mit der T4-DNA-Polymerase behandelt wurden. So präpariert, binden (= annealen) Insert und Vektor unter optimalen Reaktionsbedingungen ganz einfach aneinander, indem man sie nur miteinander mischt – und das ganz ohne Ligase. Dieser Prozess ist außerordentlich effizient, weil sich lediglich die gewünschten Produkte – also linearer Vektor und Insert – finden können und nichts anderes. Viele Klonierungskits, die man kaufen kann, arbeiten nach diesem Prinzip, und man hält mit ihnen schon nach wenigen Stunden den fertigen Expressionsvektor in der Hand (oder eben im Reaktionsgefäß).

Klonierung zum Vierten: Die Transformation

Das Gen oder ein Teil des Gens, das vervielfältigt werden soll, ist nun transportfertig für die Reise in die fremde Wirtszelle, meist eine Bakterienzelle. Es kann jetzt mithilfe des Vektors in die Bakterienzelle geschleust werden. Man bezeichnet dies als ***Transformation*** – die Bakterienzelle wird *transformiert.*

Eine »normale« Zelle nimmt jedoch nicht einfach so fremde DNA auf – warum sollte sie auch? Deshalb werden die Bakterien zuvor chemisch oder physikalisch behandelt: Man macht sie *kompetent* (siehe Kapitel 7). Sobald eine Zelle kompetent ist, kann sie die fremde DNA aufnehmen. Um die Wirtszelle zur Aufnahme des fremden Erbguts zu bringen, wird sie für kurze Zeit in einen Schockzustand versetzt, sodass sie vor lauter Aufregung praktisch gar nicht merkt, dass etwas Fremdes in sie eingeschleust wird. Diesen Schockzustand erreicht man entweder durch hohe Temperatur (Hitzeschock) oder ein elektrisches Feld (Elektroporation). In dieser Verfassung nimmt die Zelle dann also bereitwillig das Konstrukt auf.

Damit sie sich vom Stress erholen kann, gönnt man der armen Wirtszelle nach der Transformation erst einmal eine Stunde Wellness in etwas Kulturmedium bei angenehmen 37 °C. Danach hat sie sich so weit erholt, dass man die transformierten Zellen auf antibiotikahaltige Agarplatten geben kann, und am nächsten Morgen sieht man, was daraus wurde. Als Antibiotikum für *E. coli* wählt man in der Regel Ampicillin, Tetracyclin oder Kanamycin – je nachdem, welches Resistenzgen das verwendete Plasmid trägt. Das Antibiotikum sorgt dafür, dass nur die Bakterien wachsen, die auch den Vektor in sich tragen und nicht alle möglichen Keime, die sich gerade so im Labor herumtreiben, oder Bakterien, die bei der

Transformation gar keine fremde DNA abbekommen haben. Auf dem Vektor ist nämlich ein Gen, das seinen Träger resistent gegen das Antibiotikum macht. Den Bakterien mit Vektor kann es also egal sein, ob ihrem Agar antibiotisches Gift zugefügt wurde oder nicht. Bakterien ohne Vektor haben kein Resistenzgen und werden deshalb durch das Antibiotikum abgetötet.

Klonierung zum Fünften: Selektion und Vermehrung

Holt der Molekularbiologe am Morgen nach der Transformation die Agarplatten aus dem Brutschrank, so gibt es prinzipiell drei Möglichkeiten, was ihn erwartet:

- ✔ Die Platten sind ***leer***, was dafür spricht, dass das Klonierungsexperiment nicht geklappt hat. Aber was ist passiert? Auf den antibiotikahaltigen Agarplatten können keine »normalen« Bakterien wachsen – das Antibiotikum würde sie abtöten. Der Vektor, der für die Klonierung verwendet wurde, trägt jedoch ein *Resistenzgen* gegen das entsprechende Antibiotikum. Das heißt, falls ein Bakterium den Vektor aufgenommen hat, ist es *resistent* und kann sich trotz Antibiotikum wunderbar vermehren. In unserem Fall ist die Agarplatte jedoch leer, das heißt also, ***die Bakterienzellen haben den Vektor nicht aufgenommen***. Und wo kein Vektor, auch kein Insert – die Platten können also geradewegs in den Müll.

- ✔ Auf den Platten sind überwiegend ***blaue Kolonien*** (mehr zur Blau-Weiß-Selektion können Sie in dem Kasten »Bakterien sofort durchschauen: Die Blau-Weiß-Selektion« nachlesen). Was bedeutet das? Das ringförmige Plasmid wurde zwar vom Restriktionsenzym wahrscheinlich vorschriftsmäßig aufgeschnitten, das Insert aber nicht eingeklebt. So hat die Ligase stattdessen den Plasmidring wieder geschlossen, also das Plasmid hat mit sich selbst ligiert. Bei den blauen Kolonien hat man es also zwar mit ***Bakterienzellen mit Vektor, aber ohne Insert*** zu tun. Auch mit solchen Platten können Sie leider nichts anfangen – also weg damit.

- ✔ Auf den Platten sind überwiegend oder zumindest einige ***weiße Kolonien***. Der Experimentator kann sich freuen, denn sowohl das Basteln der rekombinanten DNA als auch die anschließende Transformation haben geklappt! Die ***Bakterienzellen tragen Vektor plus Insert***. Jede weiße Kolonie ist aus einem einzigen erfolgreich transformierten Bakterium entstanden und besteht nun aus einer ganzen Menge von Bakterien, sodass das Insert – also der gewünschte DNA-Abschnitt – gut vermehrt wurde. Übrigens sind alle Bewohner der Kolonie genetisch identisch, sodass Sie es hier mit einem ***Klon*** zu tun haben. Und alle tragen unser Insert – toll, oder?

Bakterien sofort durchschauen: Die Blau-Weiß-Selektion

Die *Blau-Weiß-Selektion* gehört zu den molekularbiologischen Standardmethoden. Mit ihr kann der Molekularbiologe schnell und auf einen Blick feststellen, ob die Transformation mit Vektor plus Insert erfolgreich war. Er sieht sofort, ob der Vektor leer ist oder vorschriftsmäßig das Insert trägt, wie es seine Bestimmung war. Und so funktioniert's:

Der verwendete Vektor (etwa pUC19, siehe Kapitel 10) trägt neben dem Antibiotikaresistenzgen und anderen zum Leben notwendigen Genen auch einen Teil des ***β-Galaktosidase-Gens*** (genannt ***lacZ′-Gen***). Dieses Gen enthält die Information für das Enzym β-Galaktosidase, das Milchzucker (Laktose) spaltet. Der andere Teil des Gens ist im Erbgut des Bakteriums. Das heißt, nur wenn beide Gen-Teile – also Vektor- und Bakterien-DNA – zusammenwirken, entsteht ein intaktes und funktionstüchtiges Enzym, das Milchzucker spalten kann. Kommt jedoch der Molekularbiologe daher und baut ein Insert mitten in den Vektor, dann inaktiviert er das lacZ′-Gen. Die Folge: Es kann keine arbeitstüchtige β-Galaktosidase entstehen, und der Experimentator weiß, dass sein Einbau erfolgreich war. Dieser Test klappt aber wirklich nur, wenn das Insert in den Vektor eingebaut wurde, bei einer Transformation mit dem Vektor ohne Insert wird das Enzym ganz normal gebildet und kann Laktose abbauen.

So weit, so gut, aber leider kann der Molekularbiologe β-Galaktosidase nicht sehen. Woher weiß er also, ob das Gen aktiv ist (also die Transformation *mit dem Insert* geklappt hat)? Er macht das mithilfe von blauer Farbe sichtbar. Und zwar gibt er dazu in den Agar, auf dem die transformierten Bakterien wachsen, zusätzlich zu den normalen Bestandteilen das Milchzuckeranalog ***X-Gal*** und einen Induktor fürs Enzym (***IPTG***, ein Galaktosederivat, das die Genexpression stimuliert). Ein aktives Enzym baut X-Gal ab, dabei entsteht ein blauer Farbstoff. Fehlt das Enzym, dann wird X-Gal nicht abgebaut, und es entsteht keine Farbe – die Zelle erscheint weiß. Das heißt, um die richtigen Bakterien zu finden, in die der Vektor mit dem Insert eingeschleust wurde, muss man nur nach weißen Kolonien Ausschau halten. Die blauen Kolonien tragen Vektoren ohne Insert. Das hört sich alles komplizierter an, als es ist. In der Praxis müssen Sie eigentlich nur Folgendes wissen:

- ✔ ***Das Experiment hat geklappt*** = Das lacZ′-Gen wurde durch den Einbau des Inserts inaktiviert = Nur der andere Teil des Gens im Bakterienerbgut ist noch intakt, kann aber allein für kein aktives Enzym sorgen = Keine aktive β-Galaktosidase = X-Gal wird nicht abgebaut = Kein Farbstoff = ***Die Bakterienkolonie ist weiß.***
- ✔ ***Das Experiment hat nicht geklappt*** = Der Vektor ist leer und trägt kein Insert = Das lacZ′-Gen wurde nicht unterbrochen, ist intakt und arbeitet mit dem anderen Teil des Gens im Bakterium zusammen = Funktionstüchtige β-Galaktosidase wird produziert und baut X-Gal ab = Es entsteht blaue Farbe = ***Die Bakterienkolonie ist blau.***

Wenn die gewünschten Kolonien auf der Agarplatte noch nicht ausreichen, kann man sie (und damit natürlich auch das Insert) weiter vermehren. Dazu pickt man jede Kolonie einzeln mit einem Zahnstocher (natürlich unbenutzt und steril!) oder einer Pipettenspitze von der Platte und gibt sie in einen Glaskolben mit Kulturmedium. Nach einigen Stunden bei 37 °C unter Schütteln hat sich die Kolonie nochmals schön vermehrt, gleichzeitig auch das Insert, sodass man nun die rekombinante DNA isolieren und damit »ernten« kann. Wie man das macht, richtet sich danach, wie viel Kulturmedium man angesetzt hat, also in einer Mini- oder Maxipräp wie in Kapitel 13 beschrieben. Damit haben Sie Ihr gewünschtes Gen oder den DNA-Abschnitt in sehr großer Menge und reiner Form gewonnen.

Damit man sich die ganze Mühe nicht umsonst gemacht hat, möchte man den Klon natürlich aufbewahren. Je nachdem, wie lange, sollte man die entsprechende Aufbewahrungsform wählen:

- Im ***Kulturmedium*** halten sich die Bakterien auch gekühlt nur wenige Tage – maximal eine Woche.
- Auf ***Agarplatten*** sollte man die kostbaren Klone nicht länger als einen Monat aufbewahren, aber nur im Kühlschrank und vor Austrocknung geschützt (zum Beispiel mit Klebeband).
- In ***Glycerin*** oder ***DMSO*** halten sich die Klone tiefgefroren bei -80 °C mehrere Monate oder Jahre lang. Dazu mischt man je 1 ml Bakterienkultur mit 1 ml Glycerin- oder DMSO-Lösung und lagert das Ganze möglichst kalt. Möchte man den Klon eines Tages wieder untersuchen, kratzt man einfach mit einer sterilen Pipettenspitze einen kleinen Brocken Gefrorenes ab und gibt ihn auf eine Agarplatte. Nach einigen Stunden bei 37 °C hat man schon wieder eine ganze Menge lebender Zellen, die den Vektor mit dem Insert in sich tragen.
- Lange Freude am Klon hat der Molekularbiologe auch, wenn er aus den frischen Klonen ***DNA*** isoliert und sie einfriert. Sobald er allerdings wieder Klone braucht, muss er sich die ganze Mühe mit der Transformation noch mal machen.

Aufbewahrungsinstitut für Gene: Die Genbank

Eine Sammlung aller Gene – also das komplette Genom – eines Lebewesens nennt man ***Genbank*** oder ***DNA-Bibliothek***. Eine Genbank besteht aus sehr vielen Klonen, in denen jedes Gen idealerweise mindestens einmal enthalten ist. Damit hat man das gesamte Erbgut eines Lebewesens für Untersuchungen zur Verfügung. Sucht man dann ein bestimmtes Gen, geht man die Bibliothek einfach Stück für Stück durch. Und sobald man es gefunden hat, hält man es auch schon fix und fertig kloniert in Händen – das ist sehr praktisch. Eine Genbank anzulegen, ist aber aufwendig und dauert in der Regel mehrere Wochen, wenn nicht noch länger.

Es gibt zweierlei Arten, eine solch systematische Sammlung von DNA-Molekülen anzulegen:

- Eine **genomische DNA-Bibliothek** beherbergt die komplette Information des Genoms, das heißt, sie besteht aus *Introns und Exons*.
- Eine **cDNA-Bibliothek** besteht nur aus Sequenzen, die auch in Proteine umgesetzt werden, also *nur aus Exons*.

In den folgenden Abschnitten zeige ich, wie die beiden Varianten entstehen.

Das komplette Genom als Genbank

Um eine ***genomische DNA-Bibliothek*** herzustellen, muss man zunächst einmal die genomische DNA des entsprechenden Lebewesens isolieren, die man archivieren möchte. Danach wird dieser ganze große Haufen an DNA mithilfe von Scheren – einem Restriktionsenzym – in kleine Stücke zerhackt. Allerdings sollten die Stücke nicht zu klein sein, man muss also ein Restriktionsenzym auswählen, das eher seltener – also nicht alle paar Nukleotide – schneidet. Außerdem sollte es so arbeiten, dass klebrige Enden entstehen, damit die DNA-Stücke anschließend leichter in den Vektor geklebt werden können. Die vielen DNA-Stücke kloniert und transformiert man genauso wie oben beschrieben, nur dass es eben Klonieren wie am Fließband ist. Als Wirte verwendet man Bakterien oder Hefezellen, manchmal auch zunächst Phagen. Damit jedes Gen auch wirklich mindestens einmal in der Bibliothek zu finden ist, müssen sehr viele Klone erzeugt werden. Diese Klone können dann im Gefrierschrank bei -80 °C für lange Zeit aufbewahrt werden. Sucht man nach einem bestimmten Gen, dann taut man die Klone auf und sucht sie nach der entsprechenden Sequenz ab.

BEISPIEL

Um in einer Genbank nach einem bestimmten Gen zu suchen, macht sich der Molekularbiologe die Hybridisierung zunutze (mehr dazu in Kapitel 13). Dazu legt er die Hybridisierungsmembran direkt auf die Agarplatte. An dieser bleiben Bakterien hängen, sodass auf der Membran eine Kopie des Musters der Kolonien auf der Agarplatte entsteht. Aus den an der Membran haftenden Bakterienzellen isoliert er direkt die DNA. Danach hybridisiert er mit der entsprechenden Sonde und weist die Sequenz nach. Das positive Ergebnis kann dann einfach auf die Originalagarplatte übertragen und die entsprechende Kolonie identifiziert, gepickt und vermehrt werden. Da man nur als Glückspilz das gesuchte Gen gleich auf der ersten Platte findet, ist auch das Durchsuchen einer Genbank oftmals Fließbandarbeit.

Mitten aus dem Leben: Die cDNA-Bank

Eine ***cDNA-Bank*** besteht logischerweise aus viel weniger Klonen als eine genomische Bank, weil ja nicht die gesamte DNA des entsprechenden Lebewesens gesammelt wird, sondern nur die Sequenzen, die die Information für ein Protein tragen – die Exons. Und das sind im Fall des Menschen nur etwa 5 % des Genoms. Ein weiterer Unterschied ist, dass in einer cDNA nicht alle exprimierten Gene des Lebewesens enthalten sind, sondern lediglich solche, die in einem bestimmten Gewebe aktiv sind – es sei denn, man würde einen Probenmix aus allen Geweben des Lebewesens verwenden.

Grundsätzlich erstellt man eine cDNA-Bank genauso wie eine genomische Bibliothek, mit dem Unterschied, dass man nicht mit DNA, sondern mit der ***mRNA*** startet, die in einer reversen Transkription (siehe Kapitel 13) erst einmal in DNA – nämlich in cDNA – umgeschrieben wird. Dass man mit der mRNA startet, ist der Grund dafür, dass in der cDNA-Bibliothek lediglich die Gene enthalten sind, die in dem Gewebe exprimiert werden, aus dem die Probe stammt: Zum Beispiel sieht die cDNA-Bank, die mit einer Probe aus der Leber erstellt wurde, ganz anders aus als die aus einer Muskelprobe. Das Gute daran ist aber, dass man mithilfe solcher Banken die Expressionsmuster verschiedener Zellen und Gewebe vergleichen kann.

Die Tatsache, dass die cDNA auf Basis von mRNA gemacht wird, stellt für den Molekularbiologen aber insofern ein Problem dar, als die Arbeiten mit RNA sehr heikel sind. Wenn er nicht aufpasst, hat sie sich in null Komma nichts schon bei der Isolierung aus dem gewünschten Gewebe in Luft aufgelöst, das heißt, sie wurde von RNasen abgebaut. Braucht man also eine cDNA-Bank, ist es ganz besonders praktisch, wenn man sich eine vorgefertigte kaufen kann. Solche vorgefertigten Bibliotheken sind für ganz viele verschiedene Gewebe erhältlich, zum Beispiel aus Darm, Niere oder Gehirn des Menschen – gesund oder krank, aus Geweben von Maus, Ratte, Schwein oder Pflanzen und noch viele andere.

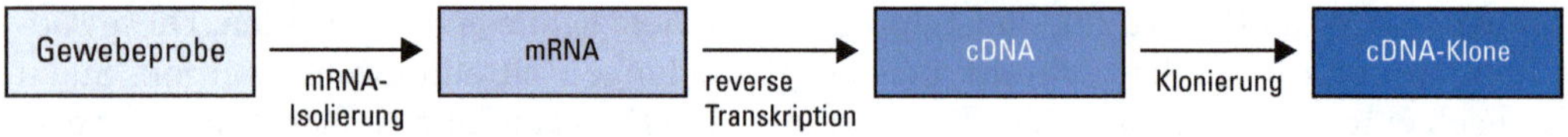

Abbildung 16.4: Wie man eine cDNA-Bank erstellt

BEISPIEL

Ein weiteres praktisches Problem, vor das der Experimentator gestellt wird, ist der Umstand, dass die cDNA aus einer reversen Transkription immer blunt ends hat. Und solche glatten Enden lassen sich nur sehr ineffizient mit dem Vektor verkleben. Dafür gibt es aber eine Lösung: Man macht sich die Enden einfach so, wie man sie will, indem man kurze, künstlich hergestellte DNA-Stückchen – sogenannte *Linker* – an die Enden klebt. Dazu gibt man, bevor man die cDNA in den Vektor kloniert, einfach Linker und Ligase zu den cDNAs, und schon nach kurzer Zeit sind die Inserts aus cDNA maßgeschneidert mit Linkern versehen und tragen an ihren Enden die gewünschte Sequenz mit entsprechenden Schnittstellen für Restriktionsenzyme. Durch den Verdau mit dem entsprechenden Restriktionsenzym entstehen dann die sticky ends.

Gerade hat der Experimentator das erste Problem gelöst, da kommt schon das nächste auf ihn zu: Erzeugt er die sticky ends des cDNA-Inserts, dann kann es passieren, dass das Restriktionsenzym nicht nur schöne Enden zurechtschneidet, sondern auch innerhalb der cDNA schneidet, falls sich dort eine Erkennungssequenz befindet, was nicht ganz unwahrscheinlich ist. Auf diese Weise würden die Inserts in kleine Stücke zerschnitten, und das ist nicht erwünscht. Denn man möchte eine Sammlung aus Klonen, die möglichst große Inserts tragen. Man nennt solche Klone *Full-length-Klone*. Allerdings ist es fast utopisch, eine Bibliothek erstellen zu wollen, die nur aus solchen Klonen besteht. Wenn alles super läuft, sind etwa um die 80 % Full-length-Klone enthalten. Das Problem löst man, indem man die cDNA methyliert – viele Restriktionsenzyme schneiden keine methylierte DNA (siehe Kapitel 9). Dann werden wirklich nur die Erkennungssequenzen in den Linkern von den molekularen Scheren erkannt und bearbeitet.

IN DIESEM KAPITEL

Wie eine Sequenzierung funktioniert

RFLPs, SSCPs, Repeats und SNPs

Was eine Genkarte ist und wie man sie erstellt

Kapitel 17

Sequenzanalyse: Den Nukleinsäure-Code übersetzen

Eigentlich ist der Molekularbiologe gar kein Wissenschaftler, sondern ein Dolmetscher, der die beiden Sprachen »DNA-Code« und »Aminosäuresequenz« möglichst gut beherrschen und ineinander übersetzen können muss. Denn letzten Endes macht er die meisten seiner Experimente nur zu einem einzigen Zweck: um zu erfahren, was aus einem Gen wird – also wie es übersetzt wird, was es bedeutet, wozu es gut ist und welche Funktion sein Produkt im Organismus hat. Kann er alle diese Fragen beantworten, dann hat er einen Ansatzpunkt, um zum Beispiel Gendefekte, die Ursache für Krankheiten sein können, zu reparieren oder Medikamente zu entwickeln. Mit dem ersten Bereich – der DNA – beschäftigen sich die *Genomiker*, mit dem zweiten – dem Genprodukt – die *Proteomiker*. Eine große Dolmetschergruppe also, die mittlerweile viele verschiedene Methoden zur Hand hat, um den Nukleinsäure-Code in unser menschliches Alphabet umzuschreiben und dann übersetzen und deuten zu können. In diesem Kapitel möchte ich zeigen, welche Ansätze und Methoden es gibt, um die Nukleinsäuresequenz eines Gens herauszufinden, zu analysieren und zu lernen, wie man das genau macht. Mit der Sequenzanalyse der Genprodukte – der Proteine – beschäftige ich mich dann in Teil IV, dem Proteomik-Teil.

Um den Nukleinsäure-Code zu untersuchen, gibt es generell zwei verschiedene Ansätze:

- ✔ Entweder man ermittelt die Abfolge der Nukleotide (die Nukleotidsequenz) eines Gens ***direkt***, um dann von dieser Sequenz auf die Abfolge der Aminosäuren (der Aminosäuresequenz) des codierten Proteins zu schließen,
- ✔ oder man geht den ***indirekten*** Weg und vergleicht verschiedene Nukleinsäureproben miteinander, ohne die vollständige Sequenz zu kennen. Zum Beispiel kann man die Nukleinsäure von Kranken und Gesunden vergleichen, um bestimmte Auffälligkeiten zu finden und Varianten in der Sequenz aufzuspüren, die immer in Verbindung mit einer bestimmten Eigenschaft auftreten, beispielsweise mit der Krankheit.

Im Folgenden sollen Sie beide Verfahrensweisen – direkt und indirekt – kennenlernen. Ich beginne in einem ersten Teil mit der direkten Methode, der Sequenzierung, und beschreibe in einem zweiten Teil, wie man den indirekten Weg geht und Genvarianten analysiert. Außerdem zeige ich, wie man diese Methoden nutzt, um Gene zu kartieren; sie also in dem großen Haufen genomischer DNA aufzuspüren und dann für alle Ewigkeit genau zu wissen, wo sie zu finden sind, wenn man sie untersuchen oder einen genetischen Defekt therapieren möchte.

Der direkte Weg: Die Sequenzierung

Mit einer Sequenzierung ermittelt der Molekularbiologe den genetischen Code, also die genaue Reihenfolge der vier verschiedenen »Buchstaben« – der Nukleotide A, C, G und T eines Gens oder DNA-Abschnitts. Dabei stehen ihm prinzipiell zwei verschiedene Sequenziertechniken zur Verfügung.

- ✔ **Die enzymatische Methode:** Die nach ihren Erfindern benannte *Sanger-Coulson-Methode* – auch *Didesoxymethode* genannt – ist der PCR sehr ähnlich. Auch hier macht eigentlich die ganze Arbeit ein Enzym, die Polymerase. Heutzutage wird fast nur noch mit dieser Methode sequenziert. So gut wie alle Sequenzierautomaten arbeiten nach diesem Prinzip. Auch das massive parallele Sequenzieren, ein modernes Sequenzierverfahren der neuesten Generation – *Next Generation Sequencing (NGS)* genannt – basiert auf dieser Methodik.

- ✔ **Die chemische Methode:** Bei der ebenfalls nach ihren Erfindern benannten *Maxam-Gilbert-Methode* verwendet man zur Sequenzierung meist giftige Chemikalien wie Dimethylsulfat und Piperidin, weshalb dieses Verfahren heute nicht mehr zur gängigen Laborpraxis gehört. Jeder Molekularbiologe kennt aber zumindest das Prinzip.

Beide Varianten wurden schon in den 70er-Jahren des 20. Jahrhunderts entwickelt; die Erfinder erhielten 1980 gemeinsam für ihre genialen Ideen den Nobelpreis für Chemie. Aus der modernen Molekularbiologie ist die Sequenzierung heute nicht mehr wegzudenken. Sie hat zu vielen wichtigen Entdeckungen geführt; die wohl populärste unter ihnen war die Entschlüsselung des menschlichen Genoms im Jahr 2001.

Die Sanger-Methode: Kettenabbruch macht's möglich

Die Sanger-Methode ist heute neben PCR und Klonierung die wohl am häufigsten praktizierte Technik in molekularbiologischen Labors. Mit ihrer Hilfe konnten im letzten Jahrzehnt die Genome von mehreren Hundert Organismen – darunter auch das des Menschen – komplett entschlüsselt werden. Das enzymatische Prinzip der Sequenzierreaktion ist eigentlich »nur« eine Variante der Polymerase-Kettenreaktion (siehe Kapitel 15). Anschließend werden die Produkte der Reaktion in einer Elektrophorese (siehe Kapitel 14) der Größe nach sortiert. Aus dem aufgetrennten Fragmentmuster – dem *Elektropherogramm* – kann man die Nukleotidabfolge einfach ablesen. Zu einer Sequenzierreaktion gehören folgende Zutaten:

- ✔ Logischerweise die **DNA-Probe**, die Sie sequenzieren wollen, und die als Vorlage für die Arbeit des Enzyms – der Polymerase – dient.

- Die **Primer**, die die Polymerase wie bei einer PCR als Starthilfe braucht. Falls man schon Information über die zu entschlüsselnde Sequenz hat, kann man sich die Primer maßgeschneidert herstellen lassen. Falls man aber noch überhaupt nichts über die Sequenz weiß, macht das auch nichts. Es gibt dann die Möglichkeit, *Universalprimer* zu verwenden, die zu einem Vektor passen, dessen Sequenz man kennt. Allerdings muss man das zu übersetzende DNA-Stück zuerst einmal klonieren (siehe Kapitel 16), also in den Vektor kleben und das Konstrukt vermehren, bevor man es sequenzieren kann.

- **Nukleotide (dNTPs)** als Bausteine für die neue DNA, die die Polymerase herstellt.

- Das **Enzym**, die Polymerase, unser Arbeitstier (siehe Kapitel 9), das ausgehend von den Primern als Starthilfen Nukleotid für Nukleotid aneinanderfügt und so neue DNA produziert. Natürlich braucht das Enzym wie immer auch den geeigneten **Puffer**.

- Ultrareines **Wasser**, das für ein gewisses Volumen der Reaktion und die richtige Konzentration der anderen Zutaten sorgt.

Sie haben es bestimmt bemerkt: Bis hierher sind Ihnen die Zutaten schon von der PCR her bekannt. Eine richtige Sequenzierung macht aber noch eine weitere Zutat aus, die Sie bisher noch nicht kennen:

- Die **Didesoxynukleotide (ddNTPs)**. Sie sind der eigentliche Schlüssel zur Sequenzierung. Man nennt sie auch *Stopp-Nukleotide*. Auf ihnen baut das Prinzip der Sanger-Methode auf, denn sie wirken als Störenfriede, die zum Kettenabbruch während der Sequenzierreaktion führen (sonst wäre es einfach nur eine »normale« PCR).

  Die ddNTPs haben fast die gleiche chemische Struktur wie die dNTPs, nur mit dem einen Unterschied, dass ihnen ein Sauerstoff-(O-)Atom an der 3´-Position des Zuckers Ribose fehlt. Das ist ganz wichtig für den Kettenabbruch. Denn wie Sie in Kapitel 3 gesehen haben, ist die Hydroxyl-(OH-)Gruppe an der 3´-Position der Ribose-Zucker eine Reaktionsstelle. Hier werden die Nukleotide zu langen DNA-Ketten verbunden, indem das Sauerstoffatom, das an C3 gebunden ist, chemische Bindungen mit anderen Molekülen eingeht. Fehlt dieser Sauerstoff wie bei den ddNTPs, kann keine Bindung mehr geknüpft und die Kette auch nicht mehr verlängert werden.

Wie kommt es aber überhaupt zum Einbau eines solchen Störenfrieds? Nun ist die Polymerase zwar ein tolles Enzym, aber eben ein Arbeitstier und kein Spürhund. Das heißt, sie kann nicht zwischen dNTP und ddNTP unterscheiden. Das macht sich der Molekularbiologe in der Sequenzierung zunutze, denn egal, ob Didesoxy- oder Desoxyvariante, alle Nukleotide werden wahllos von der Polymerase verarbeitet. Sie greift sich eben das Molekül, das gerade in der Nähe ist. Sobald sie jedoch einen Störenfried erwischt und ihn einbaut, kann die Kette nicht mehr weiter verlängert werden, und die Synthese wird abgebrochen. Die Prozedur folgt dem Zufallsprinzip, das heißt, je früher ein Störenfried verarbeitet wird, desto kürzer ist die neue DNA-Kette.

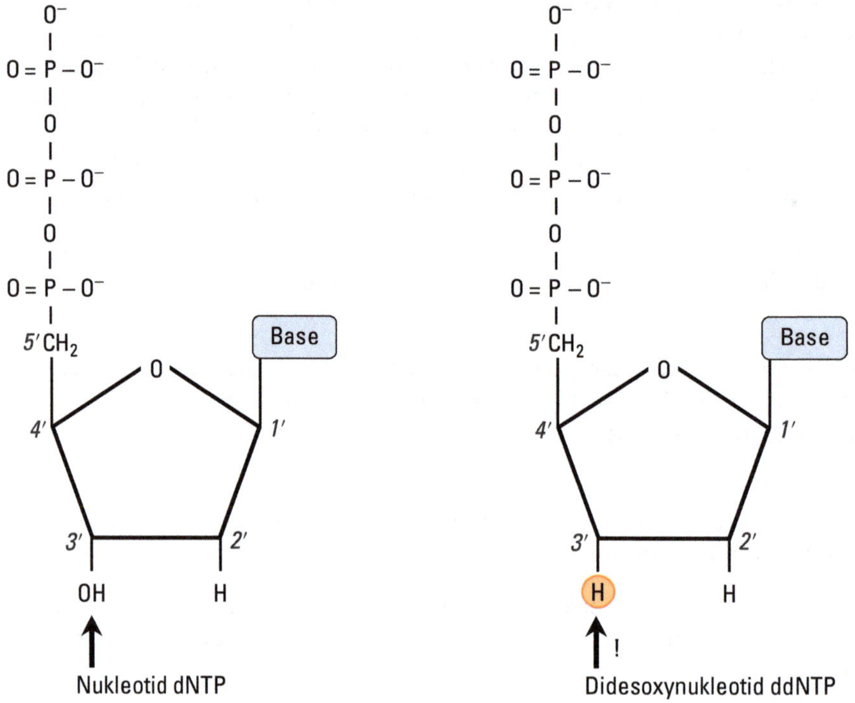

Abbildung 17.1: Chemische Struktur eines Nukleotids (dNTP) links und eines Didesoxynukleotids (ddNTP) rechts: Das ddNTP ist ein dNTP ohne Sauerstoff an 3´.

Die Sequenzierreaktion: Das Prinzip der Störenfriede

Die Grundlage der Sequenzierreaktion nach Sanger ist es, durch zufälligen Einbau eines der Störenfriede der Kettenverlängerung – *den ddNTPs* – unterschiedlich lange DNA-Fragmente zu erzeugen, und das in vier verschiedenen, getrennten Sequenzierreaktionen. Zu jedem einzelnen der vier Reaktionsansätze werden zwar ***alle vier verschiedenen dNTPs*** (also dATP, dGTP, dCTP und dTTP), aber jeweils nur ***eine Sorte ddNTP*** gegeben, also

- ✔ zum ersten Reaktionsansatz nur ddATP
- ✔ zum zweiten Reaktionsansatz nur ddGTP
- ✔ zum dritten Reaktionsansatz nur ddCTP
- ✔ zum vierten Reaktionsansatz nur ddTTP

Dadurch weiß man in jedem der vier Reaktionsansätze genau, wie die letzte Base des Fragments aussieht (denn diese ist ja in jedem Fall das jeweilige ddNTP!). Die unterschiedlich langen DNA-Stückchen werden dann in einer Elektrophorese sortiert, wobei die vier verschiedenen Reaktionsansätze wieder separat voneinander in getrennten Spuren aufgetragen werden. Aus den aufgetrennten Fragmenten kann man dann die Sequenz ablesen.

Und so läuft die Sequenzierung im Einzelnen ab:

1. ***Vorbereitung:*** Wie für eine PCR werden die verschiedenen Zutaten in ein Reaktionsgefäß gegeben und gut gemischt. Der Unterschied ist nur, dass man für die PCR sechs verschiedene Zutaten, für eine Sequenzierung aber sieben Zutaten braucht: DNA, Primer, dNTPs, Enzym, Wasser, Puffer und eben die *ddNTPs*. Die ddNTPs gibt man im Vergleich zu den dNTPs nur in sehr geringer Menge dazu, weil man möchte, dass die Polymerase überwiegend »normale« Bausteine für ihre Arbeit verwendet. Den Reaktionsansatz stellt man dann in den Thermocycler.

2. ***Sequenzierreaktion:*** Genauso wie bei einer PCR laufen im Thermocycler nun 30 bis 40 Zyklen Erhitzen und Abkühlen ab, die jeweils aus den drei Schritten Denaturierung, Annealing und Elongation (siehe Kapitel 15) bestehen. Dabei dient die DNA-Probe, die zu sequenzieren ist, als Kopiervorlage. Auf Basis dieser Vorlage stellt die Polymerase in jedem Zyklus neue DNA-Stränge her und kopiert dabei die Vorlage exakt.

   So weit ist das eigentlich eine fast »normale« PCR. Jetzt kommt aber der große Unterschied: Die Polymerase verarbeitet nämlich so lange dNTPs, bis sie zufällig ein ddNTP erwischt. Da dem Störenfried das Sauerstoffatom der Reaktionsstelle fehlt, kann die Polymerase an ihn kein weiteres Nukleotid anhängen. Ihre Arbeit ist für diesen Strang beendet, und sie macht sich davon. Übrig bleibt ein neues DNA-Stück mit einem ddNTP am Ende: Die Länge des DNA-Stücks hängt davon ab, wie früh die Polymerase in ihrem Arbeitsprozess einen Störenfried erwischt hat. Hat sie sich das ddNTP bereits am Anfang des Elongationsschritts gegriffen, dann ist die Kopie recht kurz. Wurde der Baustein eher zum Schluss eingebaut, ist die Kopie viel länger und vielleicht sogar fast fertig. Auf diese Weise entstehen in den Zyklen im Thermocycler ungeheuer viele angefangene, halb fertige und fast fertige Kopien. Der Idealfall ist es, wenn man während der Sequenzierreaktion DNA-Fragmente in allen Längen erhält, die theoretisch möglich sind: Möchte man zum Beispiel einen DNA-Abschnitt sequenzieren, der 100 bp lang ist, dann ist es perfekt, wenn man am Schluss hundert verschieden lange Fragmente im Reaktionsgefäß hat, die zwischen 1 und 100 bp lang sind. Aus diesem Grund gibt man auch nur sehr wenige ddNTPs in den Ansatz, sonst würden viel zu viele kurze Fragmente entstehen.

   Wie kommen Sie aber nun von dem Sammelsurium aus vielen verschieden langen DNA-Stückchen zur Sequenz? Der Trick dabei ist, dass man vier verschiedene, *getrennte* Reaktionsansätze hat: einen für den »Buchstaben« A, einen für G, einen für C und einen für T (siehe oben: Jeder Ansatz enthält alle vier dNTPs, aber nur eine Sorte ddNTPs!). Das heißt, man weiß für jeden der vier Ansätze genau, welches ddNTP die verschieden langen DNA-Stückchen an ihrem Ende tragen, denn:

   - im ersten Ansatz enden alle Stücke – egal, wie lang sie sind – mit A
   - im zweiten Ansatz enden alle Stücke mit G
   - im dritten Ansatz enden alle Stücke mit C
   - im vierten Ansatz enden alle Stücke mit T

Ich bemühe nun nochmals das Beispiel mit dem 100 bp langen DNA-Abschnitt, den ich entschlüsseln will: Nehmen Sie an, diese 100-bp-Sequenz besteht aus je 25 A, G, C und T, dann hat man in jedem der vier verschiedenen Reaktionsansätze 25 unterschiedlich lange Stücke mit dem entsprechenden »Buchstaben« am Ende. Bedenken Sie bitte außerdem, dass die Polymerase die DNA-Stücke nicht einfach so nach Lust und Laune herstellt, sondern dass sie eine exakte Kopie der Vorlage – der DNA-Probe, die Sie übersetzen wollen – sind. Nur eben mehr oder weniger lange und vollständige Kopien. Aber auch wenn ein Fragment nur ein Basenpaar lang ist, ist es eine genaue Kopie des ersten Basenpaars der Vorlage!

3. ***Elektrophorese:*** Die vier Reaktionsansätze werden nun nebeneinander in einem hochauflösenden, denaturierenden *Polyacrylamidgel* (siehe Kapitel 14) elektrophoretisch aufgetrennt. Und zwar muss das Gel so gut sein, dass man auch Fragmente noch problemlos voneinander trennen kann, die sich in ihrer Länge nur um ein einziges Basenpaar unterscheiden. Dafür gibt es spezielle *Sequenziergele,* die die Fragmente sortieren. Das Gel muss denaturierend sein (also Harnstoff enthalten), weil die DNA einzelsträngig aufgetrennt wird und im Gel keine Sekundärstrukturen bilden (also mit sich selbst paaren) sollte. Sonst ist keine ordentliche Trennung und Auswertung möglich.

4. ***Auswertung:*** Aus dem aufgetrennten Bandenmuster kann man dann nach der Elektrophorese die Basenabfolge ablesen: Man beginnt mit dem kürzesten Fragment und notiert sich, zu welchem Ansatz – ob A, C, G oder T – es gehört. Darauf folgt das nächstlängere und so weiter, bis man den Text aus den »Buchstaben« zusammenhat. Sehen Sie sich einmal Abbildung 17.2 an, dann wird ihnen das Verfahren sicher gleich klar werden. Das Prinzip ist einfach: Die Längenabfolge der abgebrochenen DNA-Stückchen in den vier verschiedenen Ansätzen entspricht der Sequenz der DNA-Probe. So haben Sie den Code der DNA jetzt übersetzt, Ihr Text ist fertig.

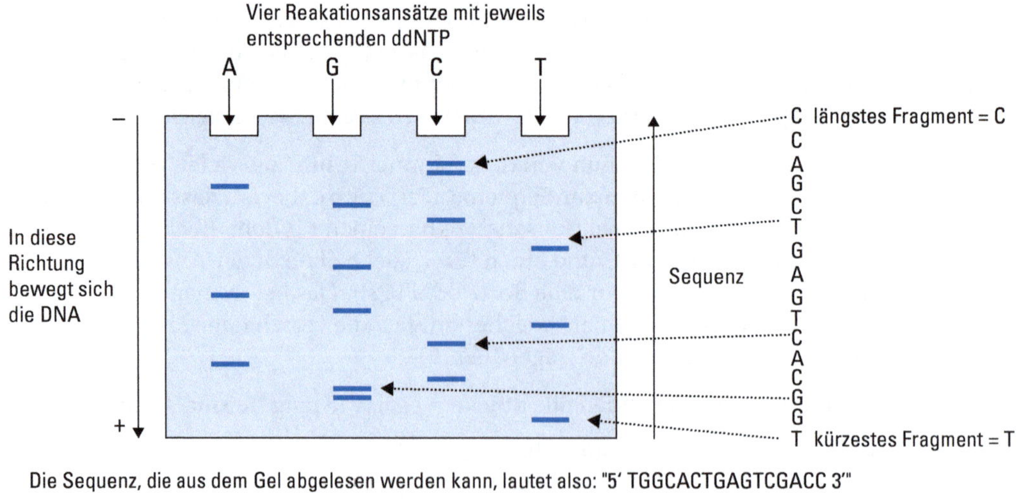

Abbildung 17.2: Wie man ein Sequenziergel auswertet und DNA in Text übersetzt

Eines muss ich jetzt aber noch erläutern: Ich habe in dem Arbeitsablauf der Sequenzierung völlig unterschlagen, dass DNA-Banden in einem Acrylamidgel ja für das Auge unsichtbar sind. Mit Ethidiumbromid können Sie sie nicht anfärben; die DNA-Menge in den vielen einzelnen Banden ist einfach zu gering und Sie könnten das nicht ordentlich auswerten. Wie kann man also die »Buchstaben« aus dem Gel ablesen? Es gibt da verschiedene Möglichkeiten, wie man die abgebrochenen Stückchen nachweisen kann. Darum möchte ich mich im folgenden Abschnitt kümmern.

Wie unser Auge den DNA-Code lesen kann

Damit der Molekularbiologe die »Buchstaben« A, C, G und T aus dem Sequenziergel ablesen kann, müssen sie sichtbar gemacht, die Banden also nachgewiesen werden. Dafür gibt es prinzipiell zwei verschiedene Möglichkeiten:

- ✔ Der Nachweis einer Bande durch **Radioaktivität**: Dabei ist eine der sechs Zutaten für die Sequenzierreaktion radioaktiv markiert (das heißt so viel wie *trägt ein radioaktives Atom in sich*). Die Polymerase baut diesen Baustein und damit das radioaktive Atom in jedes der neu hergestellten, unterschiedlich langen DNA-Stücke ein. Folgende Zutaten können mit einer radioaktiven Markierung versehen werden:
  - Die ***Primer:*** Sie sind an ihrem 5´-Ende markiert, sodass dann auch die neuen DNA-Stränge an ihren 5´-Enden die radioaktive Markierung tragen.
  - Die ***dNTPs:*** Dadurch, dass die markierten dNTPs vom Enzym wie die anderen Bausteine ohne Markierung nach dem Zufallsprinzip eingebaut werden, ist jedes neue DNA-Stück mehrfach markiert, und man erhält im Vergleich zu den anderen beiden Varianten die stärksten Signale. Es reicht, wenn eines der vier Nukleotide markiert ist.
  - Die ***ddNTPs:*** Sie werden ebenso wie die dNTPs von der Polymerase verwertet, befinden sich dann allerdings an den Enden der neuen DNA, weil ihr Einbau ja den Abbruch der Synthese bedeutet. Man braucht vier verschiedene radioaktiv markierte Didesoxynukleotide für die vier verschiedenen Ansätze.

Markiert wird die DNA mit radioaktivem Phosphor (^{32}P, ^{33}P) oder Schwefel (^{35}S), die sich in Strahlungsintensität ($^{32}P > {}^{33}P > {}^{35}S$) und Halbwertszeit ($^{35}S > {}^{33}P > {}^{32}P$) voneinander unterscheiden.

Nach der Sequenzierreaktion wird die markierte DNA durch *Autoradiografie* nachgewiesen. Bei einer solchen Autoradiografie wird ein Röntgenfilm an Stellen geschwärzt, wo radioaktive Strahlung ist – in unserem Fall also überall dort, wo sich radioaktiv markierte DNA befindet. Dazu legt man einfach nach der Elektrophorese den Röntgenfilm für einige Stunden auf das getrocknete Gel, entwickelt ihn und hat eine Kopie des Bandenmusters in Form von schwarzen Banden auf dem Film. Aus diesen Banden kann dann wie oben beschrieben die Sequenz abgelesen werden. Alternativ kann statt eines Röntgenfilms auch ein sogenannter »Phoshorimager« auf das radioaktive Gel gelegt werden – eine wiederverwendbare Platte mit einer organischen Beschichtung, die Europium-Ionen enthält und viel sensitiver ist als ein Röntgenfilm. Die bestrahlte Filmplatte wird dann Zeile für Zeile mit einem speziellen Laser abgetastet und anhand der Lichtemission ein Bild mit Gaustufen erzeugt. Mit einer radioaktiven Sequenzierung erreicht man eine Leseweite von maximal etwa 600 bp.

Rund 30 Jahre lang war dies *die* Nachweismethode der Wahl. Als Anfang der 1990er-Jahre aber Fluoreszenzfarbstoffe auf den Markt kamen, wurden die radioaktiven Substanzen aus verständlichen Gründen mehr und mehr durch die wesentlich ungefährlicheren Farbstoffe ersetzt.

✔ Der Nachweis der Banden durch **Fluoreszenz** (also nichtradioaktiv): Seit diese praktische und ungefährliche Nachweismöglichkeit für DNA-Banden in Acrylamidgelen entwickelt wurde, arbeitet man in der Molekularbiologie verständlicherweise nicht mehr so gerne mit Radioaktivität – sofern es möglich ist. Ein weiterer Vorteil ist die Leseweite: Eine Sequenzierung, bei der man 1.000 bp weit lesen kann, ist mit diesem Verfahren keine Seltenheit. Der einzige Nachteil von Fluoreszenzfarbstoffen ist, dass man dazu spezielle Geräte – *Sequenzierautomaten* – braucht, in denen Kapillar-Gelelektrophoresen stattfinden (siehe Kapitel 14), die in der Anschaffung nicht ganz billig sind und sich nur lohnen, wenn wirklich viel und oft sequenziert wird. Eine Alternative dazu ist es, seine Proben zu einem der vielen Sequenzierservices zu schicken. Selbst macht man dann nur die Sequenzierreaktion, den Rest macht der Service, und man bekommt die Ergebnisse fix und fertig zurückgeschickt.

Auch bei dieser Nachweisvariante gibt es zwei Möglichkeiten, wie man die neu synthetisierte DNA mit einem Fluoreszenzfarbstoff versehen kann:

- durch die ***Primer***, dann nennt man das Ganze *Dye-Primer-Verfahren*
- durch die ***ddNTPs***, dann heißt das *Dye-Terminator-Verfahren* (*dye* ist englisch und heißt *Farbe*)

Fluoreszenzmarkierte *dNTPs* werden nicht verwendet, weil die Fluoreszenzfarbstoff-Moleküle relativ groß sind und die Synthese stören würden.

Es gibt mehrere Fluoreszenzfarbstoff-Sorten mit komischen Namen, zum Beispiel FAM, HEX, TET, ROX, JOE oder TAMRA. Welchen man verwendet, richtet sich nach dem System des Sequenzierautomaten, das heißt, welche Farbstoffe der Hersteller vorsieht. Allen Farbstoffen ist gemeinsam, dass sie von Laserlicht zur Strahlung angeregt werden (sonst wären sie ja keine *Fluoreszenz*farbstoffe!). Zu diesem Zweck befindet sich in jedem Sequenzierautomaten ein Laser – das ist praktisch das Nachweisprinzip dieses Verfahrens.

Zum Ablesen der Sequenz werden die verschieden langen Fragmente aus der Sequenzierreaktion zunächst ebenso wie beim radioaktiven Nachweis in einem Polyacrylamidgel aufgetrennt. Auf ihrer Wanderung zum Pluspol passieren die DNA-Stücke irgendwann einmal den Laser des Sequenzierautomaten, die Farbstoffe werden angeregt, das abgestrahlte Licht wird von einem Detektor im Gerät registriert und in digitale Daten umgewandelt. Das Ergebnis kann sich der Experimentator dann im Computer ansehen und die Sequenz einfach ablesen: Die den vier »Buchstaben« entsprechenden Banden werden vom Computer als *Peaks* (so sagt der Molekularbiologe für »Kurven«

oder »Spitzen«) dargestellt, und zwar für jeden »Buchstaben« in einer anderen Farbe. Die Auswertung ist viel einfacher als bei einer radioaktiven Sequenzierung, weil man nicht gleichzeitig vier verschiedene Gelspuren im Auge behalten muss.

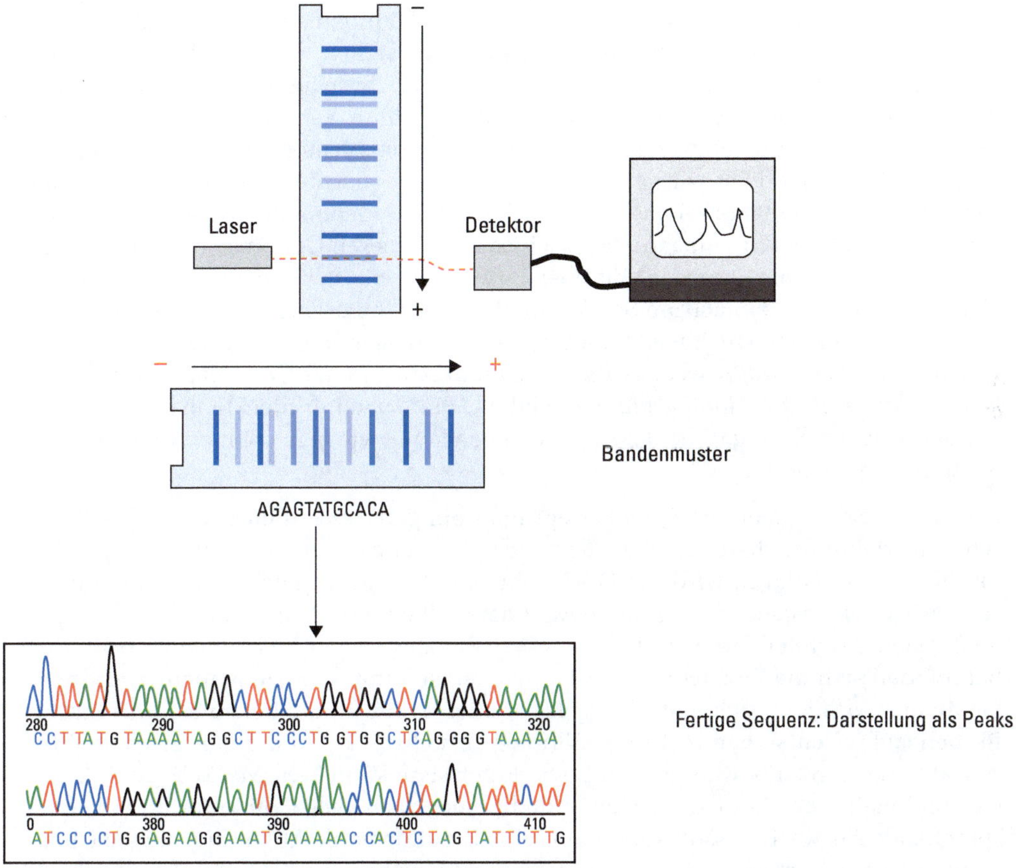

Abbildung 17.3: Bei der Auswertung eines Elektropherogramms mithilfe von Fluoreszenzfarbstoffen wird das Bandenmuster in ein Kurvendiagramm übertragen, aus dem der Computer die Sequenz abliest.

Das Gute bei einer Sequenzierung mit Fluoreszenzfarbstoffen ist, dass man für jedes der vier ddNTPs einen anderen Farbstoff verwenden und die Sequenzierreaktion trotzdem in einem einzigen Reaktionsgefäß durchführen kann. Auch bei der Elektrophorese muss man nicht vier Ansätze getrennt in vier Spuren des Gels auftragen, sondern braucht nur eine einzige Spur für jede Sequenz. So kann man mit einem einzigen Elektrophoresedurchgang viermal so viele Proben untersuchen. Da die Farbstoffsorten jeweils Licht in einer etwas anderen Wellenlänge abstrahlen, kann der Detektor diese unterscheiden (unter der Voraussetzung, dass man für jeden der vier Ansätze einen anderen Fluoreszenzfarbstoff verwendet, zum Beispiel in der Kombination ddATP-JOE, ddCTP-FAM, ddGTP-TAMRA und ddTTP-ROX), obwohl die Proben in der gleichen Spur laufen. Dies ist beim Nachweis mit Radioaktivität nicht möglich, weil es ja nur eine einzige Farbe gibt – nämlich Schwarz.

Sequenzieren mit der Flinte

Das Humangenomprojekt hat sie bekannt gemacht, die ***Shotgun-Sequenzierung*** (übersetzt: *Schrotschuss-Sequenzierung*). Eigentlich könnte man sich unter diesem Begriff den Molekularbiologen gut mit einer Flinte vorstellen, wie er wahllos auf seine DNA-Probe einballert. Dem ist aber nicht so – das Verfahren heißt nur so, man braucht dafür keinen Waffenschein. Die geniale Idee des Shotgun-Verfahrens hat unter anderem auch die Entschlüsselung des menschlichen Genoms ermöglicht, das im Jahr 2001 als Entwurf veröffentlicht wurde. Mit den gängigen Sequenzierverfahren konnte man nämlich maximal 1.000 Basenpaare am Stück lesen, das Genom des Menschen hat aber etwa drei Milliarden Basenpaare. Sogar eines der kleineren Genome – das von Helfer *E. coli* – hat immerhin über vier Millionen Basenpaare, das heißt, man konnte ein komplettes Genom nicht einfach am Stück sequenzieren. Und deshalb wurde das Shotgun-Verfahren entwickelt. Die Entschlüsselung des Humangenoms wurde damals übrigens von der Presse als *»größte wissenschaftliche Entdeckung in der Geschichte der Menschheit, wichtiger als die Mondlandung«* bejubelt. Erst später entdeckte man, dass man mit der Sequenz allein gar nicht so viel anfangen kann, wie man dachte. Aber jetzt zur Shotgun-Sequenzierung:

Bei diesem Sequenzierverfahren zerlegt man ein ganzes Genom wie das des Menschen in kleine Bruchstücke. Statt der Flinte verwendet der Molekularbiologe Ultraschall, denn dadurch wird die DNA sehr effektiv und gefahrlos in kleine Stücke zerschossen. Jedes dieser Fragmente wird dann einzeln sequenziert und die fertigen Sequenzen anschließend wie die Teile eines Puzzles wieder zusammengesetzt. Dabei müssen sich die Puzzleteile überlappen, sonst kann man sie ja nicht zuordnen. Sie meinen, das hört sich einfach an? Ist es aber nicht, weil dabei eine enorm große Probenzahl (es entstehen mehrere Millionen Bruchstücke) und damit unvorstellbare Datenmengen zu bewältigen sind. Die Ergebnisse kann kein Mensch (auch keine Gruppe) mehr von Hand auswerten, man braucht dazu viele Computer und die entsprechende Auswertungssoftware – also eine Bioinformatik-Abteilung, die die Überlappungen aufspürt und zu einer möglichst lückenlosen Buchstabenfolge aus A, C, G und T zusammensetzt. Die Sequenzierer nennen dieses Zusammensetzen *Alignment*. Eine Sequenzierung von zerhackten Genomen kann man aufgrund der vielen Proben auch nur mit Sequenzierautomaten durchführen, sonst würde eine solche Untersuchung Jahrzehnte dauern. Die Puzzleteile zusammenzusetzen, ist gar nicht so einfach, weil es in den Genomen von Eukaryoten sehr viele Wiederholungen gibt. Deshalb dauerte die Übersetzung des menschlichen Genoms insgesamt etwa 13 Jahre, obwohl viele molekularbiologische Labors auf der ganzen Welt zusammengearbeitet haben.

Übrigens sind aktuell schon die kompletten Genome von über 1.000 verschiedenen Organismen fertig sequenziert. Zwar sind die meisten davon kleinere Prokaryoten-Genome, aber immerhin! Im Moment sind in laufenden Forschungsprojekten Tausende weitere Genome in Bearbeitung, deren komplett entschlüsselte Sequenz wir demnächst

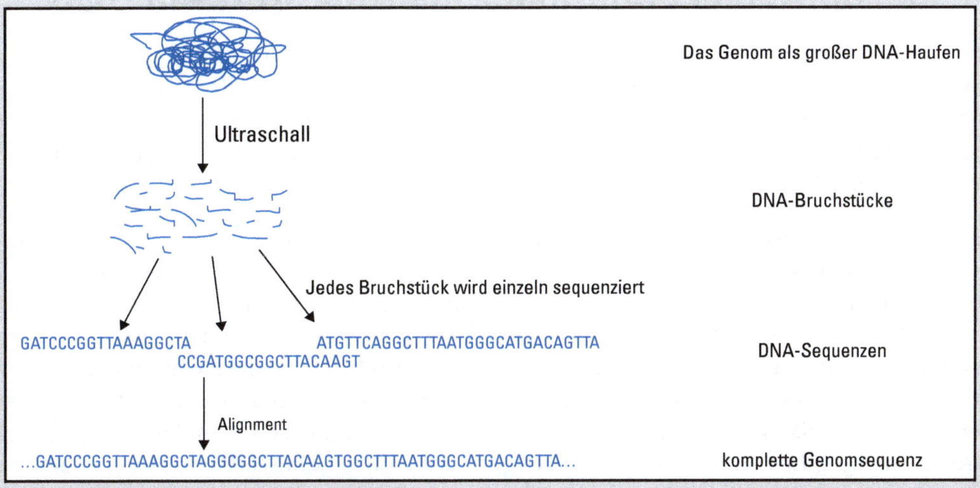

Das Prinzip der Shotgun-Sequenzierung

erwarten können. Wenn es Ihnen die Sache wert ist, können Sie auch gerne Ihr eigenes Genom oder gar die Genome Ihrer ganzen Familie sequenzieren lassen – es gibt Firmen, die das machen – so wie einer der Entdecker der DNA, James Watson, der seit 2007 seinen persönlichen DNA-Code aus A, C, G und T kennt. Damals hat das Vergnügen noch circa 250.000 US-Dollar gekostet – diese »Anschaffung« ist in den letzten Jahren aber ständig günstiger geworden, und man muss derzeit nur noch ein paar Hundert Euro dafür investieren.

Da bei der Sequenzierung des Erbguts heute alles nach dem Motto »Mehr, schneller, weiter und günstiger« ablaufen soll, ist die Suche nach noch moderneren, leistungsfähigeren Techniken in vollem Gange. Eine der populärsten Alternativen zur klassischen Sanger-Methode ist die ***Pyrosequenzierung***, bei der ebenfalls die Polymerase ihrer Synthese-Arbeit nachgeht. Im Unterschied zur Kettenabbruchmethode wird ihre Tätigkeit allerdings die ganze Zeit über genauestens aufgezeichnet: Hierzu stellt das Enzym ausgehend von einem Primer komplementäre DNA-Stücke her, wie sie es gewohnt ist. Allerdings ist der Trick dabei, dass sie zu bestimmten Zeitpunkten (die man genau kennt) immer nur eine Nukleotidsorte als Baustein zur Verfügung hat. Sobald dieses spezielle Nukleotid – also entweder A, C, G oder T – eingebaut wird, findet eine charakteristische chemische Reaktion statt, die von einem ausgeklügelten Enzymsystem kontrolliert wird und an deren Ende ein Lichtblitz steht, der registriert wird. Zudem weiß man ja, um welches Nukleotid und um welches gebundene DNA-Stück es sich handelte. Solche Reaktionen, die in einem Lichtblitz enden, finden so lange statt, bis die Fragmente komplett sequenziert sind, dann kann man alle Informationen zusammenführen und so die Nukleotidabfolge ermitteln.

Die Maxam-Gilbert-Methode: Spaltung statt Abbruch

Obwohl nach Maxam-Gilbert heute nur noch selten sequenziert wird (und wenn, dann nur kürzere Sequenzen), soll in diesem Abschnitt kurz erklärt werden, wie es geht. Diese Methode gehört einfach zu den Klassikern der Molekularbiologie, und Sie sollten das Prinzip kennen. Ihre Erfinder haben damit erstmals Teile eines Bakteriengenoms entschlüsselt, was damals – also 1977 – eine wissenschaftliche Sensation war.

Das Drumherum funktioniert eigentlich genauso wie bei der Sanger-Methode, lediglich die Art und Weise, wie die unterschiedlich langen DNA-Stränge erzeugt werden, ist anders. Hier wird nicht die Herstellung von neuen Strängen gestört, sondern bestehende Stränge gespalten. Dazu verwendet man basenspezifische Chemikalien, die teilweise sehr giftig sind. Basenspezifisch heißt, dass jede der vier Basen durch eine andere Chemikalie gespalten wird, man also ebenfalls mindestens vier getrennte Sequenzieransätze vorbereitet, zu denen dann jeweils eine andere Chemikalie gegeben wird. Diese Chemikalien verändern »ihre« Base irgendwo zufällig in der DNA so, dass sie durch eine weitere Chemikalie vom Rest (also vom Zucker-Phosphat-Gerüst) getrennt wird. Die DNA ist nun an dieser Stelle basenlos, und der Strang wird gespalten. Auf diese Weise entstehen ebenso wie mit der Sanger-Methode verschieden lange Bruchstücke, deren Base am Ende bekannt ist. Durch Auftrennung des Bruchstückgemischs in einer Elektrophorese werden diese sortiert, dann kann man aus dem Gel die Buchstabenabfolge ablesen. Um die verschieden langen Bruchstücke sichtbar zu machen, hängt man mithilfe eines Enzyms (der Polynukleotidkinase) an das Ende jeden Strangs radioaktiven Phosphor. Die Autoradiografie funktioniert genauso wie nach einer Sequenzierreaktion mit der Sanger-Methode (siehe oben).

Next Generation Sequencing: Schneller, günstiger und mehr im Ultrahochdurchsatz

Heute gehört es zum täglichen Brot des Molekularbiologen, oft auch komplette Gene aus vielen Tausend Basenpaaren oder sogar ganze Genome aus noch mehr Nukleotiden zu sequenzieren und zu untersuchen. Im Fall des menschlichen Genoms mit seinen fast unfassbaren rund 3,3 Milliarden Basenpaaren (siehe Kasten »Sequenzieren mit der Flinte«) dauerte das noch vor gar nicht so langer Zeit rund 13 Jahre und kostete mehr als drei Milliarden Dollar – Geld und Zeit, die der »normale« Experimentator in der Regel nicht hat. Also mussten neue Methoden her, um den Buchstabencode von DNA und RNA zu knacken. Die Motivation war groß, denn man braucht solche Untersuchungen für vielerlei Anwendungen, und es wurde fieberhaft geforscht. Im Jahr 2005 war es dann so weit: Der Sequenzierspezialist Jonathan Rothberg präsentierte den ersten Sequenzierer der neuen Generation – den sogenannten »454-Sequenzer«. Man nennt diese Methodik seither ***Next Generation Sequencing (NGS)***. Und es wird weiter an noch schnelleren Sequenzierverfahren geforscht. Mittlerweile unterscheidet man folgende Sequenzierverfahren, und die Liste wird sicher bald noch länger:

- ✔ Das ***First Generation Sequencing*** haben Sie in diesem Kapitel schon weiter vorn kennengelernt. Es wird mit Kapillarsequenzierern durchgeführt und beruht auf der Sanger-Methode mit fluoreszenzmarkierten Primern.

- Beim ***Next Generation Sequencing*** (auch ***Second (2nd) Generation Sequencing*** genannt) kommen je nach Gerätehersteller verschiedene Methoden zum Einsatz, zum Beispiel die Pyrosequenzierung, die Sie ebenfalls schon weiter vorn in diesem Kapitel kennengelernt haben. Mit diesen Verfahren kann man wesentlich schneller sequenzieren als mit den Methoden des First Generation Sequencing.
- Unter ***Third (3rd) Generation Sequencing*** fasst man modernste Hightech-Sequenzierverfahren zusammen, mit denen der Experimentator enorm viele Läufe innerhalb kürzester Zeit durchführen kann – noch mehr als beim NGS. Die Basenabfolge wird durch die Detektion von einzelnen Molekülen bestimmt.

Bei vielen NGS-Verfahren hat sich am Prinzip der Sequenzierreaktion selbst nicht viel geändert: Auch hier wird das zu sequenzierende DNA-Stück kopiert. Dabei kann registriert werden, wann eines der vier Nukleotide eingebaut wird, und anhand der zeitlichen Abfolge des Einbaus auf die Sequenz geschlossen werden. Allerdings läuft das Ganze durch Parallelisierung und Miniaturisierung wesentlich schneller und auch kostengünstiger ab. Weiter kann man mithilfe dieses Reaktionsprinzips bislang noch nicht lesen als mit den »alten« Kapillarsequenzern, aber dadurch, dass die einzelnen Läufe effizienter sind, sind auch größere Projekte wie das Sequenzieren ganzer Genome in absehbarer Zeit zu bewältigen.

Wie es funktioniert: Nukleinsäure-Codes massiv und parallel entschlüsseln

Das Prinzip des NGS ist es, dass man nicht erst die Sequenzierreaktion macht, dann die Nukleinsäureschnipsel durch Elektrophorese auftrennt und zum Schluss die Banden auswertet, sondern alles *parallel* macht. Man nennt das NGS deshalb auch oft sehr treffend ***massives paralleles Sequenzieren***, und man kann damit etwa 300 Millionen Basenpaare in 24 Stunden sequenzieren. In diesem Tempo hätte man für das menschliche Genom lediglich zehn Tage gebraucht – damals unvorstellbar. Mittlerweile haben mehrere Firmen solche Geräte für das NGS auf den Markt gebracht, die Funktionsprinzipien sind ähnlich. Die Kosten für die »Supersequenzer« sind sehr unterschiedlich – für die größeren Geräte muss man in etwa genauso viel hinlegen wie für ein Einfamilienhäuschen, deshalb findet man sie hauptsächlich in großen Firmen und Instituten, die auch Sequenzierdienste anbieten. Aber es gibt mittlerweile auch kleinere und günstigere Tischgeräte fürs »normale« Labor, die logischerweise nicht ganz so leistungsfähig sind.

Bei vielen NGS-Geräten wie beispielsweise den ersten und bekanntesten, den 454-Sequenzierern, werden Hunderttausende Sequenzierreaktionen gleichzeitig in einer ***Pikotiterplatte*** durchgeführt. Dabei finden alle molekularbiologischen Reaktionen – also Sequenzierreaktionen und die Detektion der Lichtsignale – in der gleichen Vertiefung der Platte (der Molekularbiologe sagt *im gleichen Well*) statt. Eine solche Pikotiterplatte kann man sich vorstellen wie eine Mikrotiterplatte »in mini« (siehe Kapitel 12): Sie ist in etwa so groß wie ein Objektträger, ein Well fasst unvorstellbare 75 Pikoliter (1 Pikoliter = 1 billionstel Liter) und man kann in einem einzigen Gerätelauf zwischen einer Million und mehreren Billionen (!) kurze DNA-Sequenzen zwischen etwa 50 und mehreren Hundert Basenpaaren sequenzieren. Es gibt jedoch auch Forscher, denen ist auch solch eine Miniplatte noch zu groß: Sie erfanden ein System, bei dem die amplifizierten

DNA-Stückchen in ***Halbleiterchips*** mit Millionen unvorstellbar winzigen Vertiefungen gegeben und dort sequenziert werden, indem einzelne Protonen detektiert werden.

Bei den heute käuflichen NGS-DNA-Sequenzierern wird oft eine *Pyrosequenzierung* durchgeführt, deren Prinzip Sie weiter vorn in diesem Kapitel schon kennengelernt haben. Die einzelnen Schritte sind dann:

1. ***Herstellung einer NGS-Bibliothek:*** Zunächst einmal wird die Ausgangs-DNA-Probe an zufälligen Stellen fragmentiert, das heißt in kleine, gut zu untersuchende Stücke zerhackt. Dann werden an die entstandenen DNA-Schnipsel mithilfe einer Ligase kurze Nukleotidstückchen – die sogenannten *Linker* – angeklebt, die in den nachfolgenden Reaktionen als Primer fungieren. Man nennt diese Sammlung aus DNA-Fragmenten mit Linkern *NGS-Bibliothek.*

2. ***Amplifikation:*** In einer nachfolgenden PCR wird die Bibliothek vervielfältigt. Hier gibt es auch je nach Anbieter des Geräts verschiedene Möglichkeiten. Zum Beispiel wird bei der auf Kügelchen (Beads) basierenden *Emulsions-PCR (em-PCR)* je ein einzelnes DNA-Fragment pro Bead amplifiziert. Dazu entsteht aus PCR-Mix, fragmentierter DNA, Beads und Öl eine Emulsion, die idealerweise pro Ansatz genau einen DNA-Strang und ein Bead enthält. Es folgt die PCR, bei der der DNA-Strang amplifiziert und auf dem Bead festgeheftet wird.

3. ***Sequenzierreaktion:*** Hierfür werden die Beads mit Millionen anhaftenden PCR-Produkten in den Vertiefungen einer Pikotiterplatte gleichzeitig sequenziert. Dabei findet jeweils nur ein einziges Kügelchen in einem Well Platz. Um die Pyrosequenzierung zu starten, gibt man die nötigen Reagenzien und eines der vier Nukleotide zu, denn auch hier ist das Prinzip der Methode der Kettenabbruch. Die Signale werden direkt in der Platte detektiert, ein elektrophoretischer Trennschritt entfällt.

4. ***Datenauswertung:*** Ein solches massives paralleles Sequenzieren erzeugt logischerweise Hunderte von Megabasen oder gar Gigabasen an Nukleotidsequenzen in einem einzigen Gerätelauf. Diese müssen meist mit viel Rechenaufwand auf leistungsfähigen Computern zu einer sinnvollen Sequenz zusammengepuzzelt werden. Man braucht also Computer mit enormen Rechenleistungen und Speicherkapazitäten, um die Datenflut aus den Läufen abzuarbeiten.

Die guten »alten« Kapillarsequenzierer, die in vielen Labors trotzdem noch verwendet werden, arbeiten zwar sehr langsam, weil sie immer nur einen Lesevorgang gleichzeitig durchführen können, erreichen aber Leseweiten von etwa 1.000 Basenpaaren meist locker, und man kann sich prima auf sie verlassen – sie arbeiten in der Regel ziemlich genau. Die meisten NGS-Sequenzierer erreichen dagegen trotz aller Hightech-Euphorie höchstens ein paar Hundert Basenpaare – dafür können mit einem einzigen Gerätelauf etwa zwischen einer halben Milliarde und mehreren Billionen Basen sequenziert werden. Allerdings muss man hier mit einer hohen Fehlerrate rechnen, weil die Unterschiede zwischen den Nukleotiden manchmal einfach zu gering sind oder die Fragmente während des PCR-Schritts nicht gleichberechtigt amplifiziert werden. Diese Ungenauigkeit beim Arbeiten kann man jedoch durch Mehrfachlesen der Sequenzen ausgleichen – man sequenziert das gleiche DNA-Stück in der Regel gleich sechs- bis achtmal. Allerdings sind dann auch wieder viel, viel größere Datenmengen auszuwerten.

Kleiner als mini: Sequenzierung in der Nanopore

Eine der modernsten Weiterentwicklungen des NGS ist die ***Nanoporensequenzierung***. Dabei können Nukleinsäuren völlig ohne Neusynthese entschlüsselt werden – also ohne PCR-ähnliche Amplifikation des zu sequenzierenden DNA-Abschnitts. Das Raffinierte daran: Der Buchstabencode aus A, C, G und T wird in unvorstellbar kleinen biologischen Kanälchen in Nanometergröße – den *Nanoporen* – bestimmt.

Dies funktioniert prinzipiell so: Die DNA, die sequenziert werden soll, wird zunächst je nach gewünschter Leseweite in mehr oder weniger große Stücke zerhackt, diese Stücke durch ein Enzym (der Helikase) mit der Nanopore verbunden und dort zum Einzelstrang entwunden. Dieser Einzelstrang wird nun durch die Pore transportiert. Beim Durchtritt ändert sich die Spannung an der Pore, und zwar jeweils für jede der vier Basen A, C, G oder T charakteristisch anders, sodass man diese voneinander unterscheiden kann. Diese Spannungsänderung wird einfach aufgezeichnet und per Software die Sequenz bestimmt. Sobald das erste Fragment fertig entschlüsselt ist, kann sofort das nächste binden und so weiter, und so weiter. Dadurch können sehr große Leseweiten erreicht werden, mehrere Millionen Basen (Megabasen) sind keine Seltenheit. Deshalb gehört die Methode unter anderen zu den *Long-Read-Sequenzierungsverfahren* (im Gegensatz dazu: *Short-Read-Sequenzierung*, die auf der Neusynthese des DNA-Strangs basieren und nur bis zu mehreren Hundert Basen lesen können).

Fast das Coolste an der Nanoporensequenzierung sind die Geräte selbst: In der Mini-Version sind sie ungefähr nur so groß wie ein USB-Stick und können auch direkt mit einem Computer verbunden werden. Deshalb können sie beispielsweise auch in abgelegene Gegenden zu Feldstudien mitgenommen werden.

Was sich fast zu gut anhört, um wahr zu sein, hat aber auch seine Nachteile beziehungsweise im wahrsten Sinne des Wortes seinen Preis, denn – wie oft bei den guten Dingen – sind die Kosten pro Base (noch) höher als mit den schon länger praktizierten Verfahren. Außerdem gilt die Sequenzierqualität als nicht überragend und relativ fehleranfällig.

Der indirekte Weg: Unterschiede entdecken ohne Sequenzierung

»Der Unterschied macht's« – das gilt ganz besonders für die *kleinen* Unterschiede in unserem Erbgut. Denn nur eine einzige oder wenige Basen können manchmal darüber entscheiden, ob wir gesund oder krank sind, welche Haar- oder Augenfarbe wir haben und

vieles, vieles mehr. Übrigens sind sogar die Sequenzunterschiede zwischen den Lebewesen gar nicht so groß, wie man annimmt. Affe und Mensch haben zu über 99 Prozent die gleiche Genomsequenz, diese unterscheidet sich also in maximal einem Prozent. Es sind offensichtlich die kleinen Unterschiede, die uns ausmachen und die Sie auch ganz persönlich zu dem Menschen machen, der Sie sind. Denn Sie wiederum haben zu 99,999 Prozent das gleiche Erbgut wie alle anderen Menschen – etwa Ihr Nachbar, Chef oder der Briefträger – und trotzdem sind Sie Sie selbst und sehen schon ganz anders aus als Ihr Nachbar, Chef oder Briefträger (nehme ich mal an!). Ganz zu schweigen von den anderen Eigenschaften, und dass Sie sicher viel netter sind als Ihr Chef.

Vor allem im Zusammenhang mit so wichtigen Aufgaben wie der Erforschung und Diagnose von Krankheiten oder der Aufklärung von Verbrechen ist es also für den Molekularbiologen wichtig, diese Unterschiede untersuchen zu können, ohne gleich das komplette Genom des Lebewesens sequenzieren zu müssen. Das wäre ja auch viel zu aufwendig.

Um kleine Unterschiede in der Genomsequenz zwischen Individuen festzustellen, diese also ***indirekt*** zu analysieren, stehen viele unterschiedliche Untersuchungsmethoden zur Verfügung. Man sucht dabei immer gezielt nach kleinen Unterschieden im Genom – den ***Genvarianten***, die mit bestimmten Eigenschaften wie beispielsweise einer Krankheit in Beziehung stehen (der Molekularbiologe sagt: *mit ihnen gekoppelt sind*). Diese Varianten sind durch Mutationen, also Veränderungen im Erbgut, entstanden. Wann das passiert ist, weiß man meistens nicht. Sie sollen einige der Techniken zur indirekten Analyse der DNA-Sequenz und zum Aufspüren von Mutationen in den folgenden Abschnitten kennenlernen. Auch sie gehören zum Handwerkszeug der Genomiker. Mit welcher Methode man arbeitet, hängt von den experimentellen Gegebenheiten oder den persönlichen Vorlieben des Experimentators ab.

RFLP: Der Schnitt macht den Unterschied

Von einem ***Restriktionsfragmentlängen-Polymorphismus RFLP*** spricht man, wenn ein Individuum sich von anderen Individuen in der Sequenz einer Restriktionsschnittstelle – der Erkennungssequenz für ein Restriktionsenzym (siehe Kapitel 9) – unterscheidet. Das heißt in der Praxis beispielsweise:

- ✔ Zerschneidet man die DNA eines »normalen« Individuums mit dem entsprechenden Restriktionsenzym, dann entstehen *zwei* DNA-Schnipsel.
- ✔ Bei mutierten Individuen, die in der Schnittstelle eine andere Sequenz haben, kann das Enzym nicht schneiden, weil es »seine« Sequenz nicht erkennt. Der DNA-Strang bleibt *intakt.*

Trennt man dann die beiden verdauten DNA-Proben elektrophoretisch auf, sieht das wie folgt aus: Während die »normale« Probe *zwei* Banden zeigt, hat die mutierte Probe nur *eine einzige* Bande: Die Fragmente von »normal« (= zerschnitten) und »mutiert« (= intakt) sind unterschiedlich lang. Der Molekularbiologe sagt dazu: *Das Gen oder die Sequenz ist polymorph* (polymorph heißt einfach so viel wie: Es gibt eine Variante). Ein RFLP entsteht – wie schon angedeutet – durch eine Mutation (eine Veränderung im Erbgut), die dann an die Nachkommen weitervererbt wird.

Die Individuen, die in ihrem Erbgut die Mutation tragen, nennt man ***Mutanten***; zu den »Normalen« sagt der Molekularbiologe ***Wildtyp***. Aber nicht, weil der normale Typ besonders wild ist, sondern weil er der ursprünglichsten Form in der Evolution entspricht, also die Ausgangsform für alle Mutanten ist.

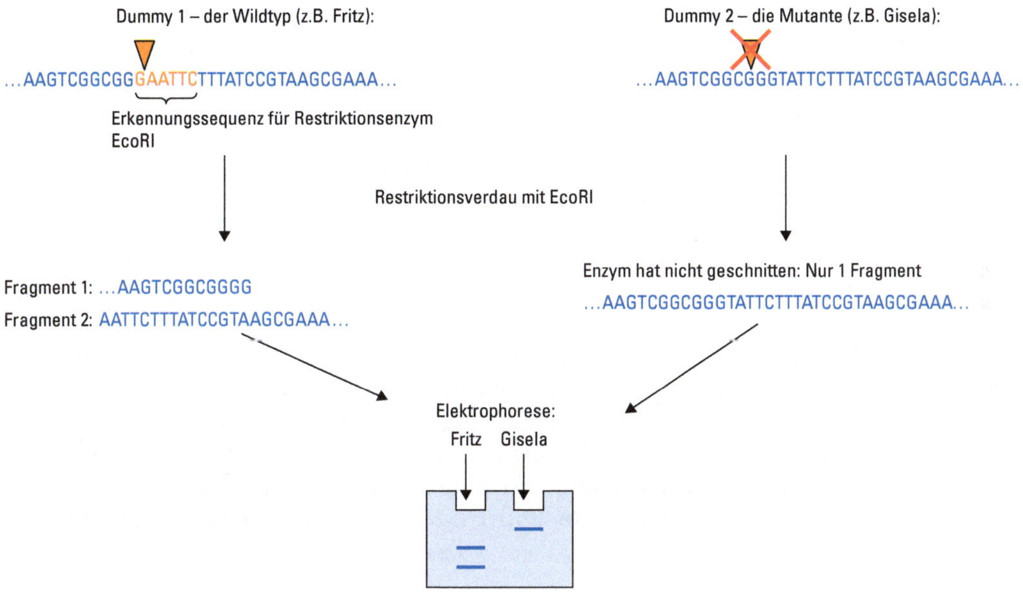

Abbildung 17.4: Nachweis eines Restriktionsfragmentlängen-Polymorphismus RFLP

Um ein DNA-Stück auf einen RFLP zu untersuchen, gibt es zwei unterschiedliche Verfahrensweisen:

1. Man kopiert sich das Stück erst einmal durch ***PCR*** aus dem großen Haufen genomischer DNA. Das PCR-Produkt verdaut man dann mit dem Restriktionsenzym seiner Wahl und trägt diesen Verdau auf ein Gel auf. Nach der Auftrennung der Fragmente kann man diese beispielsweise färben und die Banden auswerten.

2. Man verdaut die ganze genomische DNA ohne vorherige PCR mit dem Restriktionsenzym, das den RFLP nachweisen soll. Je nach Enzymtyp zerschneidet dieses die DNA alle paar Hundert bis alle paar Tausend Basenpaare, sodass viele, viele kleine Schnipsel entstehen (mehrere Zehntausend bis mehrere Milliarden Schnipsel – je nachdem, ob das Enzym oft oder selten schneidet). Auch diese trennt man elektrophoretisch auf. Da den Experimentator aber nur ein bestimmter Teil dieses großen Sammelsuriums an Fragmenten interessiert – nämlich der RFLP –, weist er diesen durch einen ***Southern Blot mit anschließender Hybridisierung*** nach (siehe Kapitel 13). Die

anderen Banden sind ohne spezielle Färbung ja unsichtbar im Gel. Das heißt, die anderen vierzigtausend oder mehr Schnipsel sind zwar da, aber sehen kann der Experimentator sie nicht, sondern nur seine hybridisierten RFLPs. Die ganzen anderen Banden stören ihn deshalb auch nicht.

Es ist aber nicht immer so, dass die Mutation, die zu einem RFLP führt, direkt in der Erkennungssequenz fürs Restriktionsenzym stattgefunden haben muss. Ist die Veränderung im Erbgut (also die Mutation) relativ groß, kann man sie trotzdem mit der RFLP-Technik nachweisen, obwohl sie nicht die Schnittstelle selbst betrifft. In diesem Fall schneidet das Enzym sowohl die DNA des Wildtyps als auch der Mutante. Das nach der Elektrophorese nachzuweisende Fragment der Mutante ist aber

- ✔ entweder viel *länger* als das Wildtyp-Fragment, wenn die Mutation darin besteht, dass Nukleotide hinzugefügt wurden (= *Insertion*),
- ✔ oder viel *kürzer*, wenn der Mutante Nukleotide verloren gegangen sind (= *Deletion*).

BEISPIEL

Verdaut man die DNA von verschiedenen Personen, Tieren oder Pflanzen mit mehreren Restriktionsenzymen, so entsteht ein individuelles Muster aus RFLPs, das so persönlich ist, dass es einem Fingerabdruck gleicht. Früher hat man die RFLP-Technik dazu verwendet, um *genetische Fingerabdrücke* zu erstellen. Heute verwendet man dazu andere Varianten im Erbgut (siehe weiter hinten in diesem Kapitel den Abschnitt »Repetitive DNA: Der Unterschied steckt im Müll«).

SSCP: Ja, wo laufen sie denn?

Auch mit einem ***Single Strand Conformation Polymorphism SSCP*** (übersetzt *Einzelstrang-Konformationspolymorphismus*) kann man Unterschiede im Erbgut aufspüren. Ein solcher SSCP ergibt sich, wenn DNA-Einzelstränge während einer Elektrophorese durch Basenpaarung in sich selbst – also *intramolekular* – Sekundärstrukturen ausbilden. Dazu denaturiert man zunächst den Doppelstrang. Welche Strukturen – also Schleife, Haken, Kringel oder Ähnliches – die Einzelstränge bei der anschließenden Renaturierung im Gel bilden, hängt von der Sequenz des jeweiligen Einzelstrangs ab. Eine Mutante zeigt dann aufgrund ihres Basenaustauschs ein ganz anderes Laufverhalten als der Wildtyp, weil sie eine andere Sekundärstruktur (zum Beispiel einen Kringel) bildet. Der Kringel bewegt sich nämlich zum Beispiel viel langsamer durchs Gel als ein eher lang gestrecktes DNA-Stück, das sich flott durch die Gel-Poren schlängeln kann. Die SSCP-Technik wird oft verwendet, um Patienten auf Mutationen zu untersuchen, die für bestimmte Krankheiten verantwortlich sind.

BEISPIEL

Eine SSCP-Analyse führt man wie folgt durch:

1. Man kopiert das entsprechende DNA-Stück mit einer ***PCR***. Und zwar sollten die Primer so gewählt werden, dass das Produkt etwa 200 bis 250 bp lang wird.

2. Die PCR-Produkte werden mitsamt dem Laufpuffer ***denaturiert***. Dazu erhitzt man sie für fünf Minuten auf mindestens 55 °C. Dabei werden die

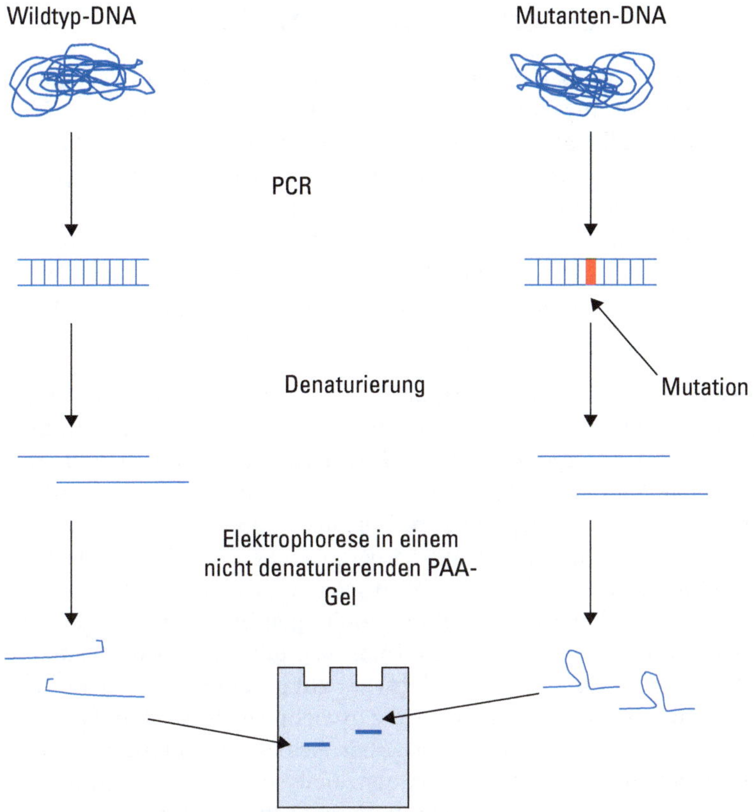

Abbildung 17.5: Das Prinzip der SSCP-Technik

Doppelstränge in Einzelstränge getrennt, denn nur sie haben – ebenso wie RNA – das Bestreben, sich mit sich selbst zu paaren und dabei eine sequenztypische Sekundärstruktur einzunehmen. Den denaturierten (Einzel-)Strängen fehlt ja ihr zweiter Partnerstrang, und da trösten sie sich wenigstens mit sich selbst.

3. Ohne zu trödeln, trägt man die denaturierten Proben dann auf ein nicht-denaturierendes Polyacrylamidgel (siehe Kapitel 14) auf und startet die ***Elektrophorese.*** Das Gel darf logischerweise nicht denaturierend sein (also kein Harnstoff, kein Formamid!), weil man ja möchte, dass die Einzelstränge Basenpaarungen ausbilden und so die charakteristischen Strukturen entstehen, von denen man auf eine Sequenzänderung schließen kann. Ein denaturierendes Gel würde die Stücke lediglich nach der Größe und nicht nach Sequenz sortieren.

4. Bei der Elektrophorese ist es außerordentlich wichtig, die Temperatur des Gels konstant zu halten, weil sich schon minimale Änderungen auf das Laufverhalten auswirken können. Ob man das Ganze eher gekühlt (also bei 10 °C bis 15 °C) oder bei Raumtemperatur von etwa 20 °C ausführt, muss man vorher testen. Die Temperatur sollte aber nicht höher als 25 °C sein.

5. Nach der Elektrophorese färbt man das Gel und kann das Bandenmuster auswerten.

Repetitive DNA: Der Unterschied steckt im Müll

Wie Sie in Kapitel 2 erfahren haben, als es um den Aufbau des eukaryotischen Gens ging, sind die höheren Organismen genetisch gesehen Mülleimer. Denn der überwiegende Teil ihres Genoms besteht aus »DNA-Müll«, also Sequenzen, die für uns (noch) keine erkennbaren Funktionen haben oder Informationen für Proteine enthalten. Wenn Sie aber mithilfe von Sequenzanalysen nach genetischen Unterschieden zwischen Individuen suchen, sind diese Sequenzen keineswegs Müll, sondern ganz im Gegenteil sehr wertvoll. Denn ihr Muster ist einzigartig für jedes Individuum. So einzigartig wie der Fingerabdruck. Man nennt dieses Muster deshalb auch den ***genetischen Fingerabdruck***, und er ist lediglich bei eineiigen Zwillingen identisch.

Das, was für unsere indirekten Sequenzanalysen so wichtig ist und sich überwiegend in den nicht-codierenden Bereichen des Erbguts – den Introns – findet (selten auch in Exons), sind ***repetitive DNA-Elemente***, auch einfach ***Repeats*** oder ***VNTRs*** (*Variable Number of Tandem Repeats)* genannt. Bei ihnen handelt es sich um *Sequenzwiederholungen* wie zum Beispiel CGG CGG CGG ..., die viele Male hintereinanderstehen und deren Länge (also die Zahl der Wiederholungen) spezifisch für jedes Individuum ist. Man schätzt, dass eukaryotische Genome zu etwa einem Drittel aus solchen Wiederholungen bestehen. Die genaue Funktion von Repeats kennt man noch nicht. Man vermutet aber, dass sie an der Regulation der Genexpression beteiligt sind. Im Erbgut gibt es verschiedene Arten von Repeats. Natürlich gibt es auch Gene, die in mehreren Kopien im Genom vorhanden sind. Diese möchte ich aber hier außer Acht lassen, denn man verwendet sie in der Regel nicht für indirekte Sequenzanalysen. Die wichtigsten Repeats, die in molekularbiologischen Labors untersucht werden, sind:

- ✔ **Mikrosatelliten:** Bei ihnen handelt es sich um sehr kurze DNA-Abschnitte aus nur zwei bis vier Basenpaaren, die sich zehn- bis tausendmal wiederholen (also zum Beispiel GAT GAT GAT und das nicht dreimal, sondern bis zu tausendmal hintereinander). Sie sind gleichmäßig und zufällig im Erbgut verteilt. Und das Tolle daran ist, dass die Zahl der Wiederholungen bei jedem Individuum anders sein kann: Sie haben vielleicht nur 990 GATs, während ich an der gleichen Position exakt 1.000 GATs habe, ihr Freund aber nur 980. Die Zahl der Wiederholungen ist also typisch für jeden Einzelnen. Man nennt Mikrosatelliten auch *Short Tandem Repeats (STRs).*

- ✔ **Minisatelliten:** Bei ihnen sind die DNA-Abschnitte, die wiederholt werden, etwas länger als bei Mikrosatelliten: zwischen fünf und 100 Basenpaaren. Diese wiederholen sich vier- bis vierzigmal. Auch die Zahl dieser Wiederholungen ist individuenspezifisch und damit typisch für jeden Einzelnen von uns.

Der Molekularbiologe nennt Mikro- und Minisatelliten – also VNTRs – auch ***Marker***, denn sie befinden sich oft ganz in der Nähe eines Gens, mit dem sie zusammen an die Nachkommen weitervererbt werden (er sagt dann dazu: *Der Marker ist mit dem Gen gekoppelt).* Das Gen selbst kann man oft schlecht untersuchen, weil es sehr groß und damit unhandlich oder seine Sequenz noch nicht bekannt ist. Da kommt uns ein Marker gerade recht: Ist er nämlich mit einem

Gen gekoppelt, dann kann er praktisch »stellvertretend« für das Gen untersucht werden. Daher auch der Name »Marker«: Er »markiert« einen bestimmten Chromosomenabschnitt, kann statt diesem untersucht werden, und das Ergebnis erlaubt dann Rückschlüsse auf den gesamten DNA-Abschnitt, den er markiert.

Der Marker: Stellvertreter fürs Gen

Einen Marker analysiert man, indem man seine ***Allele*** bestimmt (*Allel* ist einfach nur ein schlaues Wort für »Variante« oder »Ausführung«). Bei den VNTRs ergibt sich eine Variante (also ein Allel) aus der Zahl der Wiederholungen. Als Beispiel denke ich mir einen Mikrosatelliten aus, der drei Allele hat:

- ✔ Allel Nummer eins (die erste Variante) hat 100 Wiederholungen,
- ✔ Allel Nummer zwei (die zweite Variante) 120 Wiederholungen und
- ✔ Allel Nummer drei (die dritte Variante) 190 Wiederholungen.

Die drei Allele unterscheiden sich also in der Zahl ihrer Repeats und damit auch in ihrer Länge (Allel Nummer drei wäre am längsten). Es gibt Mikrosatelliten, die zehn und mehr Allele haben, aber das ist eher selten. Die meisten haben zwei bis fünf. Man sagt: Je mehr Allele es gibt, desto ***polymorpher*** ist das Repeat.

Was hat aber die Zahl der Wiederholungen nun mit dem gekoppelten Gen zu tun? In manchen Fällen sehr viel: Nehmen Sie an, Marker XYZ wäre mit einem Gen gekoppelt, das eine Krankheit verursachen kann. Der Marker hat nur zwei Allele, ist also nicht sehr polymorph – aber das macht in diesem hypothetischen Fall nichts. Man weiß aus einer vorangegangenen Kopplungsanalyse (ich komme auf diese Technik weiter hinten in diesem Kapitel zurück), dass Allel A des Markers bei Gesunden vorkommt, während Kranke Allel B tragen. Indem man die Allele des Markers XYZ bestimmt, kann man also auf die Ausführung des Gens schließen. Das ist eine sehr einfache Möglichkeit der indirekten Sequenzanalyse, die man sich auch bei der Genkartierung zunutze macht (siehe Abschnitt »Die Genkarte: Eine Landkarte fürs Erbgut« weiter hinten in diesem Kapitel). Der Marker hat also die Funktion eines Stellvertreters für »sein« Gen, kann aber in der Regel viel problemloser untersucht werden als das Gen selbst. Dabei muss nicht unbedingt immer zu klären sein, ob das Individuum krank oder gesund ist wie in obigem Beispiel. Grundsätzlich dient eine Markeranalyse ebenso wie die RFPL- oder SSCP-Technik dazu, festzustellen, ob Sie es mit einem Wildtyp oder der Mutante zu tun haben.

BEISPIEL

Zu einer Mini- oder Mikrosatellitenuntersuchung sagt der Molekularbiologe auch ***Genotypisierung***. Das heißt, er bestimmt das genetische Profil des Individuums, indem er das Erbgut analysiert (auch eine RFLP-Analyse ist übrigens eine Genotypisierung). Und so genotypisiert er VNTRs:

1. Zunächst braucht er die DNA der Person, des Tiers oder der Pflanze, die er genotypisieren möchte (zur DNA-Isolierung siehe Kapitel 13).
2. Mit der isolierten DNA als Kopiervorlage macht er eine ***PCR*** (siehe Kapitel 15): Und zwar amplifiziert er das DNA-Stück, in dem sich das VNTR befindet. Dazu wählt er die beiden Primer so aus, dass diese das Repeat flankieren.

3. Das PCR-Produkt trägt er auf ein PAA-Gel auf und trennt die hergestellten Kopien in einer ***Elektrophorese*** der Größe nach auf (siehe Kapitel 14).

4. Aus dem Gel erhält er das Ergebnis: die Länge des Repeats.

Bei jedem Individuum erwartet man pro Repeat zwei Allele: eines, das von der Mutter vererbt wurde, und eines vom Vater. Haben Vater und Mutter an einem Repeat das gleiche Allel, sieht man natürlich nur eine einzige Bande, da beide Chromosomen die gleiche Information tragen (siehe Kapitel 2) und man diese beiden exakt gleich großen Banden im Gel nicht unterscheiden kann. Der Molekularbiologe nennt das Individuum dann ***homozygot***. Hat eine Person an einem VNTR aber zwei unterschiedliche Allele, dann ist sie ***heterozygot***, und die Elektrophorese ergibt zwei Banden.

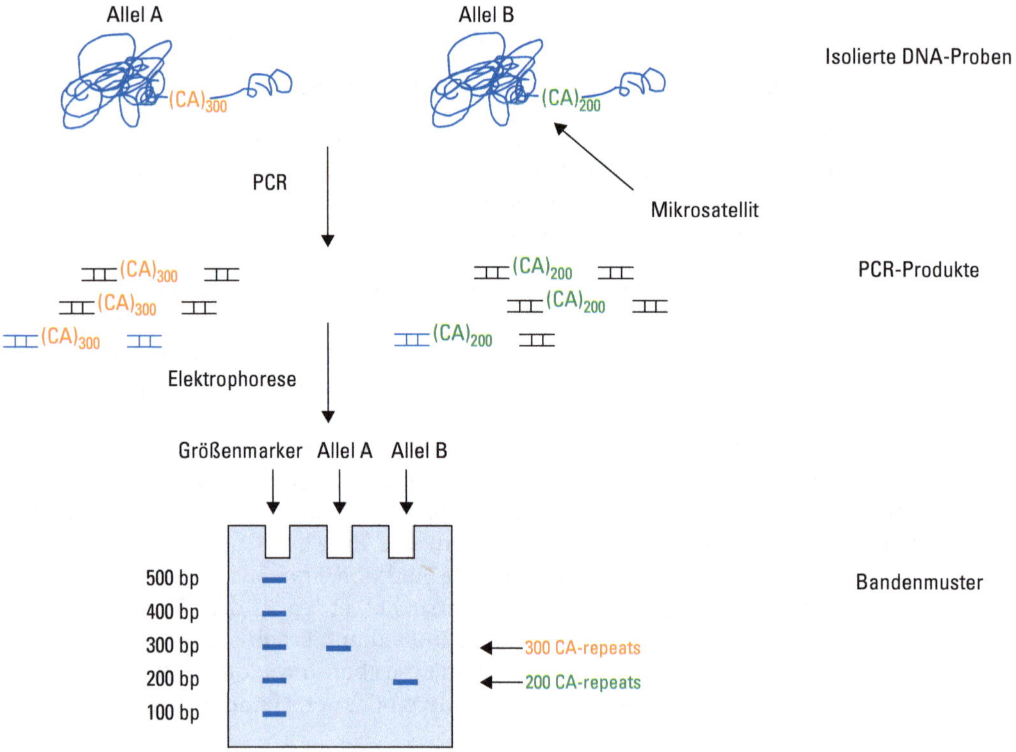

Abbildung 17.6: Das Prinzip der Mikro- und Minisatelliten-Genotypisierung. Allel A besitzt 300 Sequenzwiederholungen und erscheint deshalb im Gel als längere Bande als Allel B mit seinen 200 Wiederholungen.

Der genetische Fingerabdruck

Das Muster aus Linien, Bogen und Kringeln Ihrer Fingerkuppen – also Ihr *Fingerabdruck* – ist einzigartig für Sie. Die Wahrscheinlichkeit, dass irgendjemand das gleiche Muster besitzt, ist extrem unwahrscheinlich (außer, Sie sind ein eineiiger Zwilling, Drilling oder Ähnliches). Das heißt, überall, wo Sie einen solchen Fingerabdruck hinterlassen, lässt sich nachvollziehen, dass er von Ihnen stammt und nicht von irgendjemand anderem, der sich auch gerade am selben Ort herumgetrieben hat. Genau das Gleiche gilt für das Muster aus repetitiver DNA. Es ist ebenso einzigartig für jeden Menschen und wird deshalb auch ***genetischer Fingerabdruck*** genannt. Übrigens kann man im Gegensatz zum klassischen Fingerabdruck einen genetischen Fingerabdruck auch von vielen anderen Eukaryoten erstellen, also von Hunden, Katzen, Kaninchen oder Fischen. Falls Sie das wollen, können Sie also anhand eines hinterlassenen Katzenhaars ganz schnell prüfen, ob der Nachbarskater Ihrer Katze wieder mal das Futter geklaut hat.

Der ***genetische Fingerabdruck*** ist das DNA-Profil einer Person, eines Tiers oder einer Pflanze. Man kann einen solchen Fingerabdruck aus jeder einzelnen Zelle erstellen, die DNA enthält, unter anderem aus

- ✔ Haaren – die beispielsweise am Tatort zurückgeblieben sind
- ✔ Speichel – mit dem beispielsweise ein Erpresserbrief zugeklebt wurde
- ✔ Haut – zum Beispiel unter den Fingernägeln eines Mordopfers
- ✔ Sperma – zum Beispiel aus der Unterwäsche eines Opfers
- ✔ Blut – zum Beispiel an einem Glassplitter

In Deutschland ist ein solcher Fingerabdruck als Beweis in Strafprozessen vor Gericht anerkannt. Das Bundeskriminalamt unterhält eine DNA-Datenbank, in der mehrere Hunderttausend genetische Fingerabdrücke gespeichert sind, die jederzeit mit neuen Spuren von Verdächtigen abgeglichen werden können. Hier dürfen nach geltendem Recht allerdings nur Informationen aus nicht-codierenden Bereichen des Erbguts gespeichert werden, also keine Sequenzdaten, die Rückschlüsse auf bestimmte Eigenschaften der Person erlauben. Der genetische Fingerabdruck gilt heutzutage als eine der erfolgreichsten kriminalistischen Techniken zur Aufklärung von Verbrechen. Beispielsweise führt durchschnittlich jede vierte Anfrage an die Datenbank des BKA zum Erfolg, und man erhält dadurch wertvolle Hinweise, die oft zur Aufklärung des entsprechenden Falls führen. Ebenso wie beim klassischen Fingerabdruck kann man von einer solchen Spur nicht auf sonstige Merkmale der Person wie Aussehen oder Gesundheit schließen, weil die Repeats ja nicht-codierende Sequenzen sind, also keine Gene untersucht werden. Es gibt allerdings eine Ausnahme: Meist wird das Geschlecht bestimmt.

Verbrecher, heimliche Väter, Dopingsünder und geheime Erbprinzen

Die Anwendungsmöglichkeiten für den genetischen Fingerabdruck sind heutzutage sehr vielseitig und beschränken sich nicht mehr nur auf das wohl bekannteste Beispiel des Sexualstraftäters. Auch bei vielen anderen Kriminalfällen, wo biologisches Material (man braucht theoretisch nur eine einzige Zelle!) vom mutmaßlichen Täter zur Verfügung steht, bei Vaterschaftstests (beziehungsweise Elternschaftstests), zur Überführung von Doping- oder Umweltsündern, aber auch bei Straftaten in Medizin und Forschung ist der genetische Fingerabdruck bereits zur Routine geworden.

Zum Beispiel konnten Molekularbiologen während der Olympischen Spiele 1996 in Atlanta beweisen, dass Urinproben, in denen man Dopingmittel nachweisen konnte, von Sportlern stammten, die behauptet hatten, die belasteten Proben würden nicht von ihnen stammen. Zum Pech der Athleten reichte die im Urin enthaltene winzige Menge an DNA aber schon aus, um das Repeatmuster mit dem in ihrem Blut zu vergleichen. Da half dann auch kein hartnäckiges Leugnen mehr.

Der erste praktische Einsatz des genetischen Fingerabdrucks sorgte 1985 in der englischen Presse für großes Aufsehen: Dabei ging es um das Einwanderungsgesuch eines Jungen aus Ghana, dessen Mutter bereits in England lebte. Keine der damals gebräuchlichen Identifikationstechniken konnte eindeutig klären, ob die Frau die Mutter oder nur die Tante des Jungen war – dann hätte er nicht einreisen dürfen. Was den Fall zusätzlich kompliziert machte, war, dass der Vater des Jungen unbekannt war. Der Erfinder des genetischen Fingerabdrucks, *Alec Jeffreys*, verglich damals erstmals Repeatmuster, nämlich das der Mutter und ihrer drei anderen Kinder mit denen des Jungen. Und konnte damit beweisen, dass der Junge tatsächlich ihr Kind war. Als »Zugabe« konnte Jeffreys sogar auch noch das genetische Profil des unbekannten Vaters rekonstruieren. Jeffreys wurde als Anerkennung für seine geniale Erfindung 1994 zum Ritter geschlagen und erhielt mehrere wissenschaftliche Auszeichnungen.

Seit der ersten Anwendung wurde Jeffreys Methode verfeinert und weiterentwickelt. Zum Beispiel ist es mittlerweile sogar möglich, die Abstammung eines Individuums nur über die väterliche oder die mütterliche Linie nachzuvollziehen. Das ist wichtig für die Klärung von Verwandtschaftsverhältnissen, wenn aus dazwischenliegenden Generationen – wie so oft – keine Proben mehr zu bekommen sind. So konnten Molekularbiologen auch schon aus ganz alten Spuren (zum Beispiel Blut auf einem Stück Stoff oder Haaren) und der Probe einer noch lebenden Person klären, ob eine Verwandtschaft besteht. Dabei entdeckten die Wissenschaftler ganz spannende Dinge: Beispielsweise konnten sie nachweisen, dass der dritte Präsident der USA, Thomas Jefferson, mindestens ein gemeinsames Kind mit einer Sklavin hatte. Oder dass der legendäre Unbekannte und Findelkind Kaspar Hauser nicht, wie Gerüchte bis in unsere Zeit behaupteten, der Erbprinz des Hauses Baden war, der Opfer einer politischen Intrige wurde, weil ihn Gräfin Luise von Hochberg ermorden ließ, um ihre eigenen Erbansprüche zu sichern. Dabei wurden die eingetrockneten, 165 Jahre alten Blutspuren an Kasper Hausers Unterhose mit Blutproben von heute lebenden Nachfahren des Badischen Königshauses verglichen: Die Ergebnisse waren spektakulär und eindeutig.

Übrigens wurde auch der Neandertaler mithilfe der weiterentwickelten Technik des genetischen Fingerabdrucks untersucht und konnte als unser direkter Vorfahr ausgeschlossen werden. Allerdings wissen die Wissenschaftler nun, dass wir beide von einem gemeinsamen Urahn abstammen.

Fingerabdruck aus DNA: So wird's gemacht

Um ein aussagekräftiges Muster aus variablen Sequenzen eines Individuums zu erhalten, untersucht man je nach Labor zwischen acht und 16 verschiedene polymorphe VNTRs. Je mehr Repeats man untersucht, desto »wasserdichter« ist die Analyse, das heißt, desto näher kommt man einer Wahrscheinlichkeit von 100 Prozent, mit der man den möglichen Vater ausschließt, den Verbrecher überführt oder das Opfer identifiziert. Die Wahrscheinlichkeit von 100 Prozent erreicht man übrigens nie, es sei denn, man würde das komplette Genom untersuchen und die Häufigkeit aller möglichen Allele in der gesamten Population kennen.

Die Wahrscheinlichkeit, dass die Zahl der Wiederholungen eines Repeats zweier Personen unterschiedlich ist, ist relativ groß. Über die Häufigkeit der unterschiedlichen Allele in der Bevölkerung gibt es statistische Werte. Das heißt, aufgrund dieser Werte kann man abschätzen, wie viele Individuen untersucht werden müssten, um zufällig auf eines zu treffen, das genau das gleiche Muster hat. Untersucht man also nicht nur einen Mikro- oder Minisatelliten, sondern zwischen acht und 16, dann liegt die Wahrscheinlichkeit in Bereichen von eins zu mehreren Milliarden – ist also extrem unwahrscheinlich. An der Untergrenze (also falls man nur acht Repeats untersucht) könnte rein statistisch gesehen ein einziger Mensch aus der gesamten Weltbevölkerung identifiziert werden. Die Wahrscheinlichkeit, dass zwei nicht Verwandte das gleiche Bandenmuster haben, liegt bei 4×10^{-11} (also bei 1 zu 400 Milliarden) – ein Sechser im Lotto ist also um ein Vielfaches wahrscheinlicher.

Und so geht man für jedes einzelne Repeat vor:

1. Zunächst ***isoliert*** man die ***DNA***. Je nachdem, welche biologische Probe man zur Verfügung hat, geht das leicht oder weniger leicht: DNA aus einigen Millilitern frischem Blut zu isolieren, ist wesentlich einfacher als aus einem einzigen Haar oder eingetrocknetem Blut auf Kleidung. In jedem Fall reichen aber Minispuren von ein paar Nanogramm DNA aus.

2. Mit der gewonnenen DNA als Kopiervorlage vervielfältigt man nun jedes Repeat in einer ***PCR***. Dabei liest die Polymerase genau die jeweilige Zahl der Basenwiederholungen ab und übersetzt sie in die Kopien. Das heißt, jedes PCR-Produkt hat anschließend seine charakteristische Länge, die von der Zahl der Repeats der untersuchten Person abhängt.

3. Die PCR-Produkte werden auf ein Gel aufgetragen. In der ***Elektrophorese*** werden die DNA-Stücke unterschiedlicher Länge getrennt und damit sortiert. Das Ergebnis ist ein Bandenmuster aus allen untersuchten repetitiven Sequenzen der Person, das ganz ähnlich aussieht wie ein persönlicher Strichcode.

Alternativ kann man auch eine Genotypisierung von RFLPs vornehmen (siehe den Abschnitt »RFLP: Der Schnitt macht den Unterschied« weiter vorn in diesem Kapitel), auch diese können sich von Person zu Person unterscheiden. Allerdings sind repetitive Sequenzen in der Regel wesentlich polymorpher und werden daher für solche Untersuchungen meist vorgezogen. Man kann allerdings die RFLP-Technik auch mit der Genotypisierung von Repeats kombinieren, das heißt, die DNA wird dann nicht per PCR kopiert, sondern um das Repeat herum zerschnitten. Dafür braucht man aber genügend DNA-Material; eine Spur reicht da nicht aus.

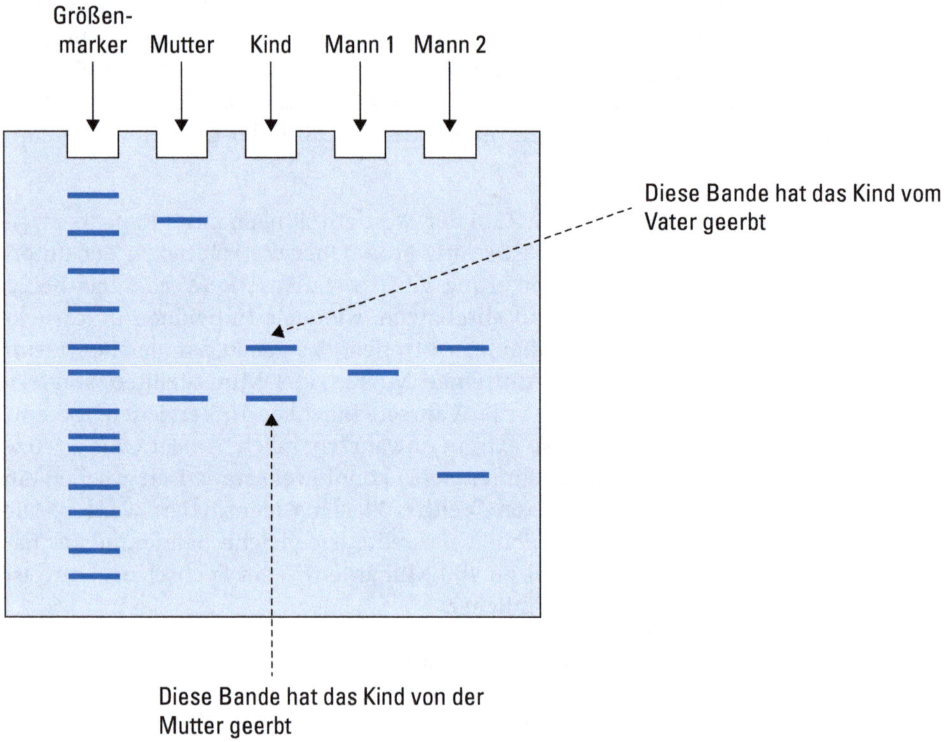

Abbildung 17.7: Stark vereinfachtes Beispiel für ein Bandenmuster eines Vaterschaftstests: Der leibliche Vater ist Mann Nr. 2, denn nur er hat einen mit der DNA des Kindes identischen DNA-Abschnitt, den er dem Kind vererbt hat. Nach den mendelschen Regeln wird auch der genetische Fingerabdruck je zur Hälfte von der Mutter und vom Vater ererbt. Ein kriminalistischer Vergleich von Verdächtigem und Spuren am Tatort läuft prinzipiell genauso ab.

Snips: Klein, aber oho!

Snip sagt der Molekularbiologe liebevoll zu einer weiteren Sorte von Sequenzvarianten im Erbgut, zu den ***Single Nucleotide Polymorphisms (SNPs)***. Ein solcher Snip ergibt sich ebenso wie andere Polymorphismen (RFLP, SSCP oder VNTR) daraus, dass manche Individuen an gleichen Stellen ihres Genoms eine andere Nukleotidabfolge haben als andere. Und zwar betrifft das bei den Snips nur *eine einzige Base*. Da SNP-Analysen eine »Mischform« aus direkter und indirekter Sequenzanalyse sind, beschreibe ich sie hier etwas abgesetzt von den anderen Polymorphismen in einem eigenen Abschnitt: Denn einerseits muss man für ihre Genotypisierung direkt die Abfolge der Nukleotide ermitteln (ich hatte dies weiter vorn in diesem Kapitel als direkten Ansatz bezeichnet): Man sequenziert also ein ganz kleines DNA-Stück, aber bei Weitem kein ganzes Gen. Andererseits verwendet man aber das Ergebnis nicht dazu, um die gewonnene Sequenz an sich zu analysieren und zu interpretieren, sondern um verschiedene Nukleinsäureproben miteinander zu vergleichen (indirekter Ansatz) und nach Unterschieden zwischen den untersuchten Individuen zu suchen.

Einen ***Single Nucleotide Polymorphism SNP*** (übersetzt: Einzelnukleotid-Polymorphismus) oder Snip nennt der Molekularbiologe den Sequenzunterschied von einer einzigen Base an einer bestimmten Stelle im Genom. Zum Beispiel könnte das so aussehen, dass Sie beispielsweise an genau derselben Stelle im Genom eine andere Base haben als ich. Ihre Sequenz würde an der Stelle dann vielleicht so aussehen: ...ACG*T*AAGT...

Und meine vielleicht so: ...ACG*A*AAGT...

Wir unterscheiden uns also in den Basen T (Sie) und A (ich) und können sagen: Sie haben Allel A und ich Allel B – oder je nach Geschmack auch umgekehrt. Im Gegensatz zu einer »richtigen« Punktmutation, bei der auch nur eine einzige Base verändert wird, kommen die zwei alternativen Basen eines Snips aber mit einer Häufigkeit von mehr als einem Prozent in einer Population vor. Außerdem sind Snips stabil, das heißt, sie verändern sich über mehrere Generationen so gut wie gar nicht. Man findet sie im menschlichen Genom durchschnittlich alle 1.000 bp, das heißt, in unseren drei Milliarden Basen befinden sich geschätzte drei Millionen – allerdings nicht gleichmäßig verteilt, sondern gehäuft in bestimmten Chromosomenregionen. Bei zwei Dritteln aller Snips ist Cytosin (C) gegen Thymin (T) ausgetauscht.

Snips finden sich sowohl innerhalb von Genen als auch in »stillen« DNA-Abschnitten ohne Gene – den nicht-codierenden Bereichen. Nur, wenn der Basenaustausch ein Gen betrifft, beeinflusst er das Genprodukt und kann somit bestimmte Eigenschaften des Trägers verändern, sonst hat der Austausch keine Auswirkung. Ähnlich wie die Mini- oder Mikrosatelliten kann ein Snip auch mit einem Gen gekoppelt sein und dann als Marker für das betreffende Gen fungieren.

Wie Sie schon wissen, ist der Großteil des Genoms (mindestens 99,9 Prozent) bei allen Menschen gleich, auch wenn wir nicht alle miteinander verwandt sind. Auf die Suche nach Unterschieden müssen Sie sich also in den restlichen 0,1 Prozent machen, so auch nach den Snips. Und das ist schon ziemlich erstaunlich. Denn stellen Sie sich vor: Lediglich mickrige 0,1 Prozent unserer gesamten Erbinformation sorgen dafür, dass wir unterschiedlich aussehen, ein bestimmtes Risiko für manche Krankheiten haben, oder sind dafür verantwortlich, ob wir mit den Ohren wackeln oder die Zunge einrollen können. Kurz: 0,1 Prozent – also 3 Millionen Basen Sequenzunterschiede – machen das Leben abwechslungsreich! Und an diesen Unterschieden haben Snips einen nicht unwesentlichen Anteil: Die Wissenschaftler schätzen, dass 90 Prozent der Unterschiede durch sie bedingt sind! Zwar wird einzelnen Snips kein direkter Einfluss auf Zellfunktionen an sich nachgesagt. Allerdings weiß man, dass bestimmte Allele auf die Genexpression und die Struktur der Genprodukte (der Proteine) wirken können. Dabei hat aber meist nicht nur ein einziger Snip seinen Anteil, sondern mehrere wirken in charakteristischer Weise zusammen und bilden ein Team – beispielsweise

Team »Anfälligkeit für Herz-Kreislauf-Erkrankungen«. Werden dann noch bestimmte Umwelteinflüsse ins Team nominiert, wie zum Beispiel Übergewicht, dann kann man mit einer bestimmten Wahrscheinlichkeit damit rechnen, dass die Person tatsächlich ein erhöhtes Risiko für eine solche Erkrankung hat. Wie ein solches Team auf komplizierte Weise zusammenwirkt, ist aber noch nicht geklärt. Auf jeden Fall entsteht, wenn man viele Snips eines Individuums zusammennimmt, ein einzigartiges persönliches genetisches Profil, ein genetischer Fingerabdruck.

Alles mini oder was: Wie man Snips untersucht

Snips unterscheiden sich von anderen Polymorphismen wie RFLPs oder VNTRs darin, dass lediglich eine einzige Base gegen eine andere ausgetauscht wird, was logischerweise die Länge des untersuchten DNA-Stücks nicht ändert. Das heißt, ein Nachweis über eine Elektrophorese und die Auswertung des Bandenmusters kommt hier nicht infrage. Deshalb muss bei einer SNP-Typisierung die Basenabfolge der Variante – die Sequenz – bestimmt werden, damit sich feststellen lässt, welcher »Buchstabe« sich am SNP befindet. Hierfür gibt es mittlerweile verschiedene Techniken: Man kann den kurzen DNA-Abschnitt einfach auf herkömmliche Art sequenzieren (siehe weiter vorn in diesem Kapitel), mithilfe von DNA-Chips und der Hybridisierungstechnik untersuchen (siehe Kapitel 23) oder mit einer etwas abgewandelten Art der Sequenzierung genotypisieren, einer Methode, die man *Single Base Extension SBE* oder auch *Minisequenzierung* nennt. Bei der Untersuchung von Snips wird von einer Minisequenzierung häufig Gebrauch gemacht. Denn sie ermöglicht eine schnelle Analyse unserer »Minisequenzen« – eine Voraussetzung, die wichtig ist, weil man häufig viele Snips bei vielen Proben untersuchen möchte. Die **Minisequenzierung** besteht aus folgenden Schritten:

1. ***Vorarbeiten:*** Wieder einmal brauchen Sie natürlich zuallererst DNA von den Personen, die Sie untersuchen wollen: Sie müssen also DNA isolieren. Mit der DNA als Kopiervorlage macht man dann eine PCR, damit man wirklich nur den DNA-Abschnitt sequenziert, in dem der SNP liegt.

2. Die eigentliche ***Minisequenzierung:*** Sie läuft ganz ähnlich ab wie eine klassische Sanger-Sequenzierung mit zwei wesentlichen Unterschieden: Man gibt nur Didesoxynukleotide (ddNTPs) zum Ansatz und keine dNTPs, außerdem braucht man einen speziellen Primer. Dieser Primer dient nicht als Starthilfe für die Produktion eines ganzen, neuen DNA-Strangs, sondern er wird nur um eine einzige Base verlängert – nämlich die eine Base, die uns interessiert, und die komplementär zum SNP ist. Damit das klappt, endet der Primer exakt eine Base vor dem Snip. An dieser Stelle wird dann das komplementäre ddNTP an den Primer angehängt, und dann ist auch schon Endstation. Denn wie Sie weiter vorn in diesem Kapitel bei der Sequenzierung bereits erfahren haben, fehlt den ddNTPs die Reaktionsstelle, sodass sie nicht zu Nukleinsäuresträngen verlängert werden können. Das heißt, die Sequenzierreaktion endet fast so schnell, wie sie angefangen hat – deshalb sagt man *Minisequenzierung.* Je nachdem, welche Art von Nachweis man an die Minisequenzierungsreaktion anschließt, verwendet man außerdem ddNTPs, die fluoreszenzmarkiert sind, und zwar jeder der vier »Buchstaben« mit einem anderen Farbstoff.

3. ***Kapillar-Gelelektrophorese und Auswertung:*** Das Produkt der Minisequenzierung trennt man in einer Kapillar-Gelelektrophorese in einem Sequenzierautomaten elektrophoretisch auf. Aber nicht, um es nach Größen zu sortieren, sondern um den entsprechenden Fluoreszenzfarbstoff nachzuweisen und damit zu erfahren, welches der vier möglichen ddNTPs an den Primer angehängt wurde. Die komplementäre Base dazu ist dann unser SNP – und schon sind Sie fertig.

Je nachdem, welche Geräteausstattung ein Labor hat, kann man auch ohne Fluoreszenzfarbstoffe mit einem *Massenspektrometer* feststellen, um welche Base der Primer verlängert wurde. Die vier verschiedenen Basen A, G, C und T unterscheiden sich nämlich in ihrer Masse, und diesen Unterschied kann das Massenspektrometer erkennen (siehe auch Kapitel 20). Die entsprechende komplementäre Base ist dann wiederum das gesuchte SNP.

Die Gene befragen: Persönlicher DNA-Test für 999 Dollar plus Versandkosten

Molekularbiologen auf der ganzen Welt haben in den letzten Jahren in aufwendiger Kleinarbeit SNPs im Erbgut von mehreren Hundert Menschen genotypisiert und mit den gewaltigen Datenmengen einen *Katalog von menschlichen Snips* zusammengestellt, der laufend verfeinert und erweitert wird. Dieser Katalog ist für jedermann öffentlich zugänglich (1000-Genome-Project `https://www.internationalgenome.org`).

Das hat mittlerweile zu erstaunlichen neuen Geschäftsideen geführt: Auf Basis der Katalogdaten bieten über 30 Firmen weltweit im Internet personalisierte Genomik – eine persönliche Genomanalyse für jedermann – an. Kostenpunkt: ein paar Hundert Dollar, je nachdem, was Sie wissen wollen. Sie müssen lediglich ein bisschen Spucke von sich einschicken, und schon wird in Ihrem Erbgut zum Beispiel nach Risikogenen für über 20 Krankheiten gesucht. Nach etwa sechs Wochen bekommen Sie dann einen Brief zurück, in dem steht, ob Sie ein erhöhtes Risiko besitzen, an Krebs, Diabetes und Altersblindheit zu erkranken oder einen Herzinfarkt zu erleiden. Als Basis dienen bestimmte Snips des Katalogs, mit denen das Auftreten dieser Krankheiten in Verbindung gebracht wird. Bestellen Sie sich die Komplettversion, dann werden in Ihrer Spucke 550.000 Snips untersucht.

Als Zugabe können Sie sich noch sagen lassen, ob Ihre Ururahnen asiatischen oder afrikanischen Ursprungs waren. Oder sogar Ihre genetische Information mit der von Verwandten, Bekannten oder VIPs vergleichen lassen (vielleicht sind Sie ja mit dem König von England verwandt und wussten es noch gar nicht!).

Es geht aber auch günstiger, je nachdem was Sie über sich wissen wollen: Für rund 400 Dollar gibt es eine Antwort auf die Frage, ob Sie eventuell einmal an einer Depression erkranken könnten. Und für 149 Dollar können Sie ein echtes Schnäppchen machen und erfahren, ob Sie ein Risikokandidat für Haarausfall sind. Und wenn Sie dann noch wollen, können Sie sich darüber informieren, wie Ihre Chancen für Übergewicht oder auch

Sportverletzungen stehen. Über aktuelle Preise, und welche Vorhersagen im Programm sind, kann man sich zum Beispiel bei 23andme (`www.23andme.com`) oder tellmeGen (`www.tellmegencom`) informieren. Generell sind die Analysen aber nur recht oberflächlich, und die Kosten dafür sind nur so relativ niedrig, weil an anderer Stelle mit dem Auftrag verdient wird: Die DNA-Daten werden gesammelt und in anonymisierter Form verkauft.

Natürlich wird über solche mehr oder weniger seriösen Angebote kontrovers diskutiert. Viele Wissenschaftler raten von einer individuellen genetischen Analyse zum gegenwärtigen Zeitpunkt ab, weil die Untersuchungen von Genvarianten, die ein Risiko für Volkskrankheiten wie Krebs oder Herzinfarkt bedeuten können, noch wenig Aussagekraft haben. Deshalb wird eine Snip-Analyse auch gerne mit dem Wetterbericht verglichen: Er kann durchaus stimmen und tut es auch oft, muss aber nicht. Wohlgemerkt: Die personalisierte Genomik sagt Ihnen lediglich, ob Sie ein Risiko für etwas haben, nicht, ob Sie tatsächlich einmal daran leiden werden! Im Gegensatz zu Erbkrankheiten, für die oft ein einziges Gen verantwortlich zeichnet, ist zum Beispiel ein Herzinfarkt das Ergebnis von vielen Varianten in zahlreichen Genen plus den Umwelteinflüssen, denen Sie persönlich in Ihrem Alltag ausgesetzt sind wie etwa Ernährung, Sport oder Nikotin – also ein kompliziertes Geflecht, das die Molekularbiologie noch nicht entwirrt hat, auch wenn fast täglich Neues entdeckt wird.

Irgendwann einmal wird Ihr Geld aber gut angelegt sein: Nämlich dann, wenn die Beziehungen zwischen Genen untereinander und mit der Umwelt so weit entwirrt sind, dass auf ein individuelles genetisches Profil auch eine personalisierte – also genau auf Sie zugeschnittene – medizinische Behandlungsweise und gegebenenfalls auch eine neue Lebensweise folgen kann. Im Moment kann man aber noch nicht sagen, wann das sein wird. Ich werde mich in Kapitel 22 nochmals mit der personalisierten Medizin beschäftigen – hier gibt es schon sehr viel seriösere Handlungsempfehlungen.

Die Genkarte: Eine Landkarte fürs Erbgut

In den vorhergehenden Abschnitten habe ich mich mit individuellen Sequenzen und Varianten im Erbgut beschäftigt. Allerdings nützen diese Aussagen meist nicht sehr viel, wenn Sie nicht auch wissen, wo genau sie in den vielen Millionen Nukleotiden des Erbguts zu finden und welche Gene in der Nähe sind. Zum Schluss dieses Kapitels möchte ich mich deshalb nun der Frage widmen, wie man denn feststellt, wo sich diese Sequenzen und Varianten befinden: auf welchem Chromosom oder in welcher Chromosomenregion.

Um sich in dem großen Haufen DNA in der Zelle zurechtzufinden, gibt es sogenannte ***Genkarten***. Das sind praktisch Landkarten des Erbguts, auf denen alle Gene eingezeichnet werden und an denen sich der Molekularbiologe bei seinen experimentellen Ausflügen ins Genom orientiert. Um die Position von Genen und DNA-Abschnitten im Genom zu bestimmen, ***kartiert*** er die Gene – er verzeichnet sie auf der jeweiligen Genkarte des Organismus. Dabei werden sie den einzelnen Chromosomen, Chromosomenregionen oder sogar schon bestimmten Abschnitten des DNA-Moleküls zugewiesen, je nachdem wie fein man kartiert. Eine Genkarte gibt es schon für viele Hundert verschiedene Lebewesen, zum Beispiel für Mensch, Maus und Ratte, das Schwein oder die Katze, aber auch für viele Pflanzen und Mikroorganismen.

Bei einer ***Genkartierung*** findet man die Genanordnung in den Chromosomen heraus, also die lineare Anordnung im Genom. Hierfür gibt es zwei generelle Vorgehensweisen:

- Bei der **genetischen Kartierung** bestimmt man die *relativen Abstände* zwischen Genen. Das heißt, wenn man wissen will, wo Gen A liegt, dann kann man mit einer genetischen Kartierung herausfinden, wie weit Gen A von einem Gen B entfernt ist: Man weiß also letzten Endes nur, wo sich Gen A befindet, wenn man bereits Informationen über Gen B hat, also weiß, wo Gen B liegt. Mit dieser Methode wird demnach die *Reihenfolge* von Genen oder DNA-Abschnitten auf den Chromosomen festgelegt. Das Ergebnis einer genetischen Kartierung ist eine **genetische Karte** oder **Kopplungskarte**.
- Bei der **physikalischen Kartierung** wird die *Position* von Genen im DNA-Molekül bestimmt. Das heißt, man weiß dann zum Beispiel, dass Gen A auf Chromosom 1 liegt, aber nicht, wie groß der Abstand zu anderen Genen auf Chromosom 1 ist. Mit der kompletten Sequenzierung eines Genoms erhält man die exakteste physikalische Information über die Anordnung im Erbgut. Dies ist natürlich auch die aufwendigste Variante. Das Ergebnis einer physikalischen Kartierung ist eine **physikalische Karte**, auch **cytogenetische Karte** genannt.

Natürlich ist die Reihenfolge der Gene auf beiden Kartenarten gleich, nicht unbedingt aber auch deren genaue Platzierung auf dem Chromosom. Und Sie werden gleich sehen, warum.

Die genetische Kartierung: Zusammen oder getrennt?

Die Technik, die man verwendet, um genetisch zu kartieren, nennt man ***Kopplungsanalyse***. Die erste Karte, die auf diese Weise erstellt wurde, entstand schon im Jahr 1911, als der Biologe *Thomas Morgan* Gene der Fruchtfliege kartierte. Und zwar stellten Morgan und seine Kollegen damals fest, dass bestimmte Merkmale der Fliegen immer gemeinsam auftraten und vererbt wurden – also *gekoppelt* waren. Heute weiß man, dass, wenn Gene gekoppelt sind, sie zumindest auf dem gleichen Chromosom liegen müssen oder dort sogar ganz nahe beieinanderliegen. Manchmal kam es jedoch bei den Fliegennachkommen zu einer völlig neuen Kombination der Merkmale, die vorher noch nicht aufgetreten war. Diese plötzliche Neukombination von Genen und Merkmalen nennt man ***Rekombination***. Und genau nach diesen Neukombinationen sucht man bei Kopplungsanalysen.

Zu ***Rekombinationen*** kommt es nicht irgendwann zufällig, wenn die Zelle gerade Lust darauf hat. Nein, sie finden immer nur zu einem ganz bestimmten Zeitpunkt statt, nämlich in der Meiose – also wenn das Erbgut von Vater und Mutter auf die Keimzellen verteilt und dabei dann gemischt (rekombiniert) wird. Dazu legen sich die homologen Chromosomen (das heißt die mit der gleichen

Nummer) aneinander und tauschen Stücke ihres Erbguts aus. Man nennt diesen Vorgang *Crossing-over*, und dabei kommt es zu Rekombinationen, also zur Neukombination von Genen und damit oft auch von Merkmalen. Die Häufigkeit, mit der zwei Gene oder DNA-Abschnitte bei einer Vererbung in die nächste Generation neu kombiniert werden (also rekombinieren), nennt man ***Rekombinationsfrequenz***. Diese hängt davon ab, wie weit die beiden Gene voneinander entfernt liegen: Je näher zusammen, desto seltener – je weiter voneinander entfernt, desto häufiger kommt es zur Rekombination zwischen den beiden Genen. Warum das so ist, kann man sich leicht vorstellen: Je größer der Abstand zwischen zwei Genen ist, desto mehr andere Gene liegen dazwischen, die neu gemischt werden können. Sind zwei Gene dagegen schon Chromosomennachbarn, dann gibt es nur noch wenig DNA zwischen ihnen für ein Crossing-over.

Zu Ehren des allerersten Genkartierers Thomas Morgan hat man die Maßeinheit aller genetischen Karten nach ihm benannt. Sie heißt *Morgan* beziehungsweise ***centiMorgan*** und ist wie folgt definiert:

1 % Rekombinationsfrequenz = 1 centiMorgan (cM)

Das heißt: Wenn man zwei Gene in 100 Proben untersucht und dabei ein Individuum (eine *Rekombinante*) entdeckt, bei dem es zu einer Neukombination gekommen ist, dann liegen die beiden Gene 1 cM auseinander.

Die Maßeinheit aller physikalischen Karten ist dagegen *Basenpaare*.

Wie man's macht: Genetisch kartieren

Wenn man ein Gen oder einen DNA-Abschnitt genetisch kartieren möchte, dann sucht man sich zuerst auf einer Kopplungskarte, von denen es für die meisten Organismen mehrere gibt und die man in der wissenschaftlichen Literatur oder im Internet zuhauf findet (Informationen über Genkarten des Menschen gibt es zum Beispiel unter `www.ornl.gov/sci/techresources/Human_Genome/research/mapping.shtml`), einige andere Gene oder besser noch Sequenzvarianten aus, die schon kartiert sind. Dann bestimmt man die Rekombinationsfrequenz zwischen den schon kartierten Sequenzen und denen, die man der Karte neu zuordnen möchte, und platziert die neuen zwischen die alten, indem man die Abstände zwischen ihnen ermittelt. Das hört sich jetzt sehr theoretisch an. Deshalb lassen Sie uns zurück ins Labor gehen, dann werden Sie sicher gleich verstehen, wie Sie zu unserer Rekombinationsfrequenz kommen.

BEISPIEL

Nach Rekombinationen im Erbgut sucht man in der Regel mit der Unterstützung von ***Markern***. Sie hatten Marker ja schon in den vorigen Abschnitten kennengelernt: Ein Marker ist eine Variante – etwa ein RFLP, SNP oder ein Mikrosatellit –, der einen bestimmten Chromosomenabschnitt »markiert« und der gut molekularbiologisch zu untersuchen ist. Und der natürlich mit Genen in »seinem« Abschnitt gekoppelt ist und stellvertretend für diese Gene untersucht werden kann. Die Genotypisierung an sich ist eigentlich ganz einfach, macht aber viel Arbeit. Denn wenn man überhaupt noch keinen Anhaltspunkt hat, wo das neue Gen liegt, dann muss man das ganze Genom nach einer möglichen Kopplung absuchen. Das heißt, man sucht sich in regelmäßigen Abständen über das Genom verteilt Varianten, die man alle einzeln genotypisiert. Man sagt zu dieser Verfahrensweise ***Genome Scan*** (man scannt also das Genom danach ab, ob bestimmte Merkmale immer gemeinsam vererbt werden).

Man braucht aber nicht nur über das ganze Erbgut verteilte Marker, sondern auch ***DNA-Proben*** von möglichst vielen Individuen (idealerweise mehrere Hundert) aus mehreren Generationen, damit man die Vererbung verfolgen kann und die statistische Absicherung möglichst gut ist. Das bedeutet natürlich viel Arbeit und Kosten, aber anders geht es nicht.

Weiterhin braucht man für jedes am Experiment beteiligte Individuum ein analysiertes ***Merkmal***: Wenn man ein Gen kartieren möchte, das man schon charakterisiert hat, kann das eine Sequenzvariation in diesem Gen sein; falls man das Gen nicht kennt, aber die Eigenschaft, dann müssen alle Individuen auf diese Eigenschaft untersucht sein. Zum Beispiel: Sie wollen das Merkmal »abstehende Ohren« kartieren, also erfahren, auf welchem Chromosom das Gen liegt, das für abstehende Ohren verantwortlich ist. Falls Sie noch nichts über die Sequenz des Gens wissen, müssen Sie bei allen mehreren Hundert Individuen, die Sie genotypisieren wollen, den Abstand der Ohren zum Kopf messen. Nur so können Sie anschließend nach einer Beziehung zwischen Ohrenabstand und einem bestimmten Genotyp suchen. Nach dieser aufwendigen Vorarbeit können Sie mit den Genotypisierungen beginnen, die wie folgt ablaufen:

1. Sie ***wählen*** sich ***eine Variantensorte*** aus, die Sie untersuchen wollen. Nehmen Sie in diesem Beispiel an, Sie hätten sich für Mikrosatelliten entschieden. Informationen über viele Hundert Mikrosatelliten erhält man dann auf den Internetseiten des Genomprojekts für den jeweiligen Organismus, also zum Beispiel die Primersequenz, Position im Genom, wie viele Allele das Repeat hat und vieles mehr. Sie suchen sich also aus diesen Daten eine bestimmte Anzahl von Mikrosatelliten aus, die möglichst regelmäßig über das Erbgut verteilt sind, sodass Sie möglichst alle DNA-Abschnitte durch einen Marker abgedeckt haben, den Sie dann genotypisieren.

2. Zunächst ***isoliert*** man die ***DNA*** aller zu untersuchenden Individuen oder sucht sich die schon vorhandenen DNA-Proben aus dem Gefrierschrank.

3. Man macht für jede Variante eine ***PCR*** und vervielfältigt so den gewünschten Mikrosatelliten bei allen Individuen.

4. Mit einer ***Elektrophorese*** bestimmt man die Allele jeder DNA-Probe.

5. Nun ***berechnet*** man auf Basis des Stammbaums, des gemessenen Merkmals (zum Beispiel »abstehende Ohren«) und der auftretenden Allele – des Genotyps jedes Individuums – ***die Rekombinationsfrequenz*** und prüft damit, ob das Merkmal oder das Gen, das man kartieren will, mit einem der untersuchten Mikrosatelliten gekoppelt ist. Und falls ja, wie groß der Abstand ist.

Diese Berechnungen sehen relativ kompliziert aus, im Prinzip wird aber »nur« geprüft, ob eine bestimmte Allelkombination an einem Mikrosatelliten immer mit dem gemessenen Merkmal zusammen auftritt. Findet man einen solchen Zusammenhang, ist der Mikrosatellit mit dem Merkmal gekoppelt. Und da man weiß, wo der Mikrosatellit liegt, da er ja bereits kartiert ist, weiß man auch, dass das Merkmal auf dem gleichen Chromosom liegen muss, und kann dann auch noch den Abstand zwischen beiden abschätzen.

Die Wahrscheinlichkeit einer Kopplung und die Abstände zwischen den Sequenzen (also in unserem Beispiel zwischen den untersuchten Mikrosatelliten und dem Merkmal »abstehende Ohren«) berechnet der Bioinformatik-Kollege des Molekularbiologen mit der sogenannten *Lod-Score-Methode*. Darauf soll hier nicht näher eingegangen werden, denn es gibt viele schöne Computerprogramme, die das machen, die neuesten Versionen kann man sich sogar kostenlos auf den Seiten der Genomforschungsprogramme für die verschiedenen Organismen im Internet herunterladen. Für den Molekularbiologen ist es eigentlich nur wichtig, das Ergebnis richtig interpretieren zu können. Falls Sie es aber trotzdem genau wissen wollten, nur so viel: Der Lod Score ist der Logarithmus des Quotienten aus der Wahrscheinlichkeit, dass eine Kopplung besteht, und der Wahrscheinlichkeit einer Nichtkopplung. Die Kartierungsfunktionen der Programme rechnen die Rekombinationsfrequenz, die man im Labor bestimmt hat, in cM um und platzieren die untersuchten Sequenzen in bestehende Karten.

Die Rekombination ist von einem gewissen Mysterium umgeben, denn dieser Vorgang lässt sich nicht auf alle Zellen oder Chromosomen gleichermaßen anwenden. Es gibt da gewisse Unterschiede, zum Beispiel hängt die Rekombinationsfrequenz unter anderem vom Alter und Geschlecht des Individuums und auch vom Chromosom selbst ab: Beispielsweise rekombinieren bei allen Säugetieren die Chromosomen der Weibchen häufiger als die der Männchen. In der Konsequenz ergibt sich dann, dass die Abstände zwischen zwei Genen bei Frauen wesentlich länger sein können als bei ihren Männern – was natürlich in Wirklichkeit nicht so sein kann, aber eben auf einer Kopplungskarte. Man erstellt deshalb meistens Genkarten aus Mittelwerten. Außerdem muss der Molekularbiologe bei einer genetischen Kartierung peinlich genau arbeiten, weil sich schon der kleinste Fehler rächen kann: Die ermittelten Abstände zwischen Genen oder Markern können dann nämlich größer werden, als sie in Wirklichkeit sind, und im Extremfall berechnet man eine völlig falsche Position. Diese Beispiele sollen nochmals deutlich machen, dass eine genetische Karte *relativ* ist und Gene immer in Bezug zu anderen Genen platziert sind. Das heißt, eine Kopplungskarte gibt die Abfolge der Gene korrekt an, aber nicht unbedingt die natürlichen Abstände. Deshalb ist eine Genkarte nicht einfach so auf eine andere übertragbar, es sei denn, sie wurde mit exakt denselben DNA-Proben erstellt.

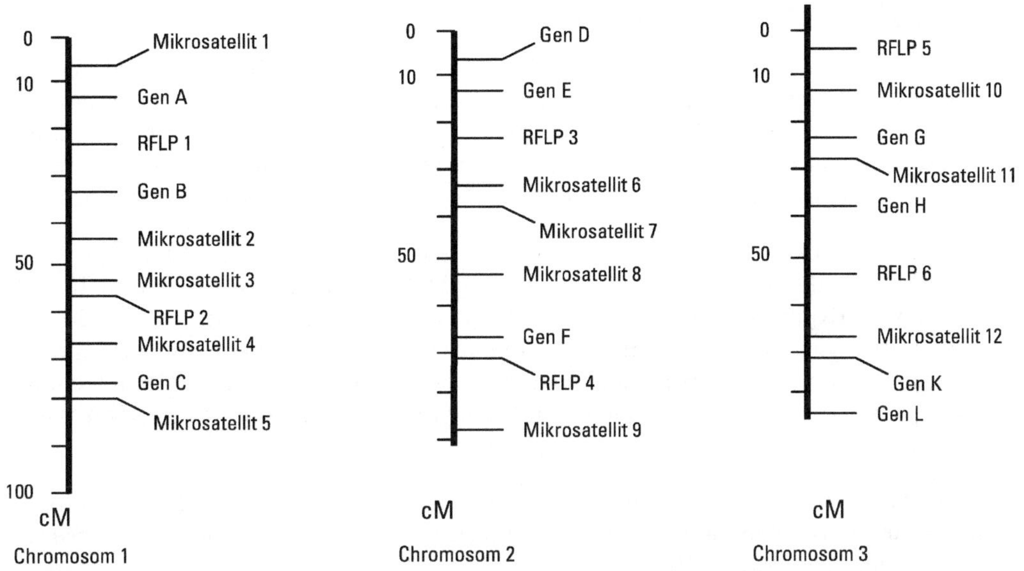

Abbildung 17.8: Beispiel für eine genetische Karte (Kopplungskarte) eines fiktiven Organismus mit drei Chromosomen

Die physikalische Kartierung: Chromosom gesucht

Für manche Experimente – man denke nur an unsere eigene Genkarte, die für den Menschen – sind weder viele Proben zu bekommen noch kann man gezielte Kreuzungen durchführen. Deshalb kann in solchen Fällen das heimatlose Gen seinen Platz nur mithilfe der physikalischen Kartierung finden. Nun werden Sie sich als kritischer Leser sicher fragen, warum man dann überhaupt Kopplungsanalysen macht und nicht gleich physikalisch kartiert? Die Antwort ist: Weil die genetische Kartierung eine relativ problemlose Möglichkeit ist, eine unbekannte Sequenz erst einmal grob zu lokalisieren. Denn schon die erste Zuordnung zu einem Chromosom kann hilfreich für weitere Untersuchungen sein. Wie eine physikalische Karte aussieht, wird im Gegensatz zur Kopplungskarte übrigens nicht von äußeren Parametern wie Geschlecht und Alter oder Chromosomenposition beeinflusst.

Es gibt mehrere Techniken, um Gene physikalisch zu lokalisieren. Eine Möglichkeit, nämlich die feinste und präziseste, haben Sie bereits zu Anfang dieses Kapitels kennengelernt: die Sequenzierung. Mit ihr bekommt man *die* endgültige physikalische Karte, auf der das ganze DNA-Molekül aufs Genaueste verzeichnet ist. Da aber eine Komplettsequenzierung des Genoms zumindest noch bis vor ein paar Jahren zeitaufwendig und teuer war, behalf man sich für einzelne unbekannte Sequenzen verständlicherweise oft mit anderen Verfahren. An dieser Stelle möchte ich Ihnen den Klassiker unter den physikalischen Kartierungsmethoden vorstellen – die ***In-situ-Hybridisierung***, die schon seit den 1960er-Jahren zum Repertoire des Molekularbiologen gehört.

Der Klassiker: Die In-situ-Hybridisierung

In situ bedeutet *an Ort und Stelle* und deutet damit an, dass für die In-situ-Hybridisierung keine DNA isoliert wird, sondern die Hybridisierung direkt auf Chromosomen in ihrem natürlichen Zustand stattfindet. Dort findet die zu kartierende Sequenz ihre komplementären Basenpartner, bindet (= hybridisiert, siehe auch Kapitel 13) und kann dann direkt auf dem Chromosomenpräparat nachgewiesen werden. Die Methode besteht aus folgenden Schritten:

1. Auf Basis der zu kartierenden Sequenz bestellt man sich eine ***Sonde*** (siehe Kapitel 11): Die Sonde ist ein künstlich hergestelltes Nukleinsäurestück mit einer definierten, vom Experimentator festgelegten Sequenz. Im Fall der In-situ-Hybridisierung ist die Sonde einfach ein Teil des Gens, das Sie kartieren wollen, mit einer möglichst einzigartigen Sequenz, damit es keine andere Möglichkeit im Genom gibt, wo die Sonde alternativ binden könnte und Sie dadurch dann vom rechten Weg abgebracht würden.

2. Um die Sonde später auch wiederzufinden, muss man sie vor der Hybridisierung ***markieren***, zum Beispiel mit einem Fluoreszenzmarker: Man nennt das dann *Fluoreszenz-in-situ-Hybridisierung (FISH)*.

3. Außerdem braucht man ein Chromosomenpräparat aus Metaphase-Chromosomen (siehe Kapitel 2) als DNA-Probe. Dazu werden Zellen mit einer Salzlösung auf einem Objektträger zum Platzen gebracht und die Chromosomen fixiert.

4. Nun kann es richtig losgehen: Sonde und DNA-Probe werden durch Erhitzen denaturiert (man braucht Einzelstränge). Anschließend gibt man beide zusammen, und während der Abkühlungsphase finden passende komplementäre Sequenzen zusammen und paaren, indem sie Wasserstoffbrücken bilden. Dabei paaren auch Sequenzen von Sonden-DNA und Chromosomen. Bei dieser eigentlichen ***Hybridisierung*** muss der Molekularbiologe etwas Geduld aufbringen; sie dauert mindestens eine Stunde bis mehrere Tage.

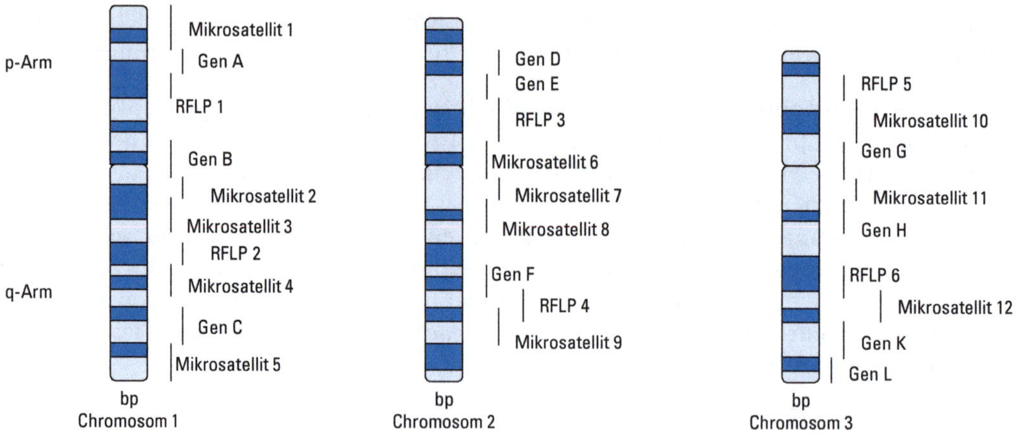

Abbildung 17.9: Beispiel für eine physikalische Karte eines fiktiven Organismus mit drei Chromosomen

5. Durch Waschen werden überschüssige, nicht oder nicht ganz korrekt gepaarte Sondenmoleküle entfernt. Dann weist man die korrekt gebundenen Sonden nach (siehe Kapitel 13) und wertet das Experiment unter einem Fluoreszenzmikroskop aus. Jede gebundene Sonde ergibt einen farbigen Punkt, sodass man das zu kartierende Gen dann dem Chromosom zuordnen kann, das den farbigen Punkt trägt. Die Chromosomen kann man mit einiger Erfahrung unter dem Mikroskop ihrer entsprechenden Nummer zuordnen, weil sie sich in ihrer Größe unterscheiden, beziehungsweise man schließt noch chromosomenspezifische Tests an.

BEISPIEL

Die *FISH-Technik* wird nicht nur zur physikalischen Genkartierung eingesetzt, sondern auch zur Diagnostik von Erbkrankheiten. Zum Beispiel verwendet man Sonden mit Chromosom-21-spezifischen Sequenzen in der Pränataldiagnostik, um an Zellen des ungeborenen Kindes zu prüfen, wie häufig das Chromosom 21 vorhanden ist: normalerweise zweimal, aber bei Kindern mit Downsyndrom (Trisomie 21) dreimal. Bei der Auswertung sucht man also nach zwei oder drei Fluoreszenzsignalen.

Übrigens kann man mit dieser Technik auch RNA in Zellen nachweisen und so erfahren, wo sich die mRNA eines Gens vorzugsweise herumtreibt: So kann man untersuchen, in welchen Zellen und Geweben das Gen zu bestimmten Zeiten aktiv ist und in Protein übersetzt wird.

IN DIESEM KAPITEL

- Methoden, mit denen man die Genexpression untersuchen kann
- Wie man Organismen dazu bringt, fremde Proteine herzustellen
- Knock-out-Mäuse und transgene Organismen

Kapitel 18

Auf der Suche nach dem Sinn: Der Weg zur Genfunktion

In den vorangegangenen Kapiteln bin ich überwiegend auf den Text eingegangen, den Text aus dem Vier-Buchstaben-Alphabet A, C, G und T, der im Erbgut aller Lebewesen nach dem gleichen Prinzip unter dem Titel »Die Erbinformation« niedergeschrieben ist. Sie haben dabei erfahren, wie dieser Text aufgebaut ist, wie man ihn übersetzen, untersuchen und gegebenenfalls auch manipulieren kann. Damit soll jetzt Schluss sein – nun möchte ich Ihnen zeigen, wie der Text in den Zellen interpretiert wird. Denn dieser Text ist ja nicht einfach so eine spannende Geschichte, die der Zelle an langen Abenden zur Unterhaltung dient, sondern er enthält genaue Anweisungen, die jede Zelle zum Leben braucht: die Bauanleitungen für Proteine. Ohne diese Baupläne würde die Zelle in kürzester Zeit zugrunde gehen – ohne sie ist kein Leben möglich.

Das heißt, der Vier-Buchstaben-Text der DNA – also jedes einzelne Gen – hat eine ganz bestimmte *Funktion* im Organismus, die sich aus der jeweiligen Sequenz ergibt. Und damit möchte ich mich in diesem Kapitel beschäftigen: nämlich damit, was aus dem Text herauskommt – also, was aus dem Gen wird und wie man das herausfinden kann. Die Methoden, mit denen der Molekularbiologe nach der Funktion eines Gens sucht – also nach dem, was seine Botschaft bedeutet, in welches Protein es übersetzt wird und welche Aufgabe dieses Protein in der Zelle hat –, fasst man auch unter dem Begriff ***funktionelle Genomik*** zusammen.

In den folgenden Abschnitten möchte ich Ihnen einige Methoden der funktionellen Genomik vorstellen. Dabei sehen Sie sich zunächst an, wie Sie das Ablesen eines Gens – die Transkription – analysieren, also die *Genexpression* untersuchen können. In einem zweiten Teil des Kapitels soll es um Techniken gehen, mit denen man Gene gezielt verändern oder ausschalten kann, um dann zu beobachten, was der Ausfall bewirkt, sodass man auf die

Funktion des intakten Gens schließen kann. Zudem wird erklärt, was eine Knock-out-Maus und ein transgenes Lebewesen ist und wie man sie als Modellorganismen für molekularbiologische Studien nutzen kann. Und zum Schluss möchte ich Sie mit dem »zweiten« genetischen Code bekannt machen, dem epigenetischen Code, der einige der wirkungsvollsten Genschalter beinhaltet.

Genexpressionsstudien: Wie aktiv ist das Gen?

Der Molekularbiologe kann einiges über die *Funktion eines Gens* erfahren, indem er untersucht, in welcher Art von Zellen, Geweben und Organen das Gen mit welcher Aktivität exprimiert (also abgelesen und übersetzt) wird. Zum Beispiel sind in den Zellen eines Embryos ganz andere Gene aktiv als in den Zellen eines Erwachsenen und in der Muskelzelle leisten andere Gene Schwerstarbeit als in einer Nervenzelle des Gehirns: Gene werden sowohl *zeit- als auch gewebespezifisch* reguliert. Und es ist wichtig, die Funktion eines Gens zu kennen, um zum Beispiel bei Krankheiten eingreifen zu können, die auf eine gestörte Genfunktion zurückgehen.

Um also etwas über die Funktion eines Gens zu erfahren, liegt es nahe, sich zunächst einmal mit seinem *Transkript* (der mRNA) zu beschäftigen. Man nennt solche Methoden, mit denen man das Ablesen eines Gens – also dessen Transkription – beobachtet, ***Genexpressionsstudien***. Dabei kann man prinzipiell zwei verschiedenen Fragestellungen nachgehen:

- ✔ *Wird das Gen in den Zellen, die ich untersuchen möchte, überhaupt exprimiert?* Beziehungsweise: *Wo wird das Gen exprimiert?*
- ✔ *Wie häufig wird das Gen abgelesen, wie viele Transkripte werden erstellt?*

Je nachdem, welcher Fragestellung der Experimentator nachgehen möchte – entweder dem *Wo* oder dem *Wieviel* – greift er auf verschiedene Methoden zurück, die in den folgenden Abschnitten nacheinander erklärt werden.

Das »Wieviel«: Quantitative Genexpressionsanalyse

Quantitative Genexpressionsanalyse heißt »auf Deutsch« nichts anderes, als dass der Experimentator die RNA-Menge bestimmt, also die Zahl der Transkripte (der mRNA-Kopien) eines bestimmten Gens. Daraus kann er dann auf die Stärke der Genexpression schließen: Liegen von einem Gen in einer Zelle viele Transkripte vor, dann hat dieses Gen für die Zelle meist eine sehr wichtige Funktion. Gibt es in der Zelle aber gar keine oder nur sehr wenige Transkripte des Gens, dann ist das Gen überhaupt nicht wichtig für die Zelle, jedenfalls nicht zur Zeit der Untersuchung. Es gibt natürlich auch von dieser Regel Ausnahmen.

BEISPIEL

Die meisten Methoden zur Bestimmung der RNA-Menge in Zellen beruhen auf der Fähigkeit der Nukleinsäuren zur *Hybridisierung* (siehe Kapitel 13). Zur Erinnerung: Wenn der Molekularbiologe von »Hybridisierung« spricht, meint er die Tatsache, dass sich komplementäre RNA- oder DNA-Einzelstränge zu

Doppelsträngen zusammenfinden können, indem sie Wasserstoffbrücken zwischen ihren Basen ausbilden und so zusammenhalten. Dabei paart wie immer A mit T oder U und G mit C, die Sequenzen der beiden Einzelstränge müssen also zusammenpassen. Einige solcher Techniken, mit denen man RNA-Mengen bestimmen kann, haben Sie schon kennengelernt, zum Beispiel

- ✔ den **Northern Blot** (siehe Kapitel 13), bei dem in einem Gel aufgetrennte RNA eines Gewebes auf eine Membran transferiert und dort fixiert wird. Hier wird die »Wunsch«-RNA durch Hybridisierung mit der komplementären Sonde nachgewiesen. Die bestellte oder selbst synthetisierte Sonde (siehe Kapitel 11) hat eine zur gesuchten RNA komplementäre Sequenz. Die Menge des Transkripts kann durch die Stärke dieses Signals bestimmt werden.

- ✔ die **reverse Transkription** kombiniert mit einer Real-Time-PCR (siehe Kapitel 13 und 15). Dabei wird aus Gewebe isolierte RNA zunächst in cDNA umgeschrieben und diese dann in einer Real-Time-PCR amplifiziert. Durch die Messung der entstehenden Fluoreszenz kann die Menge der RNA bestimmt werden.

Es gibt aber auch zwei andere elegante Methoden, die ich noch nicht beschrieben habe, und auf die man bei solchen Fragestellungen oft zurückgreift:

- ✔ die **Nuklease-S1-Analyse** und

- ✔ der **Ribonuclease Protection Assay** (**RPA**).

Scharf auf Einzelstränge: Nuklease-S1-Analyse und Ribonuclease Protection Assay

Für die *Nuklease-S1-Analyse* braucht der Molekularbiologe die Unterstützung einer seiner Zerstörer, die Nukleinsäuren verdauen können (siehe Kapitel 9): der Nuklease mit dem fantasielosen Namen S1. Dieses Enzym wird aus einem Schimmelpilz gewonnen (aus *Aspergillus oryzae,* wer's genau wissen will), aus dem man in Japan Sojasoße herstellt. Im Labor ist man jedoch nicht an der braunen Würze interessiert, sondern an der besonderen Fähigkeit von S1, *einzelsträngige* Nukleinsäuren abzubauen. Und zwar *nur* Einzelstränge; Doppelstränge lässt die Nuklease S1 in Ruhe. Diesen Hang zur Einzelstrangzerstörung nutzt man aus, um nach einer Hybridisierungsreaktion korrekt gepaarte Nukleinsäure-Hybride aus komplementären Sequenzen (also Doppelstränge) von nicht oder nur unvollständig gepaarten Nukleinsäuren (also Einzelsträngen oder partiellen Einzelsträngen) zu trennen.

BEISPIEL

Eine ***Nuklease-S1-Analyse*** führt man prinzipiell wie folgt durch:

1. Da Sie bei der Genexpressionsstudie RNA untersuchen wollen, müssen Sie diese ***RNA*** zunächst einmal mit allen nötigen Vorsichtsmaßnahmen aus den Zellen Ihrer Probe ***isolieren*** (siehe Kapitel 13). Sie wollen ja wissen, ob eine bestimmte RNA vorhanden ist, und gegebenenfalls auch noch, wie viel davon.

2. Als Nächstes brauchen Sie eine einzelsträngige ***DNA-Sonde***, die in ihrer Sequenz komplementär zu der gesuchten RNA ist und die Sie später irgendwie

nachweisen können, zum Beispiel durch eine radioaktive Markierung. Dieses künstliche Oligonukleotid synthetisieren Sie sich selbst oder bestellen es bei einem der vielen Anbieter.

3. Man gibt Sonde und isolierte RNA zusammen, erhitzt kurz auf 68 °C, um eventuell entstandene Sekundärstrukturen zu zerstören, und lässt der Sonde bei etwa 55 °C (die genaue Temperatur hängt von der Länge und Sequenz der Sonde ab) über Nacht Zeit, ihre komplementären Sequenzen im RNA-Gemisch zu finden und mit diesen zu ***hybridisieren***. Wenn man nicht nur wissen möchte, ob eine bestimmte RNA in der Probe vorhanden ist, sondern auch, wie viel vorhanden ist, dann ist es wichtig, die Sonde im Überschuss zuzugeben.

4. Am nächsten Morgen startet man die eigentliche ***Nuklease-Reaktion:*** Man gibt S1 zum (hoffentlich) hybridisierten Gemisch aus Sonden und RNA. Das Enzym stürzt sich mehr oder weniger sofort auf alle Einzelstränge und verdaut diese in etwa einer halben Stunde bei einer optimalen Arbeitsumgebung von 37 °C. Übrig bleiben nur die korrekt gepaarten Sonden-RNA-Hybride, also die RNA-Stückchen, die Sie suchen und die an die Sonde gebunden und damit doppelsträngig sind. Denn nur solche Doppelstränge sind vor der Zerstörungswut der S1 sicher, alle anderen Einzelstränge werden vom Enzym verdaut.

5. Das Gemisch aus Nukleinsäurefragmenten wird in einer ***Elektrophorese*** aufgetrennt. Mit einer *Autoradiografie* weist man die Sonden-RNA-Hybride nach.

6. ***Auswertung:*** Aus dem Elektropherogramm erhält man zum einen die Information, wie groß das nachgewiesene RNA-Stück ist, sofern man einen Längenstandard mit aufgetragen hat. Zum anderen kann man aus der Intensität der radioaktiven Bande auf die RNA-Menge schließen, wenn man ebenfalls Referenzproben (Proben mit bekannter Konzentration) auf das Gel aufgetragen hat. Alternativ kann man auch die Menge der unverdauten Sonde bestimmen und dadurch auf die RNA-Menge schließen, sofern man sich gemerkt hat, wie viel Sonde man ursprünglich eingesetzt hat.

Der ***Ribonuclease Protection Assay (RPA)*** läuft ganz ähnlich wie die Nuklease-S1-Analyse ab. Auch diese Methode beruht darauf, dass korrekt gepaarte Hybride (also Doppelstränge) von ungepaarten Einzelsträngen getrennt werden. Und auch bei dieser Technik werden die Einzelstränge enzymatisch abgebaut. Es gibt allerdings zwei Unterschiede zur S1-Analyse:

1. Man verwendet ***RNA-Sonden*** statt DNA-Sonden. Dabei wird die Sonde nicht nur am Ende, sondern alle paar Nukleotide radioaktiv markiert, sodass die Aktivität logischerweise bei diesem Nachweis viel höher ist als bei der S1-Analyse (die Sonde strahlt ja viel stärker!).

2. Als Zerstörer kommen dann natürlich ***Ribonukleasen*** statt Nukleasen zum Einsatz, die auf RNA spezialisiert sind.

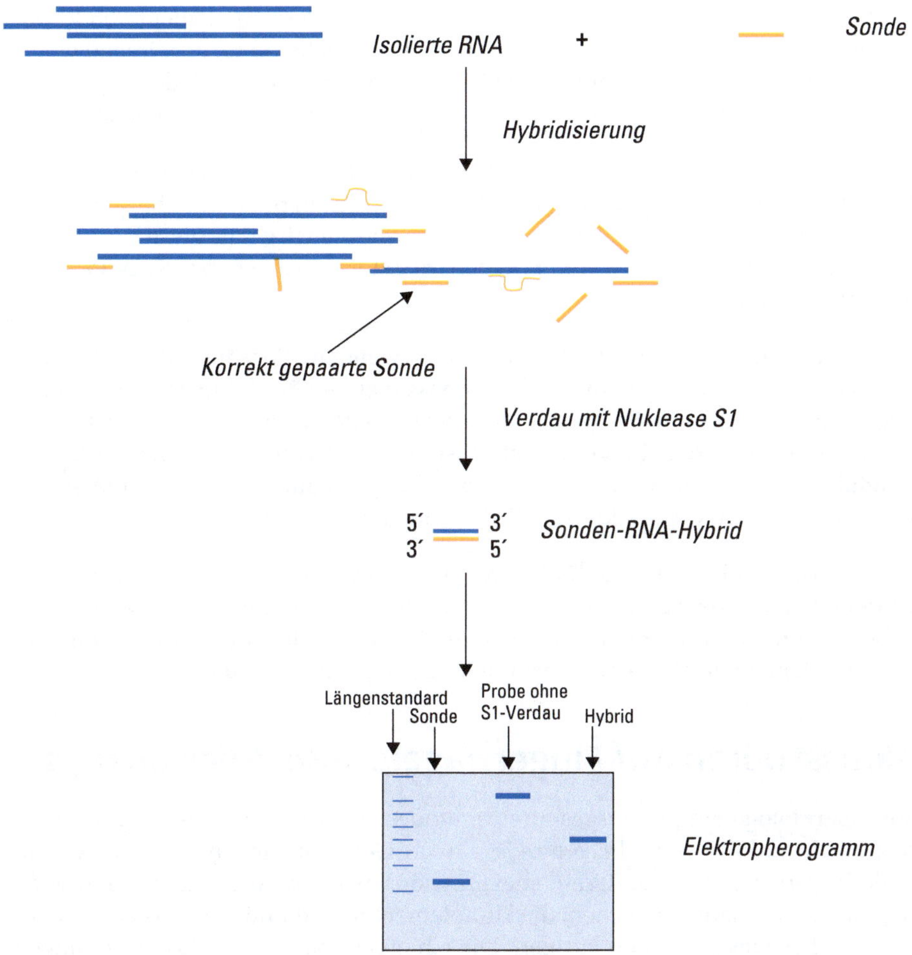

Abbildung 18.1: Das Prinzip der Nuklease-S1-Analyse: Nur korrekt gepaarte Nukleinsäure entkommt dem Abbau durch die Nuklease und kann dann nach einer Elektrophorese nachgewiesen werden. Als Kontrolle trägt man auch Aliquots von Sonde und Probe ohne Verdau mit aufs Gel auf.

Aber auch der RPA dient dem Experimentator dazu, seine »Wunsch«-RNA in einer Gewebeprobe aufzuspüren, also zu untersuchen, ob sie dort überhaupt vorhanden ist, und wenn ja, in welcher Menge.

Das »Wo«: Qualitative Genexpressionsanalyse

Wenn der Molekularbiologe lediglich klären möchte, ob ein Gen in einem bestimmten Gewebe überhaupt exprimiert wird, das heißt, ob »seine« RNA vorhanden ist, und ihn nicht interessiert, in welchen Mengen, dann verwendet er eine der folgenden Techniken:

- Die ***In-situ*-Hybridisierung**, die Sie bereits in Kapitel 17 in einem anderen Zusammenhang – nämlich bei der physikalischen Genkartierung – kennengelernt haben. Dabei wird die »Wunsch«-RNA direkt an Ort und Stelle in der Zelle, in der sie sich herumtreibt, nachgewiesen. Dazu gibt man seine Sonde mit der komplementären RNA-Sequenz auf Zellkulturen oder Gewebeschnitte und untersucht, ob sie dort irgendwo hybridisiert. Falls ja, wird das entsprechende Gen in den untersuchten Zellen exprimiert. Falls man die Sonde aber nicht nachweisen kann, ist das Gen dort nicht aktiv.

- ✔ Die ***In-situ*-PCR** – eine Kombination aus *In-situ*-Hybridisierung, reverser Transkription und PCR, bei der die Amplifikation direkt auf den Zellen oder Gewebeschnitten stattfindet und durch *In-situ*-Hybridisierung nachgewiesen wird. Für diese PCR braucht man jedoch ein spezielles Gerät, in dem man Objektträger statt Reaktionsgefäße verwenden kann.

  Alternativ kann man auch markierte Nukleotide verwenden, die während der PCR in die neu hergestellte DNA eingebaut werden, sodass man die Produkte dann anschließend direkt nachweisen kann. So spart man sich die *In-situ*-Hybridisierung. Der Nachteil dieses bequemeren, direkten Nachweises ist es allerdings, dass man unspezifische Produkte nicht von den »richtigen« unterscheiden kann, weil die Polymerase ja in alles, was sie herstellt, die markierten dNTPs einbaut.

- ✔ Die ***Sequenzierung***, mit der er die RNA zuvor per reverser Transkription in DNA umgeschrieben hat. Dabei kann man jedoch das Gen nicht so genau lokalisieren wie mit den beiden anderen Methoden, sondern lediglich feststellen, ob sie in der sequenzierten Probe vorhanden ist – manchmal reicht dies jedoch auch aus.

Expressionsstudien auf Fingernagelgröße: Microarrays

Darf der Molekularbiologe ein gut ausgestattetes, modernes Labor benutzen, kann er die Genexpression auch mithilfe von ***Microarrays*** – auch ***Genchips*** genannt – analysieren. Diese Methode basiert, wie viele andere Genexpressionsanalysen auch, auf der ***Hybridisierung*** zwischen Nukleinsäurestückchen, die komplementär sind und dann als korrekt gepaartes Hybrid nachgewiesen werden können. Die Chiptechnologie ist schon seit einigen Jahren sehr populär – aber ganz billig sind solche Hightech-Untersuchungen nicht. Ein Vorteil der Technik ist es allerdings, dass man in einem einzigen Experiment mehrere Tausend Gene gleichzeitig untersuchen kann. Das Faszinierende daran ist, dass ein solcher Genchip (wie ein Computerchip – deshalb der Name) nur in etwa die Größe eines Fingernagels hat.

In diesem Minilabor sind Nukleinsäuren dicht gepackt auf engstem Raum untergebracht: Auf einer Fläche von rund 1 cm^2 aus Glas, Silikon, Kunststoff oder Nylonmembran sind Tausende von kurzen, einzelsträngigen DNA-Molekülen als geordnetes Muster gebunden. Innerhalb dieser Anordnung weiß man genau, welche Sequenz sich an welcher Position befindet, das heißt, wo das Gen oder Teile des Gens auf der festen Oberfläche gebunden sind. Dabei kann prinzipiell jede Art von Nukleinsäure (und auch andere Moleküle) auf den Chips angeordnet werden, sie muss aber einzelsträngig sein. Um die Genexpression zu untersuchen, verwendet man in der Regel cDNA (also übersetzte mRNAs) oder auch künstlich hergestellte Oligos. Sie werden mit Sonden hybridisiert und eine korrekte Basenpaarung zwischen

Sonde und Sequenz auf dem Chip mithilfe von Fluoreszenzfarbstoffen oder Radioaktivität nachgewiesen. Microarrays eignen sich sowohl, um das »Wo« als auch um das »Wieviel« herauszufinden – also für qualitative und für quantitative Genexpressionsstudien.

Um die Genexpression mithilfe von *Microarrays* zu untersuchen, geht man wie folgt vor:

1. Zunächst einmal isoliert man die mRNA aus den Zellen, die man untersuchen möchte, und schreibt sie in einer ***reversen Transkription*** in cDNA um (siehe Kapitel 13). Damit hat man die Sonden gewonnen.

2. Die ***Sonden*** werden nun mit Fluoreszenzfarbstoffen markiert. Will man cDNA aus unterschiedlichen Geweben untersuchen und miteinander vergleichen, verwendet man am besten unterschiedliche Farbstoffsorten, die man später voneinander unterscheiden kann. So kann man mehrere Hybridisierungsreaktionen gleichzeitig auswerten.

   Den ***Genchip*** kann man bei einem der Anbieter von Microarrays fix und fertig kaufen. Wenn man über die geeignete Expertise und vor allem die Geräte verfügt, kann man sich diesen natürlich auch selbst herstellen: Dazu braucht man aber einen Roboter, der die Nukleinsäuremoleküle auf die feste Oberfläche der Chips aufträgt – wie sollte ein Mensch dazu in der Lage sein, so viele Moleküle auf Fingernagelgröße anzuordnen?

3. Die eigentliche ***Hybridisierung*** kann nun gestartet werden: Dazu gibt man die markierten Sonden auf den Genchip. Diese hybridisieren mit ihren komplementären Sequenzen auf dem Chip. Unspezifisch gebundene Sonden werden anschließend durch Abwaschen wieder entfernt; einen solchen Waschschritt überstehen nur Hybride, die wirklich korrekt zusammenpassen und durch die Wasserstoffbrücken zwischen den komplementären Basenpaaren stabil sind.

4. Zum ***Nachweis*** der Hybride werden die Fluoreszenzfarbstoffe, mit denen die Sonden markiert sind, von einem Laser angeregt. Die Lichtsignale werden von einem Scanner gemessen und können im Computer ausgewertet werden. Dabei bestimmt eine Auswertungssoftware vollautomatisch Intensität und Platzierung des Lichtsignals. Das heißt, man erhält aus einer solchen Auswertung sowohl Informationen über die Menge an Nukleinsäure als auch über die Sequenz und kann daraus auf das exprimierte Gen und seine Aktivität in der Probe schließen.

Microarrays verwenden die Wissenschaftler aber nicht nur, um die Funktion von Genen zu untersuchen, sondern auch in der medizinischen Diagnostik und der pharmazeutischen Forschung. Mehr dazu erfahren Sie in Kapitel 23.

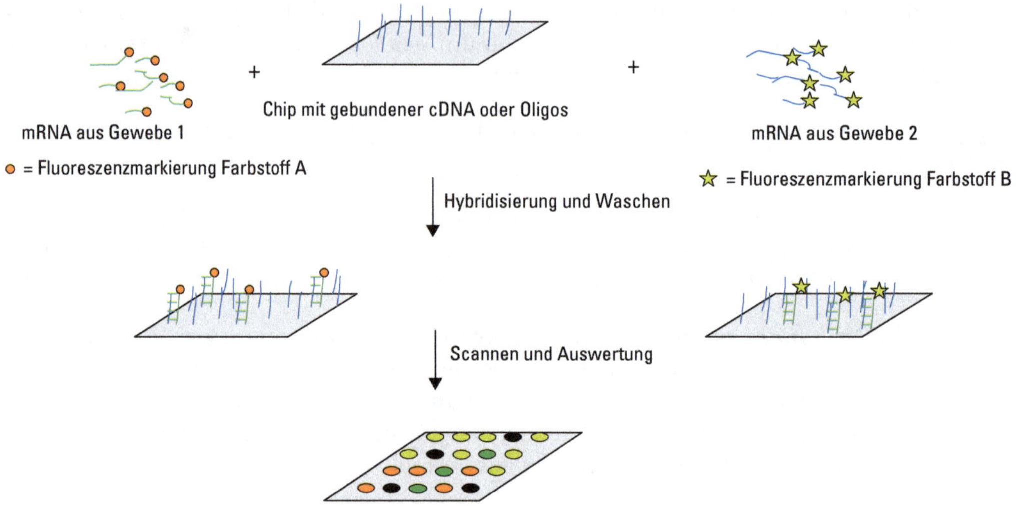

Abbildung 18.2: Das Prinzip der Genexpressionsanalyse mit Genchips. Auf dem hybridisierten Microarray ganz unten steht ein dunkelgrauer Punkt (= Spot) dafür, dass das Gen, dessen Sequenz sich an dieser Position des Chips befindet, in Gewebe 1 exprimiert wird, ein weißer Punkt dafür, dass das Gen in Gewebe 2 exprimiert wird. Ein hellgrauer Punkt bedeutet eine computergestützte Überlagerung der beiden Fluoreszenzfarbstoffe, das heißt, das Gen wird in beiden Proben exprimiert. Schwarze Spots sind ohne Fluoreszenz, das heißt, in beiden Proben wird das Gen nicht exprimiert. Jeder Spot ist in Wirklichkeit etwa 10 μm^2 groß!

Genexpression live untersuchen: Mach mir das Protein!

In den vorigen Abschnitten ging es darum, die *Transkription* eines Gens zu analysieren, also nach der RNA-Kopie zu suchen. Man kann sich aber auch mit der Genexpression beschäftigen, indem man einen Schritt weitergeht: zur *Translation* – also der Übersetzung des Gens in Protein. Dazu braucht der Molekularbiologe einen seiner fleißigen Helfer (mit den Bakterien zum Beispiel haben Sie schon in Kapitel 7 Bekanntschaft gemacht), der ihm sein Genprodukt – also das Protein – herstellt, sodass er es untersuchen kann. Man nennt diesen Vorgang der kontrollierten Proteinbiosynthese in einem fremden Organismus ***Überexpression.*** Dazu wird das Gen, das untersucht werden soll, in die fremde Zelle eingeschleust, dort abgelesen und in das gewünschte Protein übersetzt. Das Protein kann dann aus dem Nährmedium oder direkt aus den Zellen gewonnen und untersucht werden.

Die Gruppe von fleißigen Helfern, die für den Molekularbiologen gezielt Proteine herstellen, nennt er ein ***Expressionssystem.*** Im Prinzip ist jede lebende Zelle ein solches Expressionssystem – also eine kleine Proteinfabrik. Für molekularbiologische Experimente kommen aber nur ganz bestimmte Systeme zum Einsatz. Hier spielen wiederum die Bakterien eine wichtige Rolle; es gibt aber noch andere. Im Folgenden eine Übersicht über die wichtigsten Expressionssysteme:

- **Bakterienzellen:** Wieder einmal stoßen Sie hier auf einen der treuesten Helfer des Molekularbiologen, das Bakterium (siehe Kapitel 7), das auch in diesem

Zusammenhang zu seinen Favoriten gehört, weil bakterielle Expressionssysteme kostengünstig sind und die Bakterien einfach im Labor gezüchtet werden können. Gleichzeitig ist auch noch die Ausbeute an Protein sehr hoch, weil man die Bakterien praktisch unbegrenzt vermehren kann.

Der große Nachteil bei Bakterien ist allerdings, dass die erzwungen hergestellten Proteine von ihnen *nicht posttranslational* (also nach der Translation) *modifiziert* werden können. Das heißt, Bakterien können die fertig zusammengebauten Proteine nicht verändern. Also zum Beispiel noch Zucker ans Protein anhängen, wie es die Zellen von Säugetieren können. Solche posttranslationalen Modifikationen sind aber für viele Proteine sehr wichtig, weil sie dadurch oftmals erst so richtig aktiv werden und die ihnen zugedachte Funktion ausüben können. Außerdem können viele Proteine nicht aus der Bakterienzelle ausgeschleust werden, sie sammeln sich dann in Einschlusskörperchen an und werden dadurch oft unbrauchbar. Bakterien eignen sich also nur für die Produktion von einfachen Proteinen, die nicht mehr modifiziert werden müssen. Hierfür sind sie aber das Expressionssystem erster Wahl.

✔ **Hefezellen:** Auch die Zucht von Hefen ist nicht teuer und im Vergleich zu Säugerzellen nicht allzu aufwendig. Man kann eine Hefekultur auch in großem Maßstab betreiben und erhält dann hohe Ausbeuten an Protein. Da die Hefen im Gegensatz zu den Bakterien zu den Eukaryoten gehören, sind sie in der Lage, einige Arten von posttranslationalen Modifikationen durchzuführen, aber nicht alle. Neben der Bäckerhefe *Saccharomyces cerevisiae*, die Sie alle kennen, ist seit einigen Jahren auch die Hefe *Pichia pastoris* (mit korrektem wissenschaftlichen Namen: *Komagataella phaffi*) zur guten Freundin des Molekularbiologen geworden. Im Gegensatz zur Bäckerhefe, die mit Zucker gefüttert werden muss, ist *Pichia pastoris* schon mit ein bisschen Methanol zufrieden und arbeitet etwas effizienter als die Bäckerhefe.

✔ Baculoviren infizieren **Insektenzellen** und sind für den Menschen ungefährlich. Mit ihrer Hilfe kann der Molekularbiologe das Gen, dessen Funktion er untersuchen möchte, in Insektenzellen einschleusen, wo es dann exprimiert wird. Da Insekten zu den Eukaryoten gehören, sind auch ihre Zellen in der Lage, für einige posttranslationale Modifikationen zu sorgen, aber eben auch nicht für alle, die für Säuger typisch sind. Dafür bekommt man mit dem Team aus Baculovirus und Insektenzelle hohe Ausbeuten an Genprodukt, und der Umgang mit dem Expressionssystem ist nicht allzu kompliziert.

Auf der Basis des Insekten-Expressionssystems gibt es auch Kits zu kaufen, mit denen man zellfrei in wenigen Stunden sein »Wunsch«-Protein erhält. Dazu gibt man einfach seine in einen passenden Vektor klonierte DNA in den Reaktionsansatz und bekommt nach kurzer Zeit sein Protein.

✔ **Säugerzellen** sind natürlich die beste Wahl, wenn man sich mit Säugerproteinen beschäftigt, weil dieses Expressionssystem ja dem natürlichen entspricht. Allerdings ist die Kultur der Zellen ziemlich aufwendig und nicht trivial. Der Umgang mit Zellkulturen ist fast eine Wissenschaft für sich, und Sie müssen da schon einige Erfahrung oder einen netten Kollegen haben, der das übernimmt oder Ihnen gründlich zeigt, wie man das macht.

- **Ganz ohne Zellen** kommt die *zellfreie Proteinsynthese* aus, denn man braucht zur Herstellung von Proteinen nicht unbedingt die komplette Zelle. Für diese zellfreie Methode reicht die Translationsmaschinerie der Zellen aus. Also alles, was rund um die Proteinfabriken – die Ribosomen – (siehe Kapitel 5) so gebraucht wird, um ein Protein herzustellen. Aus diesen Komponenten wird ein Zellextrakt gemacht und zusätzlich noch eine Energiequelle und die Baustoffe für das neue Protein – die Aminosäuren – zugegeben. Je nachdem, was für ein Protein gebraucht wird, isoliert man diese Translationsmaschinerie aus Bakterien-, Hefe,- Insekten-, Pflanzen- oder Säugetierzellen. Sie können, müssen aber dies nicht alles selbst machen, denn solche Systeme gibt es auch schon fix und fertig als Kit zu kaufen – einfach zu übersetzende DNA dazugeben und schon nach kurzer Zeit hält man sein Wunsch-Protein »in der Hand«.

Die Wahl des geeigneten Systems hängt natürlich vom Experiment ab: Nicht jedes Protein kann auch von jedem Lebewesen hergestellt werden. Manche fremden Genprodukte sind giftig für die Wirtszelle. Und wenn man das kontrolliert hergestellte Protein sogar auch in seiner natürlichen Umgebung der heimischen Zelle untersuchen möchte, ist es sinnlos, dies in einem fremden System zu tun – also zum Beispiel ein menschliches Protein in einer Bakterienzelle.

Transfektion: Wie das Gen in die Zelle kommt

Um ein Gen mithilfe eines der Expressionssysteme untersuchen zu können, muss der Molekularbiologe es aber erst einmal dort hineinbefördern: Wie man fremde DNA in Bakterien einschleust, haben Sie bereits in Kapitel 7 (Transformation) und Kapitel 8 (Transduktion, Übertragung mithilfe von Viren) erfahren. Möchte man aber die Genexpression in eukaryotischen Zellen wie Hefe- oder Säugerzellen untersuchen, dann muss das Gen ja auch irgendwie in die Zelle kommen, sonst kann es dort nicht exprimiert werden. Das Einschleusen von genetischem Material in eukaryotische Zellen nennt der Molekularbiologe ***Transfektion***. Transfektionstechniken gibt es eine ganze Menge, sie wurden auch schon in Kapitel 8 erwähnt (siehe dort den Kasten »Welche Alternativen gibt es zur viralen Schleuserbande?«). Eine der gebräuchlichsten Methoden für die Transfektion – die Calciumphosphatpräzipitation – wird im nächsten Abschnitt vorgestellt. Das Prinzip der anderen Methoden ist ähnlich: Immer wird die Zelle durch bestimmte chemische, biologische oder physikalische Signale dazu gebracht, die fremde DNA aufzunehmen und dann gemeinsam mit den eigenen Genen zu exprimieren.

Klassiker: Die Calciumphosphat-Methode

Auf diese Methode greifen viele Molekularbiologen zurück, weil sie einfach und nicht teuer ist. Bei der *Calciumphosphatpräzipitation* wird die DNA einfach mit Calcium und Phosphatpuffer gemischt. Aus dem Gemisch bilden sich feine DNA-Calciumphosphat-Kristalle, die man auf die Wirtszellen pipettiert. Diese nehmen die Kristalle durch Endocytose auf (*Endocytose* bedeutet: die Zellen »fressen« die Kristalle praktisch auf, indem sie ihre Zellmembran wie einen Mund einstülpen). Die DNA gelangt dann in den Zellkern und wird dort, wenn alles geklappt hat, für einige Zeit exprimiert. Wie das genau abläuft mit der Endocytose der Kristalle, weiß man noch nicht genau, aber Hauptsache, die fremde DNA ist in der Wirtszelle, und das hat schon viele Male geklappt.

Öfter mal was Neues: Die Mutagenese

Es geht aber auch ganz anders, als sich mit Transkription oder Translation zu beschäftigen und damit etwas über den Sinn »seines« Gens zu erfahren: Um die Funktion des Gens herauszufinden, kann sich der Molekularbiologe auch einer *gezielten Mutation* bedienen – er nennt diese Methode ***Mutagenese***. Dabei verändert er die Nukleotidsequenz des Gens (er mutiert sie) und sieht sich dann an, was dabei herauskommt. Er überprüft also, ob er in der Zelle oder dem Organismus mit dem mutierten Gen irgendeine Veränderung beobachten kann. Zum Beispiel: Der Experimentator möchte herausfinden, ob eine bestimmte Aminosäure seines Genprodukts, das in diesem Fall ein Enzym wäre, eine wichtige Rolle für dessen Aktivität spielt oder nicht. Dann würde er das entsprechende Triplett des Gens, das für diese eine Aminosäure codiert, gegen ein anderes Triplett austauschen, das für eine andere Aminosäure codiert. Kann das Enzym trotz der veränderten Aminosäure noch ganz normal seiner Aufgabe in der Zelle nachgehen, ist die ursprüngliche Aminosäure nicht unbedingt wichtig für die Aktivität. Falls das Enzym danach ausfällt, trägt die Aminosäure wesentlich zur Enzymfunktion bei.

Bei einer gezielten Mutagenese kann die Veränderung im Erbgut sehr unterschiedliche Ausmaße annehmen und vom Austausch einzelner Nukleotide bis hin zur Entfernung ganzer Gene reichen. Dabei gibt es verschiedene Möglichkeiten, die Sequenz zu verändern, entweder durch

- **Deletion**, also den Verlust von Nukleotiden, oder durch
- **Substitution**, also den Austausch von Nukleotiden, oder durch
- **Insertion**, also das Hinzufügen von zusätzlichen Nukleotiden.

Eine *gezielte* Veränderung des Erbguts in einzelnen Genen durch molekulargenetische Methoden bezeichnet man auch als ***In-vitro-Mutagenese*** (also Mutagenese im Reagenzglas). Diese ist nicht zu verwechseln mit der ***In-vivo-Mutagenese***, bei der ganze Lebewesen *zufällig* verändert und dann meist zur Zucht verwendet werden. Dabei lässt sich nicht vorhersagen, wo genau im Genom es zur Veränderung kommt.

So wird's gemacht: Das Erbgut verändern

Zur gezielten Veränderung von Genen – der Mutagenese – verwendet der Molekularbiologe von den vielen verschiedenen Methoden, aus denen er die Qual der Wahl hat, am liebsten solche, bei denen er die Mutation mithilfe von ***künstlich hergestellten Oligos*** (siehe Kapitel 11) ins Gen einführt. Das Prinzip dieser Mutagenesemethode ist einfach und macht sich eine Polymerase-Kettenreaktion (PCR) zunutze, die sich von einer »normalen« PCR lediglich dadurch unterscheidet, dass die Primer die gewünschte Mutation tragen und diese damit in die neue DNA einführen. Solche Methoden nennt man auch ***Site-directed Mutagenesis*** (gerichtete Mutagenese).

Und so funktioniert es

Der Primer, den Sie sich je nach Lust und Laune mit Mutationen in allen Variationen bestellen können, lagert sich an die DNA-Vorlage an und wird von der Polymerase wie in jeder »normalen« PCR verlängert. Die neu hergestellte DNA trägt dann logischerweise die Mutation und unterscheidet sich also lediglich in der Primersequenz von der Vorlage, was ja aber gewollt ist. Dabei ist die Mutationsfrequenz sehr hoch, es entsteht viel mehr mutierte DNA als Wildtyp-DNA, denn die Vorlage wird schließlich millionenfach kopiert. Nach der Mutagenese-PCR wird die Vorlagen-DNA trotzdem meist vorsorglich zerstört, damit man wirklich nur mit mutierter Nukleinsäure weiterarbeitet. Die produzierte DNA wird anschließend in einen Vektor (meist ein Plasmid, siehe Kapitel 16) kloniert und kann dann beispielsweise in Bakterienzellen exprimiert und untersucht werden. Bevor man aber aufwendige Untersuchungen beginnt, muss man unbedingt mutierte Klone (die richtigen!) von nicht mutierten Klonen (die falschen!) unterscheiden, die trotz aller Vorsichtsmaßnahmen gar nicht so selten sind. Man kann die Klone entweder mithilfe einer Sonde und der Hybridisierungstechnik oder einem Restriktionsverdau unterscheiden und aussortieren, bei dem nur mutierte oder nur nicht mutierte DNA zerschnitten wird.

Wie Sie schon früher erfahren haben, arbeitet auch das beste Enzym nicht ganz fehlerfrei. Das heißt, auch die Polymerase macht bei einer PCR hin und wieder – aber regelmäßig – Fehler. Bevor man aufsehenerregende Ergebnisse über die Funktion eines Gens veröffentlicht, sollte man sich sicher sein, dass diese auch auf die gewollte Mutation zurückgehen, und nicht auf einen zufälligen Fehler, den die Polymerase bei ihrer Arbeit gemacht hat. Aufgrund der relativ hohen Fehlerrate der *Taq*-Polymerase sind für die Mutagenese Enzyme mit Korrekturaktivität wie *Pfu* oder *Pwo* (siehe Kapitel 9) empfehlenswert, selbst wenn sie nicht ganz so flott arbeiten und vielleicht ab und zu vor lauter Übereifer auch die eigentlich gewollte Mutation korrigieren.

Die gezielte Mutagenese mithilfe von Oligonukleotiden ist heute ein wichtiges molekularbiologisches Werkzeug. Sie wurde bereits 1978 das erste Mal praktiziert, und ihr Erfinder, Michael Smith, erhielt dafür 1993 den Nobelpreis für Chemie. Es gibt mittlerweile auch eine ganze Reihe von Anbietern von Mutagenese-Kits, die alle nötigen Zutaten inklusive Bakterien fix und fertig enthalten (zum Beispiel QuikChange®Site-Directed Mutagenesis Kit von Agilent oder Q5® Site-Directed Mutagenesis Kit von NEB).

Gen abgeschaltet: Knock-out-Mäuse

Gene können aber nicht nur verändert werden. Nein, es geht auch noch bunter, indem man sie einfach ganz abschaltet. Man nennt ein solches Lebewesen mit abgeschaltetem Gen ***Knock-out-Organismus***. Und auch sie sind mittlerweile ein wichtiges Instrument zur Erforschung von Genfunktionen: Meist verwendet der Molekularbiologe für solche Studien Knock-out-Mäuse, bei denen Gene gezielt ausgeschaltet und damit funktionslos gemacht werden, um die Folgen des Ausfalls zu beobachten und dadurch auf die Funktion des ausgeschalteten Gens zu schließen. Was sich aber hier in einem Satz zusammengefasst ganz einfach anhört, ist in Wirklichkeit eine überaus aufwendige und komplizierte Technik, für die der Experimentator viel Erfahrung mitbringen muss – ganz zu schweigen von den ethischen Bedenken, die es bei solchen Tierversuchen sicherlich zu diskutieren gibt. Die Wissenschaftler Mario Capecchi, Martin Evans und Oliver Smithies erhielten für die Erfindung der Knock-out-Technologie im Jahr 2007 den Nobelpreis für Medizin. Bis heute konnte man mithilfe von Knock-outs schon die Funktion von vielen Genen untersuchen. Noch viele weitere Informationen über die Genfunktion erhielt man mit der verwandten ***Knock-in-Methode***, bei der Gene nicht aus-, sondern stattdessen (krankheitsauslösende) Gene eingeschaltet werden. Knock-out und Knock-in bezeichnet man auch als ***Gene Targeting***.

Aber nicht nur die Funktion einzelner Gene kann man mit Knock-out-Organismen herausfinden. Sie sind auch ideale Modelle für Krankheiten, die auf die gestörte Funktion von Genen zurückgehen – also genetisch bedingt sind.

Knock-out-Mäuse erhält man durch *homologe Rekombinationen* in embryonalen Mäusestammzellen. Hierzu muss man zunächst einmal das gewünschte Gen, das die Knock-out-Mutation trägt und das man beispielsweise mit der Genschere CRISPR (siehe Kapitel 19) bearbeitet hat, in einen Vektor klonieren: Dadurch entsteht ein sogenannter Inaktivierungsvektor, der nun das inaktivierende Gen mit der Mutation trägt. Dieser Inaktivierungsvektor wird dann in die Mäusestammzellen eingeschleust, meist durch Elektroporation (siehe Kapitel 7). Ist der ***Inaktivierungsvektor*** in der Mäusestammzelle, muss als Nächstes eine homologe Rekombination stattfinden, durch die die Knock-out-Mutation ins Mäusegenom integriert wird. Bei dieser Art von Rekombination lagert sich das mutierte Gen auf dem Inaktivierungsvektor an die homologe Stelle im Mäusegenom (*homolog* bedeutet: an das gleiche Gen – natürlich in anderer Ausführung ohne Mutation) und rekombiniert, das heißt, der entsprechende DNA-Abschnitt wird einfach ausgetauscht. Die ursprüngliche, funktionstüchtige DNA wird durch das homologe, mutierte Gen ersetzt. Dass dies funktioniert, dafür sorgen zelleigene Enzyme – diese Fähigkeit ist eigentlich eine völlig natürliche Eigenschaft der Zelle, die sich der Molekularbiologe hier zunutze macht. Danach werden die Mäuse-Stammzellen, von denen jetzt hoffentlich möglichst viele die Knock-out-Mutation tragen, vermehrt und etwa je 15 von ihnen durch Mikroinjektion in den Innenraum von drei Tage alten Mäuseembryonen gespritzt, wo sie es sich bequem machen, als wenn sie immer schon dazugehört hätten – das ist der Vorteil von Stammzellen. Denn diese Zellen sind noch undifferenziert, das heißt, aus ihnen können noch alle möglichen Zelltypen des jeweiligen Lebewesens werden. Aus jeder dieser Stammzellen könnte zum Beispiel Mäuseschwanz oder -schnauze oder auch Herz oder Muskel werden.

Eine alternative Methode zur Übertragung von Stammzellen in Embryonen ist es, die mutierte DNA in schon befruchtete Eizellen zu injizieren. Allerdings werden embryonale Stammzellen oft vorgezogen, weil sie viele Vorteile haben. Zum Beispiel wird die Selektion der mutierten Zellen nicht mit lebenden Tieren durchgeführt, sondern *in vitro* (im Reagenzglas).

Ganz so einfach, wie es sich hier in wenigen Sätzen anhört, ist das Ganze allerdings dann doch nicht, denn eine homologe Rekombination ist eigentlich ein ziemlich seltenes Ereignis: Sie findet meist in weniger als einem von 500 Fällen statt. Deshalb muss man nach dem Einschleusen des Konstrukts in die Stammzellen zunächst einmal mit geeigneten Selektionsexperimenten nach der gewünschten Mutante suchen, bevor man die Klone vermehrt. Zum Beispiel kloniert man dazu zusätzlich zum mutierten DNA-Abschnitt noch ein Selektionsmarkergen (meist mindestens ein Gen für Antibiotikaresistenz) mit in den Vektor, sodass man die Zellen, die die Mutation tragen (und dies auch an der richtigen Stelle; die also die richtigen sind!), in einem speziellen Kulturmedium anreichern kann, in dem andere Zellen nicht wachsen. Nur die Zellen der korrekt mutierten Klone werden dann in die Mäuseembryonen injiziert. Die Embryonen werden nun ihrerseits in die Gebärmutter von scheinschwangeren Mäuseweibchen transferiert und von diesen ausgetragen.

Bei den Nachkommen der Leihmutter handelt es sich um ***Chimären***, also Lebewesen aus genetisch unterschiedlichen Zellen (den Knock-out-Stammzellen und den normalen Zellen des Embryos). Deshalb ist hier noch nicht Schluss: Eine »richtige« Knock-out-Mutante hat man erst, wenn die Maus reinerbig, also homozygot ist und die Mutation auf beiden homologen Chromosomen trägt. Da der Gentransfer in die Keimbahn erfolgt ist, wird die Knock-out-Sequenz anschließend auch weitervererbt, was sich der Molekularbiologe zunutze macht, um reinerbige Mäuse zu züchten. Dazu werden die Chimären gezielt mit Wildtyp-Mäusen gekreuzt. Aus diesen Kreuzungen entstehen dann in der zweiten Generation unter anderem auch Tiere, die das Knock-out-Gen in reinerbiger Form tragen, und bei denen das entsprechende Genprodukt »ausgeknockt« sein sollte. Um solche Tiere zu identifizieren, sieht sich der Experimentator einfach die Fellfarbe an: Die embryonalen Stammzellen stammen aus Mäusen mit braunem Fell, die Embryonen aus Mäusen mit schwarzem Fell. Das heißt, die Chimären haben schwarzbraune Flecken, während reinerbige Knock-out-Mäuse ganz und gar braun sein müssen.

Da Knock-out-Mutationen mitunter dramatische Effekte zeitigen, die bis zum Absterben der Embryonen in der Gebärmutter reichen können, geht man mittlerweile oft dazu über, Mutationen mithilfe von Genschaltern einzuführen, statt das Gen von vornherein komplett auszuschalten. Das Verfahren, auch *konditionales Knock-out* genannt, verwendet das Rekombinationssystem des Bakteriophagen P1. So können die gewünschten Mutationen beispielsweise nur zellspezifisch exprimiert werden – also zum Beispiel nur in Leber- oder Muskelzellen, je nachdem wie man's gerne hätte. Eine echte Alternative zu Knock-out-Organismen kann manchmal auch das Ausschalten von Genen mithilfe der RNA-Interferenz sein (siehe Kapitel 11). Bei dieser Technik wird die Sequenz, die man ausschalten möchte, durch RNA-Moleküle blockiert.

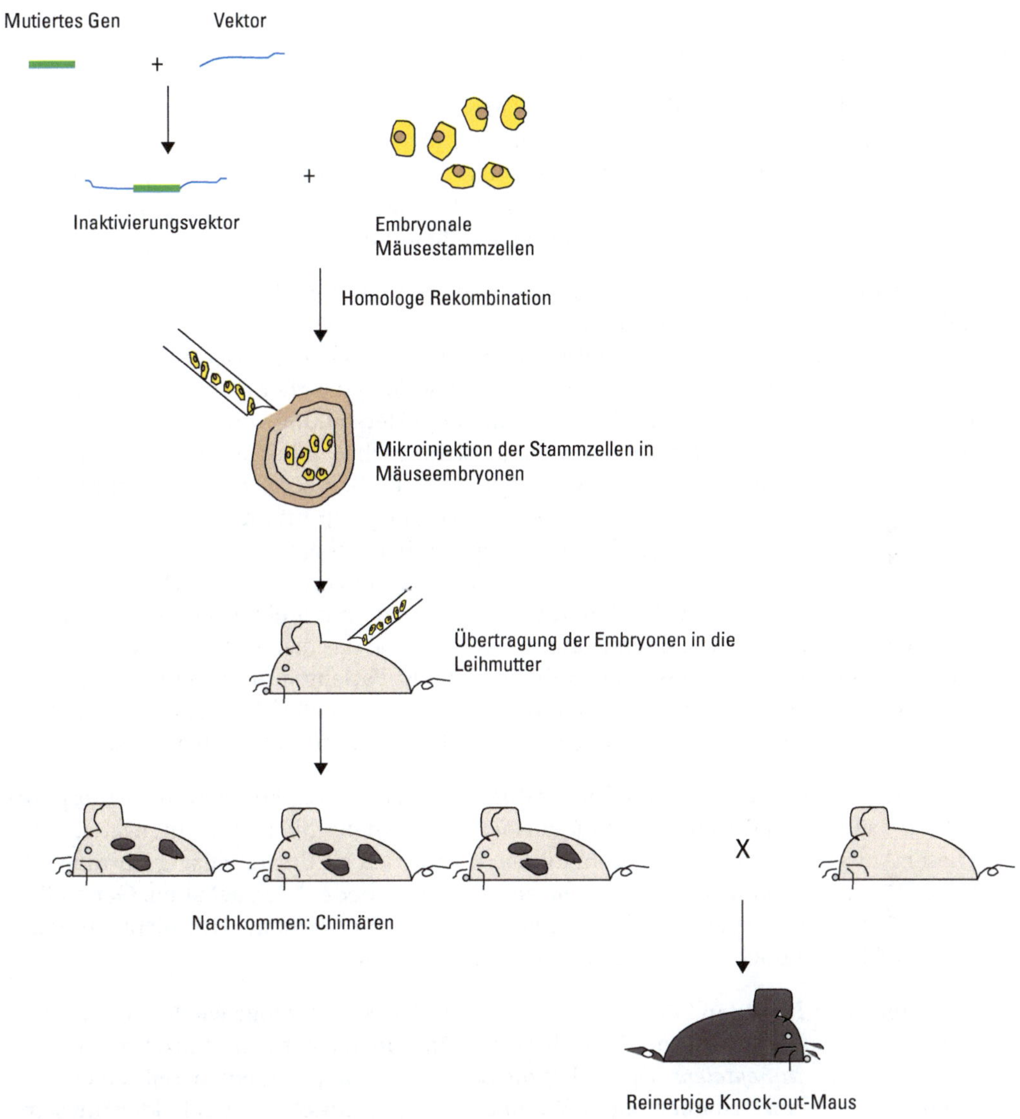

Abbildung 18.3: Wie eine Knock-out-Maus entsteht

Fremdgegangen: Transgene Organismen

Eine Knock-out-Maus ist ein ***transgener Organismus***. So nennt man ein Lebewesen immer dann, wenn ein oder mehrere Gene des Bakteriums, des Tiers oder der Pflanze nicht mehr in der natürlichen Ausführung wie bei anderen Lebewesen derselben Art vorliegen, sondern in irgendeiner Weise manipuliert wurden. Dabei muss es nicht immer ein Knockout sein, bei dem ein Gen seine vollständige Funktion verliert. Das Gen kann auch durch ein Gen eines anderen Organismus ausgetauscht oder ein zusätzliches Gen ins Erbgut eingeführt worden sein. Zum Beispiel wird Humaninsulin mithilfe von transgenen Bakterien hergestellt, die das menschliche Insulin-Gen tragen. Zu einem transgenen Organismus kann man auf verschiedene Arten kommen:

- ✔ **Transgene Bakterien** erhält man, indem man das gewünschte Gen in einen geeigneten Vektor kloniert, der es in die Wirtszelle einschleust, und die positiven Klone dann vermehrt (siehe Kapitel 16). Dabei werden die Wirtszellbakterien so verändert, dass sie außerhalb des Labors oder Fermenters, in dem sie ihr Genprodukt herstellen, nicht überleben können. Dies ist eine Sicherheitsmaßnahme.

- ✔ **Transgene Tiere** erzeugt man, wie ich es für die Knock-out-Mäuse erklärt habe, oder indem man Vektoren, die das fremde Gen tragen, in befruchtete Eizellen injiziert. Solche transgenen Tiere sollen beispielsweise in ihren Milchdrüsen Medikamente produzieren, die man gewinnt, indem man nach dem Melken das therapeutisch wirksame Protein aus der Milch isoliert. Man bezeichnet die Herstellung von Arzneimitteln in transgenen Organismen als *Gene Pharming* (siehe auch Kapitel 26). Bislang sind drei auf solche Art erzeugte Medikamente auf dem Markt: Seit 2008 gibt es Antithrombin aus der Milchdrüse von Ziegen, das die Blutgerinnung hemmt und Menschen mit einem erblich bedingten Mangel dieses Proteins in Risikooperationen vor lebensgefährlichen Thrombosen schützt. Das zweite Medikament Ruconest aus Milchdrüsen von Kaninchen ist seit 2010 erhältlich und wird bei Patienten mit einer seltenen Erbkrankheit, dem hereditären Angiödem, eingesetzt. Kanuma, das dritte Medikament, stammt aus dem Eiklar transgener Hühner und hilft Patienten mit einem sehr seltenen Enzymmangel, für den es zuvor keine Behandlungsmöglichkeit gab. Weitere Proteine aus der Milch transgener Tiere befinden sich derzeit in (klinischen) Testphasen.

  Ein weiteres zukünftiges Anwendungsgebiet transgener Tiere könnten *Xenotransplantationen* sein, bei denen die Tiere Organspender für menschliche Patienten sind. Dieser Anwendungsbereich, in dem die Tiere praktisch als Ersatzteillager für menschliche Organe dienen, wird aber von vielen für ethisch bedenklich gehalten. Generell ist das Anwendungsspektrum für transgene Tiere in der Medizin noch nicht wirklich breit und bedarf noch einiger wissenschaftlicher Arbeit.

- ✔ Um **transgene Pflanzen** herzustellen, nutzt der Molekularbiologe wieder einmal einen seiner treuen Helfer – ein Bakterium, den im Boden lebenden Mikroorganismus *Agrobacterium tumefaciens*. Dieser hat die besondere Fähigkeit, einen Teil seiner Gene in eine Pflanze zu übertragen. Wenn der Molekularbiologe dem Bakterium sein »Wunsch«-Gen mit auf den Weg gibt, wird auch dieses Gen ins Erbgut der Pflanze integriert. Alternativ kann man jedoch auch Gene mithilfe der Mikroinjektionstechnik in pflanzliche Zellen einschleusen.

  Es gibt für die Pflanzenforscher verschiedene Gründe, warum sie transgene Pflanzen erzeugen wollen: beispielsweise weil solche Pflanzen resistenter gegenüber Schädlingen sind, sodass man weniger giftige Schädlingsbekämpfungsmittel für die Nutzpflanzenzucht braucht. Oder auch weil sie in einer bestimmten Umwelt besser zu kultivieren sind, zum Beispiel in besonders trockenen Gegenden. Aber auch zur Herstellung von Medikamenten, Kunststoffen oder Chemikalien werden solche gentechnisch veränderten Pflanzen eingesetzt, zum Beispiel der »goldene Reis« mit einem hohen Gehalt an Carotin (dem Vorläufer von Vitamin A), um gegen den Vitaminmangel in Entwicklungsländern anzukämpfen (siehe Kapitel 26).

Weltweit wurden bislang schon fast hundert verschiedene transgene Nutzpflanzenarten erzeugt. Dazu gehören auch so beliebte Nahrungsmittel wie Apfel, Erdbeere, Gurke oder Karotte. Für die meisten unserer Nahrungspflanzen ist aber ein kommerzieller Anbau auf längere Sicht nicht zu erwarten. Der Grund dafür ist, dass transgene Pflanzen ebenso wie transgene Tiere mit viel Skepsis betrachtet werden, weil man befürchtet, dass sich die künstlichen Konstrukte in der Natur ausbreiten und dort Schaden anrichten könnten. Aus diesem Grund versuchen Wissenschaftler, Pflanzen zu entwickeln, die nicht blühen, sodass gentechnisch verändertes Erbgut nicht über den natürlichen Verbreitungsmechanismus in die Umwelt gelangen kann. Dagegen werden Baumwolle, Soja, Raps und Mais weltweit schon in großen Mengen gentechnisch verändert angebaut.

Laterne fürs Gen: Das Green Fluorescent Protein GFP

Eine ganz besondere Art von transgenen Organismen sind Lebewesen, die das Gen für das ***Grün fluoreszierende Protein (Green Fluorescent Protein*** oder ***GFP***) tragen. Für die Entdeckung dieses wichtigen leuchtenden Werkzeugs wurden die drei Wissenschaftler Osamu Shimomura, Roger Tsien und Martin Chalfie im Jahr 2008 mit dem Nobelpreis für Chemie geehrt. GFP ist – wie der Name schon sagt – ein fluoreszierendes Protein, dessen Struktur so aussieht wie eine kleine Mülltonne. Es stammt aus der Tiefseequalle *Aequorea victoria* und leuchtet grün, sobald es durch blaues oder UV-Licht angeregt wird. Und das Besondere daran ist: Weil sich die Qualle in ihrer natürlichen Umgebung Tiefsee das blaue Licht selbst machen kann (wo sollte in der Tiefsee auch viel Licht herkommen?), braucht das GFP für sein grünes Leuchten keine Energiequelle oder sonstige Unterstützung, wie dies normalerweise bei der Fluoreszenz der Fall ist. Man sagt dazu auch, es wirkt *autokatalytisch*. Deshalb funktioniert das Protein auch außerhalb seiner Qualle. Dies machen sich die Molekularbiologen unter anderem zunutze, um die Aktivität von Genen zu untersuchen.

Und so funktioniert es

Das GFP-Gen wird einfach mit dem zu untersuchenden Gen in einen geeigneten Vektor kloniert und in eine Eizelle injiziert. Dort eingeschleust, wird das Konstrukt idealerweise ins Genom des Bakteriums, Tiers oder der Pflanze aufgenommen und aus der Eizelle entsteht das transgene Lebewesen. Wird das Gen, das untersucht werden soll, aktiv, dann auch das GFP-Gen: Das leuchtende GFP ist wie eine zelluläre Laterne, die dem Experimentator seine Position verrät, sobald man es UV-Licht aussetzt und unter einem Fluoreszenzmikroskop betrachtet.

GFP ist heute einer der wichtigsten Biomarker des Molekularbiologen. Nicht nur, weil es so schön leuchtet, sondern vor allem, weil sich die GFP-Sequenz so problemlos mit dem Gen verbindet, das er untersuchen möchte, ohne dass dieses Gen irgendeinen Schaden nimmt. Mittlerweile gibt es auch Varianten des Proteins, die in anderen Farben leuchten. Natürlich kann man mithilfe des GFP auch die Genprodukte – die Proteine – beobachten und untersuchen.

Übrigens nennt man das GFP auch ***Reportergen***, weil es praktisch live aus der Zelle berichtet. Es gibt aber auch noch einige andere Reportergene: zum Beispiel die *Luciferase*, ein Enzym, das Glühwürmchen zum Leuchten bringt. Experimente mit dieser »Glühwürmchenlaterne« funktionieren prinzipiell ganz ähnlich wie mit GFP: Man schleust das Luciferase-Gen gemeinsam mit dem Gen, das man untersuchen möchte, in ein Lebewesen ein. Dort wird es ins Genom eingebaut. Bei Zugabe von Luciferin (dem Substrat der Luciferase) entsteht Licht, sobald das Gen exprimiert wird, das mit dem Luciferase-Gen gekoppelt ist. Die Zelle leuchtet ähnlich wie ein Glühwürmchen.

Epigenomik: Den »zweiten« genetischen Code untersuchen

Wie Sie in den Kapiteln über das molekularbiologische Grundwissen am Anfang dieses Buches lesen konnten, besitzt jede Zelle eines Organismus den gleichen genetischen Code, nutzt diesen aber ganz unterschiedlich.

Stellen Sie sich das in etwa so vor, als wäre die DNA einer Zelle die Festplatte eines gigantischen Computers, der immer mit der gleichen genetischen Software ausgestattet ist. Werden jedoch alle Programme gleichzeitig aktiviert, können sie sich gegenseitig stören oder der Computer wird sehr langsam. Deshalb ist in jeder Zelle nur ein spezieller Teil der Programme aktiv, während andere Anwendungen geschlossen sind. Das hat zur Folge, dass die Zellen trotz identischer Grundausstattung so unterschiedlich sind. Man nennt dies auch *differenziert*. Differenzierte Zellen sind so etwas Ähnliches wie Apps, die bestimmte Aufgaben ausführen können, andere aber nicht, obwohl alle die gleiche genetische Software als Grundausstattung haben. Diese Apps können auch noch nutzerspezifisch verändert werden, und diese Änderungen können auch wieder zurückgenommen werden, wenn sie nicht mehr gefallen. So macht eine Leberzelle den Leberzelljob und die Muskelzelle nicht den Job einer Hautzelle. Mit der *Epigenomik* kommt nun noch ein weiterer Faktor ins Spiel – eine Art Finetunig, wenn Sie so wollen.

Die Mechanismen, die dafür verantwortlich sind, dass bestimmte Programme in der Zelle aktiv sind und andere nicht (also Gene an- oder abgeschaltet sind), werden als ***epigenetischer Code*** oder zusammengefasst das ***Epigenom*** (abgeleitet vom griechischen »epi-«, also »auf beziehungsweise über« der DNA) bezeichnet.

Um das Ablesen der DNA durch RNA-Polymerasen zu erlauben oder nicht, hat die Zelle einige Tricks auf Lager, die in diesem »zweiten« (epigenetischen) Code verschlüsselt sind. Zum Beispiel kann sie durch chemische Modifikationen die Eigenschaften der DNA verändern, ohne dabei den »ersten« (genetischen) Code anzutasten, denn die DNA-Sequenz bleibt immer und überall identisch. Solche epigenetischen Mechanismen sind verständlicherweise extrem wichtig bei vielen Entwicklungsvorgängen und man weiß auch schon, dass sie eine große Rolle bei vielen Erkrankungen spielen.

Das Arbeitsgebiet, das auch diesen überaus anspruchsvollen Code zu knacken versucht, ist die ***Epigenomik***.

Auch die Untersuchung dieses »zweiten« Codes ist Teil der funktionellen Genomik. Mit ein paar der gängigsten Methoden möchte ich Sie daher in den folgenden Abschnitten vertraut machen.

Chemische Blockade: Epigenetische Schalter

Während die DNA-Sequenz also in jeder einzelnen Zelle eines Lebewesens identisch und unverändert bleibt (bleiben muss!), können jedoch einzelne DNA-Abschnitte und Gene unterschiedlich aktiv sein. Diese Aktivität kann reichen von

- »völlig blockiert = überhaupt nichts passiert« – über
- »aktiv = Proteine werden hergestellt, wie's die Zelle gerade braucht« – bis hin zu
- »überaktiv = Proteine werden am laufenden Band produziert, die übersetzte Sequenz benötigt die Zelle gerade in Massen«.

Epigenetische Faktoren können zwar vererbt werden, sind aber im Gegensatz zur DNA-Sequenz reversibel und veränderbar. Wie der epigenetische Code einer Zelle aussieht, also von welchen Proteinen wie viel hergestellt werden muss, hängt von verschiedenen Faktoren ab, so zum Beispiel

- vom **Alter und Entwicklungsstadium** der Zellen und Organe
- der Zugehörigkeit zu einem **Gewebe** (man nennt das dann *Zell- und Gewebespezifität*), also beispielsweise, ob der Code die tägliche Arbeit einer Leber- oder Muskelzelle steuern, die Tätigkeit von Nervenzellen sicherstellen oder bestimmte Entwicklungsstadien bewältigen muss
- den **Umweltbedingungen** wie beispielsweise Ernährung, Stress oder auch die Einwirkungen von Schad- und Giftstoffen oder Medikamenten
- von **Krankheiten**

So haben Organismen und ihre Zellen mit dem epigenetischen Code eine äußerst raffinierte Strategie zur Hand, um sich an verschiedene Bedingungen im Laufe ihres Lebens anpassen zu können.

Gene werden vor allem mithilfe von zwei Hauptmechanismen aktiviert oder deaktiviert:

1. Durch ***DNA-Methylierungen***

   Hierbei werden Methyl-(CH_3-)Gruppen von Enzymen an die DNA gebunden – genau ausgedrückt meistens an die Base Cytosin, sodass die so veränderten Abschnitte in der Transkription nicht abgelesen werden können. Sie haben mit diesem Mechanismus schon in Kapitel 9 über Restriktionsenzyme (den Scheren des Molekularbiologen) Bekanntschaft gemacht. Vielleicht erinnern Sie sich? Methylierte DNA kann von vielen Restriktionsenzymen nicht geschnitten werden – und eben von den RNA-Polymerasen (den Enzymen der Transkription) auch nicht in mRNA übersetzt werden. Ergebnis: Das Gen oder der Genabschnitt ist abgeschaltet. Aber nicht für immer, eine DNA-Methylierung kann auch wieder rückgängig gemacht werden – je nachdem, wie es die Zelle braucht.

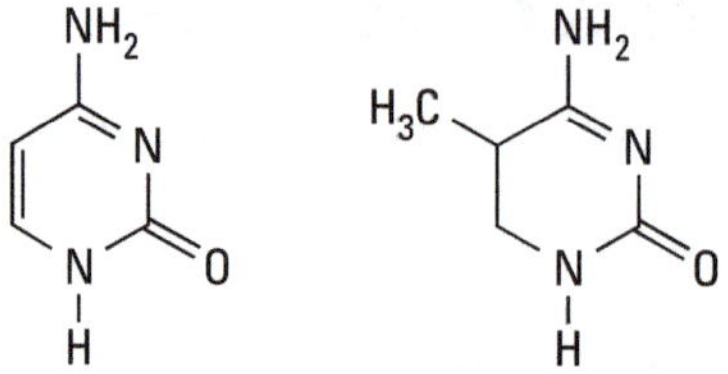

Cytosin 5-Methylcytosin

Abbildung 18.4: Chemische Struktur von »normalem« und methyliertem Cytosin

2. Durch ***Histon-Modifikationen***

   Diese betrifft nicht nur die DNA selbst, sondern auch die Histone (siehe »Chromosomen sind Träger der Gene« in Kapitel 2), um die die langen DNA-Stränge gewickelt sind, um sie möglichst platzsparend im Zellkern unterzubringen. Je fester die DNA um diese Histonproteine gewickelt ist, desto schwerer ist sie zugänglich. Variiert werden kann dies durch chemische Veränderung an den Histonen, beispielsweise durch Methylierung von Aminosäuren. Ergebnis: Das Gen oder der Genabschnitt kann nicht oder nur in geringem Maße abgelesen werden und ist damit deaktiviert.

Neben der DNA-Methylierung und der Histon-Modifikation gibt es auch noch weitere Strategien, um Gene zu regulieren, beispielsweise indem deren Ablesen durch verschiedene Transkriptionsfaktoren (siehe Kapitel 4) mehr oder weniger gut unterstützt wird oder auch mithilfe von nicht-codierender RNA (ncRNA, siehe Kapitel 4). Sie sind an vielfältigen Prozessen rund um die Feinregulation der Genexpression beteiligt, zum Beispiel, indem sie an die mRNA ihrer Zielgene binden und damit deren Translation verhindern.

Wie's gemacht wird: Den epigenetischen Code untersuchen

Zur Analyse des Epigenoms gibt es etliche Methoden. Für welche Methode Sie sich entscheiden, hängt natürlich von der Fragestellung ab, also welchen Mechanismus Sie genau untersuchen möchten. Stellvertretend möchte ich Ihnen hier im Folgenden jeweils die gängigsten Methoden zur Untersuchung von DNA-Methylierung und von Histon-Modifikationen vorstellen.

BEISPIEL

Die Standardmethode zur Untersuchung der ***DNA-Methylierung*** ist einfach und Ihnen tatsächlich schon bekannt, falls Sie nicht erst in diesem Kapitel eingestiegen sind. In Kapitel 9 wurde die Schere des Molekularbiologen vorgestellt – das Restriktionsenzym. Dort hatte ich beschrieben, dass die meisten dieser Scheren keine methylierte DNA schneiden können. Es gibt aber Ausnahmen, und diese möchte ich nun nutzen. Zur Untersuchung, in welchem Umfang ein Gen methyliert ist, suche ich einfach zwei Restriktionsenzyme mit der gleichen Erkennungssequenz, aber unterschiedlicher Fähigkeit, methylierte DNA zu schneiden.

Nehmen Sie beispielsweise folgende Erkennungssequenz:

5´– CCGG – 3´

3´– GGCC – 5´

In dieser Sequenz kann das Enzym *Hpa*II beispielsweise nur schneiden, falls sich dort keine Methylgruppe befindet. Die Schere *Msp*I dagegen erkennt die gleiche Sequenz, kann sie aber auch methyliert schneiden. Von diesen Pärchen, die die gleiche Erkennungssequenz haben, sich aber in der Fähigkeit unterscheiden, modifizierte DNA zu schneiden, gibt es noch einige. Sie können sich also je nach benötigter Erkennungssequenz etwas Passendes suchen.

Sie machen dann einfach einen Restriktionsverdau (siehe Kapitel 13), trennen die Fragmente per Elektrophorese auf (siehe Kapitel 14) und vergleichen das Banden- und damit das *Methylierungsmuster*: Im Falle des Beispielpärchens oben würden Sie also für methylierte DNA kürzere *Msp*I-Banden gegenüber längeren *Hpa*II-Banden erhalten (denn hier konnte DNA ja nicht zerschnitten werden!).

Im Idealfall haben Sie den »großen Haufen« an DNA, der in einer Zelle vorhanden ist, vorher noch durch eine Polymerase-Kettenreaktion (siehe Kapitel 15) reduziert, falls Sie nur ein einziges Gen betrachten möchten und genug Information über die Sequenz haben. Dann sind nicht allzu viele Banden auszuwerten und das Ergebnis fällt klarer aus.

Eine weitere, häufig verwendete Methode zur Untersuchung von DNA-Methylierung ist die *Bisulfit-Sequenzierung*, bei der die Chemikalie Natriumbisulfit ($NaHSO_3$) dazu verwendet wird, um nicht-methylierte Cytosinbasen in Uracil umzuwandeln (methylierte C´s bleiben unverändert!). Kopiert man dann den Bereich, den man untersuchen will, per PCR und sequenziert das Produkt, dann kann man leicht feststellen, wo die DNA methyliert wurde, und wo nicht: Tauchen bei der Sequenzierung C´s auf, so müssen sie methyliert gewesen sein (Sequenzierung siehe Kapitel 17).

Zur Untersuchung von ***Histon-Modifikationen*** kommt häufig die Chromatin-Immunopräzipitation mit anschließender Sequenzierung (ChIP-Seq) zum Einsatz. Dabei kann der Experimentator Protein-DNA-Wechselwirkungen untersuchen und sich dies sogar in lebenden Zellen ansehen.

Bei dieser Methode stabilisiert man die Protein-DNA-Komplexe zunächst, indem man die Zellen fixiert (das heißt so viel wie: *möglichst naturgetreu festhalten*). Dies geschieht mithilfe von Chemikalien wie Alkohol und Formaldehyd. Danach wird das Chromatin in kleinere Stücke zerhackt, zum Beispiel durch Ultraschall, und mit spezifischen Antikörpern behandelt, die modifizierte

Histone binden. Ergebnis: Die DNA-Bereiche, deren Histone modifiziert sind, verklumpen mit den Antikörpern und können als Komplexe herausgefischt werden (auf »Schlau« nennt man dies *Immunopräzipitation*). Die in den Komplexen enthaltene DNA kann nun sequenziert und damit bestimmt werden, in welchen Regionen des Genoms Histon-Modifikationen zu finden sind.

Es gibt noch viele andere Möglichkeiten neben diesen hier beispielhaft vorgestellten Methoden, um das Epigenom zu untersuchen – oft auch als »Rundum-sorglos-Paket« in Form von Kits erhältlich.

IN DIESEM KAPITEL

- Wie Genome Editing funktioniert
- Die Genschere CRISPR-Cas und andere Methoden zur Korrektur von Nukleinsäuren
- (Zukünftige) Anwendungsgebiete

Kapitel 19
Tintenkiller fürs Gen: Genome Editing

Das Genom mit einem einfachen molekularbiologischen Textverarbeitungsprogramm editieren und damit per molekularem »Cut and Paste« den Buchstabencode der DNA nach Wunsch korrigieren können – das ist einer der kühnsten Träume des Molekularbiologen. Und – Sie werden es kaum glauben – dieser Traum ist tatsächlich wahr geworden. Seit 2011 verfügen die Forscher über Methoden, mit denen man DNA wie mit einem molekularen Mikroskalpell in ihrer natürlichen Umgebung zerschneiden und korrigieren kann, ohne das Drumherum zu zerstören. Der Begriff ***Genome Editing*** oder auch ***Genome Engineering*** umfasst Techniken zur direkten Genmanipulation, mit denen man beispielsweise defekte Gene heilen möchte. Die neuen Methoden haben gegenüber den Viren (siehe Kapitel 8), die man sich bisher als Genfähren für eine Gentherapie zunutze machte, den großen Vorteil, dass das therapeutische Gen nicht blind an einem zufälligen Ort im Genom landet. Dies kann nämlich enorme Nebenwirkungen haben, wenn damit beispielsweise ein Krebsgen aktiviert wird. Mit den Techniken des Genome Editing dagegen kann die Erbinformation punktgenau geplant, relativ unkompliziert und innerhalb kürzester Zeit verändert und prinzipiell jeder einzelne »Buchstabe« des DNA-Codes ausgetauscht werden.

Hört sich an wie eine weitere »Revolution« in der Molekularbiologie – mit Auswirkungen auf alle Bereiche der Biotechnologie. Ist es auch, und wurde deshalb 2020 mit dem Nobelpreis geehrt. Bislang werden die genetischen Wunderwerkzeuge noch überwiegend für Forschungszwecke verwendet, die allererste Gentherapie mit der Genschere CRISPR-Cas für Erkrankungen des Blutes wurde jedoch bereits zugelassen, weitere stehen vor der Genehmigung.

In diesem Kapitel möchte ich Ihnen die drei gebräuchlichsten Techniken vorstellen, mit denen man Gene editieren kann. Und auch auf eine verwandte Alternative verweisen: das *RNA-Editing*.

Zinkfingernukleasen: Mutagenese per Designerenzym

Eine der ersten Techniken des Genome Editing war die Genmanipulation mithilfe von ***Zinkfingernukleasen*** (***ZFNs***). Dies sind Designerenzyme, mit deren Hilfe der Experimentator das Genom an einer ganz bestimmten, von ihm gewünschten Stelle schneiden und hier fremde DNA einbauen oder ein Gen ausschalten kann. Die künstlichen Proteine haben auch natürliche Verwandte, die Zinkfingerproteine heißen und in jeder ganz normalen Zelle vorkommen, nämlich als Transkriptionsfaktoren, die Sie schon in Kapitel 4 kennengelernt haben. Zinkfingerproteine wie auch die ZFNs enthalten eine charakteristische Proteinstruktur, das Zinkfingermotiv. Dieses sieht – wie der Name bereits vermuten lässt – aus wie ein Finger mit einem gebundenen Zink-Ion.

Zinkfingernukleasen gehören zur Gruppe der Handwerker des Molekularbiologen, nämlich zu den Scheren (siehe Kapitel 9). Sie sind künstlich hergestellte Restriktionsenzyme aus zwei eigenständigen Teilstrukturen (der Molekularbiologe sagt dazu *aus zwei Domänen*), und sie sind auch nur zu zweit (also zwei ZFNs gemeinsam »als Dimer«) aktiv. Eine Zinkfingernuklease besteht jeweils aus:

1. Der ***Zinkfinger-Domäne***, die an DNA binden und im Labor so gebaut werden kann, dass sie eine bestimmte, gewünschte Sequenz zielsicher aufspürt. Dies gelingt ihr mit einer Art Navigationssequenz – einem kurzen DNA-Stück, mit dem sie sich an einer ganz bestimmten Stelle inmitten des »großen Haufens« Nukleinsäure in der Zelle anheften kann, und zwar nur dort und nirgends anders. Der am häufigsten verwendete Typ besteht aus drei oder vier aneinandergereihten Zinkfingern. Jeder einzelne Finger wiederum kann drei aufeinanderfolgende Basen der Zielsequenz binden. Eine komplette ZFN besteht demnach aus einer Erkennungssequenz von 9 (= 3 Finger × 3 Basen) beziehungsweise 12 (= 4 Finger × 3 Basen) Basenpaaren.

2. Der ***Nuklease-Domäne*** des *Fok*1-Restriktionsenzyms, die DNA exakt dort herausschneiden kann, wo die Zinkfinger-Domäne sie hinleitet.

Um ein Gen zu manipulieren, braucht der Molekularbiologe zwei seiner kompletten Genscheren aus dem Proteindesign-Labor pro Zelle. Diese beiden ZFNs, beziehungsweise deren Gene, müssen logischerweise zunächst einmal an ihren Arbeitsplatz in die Zelle gebracht werden, bevor sie aktiv werden können. Das geschieht entweder (im Fall der Gene) in einem Expressionsplasmid, das mit den gängigen Methoden in die Zelle geschleust und dann dort ins Protein übersetzt wird (siehe Kapitel 16), oder durch direktes Einbringen (im Fall des schon »fertigen« Proteins). In der Zelle angekommen, beginnt die Arbeit mit dem Part der Zinkfinger-Domäne: Sie leitet ihr Enzym spezifisch an die gewünschte Nukleotidsequenz der chromosomalen DNA. Dort packen die beiden Helfer mit ihren fingerähnlichen Ausstülpungen so zu, dass die Zielsequenz auf beiden Seiten flankiert wird. Jetzt beginnt der Part der Nuklease-Domäne: Die Genschere verursacht einen *Doppelstrangbruch*, die DNA ist zerschnitten und die Arbeit des Helfers getan.

Damit ist die Gensequenz an sich aber noch nicht *verändert*, denn nun folgt der eigentliche Teil der Mutagenese: Aufgrund des Doppelstrangbruchs wird das natürliche Reparatursystem der Zelle alarmiert, das gleich heraneilt und die Stelle wieder kitten möchte. Dabei wird aber die Sequenz (zum Glück des Experimentators) unter bestimmten molekularbiologischen Reaktionsbedingungen, die er wählen kann, nicht wieder in den Originalzustand zurückversetzt, sondern es gibt zwei verschiedene Möglichkeiten, den Doppelstrangbruch zu reparieren:

- ✔ Die Bedingungen werden so gewählt, dass beim Reparaturprozess entweder wenige zusätzliche Nukleotide eingebaut werden oder verloren gehen, indem die losen Enden eher notdürftig wieder zusammengefügt werden. Es kommt also zu kurzen *Insertionen* oder *Deletionen*, die das Leseraster verändern. Die Folge ist: Das Gen kann nicht mehr ordnungsgemäß abgelesen werden – es wurde »ausgeknockt« (***Knock-out***). Mithilfe dieser Möglichkeit können *fehlerhafte Stellen im Genom zerstört werden.*
- ✔ Wenn der Experimentator andere Versuchsbedingungen wählt, kann er mithilfe des Reparatursystems auch zusätzliche genetische Informationen ins Gen einfügen; das ist dann ein ***Knock-in***. Damit können *fehlerhafte Stellen im Genom ausgetauscht werden.*

In beiden Fällen werden die Eigenschaften der so behandelten Zelle dauerhaft verändert: Der erwünschte »Fehler« oder die Korrektur (die veränderte Genfunktion) wird an die Nachkommen(zellen) weitervererbt.

Eine solche Genchirurgie mithilfe von Proteinskalpellen wurde bereits in einer Vielzahl von Organismen und Zelltypen angewendet und in verschiedenen wissenschaftlichen Anwendungen getestet, zum Beispiel zur Korrektur von Erbkrankheiten oder in der AIDS-Therapie. Ein Nachteil von ZFNs ist allerdings, dass sich die einzelnen Zinkfinger gegenseitig beeinflussen können. Die Folge davon ist, dass das ZFN-Molekül dann nicht mehr so ideal bindet wie gewünscht und Fehler macht. Es kommt zu einem ***Off-Target-Effekt***, wenn die Genschere einfach an einer ganz anderen Stelle schneidet als beabsichtigt. Damit das nicht passiert, müssen die Designerproteine aufwendig optimiert werden, was unter Umständen sehr teuer sein kann.

Mit TALENs ganz einfach zum Wunsch-Gen

Es gibt noch ein anderes molekulares Scherenwerkzeug, das ganz ähnlich arbeitet wie die Zinkfingernuklease. Der Molekularbiologe nennt sie ***TALEN*** (Transcription Activator-Like Effector Nuclease, übersetzt: Transkriptionsaktivator-artige Effektornuklease). Klingt kompliziert, ist es aber nicht. TALENs sind ebenso wie ihre Kollegen mit dem Zinkfinger Proteine aus dem Designlabor, aber viel variabler. Sie wurden erst vor wenigen Jahren im Genom der Bakteriengattung *Xanthomonas* entdeckt, die normalerweise Pflanzen befällt. Die Methode, mit der Gene relativ einfach korrigiert werden können, wurde von der renommierten Zeitschrift *Nature* zur Methode des Jahres 2011 gekürt.

TALENs sind sequenzspezifische Restriktionsenzyme, mit denen man das Erbgut von Pflanzen und Tieren so editieren kann, dass die DNA-Sequenz hinterher genauso aussieht wie vorher – nur mit der gezielten Veränderung an der gewünschten Stelle. Die wundersamen, äußerst präzisen Genscheren sind ebenso wie ZFNs künstliche Enzyme und bestehen aus zwei Domänen:

- der ***TAL-Effektor-DNA-bindende Domäne (= TALE)***, die »ihre« spezielle Sequenz erkennt. Sie besteht aus einer überwiegend konservierten Aminosäuresequenz (das heißt so viel wie »dieser Teil der Aminosäuresequenz ist in allen Zelltypen und bei allen Organismen, in der sie vorkommt, immer gleich«), in der jedoch zwei Aminosäurepositionen variabel sind. Diese beiden »Wackelkandidaten« können Nukleotide erkennen.
- der ***Nuklease-Domäne (= N)*** des *Fok*1-Restriktionsenzyms, die die DNA ebenso wie in den ZFNs an der speziellen Sequenz schneiden kann und gemeinsam mit der Nuklease-Domäne einer zweiten TALEN Doppelstrangbrüche verursacht.

Das Funktionsprinzip von TALENs ist also ganz ähnlich dem der ZFNs: Die Nuklease zerschneidet die DNA genau an der Stelle zwischen den beiden Erkennungssequenzen. Und auch TALENs arbeiten in mehreren Einheiten zusammen. Die Besonderheit ist allerdings, dass jede Einheit über *zwei hochvariable Aminosäurereste (die »Wackelkandidaten«) an genau eine Base* der Zielsequenz bindet. Ein Team aus den beiden Aminosäuren Asparagin und Glycin bindet beispielsweise an die Base Thymin (T); tut sich Asparagin dagegen mit Isoleucin zusammen, binden die beiden an Adenin (A). Im Labor kann der Molekularbiologe auf diese Weise einzelne TALEN-Module in beliebiger Reihenfolge aneinanderreihen und so Genskalpelle für praktisch jede beliebige DNA-Sequenz konstruieren. Für die Genmanipulation muss er dann nur noch die Nuklease ankoppeln. Er muss sich sein Wunschkonstrukt noch nicht einmal bis ins letzte Detail selber überlegen, denn es gibt eine Reihe schlauer Computerprogramme, die das Ganze für ihn entwerfen.

Zur Erinnerung: Bei den ZFNs bindet jeder Zinkfinger an drei aufeinanderfolgende Basen – er ist auf ein bestimmtes Basentriplett festgelegt und damit nicht so flexibel! Zudem ist jede Einheit einer TALEN in ihrer DNA-Bindung komplett unabhängig, sodass sich die einzelnen Einheiten nicht beeinflussen, wie das bei ZFNs der Fall ist.

BEISPIEL

Für die *Anwendung* werden die Enzyme einfach an den Ort des Geschehens geschleust, also in die Zelle, in der die Genmanipulation durchgeführt werden soll. Dazu wird die DNA-Sequenz des entworfenen TALEN in ein Plasmid kloniert und anschließend über eine Transformation in die Zelle gebracht, wie ich es in Kapitel 16 bei der Klonierung beschrieben habe. Das Gen wird in der Zelle in das Protein übersetzt und durch die enthaltene Signalsequenz in den Zellkern eingeschleust, wo es seine Aktivität entfaltet.

Auch die TALEN-Methode macht sich den natürlichen Reparaturmechanismus der Zelle zunutze und wie bei den ZFNs gibt es auch hier *zwei verschiedene Möglichkeiten*, wie die genetische Information verändert werden kann:

- ✔ Sobald die Nuklease ihre Arbeit getan hat und es zum Doppelstrangbruch gekommen ist, werden die losen DNA-Enden eher notdürftig irgendwie wieder zusammengekittet. ***Non-homologous End Joining*** (also so viel wie: »nicht homologes Endenverbinden«) nennt das der Molekularbiologe. Die Folge davon ist, dass das Gen normalerweise nicht mehr ordnungsgemäß abgelesen werden kann und damit *ausgeknockt* wurde.
- ✔ Ist dagegen mehr oder weniger zufällig ein DNA-Stückchen in der Nähe, das in seiner Sequenz zu beiden Seiten des Doppelstrangbruchs passt, fügt das Reparatursystem dieses ein: Der Molekularbiologe nennt diesen Vorgang ganz unkompliziert *homologe Rekombination* oder, wie bei den Kollegen mit dem Zinkfinger, *Knock-in*. So kann ein Gen korrigiert werden; der Experimentator muss lediglich dafür sorgen, dass die gewünschte DNA mit der gewünschten Korrektursequenz zur Verfügung steht.

Für eine Genmanipulation mit Designernukleasen muss ein Molekularbiologe kein ausgewiesener Spezialist im Proteindesign sein. Sie können sowohl TALENs als auch ZFNs gebrauchsfertig bestellen, sollten jedoch über das nötige Kleingeld verfügen. Diese kosten je nach Aufwand schon ein paar Tausend Euro – TALENs sind wesentlich günstiger als die komplizierter zu etablierenden ZFNs. Wem das aber doch zu viel ist, greift auf Kits für lediglich ein paar Hundert Euro zurück, mit denen die Nukleasen im heimischen Labor selbst hergestellt werden können. Zudem bietet das Deutsche Krebsforschungszentrum im Internet ein Programm an, mit dem Sie »Ihr« individuelles TALEN für verschiedene Organismen selbst entwerfen können (`www.e-talen.org/E-TALEN/`).

CRISPR-Cas9-System: Gene editieren für jedermann

Das CRISPR-Cas9-System ist eine der modernsten und elegantesten Techniken des *Genome Editing* – der Superstar sozusagen. 2014 stand beispielsweise im renommierten Wissenschaftsmagazin *Science* zu lesen: *»Der Einsatz des RNA-gesteuerten CRISPR-Cas9-Systems aus Bakterien in der Gentechnik verändert die Biologie«* – kein Wunder also, dass manche Menschen in diesem Zusammenhang von einer revolutionären Entdeckung sprechen, die in ihrer Bedeutung der PCR oder der Sequenzierung gleichzusetzen sei.

Die Methode ist mittlerweile so populär, dass es sogar schon Comics und Songs darüber gibt. Einen einfachen, aber sehr unterhaltsamen Überblick zur Methode finden Sie auf YouTube unter dem Suchbegriff »Crispr-Cas9-Song«!

Wie bei den weiter vorn dargestellten ZFNs und den TALENs handelt es sich beim CRISPR-Cas9-System um eine biochemische Methode, mit der ***DNA-Sequenzen editiert*** werden können. Dies geschieht auch hier durch Schneiden an der gewünschten Stelle im Genom und anschließendem Einfügen der neuen Sequenz. Während die Arbeit mit ZFNs und TALENs aber eher als Disziplin für Spezialisten gilt, kann die CRISPR-Cas9-Technik wesentlich einfacher, schneller und kostengünstiger an jeder Standard-Bench durchgeführt werden. Nicht zuletzt deshalb ist ***crispern***, wie es im Laborjargon salopp genannt wird, »der letzte Schrei« in molekularbiologischen Labors, die sich mit entsprechenden Themen beschäftigen.

Mithilfe des CRISPR-Cas9-Systems können Sie die Gene von Mikroorganismen, Pflanzen und Tieren editieren und damit transgene Organismen und Zellen herstellen oder Sequenzen einfach korrigieren, wie zum Beispiel:

- ✔ DNA-Abschnitte entfernen und Gene ausschalten (*Knock-out-Mutanten* herstellen)
- ✔ einzelne DNA-Bausteine austauschen oder reparieren
- ✔ DNA-Abschnitte einbauen und Gene ersetzen (also *Knock-in-Mutanten* erzeugen)

Beim ***Multiplex Genome Editing*** funktioniert das sogar mit mehreren Genen gleichzeitig. Generell können Sie mit der Technik jegliche Information auf der DNA verändern. Ob codierender oder nicht-codierender Abschnitt – CRISPR macht's möglich.

Die erhofften zukünftigen Anwendungsmöglichkeiten sind entsprechend unvorstellbar groß und reichen von der Therapie von Erbkrankheiten oder Xenotransplantationen über Verbesserungen in der Landwirtschaft bis hin zu neuen Ansätzen im Kampf gegen den AIDS-Erreger. Ein Experimentator kann zum Beispiel mithilfe des CRISPR-Systems ein transgenes Säugetier in nur drei Wochen erzeugen, was mit embryonalen Stammzellen mindestens ein halbes bis dreiviertel Jahr länger dauern würde (siehe Kapitel 18, Abschnitt »Gen abgeschaltet: Knock-out-Mäuse«).

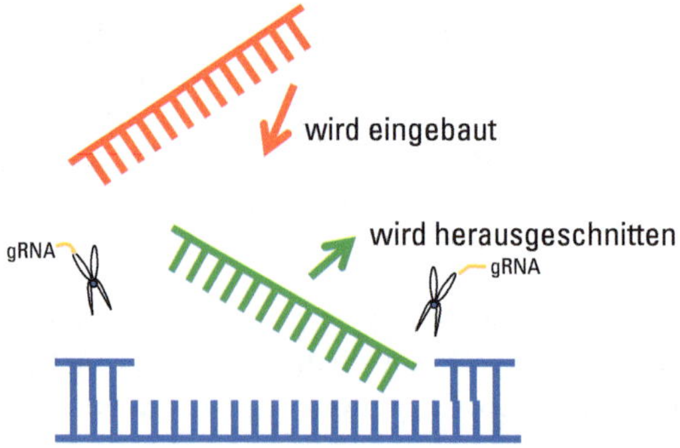

Abbildung 19.1: Genschere ganz einfach: Sie schneidet DNA-Sequenzen in der Zelle prinzipiell ähnlich wie Ihre Haushaltsschere zu Hause. Dort führt Ihre Hand die Schere zum Ziel – in der Zelle übernimmt ein kurzes RNA-Stück (die gRNA) diesen Part.

Mittlerweile ist die Arbeit mit der Genschere schon so ausgefeilt und die Veränderung so täuschend echt, dass sie gar nicht mehr nachzuweisen ist. Trotzdem gelten in Europa beispielsweise Pflanzen, die mit dem CRISPR-Cas9-System gezüchtet wurden, als gentechnisch verändert, obwohl sie sich nicht von ihren natürlichen Artgenossen unterscheiden. Das hat der Europäische Gerichtshof im Juli 2018 entschieden.

Die Bezeichnung CRISPR-Cas9-System bezieht sich auf die beiden Komponenten:

1. **CRISPR** ist die Abkürzung für »**C**lustered **R**egularly **I**nterspaced **P**alindromic **R**epeat« (übersetzt ungefähr »gehäuft auftretende, gleichmäßig verteilte, aus beiden Richtungen lesbare Wiederholungen«) und Name für eine charakteristische Nukleotidsequenz aus repetitiven Elementen (siehe Kapitel 17), die in der Natur bei vielen Prokaryoten zu finden ist.

2. Die an CRISPR angrenzenden **Cas-Gene** mit der Bauanleitung für bestimmte Ribonukleoproteine (Proteinkomplexe, die RNA enthalten), die – wie Sie sich denken können – ebenfalls Cas (**C**RISPR **as**sociated proteins) genannt werden. Diese Ribonukleoproteine können RNA binden und Nukleinsäure schneiden. Eine von ihnen, die Nuklease Cas9, ist in dem System für eine ganz bestimmte Sequenz verantwortlich. Sobald sie mit ihrer »persönlichen« Sequenz in Kontakt kommt, ändert sich die Konformation (räumliche Anordnung) der Nuklease. Sie wird als Genschere aktiviert und geht ihrer Aufgabe »Nukleinsäure schneiden« nach.

CRISPR als Bakterienwaffe

CRISPR ist nicht nur ein äußerst elegantes und modernes Werkzeug für den Molekularbiologen, sondern auch das »Immunsystem« vieler Prokaryoten – und das ganz ohne Antikörper, nämlich auf DNA-Ebene. Dabei handelt es sich um nichts anderes als DNA-Abschnitte aus repetitiven Sequenzen (siehe Kapitel 17), die im Erbgut vieler Bakterien und Archaeen mindestens einmal vorkommen. Diese Repeats sind dafür verantwortlich, dass die betreffenden Mikroorganismen resistent gegen das Eindringen des fremden Erbguts feindlicher Bakterien oder Viren sind. Wie das genau funktioniert, ist noch nicht in allen Einzelheiten geklärt. Man vermutet aber, dass die Fremd-DNA durch den Cas-Proteinkomplex erkannt und durch einen komplizierten Interaktionsmechanismus mit den CRISPR-Abschnitten des eigenen Genoms und der zugehörigen RNA unschädlich gemacht wird. Das Besondere daran ist, dass die Information danach in Form einer kleinen Trennsequenz (auch »Spacer« genannt) fest im Genom verankert ist und damit die Immunität nicht nur (Bakterien-)lebenslang andauert, sondern auch noch an die Nachkommen weitervererbt wird. Die Bakterien speichern mit diesem Mechanismus also praktisch Sequenzinformationen viraler Angreifer in ihrem eigenen Erbgut und dem ihrer Kinder und Kindeskinder, die sie damit quasi »impfen«.

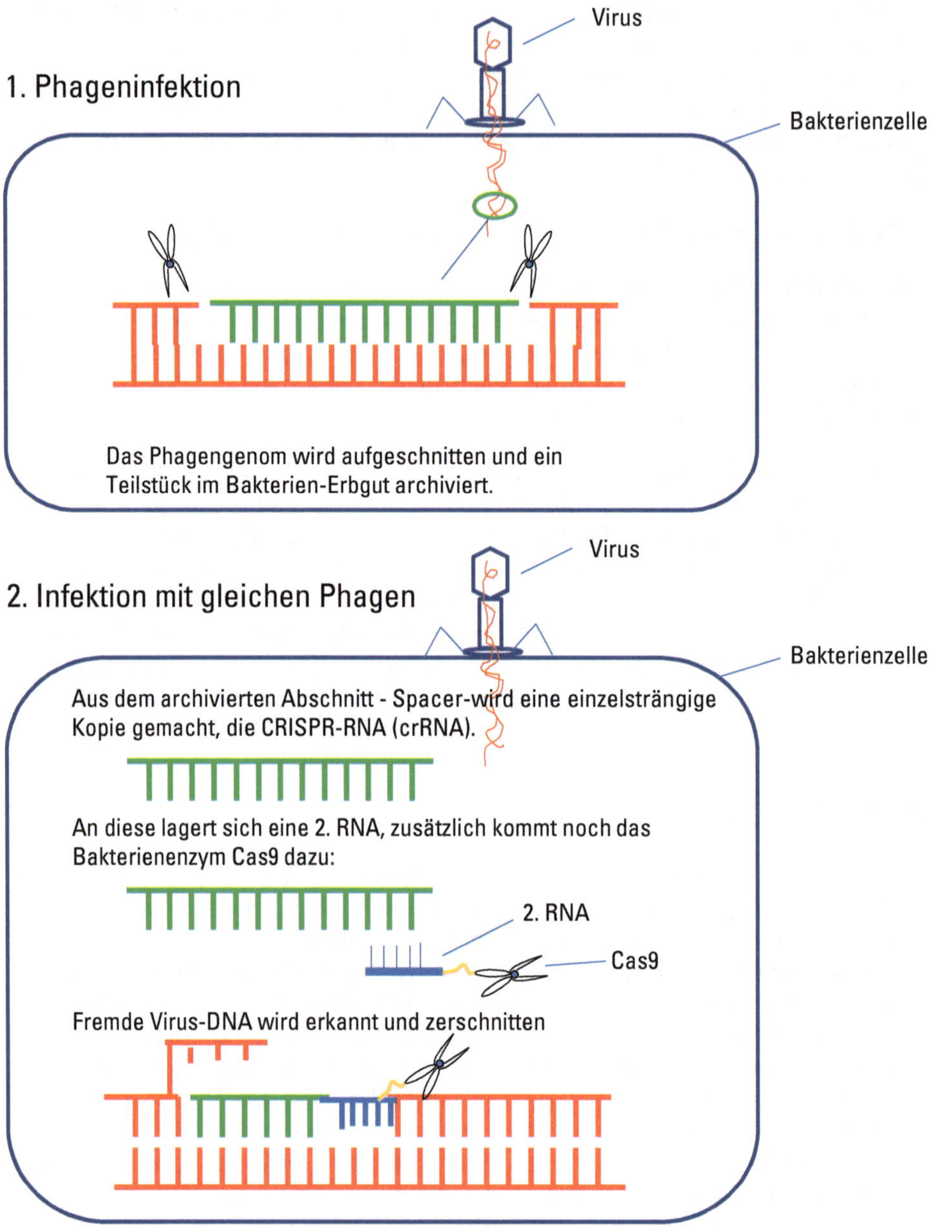

Abbildung 19.2: Mit der Genschere CRISPR wehren sich Bakterien gegen fremdes Erbgut und können so Angriffe von Phagen (Bakterienviren) abwehren.

So funktioniert's: Genome Editing mit dem CRISPR-Cas9-System

Zur Korrektur von (fehlerhaften) DNA-Sequenzen braucht der Experimentator lediglich zwei Komponenten – und natürlich die Zielsequenz, die man im Genom ansteuern will (auf »Schlau« *Protospacer* genannt):

- ✔ eine *Genschere*, nämlich die ***Nuklease Cas9***, die Doppelstrangbrüche erzeugt, und
- ✔ einen *RNA-Schnipsel*, die ***guide RNA*** (***gRNA***), die unter anderem aus Sequenzen der ***CRISPR-RNA*** (***crRNA***) besteht und zur gewünschten Zielsequenz auf der DNA passt. Die gRNA führt die Genschere Cas9 als Wegweiser zum Ziel und kann dort auch noch als Vorlage für ein korrigiertes Gen dienen. Je nach gewünschter Korrektur muss der Experimentator lediglich den RNA-Schnipsel entsprechend anpassen. Damit ist das System fast immer und überall verwendbar.

  Für die ***Zielerkennung*** ist ein kleiner Abschnitt aus 12 bis 20 Nukleotiden verantwortlich, der komplementär zur Zielsequenz auf der DNA ist. Wird dieser geändert, ändert sich logischerweise auch das Reiseziel der gRNA. Mit wenigen Einschränkungen können Sie durch Anpassung dieses Abschnitts fast jede beliebige Sequenz im Genom ansteuern, wenn folgende Bedingungen erfüllt werden:

  - Die *Zielsequenz* darf keinesfalls länger als 20 Nukleotide sein. Für das menschliche Genom reicht das glücklicherweise gerade aus, um statistisch gesehen eine einmalige Stelle in der DNA finden zu können und damit eine Fehlsteuerung zu vermeiden – aber leider nicht immer (»Off-Target-Effekt«, der am Ende dieses Abschnitts erklärt wird).
  - Auf die Zielsequenz muss sofort ein sogenanntes *PAM-Motiv* (*Protospacer Adjacent Motif*) folgen. Was sich kompliziert anhört, ist lediglich eine ganz kurze Sequenz, die nur auf der DNA und nicht auf der gRNA vorkommt. Sie ist spezifisch für das jeweilige Bakterium, aus dem das System isoliert wurde. Am häufigsten werden bislang CRISPR-Systeme aus *Streptococcus pyogenes* verwendet. Deren PAM-Motiv besteht aus drei Nukleotiden: NGG (»N« kann eine beliebige Base sein, auf die zweimal Guanin folgen muss). Kollege *Streptococcus thermophilus* hat beispielsweise ein anderes PAM-Motiv, hier lautet die entsprechende Sequenz NNA GAA.

Hat der Experimentator alle seine Arbeitsmaterialien beisammen, läuft das ***Crispern*** in seinem Reaktionsgefäß im Verborgenen wie folgt ab:

1. Die Sonde sucht im Genom nach ihrer spezifischen Zielsequenz.
2. Sobald sie fündig geworden ist, dockt sie an die komplementären Basen an und packt ihr Werkzeug (die Genschere) aus.
3. Die Genschere schneidet die DNA entzwei.
4. Dies löst Alarm in der Zelle aus: Reparaturtrupps rücken an, um die durchgetrennten Enden (den Doppelstrangbruch) wieder zu kitten. Dafür hat die zelleigene Reparaturmaschinerie ähnlich wie bei den TALENs zwei verschiedene Möglichkeiten:
   - das *Non-homologous End Joining (NHEJ)*, übersetzt etwa: Nicht-homologe Endverknüpfung, das zwar nicht so präzise, dafür aber extrem schnell ist, und bei dem deshalb einige Basenpaare verloren gehen (der Leserahmen verschiebt sich), oder

- die *homologe Rekombination (HR)*. Hier kann der Experimentator DNA zugeben, deren Enden genau zur Sequenz der Bruchstelle passen. Damit kann er das Genom um ein Gen oder einen Genabschnitt erweitern.

Die praktische Durchführung im Labor ist ziemlich einfach. Insgesamt muss man für eine Genmanipulation mit dem CRISPR-Cas9-System in etwa drei Tage Klonierarbeit einplanen.

Man braucht hierzu also lediglich *Genschere* (Nuklease Cas) und *RNA-Schnipsel* (gRNA) und bringt alles in eine Zelle (zum Beispiel durch Elektroporation, siehe Kapitel 7, oder mithilfe eines Virus, siehe Kapitel 8). Im neuen Zuhause angekommen binden die beiden eingeschleusten Komponenten zunächst aneinander. Das ist aber nicht von Dauer: Die gRNA wendet sich vom Enzym ab und bindet lieber an ihre komplementäre DNA-Sequenz (die der Experimentator ja vorher als »Wunsch«-Sequenz« bestimmt hat), und die mitgebrachte Schere Cas9 zerschneidet diese genau an der gewünschten Stelle. Damit wird das entsprechende Gen beziehungsweise die entsprechende Sequenz aus dem Genom entfernt und kann durch eine andere Sequenz ersetzt werden. Die Korrektur erfolgt nach einem ähnlichen Prinzip wie mit ZFNs oder TALENs – auch hier gibt es prinzipiell zwei Möglichkeiten, wie die Zelle den Bruch mit dem eigenen Reparatursystem kittet:

- ✔ Es kann entweder zu kurzen *Insertionen oder Deletionen* kommen, die in einer Verschiebung des Leserasters oder einem Stoppcodon resultieren. In diesem Fall wird eine ***Knock-out-Mutante*** erzeugt.
- ✔ Die herausgeschnittene DNA wird komplett ersetzt; dabei dient die gRNA als Vorlage. In diesem Fall wird eine ***Knock-in-Mutante*** erzeugt.

Wenn Sie *Multiplex-Crispern* wollen, also mehrere Gene gleichzeitig manipulieren, geben Sie statt einer gRNA einfach mehrere gRNAs mit den entsprechenden Zielsequenzen in den Reaktionsmix. Mit solchen Ansätzen können sogar große chromosomale Abschnitte entfernt oder verschoben werden.

Um das gewünschte Gen zu editieren, können Sie auch einfach eine Mischung aus gRNA und Cas9-mRNA in die entsprechende Zelle injizieren (beispielsweise in eine Eizelle), und schon wird an Ort und Stelle gecrispert. Die »Zutaten« können Sie einzeln oder als fertige Kits von vielen Herstellern beziehen. Plasmid plus gRNA, die schon fix und fertig auf das »Wunsch«-Gen angepasst wurde, kostet etwa 400 Euro.

Wesentlich günstiger können Sie für Forschungszwecke eine schon vorhandene Vorlage bestellen und die Zielsequenz dann selbst ändern, und zwar zum Beispiel beim nicht-kommerziellen Plasmiddepot Addgene (`www.addgene.org/CRISPR/`). Hier ist die Auswahl groß, die Nukleinsäure wird aus Labors auf der ganzen Welt überallhin verschickt und zudem genau erklärt, wie Sie technisch vorgehen müssen.

Zur Unterstützung gibt es auch zahlreiche Computerprogramme, mit denen sich der Molekularbiologe seine gRNA konstruieren kann. Dies ist ein überaus wichtiger Schritt im Experiment und alles andere als trivial. Sie möchten ja, dass die gRNA nur die gewünschte Sequenz ansteuert, die Genschere also nicht irgendwo anders hingeleitet wird und an einer unerwünschten Stelle schneidet: *Off-target-Effekt* – falsches Ziel getroffen – nennt man diese Irrfahrt auf »Schlau«. Sie kommt unter Umständen gar nicht so selten vor und hat, wie Sie sich unschwer vorstellen können, mitunter erhebliche Nebenwirkungen zur Folge.

Bei den meisten Computerprogrammen wie CCTop (`https://cctop.cos.uni-heidelberg.de`) dauert die Berechnung nur wenige Sekunden. Die Ergebnisse werden entweder direkt auf der Webseite oder auch als Datei zum Herunterladen ausgespuckt. Am besten nutzen Sie ein Programm, das auch für Nicht-Bioinformatiker einigermaßen verständlich ist.

Scheren in unterschiedlichen Varianten

Je nach Geschmack und Problemstellung können Sie heute bereits auf verschiedene Art und Weise crispern. Am gebräuchlichsten ist zwar immer noch das ursprüngliche System *CRISPR/Cas9* mit der Nuklease Cas9 aus Streptokokken (das sind Bakterien, die unter anderem die Bösewichte bei einer Mandelentzündung oder bei Scharlach sind). Es gibt aber auch noch das *CRISPR/Cpf1*- und das *CRISPR/Cas12b*-System, dessen Nukleasen Cpf1 und Cas12b auf andere Bakteriengattungen zurückgehen. Die Arbeitsweise des Cpf1-Systems gilt als etwas spezifischer, funktioniert aber vom Prinzip her wie beim klassischen System.

An Weiterentwicklungen der Genschere wird unter Hochdruck geforscht – die neue, revolutionäre Methode, die so viele Hoffnungen weckt, soll natürlich einwandfrei arbeiten. Eine der neuesten Errungenschaften der Wissenschaftler ist das *Prime Editing*, bei dem die Genschere nur einen der beiden Stränge durchtrennt. Dadurch kommt es seltener zu Fehlern. Es heißt, dass die Genauigkeit der erst seit 2019 bekannten Methode so groß ist, dass Forscher damit zuverlässig sogar einzelne Buchstaben des genetischen Codes austauschen, einfügen oder entfernen können.

Mögliche Anwendungen der Genschere

Die neue, präzise Genschere eröffnet viele neue Möglichkeiten, denn prinzipiell kann das CRISPR-System heute schon in jedem Organismus verwendet werden. Die Technik wird in der Forschung bereits fleißig angewandt – etwa um die Funktion bestimmter Gene zu untersuchen – und seit 2024 gibt es auch eine erste für den Menschen zugelassene Therapie: Casgevy®, ein Arzneimittel für bestimmte Formen der Bluterkrankungen Sichelzellkrankheit und Beta-Thalassämie. Ein Anfang ist also gemacht und man hofft natürlich, dass sich aus der Methode noch viel mehr medizinische Therapien für erblich bedingte Krankheiten ergeben. Immerhin sind weltweit schon rund 30 klinische Studien für Genscheren-Arzneimittel im Gange, nicht nur für Bluterkrankungen, sondern auch für andere Anwendungen wie Diabetes, HIV, Augen- oder Krebserkrankungen. Noch mehr über die Genschere in der Medizin können Sie in Kapitel 25 erfahren, wo ich Ihnen Gentherapien und therapeutische Nukleinsäuren vorstellen möchte.

Allerdings rechnet man zumindest in naher Zukunft nicht damit, dass die Gentherapie mit der Schere zum Standard für sehr viele Krankheiten wird. Eine einzige Anwendung genügt zwar lebenslang, aber die Kosten dafür sind derzeit noch enorm.

Über folgende Möglichkeiten wird nachgedacht, teilweise schon geforscht und auch sehr kontrovers diskutiert; und zwar Anwendungen in der

- ✔ **Medizin:** Denkbar sind hier nicht nur die Therapie von Erbkrankheiten, sondern alle Erkrankungen, die auf fehlerhafte Gene oder Gensequenzen zurückgehen. Hier hält sogar der Ethikrat die Anwendung für vertretbar, sofern die Therapie nur an Körper- und nicht an Keimzellen angewandt wird, zum Beispiel an eigenen Blutzellen, die anschließend wieder in den Körper zurückgegeben werden. Darüber hinaus hofft man, die Methode auch in der Transfusionsmedizin zur Herstellung von Blutprodukten, die ja immer knapp sind, nutzen zu können.
- ✔ **(Pharma-)Industrie** zur Optimierung von biotechnologischen Produktionsprozessen. Hier ist es denkbar, Mikroorganismen durch Editierung gezielter als bisher zu verändern und zu optimieren.
- ✔ **Pflanzenzüchtung** zur Produktion verbesserter Sorten von Nutzpflanzen wie Reis, Soja, Tomaten, Mais oder Getreide. Hier geht es beispielsweise darum, die Pflanzen ertragreicher, resistenter gegen Krankheitserreger und unempfindlicher gegen Dürre zu machen oder sie mit besonderen Eigenschaften zu versehen, wie zum Beispiel allergenfreie Erdnüsse zu züchten. Ob dies in Europa einmal für uns alle von Nutzen sein wird, wird auch davon abhängen, ob CRISPR-behandelte Pflanzen (und auch Tiere) weiterhin als gentechnisch veränderte Organismen eingestuft werden.
- ✔ **Tierzüchtung:** Hier wird unter anderem über neue Ansätze nachgedacht, die mit den »Vor-CRISPR-Methoden« unglaublich aufwendig oder gar unmöglich gewesen sind; so zum Beispiel Tiere zu züchten, die medizinisch wichtige Wirkstoffe produzieren (*Gene Pharming*) oder ganze Organe spenden könnten (*Xenotransplantationen*, siehe Kapitel 25).
- ✔ **Schädlingsbekämpfung:** Da der Experimentator mithilfe von CRISPR nun auch die natürlichen Vererbungsregeln überlisten kann (der veränderte Genabschnitt wird ja an die Nachkommen weitervererbt, sofern die Veränderung in den Keimzellen vorgenommen wird), könnte er damit auch das Gleichgewicht ganzer Populationen stören und sie im Extremfall sogar ausrotten. Hier wird beispielsweise an Mücken als Überträger für Malaria, Gelb- oder Denguefieber oder auch die Dezimierung landwirtschaftlicher Schädlinge gedacht.
- ✔ **Umweltschutz:** Hier wird unter anderem daran geforscht, mithilfe der Genschere das Problem der Mikroplastikverschmutzung unserer Meere anzugehen. Forschern ist es bereits gelungen, mithilfe des genetischen Tintenkillers Algen zu züchten, die den Plastikflaschen-Kunststoff PET in harmlose Produkte zersetzen können.

Korrektur der kleinen Schwester: RNA-Editierung

Wie weiter vorn im Abschnitt über Crispern bereits erwähnt wurde, ist die Behandlung mit der Genschere auf DNA-Ebene leider noch nicht ganz ohne Risiko. Problematisch ist, dass eventuell auftretende Fehler eben für immer im Erbgut gespeichert sind. Deshalb haben Wissenschaftler begonnen, auch alternative Methoden zu entwickeln, bei der die kostbare DNA unangetastet bleibt und der Eingriff auf der Ebene der *RNA* – im *Transkriptom* – stattfindet. Damit ist die Korrektur schnell wieder aufgehoben, sobald die (eventuell fehlerhafte) RNA im ganz normalen Alltag der Zelle wieder abgebaut wird. Dass dies prinzipiell möglich ist, konnte schon im Experiment mit Kulturen menschlicher Zellen gezeigt werden.

Bei einer solchen ***RNA-Editierung*** werden einzelne Basen der RNA – also der Kopie der DNA – verändert, sodass nicht das kostbare Erbgut, sondern lediglich die Bauanleitung für das von der entsprechenden Sequenz codierte Protein umgeschrieben wird. Streng genommen handelt es sich also nicht um *Genome Editing*, sondern um ein ***Transcriptome Editing***. Da die Arbeitsweise aber ganz ähnlich wie beim Crispern ist, habe ich mich entschlossen, es an dieser Stelle anzufügen. Auch bei der Korrektur des Transkriptoms führt eine guide RNA im Labor hergestellte Designerproteine zur Ziel-RNA, wo diese dann einzelne Basen wie gewünscht austauschen.

Teil IV

Proteomik: Die Arbeit mit den Genprodukten

IN DIESEM TEIL ...

Die Proteomik erforscht das Proteom – also alle in einem Lebewesen vorhandenen Bausteine, die Proteine. In diesem Teil werden Ihnen einige der Methoden vorgestellt, die ein Proteomiker für seine tägliche Arbeit im Labor braucht, zum Beispiel wie er Proteine aus Probenmaterial gewinnt, und wie ungleich schwieriger das ist als bei den Nukleinsäuren. Weiterhin werden Sie erfahren, wie man Proteine spalten, trennen, färben oder deren Struktur entschlüsseln kann – und dass diese für uns überaus wichtigen Biomoleküle sogar fliegen können (siehe Kapitel 20).

In einem weiteren Kapitel dieses Teils dreht sich alles um die Beziehungen zwischen den Proteinen, die Protein-Protein-Interaktionen, die außerordentlich schwer zu erforschen sind, weil sie so zahlreich und kompliziert sind (siehe Kapitel 21). Auch hier werden einige wichtige molekularbiologische Techniken vorgestellt, mit denen der Proteomiker dieses Beziehungsgeflecht untersuchen kann. Kurz: Dieser Teil ist eine Einführung in die praktische, experimentelle Arbeit, die in einem typischen Proteomiklabor zur täglichen Routine gehört und die jeder dort Tätige beherrscht.

IN DIESEM KAPITEL

- Wie man Proteine aus der Zelle gewinnt
- Methoden zur Untersuchung von Proteinen
- Chromatografie und Massenspektrometrie

Kapitel 20

Mit den Genprodukten forschen: Proteine im Labor

Das Erbgut des Menschen und mehrerer Tausend anderer Lebewesen ist bereits entschlüsselt und laufend kommen neue Informationen dazu. Damit allein kann der Molekularbiologe aber gar nicht so viel anfangen, wenn er die großen und die kleinen Geheimnisse des Lebens ergründen will. Früher dachte man, sobald man das Erbgut entschlüsselt habe, könne man dieses wie ein »Buch des Lebens« lesen (es wurde ja vielfach auch so genannt) und selbstverständlich auch gleich interpretieren. Dem ist aber nicht ganz so, selbst wenn die Übersetzung des menschlichen und anderer Genome natürlich schon ein riesiger Schritt in diese Richtung ist. Denn die Nukleinsäuren, aus denen das Erbgut besteht, sind ja »nur« molekulare Baupläne für eine andere Sorte von lebenswichtigen Molekülen: *die Proteine.* Jeder Mensch hat schätzungsweise mehrere Millionen von ihnen in seinem Körper, jede Zelle enthält mindestens hunderttausend verschiedene – sie machen aus ihm das Individuum, das er ist. Ohne sie ist »Leben« undenkbar, denn erst aus ihrer Teamarbeit ergibt sich ein funktionierender Organismus.

Während sich die Genomiker unter den Molekularbiologen überwiegend mit den Bauanleitungen für die Proteine, den Genen beschäftigen, gehen die *Proteomiker* gleich »zur Sache«, dem Produkt – *den Proteinen.* Und das ist eine ziemlich komplizierte Angelegenheit. Denn mit der Aminosäuresequenz allein kann der Proteomiker längst nicht so viel anfangen wie der Genomiker mit seiner Nukleotidsequenz. Wie Sie in Kapitel 5 erfahren haben, sind Proteine erst aktiv, wenn sie eine ganz bestimmte dreidimensionale Struktur haben und oft auch noch posttranslational modifiziert wurden. Diesen aktiven Zustand kann man aber weder aus der Gen- noch aus der Aminosäuresequenz genau vorhersagen. Das heißt, man kann die tatsächliche Proteinausstattung einer Zelle zu einem bestimmten Zeitpunkt in der Theorie oft gar nicht abschätzen. Der Proteomiker versucht mit seinen Experimenten, Licht in dieses Dunkel zu bringen, damit wir eines Tages verstehen, wie die Bestandteile des *Proteoms* – also alle Proteine in den Zellen – zusammenarbeiten. Welche Methoden dabei zu seinem Handwerkszeug gehören, und wie er sie einsetzt, möchte ich in diesem Kapitel zeigen.

Proteomik: Die Arbeit der Proteinfreunde

Die Proteomik gibt es erst seit etwa 1994, als der Name *Proteom* in Anlehnung an *Genom* auf einer wissenschaftlichen Konferenz erfunden wurde. Im Gegensatz zu heute wurde damals die Entschlüsselung des Genoms noch mit enormem Aufwand betrieben (»Next Generation Sequencing« kannte noch kein Mensch!), die Proteine fanden im Vergleich dazu wenig Beachtung in der Molekularbiologenwelt, obwohl sie ja die *Produkte* dieser Baupläne sind. Damals galt es für einen Molekularbiologen fast schon als »altbacken«, wenn er sich mit Proteinen beschäftigte. Das hat sich in den letzten Jahren gründlich geändert, denn heute weiß man, wie wichtig Proteine sind. Sie bilden dazu ein hochkomplexes Netzwerk, in dem sie Moleküle auf- und abbauen, speichern und transportieren oder auch Botschaften zwischen Zellen übermitteln. Somit sind Proteine ein wichtiger Angriffspunkt, um zum Beispiel mit Medikamenten und anderen Therapien ins Alltagsgeschehen der Zellen einzugreifen. Nicht, dass wir uns falsch verstehen: Das bedeutet nicht, dass DNA und RNA nun unwichtig geworden seien. Es ist nur so, dass man jetzt Nukleinsäuren und Proteine als gleichberechtigt ansieht, um an die Informationen des Lebens zu gelangen. Beide sind untrennbar miteinander verbunden, deshalb beschäftigt sich die Molekularbiologie auch mit beiden Teilgebieten.

Erinnerung

Ein wichtiger Unterschied zwischen dem Genom und dem Proteom ist:

- ***Das Genom*** – also die Gesamtheit aller Gene – einer Zelle ist lebenslang immer *gleich* und verändert sich nicht (es sei denn, es tritt eine Mutation auf, was aber vergleichsweise selten geschieht).
- ***Das Proteom*** – also die Gesamtheit aller Proteine – einer Zelle ist sehr *flexibel* und kann sich schnell verändern. Im Gegensatz zur DNA, die träge im Zellkern liegt, kann man sich den Proteinstoffwechsel in der Zelle fast so vorstellen wie eine Fabrik, eine Mülldeponie und einen Markt gleichzeitig. An diesem »Wunderort« wird innerhalb kürzester Zeit produziert, wieder zerstört und recycelt, verschoben, verändert, verbunden oder getrennt.

Die **Proteomik** befasst sich mit der Erforschung des Proteoms. Wenn man sich nicht nur für Einzelteile (die Proteine), sondern für die kompletten Zusammenhänge in einem Proteom interessiert, dann ist dies durch dessen schnelle Veränderung und die komplizierten Wechselwirkungen der Moleküle untereinander eine äußerst schwierige Sache.

In diesem Kapitel möchte ich Ihnen mehrere Aspekte der Arbeit mit Proteinen im Labor vorstellen, und zwar sowohl mit einzelnen Proteinen (oft heute als *klassische Proteinanalyse* bezeichnet) als auch mit dem Proteom (der Proteomik im engeren Sinne). Der Einfachheit halber nenne ich im Folgenden aber alles, was ich hier im Zusammenhang mit Proteinen beschreiben will, Proteomik, obwohl manche Wissenschaftler nur die Arbeit mit dem Proteom als Proteomik gelten lassen und hier die klassische Proteinanalytik außen vor lassen.

In der Umgangssprache sagt man zum Protein oft auch einfach *Eiweiß*, was nicht ganz falsch, aber auch nicht ganz richtig ist. Denn der Begriff »Protein« geht sehr viel weiter als »Eiweiß«, das seinerseits auch ein Synonym für den Nährstoff *Eiklar* ist, das in den Vogeleiern das Eigelb umgibt und selbst noch nicht einmal so viel Protein enthält wie das Eigelb. Das Eiklar besteht hauptsächlich aus einer einzigen Proteinsorte, dem Ovalbumin. Wenn man von Protein spricht, sind dagegen die Makromoleküle gemeint, die es in millionenfach verschiedenen Variationen in der Natur gibt, und die nicht viel mit dem Eiklar zu tun haben, in dem noch nicht einmal ansatzweise so viele Proteinarten vorkommen. Als »Molekularbiologie-Eingeweihter« sollten Sie also lieber »Protein« sagen!

Wofür Proteine eigentlich gut sind

In Teil I dieses Buches haben Sie schon einiges über Proteine erfahren und kennen sich nun sicher schon bestens aus mit Dingen wie der chemischen und physikalischen Struktur oder deren Herstellung in den Proteinfabriken der Zelle, den Ribosomen. Es wurde auch schon oft erwähnt, dass die Riesenauswahl an Proteinen, die jeder Organismus besitzt, für die Vielfalt des Lebens verantwortlich ist und uns von einer Giraffe, Hummel oder dem Gänseblümchen unterscheidet. Was aber genau die Aufgabe von Proteinen sein kann, habe ich zwar schon kurz erwähnt, aber noch nicht richtig erläutert. Das soll jetzt nachgeholt werden. Ein Protein kann unter anderem einen der folgenden »Berufe« am Arbeitsplatz Zelle ausüben:

- ✔ **Enzym oder Stoffwechselprotein:** Dies ist einer der wichtigsten »Berufe«, die ein Protein überhaupt haben kann, und mit sehr viel Verantwortung für alle Vorgänge im Stoffwechsel eines Lebewesens verbunden. Mit den Enzymen – den Biokatalysatoren – haben Sie schon in Kapitel 9 ausführlich Bekanntschaft gemacht. Diese Biokatalysatoren erledigen nicht nur kleine und große Arbeiten bei den Experimenten des Molekularbiologen, sondern sind auch für jede Zelle unverzichtbare Handwerker, unter deren Verantwortung praktisch alle zum Leben notwendigen Stoffe hergestellt, ab- oder umgebaut und verwertet werden.
- ✔ **Strukturprotein:** Diese Gruppe bildet das Gerüst und Erscheinungsbild der Zellen, aus ihr besteht das Zellskelett und die äußere Zellhülle. Strukturprotein ist der beliebteste »Beruf« unter den Proteinen: Diese Arbeitnehmer stellen den größten Anteil an Proteinen im Körper. Meist handelt es sich hier um Kollagene.
- ✔ **Regulatorisches Protein:** Diese Berufsgruppe reguliert verschiedene Abläufe in und zwischen den Zellen und der Außenwelt, zum Beispiel die Ionenkanäle, die für die richtige Konzentration verschiedenster Stoffe in der Zelle sorgen.
- ✔ **Signalprotein:** Sie sind die Telekom der Zellen und sorgen für die Kommunikation innerhalb und außerhalb der Zelle. Zu diesem Berufszweig gehören Botenstoffe wie Hormone, aber auch Membranrezeptoren, die Stoffe außerhalb der Zelle erkennen und binden und dadurch ein Signal in der Zelle hervorrufen, das eine spezifische Reaktion nach sich zieht.

- ✔ **Schutzproteine** sind Keratinstrukturen in Haaren, Schuppen oder Federn, Hörnern, Geweihen, Nägeln, Krallen und Schnäbeln, die den Lebewesen als Schutz vor Kälte und Angreifern dienen können.
- ✔ **Transportproteine** haben eine doppelte Aufgabe, nämlich als Fahrer und Fahrzeug zugleich wie das Hämoglobin oder das Transferrin, die so wichtige Funktionen wie den Sauerstoff- oder Eisentransport im Blut übernehmen.
- ✔ **Verteidigungsprotein:** Antikörper, Blutgerinnungsproteine, Schlangengift und andere, auch pflanzliche Gifte, sind die verschiedensten Wachleute von Zellen und Lebewesen und schützen den Organismus vor Feinden und Verletzungen. Zum Beispiel sind die Antikörper wichtige Bestandteile des Immunsystems und bekämpfen eindringende Fremdkörper wie Bakterien und Viren.
- ✔ **Bewegungsprotein:** Dieser Gruppe verdanken viele Lebewesen, dass sie sich bewegen können. Hierzu bilden Proteine wie beispielsweise Aktin und Myosin Muskelfasern, durch deren Kontraktion Fortbewegung, Herzschlag oder der Gebrauch von Werkzeug möglich wird.
- ✔ **Reserveprotein:** Diese Moleküle sind die letzte Rettung der Zelle zu Hungerszeiten. Sie werden in Zeiten des Überflusses in Organen wie Milz, Leber oder Muskel gespeichert und in Notzeiten zur Energiegewinnung mobilisiert, um den Körper am Leben zu halten. Eine ähnliche Funktion hat auch das **Speicherprotein.** Es stellt eine Art Speisekammer der Zelle dar, in der »Einkäufe«, die nicht sofort gebraucht werden, gespeichert werden, zum Beispiel als Ovalbumin im Eiklar oder als Casein in der Milch.

Schon die kleinsten Störungen in der komplizierten Zusammenarbeit des Proteinteams einer Zelle können schwere Folgen haben und zum Beispiel zu Krankheiten führen. In vielen Fällen ist deshalb der Proteinstoffwechsel schon heute Angriffspunkt für Medikamente und andere Therapien. Der Großteil dieses Netzwerks ist jedoch zum gegenwärtigen Zeitpunkt für die Wissenschaftler noch unüberschaubar, oft werden Eingriffe nach dem Prinzip von Versuch und Irrtum vorgenommen. Das soll sich in Zukunft mithilfe der Proteomik ändern – die Arbeit hat begonnen.

Der *Proteomiker*, der sich also mit dem Proteom beschäftigt, isoliert Proteine, klärt ihre Struktur und Funktion auf, sucht gegebenenfalls auch nach dem verantwortlichen Gen und versucht, die Position und Aufgabe »seines« Proteins oder am besten von mehreren gleichzeitig in der komplizierten Molekülgemeinschaft herauszufinden. Er ist also ganz und gar ein Proteinfreund. Oft interessiert ihn noch gar nicht so sehr die blanke Erkenntnis über diese Moleküle, sondern vielmehr, wie man Störungen beheben und damit Krankheiten heilen oder seine Freunde sonst irgendwie für Mensch und Umwelt nutzen kann. Mit welchen Methoden er das macht, wird in den folgenden Abschnitten erklärt. Dabei möchte ich Ihnen nicht nur zeigen, wie man mit einzelnen Proteinen umgeht, sondern auch, was zu beachten ist, wenn man Proteomforschung betreibt (man also am kompletten Proteinmuster einer Zelle inklusive der mengenmäßigen Verteilung seiner einzelnen Komponenten interessiert ist).

Proteinanalytik: Das grundlegende Handwerkszeug des Proteomikers

In den meisten Experimenten versucht der Proteomiker herauszufinden, welche Proteine in welcher Menge in einer Zelle oder einem Organismus vorkommen. Was sich aber hier in einem Satz recht einfach anhört, ist eine ziemlich komplizierte Aufgabe. Die Mühe lohnt sich jedoch: Hat er dies nämlich herausgefunden (zumindest teilweise), dann kann er sehr genaue Aussagen über den Zustand der Zelle machen. Er könnte beispielsweise herausgefunden haben, dass sich das typische Proteinmuster eines Kranken und eines Gesunden unterscheidet:

	krank	**gesund**
Protein Nr. 1	keine Expression	normale Expression
Protein Nr. 2	Expression im Übermaß	normale Expression
Protein Nr. 3	Expression	keine Expression

Tabelle 20.1: Fiktives Beispiel für die unterschiedlichen Proteinmuster von Kranken und Gesunden bei einer bestimmten Krankheit

Aus einem solchen *Proteinspektrum* lassen sich also unter Umständen wichtige Aussagen über Krankheit oder Gesundheit treffen. Die Methode wird jedoch dadurch erschwert, dass sich ein solches Spektrum mehr oder weniger schnell verändert, sodass eine zuverlässige Diagnose dem Experimentator viel Arbeit abverlangt.

Um das Geheimnis eines Proteinmusters zu lüften, braucht der Proteomiker ebenso wie der Genomiker ein Handwerkszeug aus Helfern und Untersuchungsmethoden. Dabei hat er es aber ungleich schwerer, denn:

- ✔ **DNA und RNA** unterscheiden sich lediglich in der Zusammensetzung der *vier Basen*, sind aber ansonsten gleich und verfügen damit über *sehr ähnliche* chemische und physikalische Eigenschaften (siehe Kapitel 3 und 4). Daher gibt es für die Arbeit mit Nukleinsäuren Standardmethoden, zum Beispiel für die Isolierung von DNA oder RNA. Auch hier hat natürlich jeder Experimentator sein Spezialrezept, er muss aber nicht unbedingt vorher Informationen über die Eigenschaften seiner bearbeiteten Nukleinsäure sammeln.
- ✔ Um ein **Protein** zusammenzustellen, stehen in der Zelle dagegen nicht nur vier, sondern *20 verschiedene Bausteine* (die Aminosäuren, siehe Kapitel 5) zur Auswahl. Diese können zudem nach Lust und Laune der Zelle modifiziert werden, indem diese Gemeinschaft beispielsweise noch durch Zucker bereichert wird. Das heißt, ein Protein kann sich aus vielen, vielen verschiedenen Bestandteilen zusammensetzen, die sich alle schon in ihren einzelnen Eigenschaften *sehr stark voneinander unterscheiden* können. Das führt dazu, dass Protein in den chemischen und physikalischen Eigenschaften nicht gleich Protein ist, sodass es meist für eine bestimmte Fragestellung *DIE* Standardmethode nicht gibt. Das beginnt schon bei der Isolierung von Proteinen.

Das Dalton – die Einheit der Proteine

Was ist überhaupt ein großes oder kleines Protein?

Um sich das besser vorstellen zu können und etwas in der Hand zu haben, mit dem man die vielen, vielen verschiedenen Proteine auf einen Blick einschätzen kann, haben die Wissenschaftler die Einheit *Dalton* (abgekürzt *Da*) für die Molekülmasse von Proteinen gewählt (sie gilt natürlich auch für andere Biomoleküle, ist aber für Proteine sehr gebräuchlich). Und zwar gilt:

1 Dalton = 1,6601 × 10^{-27} Kilogramm

Das entspricht in etwa der Masse eines Wasserstoff-(H-)Atoms. Ganz schön wenig, oder?

Das Dalton wurde nach dem englischen Forscher John Dalton benannt, der sich schon vor rund 200 Jahren mit der Atomtheorie beschäftigte. 1.000 Dalton nennt man übrigens 1 Kilodalton (kDa). Die molekulare Masse von Proteinen wird also meist in kDa angegeben. Hier ein paar Beispiele:

- ✔ Insulin, ein Peptidhormon: 5,8 kDa
- ✔ Pepsin, ein Verdauungsenzym in unserem Magen: 32 kDa
- ✔ Aktin, ein Protein im Muskel von Eukaryoten: 42 kDa
- ✔ Keratin, die Hornsubstanz in Haaren und Nägeln: 40 bis 48 kDa
- ✔ Antikörper: etwa 150 kDa
- ✔ Titin, das größte menschliche Protein: 3.600 kDa

Wenn im Folgenden also der »Drei-Buchstaben-Code kDa« auftaucht, wissen Sie, dass sich dahinter nichts Mysteriöses, sondern eine Masseeinheit verbirgt. Aber Vorsicht: Das Dalton ist in Deutschland keine gesetzliche Einheit im Messwesen! In diesem Fall bewege ich mich ausnahmsweise trotzdem einmal im gesetzesfreien Raum und schreibe Da oder kDa.

Die Proteinisolierung: Keine 08/15-Methode

Das Einzige, was bei der Isolierung aller Proteine gleich abläuft, ist der erste Schritt: Man befreit die Proteine zunächst aus der Zelle und macht einen ***Zellaufschluss***. Das Ergebnis ist ein ***Proteinextrakt***, der sich aus allen in der Zelle vorhandenen Proteinen zusammensetzt. Um daraus das Protein zu gewinnen, das man untersuchen möchte, reinigt man diesen Extrakt nun in mehreren Stufen. Und ab hier wird es individuell, denn die Variationsmöglichkeiten in den Eigenschaften machen die Reinigung jedes Proteins einzigartig.

Durch die Aminosäurezusammensetzung und die posttranslationalen Modifikationen können Proteine basisch oder sauer reagieren und sich in ihrer Löslichkeit, Raumstruktur, Stabilität oder auch in Molekulargewicht und Größe voneinander unterscheiden. Das heißt, um das gewünschte Protein aus einem

Zellextrakt isolieren zu können, braucht man schon vorher möglichst viele Informationen über sein Molekül. Man erhält diese aus Sequenzdaten, die man selbst produziert hat oder in Datenbanken findet (zum Beispiel der Proteindatenbank der Research Collaboratory for Structural Bioinformatics RCSB unter `www.pdb.org` oder der Universal Protein Resource UniProt unter `www.uniprot.org`). Dort kann man, wenn man Glück hat, herausfinden, was dieses eine Molekül, das man untersuchen möchte, von den anderen unterscheidet. Mit dieser Information kann man es dann in aufeinanderfolgenden Reinigungsschritten von dem trennen, was einen nicht interessiert.

Freiheit für die Proteine: Der Zellaufschluss

Der erste Schritt der Proteinisolierung besteht ebenso wie bei einer DNA- oder RNA-Isolierung in einem **Zellaufschluss.** Hierbei werden die Zellen geöffnet (der Molekularbiologe nennt das *lysiert*), die Proteine gelangen aus der Zelle und werden gelöst. Dabei gibt es mehrere Möglichkeiten, die Zellen zu lysieren:

- **Osmotisch:** Hierzu gibt man die Zellen in eine hypotonische Lösung (*hypotonisch* heißt: eine Lösung, die eine geringere Konzentration an gelösten Stoffen hat als die Zellen). Dies führt dazu, dass Wasser in die Zellen eindringt (das Wasser möchte das Innere der höher konzentrierten Zellen verdünnen und so für Gleichheit zwischen innen und außen sorgen), und zwar so lange, bis die Zellen platzen: Die Zellbestandteile – darunter auch die Proteine – werden frei.
- **Mechanisch:** Dazu werden die Zellen in einem Mörser, elektrischen Mixer oder einem Ultraschallgerät zerkleinert und dabei lysiert. Allerdings muss man bei diesem Verfahren darauf achten, dass die Proben nicht zu heiß werden. Wie Sie aus Kapitel 5 wissen, denaturieren Proteine bei hohen Temperaturen und verlieren ihre Aktivität. Deshalb ist auch Fieber über 40 °C so gefährlich, weil ab dieser Temperatur unsere Enzyme leiden.

  Ein besonders cleveres Verfahren für Bakterienproteine ist es, die armen Kerlchen mehrfach hintereinander einzufrieren und wieder aufzutauen. Dabei werden ihre Zellmembranen durch die Scherkräfte so deformiert, dass sie aufbrechen.
- **Chemisch oder enzymatisch:** Die Zellhüllen oder -wände werden mithilfe von Chemikalien oder Enzymen abgebaut, sodass die Zellbestandteile freigesetzt werden.

Wenn man schon weiß, wo die zu isolierenden Proteine in der Zelle zu finden sind (zum Beispiel im Zellkern), trennt man vor dem Zellaufschluss gleich die Zellkerne oder andere Organellen durch Zentrifugieren vom Rest ab. Dies hat den enormen Vorteil, dass sich die Zahl der Proteine schon von Anfang an erheblich reduziert. Oder, falls man ein Protein gewinnen möchte, das eher selten in den Zellen oder der Probe vorkommt, lassen sich mit praktischen Kits häufig vorkommende Proteine (wie beispielsweise Antikörper in einer Blutprobe) schon im Voraus aus der Probe wegfangen und dann aus dem Rest die seltenen Proteine gewinnen und anreichern. Sie sehen also, man muss da individuell entscheiden, und je mehr der Experimentator schon über das Molekül seiner Wünsche weiß, desto besser.

Jedem seine Extrawurst: Die Proteinreinigung

Ist ein Protein erst einmal aus der Zelle befreit, wird es aus dem Zellextrakt aus vielen anderen Proteinen und dem übrigen Zellmüll, der den Experimentator nicht interessiert, isoliert. Wie schon erwähnt, braucht bei dieser Reinigung des Zellextrakts jedes Protein seine Extrawurst – also sein maßgeschneidertes Reinigungsverfahren, bei dem in der Regel mehrere Reinigungsschritte mit verschiedenen Methoden aufeinanderfolgen. Man muss also eine regelrechte ***Reinigungsstrategie*** entwerfen. Daher gilt: Je mehr Information Sie über das Protein haben, umso besser, denn es müssen möglichst Eigenschaften gefunden werden, die »Ihr« Protein von den anderen unterscheidet, die Sie loswerden wollen. Sehr häufig geht der Proteomiker die Hauptreinigung erst einmal mithilfe einer ***Chromatografie*** an, daran schließt sich eine Feinreinigung an, für die er ebenfalls die Chromatografie oder die Elektrophorese (siehe Kapitel 14 und weiter hinten in diesem Kapitel) nutzt und häufig dann mit einer Proteinfällung und -konzentration abschließt.

BEISPIEL

Das Prinzip einer ***Protein-Chromatografie*** ist, dass das Proteingemisch zunächst einmal von einer anorganischen Substanz adsorbiert (festgehalten) wird – man nennt dies die ***stationäre Phase*** – und dann anschließend mit einem individuell zum Protein passenden Lösungsmittel – der ***mobilen Phase*** – wieder abgewaschen wird. Aufgrund von Wechselwirkungen zwischen Proteingemisch, stationärer und mobiler Phase werden die verschiedenen Proteine unterschiedlich schnell weitertransportiert und damit voneinander getrennt.

Eine Chromatografie findet in der Regel in einer ***Säule*** statt. Dies ist ein Röhrchen, das mit der stationären Phase gefüllt oder beschichtet ist. Solche Säulen kann man fix und fertig kaufen oder sich selbst aus einer Spritze basteln. Nach der Wanderung durch die Säule wird das gelöste Protein in Fraktionen (Portionen) gesammelt und untersucht, zum Beispiel photometrisch bei einer Wellenlänge von 280 nm (siehe Kapitel 6).

Chromatografie für zu Hause

Hätten Sie Lust, die Chromatografie einmal bei sich zu Hause auszuprobieren? Das ist ganz einfach, und das Ergebnis sieht auch noch sehr hübsch aus. Man braucht dazu nur:

- ✔ einen weißen Kaffeefilter
- ✔ ein paar wasserlösliche Bunt- oder Filzstifte in Ihren Lieblingsfarben (mit Schwarz klappt es gut)
- ✔ eine mit Wasser gefüllte Schüssel oder einen tiefen Teller

Versuchsdurchführung:

1. Den unteren Rand des Kaffeefilters bemalt man mit den Farbstiften, wie es einem gefällt, und legt ihn dann auf den Tellerrand mit dem unteren, bemalten Teil ins Wasser. Das Papier fängt nun an, sich mit Wasser vollzusaugen.

2. Wie Sie schon nach kurzer Zeit beobachten können, wird die wasserlösliche Buntstiftfarbe vom Wasser mit nach oben transportiert. Dabei können Sie schön sehen, dass die meisten Farben aus einem Farbengemisch bestehen, zum Beispiel dass ein schwarzer Buntstift eigentlich gar nicht schwarz ist, sondern unterschiedliche Farbpigmente zusammen schwarz wirken. Was Sie außerdem beobachten können: dass die verschiedenen Farbpigmente vom Wasser unterschiedlich schnell transportiert werden. Der Grund dafür: Sie gehen mit dem Filterpapier und dem Wasser unterschiedliche starke Wechselwirkungen ein. Je leichter es fürs Wasser ist, ein Pigment zu transportieren (also je *löslicher* das Farbpigment in Wasser ist), desto schneller wird es mitgenommen. Wenn Sie ein bisschen Geduld haben, dann werden Sie bald viele verschiedenfarbige Flecken beobachten können. Sie haben als Experimentator nun die Farbpigmente *chromatografisch getrennt.* Toll, oder?

Wenn Sie noch Lust haben, können Sie das gleiche Experiment auch mit einem anderen Lösungsmittel als Wasser machen, zum Beispiel mit etwas Alkohol oder auch mit Milch. Sie werden sehen, dass das Wettrennen der Farbpigmente dann eine etwas andere Platzierung der einzelnen Farben ergibt.

Die Chromatografie: Nicht nur sauber, sondern rein

Es gibt ganz viele verschiedene *chromatografische Verfahren.* Hier ein kurzer Überblick über einige wichtige zur Reinigung von Proteinen:

- ✔ Die **Ionenaustauschchromatografie** ist eines der gebräuchlichsten Verfahren zur Proteinreinigung und wird oft als erster Schritt in die Reinigungsstrategie eingebaut. Hier binden die Proteine aufgrund *elektrostatischer Wechselwirkungen* an einen entgegengesetzt geladenen Ionenaustauscher in der Säule. Sie erinnern sich: Die Bausteine des Proteins – die Aminosäuren – sind positiv oder negativ geladen oder insgesamt neutral (siehe Kapitel 5), sodass ein Protein je nach Zusammensetzung seiner Bausteine eine bestimmte Nettoladung besitzt, die sich aus der Summe der Ladungen der einzelnen Bausteine ergibt. Zum Beispiel: Ein erfundenes Protein aus 200 positiv und 100 negativ geladenen Aminosäuren wäre insgesamt positiv geladen. Natürlich hat auch die Umgebung Einfluss auf die Ladung, zum Beispiel der pH-Wert der Lösung oder posttranslationale Modifikationen.

  Und so funktioniert dann die Trennung: Nehmen Sie also an, das Protein wäre positiv geladen. Das heißt, es wird an eine negativ geladene stationäre Phase binden, denn positive und negative Ladungen ziehen sich an – das ist ja auch das Prinzip der Elektrophorese. Ablösen kann man das Protein wieder, indem man eine spezielle Salzlösung auf die Säule gibt: Die Ionen des Salzes konkurrieren nämlich mit dem Protein um die Bindung an den Ionenaustauscher. Als Folge davon werden die Proteine verdrängt und aus der Säule *eluiert* (so sagt der Molekularbiologe zu *ausgespült* oder *herausgelöst*).

Schön und gut, aber Sie wollten ja nicht Salz und Protein trennen, sondern »Ihr« Protein vom restlichen Zellextrakt. Wie werden also verschiedene Proteine voneinander und vom Zellmüll getrennt? Dies geschieht dadurch, dass das Gemisch im Zellextrakt je nach Ladung beim Durchlauf durch die Säule ganz verschiedenartige Wechselwirkungen mit dem Ionenaustauscher eingeht. Also würde »Ihr« Protein beispielsweise viel stärker und damit länger an den Ionenaustauscher gebunden als ein anderes, schwächer geladenes Protein – es wird die Säule dann folglich später verlassen und schon sind sie getrennt. Natürlich wäre die ganze Aktion witzlos, wenn man die ganze »Lösungsmittelsoße«, die unten aus der Säule herauskommt (der Molekularbiologe sagt dazu *das Eluat*), wieder in ein und demselben Gefäß sammeln und damit vereinigen würde. Das macht der erfahrene Proteomiker natürlich nicht, sondern er sammelt das Eluat in Fraktionen (in verschiedenen Portionen), zum Beispiel indem er jede Minute ein anderes Reaktionsgefäß unter die Säule stellt. In einem der Gefäße ist dann auch »sein« Protein enthalten und kann in weiteren Reinigungsschritten Schritt für Schritt von seinen Fraktionskollegen getrennt werden.

- Die **Reversed-Phase-Chromatografie:** Der Name »Reversed Phase« (also »Umkehrphase«) ist ein bisschen seltsam und hat sich historisch entwickelt: Früher verwendeten Wissenschaftler als stationäre Phase nur polare Substanzen (das sind solche, die sich gut in Wasser lösen, also hydrophile = wasserliebende Stoffe wie zum Beispiel Kieselgel). Man nennt solche polaren Phasen *Normalphasen*. Später stellte sich dann heraus, dass unpolare Trägermaterialien (das sind solche, die sich besser in organischen Lösungsmitteln wie Alkohol lösen also hydrophobe = wasserfeindliche wie zum Beispiel Fette) für die Chromatografie viel besser geeignet sind als polare. Seither nennt man solche unpolaren Phasen *Umkehrphasen* oder *Reversed Phase*.

  Die Trennung bei diesem Verfahren funktioniert vom Prinzip her ähnlich wie bei der Ionenaustauschchromatografie; mit dem Unterschied, dass die Wechselwirkungen nicht elektrostatisch sind. Man trägt also das Proteingemisch auf die Säule auf, die Proteine binden gut oder weniger gut (je nach persönlichen Eigenschaften) an die unpolare stationäre Phase und werden mit einem organischen Lösungsmittel ausgewaschen, das mit den Proteinen um die Bindungsstellen des Trägermaterials konkurriert. Das Eluat wird wieder in Fraktionen gesammelt.

- Nach dem Reversed-Phase-Prinzip arbeitet auch oft ein modernes, hochauflösendes Hightech-Verfahren, die **Hochflüssigkeitschromatografie (HPLC)**. Das ist eine Trenntechnik, bei der das Gemisch mit hohem Druck bei einer bestimmten Temperatur durch die Säule gepumpt wird, die nur wenige Millimeter Innendurchmesser hat. Mit der HPLC ist das Trennvermögen etwa hundertmal besser als mit konventionellen Methoden, allerdings braucht man hierfür ein spezielles, nicht ganz kostengünstiges HPLC-Gerät. Von Vorteil ist aber auch, dass Moleküle direkt und spezifisch nachgewiesen werden (zum Beispiel durch Fluoreszenz) und auf dem Computerbildschirm des Experimentators dann als Peaks erscheinen. Dabei wird als Standard eine bekannte Substanz verwendet – ähnlich wie der Längenstandard oder Marker bei der Elektrophorese von Nukleinsäuren (siehe Kapitel 14).

- Bei der **Affinitätschromatografie** wird für das Protein, das isoliert werden soll, ein spezieller *Ligand* gebraucht. Ein Ligand ist ein persönlicher Bindungspartner, der sein

Molekül erkennt (und kein anderes!) und spezifisch bindet, zum Beispiel ein Cofaktor oder Substrat für ein Enzym oder ein Antigen für einen Antikörper. Von diesem wird das Protein spezifisch erkannt und festgehalten. Der Rest funktioniert ähnlich wie bei den anderen Verfahren: Während das Protein von seinem Liganden fest umklammert wird, verlassen alle anderen Stoffe die Säule. Danach wird das Protein abgewaschen und gesammelt.

- ✔ Bei der **Ausschlusschromatografie**, auch **Gelpermeationschromatografie GPC** genannt, werden die Moleküle in einem Gemisch aufgrund ihrer unterschiedlichen Größe getrennt. Dazu verwendet man Säulen, die mit kleinsten, nur rund 10 µm großen Polymerkügelchen gefüllt sind und die ähnlich wie die Elektrophoresegele aus Dextran, Agarose oder Acrylderivaten bestehen. Ganz anders als bei einer Elektrophorese sind aber hier die großen Moleküle schneller als die kleineren: Der Grund hierfür ist, dass die Poren der Gelkügelchen zu eng für größere Moleküle sind. Deshalb können sich die großen nicht in die Kügelchen begeben, sondern müssen draußen bleiben und können dann viel einfacher und schneller ausgewaschen werden als die kleinen, die sich überall frei bewegen und auch durch die Poren in die Gelmatrix eintreten können. Dabei sind die verschiedenen Gelarten jeweils für unterschiedliche Größenbereiche geeignet. Die Ausstattung seiner Säule kann der Proteomiker also seinem jeweiligen Reinigungsproblem anpassen.

Die Fällung: Poliert und herausgeputzt

Ein weiterer Teil der Reinigungsstrategie ist die ***Proteinfällung*** und ***-konzentration,*** die sich zum Beispiel an verschiedene chromatografische Verfahren anschließen kann. Damit wird das »Wunsch«-Protein des Experimentators nochmals etwas sauberer und meist auch noch konzentriert. Sie können sich diesen Schritt in etwa so vorstellen wie die Politur, die dem Großputz noch den letzten Schliff gibt. Dabei müssen Sie sich zwischen den folgenden zwei Möglichkeiten entscheiden:

- ✔ Bei der **nativen Fällung** bleiben die Raumstruktur und damit die Aktivität des Proteins erhalten. Hierzu verwendet man Salze wie Ammoniumsulfat $(NH_4)_2SO_4$. Sie fällen die Biomoleküle besonders schonend. Allerdings muss man etwas Geduld aufbringen; die vollständige Fällung kann einige Stunden dauern. Die Ammoniumsulfat-Präzipitate, die man erhält, sind dann aber schön kompakt und lassen sich deshalb gut bei Kühlschranktemperatur abzentrifugieren und dadurch vom Rest trennen, den man loswerden will. Dazu wirft man den Überstand weg und löst das Pellet wieder in Puffer.
- ✔ Bei einer **denaturierenden Fällung** geht die Aktivität des Proteins verloren, aber es gibt ja auch Anwendungen, bei denen man diese Aktivität nicht unbedingt untersuchen möchte. Eine solche Fällung wird meist ähnlich wie die Phenol-/Chloroform-Reinigung der Nukleinsäuren mit Methanol und Chloroform durchgeführt oder alternativ mit Aceton oder Trichloressigsäure.

In den vorangegangenen Abschnitten habe ich beispielhaft einige Möglichkeiten zur Isolierung und Reinigung von Proteinen vorgestellt. Möchte man für seine Experimente einzelne Proteine gewinnen, funktioniert dies mit der richtigen Reinigungsstrategie in der Regel sehr gut. Etwas schwieriger wird es aber, sobald man diese Biomoleküle nicht isoliert betrachtet, sondern das *Proteom* einer Zelle oder eines Gewebes untersuchen möchte. Dann nämlich ist einem nicht an Einzelteilen gelegen, sondern man darf bei der Proteinisolierung die *Mengenverhältnisse,* in denen die Proteine in der Zelle vorliegen, nicht verändern, denn dies würde ja das ganze Ergebnis verfälschen (genau dieses Verhältnis interessiert den Proteomforscher ja auch!).

Bei einer Proteomuntersuchung geht es darum, das komplizierte Netzwerk der Proteine und ihr Zusammenwirken in der Zelle zu erforschen, das heißt, den Proteomforscher gehen in diesem Fall *alle* und nicht nur einzelne Proteine an. Also können komplizierte Reinigungsstrategien mit vielen Schritten, bei denen in jedem einzelnen Schritt logischerweise etwas Protein verloren geht (auch wenn man noch so ordentlich arbeitet!), hier nicht angewandt werden, wenn die Verluste für jedes Protein unterschiedlich sind. Als Konsequenz heißt das, dass die Reinigungsstrategie für solche Experimente je nach Fragestellung und Probenmaterial noch stärker individuell ausgetüftelt werden muss.

Die Menge bestimmen: Darf's ein bisschen Farbe sein?

Wenn der Molekularbiologe sein Protein gewonnen oder irgendwoher eine Probe bekommen hat, dann möchte er, bevor es weitergeht, wissen, wie viel Protein er denn tatsächlich damit in der Hand hat. Das heißt, er möchte die Proteinkonzentration seiner Lösung bestimmen und die Proteinmenge ausrechnen. Übrigens macht er das mit Nukleinsäuren genauso – erinnern Sie sich? Anders als bei Nukleinsäuren, die in der Regel photometrisch überprüft werden, gibt es für Proteine generell zwei verschiedene Vorgehensweisen, zwischen denen man sich entscheiden muss.

✔ **Färbetests:** Bei *Färbetests* werden die Proteine angefärbt und die Farbe beziehungsweise deren Intensität anschließend in einem Photometer (siehe Kapitel 6) gemessen. Bei der Farbreaktion werden die Proteine denaturiert, sodass sich solche Methoden nicht für Experimente eignen, für die man anschließend auf ein aktives Protein angewiesen ist. Färbetests werden auf »Schlau« auch *colorimetrische Methoden* genannt. Beispiele für solche Färbetests sind:

- Der **Bradford-Assay:** Für diesen nach seinem Erfinder benannten Test verwendet man den blauen Farbstoff *Coomassie,* der sich an basische Seitenketten von Aminosäuren anlagert und dadurch Proteine, deren Sequenz solche Aminosäuren enthält (eigentlich alle!) blau anfärbt.

  Bei der Bindung zwischen Protein und Coomassie verschiebt sich das Absorptionsmaximum der Farbe. Das nutzt der Molekularbiologe aus, um sein Protein zu messen: Coomassie ohne Protein absorbiert Licht am besten bei einer Wellenlänge von 465 nm; mit Protein bei 595 nm. Der Experimentator braucht deshalb ein Photometer und misst die Zunahme der Absorption bei 595 nm. Dies ist sein Maß für die Proteinkonzentration seiner Probe. Wie man eine solche Messung mit dem Photometer durchführt, ist in Kapitel 13 beschrieben und geht mit Proteinen prinzipiell genauso wie mit einer Nukleinsäureprobe. Allerdings kann man in diesem Fall leider die Konzentration der Probe nicht einfach direkt aus dem Messwert der optischen Dichte schließen. Man braucht parallel zur Messung eine ***Standardkurve*** (Eichkurve), die man sich erstellt, indem man bekannte Mengen eines (käuflichen) Proteins wie Rinderserumalbumin (abgekürzt BSA) oder Ovalbumin (das Protein des Eiklars von Vogeleiern) löst und bei der gleichen Wellenlänge misst wie die Probe. Die Konzentration der Probe kann man dann aus der Eichkurve ablesen. Wie man das macht, wird in Abbildung 20.1 erklärt.

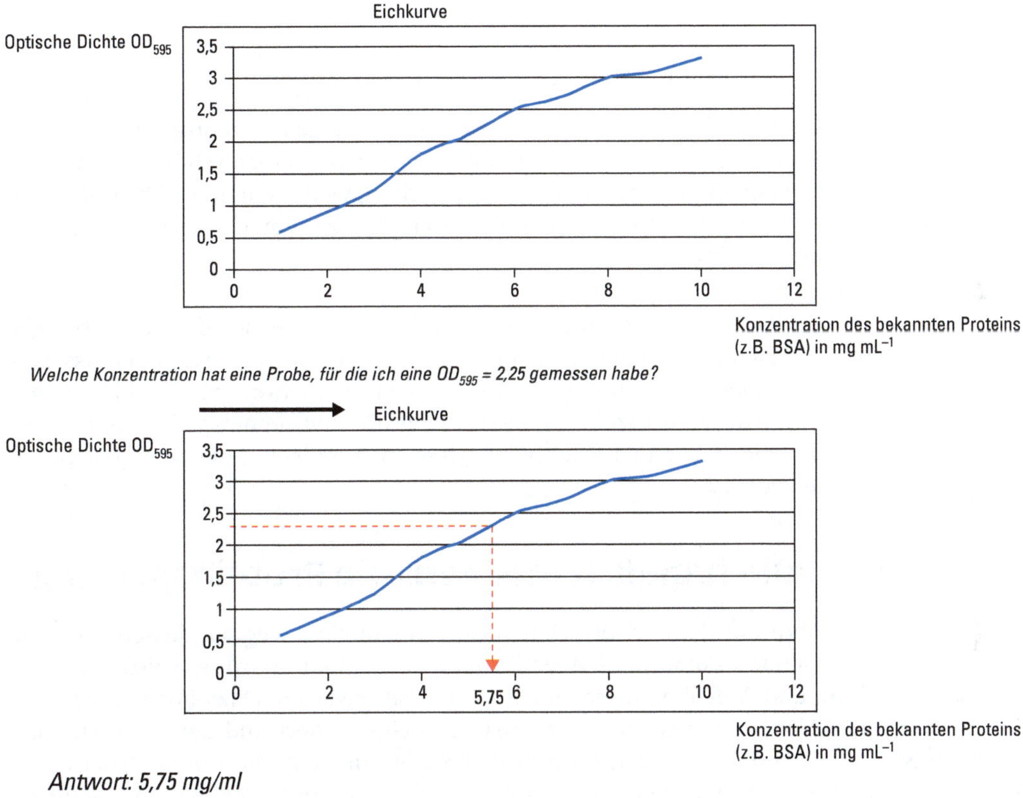

Abbildung 20.1: Wie man eine Eichkurve nutzt

Es gibt aber auch Kits zur Proteinbestimmung zu kaufen, bei denen man im Beipackzettel Standardkurven mitgeliefert bekommt und gleich loslegen kann.

- Der **Bicinchoninsäure-Test (BCA-Assay)** beruht auf der Tatsache, dass die Chemikalie BCA mit einwertigen Kupfer-Ionen (also Cu^{+}) einen Komplex bildet, der sehr schön lilafarben erscheint. Wo aber einwertige Kupfer-Ionen hernehmen? Da hilft das Protein: Sie bilden nämlich ihrerseits in basischer Umgebung mit zweiwertigen Kupfer-Ionen (also Cu^{2+}) einen Komplex, in dem Cu^{2+} zu Cu^{+} reduziert wird. Diesen Vorgang nennt man *Biuret-Reaktion*. Je mehr Protein in einer Lösung ist, desto mehr solcher Komplexe entstehen logischerweise. Bei einer Wellenlänge von 562 nm, dem Absorptionsmaximum des BCA-Kupfer-Komplexes, wird dann die Proteinkonzentration photometrisch wie beim Bradford-Assay bestimmt.

- **Absorptionsmessungen:** ***Absorptionsmessungen allein (also ohne Farbe)*** sind zwar nicht so empfindlich wie Färbetests, dafür werden die Proteine aber nicht denaturiert, das heißt, sie behalten ihre biologische Funktion. Die Absorptionsmessung funktioniert prinzipiell genauso wie die Konzentrationsbestimmung von Nukleinsäuren im Photometer (siehe Kapitel 13), jedoch bei einer anderen Wellenlänge, bei *280 nm.* Wenn man sich sicher ist, dass man in seiner Probe nur noch wenig Nukleinsäure hat, dann reicht eine solche Messung aus. Falls nicht, kontrolliert man sicherheitshalber auch noch die Absorption bei 260 nm. Die Proteinkonzentration kann nach folgender Faustregel berechnet werden:

  $1\ OD_{280} = 1\ mg/ml$ Protein

  Allerdings ist dies nur ein Näherungswert, weil die wirkliche Konzentration vom einzelnen Protein abhängt. Zur Berechnung exakter Werte muss man schon dessen Aminosäuresequenz kennen. Oft reicht es aber auch schon, wenn man ungefähr weiß, wie viel Protein man in einer Probe hat und ob überhaupt etwas von dem drin ist, was man untersuchen möchte.

Natürlich kann das reine Protein auch einfach gewogen werden, was aber gar nicht so einfach ist, weil die reine Form erst einmal gewonnen werden muss. Das kann man, indem man die Probe zum Beispiel für mehrere Stunden bei knapp über 100 °C trocken brutzelt. Da dies aber für die routinemäßige Proteinbestimmung im Labor viel zu aufwendig ist, greift man meist auf die oben genannten Methoden zurück.

Riesenmoleküle handlich machen: Die Proteinspaltung

Weiter geht's im Labor auf dem arbeitsreichen experimentellen Weg, an dessen Ende Sie neue, aufsehenerregende Erkenntnisse über Struktur und Funktion »Ihres« Proteins oder über seine Position und Aufgabe innerhalb des Proteoms erwarten. Dazu haben Sie in den vorangegangenen Abschnitten erfahren, wie man Proteine isoliert und die zur Verfügung stehende Menge bestimmt. Ein nächster Schritt könnte nun sein, die Primärstruktur des Moleküls herauszufinden (natürlich nur, falls noch nicht bekannt!). Um aber jetzt »einfach so« weiterzumachen, sind die meisten Proteine viel zu groß – viele von ihnen bestehen aus mehreren Tausend Aminosäuren. Deshalb zerlegt man die Riesenmoleküle und isoliert die Bruchstücke, die man dann viel bequemer analysieren kann. Übrigens kennen Sie dieses Verfahren auch schon von den Nukleinsäuren: Bei der Shotgun-Sequenzierung und dem *Next Generation Sequencing* (siehe Kapitel 17) wird das Genom (also das DNA-Molekül) auch zerlegt und die Bruchstücke einzeln entschlüsselt. Und genauso wie bei dieser Technik kann der Proteomiker zum Schluss auch die Anordnung seiner einzelnen Proteinteilstücke durch überlappende Fragmente zusammenpuzzeln. Wenn er Glück hat, kann er sich diese Kleinarbeit sogar sparen. Nämlich dann, wenn die DNA-Sequenz des Proteins bekannt ist. Auf diese Weise kann er ganz einfach von der DNA auf die Anordnung der Bruchstücke schließen (natürlich macht dies sein Computer oder ein netter Kollege aus der Bioinformatik für ihn!).

Es gibt grundsätzlich zwei Möglichkeiten, Proteine zu zerlegen:

- **Mit Enzymen:** Nicht nur der Genomiker, sondern auch der Proteinfreund hat seine Helfer, die *Proteasen* (siehe Kapitel 9), die ihm bei solchen Fragestellungen zerstörend unter die Arme greifen. Sie sind darauf spezialisiert, Proteine zu zerstückeln, und genau das ist in diesem Fall auch erwünscht. Der Verdau an sich ist ganz einfach: Man gibt die Protease seiner Wahl, die man bei zahlreichen Anbietern kaufen kann, zur gereinigten Proteinprobe und inkubiert das Gemisch über Nacht bei kuscheligen 37 °C und dem pH-Optimum des jeweiligen Enzyms. Am nächsten Morgen hat das Enzym seine Arbeit getan: Das Protein ist in Peptide gespalten.

  Genauso wie die Restriktionsenzyme (siehe Kapitel 9) DNA an ganz spezifischen Stellen zerschneiden, so machen das viele Proteasen: Auch sie arbeiten *selektiv*. Welches Enzym für einen Proteinverdau genau verwendet wird, hängt von der Art des Proteins ab, und wie viel darüber bereits bekannt ist. Wenn man wenige, lange Bruchstücke haben möchte, muss man sich für einen anderen Zerstörer entscheiden, als wenn man viele kurze Fragmente möchte.

  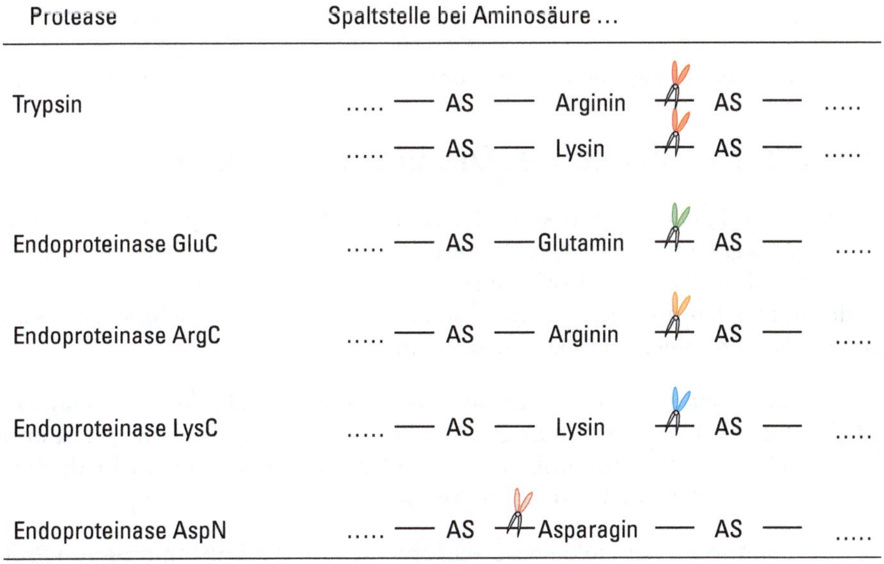

  Abbildung 20.2: Einige vom Molekularbiologen gerne verwendete Proteasen und ihre spezifischen Spaltstellen

  Wie Sie aus Kapitel 9 vielleicht noch wissen, sind Enzyme nicht nur Biokatalysatoren, sondern auch selbst *Proteine*. Das heißt, die Gefahr eines »Proteasen-Kannibalismus« ist groß: Die Zerstörer verdauen sich auch gern selbst untereinander. Daran muss man in nachfolgenden Experimenten unbedingt denken: dass im Reaktionsgefäß eventuell nicht nur die gewünschten Bruchstücke herumschwimmen, sondern auch noch verdaute Zerstörer.

- **Mit Chemikalien:** Hat der Molekularbiologe kein passendes Enzym als Helfer zur Hand, kann er die Peptidbindungen seines Proteins auch chemisch spalten. Auch die

Chemikalien haben ihre spezifischen Spaltstellen, allerdings sind manche nicht so harmlos wie die Enzyme – also ätzend oder giftig. Man sollte also geeignete Maßnahmen treffen, um sich selbst zu schützen.

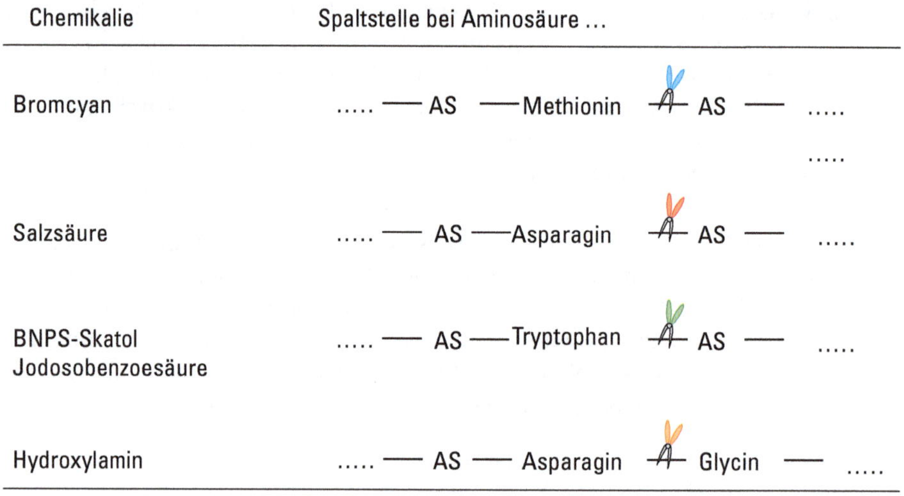

Abbildung 20.3: Einige proteinspaltende Chemikalien und ihre spezifischen Spaltstellen

Wettlauf der Proteine: Die Elektrophorese

Ebenso wie die Nukleinsäuren kann der Molekularbiologe auch ein Gemisch aus Proteinen in einer ***Elektrophorese*** nach Größen sortieren und damit die Einzelteile voneinander trennen. Das Prinzip dieses Verfahrens habe ich bereits in Kapitel 14 ausführlich erklärt, deshalb möchte ich mich in diesem Abschnitt nur auf die Dinge beschränken, die für die Trennung von Proteinen charakteristisch sind.

Noch einmal kurz zur Erinnerung: Bei einer *Elektrophorese* wandern geladene Moleküle – also zum Beispiel Nukleinsäuren oder Proteine – mit unterschiedlicher Ladung und Größe in einem elektrischen Feld unterschiedlich schnell und weit und werden dadurch getrennt.

Ebenso wie für Nukleinsäuren kann man für die Auftrennung von Proteinen verschiedene Gele verwenden:

- **Agarosegele** sind relativ großporig und deshalb ist die Trennung wesentlich unschärfer als mit Polyacrylamid. Dafür ist Agarose überhaupt nicht giftig und die Gele sind einfach herzustellen. Solche Gele verwendet der Proteomiker eigentlich nur für sehr große Proteine wie zum Beispiel Antikörper.
- **Polyacrylamidgele (PAA-Gele)** werden vom Proteomiker öfter verwendet als Agarosegele, denn sie trennen schärfer und haben deshalb eine größere Siebwirkung. Allerdings ist Acrylamid giftig, bevor es zu PAA polymerisiert.

Auch bei der Protein-Gelelektrophorese bestimmt der Experimentator die Größe oder Menge des Proteins in der entsprechenden Bande, indem er einen *Standard*, auch *Marker* genannt, aus Proteinen mit ihm bekannter Größe oder Menge mitlaufen lässt. Zwei spezielle Elektrophoreseverfahren für Proteine werden nun kurz vorgestellt.

Die SDS-Gelelektrophorese: Seife fürs Protein

Die ***SDS-Gelelektrophorese*** ist eine Variante der Polyacrylamid-Gelelektrophorese (oft SDS-PAGE abgekürzt), die sehr häufig zur Trennung von Proteinen zum Einsatz kommt. *SDS* ist die Abkürzung für Natriumdodecylsulfat (auch Natriumlaurylsulfat genannt), das auch Sie mit ziemlicher Sicherheit bei sich zu Hause haben, denn SDS ist eine Seife, die die reinigende Komponente in vielen Haarshampoos und Duschgelen darstellt. Bei der Proteinelektrophorese ist SDS aber nicht dazu da, die Biomoleküle möglichst sauber und frisch zu machen, sondern SDS überdeckt die Eigenladung der Proteine. Jedes Gramm Protein bindet 1,4 Gramm SDS und das Ergebnis ist ein *negativ* geladener SDS-Protein-Komplex, mit dem die Elektrophorese im Prinzip genauso funktioniert wie mit Nukleinsäuren. Sie erinnern sich?

Nukleinsäuren sind aufgrund des Phosphatgerüsts immer negativ geladen und wandern in einer Elektrophorese zum Pluspol (siehe Kapitel 14), und genauso ist das auch mit den SDS-behandelten Proteinen. Da nun nicht mehr jedes Protein aufgrund seiner Aminosäurezusammensetzung anders geladen ist, sondern man es nach der Bindung von SDS mit einem *konstanten Masse-Ladungs-Verhältnis* zu tun hat, wird die Wanderungsweite wirklich nur durch die Größe des Proteins bestimmt. Ebenso wie DNA und RNA können sich kleine Proteinmoleküle schneller durch die Poren des Gelsiebs schlängeln als große, die öfter anecken oder hängen bleiben und dann langsamer vorankommen. Ebenso wie bei der Trennung von Nukleinsäuren hängt die Siebwirkung des Gels maßgeblich von der PAA-Konzentration ab.

Größenbereich des Proteins (kDA)	**Acrylamidkonzentration**
über 50	5 %
30 bis 120	10 %
10 bis 60	15 %
1,5 bis 10	20 %

Tabelle 20.2: Trennbereiche von PAA-Gelen für Proteine: Je kleiner das Protein ist, desto höher konzentriert sollte das Gel sein.

BEISPIEL

Zur Vorbereitung der SDS-Gelelektrophorese gibt man SDS im Überschuss zur Proteinprobe und erhitzt die Mischung auf 95 °C. Dabei werden die Proteine sowohl durch SDS als auch durch die Hitze (sicher ist sicher!) denaturiert. Das ist auch gewollt, denn die Moleküle sollen ja in die Primärstruktur überführt werden. Anschließend werden die Proben auf ein PAA-Gel aufgetragen. Die Elektrophorese an sich läuft ganz genauso ab wie mit DNA und RNA. Zur Abschätzung der Größe trägt man in eine oder mehrere Spuren einen Standard mit auf. Lediglich die ionische Pufferlösung – der Laufpuffer – ist anders. Statt TAE- oder TBE-Puffer wählt der Experimentator für Proteinelektrophoresen zwischen:

- **Tris-Glycin-Puffer** (auch Lämmli-System genannt, weil von Ulrich Lämmli entwickelt): Die Elektrophorese mit diesem Puffer wird meist *diskontinuierlich* durchgeführt und ist dadurch besonders trennscharf. Diskontinuierlich heißt, das Gel besteht aus mehreren Teilen: einem ***Sammelgel*** mit einer geringeren PAA-Konzentration von 3 bis 4 % und einem ***Trenngel*** mit einer höheren PAA-Konzentration von etwa 8 bis 20 % und höherem pH-Wert. Die Probe bewegt sich zuerst durchs Sammelgel und dann durchs Trenngel.

  Das Prinzip dieses Systems ist folgendes: Der Tris-Glycin-Puffer enthält einerseits Chlorid-Ionen, die sich schneller durchs Sammelgel bewegen als die Probe, und andererseits trägere Glycin-Ionen, die langsamer sind als die Probe. Bei der Elektrophorese entstehen also verschiedene Ionenfronten: eine Chloridfront und eine Glycinfront. Zwischen diesen beiden wird die Proteinprobe in Form einer Bande gestapelt. So ein Proteinstapel ist vor der Elektrophorese im Trenngel gar nicht schlecht, denn in diesem ist die Probe bereits »vorgetrennt« und konzentriert. Beim Einwandern ins Trenngel kommt es dann nochmals zu einer schärferen Trennung: Der dicht gepackte Stapel löst sich auf, und die Stapeleinzelteile, die Moleküle, werden nach ihrer Größe getrennt. Diskontinuierliche Gele können Sie sich selbst herstellen, was wie bei allen PAA-Gelen etwas Erfahrung und Geschick erfordert, Sie können sie aber auch fertig kaufen. Sie sind durchaus mehrere Wochen haltbar.

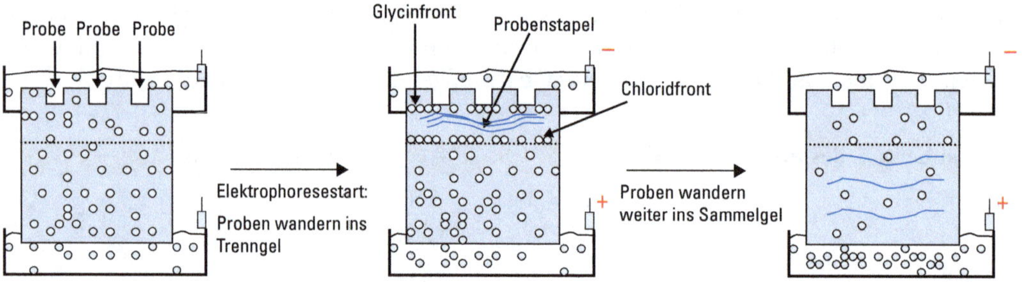

Abbildung 20.4: Das Prinzip der diskontinuierlichen SDS-Gelelektrophorese.

- **Tris-Tricin-Puffer** eignet sich besser als das Tris-Glycin-System zur Trennung von kleineren Proteinen unter etwa 10 bis 15 kDa.

Der isoelektrische Punkt oder warum Aminosäuren Zwitterionen sind

Jede Aminosäure ist ein **Zwitterion.** *Warum das denn?* Erinnern Sie sich kurz zurück an die Grundstruktur der α-Aminocarbonsäuren, wie Aminosäuren chemisch korrekt genannt werden (siehe Kapitel 5). An ihrem zentralen α-C (α-Kohlenstoff) hat jede von ihnen vier verschiedene Bindungspartner: eine Aminogruppe (NH_2-), eine

Carboxylgruppe (COOH-), ein Wasserstoffatom (H-) und eine variable Seitenkette (R-), die für ihre Individualität verantwortlich ist. Wird die Aminosäure in Wasser (H_2O) oder eine wässrige Lösung geworfen, passiert Folgendes: Die Aminogruppe erhält noch ein Wasserstoffatom und wird damit zu NH_3^+ (man sagt dazu: *Die Aminogruppe wird protoniert*). Zur ausgleichenden Gerechtigkeit gibt die Carboxylgruppe ein H-Atom ab und wird zu COO^- (man sagt dazu: *Die Carboxylgruppe wird deprotoniert*). Diesen Vorgang nennt man innermolekulare Neutralisation. Und das Produkt einer solchen Reaktion ist ein Zwitterion, also ein Molekül, das gleichzeitig als Kation (= positiv geladenes Ion) ***und*** Anion (= negativ geladenes Ion) auftritt.

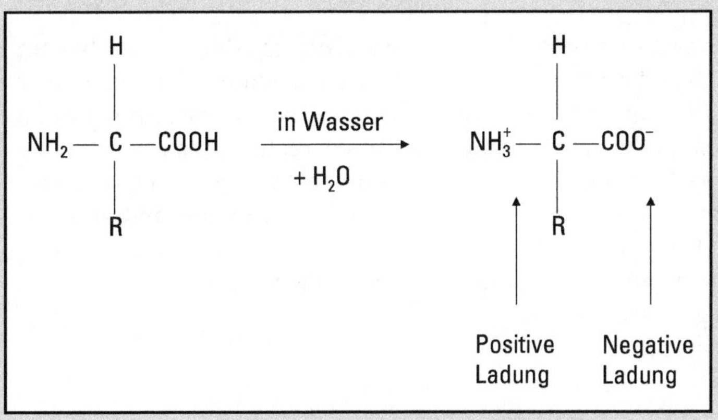

Wie ein Zwitterion entsteht (schematische Darstellung)

So weit, so gut in einer neutralen Umgebung – hier kann das Zwitterion existieren. Sobald sich aber der pH-Wert ändert, ist es mit dem Zwitterion vorbei:

- ✔ Sinkt der pH-Wert (Zugabe von Säure), ist die Aminosäure insgesamt *positiv* geladen.

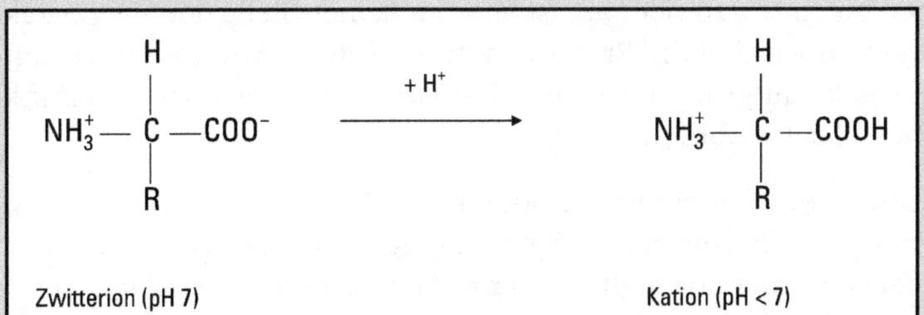

Wie ein Kation entsteht

- ✔ Steigt der pH-Wert (Zugabe von Lauge), ist die Aminosäure insgesamt *negativ* geladen.

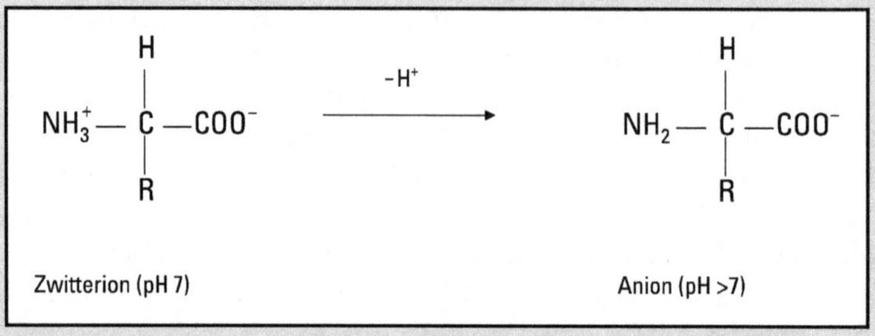

Wie ein Anion entsteht

Die Nettoladung der Aminosäure hängt also vom pH-Wert ab, der um sie herum herrscht. Den pH-Wert, an dem die Nettoladung gleich null ist, nennt der Biochemiker den ***isoelektrischen Punkt pI.*** Wenn Sie jetzt sagen: »Ist ja logisch, das ist immer beim neutralen pH 7«, dann haben Sie im Fall der obigen Beispiele recht. Aber vergessen Sie nicht die Seitenkette! Auch sie kann noch zusätzlich protoniert (zum Beispiel bei Lysin) oder deprotoniert werden (zum Beispiel bei Asparagin). Das heißt, am pI wandern Aminosäuren und die aus ihnen bestehenden Proteine *nicht* mehr, weil die Summenladung gleich null ist. Das ist natürlich ganz wichtig für eine Elektrophorese, denn hier läuft im wahrsten Sinne des Wortes gar nichts mehr.

Isoelektrische Fokussierung: Die Wanderung zum Nullpunkt

Auch die ***isoelektrische Fokussierung (IEF)*** ist eine Elektrophoresemethode, die der Proteinfreund gerne verwendet. Das Prinzip der IEF ist, dass die Proteinproben nicht nur ein simples elektrisches Feld durchwandern müssen, sondern es kommt auch noch ein ***pH-Gradient*** im Gel dazu (*Gradient* bedeutet so viel wie »Gefälle« – das heißt, der pH-Wert im Gel nimmt von oben bis unten zu oder ab, ist aber an keiner Stelle des Wegs exakt gleich). In diesem pH-Gradienten werden die Proteine aufgrund ihrer Aminosäurezusammensetzung (genauer ausgedrückt, aufgrund ihrer charakteristischen isoelektrischen Punkte pI) getrennt. Und das geht so (siehe Abbildung 20.5):

1. Zunächst einmal braucht man ein Gel mit pH-Gradient. Das ist meist ein PAA-Gel, es kann aber auch ein Agarosegel sein, sofern die Eigenladungen der Agarose durch ein spezielles Verfahren entfernt wurden. Bezüglich des pH-Gradienten muss man sich zwischen zwei Gelvarianten entscheiden. Es gibt:

   - **Gele mit konventionellen pH-Gradienten:** Dabei entsteht der Gradient durch frei bewegliche Moleküle im Gel, die aber erst beim Anlegen des elektrischen Felds »zur Ordnung gerufen werden« – also ihrer Aufgabe nachkommen und den pH-Gradienten aufbauen: Ein hoher pH-Wert herrscht dann Richtung Minuspol, ein niedriger pH Richtung Pluspol. Sobald der Strom wieder abgeschaltet wird, löst sich der Gradient nach und nach wieder auf. Der Nachteil bei diesen Gelen ist allerdings, dass die Moleküle, die für den Gradienten verantwortlich sind, »verbraucht« werden, indem sie Stück für Stück zu einem der Pole wandern und dort auf Nimmerwiedersehen verschwinden, wenn die Prozedur zu lange dauert.

- **Immobilisierte pH-Gradienten (IPG)** sind Acrylamidderivate (ein *Derivat* ist ein Stoff mit ganz ähnlicher Struktur) mit besonderen Eigenschaften, die mit ins Gel einpolymerisiert werden. Das heißt, der pH-Gradient besteht immer und überall im Gel, schon bevor die Elektrophorese startet und Strom fließt. Diese Variante kann man sich sogar als fertige Gel-Strips kaufen; sie selbst herzustellen, ist mühselige Handarbeit und alles in allem auch nicht viel günstiger.

  Außerdem muss dann noch der pH-Bereich gewählt werden. Diese Entscheidung hängt von der Anwendung ab, das heißt von den zu trennenden Proteinen. Falls man den pI seiner Proteine nicht kennt, entscheidet man sich am besten für einen breiten Gradienten, der zum Beispiel von pH 3 bis 10 reicht, dann ist man auf der sicheren Seite. Weiß man aber schon sehr viel über das Protein, kann man sich natürlich für einen wesentlich engeren Bereich entscheiden (zum Beispiel von pH 4 bis 4,5 in Zehntel- oder sogar Hundertstelschritten). Bei diesen Gelen ist natürlich auch die Trennung viel schärfer.

2. Nun trägt man die Proben aufs Gel auf und startet die Elektrophorese: Jedes Protein wandert nun im elektrischen Feld genau bis zu dem pH-Wert im Gradienten, an dem sein isoelektrischer Punkt pI erreicht ist. Hier ist die Nettoladung des Proteins null und es bleibt liegen wie ein nasser Sack, weil sich im elektrischen Feld nur geladene Moleküle bewegen können. Sobald das Protein versuchen sollte, sich wieder zu bewegen, erhält es sofort eine Ladung und wird vom elektrischen Feld zum pI zurückgeschleppt – also sind solche Fluchtversuche zwecklos. Das elektrische Feld hat somit das Protein an seinem persönlichen pI ***fokussiert***. Haben alle Proteine die Gelposition erreicht, die ihrem pI entspricht, ist die Trennung der Probe erledigt, der Strom kann abgeschaltet werden. Eine IEF dauert ziemlich lange – mehrere Stunden, und am besten macht man sie über Nacht. Das ist also anders als bei einem einfachen Gel, in dem der Molekularbiologe mal kurz in einer halben Stunde ein paar Proben auftrennt.

3. Nach der IEF sind die Proteine zwar schön in Banden getrennt, der Experimentator sieht das aber nicht. Um das Ergebnis betrachten und auswerten zu können, muss er die Proteine nachweisen, beispielsweise durch Anfärben.

Das Bestechende für den Proteomiker an der IEF ist das hohe Auflösungsvermögen: Er kann mit dieser Elektrophoresetechnik Proteine trennen, sofern diese sich auch nur in einer einzigen geladenen Aminosäure unterscheiden. Außerdem ist auch eine Kombination mit anderen Verfahren möglich, aber davon erst im nächsten Abschnitt.

Natürlich kann man die IEF auch dazu verwenden, um den isoelektrischen Punkt pI eines Proteins überhaupt erst einmal zu bestimmen, falls man ihn wissen will. Dazu braucht man aber Marker-Proteine mit bekannten pI, mit denen man eine Eichkurve erstellt.

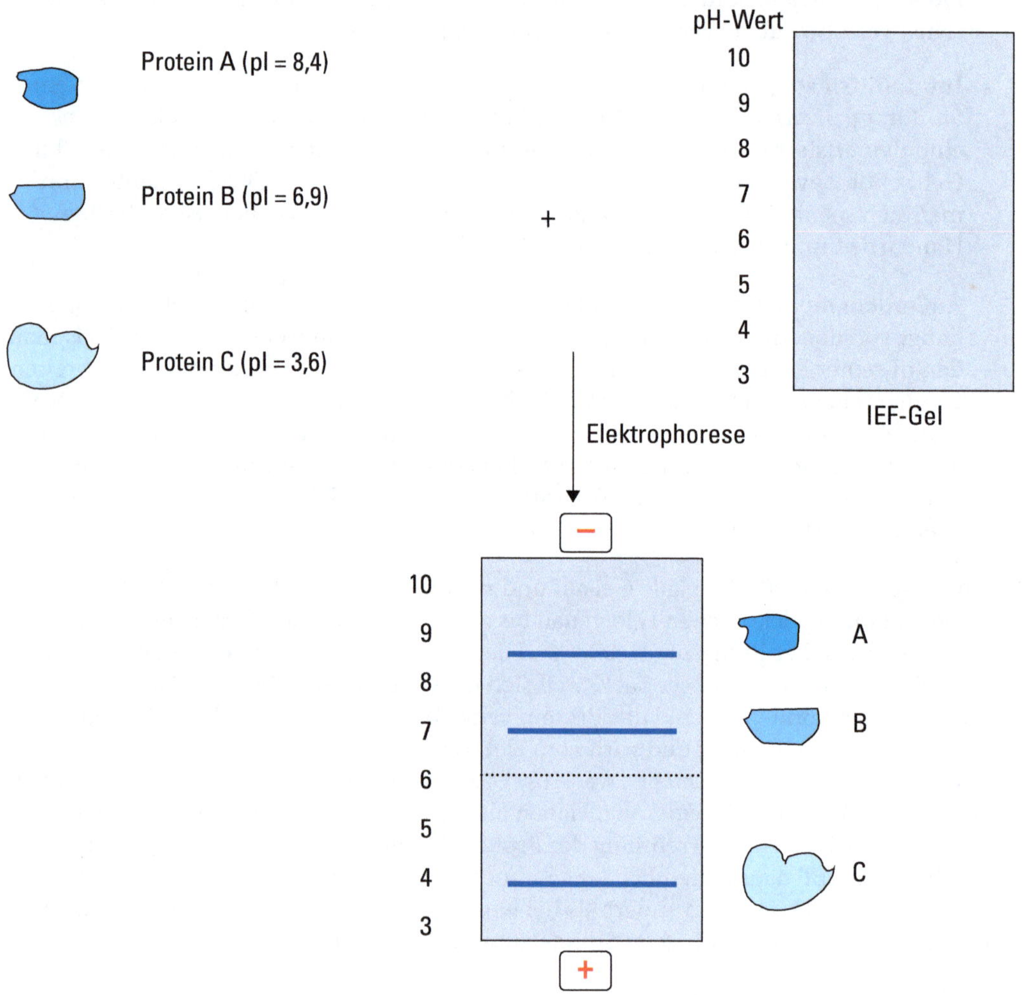

Abbildung 20.5: Das Prinzip der isoelektrischen Fokussierung von Proteinen

Doppelt hält besser: Die 2D-Gelelektrophorese

Die ***zweidimensionale Gelelektrophorese*** verbindet zwei verschiedene Trenntechniken miteinander, und zwar

- die **isoelektrische Fokussierung** – sie ist die 1. Dimension (Prinzip: Proteintrennung nach isoelektrischem Punkt in einer Linie) – und
- die **SDS-Gelelektrophorese** – sie ist die 2. Dimension (Prinzip: Trennung nach Größe beziehungsweise molekularer Masse) und wird rechtwinklig zur ersten Dimension durchgeführt.

Dadurch wird – wie Sie sich gut vorstellen können – ein Probengemisch viel besser getrennt als nur mit einer Technik allein, denn über die Position eines Proteins im Gel entscheidet sowohl seine Aminosäuresequenz (bei der IEF) als auch seine Größe (bei der SDS-Elektrophorese). Die 2D-Elektrophorese läuft folgendermaßen ab (siehe auch Abbildung 20.6):

1. Zuerst wird die ***IEF*** durchgeführt, weil die Proteine ihre Ladung behalten sollen. Durch die SDS wird diese ja überdeckt, dann funktioniert eine IEF nicht mehr. Generell nimmt man für diesen Schritt nur noch Gele mit immobilisiertem pH-Gradienten, die man als Gelstreifen kaufen kann, sonst ist das Ganze schlecht reproduzierbar. Ist die IEF fertig, dreht man das Gel um 90 Grad und startet

2. die ***SDS-Gelelektrophorese***. Dazu wird das IEF-Gel einfach in einer speziellen SDS-Lösung gebadet, die noch andere feine Sachen wie Harnstoff oder Glycerin enthält. Dann legt man das IEF-Gel auf das SDS-Gel und los geht's in die zweite Dimension. Auf das Sammelgel kann man in diesem Fall sogar gerne verzichten. Während der Wanderweg in der IEF nach oben oder unten führte, geht es nun durch die Drehung im rechten Winkel praktisch nach links oder rechts weiter – eben in die zweite Dimension.

Das Ergebnis dieser Trennvorgänge in den beiden Dimensionen ist ein Elektropherogramm, das für den Laien aussieht wie ein chaotisches Sammelsurium aus vielen, vielen Flecken in einem heillosen Durcheinander. Für den Profi ist diese Darstellung genauso kompliziert, er weiß aber, dass jeder Fleck einer bestimmten Proteinsorte entspricht, auch wenn das schon alles ist. Damit er mit dem Fleckenchaos nach der ganzen Mühe trotzdem etwas anfangen kann, gibt es spezielle Computerprogramme, die das Durcheinander auswerten. Nur mithilfe des Computers lassen sich beispielsweise charakteristische Muster von Kranken und Gesunden oder die Wirkung oder Nicht-Wirkung von Medikamenten vergleichen. Auch wenn es unglaublich klingt, ist es bei einer solchen Auswertung tatsächlich möglich, zwischen 1.000 und 2.000 Flecken zu unterscheiden. Danach kann der Experimentator den Fleck seiner Wahl (also ein bestimmtes Protein) sogar aus dem Gel isolieren, indem er es blottet, und weiter untersuchen (zum Beispiel sequenzieren).

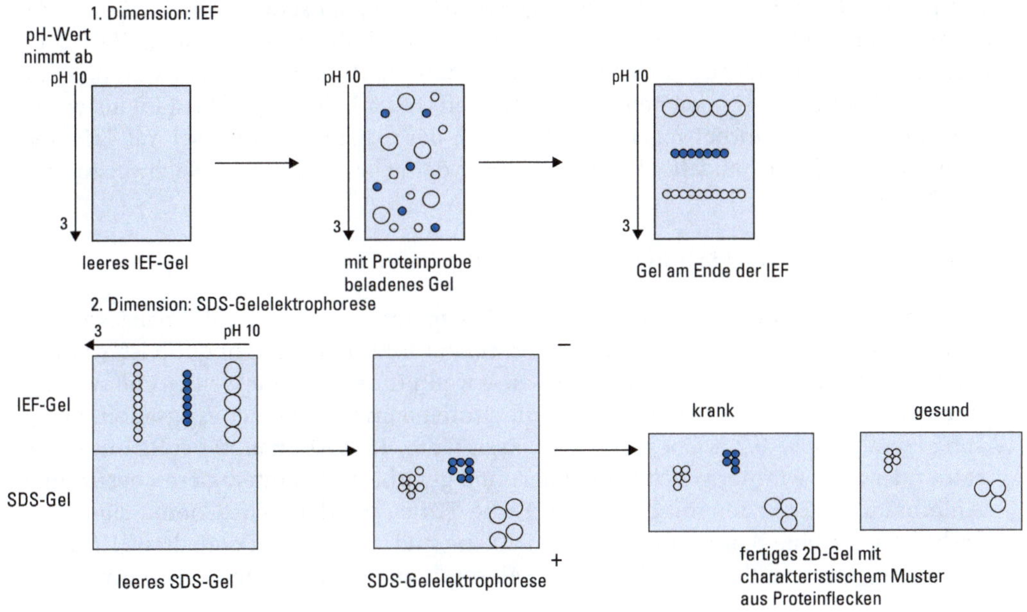

Abbildung 20.6: Das Prinzip der 2D-Gelelektrophorese von Proteinen

BEISPIEL

Der Blot heißt bei Proteinen ***Western Blot***, das Prinzip ist aber das gleiche wie bei »Southern« oder »Northern« (siehe Kapitel 13, Abschnitt »Fang mich auf, Membran: DNA und RNA blotten«). In der Regel wird aber mit Proteinen nicht nach der klassischen Variante geblottet, sondern ein Elektroblotter verwendet. Nachweisen kann man die Proteine auf der Membran durch Anfärben (siehe nächsten Abschnitt) – dann färbt man aber alle transferierten Proteine mit an – oder durch ***Immundetektion***.

Bei diesem Nachweisverfahren werden die Proteine spezifisch durch ihre persönlichen Antikörper aufgespürt, das heißt, man färbt nur die Proteine an, gegen die der Antikörper gerichtet ist. Diese Primärantikörper binden ans Protein. In einem zweiten Schritt wird eine weitere Antikörpersorte – die Sekundärantikörper – auf die geblottete Membran gegeben, die ihrerseits jetzt spezifisch an die Primärantikörper binden. Die Sekundärantikörper sind mit einem Enzym (zum Beispiel der alkalischen Phosphatase) gekoppelt, das mit dem geeigneten Substrat eine Farbreaktion auslöst. Das nachzuweisende Protein ist dann als farbige Bande zu sehen. Das Prinzip eines solchen Nachweises ist für Nukleinsäuren in Abbildung 13.4 in Kapitel 13 dargestellt. Er funktioniert aber mit Proteinen sehr ähnlich, es fällt lediglich die Sonde weg – die Antikörper brauchen keinen »Vermittler«, sondern binden direkt an ihr Protein auf der geblotteten Membran.

Färbemethoden: Auch Proteinfreunde mögen's lieber bunt

Genauso wie die Nukleinsäuren sind auch Proteine ohne spezielle Maßnahmen für unser Auge unsichtbar. Uns würde also das ganze schöne Trennergebnis einer mühevoll durchgeführten Elektrophorese überhaupt nichts nützen, wenn wir die Moleküle nicht im Gel sichtbar machen könnten. Glücklicherweise gab es aber ein paar schlaue Leute, die sich darum kümmerten, und deshalb gibt es Färbemethoden, nach deren Anwendung Sie Proteine betrachten können. Bevor man sie färbt, sollte man die Proteine im Gel fixieren, damit sie nicht verschwinden. Bei manchen Färbemethoden ist der Fixierungsschritt inklusive, bei anderen sollte man das vorher machen, indem man das Ganze zum Beispiel mit Trichloressigsäure ($C_2HCl_3O_2$) behandelt. Hier sind ein paar der gebräuchlichsten Nachweismethoden des Proteomikers:

✔ **Die Coomassie-Blau-Färbung: blaue Proteinbanden**

Wie der Name schon sagt, wird bei dieser Färbemethode der Farbstoff *Coomassie-Brillantblau* verwendet, der für den Experimentator harmlos und ungiftig ist. Man kann mit ihm auch Seide und Wolle färben – wenn Ihnen also Ihr weißer Pullover zu farblos ist, nur zu! Zur Färbung werden die Proteine im Gel in einer essigsauren Lösung (zum Beispiel 0,2 % Coomassie, 9 % Essigsäure, 45 % Methanol) bei Raumtemperatur oder auch wärmer gleichzeitig fixiert und gefärbt. Dabei interagieren bestimmte Aminosäureseitenketten mit der blauen Farbe. Für eine ordentliche Coomassie-Färbung sollte eine Bande etwa zwischen 200 ng und 2 µg Protein enthalten (1 Nanogramm ng ist ein Milliardstel Gramm; 1 Mikrogramm µg ein Millionstel Gramm).

Damit so viel schöne blaue Farbe nicht zu viel des Guten wird, muss man das Gel nach der Coomassie-Behandlung mehrfach wieder mit einer Lösung aus Essigsäure (10 %) plus Ethanol (30 %) bei Raumtemperatur entfärben. Die ganze Prozedur aus Färben und Entfärben nimmt mindestens drei bis vier Stunden in Anspruch. Für die Coomassie-Färbung existieren viele verschiedene Rezepturen, die von Labor zu Labor variieren können. Zum Beispiel kann man auch durchaus anstelle von Methanol das weniger giftige Ethanol verwenden. Mit einer Variante der Coomassie-Färbung, der *kolloidalen Coomassie-Färbung*, können (ähnlich wie bei der Silberfärbung) auch kleinste Proteinmengen sichtbar gemacht werden. Hierfür bieten verschiedene Hersteller auch fix und fertige, praktische Färbekits an.

✔ **Die Silberfärbung: dunkelbraune Proteinbanden**

Diese Färbemethode wurde schon in Kapitel 14 erwähnt, denn mit ihr kann man auch DNA in PAA-Gelen anfärben. Die Durchführung funktioniert mit Proteinen ganz ähnlich wie bei den Nukleinsäuren, also mit *Silbernitrat* und Formaldehyd. Vorher müssen die Proteine aber im Gel fixiert werden, sonst sind sie weg. Danach wird das Gel in Silbernitrat gebadet, wobei die Silber-Ionen (Ag^+) vom Protein gebunden werden. Die gebundenen Silber-Ionen werden anschließend durch Zugabe von Formaldehyd zu metallischem Silber (Ag) reduziert. Dadurch werden die Proteinbanden dunkelbraun gefärbt. Die Silberfärbung dauert eine gute Stunde und ist wesentlich empfindlicher als die Coomassie-Färbung – hier reicht eine Proteinmenge von nur 5 bis 30 ng pro Bande. Leider kann man mit den gefärbten Proteinen nichts mehr anfangen, und hier bin ich auch schon bei den Nachteilen der Methode, zum Beispiel werden die Proteine auch verschieden stark angefärbt.

✔ **Die Fluoreszenzfärbung: bunte Proteinbanden – allerdings nur in UV-Licht**

Die fluoreszierenden *Sypro-Farben* in den Ausführungen Orange, Red oder Ruby binden an SDS-Protein-Komplexe und färben diese. Allerdings nicht für unser menschliches Auge, das keine Fluoreszenz erkennen kann; man braucht wie für alle Methoden, die sich der Fluoreszenz bedienen, ein Gerät, das die Fluoreszenzfarben anregt, damit das von ihnen abgestrahlte Lichtsignal für unser Auge sichtbar wird. Sypro-Farben sind ebenso wie Silbernitrat sehr empfindlich, das heißt, es können auch schon geringste Proteinmengen nachgewiesen werden; leider sind sie teilweise auch giftig (Sypro Ruby). Im Gegensatz zur Silberfärbung kann man mit den angefärbten Proteinen aber danach noch etwas anfangen, also sie zum Beispiel blotten oder sequenzieren. Die Anwendung ist einfach und geht flott: Die Fixierung entfällt, das Gel wird einfach für einige Zeit lichtgeschützt im verdünnten Farbstoff gebadet, überschüssige Farbe kurz in Essigsäure abgewaschen, und fertig ist die Färbung. Das Ergebnis kann in UV-Licht betrachtet und fotografiert werden.

✔ **Eine Alternative zu Sypro ist ein Farbstoff mit dem schönen Namen *Deep Purple*.**

Diese Proteinfarbe wird von einem Pilz (dem Schwärzepilz *Epicoccum nigrum*) hergestellt und reagiert mit den Aminogruppen der Proteine. *Deep Purple* kann mit Licht einer Wellenlänge zwischen 300 und 550 nm angeregt werden und strahlt als Dank dafür dann knallrotes Licht ab. Allerdings müssen die Gele vorher fixiert werden, dafür ist der Farbstoff nicht so giftig wie Sypro Ruby und soll noch empfindlicher färben.

✔ **Die Acetatfärbung: weiße Proteinbanden**

Die Acetatfärbung gehört zu den sogenannten *negativen Färbemethoden*. Dabei werden Farbstoffe verwendet, die *nicht* die Proteinbanden, sondern das Gel anfärben. Das Ergebnis: Die Proteinbanden erscheinen in der gefärbten Umgebung hell. Allerdings ist es bei diesen Verfahren oft etwas schwierig, alle Banden eindeutig zu identifizieren, und sie eignen sich nur für größere Proteinmengen. Die Acetatfärbung ist aber für viel Protein keine schlechte Sache, weil sie schonend (das heißt, man kann mit dem Protein anschließend auch weiterarbeiten), schnell und günstig ist. Dabei wird ein SDS-Gel für 30 bis 60 Minuten in hoch konzentriertes Natriumacetat (das Natriumsalz der Essigsäure) gelegt – und das ist schon alles. Das Acetat fällt in dieser Zeit das freie SDS, also das SDS, das nicht an Protein gebunden ist. Dadurch trübt sich das Gel, und die Proteinbanden erscheinen klar.

Möchte der Molekularbiologe sich sein aufgetrenntes Protein nur einmal kurz ansehen, um sicherzugehen, ob es in der Probe überhaupt vorhanden ist, oder um zu bestimmen, wie groß es ist, reicht es für ihn, das fertige Gel anzufärben. Möchte er allerdings auch noch wissen, *wie viel* Protein das ist, dann kann er es mit dem bloßen Auge leider nicht auswerten: Er braucht für eine solche quantitative Auswertung ein spezielles Gerät: ein ***Densitometer***. Damit kann er messen, wie viel Licht von einer Proteinbande oder einem Fleck absorbiert wird (das funktioniert ähnlich wie die Bestimmung der optischen Dichte einer Lösung mit dem Photometer, siehe Kapitel 6), und dadurch berechnen, wie viel Protein der Lichtschwächung entspricht. Solche oftmals komplizierten Messungen – man denke nur an das Fleckenchaos auf 2D-Gelen – werden mittlerweile gerne mithilfe des Computers und spezieller Auswerteprogramme durchgeführt.

Proteinsequenzierung: Die Primärstruktur entschlüsseln

Wenn der Molekularbiologe ein Proteingemisch isoliert oder elektrophoretisch aufgetrennt hat, kann er zwar mit geeigneten Methoden untersuchen, ob es sich dabei überhaupt um Protein handelt oder wie viel er davon auf seinem Gel oder im Reaktionsgefäß hat, aber nicht unbedingt, mit welchem Protein er es genau zu tun hat. Dazu muss er herausfinden, aus welcher Kombination von Grundbausteinen sein Protein besteht, also wie dessen Aminosäureabfolge aussieht. Dies kann er mit einer ***Proteinsequenzierung*** tun.

BEISPIEL

Um die Aminosäureabfolge (die Primärstruktur) eines Proteins zu bestimmen, verwendet man seit über fünfzig Jahren fast ausschließlich eine Methode, die man nach ihrem Erfinder Pehr Edman ***Edman-Abbau*** nennt. Ähnlich wie bei den riesengroßen DNA-Molekülen einer Zelle kann man aber auch mit dem Edman-Abbau meist nicht das komplette Protein sequenzieren, sondern muss dies in einzelnen Stückchen tun.

Alles hat ein Ende, nur das Protein hat zwei

Erinnern Sie sich kurz an Kapitel 5 (oder schlagen Sie es noch mal auf), in dem unter anderem erklärt wurde, wie sich die Aminosäuren über Peptidbindungen zum Protein verbinden: Dabei reagiert jeweils die Aminogruppe (NH_2-) einer Aminosäure mit der Carboxylgruppe (COOH-) einer anderen Aminosäure zur Peptidbindung. Aus vielen solchen Reaktionen entsteht dann eine lange Perlenkette aus Aminosäuren – das Protein. In diesem Protein ist also jede Aminogruppe mit einer Carboxylgruppe verbunden – bis auf *zwei* von ihnen: Am einen Ende bleibt eine Aminogruppe übrig, am anderen eine Carboxylgruppe, für die keine Bindungspartner mehr zur Verfügung stehen. Man kann also zwei verschiedene Enden des Proteins voneinander unterscheiden.

1. **N-Terminus oder Amino-Terminus** nennt man das Proteinende, an dem sich eine Aminosäure mit freier Aminogruppe (NH_2-) befindet. Sie hat leider keinen Carboxyl-Bindungspartner abgekriegt und muss jetzt einsam das Ende beziehungsweise den Anfang bilden.
2. Der **C-Terminus oder Carboxyl-Terminus** ist vom N-Terminus aus gesehen das andere Ende des Proteins, das von einer Aminosäure mit einer freien Carboxylgruppe (COOH-) gebildet wird.

Mit dem N- und dem C-Terminus hat jedes Protein zwei unterschiedliche Enden. Weil am N-Terminus der Zusammenbau des Proteins aus Aminosäuren am Ribosom beginnt, sagt man hierzu auch oft einfach *Anfang* und zum C-Terminus *Ende*, weil hier die Synthese abbricht. Per Konvention werden Peptide so geschrieben, dass der N-Terminus das linke Ende ist.

Die N-terminale Methode: Der Edman-Abbau

Das Prinzip der Proteinsequenzierung nach Edman ist, dass die Peptidkette schrittweise um jeweils eine Aminosäure verkürzt und die befreite Aminosäure identifiziert wird. Eine solche Runde »Edman« funktioniert wie folgt:

1. Im ersten Schritt wird die Chemikalie *Phenyltisothiocyanat PITC* zum Protein gegeben. PITC bindet an den N-Terminus des Proteins. Wichtig ist dabei ein basischer pH-Wert von etwa 9, sonst funktioniert das nicht.

2. Nun folgt die Abspaltung der ersten Aminosäure vom Protein, und zwar der Aminosäure, an die PITC gebunden ist. Dabei wird die Peptidbindung direkt hinter der Aminosäure gespalten. Für diese Trennung ist es wichtig, den pH-Wert zu senken, also vom basischen in den sauren Bereich. Die Produkte der Spaltungsreaktion sind dann: eine sogenannte *PTH-Aminosäure* (das ist eine Aminosäure, an die noch das veränderte PITC gebunden ist; PTH bedeutet Phenylthiohydantoin – aber das müssen Sie sich nicht unbedingt merken), die jetzt ganz allein ohne Protein im Reaktionsgefäß herumschwimmt, und das Protein, das nun um eine Aminosäure kürzer ist.

3. Die ersten beiden Schritte können mehrfach wiederholt werden, das Protein wird in jedem Zyklus um eine weitere Aminosäure verkürzt. Allerdings ist nach maximal 30 bis 40 Zyklen Schluss (in modernen Sequenzierautomaten können auch einige Zyklen mehr ausgeführt werden). Das heißt, mit einer Runde »Edman« kann man die Abfolge von höchstens etwa 30 bis 70 Bausteinen klären, dann wird die Verunreinigung des Sequenzieransatzes zu heftig, um noch ordentliche Ergebnisse produzieren zu können.

4. Um herauszufinden, aus welcher der 20 möglichen Aminosäuren das Protein aufgebaut war, werden die abgespaltenen PTH-Aminosäuren identifiziert. Dazu nutzt man die HPLC (die Hochflüssigkeitschromatografie, siehe Abschnitt »Jedem seine Extrawurst: Die Proteinreinigung« weiter vorn in diesem Kapitel). Mithilfe

5. der HPLC werden die Aminosäuren getrennt und das Ergebnis mit bekannten Aminosäureproben verglichen. Dabei beobachtet man, wie schnell eine Aminosäure wieder aus der Säule herauskommt – der Molekularbiologe nennt das *Retentionszeit.* Durch Vergleich der Retentionszeit von unbekannter Aminosäure und bekannten Aminosäureproben bekommt man heraus, mit welchem Proteinbaustein man es zu tun hat.

Die ganze Prozedur muss der Molekularbiologe aber nicht von Hand machen. Es gibt, wie für die Nukleinsäuren, Maschinen dafür – auch sie nennt man *Sequenzierautomaten.* Sie sequenzieren nicht nur, sondern identifizieren die freigesetzten Aminosäuren in einer integrierten HPLC-Einheit und stellen die Ergebnisse als Peaks dar, die der Experimentator dann bequem auf seinem Computer auswerten kann.

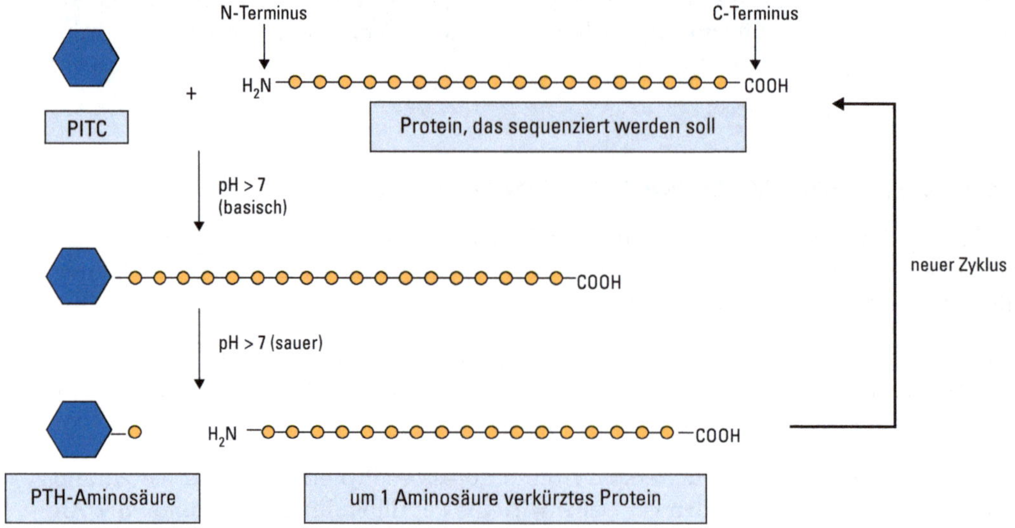

Abbildung 20.7: Das Prinzip der Edman-Sequenzierung

Wie Sie sich unschwer vorstellen können, brauchen Sie für einen Edman-Abbau einen *freien N-Terminus,* sonst kann PITC ja überhaupt nicht an die Aminosäure binden und damit auch die Sequenzierung nicht starten. Leider ist dies keine Selbstverständlichkeit: N-Termini sind oft mit den verschiedensten chemischen Gruppen (zum Beispiel modifizierten Aminosäuren) blockiert. Eine solche Blockade kann natürlichen Ursprungs sein und schon aus der Zelle stammen, aber man kann sich so etwas auch erst während der Proteinisolierung einfangen. Deshalb sollte man die Enden wenn immer möglich schützen, zum Beispiel durch Verwendung spezieller Lösungsmittel und Puffer. Ist das Ende aber erst einmal blockiert, kann man gar nicht viel dagegen tun, sondern das Protein allenfalls mit Proteasen in Stücke zerhacken und dann die inneren Peptide sequenzieren.

BEISPIEL

Seit der Erfindung des Massenspektrometers (siehe nächster Abschnitt) wird der Edman-Abbau zur Analyse der Primärstruktur nicht mehr oft verwendet. Es gibt aber Fragestellungen, wo der Proteomiker durchaus auf diese altmodischere Technik zurückgreift, zum Beispiel wenn er ein Protein hat und das zugrunde liegende Gen untersuchen möchte, dann kann er mithilfe der Proteinsequenzierung einfach nur ein Stück der Aminosäuresequenz entschlüsseln, von dieser auf die Nukleotidsequenz schließen und sich aufgrund dieser Information seine Primer für eine PCR bestellen.

Die C-terminale Methode: Schlack-Kumpf-Abbau

Auch am anderen Ende des Proteins, dem *C-Terminus*, kann der Experimentator die Sequenzierung starten. Und das Gute dabei: C-Termini sind in den meisten Fällen nicht blockiert! Wie beim Edman-Abbau werden die Aminosäuren schrittweise vom Ende her abgespalten und dann identifiziert. Statt Phenyltisothiocyanat PITC verwendet man das chemisch ähnliche *Thiocyanat*. Allerdings funktioniert diese Prozedur bei Weitem nicht so effizient wie die Edman-Methode. Deshalb greift man auf das Verfahren wirklich nur in molekularbiologischen »Notsituationen« zurück, zum Beispiel wenn der N-Terminus blockiert oder weit und breit kein Massenspektrometer in Sicht und zu benutzen ist.

Massenspektrometrie: Auch Proteine können fliegen

Ja, Sie haben richtig gelesen: Proteine können fliegen, und zwar im Vakuum eines Massenspektrometers – Sie erfahren gleich, wie und warum. Die ***Massenspektrometrie (MS)*** ist sicherlich heutzutage eine der modernsten und wichtigsten Techniken im Repertoire des Proteomikers, allerdings braucht er dazu ein sehr teures Hightech-Gerät – das *Massenspektrometer* –, das natürlich nicht in jedem molekularbiologischen Labor so herumsteht (es kann je nach Ausführung neu bis zu mehreren 100.000 Euro kosten). Mit einem solchen Massenspektrometer kann man die Masse von verschiedensten chemischen Verbindungen zuverlässig und ruckzuck bestimmen, so zum Beispiel auch von Proteinen und Nukleinsäuren. An der Masse selbst ist der Molekularbiologe aber gar nicht so sehr interessiert, sie ist für ihn nur Mittel zum Zweck: Über die Masse kann er nämlich identifizieren, mit was für einem Molekül er es zu tun hat – also beispielsweise welches Protein sich in seiner Probe befindet oder welcher Art die posttranslationalen Modifikationen seines Proteins sind. Denn diese Modifikationen, die so wichtig für die Aufgabe sind, die das Protein in der Zelle ausübt, sind weder aus der DNA- noch aus der Aminosäuresequenz zu schließen. Mithilfe der Massenspektrometrie wurden sogar schon ganze Genome untersucht, zum Beispiel das des Menschen, der Modellpflanze *Arabidopsis thaliana*, der Maus oder vielen Bakterien.

Die physikalischen Grundlagen der Massenspektrometrie sind für uns Molekularbiologen recht kompliziert und für die Anwendung auch nicht so wesentlich. Sie sollten aber so viel wissen: Das Massenspektrometer besteht aus folgenden drei Teilen:

- ✔ **Der Ionenquelle**, die die Proteine zum Fliegen bringt, indem sie dafür sorgt, dass die Moleküle Protonen (positiv geladene Teilchen) aufnehmen. Durch die Aufnahme des fremden Teilchens werden die Proteine ionisiert (das heißt positiv geladen) und können so in die Gasphase übertreten und fliegen. Man hat dann also eine Gaswolke aus positiv geladenen Protein-Ionen erzeugt. Das ist übrigens mit solch großen Biomolekülen wie Proteinen und Nukleinsäuren gar nicht so einfach und klappt auch erst seit ein paar Jahren, denn die Riesenmoleküle sollen natürlich während der MS intakt bleiben und dürfen nicht zerbrechen.

- ✔ **Der Massenanalysator** bestimmt die Masse der Moleküle, er ist praktisch dafür zuständig, sie zu wiegen. Für Proteine verwendet man meist sogenannte *Flugzeitmassenanalysatoren (= TOF, time of flight)*, in denen die fliegenden Biomoleküle durch ein elektrisches Feld beschleunigt und im Hochvakuum über eine etwa einen Meter lange Messstrecke in der Röhre des Analysators gejagt werden. Sie erreichen in solch einem TOF schier unvorstellbare Geschwindigkeiten von mehr als 10.000 Meter pro Sekunde, und trotzdem kann die Masse auf etwa 0,05 Da genau bestimmt werden. Dabei gilt: Proteine mit gleicher Ladung, aber unterschiedlicher Masse, fliegen unterschiedlich schnell; das kleinere Protein fliegt schneller als ein größeres. Unterscheiden sich die Proteine aber in ihrer Ladung, dann fliegt das mit der höheren Ladung schneller (zum Beispiel mit zwei elektrischen Ladungen doppelt so schnell wie mit nur einer). Die Flugzeit hängt also vom *Masse-Ladungs-Verhältnis* der Proteine ab, sodass man von der Flugzeit auf die Masse schließen kann, wenn man die Ladung kennt (in den meisten Fällen ist die Ladung aber +1). Im Prinzip funktioniert das Verfahren sehr ähnlich wie eine superschnelle »Überflieger«-Elektrophorese: Auch hier werden Laufstrecke und -zeit bestimmt.

- ✔ **Ein Ionendetektor** registriert die ankommenden Ionen und wandelt dieses Messergebnis in ein elektrisches Signal um, das dem Experimentator in Form von Molekülpeaks und der Strukturformel angezeigt wird.

Für eine massenspektrometrische Untersuchung werden die Proteine zunächst in eine Matrix, eine Trägersubstanz zum Beispiel aus Zimtsäure, eingebettet, in der sie im Hochvakuum von sehr kurzen, aber intensiven UV-Laserimpulsen von nur wenigen Nanosekunden bestrahlt und dadurch ionisiert werden. Was nach der Laserbehandlung passiert, kann man sich wie eine Explosion vorstellen, bei der sich Matrixmoleküle ablösen, damit die intakten Proteine mitreißen und ins Vakuum freisetzen. Dabei bekommt das Protein von der Matrix eine Ladung (zum Beispiel ein Proton) mit auf den Weg. Deshalb nennt man diese Variante der Massenspektrometrie ***MALDI-MS*** *(Matrix Assisted Laser Desorption Ionisation)* oder (je nach Massenanalysator) auch ***MALDI-TOF***. Ihre Erfindung ermöglichte es überhaupt erst, Nukleinsäuren und Proteine mit dieser Technik zu untersuchen.

Es gibt noch viele andere Varianten der Massenspektrometrie, auf die ich aber hier nicht näher eingehen möchte – die Massenspektrometrie detailliert zu erklären, würde mit

Leichtigkeit ein eigenes Buch füllen. Hier an dieser Stelle ist es nur wichtig, dass Sie das Prinzip verstanden haben, denn der Molekularbiologe ist – wie so oft – »nur« ein Anwender dieser Technik. Für ihn ist wichtig, dass er die Ergebnisse korrekt interpretieren kann und weiß, für welche seiner Experimente er diese Technik nutzen kann. Für den Rest hat er eines der Hightech-Geräte und einen Kollegen, der Experte dafür ist und sich mit der Anwendung auskennt. Andernfalls schickt er seine Proben an eine Firma oder ein anderes Institut und lässt diese Untersuchung dort gegen Bezahlung durchführen, falls in seiner Nähe kein solches Gerät zu finden ist.

Als Probe für die MALDI-Analyse eignet sich zum Beispiel eine aus einem Elektrophoresegel ausgeschnittene Bande. Diese Bande darf zwar angefärbt sein, aber nicht mit jeder beliebigen Färbetechnik. Verwendet man Coomassie oder Silber, muss man nach speziellen Protokollen arbeiten, damit die MS nicht gestört wird. Fluoreszenzfarbstoffe wie Sypro Ruby kann man genauso verwenden wie sonst auch. Das Proteingemisch der Bande wird zunächst mithilfe eines Zerstörers – einer Protease – in kleinere Stücke zerlegt. Mit solchen Bruchstücken sind die Ergebnisse zuverlässiger. Hieraus erhält man einen *Peptidmassenfingerabdruck PMF,* der im Idealfall alle Bruchstücke des Proteins enthält. Durch Vergleich in Datenbanken kann das zugehörige Protein identifiziert werden. Natürlich kann man mithilfe der MS auch unbekannte Proteine analysieren. Hierzu braucht man aber ein Gerät, das nach einem etwas anderen Prinzip arbeitet als nach der MALDI-Technik, ein sogenanntes Tandemgerät, bei dem zwei MS-Einheiten hintereinandergeschaltet sind. Ebenso kann man Proteine mithilfe der MS sequenzieren. Dazu kombiniert man meist Edman-Abbau mit der MALDI-MS. Dieses Verfahren geht wesentlich schneller, ist aber gleichzeitig auch empfindlicher als eine Runde Edman allein. Eine weitere häufige Anwendung der MS ist es, die Beziehungspartner bei einer Protein-Protein-Wechselwirkung zu identifizieren (siehe Kapitel 21).

Wie oben schon erwähnt, ist die MALDI-MS bei Weitem nicht die einzige MS-Technik, es gibt noch viele weitere Varianten. Für den Molekularbiologen ist neben MALDI auch noch die *Elektrosprayionisations-Massenspektrometrie (ESI-MS)* von Bedeutung, denn auch dieses Verfahren ist sehr schonend für die kostbaren Biomoleküle. Hierbei werden die Protein-Ionen etwas anders erzeugt und in die Gasphase gebracht: Die Probe wird nicht in eine verdampfbare Matrix eingebettet, sondern diese ist gelöst und wird unter Druck aus einer Kapillare als feine Tröpfchen versprüht. Es heißt, ESI sei weniger sensitiv als MALDI; die Empfindlichkeit der MS hängt aber nicht nur vom Ionisierungsschritt ab. Allerdings verbraucht ein ESI-Gerät mehrere Hundert Liter Stickstoffgas pro Stunde, das sind immense Mengen, die man erst einmal herbeischaffen muss. Trotzdem ist auch die ESI-Methode bei den Proteinfreunden sehr beliebt.

Bei der Sequenzierung von Proteinen mithilfe der MS ist es wichtig zu wissen, dass man nicht zwischen *Leucin* und *Isoleucin* unterscheiden kann, denn diese Aminosäuren haben die *gleiche Masse.*

HUPO, der jüngere Bruder von HUGO

In Anlehnung an *HUGO*, die *Human Genome Organisation*, in der sich seit 1988 Wissenschaftler auf der ganzen Welt gemeinsam mit den Geheimnissen des menschlichen Genoms beschäftigen, kam 13 Jahre danach *HUPO*, die *Human Proteome Organization*, auf die Welt. Auch hier haben es sich Wissenschaftler auf der ganzen Welt zur Aufgabe gemacht, gemeinsam zu forschen und damit ein gewaltiges Forschungsprojekt koordiniert zu bearbeiten. Sie bauen beispielsweise riesige Proteindatenbanken auf, in denen alle Ergebnisse gespeichert, verglichen und sortiert werden.

Als man im Jahr 2000 erstmals den Entwurf des sequenzierten menschlichen Genoms öffentlich präsentierte, wusste man schon, dass viele der (nach heutigem Stand) rund 20.000 Gene des Menschen die Bauanleitung für mehr als nur ein Protein verschlüsseln können. Die verschiedenen Proteine im menschlichen Körper bilden ein außerordentlich kompliziertes Netzwerk und sorgen gemeinsam dafür, dass jede einzelne Zelle ordentlich funktionieren kann. Vor diesem Hintergrund bezeichneten Proteomiker die Entschlüsselung des menschlichen Genoms als geradezu einfach (*Genes were easy*, sagten sie dazu) und gründeten HUPO, um das komplizierte Proteinnetzwerk mit gemeinsamer Kraft zu erforschen. Nun könnte nach jahrzehntelanger Kleinarbeit bald der große Meilenstein erreicht sein: 2025 wollen die HUPO-Wissenschaftler das menschliche Proteom vollständig entschlüsselt haben.

Die KI macht's möglich: Proteine in 3D

Nach all den letzten Seiten, auf denen Sie lesen konnten, wie man Proteine mit viel Mühe analysiert, muss ich Sie hier nun mit der harten Realität konfrontieren: Dies alles allein nützt Ihnen letzten Endes in der Praxis nicht sehr viel, wenn Sie nicht die räumliche Struktur der »Perlenkette« aus Aminosäuren – des Proteins – kennen. Mit diesen 3D-Strukturen haben Sie bereits in Kapitel 5 Bekanntschaft gemacht (siehe »Nur gefaltet aktiv: Von der Primär- zur Quartärstruktur«), als ich beschrieben hatte, dass Proteine ihre Aufgabe in der Zelle nur in einer ganz bestimmten räumlichen Gestalt erfüllen können: Ein Enzym kann beispielsweise keine enzymatische Reaktion katalysieren, wenn es wie ein Transportprotein gefaltet wurde und umgekehrt, auch wenn die Aminosäuresequenz völlig korrekt wäre. Das heißt, die räumliche Gestalt eines Proteins ist enorm wichtig und bedingt meist erst dessen Funktion.

Die 3D-Struktur eines Proteins herauszubekommen, ist aber nicht einfach und sehr aufwendig, sodass für lange Zeit mit der Untersuchung der Proteinsequenz in vielen Fällen erst einmal Schluss war. Es gibt zwar durchaus Labormethoden wie beispielsweise die *Röntgenstrukturanalyse*, um Molekülstrukturen auf Atomebene zu untersuchen, aber diese und ähnliche Methoden ließen kaum Rückschlüsse auf die katalytisch relevanten Bereiche eines Proteins zu. Mit den Werkzeugen der Computer-gestützten Modellierung (*Molecular Modelling*) ließen sich zum ersten Mal derartige Vorhersagen treffen, doch diese Modelle waren oft noch ungenau.

Ab 2018 gab es eine weitere Revolution in den Biowissenschaften, nämlich die Entwicklung einer ***künstlichen Intelligenz*** des Forscherteams DeepMind, die die räumliche Gestalt von Proteinen aus der Aminosäuresequenz mit enormer Treffsicherheit vorhersagen kann: *AlphaFold* heißt die KI-Software, die die Moleküle mithilfe maschinellen Lernens modellieren kann und damit die Proteinforschung stark beschleunigt hat. Mit AlphaFold 3 wurde 2024 bereits die dritte Version vorgestellt, die nicht nur die 3D-Struktur der Moleküle vorhersagen kann, sondern auch ihre Interaktion untereinander und mit anderen Molekülen. Im gleichen Jahr wurde das rechnergestützte Proteindesign mit dem Nobelpreis für Chemie ausgezeichnet. Die Webseite der KI ist für jedermann zugänglich (`https://deepmind.google/technologies/alphafold/`). Dort können Sie Aminosäuresequenzen, Gene oder Organismen eingeben und erhalten innerhalb von Sekunden das Protein in 3D auf dem Bildschirm.

Übrigens ist dies nicht das einzige *KI-Werkzeug*, das auch bereits in der Molekularbiologie angekommen ist, wie Sie sich sicher denken können. Die enormen Datenmengen aus Sequenzierprojekten und anderen Hochdurchsatzuntersuchungen (siehe Kapitel 12) oder auch Massenspektren lassen sich mit menschlichen Fähigkeiten praktisch nicht mehr verarbeiten – hier holt der Experimentator den Kollegen Computer zur Hilfe.

IN DIESEM KAPITEL

Warum Protein-Interaktionen für uns so wichtig sind

Methoden, mit denen man diese untersuchen kann

Proteinchips

Kapitel 21

Beziehungstests für Biomoleküle: Protein-Protein-Interaktionen erforschen

Wie ein jeder von uns funktioniert, ob wir gesund oder krank sind oder sogar wie wir aussehen, wird ganz wesentlich von den Beziehungen von Millionen von Proteinen untereinander in unserem Körper bestimmt. Damit ist gemeint: wie sie zusammenwirken, indem sie untereinander kommunizieren, zusammenarbeiten, den anderen hemmen oder ermutigen – eben, wie gut sie sich verstehen. Eigentlich funktioniert das genauso wie in einer großen Firma. Hier ist auch nicht einer allein für Erfolg oder Misserfolg verantwortlich, auch wenn er selbst noch so genial und fleißig ist. Auf ein funktionierendes Team kommt es an. Und das ist im komplizierten Proteinnetzwerk in jeder einzelnen Zelle genauso. Das gilt natürlich nicht nur für unsere menschlichen Zellen und Gewebe, sondern für jede Art von Leben, also auch für Ihre Katze, den Regenwurm, die Grashalme im Garten oder die Bakterien im Joghurt.

Die Beziehungen zwischen den Proteinen untereinander und zwischen Proteinen und anderen Molekülen wie beispielsweise DNA und RNA zu erforschen, ist außerordentlich kompliziert. Stellen Sie sich vor, jedes unserer menschlichen Proteine, die wir bis jetzt kennen, würde mit »nur« drei anderen Proteinen eine Beziehung eingehen (dies vermuten die Wissenschaftler) – heraus käme ein fast nicht zu überschauendes Partnerschaftskuddelmuddel von etwa $1{,}67 \times 10^{14}$ – mehrere Billionen – *Protein-Protein-Interaktionen* (also Beziehungen zwischen Proteinen). Es ist nicht einfach, Licht in dieses geordnete Chaos zu bringen. Weil diese Interaktionen aber so wichtig für uns Lebewesen sind, hat es sich die Proteomik zur Aufgabe gemacht, genau solche Interaktionen zu untersuchen. Dies ist noch ein relativ junges Forschungsgebiet, und die Molekularbiologen stehen hier noch relativ am

Anfang. Sie können sich auch gut vorstellen, dass man hier als Wissenschaftler natürlich viel Geduld braucht, wenn man die fast unvorstellbar große Zahl an möglichen Interaktionen in Betracht zieht. Ein paar der Methoden, mit denen die Proteomiker diese besondere Herausforderung bewältigen, werden in diesem Kapitel vorgestellt, zum Beispiel der Klassiker unter den Interaktionsstudien, die Yeast-Two-Hybrid-Analyse.

Proteine – Freunde fürs Leben?

Mit den Proteinen ist das ähnlich wie mit uns Menschen: Manche Freunde hat man ein Leben lang, andere begleiten einen ein kurzes Stück und manche Beziehungen sind eher kurz und stürmisch. Die Beziehungen zwischen Proteinen nennt der Molekularbiologe aber im Gegensatz zum Soziologen nicht Ehe oder Lebensabschnittspartnerschaft, sondern ***Protein-Protein-Interaktion***. Diese Beziehungen zwischen den Proteinen sind außerordentlich wichtig für die richtige Funktionsweise jeder Zelle. Eine außerplanmäßige Scheidung kann in diesem Fall gravierende Folgen haben und sich in schlimmen Fällen sogar in schweren Krankheiten wie Krebs äußern. Natürlich möchte der Molekularbiologe deshalb wissen, wie das beziehungsmäßig so funktioniert mit den Proteinen. Um das zu untersuchen, stehen ihm viele verschiedene Methoden und Techniken zur Verfügung, von denen die gebräuchlichsten in den folgenden Abschnitten vorgestellt werden.

Unter ***Protein-Protein-Interaktion*** versteht man die Wechselwirkung zwischen zwei oder mehr Proteinen – manchmal arbeiten hundert und mehr von ihnen zusammen. Solche Beziehungen kommen durch verschieden starke chemische Bindungen zwischen den Bausteinen – den Aminosäuren – zustande, zum Beispiel durch Wasserstoffbrücken. Sie werden also wesentlich von der Aminosäurezusammensetzung und -sequenz bestimmt. Dabei kann es passieren, dass sich durch die Partnerschaft mit einem anderen Protein die Raumstruktur eines oder beider Partner ändert. Da diese mit entscheidend für die Funktion und Aktivität eines Proteins ist, kann dies teilweise gravierende Auswirkungen haben. Je nach Art der Wechselwirkung kann die Arbeit, die ein Protein in seiner Zelle verrichtet, gehemmt oder auch erst angeregt werden. Dies kann durchaus erwünscht und Teil des natürlichen Regelkreises eines Stoffwechsels sein, es kann aber auch das Gegenteil der Fall sein, wenn zum Beispiel ein Partner einer ganzen Reihe von Proteinen ausfällt, die dafür verantwortlich sind, lebenswichtige Signale weiterzuleiten oder die Zelle vor Krankheitserregern von außen zu schützen. In jedem Fall sind Protein-Protein-Interaktionen ein ausgeklügeltes System in der Zelle und jede Störung hat Folgen, die in einer Krankheit des Organismus resultieren können. Zum Beispiel sind die Stoffwechselwege zur Weiterleitung von zellulären Signalen ein wichtiger Ansatz zur Erforschung verschiedener Therapieansätze für Krebserkrankungen.

Molekularbiologen beschäftigen sich jedoch nicht nur mit den Beziehungen innerhalb eines Organismus, sondern auch mit fremden Proteinen, zum Beispiel mit Interaktionen, die virale Moleküle mit menschlichen eingehen. Auch dies ist ein wichtiger Ansatzpunkt, um neue Medikamente gegen Krankheiten zu finden.

Beispielsweise wurde in der Coronapandemie unter Hochdruck daran geforscht, um zu klären, wie das SARS-CoV-2-Virus mit menschlichen Zellen interagiert: Herausgefunden wurde, dass ein Glykoprotein (also ein Protein mit einer gebundenen Kohlenhydratgruppe) namens Spike auf der Virusoberfläche an die menschlichen Zellen andockt. Diese Entdeckung war überhaupt erst Voraussetzung dafür, einen Impfstoff entwickeln zu können. Denn: Alle bisher zugelassenen Impfstoffe enthalten das Spikeprotein oder sein Gen als Antigen (so nennt man die Strukturen, die die Immunantwort des Körpers auslösen).

Die Gesamtheit aller Interaktionen in einer Zelle nennt der Molekularbiologe auch ***Interaktom***. Sie wird von Wissenschaftlern für die Proteine des Menschen auf 300.000 bis 650.000 geschätzt. Der Forschungszweig, der sich damit beschäftigt, heißt *Interaktomik* und es gibt ihn noch nicht sehr lange. Manche sind der Ansicht, man sollte die Komplexität eines Lebewesens an der Größe seines Interaktoms messen. Das ist aber nur eine von vielen Möglichkeiten: Früher plädierte der Genomiker dafür, die Größe des Genoms als Maßstab zu verwenden. Heute weiß man, dass es die Größe des Erbguts nicht sein kann, sonst wäre der Gemüsekohl mit seinen circa 100.000 Genen das komplizierteste Lebewesen auf der Erde. Der klassische Proteomiker ist natürlich für die Größe des Proteoms – eine eindeutige Antwort werden wir wohl in Kürze nicht erwarten können.

Wie man Protein-Interaktionen untersucht

Für die Erforschung von Beziehungen zwischen den Proteinen stehen dem Molekularbiologen verschiedene Labormethoden zur Auswahl. Da er für solche Experimente aufgrund des komplizierten Netzwerks der Proteine einer Zelle aber meistens sehr viel Zeit und Geld braucht, wurden auch rechnerische Modelle entwickelt, um Protein-Interaktionen vorhersagen zu können. Auch dies ist ein wichtiges Verfahren, um Protein-Partnerschaften zu analysieren und, vor allem, um bei den unvorstellbar großen Datenmengen den Überblick zu behalten. Und auch bei dieser molekularbiologischen Disziplin spielt mittlerweile künstliche Intelligenz eine große Rolle. Diese rechnerischen Verfahren sollen hier an dieser Stelle allerdings nur kurz erwähnt werden, denn hierfür ist der nette Kollege von der Bioinformatik zuständig, Sie finden deshalb Informationen darüber in der Bioinformatik-Literatur und in zahlreichen öffentlich zugänglichen Datenbanken, wie zum Beispiel STRING (Search Tool for the Retrieval of Interacting Genes/Proteins) unter `https://string-db.org` oder BioGrid (Database of Protein and Genetic Interactions) unter `https://thebiogrid.org`. Wir Molekularbiologen wollen uns in den folgenden Abschnitten mit den Dingen beschäftigen, denen unser Herz gehört, den molekularbiologischen Methoden.

Klassiker für Beziehungskisten: Das Yeast-Two-Hybrid-System

Mit dem ***Yeast-Two-Hybrid-System (Y2H)***, übersetzt mit ***Hefe-Zwei-Hybrid-System***, können Protein-Wechselwirkungen in lebenden Hefezellen (also *in vivo*) studiert werden.

Mithilfe dieser Technik ist es also möglich, Beziehungsnetzwerke zwischen Proteinen einer Zelle oder eines Gewebes zu erforschen und aufzudecken.

Um zu verstehen, wie es funktioniert, muss ich mich noch einmal kurz von den Proteinen eine Ebene zurückbegeben zur *DNA*, genauer zur Transkription, dem Ablesen der in der DNA gespeicherten Bauanleitung für ein Protein. Um die Transkription zu steuern, werden spezielle Proteine gebraucht, die Transkriptionsfaktoren (siehe Kapitel 4).

Der Transkriptionsfaktor, mit dem das Y2H arbeitet, heißt ***GAL4*** und besteht unter anderem aus zwei Bausteinen, die zusammenwirken müssen, damit die Transkription funktioniert:

1. einer Domäne (das ist ein Teil der Proteinsequenz), die an das abzulesende DNA-Stück *bindet*, und

2. einer Domäne, die die Transkription *aktiviert*.

Der Transkriptionsfaktor Gal4 hat in der Hefezelle normalerweise die Aufgabe, in Gegenwart von Galaktose (einem Bestandteil des Milchzuckers) die Gene des Galaktose-Stoffwechsels zu aktivieren, damit die Hefe den Zucker verwerten kann.

Um einen Bindungstest mit dem Y2H durchzuführen, müssen Sie sich – wie erwähnt – zunächst einmal wieder auf die *DNA-Ebene* zurückbegeben, und zwar zur Nukleotidsequenz, die für Gal4 codiert. Diese Sequenz ist normalerweise im Genom der Hefe natürlich einteilig und enthält hintereinander die Informationen für beide Domänen. Für diesen Test trenne ich diese und kloniere sie getrennt auf zwei Plasmide (wie man das macht: siehe Kapitel 16): Die Sequenz für die Bindedomäne wird in ein erstes Plasmid geklebt, die Sequenz für die Aktivierungsdomäne in ein zweites. Mitten in die Sequenz der Bindedomäne fügt man die cDNA des Proteins ein, dessen Wechselwirkungen man untersuchen möchte. Man nennt dieses Stückchen cDNA den ***Köder***. An die Sequenz für die Aktivierungsdomäne klebt man – natürlich mithilfe der Ligase, unseres molekularbiologischen Klebstoffs – die cDNA-Sequenzen von Proteinen, die eine Beziehung mit dem Köder eingehen könnten, und die man oft in aufwendiger Arbeit Stück für Stück durchtestet, zum Beispiel alle Sequenzen, die in einem Gewebe exprimiert werden. Man nennt diese Testsequenzen ***Beute***. So weit die Vorbereitung.

Für den Test selbst kommt noch ein drittes Gen ins Spiel, das Sie schon von der Blau-Weiß-Selektion (siehe den Kasten »Bakterien sofort durchschauen: Die Blau-Weiß-Selektion« in Kapitel 16) bei Klonierungsexperimenten kennen: das β-Galaktosidase-Gen. Vor diesem Gen liegt eine Bindestelle für den Gal4-Transkriptionsfaktor – es wird also nur abgelesen, wenn Gal4 funktionstüchtig ist. In diesem Fall – also, wenn Gal4 ordentlich arbeitet – kommt es zur Blaufärbung der Hefekolonie, denn das Enzym β-Galaktosidase wird produziert und setzt sein Substrat X-Gal um. Dabei entsteht ein blauer Farbstoff (falls Sie Blau nicht mögen, können Sie auch ein anderes Reportergen als die β-Galaktosidase verwenden).

Nun haben Sie alle Komponenten von Y2H zusammen, und der Test kann beginnen. Er funktioniert wie folgt:

1. Die beiden Plasmide werden in Hefezellen transformiert, die selbst keine funktionstüchtigen β-Galaktosidase-Gene haben.

2. Plasmid Nr. 1 wird abgelesen und übersetzt: Es entsteht Protein 1 aus Bindedomäne + Köder. Auch aus der Information von Plasmid Nr. 2 wird ein Protein 2 aus Aktivierungsdomäne + Beute produziert.

3. Für einen intakten Transkriptionsfaktor müssen Protein 1 und Protein 2 zusammenpassen. Das tun sie nur, wenn Köder und Beute eine Partnerschaft eingehen können. Es gibt also zwei Möglichkeiten:

   - ***Köder und Beute passen zusammen*** = Gal4 funktioniert = das β-Galaktosidase-Gen wird abgelesen und übersetzt = die β-Galaktosidase produziert blaue Farbe = ***die Hefekolonien sind blau.***

   - ***Köder und Beute gehen keine Wechselwirkungen ein*** = Gal4 kann nicht arbeiten, weil seine beiden Domänen getrennt bleiben = das β-Galaktosidase-Gen wird nicht exprimiert = ***die Hefekolonien bleiben weiß.***

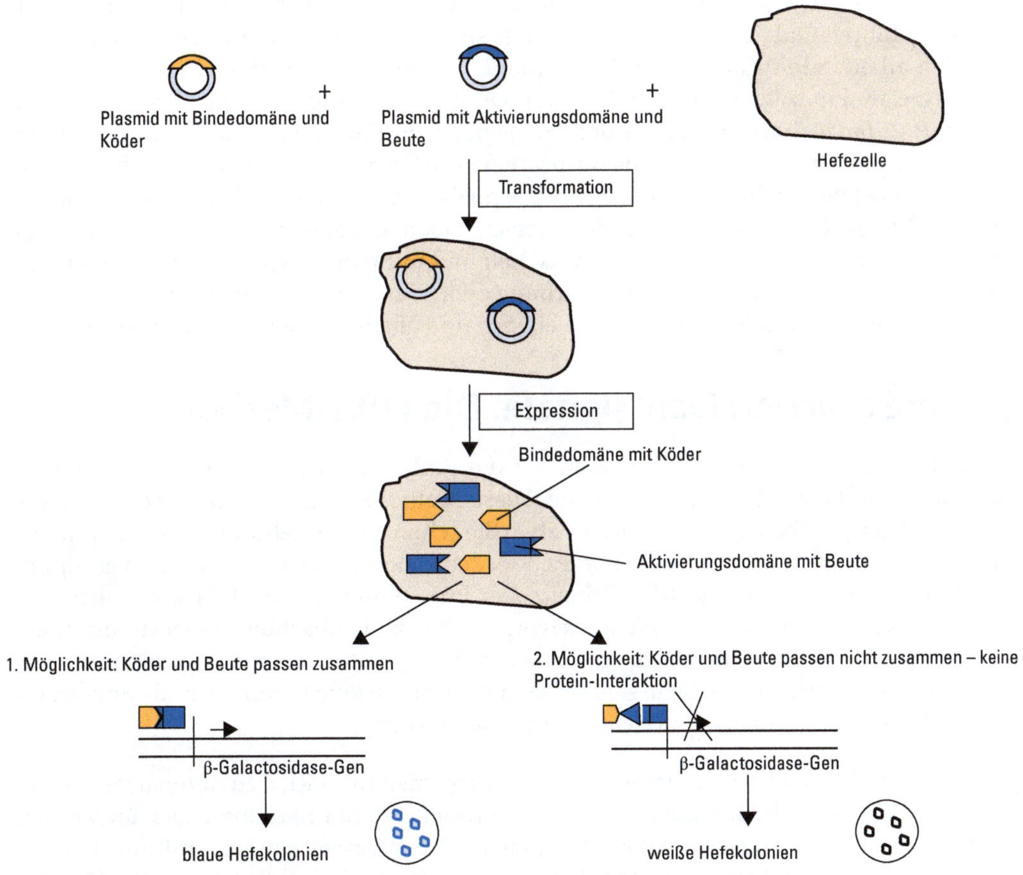

Abbildung 21.1: Das Prinzip des Yeast-Two-Hybrid-Systems Y2H

Wenn mit dem Y2H sehr viele verschiedene mögliche Protein-Interaktionen durchgetestet werden, kann das auch der fleißigste Molekularbiologe kaum mehr von Hand erledigen. Um Ihnen die Dimensionen deutlich zu machen: Wollte man nach möglichen

Wechselwirkungen bei der Hefe suchen und dabei alle Proteine der Hefe (das sind etwa 6.000) durchtesten, dann müsste man 6.000 × 6.000 = 36 Millionen verschiedene Tests machen. Deshalb haben clevere Leute Y2H-Roboter entwickelt, die zwar nicht ganz billig sind, aber die Tests erledigen – und zwar erstaunliche 100.000 Interaktionspartner pro Tag unter die Lupe nehmen können.

Der Y2H-Test wird in lebenden Zellen (also *in vivo*) durchgeführt. Das hat den Nachteil, dass man als Experimentator nie ganz ausschließen kann, dass in einer Zweierbeziehung nicht noch ein Dritter mit im Bunde ist, das heißt, dass die Partnerschaft von Protein 1 und Protein 2 eventuell nur durch Unterstützung von Protein 3 zustande kommt – Protein 3 praktisch eine Partnervermittlung darstellt. Dies sollte man beachten. Und falls man eine Interaktion nachweist, sollte man darüber nachdenken, ob man diese nicht lieber noch *in vitro* (im Reagenzglas, also ohne lebende Zelle) überprüft und bestätigt.

In vitro kann man den entsprechenden Versuch dann nur mit den isolierten Proteinen 1 und 2 durchführen und damit ausschließen, dass sich Nummer drei einmischt. Auch solche Methoden arbeiten mit Köder- und Beuteproteinen, eben nicht in einer Zelle, sondern im Reaktionsgefäß. Ein solcher *In-vitro*-Test, auf den der Proteomiker häufig zurückgreift, ist die ***GST-Pulldown-Analyse***, bei der der Köder mit dem Enzym *Glutathion-S-Transferase (GST)* fusioniert wird. Diese GST-Fusionsproteine warten an eine Matrix gebunden, bis sie sich ihre Beute aus der Probenlösung schnappen können. Nachdem alle anderen nicht gebundenen Moleküle das Reaktionsgefäß verlassen haben, werden die beiden aneinandergebundenen Proteine von der Matrix abgewaschen und mit einer geeigneten Methode (zum Beispiel durch eine Elektrophorese und Färbung oder Western Blot) nachgewiesen. Hat der Köder keine Beute gefunden, wird er eben einsam und allein von der Matrix entfernt.

Freunde machen Lichtsignale: Die FRET-Methode

Um die Beziehungen zwischen Proteinen auf die Probe zu stellen, kann der Molekularbiologe auch auf Lichtsignale zurückgreifen. Diese Methode nennt er ***FRET (Fluoreszenz-Resonanz-Energie-Transfer)***. Von FRET haben Sie schon einmal gehört (siehe in Kapitel 15 den Abschnitt »Live dabei: Die Real-Time-PCR«), denn auch ein besonderes PCR-Verfahren, die Real-Time-PCR, nutzt das FRET-Prinzip. Der Proteomiker nutzt FRET zwar nicht wie der Genomiker, um einen (DNA-)Synthesevorgang live zu beobachten, sondern um Interaktionen zwischen zwei Proteinen zu untersuchen. Dies geschieht jedoch trotzdem sozusagen live – er sieht sich an, wie nahe sich seine Lieblingsmoleküle kommen, und kann, wenn es gut läuft, sogar den Abstand zwischen ihnen bestimmen.

BEISPIEL

Um die Wechselwirkungen zwischen Proteinen mit FRET zu untersuchen, markiert der Experimentator die beiden Proteine, deren Beziehung geprüft werden soll, mit Fluoreszenzfarbstoffen (das heißt, er bindet ein Farbstoffmolekül ans Protein). Und zwar verwendet er nicht die gleiche Farbstoffsorte, sondern bindet an jedes der beiden Proteine eine andere. Nähern sich die beiden fluoreszenzmarkierten Moleküle einander an, so kann der Experimentator unter dem Mikroskop ein Lichtsignal beobachten, nachdem er die Fluoreszenz durch Licht mit geeigneter Wellenlänge angeregt hat: Je näher sich die beiden Bindungspartner kommen, desto stärker ist das Signal.

Was dabei genau passiert, ist schnell erklärt: Bestrahlt man die fluoreszenzmarkierten Proteine mit Licht, wird dieses vom Fluoreszenzfarbstoff des ersten Proteins absorbiert und überträgt Energie auf den Farbstoff des zweiten Proteins, das diese Energie als farbiges Licht abgibt, das der Betrachter registriert. Der Energietransfer funktioniert logischerweise umso besser, je näher sich die beiden Proteine kommen. Indem man die Stärke des Lichtsignals misst, kann man auf den Abstand der beiden Beziehungspartner schließen – und zwar mit einer Genauigkeit von weniger als einem Nanometer (1 nm, das ist ein Milliardstel Meter). Natürlich braucht man ebenso wie für die Real-Time-PCR auch für die Analyse von Protein-Wechselwirkungen mit FRET spezielle Geräte, die die Fluoreszenz anregen und messen.

Partnerschaftstests im Miniformat: Proteinchips

Protein-Microarrays, Proteinchips genannt, sind ebenso wie Genchips (siehe Kapitel 18) eine tolle Sache. Mit ihnen kann der Molekularbiologe »sein« Protein innerhalb kürzester Zeit auf Tausende von möglichen Beziehungspartnern testen. Das Prinzip, nach dem diese Microarrays funktionieren, ist dem der Genchips sehr ähnlich. Allerdings ist die Art der Bindung zwischen den Molekülen eine völlig andere: Während Nukleinsäuren unter geeigneten Bedingungen praktisch »von selbst« Wasserstoffbrücken zwischen den komplementären Partnern eingehen, musste für Proteine eine andere Lösung gefunden werden – ganz so einfach geht das hier leider nicht.

Für Proteinchips nutzt man die Tatsache, dass Antikörper, Enzyme oder andere Proteine ihre Bindungspartner ganz spezifisch identifizieren und festhalten können. Da es aber so ungeheuer viele verschiedene Proteine gibt, gibt es auch mithilfe dieser Moleküle kein universelles Microarray-System, wie das für Nukleinsäuren der Fall ist. Proteinchips müssen viel individueller und für jede Anwendung anders sein.

Mit Proteinchips kann man ganz verschiedene Fragestellungen untersuchen, zum Beispiel, ob ein bestimmtes Protein in einer Gewebeprobe vorhanden ist, ob Proteine nur bei Kranken oder Gesunden vorkommen oder fehlen, wie viel von dem Protein in einer Probe vorhanden ist oder um eben Protein-Protein-Interaktionen zu studieren.

BEISPIEL

Ebenso wie bei den Genchips werden auf den nur fingernagelgroßen Proteinchips mehrere Tausend verschiedene ***Fängermoleküle***, zum Beispiel Antikörper, Antigene, Enzyme, Aptamere (das sind Oligos, die spezifisch bestimmte Proteine binden) oder auch ganze Zell- oder Gewebeextrakte auf einer festen Oberfläche aus Glas oder Silikon in einer bekannten Anordnung immobilisiert. Dabei kann der Experimentator entweder

- die **Proben-Proteine auf dem Chip** binden und dann nacheinander mit verschiedenen, bekannten Test-Proteinen untersuchen oder umgekehrt
- die bekannten **Test-Proteine auf der festen Oberfläche** fixieren und dann die Reaktion mit den Proben-Proteinen prüfen.

Das Ganze ist etwas schwieriger als mit DNA, weil Proteine nicht so stabil sind, aber natürlich für eine Untersuchung unversehrt und funktionstüchtig sein müssen. Man muss sich solche Chips nicht selbst basteln (man kann das auch gar nicht ohne entsprechende Geräte – ein einziger Probenpunkt, *Spot* genannt, ist nur 250 µm groß), sondern kann sie sich bei einer Firma bestellen, die auf solche Dinge spezialisiert ist. Steht der Chip bereit, gibt man nur noch die zu testende Probe dazu, sorgt dafür, dass die Reaktionsbedingungen wie pH-Wert und Salzkonzentration optimal sind, wäscht die nicht gebundenen Moleküle ab und sucht nach kurzer Zeit nach den entsprechenden Signalen, die eine Wechselwirkung nachweisen. Der Nachweis und die Unterscheidung von Spots mit und ohne Protein-Protein-Interaktion können beispielsweise mithilfe von Fluoreszenzfarbstoffen gemacht werden.

Zur Untersuchung von Proteinbeziehungen mit Chips immobilisiert man *Fusionsproteine* (Proteine, die aus mehreren, sich zusammengeschlossenen Proteinen bestehen). Der Vorteil solcher Fusionsproteine ist es, dass das Molekül mit einem Teil auf der festen Oberfläche fixiert werden kann, ohne dass die Interaktionseigenschaften des anderen Proteinteils beeinträchtigt werden.

Hightech für Beziehungstests

Neben den bisher in diesem Kapitel erwähnten, sehr gebräuchlichen Labormethoden, gibt es auch noch zwei andere wichtige Verfahren zur Untersuchung von Protein-Protein-Interaktionen, für die Sie jedoch die entsprechenden (Hightech-)Geräte brauchen beziehungsweise Ihre Proben in einer Einrichtung untersuchen lassen, die so etwas für Sie übernimmt. Dies sind

- ✔ die ***Kryo-Elektronenmikroskopie***, die die atomgenaue Abbildung von Proteinen ermöglicht, indem man die Proben zunächst schockgefriert, sie dann extrem schnell auf etwa unfassbare -180 °C herunterkühlt und anschließend mit Elektronen beschießt. Anhand des Phasenkontrasts der Elektronen lässt sich dann ein 3D-Modell der Probe berechnen. Keine Angst: Die technischen Details des Verfahrens müssen wir als Molekularbiologen nicht unbedingt verstehen, solange wir das Ergebnis richtig deuten können. Durch die extrem schnelle Kühlung in Sekundenbruchteilen ist es möglich, die Struktur der Proteine in ihrem ursprünglichen Zustand zu erhalten, indem sie glasartig konserviert werden, und das möchte man ja, wenn man herausfinden möchte, wie und mit wem das Protein wechselwirkt. Für die Entwicklung dieser hochauflösenden Methode zur Strukturerkennung von Biomolekülen erhielten die Forscher Jacques Dubochet, Joachim Frank und Richard Henderson 2017 den Nobelpreis für Chemie.
- ✔ die ***SPR-Spektroskopie*** als Abkürzung für das sperrige Wort *Oberflächenplasmonenresonanzspektroskopie* ist – wie der Name schon vermuten lässt – eine spektroskopische Methode, bei der sich die optischen Eigenschaften (der Physiker sagt: *der Brechungsindex*) einer Schicht aus Prisma und Goldfilm plus daran gekoppelten Proteinen ändert, sobald weitere, zu testende Proteine in einem Pufferstrom vorbeigeleitet werden und an die zu ihnen passenden an die Schicht gekoppelten Proteine binden. Diese Veränderung kann

in Echtzeit gemessen werden, auch in minimal kleinsten Ausmaßen und gibt Auskunft darüber, ob Proteine aneinander oder auch an andere Biomoleküle binden.

Mit anderen Methoden der Spektroskopie, das heißt Verfahren, die Licht in unterschiedlichen Wellenlängen nutzen, um Moleküle zu untersuchen, haben Sie bereits weiter vorne Bekanntschaft gemacht, beispielsweise bei der Konzentrationsbestimmung von Nukleinsäuren mit dem Photometer (Kapitel 13) oder der Massenspektrometrie (Kapitel 20).

Teil V
Molekularbiologie im Alltag

IN DIESEM TEIL ...

Nun bin ich letztendlich bei der praktischen Anwendung der Molekularbiologie gelandet: In diesem Teil können Sie Ihr theoretisches und experimentelles molekularbiologisches Wissen – falls Sie sich die letzten Teile zu Gemüte geführt haben – ins tägliche Leben übertragen. Dazu greife ich vier besonders aktuelle oder für uns alle wichtige Beispiele auf und möchte Sie darüber informieren, was es mit personalisierter Medizin auf sich hat (siehe Kapitel 22), wie man Gen- und Proteinchips heute schon für viele praktische Fragestellungen nutzt (siehe Kapitel 23), wie wichtige Medikamente mithilfe der Molekularbiologie hergestellt und angewandt werden (siehe Kapitel 24 und 25), in welchem Maße Gentechnik schon Teil unserer Ernährung ist (siehe Kapitel 26) – ob man's möchte oder nicht. Kurz: In diesem Teil geht es um molekularbiologische Errungenschaften, die uns alle und jeden Tag aufs Neue angehen und beeinflussen – und das wahrscheinlich in zunehmendem Maße. Ein guter Grund also, sich damit auszukennen, oder? Ganz zum Schluss möchte ich Sie noch mitnehmen »in die Zukunft«: in ein äußerst spannendes Randgebiet der Molekularbiologie, die Synthetische Biologie (siehe Kapitel 27), in der überwiegend erst noch geforscht und gebastelt wird, aber von der wir uns sicherlich in Zukunft noch eine ganze Menge Neues erwarten dürfen, etwa für die Medizin, den Umweltschutz oder die Energiegewinnung.

IN DIESEM KAPITEL

Was Pharmakogenomik ist

Wie personalisierte Medizin aussehen kann

Wie man die persönliche Arzneimittelverträglichkeit testet

Kapitel 22
Jedem das Seine: Personalisierte Medizin und Pharmakogenomik

Bis vor Kurzem war es in der Medizin völlig in Ordnung, wenn ein Patient nach der Diagnose einer Erkrankung ein bestimmtes Medikament verordnet bekam – eben genau das, was die medizinische Lehrmeinung in diesem Fall vorsieht. Zum Beispiel: Nehmen wir an, wir beide – Sie und ich – hätten Schmerzen und würden deshalb zum Arzt gehen. Dort könnte es uns mit großer Wahrscheinlichkeit passieren, dass wir das gleiche Schmerzmittel verschrieben bekommen, obwohl das bei Ihnen vielleicht sofort prima wirkt und bei mir gar nicht – im Gegenteil eventuell sogar gefährliche Nebenwirkungen hat. Das heißt jetzt nicht, dass ich bei einem schlechten Arzt war. Nein, so etwas ist gar nicht so selten, weil man es bis vor einigen Jahren einfach nicht besser wusste. Mittlerweile weiß man jedoch dank Molekularbiologie und dem Humangenomprojekt, dass Medikamente im Durchschnitt nur bei etwa der Hälfte der Patienten richtig wirken – bei manchen Arzneimitteln ist die Erfolgsquote noch wesentlich geringer, und das kann mitunter richtig gefährlich werden. Man weiß jetzt auch, dass die Reaktionen eines jeden Lebewesens auf Medikamente von den individuellen Variationen im Erbgut herrühren. Sie erinnern sich (sonst siehe Kapitel 17)? Wir beide, Ihr Chef oder der Briefträger haben zu etwa 99,999 Prozent das gleiche Erbgut – aber eben nicht zu 100 Prozent. Worin sich unsere DNA-Sequenzen untereinander und von denen anderer Menschen unterscheiden, ist zwar also minimal, aber diese winzigen Unterschiede sind dafür verantwortlich, dass jeder von uns eben anders ist – und das gilt auch dafür, wie gut Medikamente wirken können.

Aus diesem Wissen hat sich in der Molekularbiologie ein neuer Wissenschaftszweig entwickelt, die *Pharmakogenomik*. Sie erforscht den Einfluss des Erbguts auf die Wirksamkeit von Arzneimitteln. Das Ziel der Wissenschaftler ist es, sicherzustellen, dass jeder von uns das für ihn richtige Medikament in der richtigen Dosierung bekommt. Das zu erforschen, ist jedoch gar nicht so einfach, weil für die Arzneimittelwirkung natürlich häufig nicht nur ein einziges Gen verantwortlich ist, sondern mehrere, und auch noch Umwelteinflüsse mit hineinspielen können wie zum Beispiel Alter, Ernährung oder andere, gleichzeitig eingenommene Medikamente. Dies alles zu entwirren ist aufwendig und dabei sind die Pharmakogenomiker noch ziemlich am Anfang.

In diesem Kapitel möchte ich mich mit diesem brandneuen Spezialgebiet der Molekularbiologie beschäftigen, das für jeden Einzelnen von uns so wichtig ist: Es wird erklärt, was Pharmakogenomik überhaupt ist, wie man die Unterschiede in der Medikamentenverträglichkeit untersuchen kann und wie eine personalisierte Medizin heute und in Zukunft aussieht beziehungsweise aussehen könnte.

Was Pharmakogenomik ist

Die ***Pharmakogenomik*** ist ein kleines Teilgebiet der Genomik, das sich mit dem Einfluss des menschlichen Genoms (also der Erbinformation) auf die Wirksamkeit von Medikamenten beschäftigt. Zu unterscheiden ist die Pharmakogenomik von der *Pharmakogenetik.* Manchmal werden beide Begriffe synonym verwendet, was nicht ganz falsch, aber auch nicht ganz richtig ist. Sie unterscheiden sich voneinander wie »Genomik« und »Genetik«, auch wenn es natürlich oft Überschneidungen zwischen den Disziplinen gibt (siehe zum Beispiel Abbildung 1.1 in Kapitel 1).

Das große Ziel der Pharmakogenomiker ist die ***personalisierte Medizin***, bei der jeder Patient das für sein Erbgut maßgeschneiderte Medikament in einer für ihn optimalen Dosierung verordnet bekommt. Dazu wird zunächst der individuelle Genotyp bestimmter Genvarianten des Patienten bestimmt und dann aufgrund des Ergebnisses die Therapie ausgewählt, für die das Erbgut eine optimale Wirkung vorhersagt.

Warum Menschen mit gleicher Krankheit verschieden auf gleiche Behandlungen reagieren

Auf den ersten Blick erscheint es seltsam und unlogisch, dass ein Medikament beim einen Patienten wirkt, aber bei einem anderen mit dem gleichen Leiden nicht oder anders, sodass man diesem Phänomen bis vor einigen Jahren eher wenig Beachtung schenkte. Seit aber das menschliche Genom entschlüsselt ist und man weiß, wie die Unterschiede im menschlichen Erbgut aussehen (auch wenn ihr Anteil mit weit unter 0,1 Prozent gering ist!), haben die Molekularbiologen Schritt für Schritt herausgefunden, dass es auch Variationen in Genen gibt, die dafür verantwortlich sind, wie gut Medikamente im Stoffwechsel umgesetzt werden und damit wirken können. Und zwar betrifft dies Gene, die die Bauanleitung für solche Enzyme tragen, die für die chemischen Reaktionen im Körper verantwortlich sind, bei denen Medikamente abgebaut und umgesetzt werden. Je nach

Genvariante können dabei *Enzymvarianten* entstehen, die *Arzneimittel schnell, langsam oder gar nicht abbauen*. Die Folge davon ist, dass eine Medizin gut wirkt, gar nicht oder schlecht wirkt oder Nebenwirkungen hat. Im allerschlimmsten Fall können die Nebenwirkungen sogar so gravierend sein, dass der Patient stirbt. Das ist erschreckenderweise gar nicht so selten, wie Sie denken: Wissenschaftler schätzen, dass in Deutschland pro Jahr etwa 17.000 Menschen, in den USA sogar rund 100.000 Menschen an den Folgen von Medikamentennebenwirkungen sterben, aber man weiß das natürlich nicht so genau. Andere gehen von wesentlich größeren Zahlen aus. Dies möchten Pharmakogenomiker in Zukunft unbedingt verhindern und arbeiten – wie natürlich alle Molekularbiologen – mit Hochdruck an ihrer großen Aufgabe.

Zu Risiken und Nebenwirkungen lesen Sie die Packungsbeilage …

Arzneimittelwirkungen in Zahlen:

Schätzungsweise

- ✔ mehr als 90 Prozent der Medikamente wirken nur bei 30 bis 50 Prozent der Patienten.
- ✔ führt in 120.000 Fällen allein in Deutschland die Einnahme eines bestimmten Medikaments zu schweren Nebenwirkungen.
- ✔ wirken bei nur rund der Hälfte der Patienten Medikamente gegen Rheuma, Osteoporose, Diabetes und Migräne.
- ✔ wirken bei nur etwa einem Viertel der Patienten Arzneimittel gegen Krebs.

Jedes Lebewesen verarbeitet Fremdstoffe – also Medikamente, aber auch relativ harmlose Zellgifte wie Alkohol, Koffein oder gefährlichere Substanzen wie zum Beispiel Quecksilber – in seinem Stoffwechsel mithilfe von ***Enzymen*** (siehe Kapitel 9). Die Information für jedes Enzym ist in der DNA im Zellkern (also im Erbgut) gespeichert. Nun ist die Sequenz – also die Abfolge der vier »Buchstaben« A, C, G und T – bei den Individuen einer Art zwar sehr ähnlich, aber eben nicht gleich. Die Gene, die für die Enzyme codieren, unterscheiden sich mehr oder weniger stark von einem Individuum zum anderen; sie kommen also in ***Genvarianten*** vor. Und je nach Variante lässt sich (natürlich nur, sofern von den Pharmakogenomikern untersucht) vorhersagen, wie aktiv das produzierte Enzym sein wird, also wie schnell es Fremdstoffe umsetzen kann. Diese Aktivität kann von normal bis hin zum völligen Ausfall reichen, was zur Folge hat, dass die Patienten unterschiedliche Konzentrationen des Arzneimittels in Blut und Geweben haben, je nachdem wie schnell ihr Stoffwechsel das Medikament verarbeiten kann. Ist die Konzentration zu hoch, kann es zu gefährlichen Nebenwirkungen kommen; ist sie zu niedrig, wirkt die Medizin nicht richtig.

Die *Zielmoleküle* von Medikamenten sind heutzutage in den allermeisten Fällen ***Proteine***. Dies müssen aber nicht unbedingt immer **Enzyme** sein. Angriffspunkte für Arzneimittel sind auch:

- ✔ **Rezeptoren:** Das sind Proteine, die Botenstoffe auf der Zelloberfläche oder im Zellinnern binden. Dadurch werden biochemische Signalprozesse in Gang gesetzt, die weitergeleitet werden und letzten Endes eine bestimmte Reaktion auslösen. Auch manche Medikamente binden an solche Rezeptoren und lösen dadurch eine Wirkung aus.

- ✔ **Ionenkanäle:** Das sind Proteine in den Zellmembranen, durch die wie durch Poren Ströme elektrisch geladener Teilchen zwischen Zellinnerem und Umgebung fließen. Diese Ströme sind wichtig für die Funktionsweise der Zelle wie beispielsweise der Regulierung des Säure-Basen-Haushalts oder der Erregungsleitung in den Nerven. Manche Medikamente beeinflussen die Ionenkanäle, indem sie diese Kanäle blockieren.

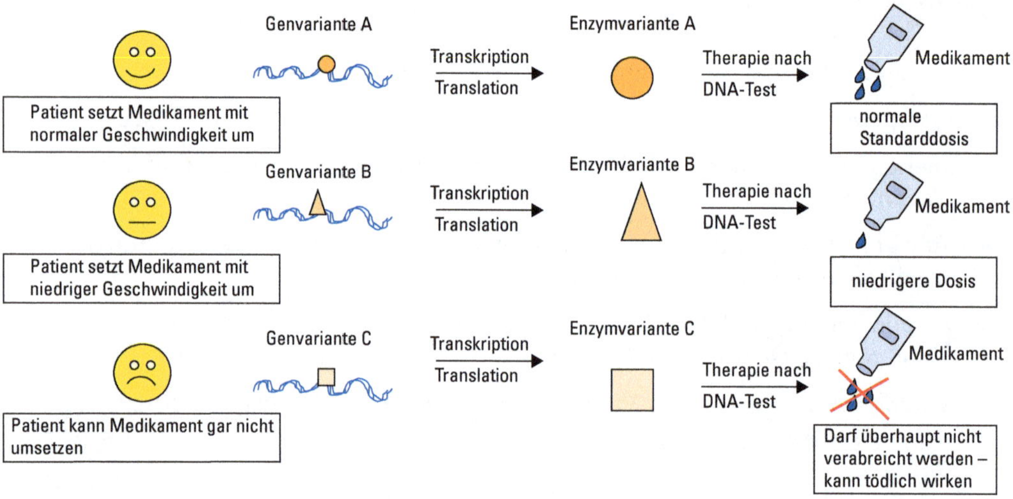

Abbildung 22.1: Warum wir ganz unterschiedlich auf Medikamente reagieren, und was man dagegen tun kann. Statt Enzymen können auch andere Proteine Angriffspunkte für Medikamente sein, zum Beispiel Rezeptoren oder Ionenkanäle.

Pharmakogenomiker unterscheiden die Menschen anhand ihrer Fähigkeit, Medikamente umzusetzen. Unterhalten sich diese Experten untereinander, heißen wir bei ihnen also nicht Jan, Fritz, Lisa oder Emma, sondern

- ✔ ***Poor Metabolizer*** (also *schlechter Arzneimittelverwerter*, abgekürzt *PM*), dessen Enzyme inaktiv sind. Das verantwortliche Gen trägt meist zwei inaktive Allele – es ist also an diesem Genort homozygot (das heißt reinerbig, denn die Allele – also die Versionen des Gens – sind in ihrer Ausprägung identisch). Bei solchen Personen kann schon die Normaldosis eines Medikaments verheerende Folgen haben, denn ihr Stoffwechsel ist nicht in der Lage, das Medikament umzusetzen.

- ✔ ***Intermediate Metabolizer*** (also *mittlerer Arzneimittelverwerter*, abgekürzt *IM*), dessen Enzyme vermindert aktiv sind. Am verantwortlichen Genort gibt es häufig ein inaktives Allel – er ist dann an diesem Genort heterozygot (das heißt mischerbig, denn die beiden Allele sind unterschiedlich). Diese Personengruppe sollte eine niedrigere Medikamentendosis einnehmen als »Normale«, da sie die Medizin nicht so gut verwerten können.

- ***Rapid Metabolizer*** (also *effizienter Arzneimittelverwerter*, kurz *RM*), dessen Enzyme normal aktiv sind – er trägt am verantwortlichen Genort zwei Wildtyp-Allele, ist also homozygot. Diese Patienten vertragen die Standarddosis eines Medikaments optimal.
- ***Ultrarapid Metabolizer*** (also *sehr effizienter Arzneimittelverwerter*, kurz *URM*), dessen Enzyme sehr aktiv sind und das Medikament außerordentlich schnell umsetzen. Hier kommt es häufig vor, dass Wildtyp-Allele dupliziert sind. Das heißt, die homozygoten Allele sind in doppelter Ausführung vorhanden. Bei diesen Patienten reicht die Standarddosis oft nicht aus, um eine Wirkung zu erzielen, ihnen kann man eventuell eine größere Menge verordnen.

Sind Sie als Patient einer dieser Gruppen zugeordnet, heißt das aber nicht unbedingt, dass dies nun immer und überall gilt. Was für ein Medikament gilt, kann für ein anderes ganz anders sein – es muss nicht. Dies hängt ganz davon ab, welche Proteine am Stoffwechsel des jeweiligen Medikaments beteiligt sind und welche Genvarianten der in diesem Fall beteiligten Enzyme der Patient trägt.

Erst vor Kurzem haben Wissenschaftler das Erbgut mehrerer Hundert Menschen analysiert – und zwar beide Chromosomensätze getrennt. Sie erinnern sich vielleicht? Bei den höheren Lebewesen liegen die Chromosomen immer paarweise vor; eines wird von der Mutter vererbt, das andere vom Vater (siehe Kapitel 2). Der Molekularbiologe nennt das den *diploiden Chromosomensatz*. Das Ergebnis war, dass allein in dieser relativ kleinen Personengruppe etwa *4 Millionen (!)* unterschiedlicher Genvarianten vorkamen (durchschnittlich über 200 Varianten pro Gen). Was das wohl für die gesamte Menschheit bedeutet, können Sie sich sicherlich vorstellen! Die enorme Zahl an Genvarianten bringt es mit sich, dass über 50 Prozent der Gene eines Menschen so nur bei ihm vorkommen. Wenn das nicht dringend für eine personalisierte Medizin spricht! Dabei sollen zukünftig aber sogar auch die Varianten *beider* Chromosomensätze analysiert werden.

Das Personal Genome Project: Freie Sequenzinformation für alle!

Das *Personal Genome Project* wurde 2005 an der amerikanischen Harvard-Universität ins Leben gerufen und hat es sich zum Ziel gesetzt, sowohl die vollständige Genomsequenz als auch medizinische und biometrische Daten möglichst vieler Teilnehmer mit deren Namen – also nicht anonymisiert – kostenlos für jedermann zugänglich im

Internet zu veröffentlichen. Wissenschaftler können die Daten für ihre Forschungsarbeiten verwenden und beispielsweise Zusammenhänge zwischen Genotyp (also der genetischen Ausstattung), Umweltbedingungen und Phänotyp (also dem Erscheinungsbild) analysieren. Dies soll wichtige Erkenntnisse für die personalisierte Medizin und pharmakogenetische Entscheidungen liefern.

Zunächst einmal schrieb eine interne Ethikkommission vor, dass die ersten Teilnehmer einen Masterabschluss in Genetik oder gleichwertiges Wissen vorweisen mussten, um alle Aspekte der Studie verstehen zu können. Mittlerweile sind die wichtigsten Kriterien zur Aufnahme Volljährigkeit und Staatsangehörigkeit. Als Teilnehmer am Projekt müssen Sie als Erwachsener momentan noch Amerikaner, Kanadier, Chinese oder Engländer sein. Interessieren Sie sich aber trotzdem dafür, dann können Sie sich unter `https://my.pgp-hms.org/` informieren und sich gegebenenfalls auf einer Liste für »Ihr Land« vormerken lassen – die Studie soll auch auf andere Länder ausgeweitet werden. Ziel ist es, am Ende weltweit mindestens 100.000 Teilnehmer zu untersuchen.

Personalisierte Medizin durch Genotypisierung

In der personalisierten Medizin werden Patienten ganz gezielt behandelt, nachdem man zuvor ein genetisches Profil von ihnen erstellt hat. Aufgrund dessen kann der behandelnde Arzt sowohl Verträglichkeit und Wirksamkeit als auch die Dosis eines Medikaments abschätzen. Das Prinzip eines genetischen Profils, und wie man es erstellt, also eine ***Genotypisierung*** anfertigt, ist in Kapitel 17 erklärt.

Für einen **Test auf Arzneimittelverträglichkeit** geht man wie folgt vor:

1. Vom Patienten wird eine Blut- oder Speichelprobe genommen, aus der man ***DNA*** *isoliert* (siehe Kapitel 13).

2. Nun werden mit der DNA-Probe Polymorphismen, meist Single Nucleotide Polymorphisms (SNPs) oder auch andere DNA-Marker, *genotypisiert*, von denen man weiß, dass sie mit der Verträglichkeit und Wirksamkeit von Medikamenten assoziiert sind (also zum Beispiel ein Zusammenhang besteht zwischen den Polymorphismen und der Ausführung eines wichtigen Enzyms des Medikamentenstoffwechsels).

3. Als Ergebnis erhält man den ***Genotyp*** des Patienten, also sein genetisches Profil für diese Fragestellung. Aus dem Genotyp kann der Arzt idealerweise ablesen, ob er ein bestimmtes Medikament verschreiben darf und wie hoch es dosiert werden soll.

Grundsätzlich arbeitet man darauf hin, irgendwann einmal solche Untersuchungen als kostengünstige, einfach anzuwendende Schnelltests anbieten zu können. Ein erster Schritt zu diesem Ziel ist ein Genchip (siehe auch Kapitel 23), der bereits auf dem Markt, aber noch nicht sehr verbreitet ist. Mit diesem Chip können Diagnostiklabors innerhalb kürzester Zeit 34 Genvarianten in zwei Genen für Leberenzyme untersuchen, die in der Verwertung von

Fremdstoffen wie Medikamenten eine tragende Rolle spielen (diese wichtigen Enzyme sind die Cytochrome, siehe unten). Die Tests mit dem Genchip funktionieren im Prinzip wie oben beschrieben. Die isolierte DNA wird in einer PCR (siehe Kapitel 15) amplifiziert, danach werden die Produkte mit Fluoreszenzfarbstoffen markiert. Die markierten DNA-Schnipsel gibt man dann auf den Genchip und beobachtet, ob und wo sie ihre komplementären Sequenzen auf dem Chip finden. Aus dieser Information schließt man dann auf die Genvariante, die der Patient besitzt. Dazu bekommt der Arzt ein Diagramm, das verschiedene Arzneimittelwirkstoffe in Verbindung mit wichtigen Enzymen auflistet. Daraus kann er ablesen, wie der Stoffwechsel seines Patienten mit Wirkstoffen aus Hustensaft, Schmerzmitteln oder Blutdrucktabletten umgeht, und kann diese entsprechend individuell verordnen.

BEISPIEL

Pharmakogenomiker haben herausgefunden, dass eine einzige Enzymfamilie, die sogenannten ***Cytochrome***, einen großen Teil aller Medikamente verstoffwechseln, die die Leber passieren. Je nach Genvariante beeinflussen sie die individuelle Geschwindigkeit, mit der der Körper häufig verschriebene Medikamente abbaut, zum Beispiel Blutdrucktabletten oder Medikamente gegen Depressionen. Allein durch die Untersuchung ihrer genetischen Information ist also schon viel gewonnen. Deshalb wurden Genvarianten gerade dieser Cytochrome auf einem Genchip immobilisiert, um wichtige Aussagen über die persönliche Medikamentenverträglichkeit eines Patienten machen zu können. Natürlich kann man damit nicht alle Risiken einschätzen, denn es gibt ja auch noch andere relevante Genvarianten und Umwelteinflüsse. Solche Tests haben also durchaus noch ihre Grenzen, können aber in manchen Fällen schon sehr wertvoll sein. Außerdem ist die Untersuchung dieses kleinen Ausschnitts aus dem eigenen Erbgut mit ein paar 100 Euro noch recht teuer. Vorerst ist der Chip also noch eine eher experimentelle Anwendung.

Variationen in einem der Cytochrom-Gene kommen ziemlich häufig vor. Interessanterweise gibt es hier aber deutliche Unterschiede zwischen den Bevölkerungsgruppen: Von den Europäern gehören beispielsweise rund zehn Prozent zu den Poor oder Intermediate Metabolizern, während unter Nordafrikanern und Patienten aus dem Nahen Osten ein Drittel zu den »Superverwertern«, also den Ultrarapid Metabolizern, gehören, sodass sie oft eine höhere Dosis an Arzneimitteln brauchen. In den USA gibt es sogar auch schon Medikamente, die nur für bestimmte Bevölkerungsgruppen zugelassen sind (zum Beispiel für Afroamerikaner, weil sie bei weißen Patienten nicht helfen). Kritiker halten solche »ethnischen Medikamente« jedoch für fatal und bezeichnen sie als rassistisch. Sie argumentieren damit, dass nicht nur genetische Ursachen eine Rolle bei der Wirksamkeit spielen, sondern auch Umwelteinflüsse nicht unterschätzt werden dürfen. Die Pharmakogenomik wird also durchaus nicht immer und überall positiv gesehen und bei manchen Fragen gibt es sicherlich noch einigen Klärungsbedarf.

Was sich hier in diesem Kapitel ein bisschen anhört wie molekularbiologische »Science-Fiction« ist zwar ein Wissenschaftszweig, der noch ziemlich neu, aber durchaus nicht mehr weit von uns entfernt ist – zum Teil ist er sogar schon bei uns angekommen: Zwar kann man den größten Teil unserer Medikamente noch nicht personalisiert testen, man arbeitet aber mit Hochdruck daran. Und für erste Arzneimittel werden solche Genvarianten-Tests vielleicht irgendwann einmal routinemäßig angewandt. Zum Beispiel wird für den *Blutgerinnungshemmer Warfarin*, der überwiegend in den USA verschrieben wird, unbedingt empfohlen, vor der Einnahme einen genetischen Test durchzuführen. Hier haben Pharmakogenomiker herausgefunden, dass etwa ein Drittel der Patienten Warfarin viel langsamer abbaut als die anderen und es – sobald sie die Standarddosis einnehmen – zu einem viel zu hohen Warfarinspiegel im Körper kommt, der zu schweren Blutungen führen kann.

Personalisierte Medizin: Segen oder Fluch?

Es steht außer Frage, dass die personalisierte Medizin an sich für uns alle eine tolle Sache ist, Molekularbiologen in Zukunft mithilfe der Pharmakogenomik viel Gutes tun können und es zunehmend bessere Arzneimittel für uns geben wird. Leider sind aber nicht alle Menschen nett und daran interessiert, ihren Beitrag zu leisten, um diese Welt ein kleines Stückchen besser zu machen – jedenfalls nicht, wenn dies bedeutet, weniger Geld zu verdienen. Deshalb sollten wir uns alle, die wir uns für diese »neue Medizin« interessieren, mit ein paar kritischen Fragen beschäftigen, die noch unklar sind, zum Beispiel:

- ✔ Wie kann man die Pharmaindustrie daran hindern, nur noch solche Medikamente zu entwickeln, die sich am besten verkaufen – sprich: Medikamente für Patienten mit häufig auftretenden Genvarianten?
- ✔ Und umgekehrt: Wer hilft Patienten, die seltene Genotypen haben und für die es sich vonseiten der Pharmaindustrie nicht lohnen würde, viel Geld in die Arzneimittelentwicklung zu stecken, wenn sie mit anderen Produkten viel größere Gewinne erzielen könnten?
- ✔ Wie sieht es mit dem Datenschutz aus? Das heißt, was passiert mit den genetischen Daten der Patienten und wie kann man diese vor Missbrauch – etwa durch Versicherungen oder Arbeitgeber – schützen?
- ✔ Darf man Medikamente entwickeln, die bei bestimmten Bevölkerungsgruppen wirksamer sind als bei anderen (»ethnische Medizin«)? Und wie stellt man sicher, dass nicht bestimmte Gruppen bewusst benachteiligt werden?

IN DIESEM KAPITEL

Ein Überblick über unterschiedliche Microarrays

Wie man die Chips herstellt

Gen- und Proteinchips genauer ansehen

Kapitel 23

Genchips & Co.: Das molekularbiologische Minilabor

Außer einem großen Labor, das meist aus mehreren Räumen besteht, in denen viele wichtige Geräte wie die PCR-Maschine, Zentrifugen und Kühlschränke und natürlich seine Bench untergebracht sind, hat der Molekularbiologe auch die Möglichkeit, in Minilabors zu forschen, die nicht größer als sein eigener Fingernagel oder maximal so groß wie eine Briefmarke sind. Solche molekularbiologischen Forschungseinrichtungen im Miniaturformat heißen *Gen- und Proteinchips* oder auch korrekt *Microarrays*. Nun werden Sie sich vielleicht zu Recht fragen, warum denn der Molekularbiologe ein so kleines Labor überhaupt braucht, wo er doch sein großes hat – oder auch umgekehrt. Ganz einfach: Es ist nicht etwa so, dass er sein Minilabor in die Tasche steckt, damit nach Hause geht und daheim auf dem Küchentisch seine Experimente machen könnte. Nein, das Minilabor funktioniert natürlich nur, wenn er auch gewisse Einrichtungen des großen Labors nutzt, zum Beispiel zur Nukleinsäure- oder Protein-Isolierung oder Auswertung der Experimente. Aber das Besondere an so einem Minilabor ist, dass man dort auf kleinstem Raum eine Million und mehr Experimente gleichzeitig machen kann – und das an einem einzigen Arbeitstag. Und das eben, weil man auf so kleinem Raum ganz dicht gepackt so viele Proben unterbringen kann, die dann alle gleichzeitig untersucht werden können. Sie haben das Prinzip auch schon einmal in Kapitel 12 über die Laborautomation kennengelernt.

Wie ein solches Minilabor funktioniert, wird in diesem Kapitel erklärt. Um Microarrays ging es auch schon in vorangegangenen Kapiteln (in Kapitel 11, 18 oder 21), zum Beispiel im Zusammenhang mit der Untersuchung der Genexpression. Da die Chips für die moderne Molekularbiologie wirklich nützlich und wichtig – ja mittlerweile fast unentbehrlich – geworden sind, um die riesigen Probenmengen zu bewältigen, wenn man zum Beispiel ein ganzes Genom untersuchen möchte, und für vielerlei zu gebrauchen sind, wird ihnen hier ein ganzes Kapitel gewidmet. Im Folgenden lesen Sie also ausführlich, was Microarrays sind, wie man sie herstellt, wozu man sie verwenden kann und wie sie heute schon in den Alltag vieler Molekularbiologen integriert sind.

Chips in verschiedenen Geschmacksrichtungen

Es begann mit DNA-Chips, die eine amerikanische Biotechnologiefirma nach dem Vorbild von Computerchips im Jahr 1994 erstmals zur Untersuchung des AIDS-Virus auf den Markt brachte. Heute gibt es solche Chips für alle möglichen Anwendungen und in den verschiedensten Variationen als

- ✔ **DNA-Chips,** auf denen einzelsträngige DNA-Schnipsel aus verschiedensten Proben wie Blut oder Gewebe befestigt sind. Je nach Fragestellung können dies zum Beispiel die DNA des kompletten Genoms eines Lebewesens oder auch nur einzelne Ausschnitte in Form von PCR-Produkten oder künstlich hergestellten Oligonukleotiden sein.
- ✔ **RNA-Chips:** Mit ihnen untersucht man zwar die RNA, speziell die mRNA, auf dem Chip ist aber nicht wirklich Ribonukleinsäure gebunden, sondern diese RNA wird in einer reversen Transkription in cDNA (siehe Kapitel 13) umgeschrieben, weil mit RNA keine weiteren Analysen möglich wären. Solche »RNA-Chips« verwendet der Molekularbiologe für Genexpressionsstudien (siehe Kapitel 18). Sie spielen hier eine wichtige Rolle, weil die Vorgänge besonders komplex sind: Denn die Genexpression in einem Gewebe ist ja nicht konstant, sondern verändert sich ständig, sodass man bei solchen Experimenten meistens viele unterschiedliche Zellen zu vielen unterschiedlichen Zeitpunkten untersuchen muss, um zu erfahren, welche Gene wann aktiv sind.
- ✔ **Proteinchips:** Auf diesen sind – wie der Name schon sagt – in hoher Dichte funktionstüchtige Proteine immobilisiert, die mit anderen Proteinen oder Molekülen wie zum Beispiel Medikamenten wechselwirken (siehe Kapitel 21). Dabei ist es sehr wichtig, dass die Proteine auf den Chips ihre Aktivität beibehalten, denn genau diese Aktivität möchte man ja untersuchen. Das ist nicht so einfach wie bei den Nukleinsäuren, die bekanntlich viel robuster sind als die Proteine.

Das Prinzip, das Experimenten in solchen Minilabors zugrunde liegt, ist überall gleich: Es basiert auf einer spezifischen Bindung von Molekülen, die auf dem Chip befestigt sind, mit Test-Molekülen aus Zell- und Gewebeproben. Wenn eine solche Bindung von zwei Molekülen, die damit »zusammenpassen«, erfolgreich ist, kann diese Partnerschaft nachgewiesen werden. Bei der speziellen Funktionsweise der drei Geschmacksrichtungen muss man aber natürlich zwischen Nukleinsäuren und Proteinen unterscheiden.

Chips nach Wunsch können Sie sich entweder kaufen oder, wenn Sie über die entsprechende Ausstattung verfügen, selbst herstellen. Zu kaufen gibt es solche Arrays in den verschiedensten Ausführungen, zum Beispiel für Mensch, Maus, Ratte, Hefe, Fruchtfliege, Baumwolle, Mais, Tomate oder das Coli-Bakterium – entweder mit dem ganzen Genom oder nur mit einzelnen Genen und Genvarianten bestückt. Sie alle sind eine sehr gut sortierte und aufgeräumte Sammlung von bekannten Nukleinsäure- oder Protein-Molekülen. Dabei können mehrere Tausend bis über eine Million Moleküle auf einem Chip befestigt werden und jedes davon auch noch in millionenfacher Ausführung. Jedes Molekül ist ein kleiner Punkt auf der Chipoberfläche mit einem Durchmesser von nur 200 µm. Zur Herstellung gibt es verschiedene Verfahren:

- ✔ Bei der ersten Variante werden die Oligos der Probe direkt auf der festen Oberfläche *synthetisiert*. Dabei erfolgt die Herstellung Base für Base in einer lichtgesteuerten Reaktion ähnlich wie bei Halbleiterchips. Mit diesem Verfahren können sehr viele DNA-Stückchen auf engstem Raum untergebracht werden, bis etwa 250.000 bis 1 Million Proben pro cm^2. Ein einziger dieser Probenflecken mit einem bestimmten Oligo ist unvorstellbar winzig und nur 10 μm^2 (also ein Millionstel Quadratmeter) groß. Man nennt diese Art von Chips ***High density Oligonucleotide Array***.

- ✔ Bei einer anderen Variante wird die vorbereitete Proben-DNA mithilfe eines Roboters mechanisch auf dem Chip verankert (der Molekularbiologe sagt dazu *gespottet* – eine Sorte DNA-Schnipsel wird auch als *Spot* bezeichnet). Dazu tropft der Roboter die DNA-Proben ganz fein auf den Chip, und wenn diese Tröpfchen trocken sind, kann's losgehen. Solche Chips sind nicht ganz so dicht gepackt mit Proben – es sind ein wenig mehr als 3.000 pro cm^2. Wenn man die DNA nicht auf dem Chip synthetisiert, sondern die bereits fertige Probe auf der Oberfläche befestigt, nennt man diese Chipsorte ***Spotted Microarray***.

- ✔ Ein weiteres, sehr modernes und praktisches Verfahren ist es, für die Herstellung der Chips eine Art Tintenstrahldrucker zu verwenden. Dabei wird die DNA über die Tintenstrahldruckerdüse auf den Chip *geschossen*. Anschließend wird die Düse gewaschen und die nächste Probe kann an der gewünschten Position aufgetragen werden. Mit dieser Methode bringt man etwa 10.000 Spots pro cm^2 unter.

Beim Genchip macht's die Wasserstoffbrücke

Das Funktionsprinzip von DNA-Arrays basiert darauf, dass sich komplementäre (also zusammenpassende) Basen finden und über Wasserstoffbrücken miteinander paaren. Man nennt diesen Vorgang ***Hybridisierung*** (siehe auch Kapitel 13). Ist also auf einem Genchip ein Stück DNA mit einer bestimmten Sequenz befestigt, kann daran nur ein anderes DNA-Molekül mit der komplementären Sequenz stabil binden. Zum Beispiel hybridisiert an den DNA-Schnipsel mit der Sequenz ATT GCG TAG CT nur das passende komplementäre Molekül mit der Sequenz TAA CGC ATC GA. Mithilfe dieser Technik kann man schon kleine Sequenzunterschiede von nur einer einzigen Base nachweisen, falls die richtigen Nukleinsäurestückchen auf dem Chip fixiert sind: Ist beispielsweise der Sequenzabschnitt, den man auf einen Basenaustausch prüfen möchte, sechs Basenpaare lang, dann wären theoretisch $4^6 = 4.096$ Variationen der vier »Buchstaben« A, C, G und T möglich – eine Zahl, die man locker auf einem Minilabor unterbringen würde.

Dabei ist die Idee, die Fähigkeit von Nukleinsäuren zur Hybridisierung für die Suche nach Sequenzunterschieden zu nutzen, überhaupt nichts Neues. Das Prinzip wurde – in einer etwas anderen Ausführung – schon 1975 von Edwin Southern erfunden und heißt deshalb auch Southern Blot (siehe Kapitel 13). Das Neue und Tolle an den Chips ist allerdings, dass sich viele Tausend DNA-Stückchen auf einem einzigen Chip sehr dicht gepackt befestigen lassen, sodass viele Experimente innerhalb kürzester Zeit gemacht werden können. (Mit einem einzigen Genchip kann der Molekularbiologe heutzutage beispielsweise mehr Ergebnisse produzieren als noch vor 20 Jahren ein ganzes Labor in einem Jahr!)

Für die Untersuchung von Nukleinsäuren mit Genchips werden viele, viele DNA- beziehungsweise cDNA-Stückchen auf einer festen Oberfläche aus Glas, Silikon, Kunststoff oder Nylonmembran – dem Chip – immobilisiert. Man nennt diese fixierten DNA-Stückchen ***die Probe***. Die Anordnung der DNA-Stückchen ist dabei nicht wahllos, sondern es ist dem Experimentator genau bekannt, welche Sequenz wo auf dem Chip gebunden ist. Er hat seine kostbaren Stücke in einem Punktraster angeordnet und die Information, wo sich welches Molekül befindet, ist im Computer gespeichert. Für sein Experiment gibt er die zu testende, fluoreszenzmarkierte Nukleinsäure – das sogenannte ***Target*** – auf den Genchip und gibt den beiden Nukleinsäure-Parteien Probe und Target etwas Zeit, um zu hybridisieren (beide müssen natürlich einzelsträngig sein und werden daher zuvor durch Erhitzen denaturiert). Nun gibt es zwei Möglichkeiten:

- ***Target und Probe passen zusammen.*** Dann geht alles ziemlich schnell – die komplementären Basen der beiden DNA-Stücke paaren miteinander und halten stabil zusammen. Da an das Target ein Farbstoff gebunden ist, erhält der Experimentator von einem solch perfekt hybridisierten DNA-Paar ***das Signal***: *»Hallo, wir hier in diesem Spot haben die komplementäre Sequenz und passen zusammen.«*

- ***Target und Probe passen nicht zusammen.*** Dann reicht schon ein einziges falsches Nukleotid, um die Hybridisierung etwa tausendmal langsamer zu machen. Solche ungebundenen oder nicht vollständig gebundenen Target-Moleküle werden anschließend abgewaschen und sind dann logischerweise weg – man braucht sie ja auch nicht, denn man sucht nach Sequenzen, die zueinanderpassen. Und mit dem Target verschwindet auch die Farbe, an diesem Spot bleibt es dunkel, es kann ***kein Signal*** nachgewiesen werden.

Der Fluoreszenzfarbstoff, der am Target hängt, kann mit einem Laser angeregt werden und leuchtet dann. Mithilfe eines speziellen Geräts, eines Fluoreszenzscanners, zeichnet der Experimentator solche Signale auf und kann sie anschließend im Computer auswerten. Hier ist ja auch gespeichert, welches Molekül sich an welcher Position des Chips befindet. Die entsprechende Target-DNA kann über den Ort der Hybridisierung auf dem Chip identifiziert werden.

Targets kann man mit einer Sorte Fluoreszenzfarbstoff oder mit zwei verschiedenen Sorten markieren, zum Beispiel wenn man cDNA aus zwei unterschiedlichen Geweben auf einem einzigen Chip gleichzeitig untersuchen möchte. Arrays mit

- 1 Farbstoffsorte nennt man ***Ein-Kanal-Chips*** und solche mit

- 2 Farbstoffsorten, die gemeinsam in einem einzigen Experiment ausgewertet werden, nennt man ***Zwei-Kanal-Chips***.

Nicht schwer zu merken, oder?

Man benutzt ***DNA-Arrays***, wenn in möglichst kurzer Zeit sehr viele Gene oder DNA-Varianten parallel untersucht werden sollen, beispielsweise zur Genotypisierung von SNPs (siehe Kapitel 17) oder auch, um kleine Mutationen nachzuweisen. Dies wird unter anderem gemacht, um das genetische Profil von Kranken und Gesunden zu vergleichen oder um in der personalisierten Medizin (siehe Kapitel 22) die Wirksamkeit von Arzneimitteln abzuschätzen. Man kann mithilfe der Chips aber auch Gene oder bestimmte DNA-Abschnitte kartieren, also herausfinden, wo sich diese Sequenzen im Genom befinden (siehe auch Kapitel 17), oder sogar sequenzieren, also die Abfolge der Nukleotide bestimmen – zwar nur von relativ kurzen Stücken, dafür aber umso mehr Sequenzen gleichzeitig.

Um ***RNA*** zu analysieren, verwendet man ***cDNA-Arrays***. Für diese Chips wird die RNA in einer reversen Transkription in cDNA umgeschrieben, die dann auf der festen Oberfläche fixiert wird. Solche Chips verwendet man für Genexpressionsstudien (siehe Kapitel 18), in denen mehrere Tausend Gene gleichzeitig auf ihre Aktivität untersucht werden können. Dabei kann man zum Beispiel die Expressionsmengen vieler Gene gleichzeitig in gesundem und in krankem Gewebe oder vor und nach der Einnahme von Medikamenten vergleichen. Allerdings ist zu beachten, dass eine bestimmte mRNA-Menge nicht immer 1:1 in Protein umgesetzt wird: Diese Beziehung ist komplizierter und noch von einigen anderen Dingen abhängig, beispielsweise wie aktiv die Ribosomen zu diesem Zeitpunkt sind oder wie stabil eine bestimmte mRNA-Variante ist.

Beim Proteinchip macht's die Spezifität

Anders als bei Genchips bindet auf einem *Proteinchip* die Probe ihr passendes Target nicht immer über eine Wasserstoffbrücke, denn Proteine sind ja aufgrund ihrer vielen möglichen Bausteine viel individueller aufgebaut als jede Nukleinsäure. Also muss in diesem Fall etwas Spezielleres her. Hier nutzt der Experimentator die besondere Eigenschaft von Proteinen, dass viele von ihnen ihre persönlichen, ganz spezifischen Bindungspartner erkennen und festhalten können, also zum Beispiel Antikörper ihre Antigene, Enzyme ihre Substrate oder andere Proteine ihre passenden Interaktionspartner. Ein solcher Proteinarray muss also immer der speziellen Fragestellung angepasst werden. Außerordentlich wichtig ist dabei aber, dass die Funktion der Proteine beim Befestigen auf dem Chip erhalten bleibt, denn diese Funktion möchte man mit einem solchen Experiment ja meist untersuchen.

Die Untersuchung an sich funktioniert dann im Prinzip genauso wie mit Genchips: Man gibt die Target-Moleküle auf den Chip, wartet etwas ab, bis sich die Proteine gefunden und gebunden haben, und weist dann diese spezifische Bindung nach. Nachweisen kann man die aneinander gebundenen Proteinpartner entweder ähnlich wie bei der DNA mit Fluoreszenzfarbstoffen oder mithilfe eines Massenspektrometers (siehe auch Kapitel 20), das die Massen von nur einem Molekül (keine Bindung) oder von zwei aneinandergebundenen Proteinen unterscheiden kann. Auch im Fall von Proteinchips weiß man genau, welches Protein an welcher Stelle auf dem Chip befestigt wurde, und hat dies im Computer gut gespeichert.

BEISPIEL

Mithilfe von Proteinchips untersucht man Protein-Protein-Interaktionen aller Art (siehe auch Kapitel 21, »Partnerschaftstests im Miniformat: Proteinchips«). Zum Beispiel sucht man nach neuen Substraten für Enzyme oder nach therapeutischen Proteinen, die als Arzneimittel eingesetzt werden können.

Anwendungen »en masse« fürs Minilabor

Mit Chips, vor allem mit Nukleinsäurechips, kann heute innerhalb kürzester Zeit so ziemlich alles untersucht werden, was mit der Bindung von zwei zueinanderpassenden Molekülen zu tun hat – von der Veränderung der Genexpression in reifendem Obst bis hin zu bestimmten charakteristischen Merkmalen von Krebszellen. Um einen Eindruck zu vermitteln, wie vielseitig Gen- und Proteinchips eingesetzt werden können, sind im Folgenden ein paar praktische Beispiele aufgelistet. Dies und noch vieles mehr kann man heute schon alles mit den Microarrays machen:

- ✔ Punktmutationen in Krebsgenen identifizieren, Tumormarker nachweisen und Tumorarten klassifizieren. Daraus ergibt sich die Möglichkeit, eine Chemotherapie so zu individualisieren, dass sie optimal zum jeweiligen Patienten passt.
- ✔ Die Qualität von Nahrungsmitteln, zum Beispiel von Milch, prüfen und auch beispielsweise Schimmelpilze nachweisen
- ✔ Die genetischen Ursachen von Krankheiten erforschen, zum Beispiel durch SNP-Analysen
- ✔ Die Wirksamkeit von Arzneimitteln bei einer bestimmten Person vorhersagen
- ✔ Bei Virusinfektionen durch den spezifischen Nachweis von Antikörpern im Blut exakt feststellen, um welchen Eindringling es sich handelt
- ✔ Für bakterielle Infektionen schnell das richtige Antibiotikum finden, indem man den krank machenden Keim inklusive Resistenzen aufspürt

Auch wenn das Minilabor schon sehr ausgefeilt ist, arbeiten Wissenschaftler daran, es noch weiter zu verbessern, beispielsweise würde man gerne die Untersuchungen einmal direkt am Krankenbett, in der Arztpraxis oder Apotheke machen können (*Point-of-Care-Testing* nennt man so etwas – übersetzt in etwa: Patientennahe Schnelldiagnostik, sprich: *Schnelltest*). Der Vorteil: Man spart sich viel Zeit, wenn man Proben nicht erst zu einem spezialisierten Labor schicken und auf die Ergebnisse warten muss. Das kann in manchen Fällen lebensrettend sein, wie beispielsweise bei einer Blutvergiftung.

IN DIESEM KAPITEL

Was ein rekombinantes Protein ist

Wie man solche für uns alle wichtigen Proteine herstellt

Was man unter »Protein Engineering« und »Muteinen« versteht

Kapitel 24

Serviceunternehmen Zelle: Proteine auf Bestellung

Es gibt heute schon eine ganze Reihe von wichtigen Medikamenten, die Proteine sind. Sie heißen *Biopharmazeutika,* und zu ihnen werden auch Wirkstoffe gerechnet, die Nukleinsäuren sind. Dazu erst im folgenden Kapitel 25 mehr, zunächst konzentriere ich mich in diesem Kapitel erst einmal nur auf die Proteine.

Solche therapeutisch wirksamen Proteine kann man nicht einfach so in einer chemischen Fabrik herstellen. Das schafft vorerst auch kein noch so raffinierter Biotechnologe, denn es nützt ja nicht viel, das Protein einfach aus den entsprechenden Aminosäuren zusammenzubauen. Aktiv wird es erst, wenn es seine charakteristische Raumstruktur eingenommen hat und gegebenenfalls noch modifiziert (also mit speziellen »Anhängseln« wie Kohlenhydrat-, Phosphat-, Methyl- oder anderen Gruppen versehen) wurde. Diese *aktive Form* kann man zwar heute schon oft mit der Unterstützung von cleveren Computerprogrammen vorhersagen, aber nachbauen kann so ein funktionstüchtiges Protein momentan nur eine lebende Zelle. Die Wissenschaftler sind zwar dem Geheimnis auf der Spur, wie man das macht. Sie wissen auch schon einiges darüber, aber der ganze Vorgang, der zum arbeitstüchtigen Protein führt, ist so komplex, dass man das nicht in ein paar Tagen, Monaten oder sogar Jahren aufklären kann. Das wird also noch ein bisschen dauern. Eine andere denkbare Möglichkeit wäre es, die Proteine aus den Zellen und Geweben, in denen sie sich aufhalten, zu isolieren. Das wäre aber viel zu aufwendig und zu teuer – vor allem für die selteneren Proteine müsste man unendlich viele Zellen aufarbeiten.

Das heißt jetzt aber natürlich nicht, dass Sie auf solche Proteine verzichten müssten. Glücklicherweise gibt es die Molekularbiologen und Biotechnologen, die es schon ziemlich gut beherrschen, fremde DNA in eine Zelle zu schleusen, sie zu vermehren und die Zelle dann auch noch dazu zu bringen, das fremde Protein zu produzieren. Und diese Vorgehensweise nutzt man heute schon für eine ganze Reihe von therapeutischen Proteinen, sodass wir auf diese

Weise bestens mit Hormonen oder Impfstoffen versorgt werden können, wenn wir sie brauchen. Dabei fällt die Arbeit im kleinen Maßstab – also die Herstellung der Vektoren und der Klone – in das Arbeitsgebiet des Molekularbiologen. Für unsere Medikamentenversorgung reichen aber ein paar Klone nicht aus, die therapeutische Proteine liefern, auch wenn auf den paar Agarplatten im Brutschrank des Molekularbiologen unvorstellbar viele (mehrere Millionen) Zellen wachsen, die alle das fremde Gen tragen und fleißig Protein herstellen. Nein, um eine ausreichende Ausbeute zu erzielen, müssen die Zellen in riesigen Bioreaktoren gezüchtet werden, und dies fällt in die Kompetenz des Biotechnologen. An diesem Beispiel wird wieder einmal deutlich, dass die beiden Forschungsgebiete oft nicht wirklich voneinander zu trennen sind, wie das auch schon am Anfang des Buches betont wurde.

Wie man zu einem therapeutisch wirksamen Protein kommt, also welche Arbeitsschritte und Überlegungen notwendig sind, wird in diesem Kapitel am Beispiel »des Klassikers« unter den therapeutischen Proteinen, des Bauchspeicheldrüsenhormons *Insulin* erklärt. Zunächst einmal erfahren Sie aber grundsätzliche Dinge über solche wichtigen Moleküle, zum Beispiel was ein *rekombinantes Protein* ist. Ganz zum Schluss dieses Kapitels möchte ich mich in ein spannendes molekularbiologisches Randgebiet begeben – die *Synthetische Biologie* – und zeigen, wie man Gene und damit deren Proteine nicht nur gezielt verändern, sondern auch völlig neu designen kann.

Molekülproduktion mit Hilfestellung: Rekombinante Proteine

Therapeutisch wirksame Proteine sind in der Regel sogenannte ***rekombinante Proteine***. Das bedeutet, dass sie mithilfe von gentechnisch veränderten Organismen, beziehungsweise deren Zellen, hergestellt werden. Beim Herstellungsprozess von rekombinanten Proteinen arbeiten zwei der modernsten biologischen Disziplinen zusammen:

- ✔ die **Molekularbiologie**, speziell die Gentechnik, die den Lieferanten für das Protein herstellt und praktisch den Prototypen konstruiert, und
- ✔ die **Biotechnologie**, die für die Großproduktion der Proteine in Bioreaktoren und die Vermehrung des Prototyps im großen Maßstab zuständig ist.

Der Bioreaktor: Optimaler Arbeitsplatz für Zellen

Der Arbeitsplatz von Zellen, die rekombinante Proteine produzieren, befindet sich in mehr oder weniger großen Behältern aus nicht rostendem Stahl, die man Bioreaktoren oder auch Fermenter nennt. Solche Bioreaktoren müssen nicht unbedingt die modernsten Hightech-Geräte sein, beispielsweise sind auch einfache Braukessel oder Gärbottiche in Brauereien und Winzereien Bioreaktoren. In den Behältern können die Zellen oder Mikroorganismen unter optimalen Bedingungen in Nährmedien gezüchtet werden, damit man die gewünschten Produkte aus ihnen gewinnen kann.

Dazu wird das Innere des Bioreaktors von Sensoren überwacht, die beispielsweise Temperatur, pH-Wert oder Sauerstoffgehalt prüfen. Es gibt verschiedene Arten solcher Zellfabriken: Die Bioreaktoren, die die Wissenschaftler für die Forschung praktisch zum Ausprobieren benutzen, müssen nicht so groß sein und enthalten in der Regel Mengen zwischen nur wenigen Millilitern und etwa zehn Litern Flüssigkeit. Steigt man dagegen in die Großproduktion ein, dann kann ein solcher Fermenter auch schon einmal das fast unvorstellbare Volumen von mehreren Hunderttausend Litern Bakterienkultur umfassen. In Bioreaktoren verrichten aber nicht nur Bakterien ihre Arbeit, sondern auch sämtliche andere Helfer des Molekularbiologen wie beispielsweise Hefen und sogar Säuger- und Pflanzenzellen. So werden heutzutage viele für uns wichtige Substanzen hergestellt, darunter Antibiotika, Insulin und andere Hormone oder Antikörper.

Als Wirts- und Produktionszellen für rekombinante Proteine verwendet man hauptsächlich das Darmbakterium *Escherichia coli*, Hefe- oder Säugetierzellen beziehungsweise menschliche Zellen und sogar Pflanzenzellen wie Moose und Chloroplasten (die grünen Zellorganellen der Pflanzen) oder Algen. Die meisten dieser Expressionssysteme wurden schon in Kapitel 18 beschrieben.

Ein Expressionssystem zur ***Produktion von Proteinen im großen Stil*** muss natürlich gewisse Voraussetzungen erfüllen:

- ✔ Die Zellen müssen gut und schnell im Bioreaktor zu vermehren sein und dabei auch noch möglichst kostengünstig wachsen, also keine besonders großen Ansprüche an teure Nährstoffe stellen.
- ✔ Zudem darf die Prozedur, mit der das Protein gewonnen wird, nicht zu aufwendig sein: Im Idealfall wird das im Auftrag hergestellte Protein aus der Zelle ausgeschleust und kann dann aus dem Medium problemlos gewonnen werden. Ist das nicht der Fall, müssen die Zellen aufgearbeitet und die Beute aus ihnen isoliert werden.
- ✔ Das System muss bestimmte Sicherheitsbedingungen erfüllen und darf natürlich für Mensch und Umwelt nicht gefährlich sein.
- ✔ Da die Arzneimittel für den Menschen bestimmt sind, müssen die Proteine der natürlichen, menschlichen Form möglichst nahekommen, um wirksam und verträglich zu sein. Dies kann insbesondere dann, wenn man Bakterien als Proteinproduzenten verwendet, oft nicht erfüllt werden.

Insulinproduktion mit Bakterienhilfe

Am Beispiel des Klassikers unter den rekombinanten Proteinen, dem Bauchspeicheldrüsenhormon ***Insulin***, wird in den folgenden Abschnitten erklärt, wie Molekularbiologen und Biotechnologen zu ihren gewünschten Proteinen kommen. Die Prozedur läuft bei anderen therapeutisch wirksamen Proteinen prinzipiell genauso ab wie in dem folgenden Beispiel.

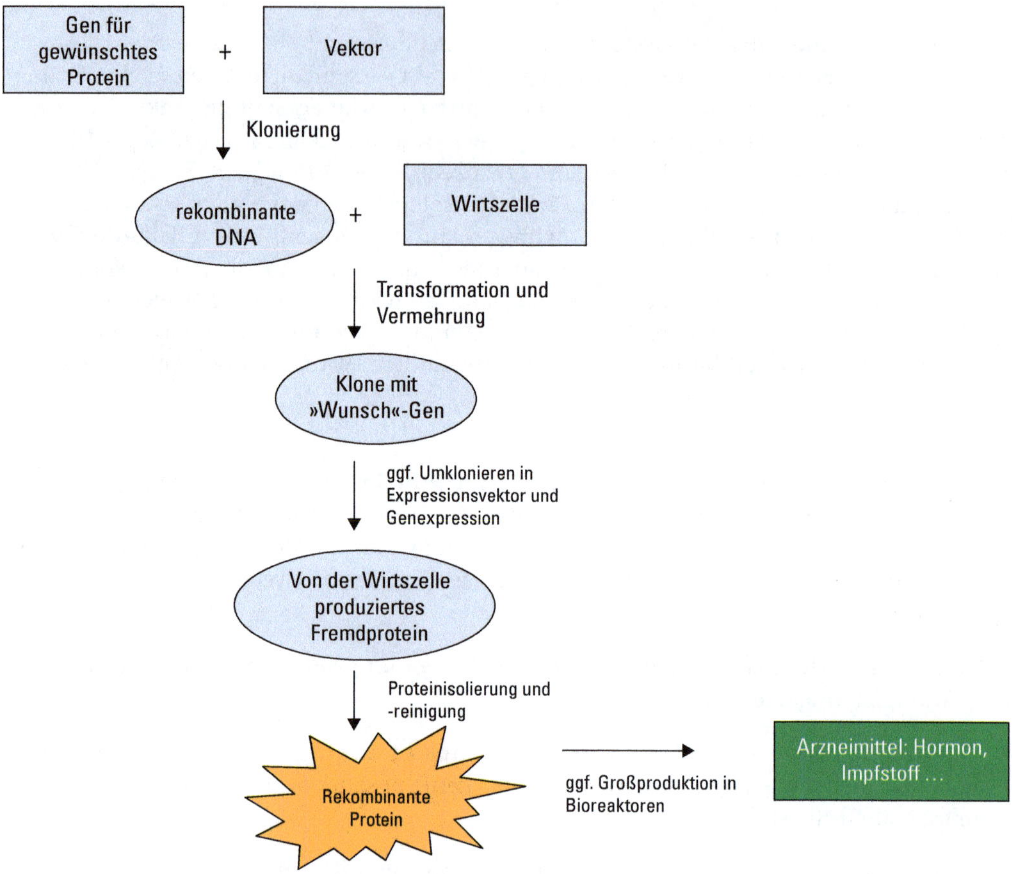

Abbildung 24.1: Hier ist schematisch dargestellt, wie der Molekularbiologe vorgeht, wenn er sich ein rekombinantes Protein herstellen lassen möchte.

Insulin: Lebenswichtiges Hormon und Paradebeispiel der Gentechnik

Insulin ist praktisch »der Klassiker« unter den gentechnisch hergestellten Arzneimitteln: Es war 1958 das erste Hormon, dessen Aminosäuresequenz entschlüsselt wurde und die Herstellung des rekombinanten Insulins gilt als ein Meilenstein in der Biotechnologie. Insulin war die erste mithilfe der Gentechnologie hergestellte Substanz, die einem Menschen verabreicht wurde. Seit etwa 1982 wird menschliches Insulin im großen Maßstab mithilfe von Bakterien hergestellt.

Das Insulin ist ein *Peptidhormon* aus 51 Aminosäuren (also streng genommen kein Protein – ich möchte das aber im Folgenden nicht so eng sehen), das für Menschen und Tiere lebenswichtig ist, weil es maßgeblich die Blutzuckerkonzentration regelt. Es wird in spezialisierten Zellen einer gesunden Bauchspeicheldrüse produziert und ist das einzige Hormon, das den Blutzuckerspiegel senken kann. Wenn der Blutzuckerspiegel nach dem Essen steigt, wird Insulin ins Blut ausgeschüttet und sorgt dafür, dass der aus den Kohlenhydraten der Nahrung stammende Zucker aus dem Blut ins Innere der Zellen (vor allem von Leber und Muskelzellen) transportiert und dort gespeichert oder in Energie umgewandelt wird. Ist der Insulinstoffwechsel gestört, kann dies schwerwiegende Folgen haben wie zum Beispiel bei Diabetikern, bei denen kein beziehungsweise zu wenig Insulin vorhanden oder diese Art der Regulation gestört ist. Wird die Krankheit nicht behandelt, kann der Blutzuckerspiegel extrem ansteigen. In der Folge verliert der Körper gefährlich viel Wasser, weil er versucht, den überschüssigen Zucker mit dem Urin auszuscheiden.

Mehrere Jahrzehnte lang waren Bauchspeicheldrüsen von Schweinen und Rindern die einzige Quelle für Insulin. Um wenige Milligramm Insulin zu gewinnen, brauchte man tonnenweise Bauchspeicheldrüsen aus Schlachthöfen. Dies führte bei einer steigenden Anzahl an Diabetikern in unserer Gesellschaft immer mehr zu Versorgungsengpässen. Zudem haben Tiere natürlich eine geringfügig andere Aminosäuresequenz, wodurch Nebenwirkungen (zum Beispiel Allergien) auftraten. 1982 wurde dann ein Verfahren entwickelt, um menschliches Insulin einfach und in beliebigen Mengen von Bakterien produzieren zu lassen, in die das Humaninsulin-Gen eingeschleust wurde. Dabei produziert eine einzige Bakterienzelle etwa 100.000 Insulin-Moleküle. Damit kam das erste gentechnisch hergestellte Proteinarzneimittel in den Handel. Das rekombinante Insulin reguliert den Zuckerstoffwechsel wie natürliches Insulin. Heute haben Humaninsuline die tierischen Hormone nahezu vollständig abgelöst, die Umsätze des rekombinanten Insulins die Milliardengrenze überschritten. In Deutschland gibt es seit 2005 gar kein tierisches Insulin mehr in den Apotheken zu kaufen. Neben Bakterien verwendet man auch Hefezellen als Biofabriken.

Produktionsstufe 1: Klonieren und Selektieren

Bei der Herstellung von Humaninsulin für Diabetiker ist wieder einmal einer der treuesten Helfer des Molekularbiologen mit von der Partie, das Darmbakterium *E. coli* (siehe Kapitel 7). Natürlich produziert es kein Insulin aus freien Stücken oder aus Sympathie – man muss ihm zunächst einmal Information für den Zusammenbau des Proteins an die Hand geben, indem man das Insulin-Gen in die Bakterienzelle einschleust. Wie man das macht, ist ausführlich in Kapitel 16 erklärt. In diesem Fall kann man ein eukaryotisches Protein von einer prokaryotischen Zelle herstellen lassen, weil das Insulin ein kleines Molekül ist, das nur aus Aminosäuren besteht. Das ist bei größeren und vor allem modifizierten Proteinen, die typisch für viele Eukaryoten und vor allem Säugetiere sind, normalerweise nicht so ohne Weiteres möglich. Hierzu braucht man dann andere Zellen, die in der Lage sind, die raffinierteren Moleküle zu produzieren.

Das Gen wird also mithilfe eines Transporters, des Vektors, in die Wirtszelle transportiert. Der Vektor ist aber nicht nur simpler Chauffeur für das Gen, sondern er enthält noch zusätzlich Sequenzen, die gebraucht werden, damit das Gen in der fremden Zelle auch abgelesen wird. Die Bakterien nehmen das Konstrukt also auf, vermehren sich und damit auch Fremd-Gen und Vektor: Schon nach kurzer Zeit entsteht ein Klon aus vielen Tausend Bakterienzellen, die alle das fremde Konstrukt in sich tragen.

Da man den Zellen aber nicht auf den ersten Blick ansieht, ob die Klonierung auch wirklich geklappt hat und die Bakterien Vektor plus Insulin-Gen in sich tragen, muss man dies mithilfe einer Selektion überprüfen. Dazu hat der Experimentator einen Vektor gewählt, der einen Selektionsmarker trägt – oft ein Resistenzgen gegen ein Antibiotikum. Das heißt, wenn man die transformierten Bakterien in einem Nährmedium züchtet, in das auch das entsprechende Antibiotikum (zum Beispiel Penicillin und Tetracyclin) gemischt wurde, dann können sich nur solche Zellen vermehren, die den Vektor aufgenommen haben und damit dank des Gens resistent gegen den Bakterienkiller sind. Bakterien ohne Vektor werden vom Antibiotikum abgetötet (sie haben ja kein Resistenzgen!). Meist schließt sich ein weiterer Selektionsschritt an, um sicherzugehen, dass der Vektor nicht leer aufgenommen wurde, sondern wirklich auch das gewünschte Gen trägt (das ist ausführlich in Kapitel 16 erklärt).

Produktionsstufe 2: Proteinexpression und -isolierung

Hat man den richtigen Klon identifiziert – das heißt diejenigen Bakterienzellen, die Vektor plus Insulin-Gen tragen –, gibt man diesen Klon in eine größere Menge Nährmedium, um die Proteinproduktion anzukurbeln. Auch bei diesem Medium darf das Antibiotikum nicht fehlen, damit wirklich nur das wächst, was man haben will. Man gibt den Bakterien bei kuscheligen 37 °C einige Stunden Zeit, sich ordentlich zu vermehren und dabei jede Menge Insulin herzustellen. Das fremde Insulin-Gen wird dabei vom Bakterium abgelesen und in Humaninsulin übersetzt.

Nun kann das Insulin aus den Bakterienzellen isoliert werden (der Molekularbiologe sagt dazu, dass er die *Bakterien erntet*). Dazu werden Bakterienzellen samt Medium abzentrifugiert, sodass sich die Zellen am Boden des Reaktionsgefäßes als Pellet sammeln. Das Nährmedium wird dann einfach weggeschüttet. Um das Insulin aus den Bakterienzellen zu isolieren, macht der Experimentator einen Zellaufschluss (siehe Kapitel 20) – die Bakterien werden lysiert und geben das Insulin frei. Gefährlich sind jetzt aber die Feinde eines jeden Proteins, die Proteinasen, die zur Gruppe der proteinzerstörenden Enzyme gehören und Bestandteile jeder Zelle sind. Um zu verhindern, dass diese das kostbare Insulin kurz und klein hacken, gibt man zum Zellaufschluss Proteinase-Hemmstoffe, die das Insulin schützen.

Jetzt wird der Zellaufschluss Schritt für Schritt (unter anderem mithilfe der Affinitätschromatografie) gereinigt, sodass am Ende nur das saubere Insulin übrig bleibt. Alle weiteren Zellbestandteile wie Zelltrümmer, Organellen, Nukleinsäuren und andere Proteine werden abgetrennt und verworfen. Wie man eine solche Proteinreinigung durchführt, ist in Kapitel 20 beschrieben.

So weit zum Prinzip der Herstellung von rekombinantem Insulin. Ganz so einfach wie hier in wenigen Worten erklärt ist es in der Praxis allerdings nicht, es ist aber an dieser Stelle nur wichtig, dass Sie das Prinzip verstehen. So ähnlich wird Insulin auch häufig in Hefezellen hergestellt. Nur noch so viel Spezialwissen: In der Praxis wird nicht das Insulin produziert, sondern zunächst eine Vorstufe, das sogenannte *Proinsulin*, das dann im Nachhinein mithilfe von Enzymen in die aktive, räumliche Struktur des funktionstüchtigen Insulins gebracht wird. Ohne diese korrekte räumliche Faltung ist das Insulin – wie praktisch auch jedes andere Protein – nicht voll arbeitsfähig.

Um das Insulin in der Affinitätschromatografie vom übrigen Zellmüll unterscheiden zu können, wendet man einen raffinierten Trick an: Schon auf der DNA-Ebene wird an das Insulin-Gen eine kurze, besondere Sequenz – ein sogenanntes *Tag* (übersetzt: Markierung) – angehängt. Dieses Tag wird bei der Proteinsynthese in ein kurzes Peptid mitübersetzt, das am eigentlichen Insulin hängt und als Erkennungszeichen bei der Proteinreinigung dient, anhand dessen es aus dem Zellaufschluss gefischt werden kann. Das Tag kann danach auch einfach wieder abgespalten werden.

Muteine: Künstliche Proteinvarianten

Die Gentechnik macht aber auch noch einen weiteren Schritt möglich: Mithilfe des sogenannten ***Protein Engineering*** kann der Biotechnologe künstliche Proteine herstellen, die es in der Natur gar nicht gibt, die aber für Patienten entscheidende Vorteile haben. Man nennt diese künstlichen Varianten ***Muteine***.

Protein Engineering (übersetzt: Proteinmanipulation) nennt man ein spezielles Arbeitsgebiet der Molekularbiologie, das sich damit beschäftigt, die Eigenschaften von Proteinen durch Mutagenese des entsprechenden Gens zu verändern. Dies kann gezielt oder auch zufällig geschehen.

Muteine gibt es beispielsweise von Insulin oder auch von Erythropoietin (einem Hormon, das die Blutbildung anregt – lebenswichtig für Dialysepatienten, aber Sie kennen es sicher besser unter der Abkürzung EPO im Zusammenhang mit den Dopingfällen der letzten Jahre). Muteine entstehen, indem man die natürliche Aminosäuresequenz lokal verändert. Dies geschieht schon auf DNA-Ebene durch Mutagenese (siehe Kapitel 18), sodass beispielsweise Insulin-Muteine wie normales Insulin von den Coli-Bakterien oder Hefen produziert werden können. Vom Insulin sind aktuell mehrere verschiedene Wirkstoffvarianten auf dem Markt, zum Beispiel:

- ✔ Das *Insulin lispro*, bei dem zwei Aminosäuren vertauscht sind. Prolin und Lysin wechseln hierfür ihren Platz im Molekül, sonst ist das Hormon aber mit der natürlichen Form identisch.
- ✔ Das *Insulin aspart*, bei dem eine einzige Aminosäure (Prolin) gegen eine andere (Asparaginsäure) ausgetauscht ist.
- ✔ Das *Insulin detemir*, bei dem eine endständige Aminosäure (Threonin) entfernt und an das Peptid eine Fettsäure angehängt wurde, wodurch die Stabilität erhöht ist.

Ursache dafür ist nicht die Bastellust der Molekularbiologen, sondern die Tatsache, dass man festgestellt hat: Die beiden Varianten *aspart* und *lispro* wirken viel schneller als die herkömmliche rekombinante Form, sodass die Patienten ihre Mahlzeiten nicht stundenlang vorausplanen müssen. *Detemir* dagegen ist viel länger wirksam als die natürliche Form, sodass ein geringeres Risiko für eine nächtliche Unterzuckerung der Patienten besteht.

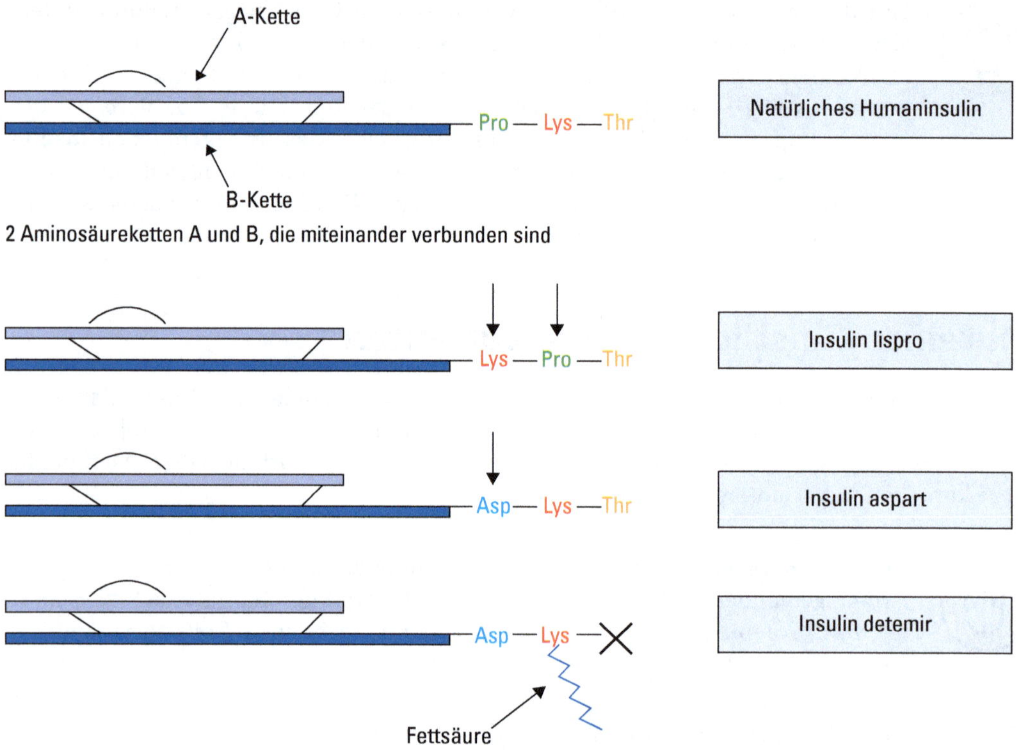

Abbildung 24.2: Drei Muteine des Humaninsulins (Pro = Prolin, Lys = Lysin, Thr = Threonin, Asp = Asparaginsäure)

Milliardenmarkt der rekombinanten Proteine

Dem Paradebeispiel Insulin folgten in den letzten Jahren noch viele andere gentechnisch hergestellte Medikamente: In Deutschland sind derzeit schon über 400 gentechnische Arzneimittel zugelassen, darunter Mittel gegen Krebs, Osteoporose, Rheuma oder Entzündungen, zur Beeinflussung der Blutgerinnung oder Wundbehandlung, aber auch in Form von Hormonen und rekombinanten Antikörpern als Impfstoffe. Sie werden nach dem gleichen Prinzip wie das rekombinante Insulin in folgenden Schritten hergestellt – davon die Schritte 3 und 4 in großem Maßstab im Bioreaktor:

1. Isolierung der DNA aus Zellen oder Gewebe
2. Klonierung des Gens
3. Transformation oder Transfektion der Wirtszelle
4. Zell- oder Bakterienkultur und Überexpression des Proteins in der Wirtszelle
5. Isolierung und Reinigung des rekombinanten Proteins

Rekombinante Proteine haben gegenüber klassischen Arzneimitteln Vorteile, zum Beispiel

- ✔ sind sie sehr *spezifisch* und wirken dadurch oft besser.

- ✔ haben sie *weniger Nebenwirkungen*, weil sie wie alle anderen natürlichen Proteine im Zuge des Proteinstoffwechsels zu Aminosäuren abgebaut werden. Und, weil sie körpereigenen Proteinen sehr ähnlich sind.

Von Nachteil ist, dass sie nicht einfach wie eine Pille eingenommen werden können, sondern ins Blut gespritzt werden müssen, weil sie sonst im Magen verdaut würden (der Magen kann leider nicht zwischen einem Steak und Medizin unterscheiden – für ihn ist Protein gleich Protein). Alternativ können einige wenige Proteine auch über die Schleimhäute der Atemwege, zum Beispiel als Nasenspray, aufgenommen werden. Wissenschaftler arbeiten aber daran, dass rekombinante Proteine irgendwann einmal auch oral eingenommen werden könnten.

Es sind aber nicht nur Proteinarzneimittel, die mithilfe der Gentechnik hergestellt werden. Nach dem gleichen Prinzip entstehen zum Beispiel auch künstlich hergestellte Enzyme, für die es zahlreiche Anwendungsmöglichkeiten in der chemischen oder Nahrungsmittelindustrie gibt, die aber auch (manchmal fast unbemerkt) Einzug in unseren Alltag gehalten haben. Ein Beispiel sind die enzymatischen Fettlöser in Waschmitteln, sodass Sie Ihre Wäsche heutzutage nur noch bei relativ niedrigen Temperaturen waschen müssen und die Fettflecken vom letzten Abendessen trotzdem nach dem Waschen verschwunden sind.

Wie man mit ultramodernen Verfahren zu einem »Wunsch«-Protein kommen kann – selbst wenn dieses so in der Natur gar nicht existiert –, erfahren Sie auch in Kapitel 27 über die Synthetische Biologie.

IN DIESEM KAPITEL

- Was man unter einer Nukleinsäure-Therapie versteht
- Strategien zur Heilung von Krankheiten mithilfe von DNA und RNA
- Wie solche Medikamente unversehrt im Körper ankommen

Kapitel 25

Medizin der allerneuesten Generation: Therapeutische Nukleinsäuren und Gentherapien

Mit der Corona-Impfung wurden sie schlagartig bekannt wie ein bunter Hund: Arzneimittel mit Nukleinsäuren – die ***Nukleinsäure-Therapeutika.*** In den Pandemiejahren waren sie für viele Wochen und Monate Hauptdarsteller jeder Nachrichtensendung, denn plötzlich war mRNA als Impfstoff in aller Munde. Dabei war die Idee, Nukleinsäuren als Waffe gegen Krankheiten einzusetzen, eigentlich nichts Neues. Geforscht wurde daran auch schon 50 Jahre vor der Pandemie und eine Handvoll dieser Medikamente war bereits zugelassen worden.

Durch die Pandemie erhielt diese neuartige Arzneimittelgruppe jedoch einen enormen Anschub, den es sicherlich sonst so niemals gegeben hätte: Der mRNA-Impfstoff gegen SARS-CoV-2 wurde damals mit noch nie da gewesener Geschwindigkeit und einem Millionenbudget nur ein knappes Jahr nach dem ersten Auftreten des Virus zugelassen. Dieser Vorgang dauert normalerweise gut zehn Jahre, meistens sogar noch länger. Seither wurden Milliarden Menschen gegen COVID-19 geimpft – schätzungsweise fast drei Viertel aller Menschen auf der Welt sind demnach bereits mit therapeutischen Nukleinsäuren in Kontakt gekommen. Höchste Zeit also, dass ich mich nun in einem eigenen Kapitel mit den Grundlagen dieser Zukunftstechnologie der Molekularbiologie beschäftige. Denn so viel steht fest: Die Corona-Impfung war nur der Anfang einer neuen, spannenden Gruppe von Arzneimitteln, von der wir in Zukunft mit Sicherheit noch viel mehr hören werden.

Nachdem ich mich im vorangegangenen Kapitel 24 mit der ersten Gruppe von *Biopharmazeutika*, den therapeutisch wirksamen Proteinen, beschäftigt habe, wende ich mich also nun in diesem Kapitel der zweiten Gruppe zu, den therapeutisch wirksamen Nukleinsäuren. Zunächst möchte ich erläutern, was man darunter überhaupt versteht und welche Typen von Nukleinsäuretherapeutika es gibt – es existieren nämlich bereits sehr unterschiedliche Ansätze, wie sich damit Krankheiten bekämpfen lassen. Mit manchen Techniken zur Herstellung dieser Arzneimittel sind Sie bereits vertraut, zum Beispiel mit der Genschere CRISPR/Cas9 (siehe Kapitel 19) oder den Antisense-Oligonukleotiden (siehe Kapitel 11). Diese Kenntnisse möchte ich nun in der Praxis anwenden, Sie sollen konkrete Beispiele kennenlernen und ich werde mich auch mit dem Paradebeispiel der COVID-19-Impfung beschäftigen.

Zum Schluss möchte ich vorstellen, wie eine Verpackung für solche Wirkstoffe aussehen muss. Nukleinsäuren können nicht »nackt« frei Haus in den Körper geliefert werden – da würden sie sofort zerstört und könnten niemals ihren Wirkungsort erreichen. Mit welchen Tricks sich dieses Problem umgehen lässt, erfahren Sie gleich.

DNA- und RNA-Therapeutika: Ähnlich, aber oft doch ganz anders

Ich mache es lieber gleich zu Beginn etwas komplizierter, dann ist das erledigt: Bei den ***Nukleinsäuretherapien*** wird zwischen »Gentherapeutika« und »Therapeutischen Nukleinsäuren« unterschieden. Diese sind eng miteinander verwandt, weil beide über die genetische Ebene wirken, und deshalb werden die Begriffe oftmals synonym verwendet. Das ist jedoch nicht ganz korrekt, denn:

- ***Gentherapeutika*** sind Medikamente, die das Erbgut *langfristig* oder *dauerhaft* verändern, indem funktionierende Gene eingeführt oder auch defekte Gene repariert werden. Dies geschieht in der Regel mithilfe von DNA.
- ***Therapeutische Nukleinsäuren*** sind Arzneimittel, die die Genaktivität beeinflussen. Dabei wird das Erbgut selbst *nicht* verändert, die Wirkung ist deshalb *vorübergehend*. Diese Wirkung kann mit DNA oder häufiger mit RNA erzielt werden.

Alle Nukleinsäuretherapien sind Beispiele »par excellence« für die personalisierte Medizin (siehe Kapitel 22): Persönlicher als auf der Basis der eigenen Nukleinsäuresequenz geht es nicht!

Man unterscheidet je nach eingesetzter Nukleinsäure-Art

- ***DNA-basierte Therapeutika*** (manchmal auch *genbasiert* genannt): Sie bestehen – wer hätte das gedacht? – aus Desoxyribonukleinsäure und werden für langfristige bis dauerhafte Effekte eingesetzt. Sie sind stabil, die Behandlung mit ihnen betrifft meist die Gen-Ebene. Daher müssen diese Therapeutika nur ein einziges Mal im Leben verabreicht werden oder zumindest sehr selten. Praktisch alle Gentherapeutika sind DNA-basiert, aber auch ein paar der therapeutischen Nukleinsäuren gehören dazu.

- ***RNA-basierte Therapeutika:*** Sie bestehen aus Ribonukleinsäure und wirken nur vorübergehend, die Behandlung ist also kurzfristig. Denn wie in Kapitel 4 beschrieben, ist RNA äußerst instabil, wird also schnell wieder abgebaut und muss entsprechend verpackt in den Körper gelangen, um überhaupt wirken zu können. Eine regelmäßige Verabreichung ist daher notwendig; dafür kann mit diesen Therapeutika schnell eingegriffen werden, zum Beispiel bei Infektionen. Die Mehrzahl der therapeutischen Nukleinsäuren ist RNA-basiert.

So viel zur Unterscheidung, die Ihnen auf den ersten Blick vielleicht ein bisschen unübersichtlich erscheinen mag. Aber keine Sorge, Ihnen werden die Unterschiede im Folgenden bestimmt viel verständlicher, wenn ich einige Typen von Nukleinsäure-Therapeutika im Einzelnen beschreibe!

Welche Erbgut-Waffen gibt es?

Ich habe diesen umständlichen Umweg zu Beginn dieses Kapitels nicht gewählt, um Sie zu verwirren – auf gar keinen Fall. Aber die Typen von Nukleinsäure-Therapeutika und vor allem ihre Wirkweise sind so vielfältig, dass Sie sich erst einmal einen generellen Überblick über die verschiedenen »Schubladen« – Gentherapeutika, therapeutische Nukleinsäuren, DNA- und RNA-basierte Therapien – verschaffen sollten, damit Sie die folgenden Typen zuordnen und das Prinzip dahinter besser verstehen können. Ich werde also im Folgenden etwas konkreter und packe den Werkzeugkasten des medizinischen Molekularbiologen aus.

Antisense-Oligonukleotide: Die Feinde des Boten

Mit diesen Therapeutika aus dem Waffenarsenal des Molekularbiologen haben Sie bereits in Kapitel 11 (Abschnitt »Mit Oligos die Herstellung krank machender Proteine blockieren«) Bekanntschaft gemacht. Derzeit sind weltweit bereits rund 15 ***Antisense-Oligonukleotide (ASOs)*** zur Behandlung seltener genetischer Erkrankungen zugelassen und viele weitere sind in der Entwicklung. Dabei wird das krank machende Gen selbst *nicht* verändert, seine Expression wird auf *mRNA-Ebene* reguliert. ASOs zählen zur Gruppe der therapeutischen Nukleinsäuren.

Mit Kosten von mehreren 100.000 Euro pro Jahr und Patient gehören ASOs derzeit (wie fast alle Nukleinsäuretherapeutika) zu den teuersten Medikamenten überhaupt. Je nachdem, wie stabil die Wirkstoffe sind und wie sie verabreicht werden können – das Spektrum reicht hier von »direkt ins Gehirn« über »ins Blut« bis »unter die Haut« –, müssen sie einmal wöchentlich bis alle paar Monate (jedenfalls relativ oft) angewandt werden. Aus diesem Grund, aber vor allem, weil ihre Entwicklung und Herstellung enorm aufwendig sind, kosten sie so viel wie ein kleines bis mittleres Häuschen.

ASOs sind nur wenige Basen lange, künstliche hergestellte und einzelsträngige Nukleinsäuren, meist *DNA* oder auch chemisch modifizierte RNA (auf »Schlau« *RNA-Analogon* genannt), die so entworfen werden, dass ihre Sequenz komplementär zur mRNA – also zum *Boten* – des krank machenden Gens ist. Dadurch wird dieser Bote blockiert oder, je nach Strategie, zerstört beziehungsweise modifiziert.

Ergebnis: Ohne mRNA findet keine Translation mehr am Ribosom statt = kein (oder modifiziertes) Protein mit der Information des krank machenden Gens wird produziert = das Gen wurde stillgelegt (»entschärft«).

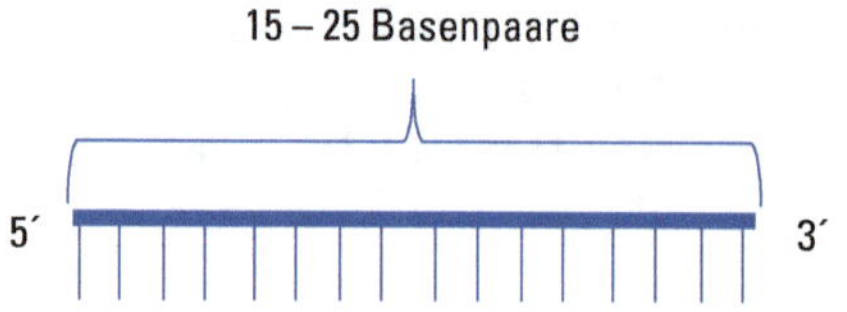

Abbildung 25.1: Wie ein ASO im Prinzip aussieht: ein kleines Stückchen einzelsträngige Ribonukleinsäure

Für die Wirkung von ASOs gibt es drei Strategien:

- Auf *Gen-Ebene:* Das Gen wird **stillgelegt** (= **Gene Silencing** oder **Gene Knockdown**).

  Nach der Verabreichung gelangt das ASO in die Zellen des Patienten. Dort bindet es an seine komplementäre mRNA (den Boten), die beiden bilden damit einen sogenannten *DNA-RNA-Hybrid*, also einen Doppelstrang. Dadurch alarmiert, kommt die *Ribonuklease H (RNase H)* herbeigeeilt. Dieses Enzym aus der Reinigungstruppe der Zelle hat die Aufgabe, die RNA in solchen Doppelsträngen abzubauen – und zwar egal, welche Sequenz diese hat. Seine Mission lautet ganz einfach: »Zerstören!«

  Ohne mRNA dann auch kein Protein mehr, das Gen wurde elegant nach der Transkription abgeschaltet. Diese Strategie funktioniert nicht nur mit DNA: Auch in modifizierter RNA kann man ein Signal in Form eines kleinen Mittelstücks aus DNA einbauen, um damit RNase H zu aktivieren, deren Auftrag es normalerweise ist, nur DNA-RNA-Hybride auseinanderzunehmen.

- Auf *Transkriptions-Ebene*: Die mRNA wird **alternativ gespleißt** (= **Exon-Skipping**).

  Wie die Transkription funktioniert, also wie Gene in mRNA übersetzt (transkribiert) werden, finden Sie in Kapitel 4. Dort wurde auch erklärt, dass zunächst eine *prä-mRNA* entsteht, die noch sowohl aus Exons als auch aus Introns besteht. Erst durch Spleißen entsteht die fertige mRNA; beim Spleißen werden die Introns einfach aus der frisch transkribierten RNA herausgeschnitten und nur die Exons wieder aneinandergefügt.

  Diesen Zwischenschritt über die prä-mRNA nutzt der medizinische Molekularbiologe beim *Exon-Skipping*: Bei dieser Strategie werden einfach defekte – also krank machende – Exons eines Gens »übersprungen« und damit ausgelassen. Dafür wird das ASO so entworfen, dass es an das defekte Exon in der prä-mRNA bindet und dieses damit blockiert: Dieses Exon wird nicht in die fertige mRNA eingebaut. Das entstehende Protein ist dann zwar verkürzt, aber noch funktionstüchtig.

- Auf *Translations-Ebene*: Die Herstellung des Proteins wird **blockiert**.

  Sie können die Übersetzung eines Gens in ein Protein aber auch direkt an der fertigen mRNA blockieren, ohne diese zu zerstören oder zu verändern.

Dafür wird das ASO so entworfen, dass es an strategisch wichtige Bereiche der mRNA bindet, beispielsweise an Start-Codons oder Ribosomenbindungsstellen. Es wirkt wie ein molekulares Stoppschild, denn die RNA-Sequenz selbst wird nicht angetastet, kann aber am Ribosom nicht mehr in ein Protein übersetzt werden. Damit die RNase H hier nicht dazwischenfunkt und zerstört, sind diese ASOs modifizierte Ribonukleinsäuren.

BEISPIEL

Nach den offiziellen Regeln der Weltgesundheitsorganisation enden alle ASOs mit ***-rsen***, wie zum Beispiel die Medikamente

- *Inotersen* zur Behandlung der hereditären Transthyretin-Amyloidose mit Polyneuropathie (einer Erbkrankheit, bei der sich falsch gefaltetes Protein in Organen ablagert) oder *Tofersen* zur Therapie einer seltenen Form der Amyotrophen Lateralsklerose (einer Krankheit, bei der sich fehlgefaltete Enzyme in Nervenzellen anreichern). Sie machen sich vor allem die erste oben genannte Strategie, das *Gene Knockdown* mithilfe der RNase H, zunutze.
- *Eteplirsen* oder *Golodirsen* zur Behandlung der Duchenne-Muskeldystrophie (einer schweren Form von Muskelschwund aufgrund des Fehlens eines wichtigen Muskelproteins, des Dystrophins). Sie nutzen die zweite erläuterte Strategie, das *Exon-Skipping.*

Hergestellt werden ASOs im Prinzip genauso, wie es in Kapitel 11 über Oligos bereits beschrieben wurde. Für den medizinischen Gebrauch ist das Herstellungsverfahren allerdings besonders aufwendig, weil das Ganze natürlich hoch präzise und steril ablaufen muss – auch die nachgeschaltete Aufreinigung und Abfüllung sind arbeitsintensiv. Als Experten für Nukleinsäuren wissen Sie nach den vorangegangenen Kapiteln, wie fatal auch nur ein einziger kleiner Fehler in der Basenabfolge (Sequenz) einer Nukleinsäure sein kann. Das gilt natürlich auch ganz besonders für Nukleinsäure-Therapeutika. Die Folgen wären keine oder ungenügende Wirkung oder, im schlimmsten Fall, gefährliche Nebenwirkungen.

siRNA-Therapeutika: Die kleinen Störenfriede

Small interfering RNA (siRNA) – in etwa übersetzt mit »kleine störende RNA« – hat in der Natur die Funktion, RNA-Viren abzuwehren oder manchmal auch eigene Gene stumm zu schalten. Der medizinische Molekularbiologe macht sie sich zunutze, indem er mit ihrer Hilfe gezielt krank machende Gene ausschaltet. Sie wurden auch bereits in Kapitel 11, Abschnitt »Mit Oligos die Herstellung krank machender Proteine blockieren« erwähnt.

siRNAs sind etwa 20 bis 25 Nukleotide lange, *doppelsträngige Ribonukleinsäuren* mit kurzen, überhängenden Enden (also ganz kurzen Einzelsträngen). Sie entstehen, indem sie aus großen, bis zu mehreren Tausend Nukleotiden großen doppelsträngigen RNA-Molekülen herausgeschnitten werden. Die Schere hierfür ist ein Enzym, das den anschaulichen Namen *Dicer* = »Häcksler« trägt. Dieses Gemetzel findet beispielsweise nach einem Angriff durch Viren statt.

Die zerhackten Mini-RNAs werden dann in einen Proteinkomplex eingebaut, den man *RISC (RNA-Induced Silencing Complex)* nennt. Und jetzt kommt der Trick: Dieser RISC kann an ein zur siRNA-Sequenz komplementäres Stück mRNA binden und dieses abbauen, sodass es nicht mehr in Protein übersetzt werden kann.

Das bedeutet: keine Translation; die Gene mit der Information für die zerstörte mRNA wurden stillgelegt, aber selbst *nicht* verändert. Wie die ASOs im vorangegangenen Abschnitt wirken siRNAs also über die *Ebene der mRNA*, sie gehören daher zur Gruppe der therapeutischen Nukleinsäuren. Wir haben es hier wieder mit einer Form von *Gene Silencing* zu tun, in diesem Fall nennt man das ***RNA-Interferenz (RNAi)***.

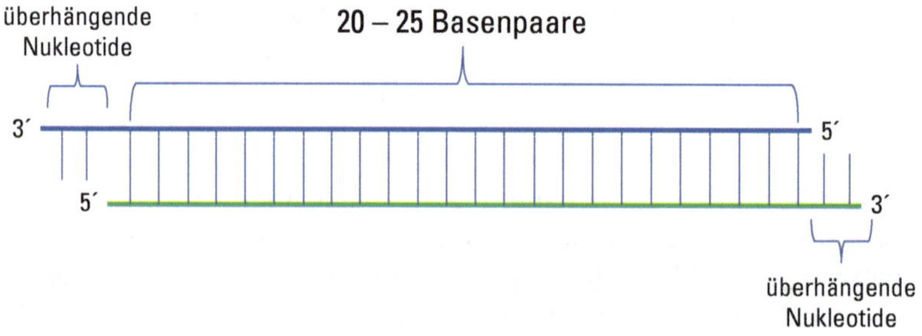

Abbildung 25.2: Wie eine siRNA im Prinzip aussieht: ein kleines Stückchen doppelsträngige Ribonukleinsäure mit einzelsträngigen Enden

Während die menschliche Zelle siRNAs zur Genregulation vermutlich eher selten bis gar nicht nutzt und dafür lieber auf microRNA (miRNA, siehe Kapitel 4) zurückgreift, nutzt sie der (medizinische) Molekularbiologe für

- ***Forschungszwecke***, indem er zur Aufklärung genetischer Krankheitsprozesse Gene gezielt stumm schaltet, um zu beobachten, was dann passiert, wenn diese Gene ausfallen
- ***Therapien***, indem er krank machende Gene gezielt ausschaltet.

Derzeit sind sieben siRNA-Therapeutika zur Behandlung seltener genetischer Erkrankungen zugelassen. Das erste von ihnen war 2018 *Patisiran* zur Behandlung der hereditären Transthyretin-Amyloidose, bei der sich falsch gefaltetes Protein in Organen ablagert und diese dadurch schädigt. Weitere siRNA-Arzneimittel wirken bei Hämoglobin-, Fett- oder Nierenstoffwechselstörungen. Sie müssen alle paar Wochen bis Monate verabreicht werden und sind bis auf eines mit fast 500.000 Euro pro Jahr und Patient unglaublich teuer. Die Namen aller siRNA-Wirkstoff enden mit *-siran*, so können Sie gleich erkennen, welche Art von Erbgut-Waffe dahintersteckt.

BEISPIEL

So entstehen die kurzen *RNA-Doppelstränge für siRNA-Therapeutika*:

1. Zunächst einmal wird die Sequenz für die siRNAs mithilfe bioinformatischer Methoden so *entworfen*, dass sie die mRNA des krank machenden Gens zuverlässig und stabil binden.

2. Die beiden zueinander komplementären siRNA-Stränge werden *chemisch hergestellt*, prinzipiell so, wie es in Kapitel 11 erklärt wurde.

   Da die RNA äußerst instabil ist, muss sie noch *modifiziert* werden. Hierfür gibt es raffinierte Strategien, mit denen Sie sich nicht unbedingt auskennen müssen. Nur ein Beispiel: Die Hydroxyl-(OH-)Gruppe der Ribose kann bei der Herstellung auch durch Fluor (F) ersetzt werden, dies schreckt Nukleasen – die Zerstörer (siehe Kapitel 9) – ab und sorgt dafür, dass die siRNA besser an die mRNA binden kann.

3. Damit das Medikament nach Verabreichung auch zuverlässig in den Zellen ankommt, ohne von körpereigenen Verteidigungs- und Verdauungssystemen angegriffen zu werden, muss sie noch entsprechend *verpackt* werden; davon später mehr.

   Dies ist nur sehr, sehr grob aufgelistet, wie siRNA-Arzneimittel hergestellt werden – alles, was noch »drum herum« stattfindet wie die Reinigung, Qualitätskontrolle oder Abfüllung und Lagerung, ist auch ziemlich aufwendig, ganz zu schweigen von den jahrelangen Forschungsarbeiten, die im Vorfeld der praktischen Anwendung stattgefunden haben. Da kann man gut nachvollziehen, warum Nukleinsäuretherapeutika immense Preise haben, oder?

mRNA-Therapeutika: Die VIPs der Coronapandemie

Heute wissen wir, dass wir mit dem Coronavirus SARS-CoV-2 leben müssen und das auch einigermaßen können. Das war im Jahr 2019, als das Virus in seiner Variante Alpha erstmals in Erscheinung trat und COVID-19 kurze Zeit später zu einer »gesundheitlichen Notlage internationaler Tragweite« erklärt wurde, überhaupt nicht so. Damals kannten vermutlich außer Molekularbiologie-Experten oder Schülern aus Bio-Leistungskursen nur sehr wenige ***mRNAs***. Dies änderte sich schlagartig, als dieser Nukleinsäuretyp Ende 2020 die öffentliche Corona-Bühne betrat: Damals wurde mit *Comirnaty*® zum allerersten Mal ein Nukleinsäure-Therapeutikum mit dem Wirkstoff mRNA zugelassen – *DER* Durchbruch für die mRNA-Technologie in der klinischen Anwendung. Noch nie war ein Impfstoff so schnell entwickelt worden.

Dies hätte jedoch niemals passieren können ohne vorangegangene jahrzehntelange molekularbiologische Grundlagenforschung. Denn die Technologie, künstlich hergestellte, maßgeschneiderte mRNA zu Therapiezwecken zu injizieren, war an sich überhaupt nichts Neues. Geforscht wird daran bereits seit den 1990er-Jahren. Durchaus auch mit Erfolg: Entwicklungsarbeiten für Impfstoffe gegen Zika-, Tollwut- oder Influenza-Viren waren im Gange, wurden dann aber zugunsten von Corona zurückgestellt. Was fehlte, war also nicht der Wirkstoff an sich, sondern eher das »Drumherum«, also beispielsweise die richtige Verpackung, damit die mRNA-Stränge im Körper nicht gleich wieder abgebaut werden, die Herstellung sowie natürlich klinische Tests und dann letzten Endes die Zulassung als Medikament. Dies alles wurde innerhalb kürzester Zeit erarbeitet und damit die Grundlage für weitere mRNA-Therapien geschaffen. Marktanalysen prognostizieren ein enormes Wachstum des mRNA-Therapiemarkts in den nächsten Jahren.

Für ***mRNA-Therapeutika*** wird – das ist nicht schwer zu erraten – künstliche mRNA eingesetzt, die mehrere Tausend Nukleotide lang ist, um gezielt Proteine nach Wunsch herzustellen. Dazu wird diese mRNA sicher verpackt in die Zellen gebracht, dort in das »Wunsch«-Protein übersetzt, das dann heilend wirkt, zum Beispiel ein fehlendes Enzym ersetzt oder eine Immunreaktion auslöst.

Das krank machende Gen selbst wird *nicht* verändert, die Wirkung findet auf der Ebene der Genexpression (der mRNA) statt. Auch diese Arzneimittel gehören zur Gruppe der therapeutischen Nukleinsäuren.

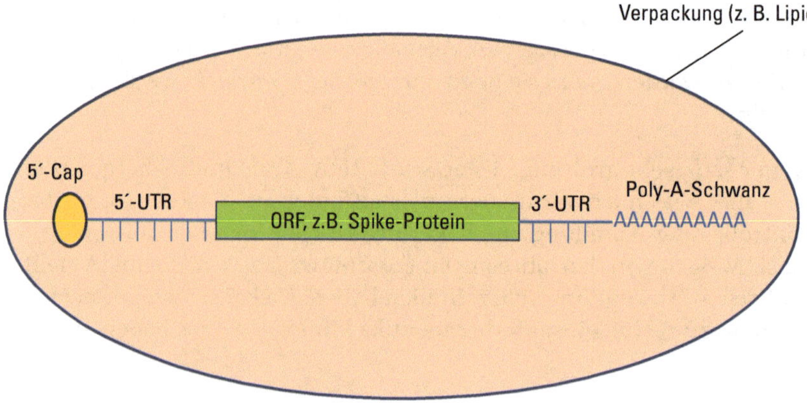

Abbildung 25.3: Wie ein mRNA-Therapeutikum im Prinzip aussieht: Kern ist das ORF (= open reading frame, offenes Leseraster), dessen Basenabfolge die Information für das »Wunsch«-Protein trägt, zum Beispiel für das Spike-Protein des Coronavirus. Zu beiden Seiten befinden sich nicht-codierende Bereiche (UTR = untranslated region). Die 5´-Cap ist ein modifiziertes Nukleotid, das Schutzfunktion hat, ebenso wie der Poly-A-Schwanz aus Adenosin-Bausteinen.

BEISPIEL

Derzeit sind weltweit eine Handvoll erste Arzneimittel mit einem *mRNA-*Wirkstoff zugelassen, unter anderem die Impfstoffe *Comirnaty*® und *Spikevax*® gegen COVID-19 sowie *Arexvy*® gegen das Respiratorische Synzytial-Virus (RSV). Die mRNA in Comirnaty® ist beispielsweise rund 4.300 Nukleotide lang.

Der neueste Clou aus der Werkstatt des medizinischen Molekularbiologen ist mit *Zapomeran* ein *selbstamplifizierender mRNA-Impfstoff (saRNA-Impfstoff)* gegen COVID-19, mit dem seit 2025 geimpft werden darf. Hier sind noch zusätzlich Sequenzen für eine *Replikase* – das ist ein Enzymkomplex, der RNA vervielfältigt (= repliziert) – im Impfstoff enthalten. Dadurch kann sich die mRNA in der Zelle selbst kopieren, was eine stärkere und länger anhaltende Immunreaktion bei einer um ein Vielfaches geringeren Dosis bedingt. Aufgrund der viel geringeren Dosis ist der Impfstoff verträglicher und kostet weniger. Das Prinzip soll zukünftig auch bei anderen Nukleinsäuretherapien zum Einsatz kommen. Logischerweise muss eine mRNA, die auch noch für eine Replikase codiert, mit 8.000 bis 12.000 Nukleotiden noch länger sein als bei den »einfachen« mRNA-Impfstoffen.

Derzeit ist eine Vielzahl weiterer mRNA-Therapeutika in der Entwicklung, darunter vielversprechende Kandidaten zur Krebsbehandlung, Impfstoffe gegen weitere Infektionskrankheiten oder Therapien für seltene genetische Stoffwechsel, Autoimmun- oder auch Herz-Kreislauf-Erkrankungen.

Paradebeispiel: Wie die Impfung gegen COVID-19 wirkt

Wir haben es unzählige Male in der Zeitung oder im Fernsehen gesehen und wissen mittlerweile fast alle in etwa, wie *SARS-CoV-2*, das Coronavirus aussieht: ein Mini-Ball, der eine Krone zu tragen scheint – auf Lateinisch: Corona. Diese Krone wird aus den sogenannten ***Spike-Proteinen*** gebildet, die wie kleine Stacheln aussehen und mit denen das Virus an seine Wirtszellen in unserem Körper andocken und wie mit einem Schlüssel eindringen kann. Eine Infektion läuft dann prinzipiell so ab, wie es in Kapitel 8 im Abschnitt »Was bei einer Infektion passiert« erklärt wurde.

Diese Spike-Proteine sind das Herzstück der Impfstrategie, denn *der Impf-Wirkstoff ist eine mRNA mit der Sequenz für Spike*. Sie wird künstlich hergestellt, in eine schützende Hülle aus Lipid-Nanopartikeln verpackt (für Details, siehe »Welche Verpackungsstrategien gibt es?« im letzten Abschnitt des Kapitels), sterilfiltriert und in Impfstofffläschchen abgefüllt. Zur Impfung wird die Spike-mRNA in unseren Muskel gespritzt, in den Zellen in Protein übersetzt und als Produkt der zellulären Proteinfabrik nicht lange darauf stolz an der Oberfläche der Muskelzellen präsentiert.

Nun ist das Immunsystem am Zug: Es erkennt, dass das Spike-Protein eigentlich überhaupt nicht dorthin gehört, sondern etwas Fremdes ist. Antikörper gegen Spike werden gebildet und bestimmte Gedächtniszellen des Immunsystems merken sich die Virusbestandteile – alles Mittel, um bei einer erneuten (echten) Infektion schnell reagieren und den Eindringling neutralisieren zu können, bevor er viele Zellen erreicht und sich ausbreitet. Dem Körper wird also mit der Impfung beigebracht, das Virus rechtzeitig zu erkennen und zu bekämpfen, ohne jemals vorher mit dem echten Virus oder seinen Bestandteilen in Kontakt gekommen zu sein. Denn die Spike-Proteine hat unser Körper ja *selbst* nach Bauplan der künstlichen Spike-mRNA, die ihm gespritzt wurde, gebildet. Solch ein Impfstoff lässt sich innerhalb kürzester Zeit auch relativ einfach an neue Virusvarianten anpassen, indem die Sequenz des mRNA-Wirkstoffs einfach geändert wird.

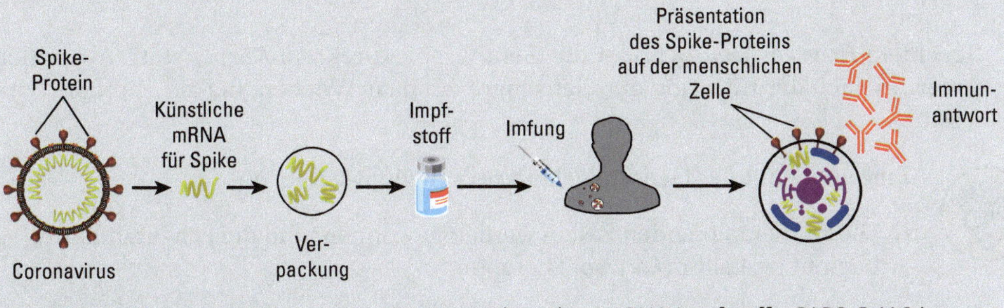

So wirkt die Corona-Impfung und im Prinzip auch andere mRNA-Impfstoffe: SARS-CoV-2 ist ein RNA-Virus, dessen Erbgut unter anderem auch die Information für Spike-Proteine enthält. Genau mit diesem Code wird eine künstliche mRNA hergestellt, dieser Wirkstoff verpackt, abgefüllt und in den Muskel gespritzt. Die Zellmaschinerie des Geimpften stellt nach kurzer Zeit das fremde Spike-Protein her, das auf der Zelloberfläche präsentiert wird und sofort das körpereigene Immunsystem aktiviert.

Therapie mit der Genschere

Die Genschere ist eines der neuesten Werkzeuge des Molekularbiologen; sie ist erst seit 2016 »an der Bench« in Gebrauch, seit kurzer Zeit auch in einer ersten konkreten medizinischen Anwendung. Die Verwendung des CRISPR-Cas9-Systems (das »Crispern«) kennen Sie ja bereits (sonst schlagen Sie einfach nochmals kurz in Kapitel 19 nach). Aber wie genau wird diese »Erbgutwaffe« gegen Krankheiten eingesetzt? Lesen Sie weiter!

CRISPR-Therapien nutzen – das ist nicht schwer zu erraten – das CRISPR-Cas9-System für medizinische Behandlungen, um die DNA eines Patienten wie mit einer Schere gezielt zu schneiden. Es wird aber nicht nur zerstört: Je nach der gewünschten Sequenzänderung kann das herausgeschnittene Stück DNA entweder

- komplett entfernt,
- stattdessen ein anderes eingefügt oder
- zusätzlich ein anderes eingefügt werden.

Damit gehören die CRISPR-Therapien zur Gruppe der *Gentherapeutika*, die das Erbgut *dauerhaft* verändern.

Um mit der Genschere genetische Krankheiten zu heilen, gibt es grundsätzlich mehrere Möglichkeiten:

- Bei einem ***Ex-vivo-Ansatz*** wird das Erbgut zunächst *außerhalb des Körpers* im Labor korrigiert und die gecrisperten Zellen werden dann anschließend wieder zurückgebracht. Dieser Prozess dauert Wochen bis Monate.
  - Handelt es sich um die *eigenen* Zellen eines Patienten, so heißt dies ***autologe Therapie***.
  - Werden Zellen von *anderen* Menschen gespendet, so wird dies ***allogene Therapie*** genannt.
- Bei einem ***In-vivo-Ansatz*** findet die Gentherapie direkt *im Körper* statt. Auch hier dauert es nach der Injektion der Genschere ein paar Wochen, bis die Therapie wirkt.

Eine »OP« mit der Genschere läuft im Prinzip wie folgt ab:

1. Die zu therapierenden Zellen werden gewonnen, und die Erbgutänderung beginnt im Labor (*Ex vivo*-Therapie).

   Oder:

   Das CRISPR-System wird entsprechend verpackt direkt in den Körper verabreicht und dort in die Zellen aufgenommen. Die Genom-Editierung wird direkt am Wirkungsort in die Wege geleitet (*In vivo*-Therapie).

2. Das krank machende Gen – oder ein Teil seiner Sequenz – wird abgeschaltet oder repariert.

3. Bei der *Ex vivo*-Therapie wird der Erfolg zunächst im Labor kontrolliert; erst dann werden die Zellen wieder in den Körper zurücktransferiert. Bei der *In vivo*-Therapie ist dies natürlich nicht möglich. In diesem Fall muss man abwarten, bis sich die Krankheitssymptome bessern.

Das Tolle daran ist es, dass die Behandlung nur ein einziges Mal durchgeführt werden muss und der Patient dann im Erfolgsfall lebenslang geheilt ist. Allerdings ist diese »Erbgutwaffe« noch so neu, dass noch eine ganze Menge Forschung auf Ärzte, Molekularbiologen und die Kollegen aus verwandten Disziplinen warten, beispielsweise was die Sicherheit und Langzeitwirkung solcher Arzneimittel angeht.

BEISPIEL

Das erste Medikament, das die Genschere nutzt, wurde in Europa 2024 zugelassen – ein Meilenstein für die medizinische Molekularbiologie: der Wirkstoff mit dem sperrigen Namen *Exagamglogen autotemcel* (Casgevy®) zur Therapie von bestimmten Formen der Sichelzellkrankheit und Beta-Thalassämie. Beide sind schwere erbliche Erkrankungen des Blutes, die die Bildung des roten Blutfarbstoffs Hämoglobin betreffen. Zur Behandlung werden patienteneigene Blutstammzellen in einem *Ex vivo*-Ansatz so verändert, dass sie vermehrt fetales Hämoglobin produzieren – also Blutzellen wie im Fötus –, das die Funktion des defekten Hämoglobins übernimmt.

Der Preis für diese Behandlung ist mit um die 2 Millionen Euro derzeit der absolute Spitzenreiter unter den »Erbgutwaffen«. Alleine für die Herstellung der guide RNA (siehe Kapitel 19), die die Genschere zum Ziel führt, sind Hunderte von einzelnen Prozessschritten nötig. Trotzdem (und glücklicherweise) sind weitere Therapeutika bereits in klinischen Phasen, zum Beispiel für Augen- und Lebererkrankungen oder Krebs.

Auf die Verpackung kommt es an

Wie Sie also in den vorangegangenen Abschnitten erfahren haben, kann man Nukleinsäuren – DNA, RNA oder auch die CRISPR-Komponenten – in den menschlichen Körper bringen, damit sie dort heilend wirken. Allerdings: Dies funktioniert nie und nimmer ohne Verpackung, weil diese supermodernen Arzneimittel sonst nicht wirken können. Deshalb braucht man passende Hüllen für die kostbaren Wirkstoffe – den Inhalt eines Päckchens werfen wir ja auch nicht einfach so in den Briefkasten, wir wollen ja, dass alles unversehrt ankommt, und zwar beim Adressaten, nicht irgendwo sonst. Eine Ausnahme sind die ASOs. Sie können chemisch passend modifiziert werden. Für alle anderen Nukleinsäure-Therapeutika gilt:

Wenn man sich die Verpackung spart, Nukleinsäuren also »nackt« verabreicht,

- ✔ lockt das schnell Zerstörer an, die fast überall im Körper vorkommen: die *Nukleasen* (siehe auch Kapitel 9), die Teil der körpereigenen Schutztruppe sind, und die körperfremdes genetisches Material in Blut, Gewebe oder Zellen ratzfatz abbauen. Damit können sie natürlich nicht mehr wirken wie geplant.

- schaffen diese es nicht von selbst in die Zellen. Denn *Zellmembranen sind hydrophob* (= wasserabweisend), Nukleinsäuren aber mit ihrer negativen Ladung *hydrophil* (= wasserliebend). Das heißt, deren chemische Eigenschaften vertragen sich ganz und gar nicht, außerdem sind die Nukleinsäuren – selbst die Minis unter ihnen, die siRNAs – viel zu groß und zu sperrig, um sich durch die Membranen mogeln zu können. Schaffen es die Nukleinsäuren aber gar nicht bis an den Ort des Krankheitsgeschehens, sind sie logischerweise wirkungslos.
- wird sofort das Immunsystem aktiviert, weil es die Nukleinsäuren als mögliche Anzeichen einer Infektion ansieht – also als fremdes Erbgut, das auch aus Bakterien oder Viren stammen könnte. Der Körper reagiert, zum Beispiel mit Fieber oder Schmerzen, und das ist natürlich überhaupt nicht erwünscht.

Welche Verpackungsstrategien gibt es?

Wissenschaftler sind ja kreativ (das ist schließlich ihr Beruf!) und so stehen schon eine ganze Reihe an raffinierten Verpackungen für Nukleinsäuren zur Auswahl, mit deren Hilfe die Wirkstoffe zuverlässig an Ort und Stelle gelangen, wo sie ihre heilende Arbeit verrichten sollen.

Der medizinische Molekularbiologe hat die folgenden molekularen Paketdienste zur Auswahl:

- ***Lipid-Nanopartikel (LNPs)*** umgeben ihre kostbare Fracht mit einer fettartigen Hülle, wickeln sie damit ein wie in Packpapier und helfen ihnen damit, die Zellmembranen zu überwinden. Diese Verpackung schützt auch vor dem Abbau durch Nukleasen. In der Praxis werden LNPs für mRNA-Impfstoffe, siRNAs oder die Genschere genutzt. Sie können auch ganz gezielt modifiziert werden, sodass sie besonders gut zur Therapie in bestimmten Geweben passen, zum Beispiel in Leber oder Lunge.
- ***Liposomen:*** kleine, mit Flüssigkeit gefüllte Bläschen mit einer Außenhülle aus Lipiden (fettähnlichen Naturstoffen). In ihrem Inneren können wasserlösliche Wirkstoffe wie Nukleinsäuren verstaut und in den Körper transportiert werden.
- ***Polymerbasierte Nanopartikel*** bestehen aus Polymeren (langen Ketten aus sehr vielen gleichen oder ähnlichen Bausteinen) und sind Alternativen zu den LNPs mit sehr ähnlichem Anwendungsspektrum.
- ***Virale Vektoren*** sind modifizierte Viren, die keine Infektion auslösen, aber Nukleinsäuren in Zellen schleusen können (siehe auch Kapitel 8, Abschnitt »Gentherapie – Taxi in die Zelle, bitte«) und diese direkt ins Genom integrieren oder im Cytoplasma abladen. Das funktioniert ziemlich gut, allerdings besteht die Gefahr einer unerwünschten Immunreaktion oder einem Einbau von Virenbestandteilen ins Genom und der Gefahr von Mutationen. CRISPR-Systeme nutzen diese Vektoren als Transportmittel.

- ✔ ***Peptide:*** Diese Moleküle – also kurze Perlenketten aus Aminosäuren – kennen Sie ja schon bestens aus den Kapiteln 1 und 5. Im molekularbiologischen Verpackungswesen kommt vor allem eine Art zur Anwendung, die Cell-Penetrating Peptides (CPPs). Sie können Zellmembranen durchdringen und dabei andere Moleküle, auch Nukleinsäuren, mitnehmen. Allerdings liefern sie große Nukleinsäuren nicht so zuverlässig ab und werden recht schnell wieder abgebaut. An ihrer Verwendung als Verpackung wird noch intensiv geforscht.

- ✔ ***Exosomen:*** kleine Bläschen, die in der Natur von Zellen freigesetzt werden, um dadurch mit anderen Zellen zu kommunizieren. Sie sind körpereigen, das ist ihr großer Vorteil, und können mit Nukleinsäuren beladen werden, die sie an andere Zellen abgeben, ohne dass das Immunsystem aktiviert wird. Exosomen sind allerdings relativ schwierig herzustellen und geben die kostbare Fracht im Vergleich zu den anderen Systemen nicht so effizient ab. Es gibt noch kein konkretes Exosom-basiertes Nukleinsäuretherapeutikum, aber entsprechende Forschungsarbeiten und klinische Studien sind in Arbeit.

IN DIESEM KAPITEL

- Informationen rund ums Klonen
- Warum gentechnisch veränderte Lebewesen geschaffen werden
- Eine kurze Einführung in die Bioethik

Kapitel 26

Molekularbiologie in Landwirtschaft und Ernährung

Man mag dazu stehen, wie man will, aber die Molekularbiologie, speziell die Gentechnik, ist schon längst in unserem Alltag angekommen. Nicht nur in Form von Arzneimitteln wie Hormonen und Impfstoffen oder als Fleckiöser in Waschmitteln (siehe Kapitel 24), sondern auch in der Landwirtschaft (mit Auswirkungen auf unsere Ernährung) und noch viel mehr, ob man's will oder nicht. Die prominentesten (Negativ-) Beispiele sind geklonte Tiere oder die Freisetzung von gentechnisch veränderten Pflanzen und Bakterien. Ob diese Beispiele tatsächlich so negativ sind, wie um uns herum behauptet wird – dies sollen Sie, nachdem Sie dieses Kapitel gelesen haben, selbst beurteilen können. Denn in den folgenden Abschnitten möchte ich Sie über das Wichtigste zum Thema Molekularbiologie und Landwirtschaft informieren und Sie in die Lage versetzen, sich eine *eigene* Meinung über einige Sachverhalte zu bilden – egal wie diese Meinung aussehen mag. Wie in vorangegangenen Kapiteln auch, so müssen wir Molekularbiologen dabei wieder ein wenig im Hoheitsgebiet der Biotechnologen wildern, denn auch hierbei sind die beiden Wissenschaftsdisziplinen meistens schwer voneinander zu trennen und überschneiden sich in großen Bereichen.

Ich beginne mit der Frage, warum man Tiere überhaupt klonen will, beschäftige mich dann mit dem Gene-Pharming (der Medikamentenproduktion mithilfe von Nutztieren und -pflanzen), Xenotransplantationen (Spenderorganen aus Tieren), transgenen Lebewesen sowie Genfood und möchte mich zum Schluss auch kurz einigen Fragen der Bioethik widmen, die sich jeder ordentliche Molekularbiologe, Erzeuger und Verbraucher ohne Zweifel in regelmäßigen Abständen stellen muss.

Warum will man Tiere klonen?

Dieses Thema gehört nicht wirklich zur Molekularbiologie, auch eigentlich nicht zur Biotechnologie, sondern viel eher zur Reproduktionsmedizin. Da man in der Öffentlichkeit dieses Thema aber immer wieder mit Gentechnik in einen Topf wirft, möchte ich in diesem Fall eine Ausnahme machen. Denn wie Sie gleich sehen werden, ist auch dieses Anwendungsgebiet wieder einmal schwer von der Molekularbiologie zu trennen und überschneidet sich mit ihr ebenso wie die Biotechnologie, Biochemie oder Genetik.

Eineiige Zwillinge ohne Ende: Geklonte Lebewesen

Wenn Wissenschaftler ein Lebewesen *klonen*, dann bedeutet das, dass sie von diesem Lebewesen oder seinen Zellen ein oder mehrere identische lebende Kopien – praktisch künstliche eineiige Zwillinge – erzeugen. Dabei ist das durchaus kein unnatürlicher Vorgang: Bakterien und Pflanzen können sich von Natur aus klonen, nur die meisten Tiere besitzen diese natürliche Fähigkeit nicht. Deshalb ist die Wissenschaft auf die Idee gekommen, dem nachzuhelfen. In der Landwirtschaft werden Kulturpflanzen wie zum Beispiel Kartoffeln übrigens schon seit Jahrhunderten »geklont« (hier aber ganz natürlich, über die Knollen der Elternpflanze), um besonders günstige Eigenschaften zu erhalten.

Zum Klonen von Tieren wird fremdes Erbgut eines Zellkerns in eine Eizelle übertragen, deren eigener Zellkern vorher entfernt wurde. Die so befruchtete Eizelle wird dann mit speziellen Methoden zur Entwicklung angeregt. Dabei unterscheidet man zwischen

- ✔ **reproduktivem Klonen** mit dem Ziel, die identische Kopie eines Lebewesens herzustellen. Dabei wird der Embryo von einer Leihmutter ausgetragen. Diese Art der Reproduktion gelang 1996 das erste Mal bei einem Säugetier: bei Dolly, dem berühmten Klonschaf, das sich inzwischen konserviert im schottischen National Museum befindet. Heute wird die Methodik bei vielen Tierarten erfolgreich praktiziert. Zum Beispiel werden besonders wertvolle Zuchtpferde häufig geklont. Dabei ist allerdings die Erfolgsrate noch relativ gering. Nur ein sehr geringer Anteil an Eizellen entwickelt sich und führt zu einer erfolgreichen Geburt. Dass das Klonen beim Menschen geklappt hätte, wurde zwar von amerikanischen Wissenschaftlern in den letzten Jahren immer wieder behauptet, dies führte allerdings bisher nie zu einer intakten Schwangerschaft der Leihmütter. Menschen wurden also definitiv bisher nicht geklont.

- ✔ **therapeutischem Klonen** (auch *Forschungsklonen* genannt) mit dem Ziel, genetisch identische Kopien einzelner Organe oder Zellen eines Lebewesens herzustellen, die praktisch als Ersatzteile für kranke Organe dienen und den enormen Vorteil gegenüber Spenderorganen haben, dass sie vom Körper nicht als fremd erkannt und abgestoßen werden. Hierbei ist es also nicht das Ziel, den Embryo auszutragen, sondern er wird bereits nach wenigen Zellteilungen zerstört und die einzelnen Zellen – man bezeichnet sie als Stammzellen – weiter kultiviert. Diese Technik befindet sich aber noch in der Forschungsphase. Man hofft, eines Tages aus den Stammzellen komplette neue Organe züchten oder die Zellen zur Heilung von schweren Krankheiten direkt in den Körper eines Patienten übertragen zu können. In Deutschland ist das Klonen menschlicher Zellen durch das Embryonen- und Stammzellgesetz grundsätzlich verboten. In den USA ist es Forschern aber bereits gelungen, einen menschlichen Reagenzglas-Embryo aus hundert bis zweihundert Zellen zu klonen.

Genau genommen sind die Lebewesen oder Zellen, die auf diese Weise entstehen, gar keine *richtigen* Klone, denn die Eizelle, in die der fremde Zellkern übertragen wurde, besitzt ja bereits eigene Zellorganellen, die sie dem fremden Erbgut quasi als Mietwohnung zur Verfügung stellt. Und wie Sie ja sicherlich noch aus Kapitel 2 wissen, besitzen die Mitochondrien sogar ihr eigenes, vom Zellkern unabhängiges Erbgut. Der Klon besitzt also das Zellkern-Genom des fremden Erbgutspenders, aber das Mitochondrien-Genom des Eizellenspenders, also der Mutter. In Deutschland sind beide Arten des Klonens derzeit verboten.

Obwohl der Begriff ***Klonen*** bei vielen heutzutage eher negative Gefühle hervorruft, gibt es tatsächlich ein paar *gute Gründe,* warum man Tiere klonen möchte. Zum Beispiel folgende:

- Bei der klassischen Form der ***Züchtung*** kann es passieren, dass man – obwohl man Tiere mit optimalen Eigenschaften miteinander kreuzt – Nachkommen mit weniger erwünschten Eigenschaften erhält. Mit einer identischen Kopie – dem Klon – des Tiers, das viele gute Eigenschaften besitzt, kann man solche Überraschungen ausschließen.

  Eine Alternative, die jedoch nicht ganz so gut funktioniert wie die Klonstrategie, ist es, das Erbgut der Tiere, die miteinander gekreuzt werden sollen, vorher zu untersuchen. Dies setzt aber voraus, dass man genau weiß, welche Gene für welche Eigenschaft verantwortlich sind. Dies ist bei vielen Merkmalen noch nicht der Fall und es wird wohl noch einige Zeit dauern, bis es erforscht ist.

- Mithilfe des therapeutischen Klonens erhofft man sich, Menschen mit schweren ***Krankheiten*** helfen zu können. Sei es, dass ganze kranke Organe ersetzt werden oder dass Stammzellen die erkrankten Zellen direkt im Körper des Patienten heilen. Da das eigene Erbgut des Patienten in eine fremde Eizelle übertragen wurde, tragen die geklonten Zellen die Erbinformation des Patienten und werden von seinem Körper nicht abgestoßen. Auf dieser Art des Klonens ruhen verständlicherweise viele Hoffnungen. Allerdings befindet sich die Technik erstens noch im Anfangsstadium der Grundlagenforschung, zweitens ist ihre Anwendung in vielen Ländern verboten. Ein Risiko der Übertragung solcher Zellen, die ja zunächst noch die Eigenschaft besitzen, sich unbegrenzt zu teilen, könnte es sein, dass daraus ein Tumor entsteht. Hier sind also noch viele weitere Experimente nötig.

  Eine Alternative, die auch ethisch vertretbarer wäre, erhofft man sich aufgrund der Tatsache, dass es in Experimenten bereits gelungen ist, adulte Zellen (also erwachsene Zellen, die sich eigentlich schon entschieden haben, ob sie eine Leber-, Muskel-, Nerven- oder andere Zelle werden wollen) zurückzuverwandeln in ihren embryonalen Zustand (hier kann aus der Zelle noch jede gewünschte Zelle werden, sie hat sich noch nicht entschieden). Damit könnte man dann auch jede Art an gewünschtem Gewebe züchten. Also zum Beispiel: Wenn man eine Muskelzelle in ihren embryonalen Zustand zurückversetzen kann, dann beginnt ihre Entwicklung wieder von vorn und man kann aus ihr – wenn man will – eine Nervenzelle züchten.

✔ Durch die fortschreitende Ausbreitung unserer menschlichen Zivilisation sind viele Tier- und Pflanzenarten bedroht oder bereits ganz von der Erde verschwunden. Zum Beispiel ist aktuell etwa ein Viertel aller Säugetierarten ***vom Aussterben bedroht***. Das Klonen könnte hier für manche Arten die Rettung in letzter Minute bedeuten, indem Kopien von den letzten noch lebenden Exemplaren erzeugt werden. Auch wird immer wieder davon gesprochen, dass es mit entsprechenden technischen Entwicklungen eines Tages möglich sein könnte, bereits ausgestorbene Arten wieder in unsere Umwelt zurückzubringen. Hierzu müsste man das intakte Erbgut des Lebewesens und ein geeignetes System zur Verfügung haben, das den erzeugten Embryo austragen kann. Allerdings stellt sich hier natürlich die Frage, ob sich alle Menschen wirklich wünschten, dass Dinosaurier oder Mammuts wieder zu ihrem Alltag gehören würden. Aber so weit ist die Biologie sowieso noch lange nicht, auch wenn das Mammutgenom mit DNA aus mehr als 20.000 Jahre alten Haaren schon sequenziert ist und es denkbar wäre, die spezifischen Mammutsequenzen in das Erbgut eines Elefanten einzuschleusen. Geforscht wird daran schon in den USA.

✔ Mit geklonten Modellorganismen und Versuchstieren können die Wissenschaftler bei verschiedenen ***genetischen Fragestellungen*** wesentlich schneller zu einem Ergebnis kommen als mit genetisch unterschiedlichen Individuen. Dies würde auch den Verbrauch von Versuchstieren erheblich reduzieren.

✔ Für die Transplantationsmedizin oder die Produktion von Arzneimitteln aus den Milchdrüsen von Tieren (siehe den Abschnitt »Transgene Tiere: Die Milch macht's« weiter hinten in diesem Kapitel) wurden teilweise mit enormem Aufwand transgene Tiere geschaffen, die durch die fremden Gene besondere Eigenschaften besitzen. Beispielsweise möchte man in Zukunft erreichen, dass Organe von Schweinen auch auf den Menschen übertragen werden können, weil der Bedarf an Spenderorganen die Zahl der tatsächlich verfügbaren Organe bei Weitem übersteigt. Man nennt eine solche Organübertragung zwischen verschiedenen Arten ***Xenotransplantation***. Ein großes Problem ist allerdings die Abstoßungsreaktion des Körpers, weil dieser das Schweineorgan natürlich als fremd erkennt. Man kann die Immunabwehr jedoch mit molekularbiologischen Methoden austricksen, indem man ein transgenes Schwein erzeugt, das bestimmte menschliche Oberflächenantigene besitzt (das sind die Erkennungszeichen, anhand derer das Immunsystem erkennt, ob eine Zelle eigen oder fremd ist). Wie Sie sich sicher vorstellen können, ist solch ein Tier enorm wertvoll und kann nicht mal so nebenher am Fließband reproduziert werden. Deshalb wäre es wünschenswert, von solch einem besonderen Lebewesen Klone herstellen zu können.

Am Ende dieser Liste mit den positiven Seiten des Klonens muss es natürlich auch um die *negativen Argumente* gehen, die es ohne Zweifel gibt. Es ist wohl kaum ein anderes Thema der modernen Biologie so umstritten und so vielschichtig wie das Klonen. Und es wird sicher keiner ohne Gewissenskonflikt zu einem eindeutigen »Ja« oder »Nein« kommen. Schon aus ethischen Gründen nicht, egal ob man den zerstörten Embryo oder die

Missbrauchsgefahr als Argument anführt oder die Tatsache, schwer kranken Menschen die lebensrettende Hilfe zu verweigern. Folgende Gefahren müssen also unbedingt auch bedacht werden:

- ✔ Wie bei fast jeder innovativen Technologie besteht natürlich beim Klonen und besonders beim Menschenklonen die Gefahr des ***Missbrauchs***, vor allem wenn damit sehr viel Geld verdient werden kann.
- ✔ Für das Klonen sind ***Eizellen*** erforderlich, deren Gewinnung für das Lebewesen, das sie ***spendet***, nicht unbedingt angenehm ist.
- ✔ Bei den meisten Klonversuchen ***sterben*** die erzeugten ***Embryonen*** ab, jedenfalls der größte Teil von ihnen.
- ✔ Bisher sind die ***Auswirkungen*** des Klonens nicht genügend erforscht. Wird ein geklontes Tier als Folge des Klonens krank, leidet es natürlich.
- ✔ Dem Profit und möglichst erwünschten Eigenschaften von Nutztieren und Kulturpflanzen entgegen muss versucht werden, die größtmögliche ***genetische Vielfalt*** auf unserer Erde zu erhalten.

Von Klonen umzingelt – in Feld, Wald, Wiese und auf der Fensterbank

Was in Bezug auf Tiere bei vielen Menschen mit eher unangenehmen oder zwiespältigen Gefühlen verbunden ist, ist in der Pflanzenwelt total normal: Alle Pflanzen besitzen die Fähigkeit, sich von Natur aus selbst zu klonen. Bei ihnen nennt man das ***ungeschlechtliche*** oder ***vegetative Vermehrung***. Sie sind nämlich teilbar (vielleicht haben Sie auch schon einmal den Ableger einer besonders schönen Pflanze in die Erde gesteckt – und schon haben Sie diese geklont!). Dabei entstehen genetisch identische Kopien der Mutterpflanze: die Klone. Im Gegensatz zu den meisten tierischen Zellen (mit Ausnahme der embryonalen Stammzellen) besitzt jede einzelne Pflanzenzelle die Fähigkeit und die Information, wieder zu einer komplett neuen Pflanze zu werden.

Der Mensch klont seine Nutzpflanzen schon seit vielen, vielen Jahren. Als man damit anfing, besonders schmackhafte Pflanzen aus Stecklingen oder durch Pfropfen zu züchten, kannte man das Wort »klonen« noch gar nicht. Durch gezieltes Kultivieren sind im Lauf der Zeit aus Wildbanane, Wildapfel oder Wildmandarine die heutigen Sorten geworden, wie wir sie kennen. Manche Arten, die vom Menschen schon so lange kultiviert werden, können sich auch gar nicht mehr anders vermehren. Die Banane, die Sie im Supermarkt um die Ecke kaufen können, hat zum Beispiel gar keine richtigen Samen mehr: Von ihnen sind nur noch kleine schwarze Pünktchen im Fruchtfleisch übrig. Aus diesen »Zwergensamen« könnten Sie auch mit viel Geduld und Mühe keinen Bananenbaum mehr auf Ihrem Balkon züchten.

Im Gegensatz zum Klonen bei Tieren ist dies aber beim Obst, Gemüse oder Getreide kein Problem für die meisten Verbraucher, denn der Begriff ist auf diesem Gebiet frei von ethischen Bedenken. Ein anderes Problem ist es allerdings, dass durch diese Art der Vermehrung die genetischen Ressourcen mehr und mehr schwinden und damit die Artenvielfalt unserer Nutzpflanzen bedroht ist. Ein Beispiel dafür ist der Kaffee: Die Pflanzen sind durch die intensive Züchtung inzwischen so stark genetisch verarmt, dass sich die Wissenschaftler auf die Suche nach neuen Wildpflanzen gemacht haben, um aus diesen neue Kaffeenutzpflanzen zu entwickeln. Eine alternative Strategie dazu ist es, sich die Genome von Pflanzen anzusehen, die es schon seit Millionen von Jahren in unserer Umwelt gibt. Zum Beispiel sind manche Moose wahre Überlebenskünstler, die den Pflanzenzüchtern neue Gene zur Verbesserung von Nutzpflanzen liefern könnten.

Heute weiß man, wie wichtig es ist, für die Erhaltung der Wildformen in den Ursprungsländern zu sorgen. Mittlerweile werden an einigen Instituten auf der ganzen Welt deshalb DNA-Banken aus Pflanzennukleinsäuren angelegt, um so die Ressourcen für kommende Generationen zu bewahren. Außerdem gibt es auf Spitzbergen eine Samenbank, in der viele Millionen Pflanzensamen unserer Nutzpflanzen in eisiger Kälte sicher für den Fall der Fälle aufbewahrt werden.

Auch die meisten unserer Zierpflanzen im Garten und auf der Fensterbank sind Klone. Sie wurden von Pflanzenzüchtern in aufwendiger Laborarbeit so lange optimiert, dass sie eine bestimmte Farbe und Form haben oder möglichst robust gegen Umwelteinflüsse wie beispielsweise Schädlinge sind. Wenn man so viel Mühe investiert hat, möchte man bei den Nachkommen kein Risiko eingehen: Damit man sicher ist, dass aus der robusten pinkfarbenen Rose mit dem besonderen Duft auch wieder eine robuste pinkfarbene Rose mit besonderem Duft wird, sind viele Pflanzen in unseren Gärtnereien und Blumengeschäften Klone einer mühevoll optimierten Mutterpflanze. Transgene Zierpflanzen gibt es zwar schon wenige, zum Beispiel blaue Rosen, kaufen kann man sie bei uns aber nicht, dies schließen die Vorschriften über gentechnisch veränderte Organismen aus. Falls Sie unbedingt welche wollen, könnten Sie sich aber in ein japanisches Blumengeschäft begeben.

Gene Pharming: Medikamente aus Euter, Blatt & Co.

Auch wenn es sich für uns Laien unwahrscheinlich anhört, dass man einfach Mäuse melken oder Bananen schälen und zerdrücken könnte, um wertvolle Medikamente zu gewinnen: Den Molekularbiologen und Biotechnologen ist es in den letzten Jahren tatsächlich gelungen, transgene Tiere und Pflanzen herzustellen, mit deren Hilfe man an kostbare Arzneimittel kommt, die man nicht so einfach in einer pharmazeutischen Fabrik herstellen kann. Diese Verfahren sind eine Mischung aus Landwirtschaft und Biomedizin und werden deshalb als ***Gene Pharming*** bezeichnet. Es ist aber nicht so, dass Gene Pharming auch immer mit Landwirtschaft zu tun haben muss: Eine relativ einfache Form haben Sie schon in Kapitel 24 kennengelernt, als erklärt wurde, wie man Insulin mithilfe von Bakterien produziert, die das menschliche Insulin-Gen tragen (auch dies sind transgene Organismen). Leider ist die Sache aber nicht immer so einfach wie beim Insulin, sonst wäre es am besten, wenn man alle rekombinanten Proteine aus Bakterien gewinnen würde. Leider sind Bakterien nicht in der Lage, die meisten menschlichen Proteine herzustellen, das Insulin ist da ein Glücksfall. Deshalb braucht man für kompliziertere modifizierte Proteine (wie es die meisten sind) die Ausstattung von Säugetierzellen, die es gewohnt sind, solche Moleküle auch für den Eigenbedarf herzustellen.

Wenn man von ***Gene Pharming (= Pharmazeutika + Farming)*** spricht, meint man damit, dass Arzneimittel mithilfe von gentechnisch veränderten Tieren oder Pflanzen hergestellt werden, die wie herkömmliche Kulturpflanzen und Nutztiere in der Landwirtschaft gezüchtet und gehalten werden.

Transgene Tiere: Die Milch macht's

Es gibt sie tatsächlich schon: Transgene Tiere, zum Beispiel Mäuse, Schweine, Ziegen, Schafe oder Rinder, die für uns wichtige Medikamente in ihren Milchdrüsen produzieren können. Bei diesen Wirkstoffen handelt es sich um menschliche Proteine, die die Tiere, die das dafür verantwortliche Gen tragen, gemeinsam mit ihrer eigenen Milch ausscheiden. Das heißt, man kann die Tiere einfach melken und aus der gewonnenen Milch das gewünschte Protein isolieren.

Alternativ probiert man, solche rekombinanten Proteine auch aus dem Hühnerei, Urin oder Sperma zu gewinnen. Sind die Tiere gesund, könnten sie bei guter Haltung ein ganz normales Leben führen – beim Melken müssen sie nicht leiden, sodass sich die ethischen Bedenken in Grenzen halten würden. Dem ist aber leider nicht immer so.

Auf diese Weise ist es beispielsweise schon gelungen, menschliche Wachstumshormone, rote Blutkörperchen oder Blutgerinnungsfaktoren von den Milchdrüsen geliefert zu bekommen. Dabei ist die Ausbeute gut, man erhält sogar mehrere Gramm rekombinantes Protein pro Liter Milch. Auf herkömmliche Weise gewonnen, sind solche Medikamente teilweise sündhaft teuer. Außerdem besteht Infektionsgefahr, wenn sie aus menschlichem Blut stammen, zum Beispiel mit Hepatitis oder HIV. Seit 2008 gibt es das erste Medikament aus transgenen Tieren auch auf dem deutschen Markt zu kaufen: den Blutgerinnungshemmer *Antithrombin*, der aus den Milchdrüsen von transgenen Ziegen stammt. Vorher musste man das Blutverdünnungsmittel in sehr aufwendiger Arbeit aus Spenderblut isolieren. Es geben aber auch noch viele andere Haustiere den Forschern ihre medizinische Milch; diese Experimente befinden sich größtenteils noch in der Testphase.

Das hört sich alles relativ einfach an, in Wirklichkeit ist es aber sehr aufwendig, ein solches transgenes Tier zu züchten, denn die Generationsintervalle von Nutztieren sind relativ lang. Und man muss an dieser Stelle auch zu ethischen Bedenken kommen: Um ein transgenes Tier zu schaffen, müssen unter Umständen Hunderte von Tieren »verbraucht« werden – ganz zu schweigen davon, wie die Versuchstiere gehalten werden. Andererseits kann ein einziges Tier unter Umständen viele Menschenleben retten und die Lebensqualität von Patienten wesentlich verbessern.

Ein *transgenes Tier* entsteht, indem man das gewünschte Gen in eine Eizelle oder eine Zelle in einem sehr frühen embryonalen Entwicklungsstadium einschleust, meist durch Mikroinjektion. Ziel ist es dabei natürlich, dass später alle Körperzellen das fremde Gen tragen, dass es dort abgelesen und in Protein übersetzt und auch noch an die Nachkommen weitervererbt wird. Anschließend wird die Eizelle in die Eileiter von Empfängertieren übertragen, die den Embryo austragen. Wenn alles klappt, wird dann nach einigen Monaten ein transgenes Tier geboren, bei dem das fremde Gen ins Genom integriert wurde. Die ganze Prozedur ist aber außerordentlich kompliziert und hat noch eine relativ niedrige Erfolgsrate.

Transgene Pflanzen: Grüne Pharmafabriken

Auch diese Idee klingt nicht schlecht: therapeutisch wirksame Proteine kostengünstig, schnell und in fast beliebigen Mengen von riesigen Feldern mit transgenen Pflanzen zu ernten. Das Ganze ist auch ethisch völlig vertretbar, weil keine Lebewesen gequält werden. Allerdings besteht die Sorge, dass sich das Saatgut der grünen Pharmafabriken auch außerhalb der Felder verbreiten und sich dann eventuell unkontrolliert in der Nahrung wiederfinden oder andere Pflanzen verdrängen könnte und somit Mensch und Umwelt schaden würde. Die Pflanzen haben aber den großen Vorteil, dass mit ihrer Hilfe rekombinante Proteine wesentlich (etwa um das 100-Fache) günstiger produziert werden können als mit Säugetierzellen. Außerdem sind auch Pflanzen in der Lage, Proteine zu modifizieren, was Bakterien ja nicht können.

Den Forschern ist es dabei schon gelungen, mit der Unterstützung von Tabak, Moos, Raps, Soja oder Kartoffeln Blutersatzstoffe, Antikörper, Gerüstsubstanzen wie Kollagen, antimikrobielle und antivirale Wirkstoffe, aber auch Mineralstoffe und Vitamine in großen Mengen herzustellen. Bisher gibt es allerdings noch kein »grünes« Medikament in deutschen Apotheken zu kaufen und keine der entwickelten Pharmapflanzen darf im Freiland angebaut werden. In den USA sind zwei in transgenen Pflanzen produzierte Wirkstoffe bereits für die Behandlung von Patienten zugelassen, sie werden jedoch als pflanzliche Zellkulturen in geschlossenen Bioreaktoren hergestellt: Dabei handelt es sich um einen Impfstoff für Tiere und ein Medikament zur Behandlung des Gaucher-Syndroms (einer erblichen Störung des Fettstoffwechsels) aus gentechnisch veränderten Karotten. Weitere Substanzen befinden sich in der klinischen Testphase, wie zum Beispiel ein Enzym aus Mais zur Behandlung von Mukoviszidose oder Antikörper gegen Influenza, HIV oder Corona.

Um die Pflanzen dazu zu bringen, dem Molekularbiologen das gewünschte Protein zu liefern, muss er zunächst das dafür verantwortliche Gen kennen und isolieren. Dann wird das fremde Gen in einen Helfer, nämlich das Bodenbakterium *Agrobacterium tumefaciens* eingeschleust (siehe auch in Kapitel 18 den Abschnitt »Fremdgegangen: Transgene Organismen«). Das Bakterium infiziert die Pflanze – zum Beispiel Reis, Mais oder Salat – und nimmt dabei das fremde Gen mit, es wird ins Pflanzengenom integriert und damit auch an die Nachkommen der Pflanze weitervererbt. In allen Pflanzen wird das fremde Gen genauso abgelesen und in das gewünschte Protein übersetzt wie die eigenen Pflanzengene.

Eine für uns weniger (lebens-)wichtige, aber für Gärtnereien wirtschaftlich umso interessantere Anwendung von transgenen Pflanzen ist der Austausch von Genen, damit Varianten mit neuen Farben oder Gerüchen entstehen, die beim Verbraucher meist ziemlich beliebt sind. Außerdem wurden Verfahren entwickelt, um mit Pflanzenhilfe recycelbare Biokunststoffe herzustellen, die Pflanzen selbst resistent gegen Schädlinge und andere Umweltfaktoren zu machen und natürlich das allseits bekannte »Genfood« wie die Anti-Matsch-Tomate zu produzieren. Ob die Ergebnisse irgendwann einmal richtig erfolgreich sein und herkömmliche Produkte vom Markt verdrängen werden, bleibt abzuwarten.

Xenotransplantationen: Tiere als Lebensretter für Schwerkranke?

Weil der Bedarf an Spenderorganen das Angebot bei Weitem übersteigt und sehr viele Menschen dringend auf Spenderorgane warten, kam man auf die Idee, diesen lebensbedrohlichen Engpass mit ***Xenotransplantationen*** zu lösen – der Übertragung von Geweben und Organen vom Tier auf den Menschen. Dabei hat sich herausgestellt, dass das Schwein hierfür am besten geeignet ist, weil sich Schwein und Mensch in vielen wesentlichen Merkmalen sehr ähnlich sind, zum Beispiel in der Größe der Organe. Allerdings befindet sich das Ganze überwiegend noch in der Forschungsphase. Bislang ist man immerhin schon so weit, dass Grundgerüste aus Schweinegewebe für menschliche Herzklappentransplantate verwendet werden können. Auch wurden Schweinenieren mit genetischen Modifikationen schon erfolgreich übertragen. Die Transplantation von Herz und Leber ist auch schon gelungen, allerdings überlebten die Patienten nur wenige Tage damit.

Das Hauptproblem einer Xenotransplantation zwischen Schwein und Mensch liegt darin, dass der Körper sofort erkennt, dass es sich bei dem übertragenen Organ um ein fremdes (Schweine-)Organ handelt, und beginnt, es abzustoßen. Diese Abstoßungsreaktion kann bisher nur verhindert werden, wenn das Immunsystem des Patienten stark unterdrückt wird. Dieser Zustand ist aber lebensgefährlich, weil der Körper dann logischerweise überhaupt nicht mehr gegen Infektionen geschützt ist. Die Strategie ist daher nicht wirklich praktikabel. Die Molekularbiologen versuchen aber, das Problem zu lösen, indem sie die typischen Oberflächenstrukturen, die dem Körper das Signal »Hier Schweineorgan« geben, auszuschalten. Sie sind bemüht, das fremde Organ praktisch zu tarnen, damit der menschliche Körper stattdessen übermittelt bekommt: »Alles okay, eigenes Ersatzteil.« Zudem sollen die Schweine menschliche Proteine bilden, die die Abstoßung hemmen sollen.

Die Forschung auf diesem Gebiet ist noch in vollem Gange, die ethischen Bedenken sind allerdings groß: Gegner befürchten, dass die Spendertiere als gewinnbringende Organfabriken missbraucht werden und unvorstellbar leiden müssen und dass auch die Situation für Empfänger von Tierorganen nicht unproblematisch sein wird.

Genfood: Auf dem Weg zur Designernahrung

Genfood ist die moderne Abkürzung für »gentechnisch verändertes Lebensmittel«. Es besteht also aus gentechnisch veränderten Mikroorganismen, Tieren oder Pflanzen, enthält diese zu einem Teil oder ist mit ihrer Hilfe hergestellt. Solche Lebensmittel sind seit rund 30 Jahren auf dem Markt, den größten Anteil machen solche mit Mais, Raps, Soja und Baumwolle aus. In Europa gibt es Gesetze, die deren spezielle Kennzeichnung vorschreiben. Dabei spielt es keine Rolle, ob die gentechnisch veränderten Organismen im Endprodukt noch nachgewiesen werden können oder nicht. Es gibt im Wesentlichen zwei Gründe, warum die Molekularbiologen irgendwann einmal auf die Idee mit dem Genfood kamen:

- ✔ Die *wirtschaftlichere Herstellung*: Dies kann sich sowohl auf die Kosten für den Verbraucher als auch auf die Gewinne der Lebensmittelkonzerne auswirken, aber auch auf den Verdienst der Landwirte.
- ✔ Die *verbesserte Qualität* sowie *zusätzliche vorteilhafte Inhaltsstoffe*, also zum Beispiel besserer Geschmack, Haltbarkeit oder Vitaminzusätze.

In den USA wurden 2018 zum Beispiel schon 94 Prozent aller Sojabohnen gentechnisch erzeugt, in Argentinien und Bolivien gar schon 100 Prozent. In Europa wird solcher Soja zwar praktisch nicht angebaut, die EU führt aus den USA und aus Südamerika aber jährlich über 10 Millionen Tonnen gentechnisch veränderten Soja ein. Die Zahlen für Mais und Raps sind ähnlich. Allerdings gibt es bisher in unseren Läden kein gentechnisch verändertes Obst oder Gemüse wie Äpfel, Birnen, Gurken oder Salat, das direkt roh oder gekocht gegessen wird. Und damit ist auch vorerst nicht zu rechnen.

Auch Lebensmittel aus *gentechnisch veränderten Tieren* gibt es bisher generell nicht zu kaufen, zum einen weil die Akzeptanz der Verbraucher nicht sehr hoch ist, zum anderen weil die Produktion mit sehr hohen Kosten verbunden wäre. Die einzige Ausnahme sind gentechnisch veränderte Lachse, die mehr Wachstumshormone produzieren und damit schneller wachsen und weniger fressen als normale Lachse: Sie sind in den USA schon für den menschlichen Verzehr zugelassen. Allerdings kommt gentechnisch verändertes Futter schon weltweit zum Einsatz – außer in der Bio-Landwirtschaft, wo das streng verboten ist.

Am ehesten konfrontiert mit gentechnisch veränderten Nahrungsbestandteilen sind Sie heute bei allen Lebensmitteln, die in irgendeiner Form Mais oder Soja enthalten, oder solchen, die mit Zusatzstoffen wie zum Beispiel Vitaminen versehen sind, dem sogenannten *Functional Food*.

Zugelassen: Die »eingeborene Kartoffel«

Im Jahr 2014 wurde in den USA – nachdem sich ein solcher Versuch vor rund 20 Jahren schon einmal als Flop erwiesen hat – nach vielen Jahren Forschungsarbeit wieder eine gentechnisch veränderte Kartoffel als Lebensmittel zugelassen. *Innate Potato* (übersetzt: *eingeborene Kartoffel*) ist ihr Name. Diese heißt so, weil für die Veränderung der Knolle nur DNA von wilden und kultivierten Kartoffelsorten verwendet wurde und keine Bestandteile fremder Pflanzenarten oder Organismen wie beispielsweise von Bakterien. Damit handelt es sich um keine transgene Pflanze, sondern nur um einen gentechnisch veränderten Organismus, der eigentlich nicht mit solch negativen Begriffen wie »Frankenfood« belegt werden dürfe, so hoffen die Kartoffelforscher.

Der Vorteil für den Verbraucher soll sein, dass die neue Kartoffelsorte beim Frittieren im heißen Fett über die Hälfte weniger gesundheitsschädliches Acrylamid bildet als die herkömmliche Konkurrenz – also ideal für die Herstellung von Pommes und Chips ist. Außerdem fehlt der eingeborenen Knolle eine Substanz, die für die unschöne graubraune Färbung von Druckstellen verantwortlich ist, die während Lagerung und Transport entstehen können und die auch bewirkt, dass geschälte Kartoffeln nach einiger Zeit braun werden.

Hierfür wurden in der Pflanze mithilfe der RNA-Interferenz (siehe Kapitel 11) insgesamt vier Gene abgeschaltet und schon produzierten die Knollen weniger Vorläufersubstanzen, aus denen gesundheitsschädliches Acrylamid entsteht. Die übrigen, herkömmlichen Inhaltsstoffe der Kartoffeln blieben unverändert, so die Gentechniker des amerikanischen Kartoffelgiganten, der die *Innate Potato* produziert. Seit 2017 gibt es mit der *Innate Potato Generation 2* bereits die nächste Kartoffel-Innovation mit erweiterten Eigenschaften wie beispielsweise Resistenz gegen Pilzkrankheiten. Nach Europa soll die »Genkartoffel« aber nicht verkauft werden: Hier halten Verbraucher gentechnisch veränderte Lebensmittel im Moment noch für gefährlicher als Acrylamid.

In den USA wird seit 2017 außerdem der sogenannte *Arctic Apfel* vermarktet. Für diesen wurden in beliebten Apfelsorten wie Golden Delicious oder Granny Smith ebenfalls Gene so abgeschaltet, dass die Früchte nach dem Schneiden nicht mehr braun werden. Appetit bekommen? Wir werden sehen, was draus wird!

Functional Food und Gentechnik

Unter dem Begriff ***Functional Food***, also funktionelle Nahrungsmittel, versteht man Lebensmittel, die mit zusätzlichen Nahrungsergänzungsmitteln angereichert sind. Diese Art Nahrungsmittel sind in unseren Supermärkten schon gang und gäbe – dazu gehören zum Beispiel Fruchtsäfte mit extra zugesetzten Vitaminen, Süßigkeiten mit Mineralstoffen oder Joghurts mit speziellen Bakterienkulturen. Und auch hier mischt die Gentechnik schon kräftig mit. Sie essen keine gentechnisch behandelten Lebensmittel? Wenn Sie sich da mal nicht täuschen: Ob Vitamine oder Backmischungen – es gibt zahlreiche Nahrungsmittel, vor allem Functional Food, die mithilfe von Gentechnik hergestellt wurden und bei denen man es gar nicht einmal vermuten würde. Und das trotz Kennzeichnungspflicht, denn in geringen Spuren dürfen gentechnisch veränderte Substanzen in allen Lebensmitteln enthalten sein. Knapp über 100 verschiedene Lebensmittel vom Bier über Nudeln und Pizza bis hin zum Brühwürfel stehen auf einer Liste von Lebensmitteln, bei denen Gentechnik eine Rolle spielen kann. Einige Alltagsbeispiele sind in Tabelle 26.1 aufgelistet.

Lebensmittel	Mögliche Anwendung der Gentechnik
ACE-Vitamindrink	Vitamin A hergestellt mit gv-Mikroorganismen Vitamin C hergestellt mit gv-Mikroorganismen Vitamin E hergestellt aus gv-Soja
Kaugummi	Aspartam hergestellt mit gv-Mikroorganismen Thaumatin hergestellt mit gv-Mikroorganismen Stärke aus gv-Mais
Leberkäse	Glutamat hergestellt mit gv-Mikroorganismen Vitamin C hergestellt mit gv-Mikroorganismen Fütterung mit gv-Futtermitteln
Vegetarischer Brotaufstrich	gv Soja

Tabelle 26.1: Beispiele für Lebensmittel mit möglichen gentechnisch veränderten Inhaltsstoffen, gv = gentechnisch verändert (Quelle: TransGen Lebensmitteldatenbank)

Ist Genfood gefährlich?

Jedes Stück Obst, Gemüse oder Getreidekorn enthält Nukleinsäuren – es handelt sich ja um (einst) lebende Organismen, die aus Zellen bestehen. Ihre besonderen Eigenschaften, die die Banane zur Banane machen oder die Zucchini vom Blumenkohl unterscheiden, sind als Erbinformation in ihrem Genom in Form der DNA-Sequenz niedergeschrieben. Diese speziellen Eigenschaften versuchen die Menschen seit Hunderten von Jahren mit gezielter Zucht zu verändern oder zu erhalten – eben ihren Wünschen anzupassen. Beim Genfood passiert also zunächst einmal nichts grundsätzlich anderes als in der klassischen Pflanzenzucht: Das Erbgut wird optimiert, in der Gentechnik durch molekularbiologische Methoden im Labor, in der Pflanzenzucht durch Kreuzen im Gewächshaus. Das Außergewöhnliche bei der Gentechnik ist allerdings, dass man direkt in das Erbgut eingreift und die DNA manipuliert. Würde es »nur« um die veränderte Nukleinsäure gehen, dann bräuchten sich die Verbraucher um ihre Nahrungsmittel keine Gedanken zu machen, denn schließlich essen wir auch bei absolut naturbelassenen Lebensmitteln DNA. Das Erbgut wird ja bei der Manipulation zum Genfood in keiner Weise grundsätzlich chemisch verändert – lediglich die Nukleotidabfolge oder die Art der Zelle, in der ein fremdes Gen abgelesen und übersetzt wird.

Allerdings wissen Sie mittlerweile, dass die DNA nur die Bauanleitung für die Genprodukte (die Proteine) ist. Und hier wird der Sachverhalt etwas komplizierter: Diese Proteine können – vor allem wenn sie verändert sind – bei manchen Menschen Allergien auslösen oder auch zu anderen Unverträglichkeiten führen. Zum Beispiel muss jemand, der allergisch gegen Nüsse ist, natürlich unbedingt wissen, ob in ein Nahrungsmittel, das gentechnisch veränderten Soja enthält, nicht auch möglicherweise Nuss-Gene eingeschleust wurden und die Genprodukte (die Nuss-Proteine) dadurch bei ihm unerwünschte Reaktionen auslösen können. Solche Anfälle können unter Umständen sehr gefährlich sein und bis zum allergischen Schock führen. Da die Abschätzung von Nutzen und Risiken von gentechnisch veränderten Nahrungsmitteln noch nicht endgültig abgeschlossen ist, raten vor allem Umweltorganisationen den Verbrauchern ab, solche Produkte zu kaufen. Es gibt also wie so oft Widersprüche auf beiden Seiten: Die Vorteile von gentechnisch veränderten Nahrungsmitteln liegen einerseits auf der Hand. Andererseits gibt es aber auch Risiken, die noch nicht abgeschätzt werden können – zum Beispiel auch wirtschaftliche, wenn einige wenige Konzerne als Patentinhaber den größten Teil unserer Nahrungsmittel herstellen würden. Entscheiden Sie einfach selbst, was Sie davon halten!

Genfood-VIPs: Anti-Matsch-Tomate, Goldener Reis und Impfbanane

Hier drei bekannte Beispiele für Genfood:

- ✔ **Die Flavr-Savr-Tomate:** Tomaten sind bei uns Verbrauchern sehr beliebt, aber auch nicht sehr lange haltbar. Deshalb kam man auf die Idee, eine *Anti-Matsch-Tomate*, die Flavr-Savr-Tomate (übersetzt etwa mit *Aromaretter*), zu kreieren. Sie war 1994 der erste gentechnisch veränderte Organismus, der als Nahrungsmittel auf den Markt kam. Bei dieser Tomate wurde ein Gen blockiert, das die Information für das Enzym *Polygalakturonase* trägt. Die Polygalakturonase ist dafür verantwortlich, in reifenden Tomaten die Zellwände abzubauen, sodass sie matschig werden. Da dies bei der Flavr-Savr-Tomate nicht klappt – das Gen ist ja blockiert –, bleiben die Zellwände intakt und die Tomate lange Zeit knackig frisch. Das hat den Vorteil, dass die Früchte am Tomatenstock gemütlich ausreifen können und nicht schon grün gepflückt und künstlich nachreifen müssen. So bekommen sie ein besseres Aroma, enthalten viel mehr wertvolle Inhaltsstoffe und halten etwa zwei Wochen länger als normale Tomaten. Als die Anti-Matsch-Tomate dann aber tatsächlich auf den Markt kam, fanden sich kaum Käufer, sodass die Erzeugung wieder eingestellt wurde. In den USA sind jedoch mittlerweile auch andere Sorten transgener Tomaten zugelassen, die länger haltbar sind als traditionell erzeugte, zum Beispiel die Purple Tomato, eine schwarz-lila Tomate, die zudem gesünder sein soll.
- ✔ **Der Goldene Reis:** Ein Großteil der Menschen unserer Erde muss sich fast ausschließlich von Reis ernähren, was Mangelerscheinungen zur Folge hat, vor allem an Vitamin A. Deshalb leiden besonders in Asien viele Menschen an Augenkrankheiten, die im schlimmsten Fall bis zum Erblinden führen. Um diesen Menschen zu helfen, die vor allem in Entwicklungsländern zu Hause sind, entwickelten Molekularbiologen den sogenannten *Goldenen Reis*. In diese Reissorte wurden zwei fremde Gene eingeschleust und ins Erbgut integriert: Das erste Gen codiert für ein Enzym, das normalerweise in unseren Osterglocken vorkommt, das zweite für ein bakterielles Enzym. Diese beiden Gene sorgen nun im Reiskorn dafür, dass

Provitamin A gebildet wird. Dieses kann dann der menschliche Körper von allein zum Vitamin A umwandeln und ist ausreichend damit versorgt. Und weil aufgrund des Provitamins A die sonst weißen Reiskörner goldgelb sind, heißt der Reis *Goldener Reis*. Mittlerweile wurden sogar noch verbesserte Varianten der gelben Körner entwickelt.

In Bangladesch ist die Reissorte bereits zugelassen, aber die Bürokratie blockiert den konkreten Anbau; auf den Philippinen wurde der kommerzielle Anbau 2021 zunächst genehmigt, aber 2024 wieder verboten. Kurz: Sie können Goldenen Reis derzeit noch nirgends auf der Welt kaufen.

- ✔ **Die Impfbanane:** Vor allem in Entwicklungsländern sind die meisten Menschen nicht einmal mit den einfachsten Schutzimpfungen versorgt, denn klassische Impfungen sind nur schwer durchzuführen, unter anderem weil viele Medikamente ständig gekühlt werden müssen. Daraus entstand die Idee, gentechnisch veränderte Bananen zu konstruieren, die einen bestimmten Impfstoff produzieren: Man isst also – ähnlich wie bei einer Schluckimpfung – einfach so eine Impfbanane, und schon ist man mit der nötigen Schutzimpfung versehen. Auch bei Kindern dürfte diese Variante des verhassten Piksens mit der Spritze Begeisterung hervorrufen. Außerdem sind die Kosten für die Impfstoffproduktion, Reinigung und Lagerung viel niedriger als bei den klassischen Impfstoffen. Um eine Impfbanane zu erzeugen, werden die DNA-Sequenzen von charakteristischen Proteinen der jeweiligen Krankheitserreger in das Bananen-Genom geschleust. Beim Verzehr bildet das Immunsystem Antikörper gegen die Erregerproteine; dadurch entsteht ein Impfschutz. Geforscht wird an Impfbananen gegen Hepatitis, Gelbsucht, Cholera, Kinderlähmung, Masern, Tetanus oder Durchfallerkrankungen. Im Test befinden sich unter anderen auch Tomaten, Kartoffeln, Tabak, Algen oder Milchsäurebakterien. Auch wenn das Konzept genial ist, bezweifeln viele Wissenschaftler, dass die Impfbanane es jemals schafft, tatsächlich auf den Markt zu kommen, weil die individuelle Dosis jeder Frucht sehr schwer zu kontrollieren ist. Deshalb versucht man in weiteren Versuchen, die Pflanzen speziell zu verarbeiten, zum Beispiel zu Saft, Brei oder Ketchup, um damit eine genau bekannte Impfstoffdosis verabreichen zu können.

Nutrigenomik: Ernährungsplan nach Genprofil

Die ***Nutrigenomik*** (von ***»Nutrition = Ernährung«*** + ***»Genomik«***) ist noch ein sehr junges Teilgebiet der Molekularbiologie und steht noch ganz am Anfang. Sie beschäftigt sich mit dem Zusammenhang zwischen Ernährung und dem Erbgut des Menschen. Mithilfe solcher Erkenntnisse wollen Molekularbiologen Nahrungsmittel entwickeln und empfehlen, die nicht nur reine Brenn- und Nährstoffe für den menschlichen Körper sein sollen, sondern sich auch zur Vorbeugung und Therapie von Krankheiten eignen. Eine große Hilfe bei diesen Forschungsvorhaben sind dabei die Erkenntnisse, die man bereits aus der Entschlüsselung des menschlichen Genoms und der Untersuchung der Genome vieler unserer Nahrungspflanzen erhalten hat.

Ein gutes, altbekanntes Beispiel, das deutlich macht, dass am Zusammenhang zwischen Genen und Ernährung tatsächlich etwas dran ist, ist die Tatsache, dass die meisten Asiaten Alkohol nicht gut vertragen und schon nach dem ersten Bier ziemlich lustig werden können. Der Grund dafür ist, dass rund die Hälfte von ihnen eine etwas andere Ausführung der *Acetaldehyddehydrogenase* besitzt (das ist das Enzym, dessen Aufgabe es ist, den Alkohol in der Leber abzubauen): Sie weist an Position 487 die Aminosäure Lysin auf; Europäer haben dort dagegen meistens die Aminosäure Glutamat, wodurch das Enzym wesentlich fleißiger arbeiten und den Alkohol schneller abbauen kann. Dafür können Japaner offensichtlich rohen Fisch viel besser verdauen als Europäer.

Die ***Nutrigenomiker*** beschäftigen sich mit den Zusammenhängen zwischen dem Genom einer Person und deren individueller Reaktion auf Nahrungsmittel. Anders ausgedrückt, sie versuchen herauszufinden, warum bestimmte Nahrungsmittel für manche von uns gesund und für andere weniger gesund sind. Die Grundlage der individuellen Verarbeitung von Nahrungsmitteln ist unser ganz eigener, persönlicher Stoffwechsel, also wie gut dieser funktioniert. Die Wirkung aller Stoffe, die wir aufnehmen (ob Medikamente oder Inhaltsstoffe eines Lebensmittels), hängt von deren Verstoffwechselung (also dem Um- und Abbau oder der Speicherung) im Körper ab. Dabei sind die individuellen Ausführungen der Stoffwechselbestandteile, zum Beispiel der Enzyme, für jeden Einzelnen von uns in unserem Erbgut genau festgelegt. Das heißt, je nach Enzymversion, die man hat, arbeitet es beim einen etwas schneller oder langsamer als beim anderen. Stellvertretend für den Stoffwechsel kann der Molekularbiologe auf DNA-Ebene Varianten in bestimmten Stoffwechselgenen wie repetitive Sequenzen oder SNPs (siehe Kapitel 17) untersuchen. Sie sind dafür verantwortlich,

- ✔ ob wir bestimmte Lebensmittel gut vertragen, also wie wir sie verarbeiten können
- ✔ welche Reaktionen bestimmte Nahrungsmittel in unserem Körper hervorrufen, zum Beispiel indem sie die Genexpression, die Aktivität von anderen Proteinen oder die Ausschüttung von Hormonen beeinflussen

Ein Beispiel: Nahrungsmittel A könnte bei mir dafür sorgen, dass ein bestimmtes Gen vermehrt abgelesen und übersetzt wird, und bei Ihnen vielleicht genau das Gegenteil bewirken. Ich würde dann Nahrungsmittel A eventuell besonders gut vertragen und Sie überhaupt nicht. Im Gegenteil: Wenn Sie es häufiger zu sich nehmen würden, könnten Sie vielleicht krank werden. Da wäre es ja wichtig, diesen Zusammenhang zu kennen, oder?

Die Nutrigenomik soll es in Zukunft möglich machen, dass für jeden Einzelnen von uns spezielle Ernährungskonzepte erstellt werden können – eine ***personalisierte Ernährung***, manche sagen auch ***Gendiät*** dazu. Zum Beispiel kann es für manche Menschen vielleicht gut sein, sich besonders protein- oder kohlenhydratreich zu ernähren. Für andere könnte es aber besser sein, darauf zu verzichten, weil sie darauf eher mit Übergewicht oder Diabetes reagieren. Wieder für andere wäre es vielleicht besonders wichtig, möglichst viele pflanzliche Fette zu sich zu nehmen – die andere wiederum schlecht vertragen.

Konkrete erste Ergebnisse gibt es schon für den *Fettstoffwechsel*, wo bestimmte Genotypen (also, welche Variante eines Gens oder eines DNA-Abschnitts die Person in ihrem Erbgut trägt) in Zusammenhang mit höheren Cholesterinwerten im Blut und mit einem höheren Risiko für Herz-Kreislauf-Erkrankungen stehen. Und es gibt auch schon Hinweise auf ähnliche Zusammenhänge bei manchen chronischen Krankheiten. Generell steht man jedoch in der Nutrigenomik mit den Forschungsarbeiten noch ziemlich am Anfang.

Eines ist aber ziemlich sicher: Es gibt keine bestimmte Ernährungsform, die für alle Menschen die beste ist, wie zum Beispiel die oft angepriesene *Mittelmeerdiät*, nach der schon allein der Verzehr von Olivenöl und viel Obst und Gemüse in jedem Fall zur Lebensverlängerung beitragen kann. Das heißt nicht, dass diese Nahrungsmittel ungesund sind – im Gegenteil, man muss aber »das Beste« für jeden von uns individuell ermitteln. Wie man nämlich für dieses Beispiel in Untersuchungen festgestellt hat, wirkt die Mittelmeerdiät bei Griechinnen tatsächlich lebensverlängernd, bei deutschen Frauen hatte eine Umstellung ihrer traditionellen Ernährungsgewohnheiten auf Olivenöl & Co. keine Wirkung oder jedenfalls keine positive. Im Gegenteil: Sie hatten sogar eher eine etwas geringere Lebenserwartung. Erklärt wird dieses Phänomen damit, dass noch unbekannte Genvarianten dafür verantwortlich sind, dass manche Menschen eben Olivenöl in ihrem Stoffwechsel besser verwerten können als andere. Die Variante *guter Olivenölverwerter* bringt natürlich in Gegenden, in denen schon seit vielen, vielen Jahren Oliven angebaut werden, ihren Vorteil und hat sich deshalb über einen längeren Zeitraum bei der Vererbung durchgesetzt.

Überhaupt raten Ernährungswissenschaftler dazu, solange noch keine konkreten DNA-Tests entwickelt wurden, am besten auf die traditionelle heimische Küche zu vertrauen: Denn die typischen Gerichte, die schon bei der eigenen Oma und ihren Vorfahren auf den Tisch kamen, haben sich im Zusammenwirken mit den eigenen Genen bewährt. Wenn Sie also als Schwabe gerne Spätzle, als Bayer Weißwürste oder als Norddeutscher Krabbensalat essen, dann scheint das bis auf Weiteres für Ihre genetische Ausstattung vollkommen in Ordnung zu sein.

BEISPIEL

Für die Suche nach Zusammenhängen zwischen Ernährung und Erbgut nutzen die Molekularbiologen gern die enorm große Untersuchungskapazität von *Genchips* aus (siehe Kapitel 23). Mit ihrer Hilfe können pro Person bis zu einer Million Genvarianten auf einmal analysiert und mit Ernährungsreaktionen (zum Beispiel Körpergewicht, Cholesterinwerten, Krankheitsgeschichte), die man direkt bei der Person misst oder erfragt, in Zusammenhang gebracht werden. Beziehungsweise: Man sucht in solch einer Studie danach, ob sich Auffälligkeiten zwischen bestimmten Genotypen und Ernährungsreaktionen finden lassen. Je mehr Personen man dabei untersuchen kann, desto besser.

Ein Glas Milch kann für Laktoseintolerante zur Qual werden

Viele Erwachsene vertragen eigentlich gar keine Kuhmilch, in Deutschland schätzungsweise 12 Millionen. Schuld daran ist eine Variante im Gen für das Enzym ***Laktase***, das im Stoffwechsel dafür verantwortlich ist, den mit einem Glas Milch aufgenommenen Milchzucker (die Laktose) zu verdauen.

Diese Genvariante war vor Tausenden von Jahren eigentlich der Normalfall, das heißt, kein Erwachsener konnte damals Kuhmilch verwerten. Das änderte sich, als es bei einem unserer Vorfahren zu einer Mutation kam, die es ihm plötzlich möglich machte, Milchzucker zu verdauen. Er gab diese Variante natürlich an seine Nachkommen weiter, und weil diese meist Nomaden waren, die Kühe hielten, war es plötzlich ein entscheidender Vorteil für sie, dass sie sich auch von Milch ernähren konnten. Alle anderen, die nicht von dem Vorfahr mit der Mutation abstammten, konnten weiterhin keinen Milchzucker verdauen, und das ist auch heute noch so. Man nennt dies ***Laktoseintoleranz***. Dieses Syndrom ist nicht zu verwechseln mit einer Allergie gegen Milchprodukte (allergisch reagiert der Körper gegen »vermeintliche« Krankheitserreger und dabei vergreift er sich bei manchen Menschen auch an Nahrungsmitteln).

Mithilfe eines einfachen Gentests mit DNA aus Mundschleimhaut oder Blut können Sie heute schnell feststellen, ob Sie zu den Mutanten gehören oder nicht. Dabei wird ein SNP typisiert (siehe Kapitel 17), der sich im Laktase-Gen befindet. Falls ja, sollten Sie Kuhmilch besser meiden, weil dies sonst zu Durchfall, Übelkeit oder Bauchschmerzen führen kann, was so lange dauert, bis die unverdaute Laktose wieder aus dem Körper hinausbefördert wurde.

Warum ernähren sich dann Babys aber ausschließlich von Milch?

Bei Säuglingen ist die Lage noch etwas anders. Sie produzieren die Laktase in jedem Fall so lange, bis sie abgestillt werden, dann wird das Laktase-Gen inaktiviert. Das heißt, wir alle haben eigentlich ein intaktes Gen, dieses ist allerdings nach den ersten Lebensmonaten nur noch dann aktiv, wenn Sie die Genvariante mit der »Nomaden«-Mutation besitzen.

Die Aufgabe der Nutrigenomik, Licht in den Zusammenhang zwischen Genen, Ernährung und Krankheiten zu bringen, können Sie sich in etwa so immens vorstellen, als wenn man Ihnen sagen würde, Sie sollten ein Puzzle aus hundert Millionen Teilen zusammensetzen. Die meisten chronischen Krankheiten werden nämlich nicht nur von einem einzigen, sondern von bis zu mehreren Hundert Genen beeinflusst, deren gemeinsame Wirkung nicht nur über die zwei Alternativen »krank« oder »gesund« entscheidet, sondern jede einzelne Genvariante trägt einen kleinen Teil dazu bei, dass man ein bisschen anfälliger oder eher resistent gegen eine Krankheit ist. Aus den einzelnen Polymorphismen kann man also lediglich Wahrscheinlichkeiten ablesen; für eine sichere Aussage müsste man sowohl Form als auch Platz aller Millionen Puzzleteile kennen.

Erschwerend kommt dann auch noch dazu, dass Lebensmittel Tausende verschiedener Stoffe enthalten können. Außerdem hängt der Arbeitseifer der Enzyme nicht nur von den verantwortlichen Genen ab, sondern auch davon, was die Person sonst noch so isst. Ein bekanntes Beispiel sind Zitrusfrüchte (vor allem Grapefruits), die die Verarbeitung aller Stoffe, die wir gleichzeitig aufnehmen, kurzfristig ziemlich beeinflussen können. Das alles zu bedenken, ist also eine außerordentlich komplizierte Arbeit, die Nutrigenomiker sind aber fleißig mit der Lösung des »Puzzles« beschäftigt. Wie man das ganze Zusammenspiel aber in der Praxis durch welche Nährstoffe beeinflussen könnte, ist bis auf einige wenige Beispiele (zum Beispiel Milchzuckerunverträglichkeit, Koffeinempfindlichkeit oder

Fettverwertung) noch nicht bekannt. Mit anderen Worten, Tests für Gendiäten – genannt ***nutrigenetische Analyse*** – werden derzeit zwar schon einige angeboten, dürften aber nur in wenigen, wirklich sehr konkreten Fragestellungen nützlich sein. Auch auf absehbare Zeit können wir noch nicht damit rechnen, dass wir uns unseren Speiseplan aufgrund unseres Genprofils zusammenstellen können. Warten wir's also ab, bis das Puzzle zumindest aus ein paar größeren zusammenpassenden Bereichen besteht.

Bioethik: Was darf die Molekularbiologie?

Wie wir alle wissen, sind nicht alle Menschen von Grund auf nett und wollen das Beste für uns und unsere Umwelt; darüber hinaus gibt es unterschiedliche Ansichten darüber, was gut und was schlecht oder das Beste überhaupt ist. Dies gilt natürlich und in ganz besonderem Maße auch für die Molekularbiologie mit ihren vielfältigen Möglichkeiten, ins Erbgut von Lebewesen einzugreifen. Deshalb müssen sich Molekularbiologen immer wieder bewusst damit auseinandersetzen, was sie eigentlich tun, und sich fragen, ob dies wirklich zum Wohl von Mensch und Umwelt geschieht oder nicht. ***Bioethik*** nennt man diese Überlegungen, wie man mit *Leben* umgehen soll. Allein dieses Gebiet könnte ein ganzes Buch füllen, ich möchte Ihnen aber in den folgenden Abschnitten nur kurz erklären, was Bioethik ist und ein paar Denkanstöße dazu geben. Gerade im Zusammenhang mit der neuen Genschere CRISPR und transgenen Organismen, Xenotransplantationen oder dem Klonen stellt sich die Frage besonders, ob Wissenschaftler das überhaupt dürfen. Als Beispiel für die typische Arbeit eines Bioethikers dienen in diesem Kapitel die gentechnisch veränderten Organismen.

Die oben gestellte Frage »Was darf die Molekularbiologie?« aber kann und darf ich Ihnen *nicht* beantworten, das muss jeder für sich selbst tun: Entscheiden Sie selbst, was Sie an molekularbiologischen Methoden befürworten oder nicht, Sie haben sich im Laufe des Buches das nötige Hintergrundwissen dazu angeeignet.

Die ***Ethik*** ist ein Teilgebiet der Philosophie, das sich mit den Kriterien für gutes oder schlechtes Handeln, der Bewertung von Motiven und den Folgen dieses Handelns beschäftigt. Ein Teilgebiet dieses Teilgebiets ist die sogenannte ***Bioethik***. Sie beschäftigt sich mit dem verantwortungsvollen Umgang mit *Leben* jeglicher Art – nicht nur mit menschlichem Leben, sondern auch mit Natur und Umwelt und beispielsweise auch im Besonderen mit (neuen) molekularbiologischen, biotechnologischen und medizinischen Techniken. Das große Ziel der Bioethik ist es natürlich, feste und allgemeingültige Regeln für den Umgang mit Leben aufzustellen, wie sie beispielsweise in der »Biomedizinkonvention« des Europarates oder der »Deklaration betreffend des menschlichen Genoms und der Menschenrechte« der UNESCO niedergeschrieben wurden.

Eine Besonderheit in Deutschland sind verschiedene *Ethikkommissionen*, deren Aufgabe es ist, Forschungsvorhaben zu bewerten. Solche Gremien setzen sich aus Naturwissenschaftlern und Ärzten, aber auch aus Juristen oder Theologen zusammen. Beurteilt werden von den Fachleuten Fragen der modernen Medizin und Biotechnologie ebenso wie Tierversuche. Die bekannteste dieser Kommissionen ist der *Deutsche Ethikrat*, dessen Mitglieder von Bundesregierung und Bundestag bestimmt werden. Diese erstellen im Auftrag von Regierung und Abgeordneten Berichte und Stellungnahmen zu bestimmten Themen und beraten die Bundesregierung in ethischen Fragen rund um die Lebenswissenschaften.

Beispiel aus der Bioethik: Gentechnisch veränderte Lebewesen

Wie Sie mittlerweile wissen, werden Pflanzen und Tiere, die uns zur Lebensmittelgewinnung dienen, eigentlich schon solange man denken kann vom Menschen nach seinen Wünschen gezüchtet. Im Gegensatz zur schon seit Jahrhunderten praktizierten klassischen Züchtung werden bei gentechnisch veränderten Organismen aber gezielt ganze Genome oder einzelne Gene übertragen und verändert, die noch dazu von fremden Arten stammen können. Im Moment gibt es bei uns hauptsächlich gentechnisch veränderte Pflanzen und Mikroorganismen, bei Tieren sind die Verfahren noch etwas schwieriger durchzuführen. Dies könnte sich in den nächsten Jahren allerdings ändern. In jedem Fall sind die Vorbehalte gegenüber veränderten Lebewesen groß und die Diskussionen heftig. *Warum macht man so etwas dann überhaupt?* Hier noch mal als Gedächtnisstütze ein paar Beispiele für die Vorteile von gentechnisch veränderten Organismen in der Nahrungsmittelherstellung gegenüber Lebensmitteln, die mithilfe von klassischen Züchtungsmethoden erzeugt wurden:

- ✔ Das Erbgut kann gezielt verändert werden, und das ist wesentlich ***effizienter***. Wünschenswerte Eigenschaften erhält man in der Regel schon in der ersten manipulierten Generation (andernfalls manchmal erst nach mehreren Generationen – das kann Jahre dauern). Außerdem sind die Veränderungen neben den eigenen artspezifischen Merkmalen dann im Erbgut fixiert und können wiederum an die Nachkommen weitervererbt werden.

- ✔ Manche Nahrungsmittel können in einer bestimmten ***Qualität oder Menge*** überhaupt erst mithilfe von molekularbiologischen Methoden hergestellt werden. Zum Beispiel transgener Mais oder Kartoffeln, die bakterielle Resistenzgene gegen Schädlinge tragen, oder Soja und Raps, denen die Behandlung mit Unkrautvernichtungsmittel nichts ausmacht. Diese Veränderungen sollen bewirken, dass giftige Spritzmittel sparsamer verwendet werden.

- ✔ Lebensmittel können gezielt so ***aufgewertet*** werden, dass der Mensch beim Essen nicht nur seinen Hunger stillen kann, sondern auch noch einen bestimmten Zusatznutzen hat wie zum Beispiel beim Goldenen Reis (siehe den Kasten »Genfood-VIPs: Anti-Matsch-Tomate, Goldener Reis und Impfbanane« weiter vorn in diesem Kapitel).

Nun kann man das alles relativ positiv sehen, denn schließlich werden ja unsere Nahrungsmittel verbessert, man kann sie günstiger oder überhaupt erst herstellen. Aber man kann die ganzen gezielten Eingriffe in die Natur auch durchaus negativ beurteilen. Und hier beginnt die Bioethik, die die verschiedenen Aspekte gegeneinander abwägt. Wie sie das macht, möchte ich Ihnen anhand des folgenden Beispiels für die gentechnisch veränderten Lebewesen erklären. Zunächst einmal erstellt der Bioethiker eine Liste mit Argumenten und Kriterien, die wie folgt aussehen könnte:

- ✔ **Argument:** Gentechnisch veränderte Organismen als Nahrungsmittel sind unnatürlich, wobei der natürliche Vorgang der Evolution und das Erbgut eines Lebewesens geschützt werden müssen. Das heißt, der Mensch darf nicht in solche natürlichen Vorgänge eingreifen.

- ✔ **Gegenargument:** Der Mensch greift durch Selektion und Züchtung schon immer in die Natur ein, er ist sogar darauf angewiesen, um überleben zu können. Das heißt, Eingriffe in die Natur können in bestimmten Grenzen sogar ethisch geboten sein, um alle Lebewesen ernähren zu können.

- ✔ **Ethische Beurteilung:** Eingriffe in die Natur sind weder ausdrücklich verboten noch erlaubt, deshalb dürfen diese nur unter bestimmten Kriterien stattfinden. Und zwar müssen einerseits die Menschen, die gentechnisch veränderte Nahrungsmittel essen und herstellen, geschützt werden, aber andererseits auch die Natur mit allen nicht menschlichen Lebewesen, deren Erbgut zur Nahrungsmittelherstellung manipuliert wird. Und zwar müssen sowohl die (positiven) Chancen als auch die (negativen) Risiken bedacht werden.

- ✔ Zum Beispiel können gentechnisch veränderte Lebensmittel sich sowohl positiv als auch negativ auf die ***menschliche Gesundheit*** auswirken, und zwar

  - *positiv*, wenn es sich um Substanzen handelt, die besonders viel von bestimmten erwünschten Nährstoffen oder medizinisch wirksame Bestandteile enthalten oder hungernde Menschen versorgen

  - *negativ*, wenn der Verzehr zu Allergien oder gar Vergiftungen führt

  Weiterhin können solche Nahrungsmittel natürlich Folgen für die ***Umwelt*** haben. Diese sind

  - *positiv*, wenn die Nutzpflanzen resistent gegen Schädlinge sind, sodass nicht so viele giftige Spritzmittel in der Natur verteilt werden müssen

  - *negativ*, wenn die Gefahr besteht, dass sich veränderte Pflanzen unkontrolliert in der Natur ausbreiten und damit das ökologische Gleichgewicht stören

  Dann sind da noch die Auswirkungen auf ***Wirtschaft und Gesellschaft*** zu bedenken. Sie sind

  - *positiv*, wenn Nahrungsmittel kostengünstiger hergestellt werden können. Dies ist sowohl für die Verbraucher als auch für die Wettbewerbsfähigkeit der Erzeuger günstig.

  - *negativ*, wenn dies zur Monopolstellung von großen Wirtschaftsunternehmen führt, weil diese vielleicht ein Patent auf bestimmte Substanzen haben. Als Folge werden kleinere Erzeuger vom Markt verdrängt, was vor allem für die Entwicklungsländer fatal sein könnte.

Und natürlich sind auch Chancen oder Risiken für die ***veränderten Organismen selbst*** wichtig. Sie sind

- *positiv,* wenn sie durch den Eingriff ins Erbgut weniger anfällig für Krankheiten sind
- *negativ,* wenn der Eingriff Schmerz und Leiden für das Lebewesen mit sich bringt

Nachdem also eine solche oder ähnliche (hier natürlich sehr vereinfachte) Liste mit Kriterien und Argumenten erstellt wurde, ist es die Aufgabe des Bioethikers, die Punkte gegeneinander abzuwägen, um letzten Endes zu einer Empfehlung zu kommen. Das ist gar nicht so einfach, oder? Am Ende solcher jahrelangen Überlegungen entstand beispielsweise im Jahr 2005 das *Gentechnikgesetz,* das in Deutschland den Umgang mit gentechnisch veränderten Organismen gesetzlich regelt. Trotzdem müssen die Diskussionen natürlich permanent weitergehen, denn es gibt ja gerade in der Molekularbiologie ständig Neues – siehe beispielsweise die Genschere CRISPR (siehe Kapitel 19) –, das es zu bewerten gilt.

IN DIESEM KAPITEL

Was man unter Synthetischer Biologie versteht

Mit welchen Basteleien sich die Bioingenieure beschäftigen

Chancen und Risiken von künstlichen Zellen und Organismen

Kapitel 27
Synthetische Biologie: Biobasteln für Profis

Nun, da ich mit der Molekularbiologie an sich »durch« bin, Sie sich sowohl an der Bench – was die Experimente angeht – als auch an Ihrem Schreibtisch – was die theoretischen Grundlagen betrifft – und mit Alltäglichem – mit Proteinen und Nukleinsäuren um uns herum – auskennen, also sprich: schon ganz schön fit sind, möchte ich Sie zum Schluss gerne noch in ein außerordentlich spannendes Randgebiet der molekularbiologischen Forschung führen – nämlich die *Synthetische Biologie*. Und zwar habe ich ausgerechnet diese für Sie ausgesucht, weil sie sich direkt »am Puls der Zeit« bewegt und ein paar der modernsten und revolutionärsten Fachgebiete unserer Tage miteinander kombiniert – wie beispielsweise die Molekularbiologie mit der Informationstechnologie. Hinzu kommt aber auch noch viel mehr Spannendes – doch davon erst später weiter unten.

Dieses aufstrebende Forschungsgebiet ist auch wirklich auf die brandneuesten Techniken der verschiedensten Wissenschaften angewiesen, denn Synthetische Biologen konstruieren *künstliche* biologische Systeme, Maschinen und Organismen mit ganz neuartigen oder verbesserten Eigenschaften, wie beispielsweise Synthetische Genome, Chromosomen oder Organismen. Hört sich für uns Außenstehende eher wie Science-Fiction und vielleicht zunächst auch ein bisschen gruselig an, oder? Es funktioniert aber tatsächlich, und ich habe ein paar dieser Dinge – wie beispielsweise die Designer-Proteine (siehe Kapitel 19) – auch bereits so ganz nebenbei erwähnt, ohne damals richtig zu erklären, was da eigentlich dahintersteckt. Dies möchte ich nun nachholen und Sie außerdem mit wichtigen Informationen über dieses supermoderne Thema versehen, sodass Sie – ebenso wie bei anderen brisanten Themen, die den Molekularbiologen so bewegen – fundiert mitreden können.

Was Synthetische Biologie genau ist, ist noch schwer zu sagen

Die ***Synthetische Biologie*** wird zwar oft als »nächste Stufe der Bio- und Gentechnologie« bezeichnet. Was das aber konkret bedeutet, das ist auf den ersten Blick richtig schwer zu sagen. Warum? Weil sich der Experimentator bei dieser Disziplin der Lebenswissenschaften nicht nur biologischen Prinzipien bedient, sondern auch aus den Werkzeugkisten einer ganzen Reihe anderer moderner Fachrichtungen, wie auch Abbildung 27.1 zeigt. Zu Arbeiten der Synthetischen Biologie können beispielsweise beitragen

- ✔ natürlich (aus unserer Sicht) zuallererst die ***Molekularbiologie***
- ✔ die ***Ingenieurwissenschaften*** – deshalb wird der Synthetische Biologe auch *Bioingenieur* genannt
- ✔ die ***Informatik***
- ✔ die ***Biophysik*** und die ***Biochemie***

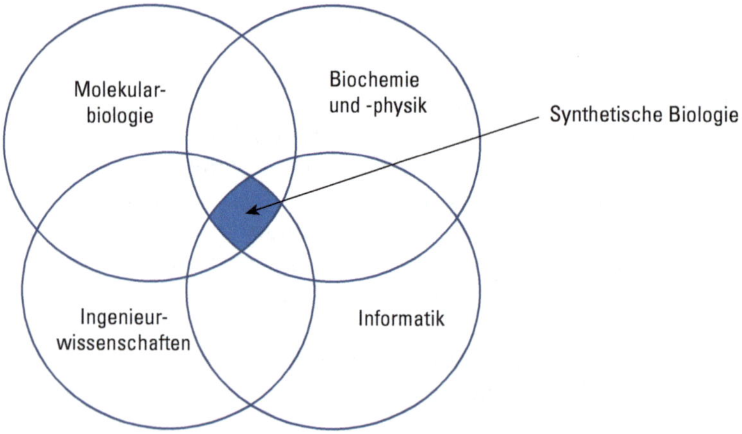

Abbildung 27.1: Die Synthetische Biologie als Schnittmenge aus verschiedenen modernen Disziplinen. Beispielhaft sind nur vier der vielen Fachrichtungen dargestellt, die Synthetische Biologen für ihre Arbeit nutzen.

Hinzu kann – je nach Aufgabenstellung – noch eine ganze Menge an Spezialdisziplinen kommen wie zum Beispiel

- ✔ die ***Nanobiotechnologie:*** Das ist Biotechnologie auf der fast unvorstellbaren kleinen Ebene von Nanoteilchen. Hier bewegt sich der Bioingenieur in kleinsten Einheiten von etwa einem Milliardstel Meter (zum Vergleich: Ein menschliches Haar ist in etwa hunderttausendmal dicker als ein solches Nanoteilchen!). Und wie Sie sich vorstellen können, ist diese Arbeit schon etwas für ausgewiesene Profis an der Bench.

- ✔ die ***Systembiologie***, die versucht, die komplizierte Zusammenarbeit zwischen DNA, RNA und Proteinen und anderen für den Stoffwechsel wichtigen Zellbestandteilen in Raum und Zeit mithilfe von computergestützten mathematischen Modellen zu beschreiben und zu erforschen
- ✔ die ***Membranphysiologie***, die sich mit den physikalischen und chemischen Vorgängen an den Membranen – den Trennschichten der Zellen – beschäftigt

Wenn Sie dann noch bedenken, dass auch schon in der Molekularbiologie alleine wiederum Teile von Genetik, Biotechnologie und Biochemie stecken (siehe Abbildung 1.1 in Kapitel 1), dann wird das Ganze schnell ganz schön unübersichtlich, oder? Die genauen Einzelheiten sind aber an dieser Stelle eigentlich gar nicht so wichtig, denn sie variieren sowieso je nach konkreter Aufgabenstellung. Sie sollen nur einen Eindruck davon gewinnen, wie vielfältig die Synthetische Biologie sein kann.

Merken Sie sich einfach Folgendes:

> *In der Synthetischen Biologie spielt eine ganze Vielzahl moderner Wissenschaftsdisziplinen eine Rolle.*

Und weil so viele verschiedene Fachrichtungen die Synthetische Biologie ausmachen, ist es auch schwierig, eine einzige, allgemeingültige Definition zu finden. Man könnte den Begriff aber beispielsweise wie folgt beschreiben:

Die ***Synthetische Biologie*** nutzt eine Vielzahl verschiedenster Techniken, um komplett *neuartige künstliche* biologische Funktionen und Systeme zu entwerfen und herzustellen. Dadurch sollen sowohl neue Erkenntnisse über Lebensvorgänge gewonnen als auch neue nützliche Organismen und Produkte hergestellt werden können.

Künstliche Zellen, Organismen oder Viren – so wird's gemacht

Noch vor nur ein paar Jahren hätte dieses Kapitel über Synthetische Biologie sicher nicht in einem seriösen Buch über Molekularbiologie gestanden, sondern eher in einem Science-Fiction-Roman über durchgeknallte Forscher. Ja, lachen Sie nicht! Obwohl es den Begriff an sich schon seit über hundert Jahren gibt, ist das noch gar nicht so lange her. Denn erst modernste und zunehmend kostengünstigere Methoden zur Sequenzierung und Synthese von Biomolekülen, wie die künstliche Gensynthese (siehe Kapitel 11) oder das Next-Generation-Sequencing (siehe Kapitel 17), die Sie ja schon kennen und entsprechende Errungenschaften der Informationstechnologie wie superschnelle Computer, künstliche Intelligenz und die entsprechende Software haben es möglich gemacht, überhaupt an künstliche Lebensformen zu denken.

Und weil die Synthetische Biologie heutzutage schon einen so vielfältigen Werkzeugkasten mit den unterschiedlichsten Hilfsmitteln von der Genschere bis hin zum hochkomplizierten

Computeralgorithmus zur Hand hat, gibt es auch ganz verschiedene Beispiele für Aufgaben, an denen gearbeitet wird. Synthetische Biologen beschäftigen sich unter anderem damit,

- ✔ künstliche Zellen, ganze Organismen oder auch Viren zu konstruieren
- ✔ vorhandene Zellen, Organismen oder Viren mit neuartigen Eigenschaften zu versehen
- ✔ Schaltkreise aus programmierbaren Nukleinsäure-Konstrukten bis hin zu Bio-Computern zu entwerfen
- ✔ künstliche Chromosomen zu schaffen
- ✔ genetische Codes neu zu schreiben – man nennt diese dann *synthetische DNA-Codes*
- ✔ Maschinen aus Biomolekülen zu bauen
- ✔ Biosensoren herzustellen, beispielsweise Zellen, die Schwermetalle aufspüren

Aber fast immer spielen natürlich die Biomoleküle DNA, RNA und Proteine – wie könnte es anders sein in unserer Molekularbiologen-Welt? – eine tragende Rolle!

BEISPIEL

Generell gibt es zwei verschiedene Strategien, um eine Zelle, einen Organismus oder ein Virus mit neuartigen Eigenschaften zu versehen – solche Eigenschaften sind natürlich auf der DNA gespeichert, deshalb muss der Bioingenieur auch hier ansetzen.

1. **Möglichkeit:** *Information gezielt hinzufügen*, also einzelne Sequenzen ins Erbgut **integrieren** oder das Genom komplett **neu synthetisieren**.

   Dabei kann bei kleineren Stücken beispielsweise die Genschere (siehe Kapitel 19) ins Spiel kommen, um Sequenzen umzuschreiben. Wird ein Genom aber komplett neu zusammengebaut, dann startet die Herstellung immer zunächst mit der Synthese kürzerer künstlicher DNA-Stücke, die dann zu größeren Bausteinen – *Synthons* genannt –, Genen oder letztendlich gar dem kompletten Genom zusammengesetzt (der Profi sagt dazu: *assembliert*) werden. Dort sind – wie »wir Molekularbiologen« ja längst wissen – die gewünschten, neuartigen Eigenschaften gespeichert, die den neuen »Wirt« dieser Informationen – also die Zelle, das Virus oder das Lebewesen – dann anschließend prägen. Es werden also je nach Wunsch nur kürzere DNA-Stücke in eine Zelle bis hin zum ganzen Genom in einen Organismus eingeführt.

2. **Möglichkeit:** *Information gezielt wegnehmen*, also das Genom **verkleinern**.

   Ganz im Gegenteil zur Integrationsstrategie wird einem Organismus oder einer Zelle dabei Erbinformation weggenommen. Es bleibt gerade nur die Information übrig, die fürs Überleben gebraucht wird – Zelle oder Organismus wird auf das Allernotwendigste *reduziert*. Man nennt das Ergebnis ***minimale Organismen*** oder ***Minimalzellen***, und sie werden zum Beispiel als sogenannte *Bioparts* dazu verwendet, um biologische Schaltkreise (angelehnt an elektronische Schaltkreise und die Informatik) zu erzeugen. Auch für die Produktion von verschiedensten Stoffen sollen solche Minimalzellen entwickelt werden. Sie liefern eine höhere Ausbeute, weil der Platz in der Zelle nicht mit unnötigen Dingen verschwendet wird, die die Zelle gar nicht unbedingt fürs Überleben braucht.

Minimalorganismen sind zudem zu Forschungszwecken geradezu prädestiniert, weil Sie mit ihrer Hilfe Zellfunktionen prima untersuchen können und sie dazu beitragen, den Ursprung des Lebens zu erforschen. Zudem sind sie als sogenannte *Sicherheitsstämme* besser kontrollierbar – wenn Sie das im Design so festgelegt haben – als ihre natürlichen Pendants.

Erinnern Sie sich noch an Kapitel 16? Hier hatte ich bei der Klonierung ein (beispielsweise menschliches) Gen auf einen anderen Organismus (zum Beispiel ein Bakterium) transferiert. Im Gegensatz dazu verfolgt die Synthetische Biologie einen *völlig anderen Ansatz*: Sie schafft ***komplett neue künstliche biologische Systeme und Komponenten***. Und genau das macht den Unterschied zwischen gentechnischen Methoden und »klassischer« Molekularbiologie auf der einen Seite und der Synthetischen Biologie auf der anderen Seite. Nun verstehen Sie vielleicht auch besser, warum man sie »die nächste Stufe der Gentechnologie« nennt!

Neue biologische Bausteine, die mithilfe von Techniken der Synthetischen Biologie geschaffen werden, nennt der Experimentator auch ***Bioparts*** oder ***Biobricks***. Biobrick-Teile sind DNA-Sequenzen, die einem vereinbarten Standard entsprechen und als Bausteine im Prinzip ganz genauso eingesetzt werden wie LEGO-Steine: Auch sie sind beliebig miteinander zu größeren Einheiten kombinierbar – aber sie sind nicht so schön bunt und haben auch keine kleinen Noppen an der Oberfläche, mit denen man sie verbindet. Sie sind zwar ähnlich leicht kombinierbar, aber nicht aus Plastik, sondern aus *Standardplasmiden mit gleichen Restriktionsschnittstellen* aufgebaut. Und – jetzt kommt das Beste: Sie sind für Unis und Firmen kostenlos und werden von der *BioBricks Foundation*, einer Non-Profit-Organisation, zur Verfügung gestellt. Mit diesen Biobricks können Sie ganze künstliche genetische Schaltkreise bauen und in eine Zelle, zum Beispiel ein Bakterium, einführen. Um diese Biobricks herum hat sich der Synthetische Biologe sogar eine einfache, gemeinsame Sprache entwickelt, die *Synthetic Biology Open Language (SBOL)*, die auf den ersten Blick aussieht wie auf einem Schaltplan aus dem Elektronikbaukasten, wie Abbildung 27.2 zeigt.

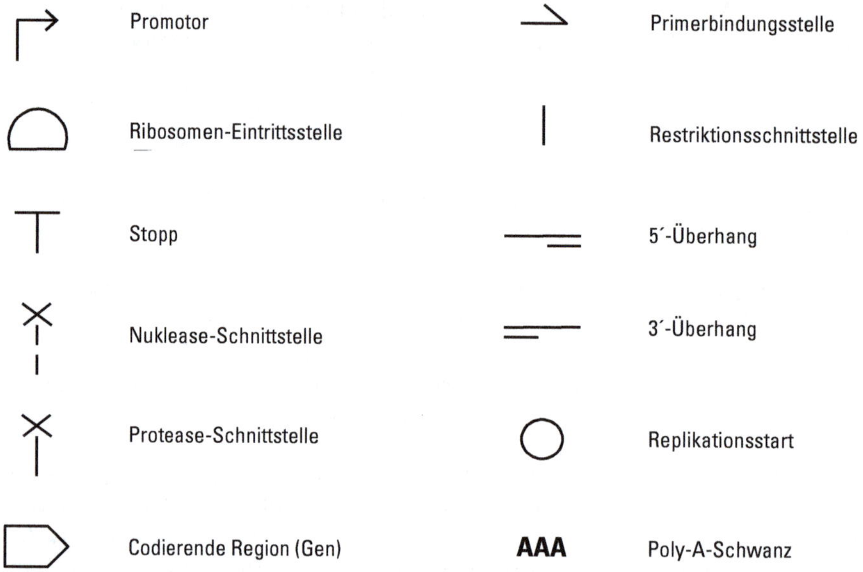

Abbildung 27.2: Zeichensprache des synthetischen Biologen. Einige Beispiele für Symbole der *Synthetic Biology Open Language*, mit deren Hilfe man genetische Schaltkreise entwerfen kann. Sie werden nach ingenieurwissenschaftlichen Prinzipien zu größeren Einheiten und wiederum zu ganzen Systemen kombiniert.

Hochkarätiger Wettbewerb für Synthetische Nachwuchsforscher

Einen ganz bekannten Wettbewerb in Synthetischer Biologie mit mehreren Tausend Teilnehmern gibt es einmal im Jahr für Studenten – den ***iGEM** (international Genetically Engineered Machine competition)* –, in dem auch schon viele deutsche Nachwuchswissenschaftler gute Platzierungen errungen haben. Der Studentenwettbewerb ist inzwischen sogar schon zu einer Art Aushängeschild des Forschungszweigs geworden.

Alle Teams erhalten zu Beginn einen ganzen Werkzeugkasten voll mit Biobricks, die sie für ihre Ideen zusammenbauen können. Herausgekommen sind schon sehr spannende Dinge wie klimafreundliche Kühe, die Methan in ihrem Magen verstoffwechseln könnten, Kohlenstoffdioxid-(CO_2-)fixierende Bakterien, die daraus nützliche Moleküle herstellen, Biosensoren für Krankheitserreger, Plastik abbauende Algen, neuartige Antikeim-Beschichtungen, blinkende Zellen, Enzyme, die Abwassergifte unschädlich machen, und eine ganze Menge mehr. Und das Schöne daran: Die Ergebnisse und Protokolle sind frei zugänglich. Sie können von anderen Bioingenieuren jederzeit genutzt werden und so deren molekularbiologischen Arbeiten im Labor beschleunigen. Ziemlich gute Idee, oder?

Wozu denn nun das Ganze?

Von der Synthetischen Biologie dürfen wir sicherlich in Zukunft noch eine ganze Menge erwarten. Sie ist aber durchaus auch heute schon im Alltag angekommen: Es gibt weltweit zum Beispiel bereits mehrere Hundert Firmen, deren Grundlage die Synthetische Biologie ist und die jährlich schon mehrere Milliarden Dollar erwirtschaften – Tendenz steigend. Craig Venter, bekannter Molekularbiologe, der als Konkurrent des Humangenom-Projekts als Erster ein ganzes menschliches Genom entschlüsselt hat, geht davon aus, dass der erste Billiardär der Welt ein Unternehmer der Synthetischen Biologie sein wird.

Ich selbst habe mich ja auch schon in Kapitel 19 so ganz nebenbei und fast schon selbstverständlich Zinkfingernukleasen, TALENs (Transcrition Activator-Like Effector Nuclease, übersetzt: Transkriptionsaktivator-artige Effektornukleasen) und der Genschere Nuklease Cas bedient. Dies sind allesamt ***Designer-Enzyme***, das heißt, diese Proteine kommen in der Natur so nicht vor und werden per Proteindesign nach Wunsch an die jeweilige Anwendung angepasst und hergestellt. Der Proteindesigner macht dies, indem er gezielt Mutationen in jene Gene einführt, die die Information für die entsprechende *natürliche* Proteinvariante tragen. Man nennt dies *Mutagenese* (siehe auch Kapitel 18).

Möglich macht ein solches *Proteindesign* aber auch die Synthetische Biologie, indem entweder Sequenzen und Gene für solche Designer-Moleküle künstlich geschaffen werden oder auch der komplette Organismus, der die Proteine für uns herstellen soll. Von Bedeutung könnte das zukünftig für uns auch mehr und mehr für die ganz individuelle Herstellung und Anpassung von Medikamenten sein.

Künstliches um uns herum

Da in der Synthetischen Biologie so viele verschiedene Disziplinen ihr Bestes geben, gibt es auch viele, teilweise ganz verschiedene (denkbare) Anwendungen. Im Folgenden möchte ich Ihnen einige der spannendsten Projekte und Erfindungen der Bioingenieure präsentieren:

- ✔ **Medizin:** Hier wird an völlig neuartigen Therapien gearbeitet. An programmierbaren Medikamenten, die ihre Wirkung erst dann entfalten, wenn bestimmte Voraussetzungen erfüllt sind, wie beispielsweise Krebszellen zerstörende Bakterien und Zellen, an der Heilung von bakteriellen Infekten ohne Antibiotika oder künstlichen Organismen, deren Organe transplantiert werden könnten, ohne abgestoßen zu werden.
- ✔ **Pharmazie und Chemie:** Künstliche Zellen könnten uns in der Zukunft einmal als Mini-Fabriken für Biomoleküle aller Art mit Medikamenten oder Chemikalien eindecken. Auch natürliche Organismen können hierfür mit nützlichen Eigenschaften ausgestattet werden und uns als wertvolle Helfer mit Arzneimitteln oder auch ganz neuen Errungenschaften wie erneuerbaren Biotreibstoffen oder abbaubarem Bioplastik versorgen.

Für eine neuartige Möglichkeit, Antibiotika und andere Medikamente herzustellen, sind die Bioingenieure gerade dabei, Hefezellen mit einer kompletten Ausstattung an *künstlichen Chromosomen* zu entwickeln. Diese sollen als Zugabe zu ihren »eigenen« 16 Chromosomen sogar noch ein zusätzliches 17. Chromosom erhalten – ein sogenanntes *Neochromosom*. Geklappt haben die Basteleien schon für die ersten 14 Chromosomen. Bestimmt können wir in den nächsten paar Jahren damit rechnen, eine Hefezelle mit komplett synthetischer Chromosomenausstattung präsentiert zu bekommen! Synthethic Yeast 2.0 heißt das Projekt, an dem Forscher aus der ganzen Welt beteiligt sind.

- ✔ Auch an verschiedensten **Biosensoren** wird schon unter Hochdruck gearbeitet, beispielsweise an Sensoren mit bakteriellen Beschichtungen auf lichtempfindlichen Computerchips, die in der Lage sein sollen, Erdölschadstoffe anzuzeigen. Sobald die Bakterien mit den schädlichen Stoffen in Kontakt kommen, beginnen sie zu leuchten – schöne Vorstellung, oder? Ähnlich sollen Bakterien in einem anderen Projekt reagieren, sobald sie mit TNT in Kontakt kommen. Auf diese Weise könnten die kleinen leuchtenden Helfer auf gefährliche Landminen aufmerksam machen.

  Viele neue Ideen gibt es auch schon für Sensoren zu *diagnostischen Zwecken*, die auf bestimmte Körperreaktionen aufmerksam machen können. Beispielsweise entwickelt man Sensoren, die auf Stoffwechselprodukte im Körper von Menschen oder Tieren reagieren, zum Beispiel Glukose detektierende Zellen für Diabetespatienten, die immer bei Bedarf Insulin abgeben.

- ✔ Für den **Umweltschutz** wird an so spannenden Dingen wie Plastik verdauenden Algen oder Mikroorganismen gearbeitet, die Schadstoffe aus der Umwelt aufnehmen oder kompensieren könnten. Auch wäre es denkbar, neue Lebensformen zu entwickeln, die sich auf ändernde Lebensbedingungen anpassen könnten, wie sie beispielsweise durch den Klimawandel bedingt sein könnten.

  Sogar die amerikanische Raumfahrtbehörde NASA denkt wohl darüber nach – lachen Sie nicht! –, wie synthetische Organismen den für uns Erdlinge eher unwirtlichen Mars besiedeln könnten.

- ✔ **Ernährung:** Ziel der Bioingenieure, die auf diesem Gebiet arbeiten, ist es, die zukünftige Versorgung der Weltbevölkerung mit Nahrung sicherzustellen oder Alternativen zu bisherigen Lebensmitteln bereitzustellen. So wird beispielsweise intensiv daran geforscht, Fleisch, Fisch oder Eier künstlich zu erzeugen. Tatsächlich essen können Sie – wenn Sie das wollen – bereits heute schon ganz neue Lebensmittel wie Milchprodukte ohne Kühe, synthetischen Honig oder Vanille aus Mikroorganismen.

- ✔ **DNA-Datenspeicherung:** Das Speichermaterial des Lebens soll zu einer neuen Form der Informationstechnologie gemacht werden, denn es verfügt über eine enorme Speicherkapazität und kann riesige Datenmengen effizienter und genauer speichern als jedes elektronische Gerät.

- ✔ **Energiegewinnung:** Maßgeschneiderte Mikroorganismen sollen Treibstoffe wie Benzin, Diesel oder sogar Kerosin für uns herstellen. Oder künstliche Photosynthese betreiben und damit Energie aus Sonnenlicht in energiereiche Moleküle umwandeln, die ihrerseits zu neuartigen Kraftstoffen verarbeitet werden könnten.

Viele der möglichen Anwendungen, an denen weltweit gebastelt wird, sind aber bisher noch nicht in der Praxis angekommen, und das wird auch je nach Idee noch ein bisschen dauern. Andererseits gibt es weltweit aktuell schon einige Produkte aus der Werkstatt der Synthetischen Biologen, die kommerziell vermarktet werden. Darunter sind verschiedene Biopolymere, Enzyme, Chemikalien, Nahrungsmittel oder Zusätze zu Treibstoffen.

Im Jahr 2010 wurde ein *erster vermehrungsfähiger synthetischer Organismus* der Öffentlichkeit präsentiert, dessen Erbgut komplett im Labor hergestellt worden war (siehe den Kasten »Meilenstein der Synthetischen Biologie: Der erste künstliche Organismus«). Es kommt also in den nächsten Jahren sicher noch einiges auf uns zu. Sind wir also gespannt und gehen verantwortungsvoll damit um. Sie wissen ja jetzt schon ziemlich gut, worum es geht!

Ein bekanntes Beispiel dafür, dass die Ideen der Bioingenieure nicht nur Spielereien sind, sondern auch wirklich funktionieren, ist der Arzneistoff ***Artemisinin.*** Diese wertvolle Substanz kommt in den Blüten und Blättern des Einjährigen Beifußes *Artemisia annua* vor und ist eine wirksame Waffe gegen resistente Exemplare des Malariaerregers. Das Problem dabei ist allerdings, dass es viel Arbeit ist, bis Sie den Stoff in der Hand halten können: Aus einem Kilogramm getrockneter Blätter bekommt man nur acht Gramm Artemisinin und vom Samen bis zum fertigen Medikament dauert es rund 14 Monate. Deshalb kamen Forscher auf die Idee, doch einfach Hefezellen für sich arbeiten zu lassen. In einem komplizierten Prozess führten sie in monatelanger Biobastelei die entsprechenden Pflanzengene in die Hefezellen ein und kreierten um sie herum einen komplett neuen Produktionsweg für das Medikament. Mit Erfolg: Die freundlichen Hefehelfer stellten zuverlässig einen Vorläufer des Wirkstoffs her, aus dem sich das Medikament auf einfache Weise gewinnen lässt. Leider erwies sich das so gewonnene Artemisinin wegen fallender Marktpreise für Beifußpflanzen als wirtschaftlicher Flop, aber die Biologen haben saubere Arbeit geleistet, und die kleinen Hefefabriken funktionieren prima. Aber vielleicht klappt es ja doch noch irgendwann mit dem Wirkstoff aus der Hefefabrik.

Meilenstein der Synthetischen Biologie: Der erste künstliche Organismus

Es war *DIE* Sensation im Jahr 2010: Der amerikanische Biochemiker und Biotechunternehmer Craig Venter präsentierte damals das erste lebensfähige Bakterium mit einem künstlichen, von Menschenhand geschaffenen Genom. Venter und sein Team hatten das Erbgut von *Mycoplasma mycoides* – einem Bakterium mit sehr kleinem Genom – im Computer entworfen, im Labor synthetisiert und dann die rund 1 Million DNA-Bausteine in eine ganz normale Mycoplasmenzelle transplantiert, deren DNA sie zuvor entfernt hatten. Damit war der Beweis erbracht, dass Leben von Menschen entworfen und künstlich erzeugt werden kann.

Heute ist das schon fast wieder ein »alter Hut«, denn 2019 haben Forscher einen Organismus mit einem noch wesentlich größeren künstlichen Erbgut erzeugt: Designermikrobe,

Frankenstein-Bakterium oder ganz einfach *E. coli* Syn61 wird die Zelle genannt, deren Genom vollständig ausgetauscht wurde, sodass das Bakterium allein von synthetischen Molekülen gesteuert wird. Auch hierbei handelt es sich um eine im Computer entworfene Lebensform, für die sogar vier Millionen Basenpaare im Labor synthetisiert werden mussten. Dabei sollte der Kunstorganismus selbst mit möglichst wenigen Informationen auskommen, damit die Wissenschaftler noch Platz gewinnen konnten für Sequenzen, die für Stoffe codieren, die die Zelle sonst nicht freiwillig herstellt. Hierfür wurde das Genom von Syn61 so verändert, dass es mit nur 61 Codons der normalerweise 64 alle nötigen Bausteine für seine eigenen Proteine – die Aminosäuren – herstellt. Zusätzlich wurden ins Erbgut Codes für drei künstliche Aminosäuren eingeführt, sodass Syn61 Materialien mit völlig neuen Eigenschaften herstellen könnte. Eingeschleust wurden die synthetischen Sequenzen in eine ganz normale *E. coli*-Zelle mithilfe der Genschere CRISPR-Cas (siehe Kapitel 19), und zwar so lange, bis die natürliche Information Stück für Stück ausgetauscht worden war.

Darf man das denn überhaupt?

Was Sie sich sicherlich schon die ganze Zeit während der letzten Abschnitte über dieses supermoderne, aber gleichzeitig auch so brisante Thema überlegt haben, ist die Frage nach der Ethik – also die Frage, ob der Mensch überhaupt künstliches Leben schaffen darf. An einen ähnlichen Punkt war ich schon einmal gekommen, als ich mir Gedanken über gentechnisch veränderte Pflanzen und Tiere gemacht habe (siehe Kapitel 26). Und wie dort auch, so muss ich Ihnen an dieser Stelle genauso sagen: Sie müssen das selbst für sich herausfinden. Ich hoffe aber, dass ich Sie mit den vorangegangenen Abschnitten in die Lage versetzt habe, zu einer eigenen Meinung zu kommen, wie auch immer diese aussehen mag. Dass es auch für Experten extrem schwer ist, sich eindeutig zu positionieren, zeigt, dass es beispielsweise in Europa derzeit noch keine gesetzliche Sicherheitsregulierung der Synthetischen Biologie gibt – in Deutschland kommt da das ganz »normale« Gentechnikgesetz zur Anwendung, da man davon ausgeht, dass keine anderen Risiken für die biologische Sicherheit bestehen als bei herkömmlichen gentechnischen Veränderungen.

Im Folgenden habe ich einige Vor- und Nachteile von künstlichen Zellen, Organismen und Viren zusammengetragen. Möge die Liste Ihnen die Entscheidung erleichtern!

Ein paar Argumente ***für*** die Nutzung von Techniken der Synthetischen Biologie könnten sein:

- ✔ In der Medizin eröffnen sich uns völlig neue Behandlungsmöglichkeiten mit neuartigen Medikamenten und Therapien.
- ✔ In vielen Lebensbereichen könnten Innovationen ganz neue Biomaterialien, Chemikalien oder Treibstoffe hervorbringen.
- ✔ Sowohl herkömmliche als auch neue Produkte könnten oftmals viel schneller, einfacher und preisgünstiger hergestellt werden. Auch könnten Engpässe bei seltenen Dingen des Alltags überwunden werden.

- Wir könnten beim Umweltschutz der fortschreitenden Zerstörung der Natur und dem Klimawandel entgegenwirken.
- Neue Strategien, um Nahrungsmittel zu produzieren, würden Mensch und Tieren nutzen und irgendwann einmal vielleicht alle satt machen.

Gegen die Schaffung künstlichen Lebens könnte man vorbringen:

- Synthetische Lebensformen stellen einen erheblichen Eingriff in die Natur und Evolution dar und könnten noch nicht absehbare Gefahren bergen und sich eventuell unkontrolliert vermehren.
- Man kann schwer abschätzen, wie die langfristigen Auswirkungen auf unser Ökosystem und einzelne Arten sein werden.
- Es könnte schwierig werden, das Eigentumsrecht bei künstlichen Lebewesen zu regeln.
- Bei einer innovativen Technik besteht immer das Risiko, dass es Menschen gibt, die nicht nur verantwortungsvoll mit ihr umgehen und die Möglichkeiten missbrauchen. In diesem Zusammenhang gibt es auch Befürchtungen, dass Biohacker (siehe auch Kapitel 6, Abschnitt »Biohacking: Das Labor in der eigenen Garage«) außerhalb der professionell geführten Labore mit künstlichen Lebensformen experimentieren, die dann erheblichen und vielleicht nicht wiedergutzumachenden Schaden anrichten könnten.

Teil VI
Der Top-Ten-Teil

Besuchen Sie uns auf `www.fuer-dummies.de` oder unseren Social-Media-Kanälen:

Facebook
`www.facebook.com/fuerdummies`

Instagram
`www.instagram.com/furdummies`

YouTube
`www.youtube.com/@dummies-mann`

IN DIESEM TEIL ...

Nicht immer war es mir in den vorangegangenen Teilen möglich, Ihnen zu allen Themen aus Genomik und Proteomik die maximal ausführlichen Informationen zu geben, die Sie aber an diesen Stellen zum Verständnis der Sache auch gar nicht unbedingt benötigten. Jetzt jedoch, am Ende des Buches, wo Sie praktisch zum Molekularbiologie-Profi ernannt werden könnten, wollen Sie vielleicht noch ein bisschen mehr wissen. Deshalb finden Sie in diesem Teil die detaillierten Rezepte für die wichtigsten Reagenzien, die der Experimentator so tagtäglich an der Bench braucht (siehe Kapitel 28). Außerdem habe ich Ihnen in Kapitel 29 eine Liste mit Internetadressen zusammengestellt, bei denen Sie sich ausführlich über die verschiedensten Bereiche der Molekularbiologie informieren können – entweder um etwas, was Sie besonders interessiert, zu vertiefen oder um sich über Bereiche und Methoden zu informieren, die in diesem Buch aus Platzgründen gar nicht erwähnt werden konnten. Es ist sicherlich für jeden Geschmack etwas dabei – manche Informationen und Seiten sind auch einfach unterhaltsam anzuschauen.

IN DIESEM KAPITEL

Rezepte für viele Puffer, Ladepuffer und andere Lösungen

Zutaten für die gebräuchlichsten Bakterienmedien

Kapitel 28

Die zehn (plus vier) wichtigsten Standardlösungen des Molekularbiologen

Im molekularbiologischen Labor gibt es viele Lösungen, Puffer, Medien und Reagenzien, die immer wieder – die meisten davon sogar täglich – gebraucht werden. Deren Zusammensetzung habe ich deshalb im Laufe dieses Buch nicht immer wieder an jeder Stelle detailliert aufgeschrieben. Dies soll an dieser Stelle nachgeholt werden. Was Sie in dieser Liste finden, ist Standard, und Sie werden die Lösungen in vielen der vorangegangenen Kapitel wiederfinden. Bitte beachten Sie aber, dass es sich bei Rezepten um Beispiele handelt, die von Labor zu Labor trotzdem geringfügig variieren können – jeder Experimentator schwört auf seine eigenen Spezialrezepte.

Weil man die meisten Lösungen so oft braucht, ist es generell im Labor üblich, dass man die Lösung nicht immer frisch herstellt, sondern Vorräte anlegt, die beispielsweise zehnfach (*10x*) oder fünffach (*5x*) konzentriert sind und die man, wenn man sie braucht, dann einfach nur noch mit Wasser verdünnt. Das spart sehr viel Zeit.

Puffer: Ausgleich für den pH-Wert

Biologische Reaktionen laufen nur ordnungsgemäß bei einem bestimmten, für die Reaktion charakteristischen pH-Wert ab. Daher ist es wichtig, diesen möglichst konstant zu halten. Dafür braucht sowohl die lebende Zelle als auch der Experimentator im Labor geeignete Puffersysteme: ***Puffer*** gleichen Änderungen des pH-Werts aus, die entstehen können, wenn Säuren oder Basen zu einer Lösung gegeben werden. Jetzt werden Sie sich sicher fragen: Ja, warum gibt man dann Säure oder Base zu einer Lösung? Soll man es doch lassen, dann braucht man auch keinen Puffer. Es ist nur leider so, dass bei den biologischen Reaktionen oft selbst Säure oder Base entsteht, und die muss dann ausgeglichen werden. Im Folgenden finden Sie eine Liste mit den gebräuchlichsten Puffern des Molekularbiologen. Die nötigen Chemikalien finden Sie normalerweise in jedem molekularbiologischen Labor. *M* ist die Abkürzung für *Mol* oder *molar, mM* bedeutet *Millimol* oder *millimolar.* Wenn nichts extra angeführt ist, werden die Zutaten alle *in destilliertem Wasser* gelöst.

BEISPIEL

In der Molekularbiologie spielen vor allem die *Tris-Puffer* (Tris = Tris (hydroxymethyl)-aminomethan $C_4H_{11}NO_3$) eine wichtige Rolle. Sie sind so beliebt, weil sie für Enzyme sehr gut verträglich sind und in keiner Weise hemmend wirken, nicht giftig sind (aber reizend!), eine hohe Pufferkapazität besitzen und außerdem gut in Wasser löslich sind. Es gibt natürlich auch Nachteile, die bei der Wahl des Puffers bedacht werden müssen. Zum Beispiel hängt die Pufferkapazität vom pH-Wert ab (sie ist eher schlecht bei pH $< 7,5$ und > 9). Zudem hängt ihr eigener pH-Wert von der Temperatur ab, deshalb gelten alle Standardangaben für Tris-Puffer für eine Temperatur von 25 °C.

- ***10x PCR-Puffer:***

  500 mM KCl (Kaliumchlorid)

  100 mM Tris-HCl, pH 8,3

  15 mM $MgCl_2$ (Magnesiumchlorid)

  Lagerung bei -20 °C, nicht zu oft auftauen und wieder einfrieren

- ***20x SSC-Puffer:***

  zur Herstellung von Hybridisierungs- und Waschlösungen

  3 M NaCl (Kochsalz)

  0,3 M Natriumcitrat

  pH 7,0

  Lagerung bei Raumtemperatur

- ***20x SSPE:***

  Bestandteil des Hybridisierungsmix

  3,6 M NaCl (Kochsalz)

  0,2 M NaH_2PO_4 (Natriumdihydrogenphosphat)

  0,02 M EDTA (Ethylendiamintetraessigsäure)

  pH 7,7

  Lagerung bei Raumtemperatur

- ***50x TAE (1 Liter):***

  wichtiger Elektrophoresepuffer

  242 g Tris-Base

  57,1 ml Essigsäure

  100 ml 0,5 M EDTA, pH 8,0

  mit destilliertem Wasser auf 1 l auffüllen

  Lagerung bei Raumtemperatur

- ***5x TBE (1 Liter):***

  wichtiger Elektrophoresepuffer

  54 g Tris-Base

  27,5 g Borsäure

  20 ml 0,5 M EDTA, pH 8,0

  mit destilliertem Wasser auf 1 l auffüllen

  Lagerung bei Raumtemperatur

- ***10x TE (Tris EDTA) pH 7,4:***

  wird zum Beispiel zum Lösen von Nukleinsäuren verwendet

  100 mM Tris HCl, pH 7,4

  10 mM EDTA, pH 8,0 (Ethylendiamintetraessigsäure)

  Lagerung bei 4 °C oder Raumtemperatur

Ladepuffer für Elektrophoresegele

- ***6x Bromphenolblau-Sucrose-Lösung:***

  zum Beladen von Agarosegelen

  0,25 % Bromphenolblau

  0,25 % Xylencyanol

  40 % Sucrose (alternativ: Glycerin)

  in Wasser gelöst

  Lagerung bei 4 °C

- ***10x Formamid-Ladepuffer:***

  zum Beladen von Polyacrylamidgelen

  80 % Formamid (deionisiert)

  10 mM EDTA, pH 8,0 (Ethylendiamintetraessigsäure)

  1 mg/ml Bromphenolblau

  1 mg/ml Xylencyanol

  in Wasser gelöst

  Lagerung bei -20 °C

- ***5x Protein-Ladepuffer:***

  62,5 mM Tris-HCl pH 6,8

  20 % Glycerin

  2 % SDS (Natriumdodecylsulfat)

  5 % 2-Mercaptoethanol

  Spatelspitze Bromphenolblau

  unter dem Abzug herstellen, bei Raumtemperatur lagern

Lösungen für die Hybridisierung

- ***100x Denhardts Lösung:***

  Bestandteil des Hybridisierungsmix

  2 % Ficoll

  2 % Polyvinylpyrrolidin

  2 % BSA (Rinderserumalbumin)

  in Wasser gelöst

  Lagerung bei -20 °C

- ***Hybridisierungsmix:***

  67,5 % Wasser

  25 % SSPE

  5 % 100x Denhardts Lösung

  2,5 % SDS (Natriumdodecylsulfat)

Bakterienmedien: Nahrung für die Helfer

- ***LB-Medium (Luria-Bertani-Medium, 1 Liter):***

  10 g Trypton

  5 g Hefeextrakt

  10 g NaCl (Kochsalz)

  mit NaOH (Natriumhydroxid) pH 7,5 einstellen

  mit Wasser auf 1 l auffüllen, unbedingt autoklavieren

- ***SOB-Medium (1 Liter):***

  20 g Trypton

  5 g Hefeextrakt

  0,5 g NaCl (Kochsalz)

  in Wasser lösen, dann 10 ml 250 mM KCl-Lösung zugeben (aus 1,86 g KCl gelöst in 100 ml Wasser), pH auf 7,0 einstellen und mit Wasser auf 1 l auffüllen; autoklavieren und vor Gebrauch 5 ml sterile 2 M $MgCl_2$-Lösung zugeben (aus 19 g $MgCl_2$ in Wasser gelöst und auf 100 ml aufgefüllt)

  SOC-Medium setzt sich genauso zusammen wie SOB-Medium, mit dem Unterschied, dass nach dem Autoklavieren noch ***20 mM Glukose*** zugefügt werden (20 ml einer sterilen 1 M Glukoselösung).

- ***TB-Medium (Terrific Broth-Medium, 1 Liter):***

  12 g Trypton

  24 g Hefeextrakt

  4 ml Glycerin

  mit Wasser auf 900 ml auffüllen, dann autoklavieren und nach dem Abkühlen 100 ml sterile $KHPO_4$-Lösung zugeben (aus 2,31 g KH_2PO_4, 12,54 g K_2HPO_4 gelöst in Wasser und aufgefüllt auf 100 ml)

- ***Agarplatten:***

  Zum entsprechenden Bakterienmedium gibt man *vor* dem Autoklavieren 15 g Agar pro Liter Medium und autoklaviert für 20 Minuten. Danach die Mischung auf etwa 50 bis 60 °C abkühlen lassen, um hitzeempfindliche Substanzen wie zum Beispiel Antibiotika zugeben zu können. Dann direkt aus der Flasche in Petrischalen gießen und fest werden lassen. Lagerung mit dem Deckel nach unten (also umgekehrt) bei 4 °C. Nicht direkt aus dem Kühlschrank verwenden.

Reagenzien und Rezepte, die Sie in dieser kurzen Liste vermissen, finden Sie auf jeden Fall in der »Bibel des Molekularbiologen«, dem Buch *Molecular Cloning: A Laboratory Manual* von Joseph Sambrook und Michael Green, das es in der 4. Auflage im Verlag Cold Spring Harbor Laboratory Press erschienen ist. Das Standardwerk besteht aus drei Bänden und weit über 2.000 Seiten, ist aber normalerweise kein Buch, das man sich für zu Hause anschafft (Kostenpunkt: rund 260 Euro). Es ist aber normalerweise in jedem guten Molekularbiologie-Labor und jeder Universitätsbibliothek zu finden und einzusehen.

IN DIESEM KAPITEL

Zusatzinformationen zur Molekularbiologie für Anfänger und Profis

Wo Sie interessante Artikel, Spiele oder Animationen finden

Kapitel 29
Zehn plus zwei nützliche Internetadressen für (angehende) Molekularbiologen

Natürlich gibt es im Internet heutzutage enorm viele verschiedene Informationen zum Thema Molekularbiologie. Wenn Sie den Begriff einfach einmal in eine Suchmaschine eingeben, dann erhalten Sie schon allein auf Deutsch über 500.000 verschiedene Treffer. Ich habe im Folgenden einige für Sie ausgewählt, die ich besonders informativ, leicht verständlich und/oder anschaulich und nett gemacht finde. Wenn Sie Lust haben, können Sie mit diesen Informationen das Thema einfach noch einmal von einer anderen Seite betrachten. Hier können Sie sich auch zusätzlich über bestimmte Teilgebiete informieren, die Sie vielleicht besonders interessieren und die aus Platzmangel in diesem Buch etwas zu kurz gekommen sind. Sie können sogar Spiele machen oder sich Animationen ansehen, wenn Sie wollen. Andere Seiten sind auch nur Datenbanken, mit deren Hilfe Sie sich ganz gezielt über spezielle Aspekte informieren können. Das Ganze ist natürlich nur eine persönliche, subjektive Auswahl – aber vielleicht finden Sie ja etwas, das Ihnen gefällt.

Neben den beiden Sprachen »Nukleinsäure-Code« aus den vier Buchstaben A, C, G und T (oder U) und »Aminosäuresequenz« aus 20 verschiedenen Buchstaben ist eine der Hauptsprachen der Molekularbiologie und der wissenschaftlichen Literatur Englisch. Und da natürlich auch einige der besten Internetseiten in englischer Sprache verfasst sind, sind einige der folgenden Seiten englischsprachig.

Die offizielle Nobelpreis-Seite

https://educationalgames.nobelprize.org/educational/

Auf dieser Internetseite des Nobelpreiskomitees gibt es tolle Spiele und leicht verständliche Informationen zu vielen Gebieten, auf denen ein Nobelpreis für Medizin verliehen wurde. Darunter sind auch für uns Molekularbiologen viele tolle Beiträge: das Doppelhelix- oder das PCR-Spiel mit vielen Zusatzinformationen, bei denen sich die Autoren wirklich viel Mühe gemacht haben. Wer es lieber etwas ernster mag, findet auf der Hauptseite (http://nobelprize.org) Beiträge zu allen Nobelpreisen, Alfred Nobel und viele weitere geschichtliche Informationen rund um das Thema. Der gesamte Internetauftritt ist in englischer Sprache.

Pimp your Brain

https://www.mpimp-golm.mpg.de/pimpyourbrain

Auf der Internetseite Pimp your Brain (übersetzt etwa: »Pepp dein Gehirn auf«) des Max-Planck-Instituts für Molekulare Pflanzenphysiologie in Potsdam erklären Wissenschaftler in kurzen Videos auf einfache und unterhaltsame Weise verschiedene biologische Sachverhalte oder die Funktionsweise der von ihnen angewandten Techniken. Unter anderem auch für uns Molekularbiologen so wichtigen Themen wie Gelelektrophorese, RNA-Interferenz oder Sequenzanalyse.

Deutsches Referenzzentrum für Ethik in den Biowissenschaften

www.drze.de

Hier findet man viele Texte und Informationen zum Thema Bioethik, unter anderem Sachstandsberichte und Aktuelles zu kontroversen Anwendungsgebieten wie gentechnisch veränderten Lebensmitteln, Genomeditierungsverfahren in der Medizin oder Tierversuchen in der Forschung. Weiterhin gibt es eine Bioethik-Literaturdatenbank und eine Übersicht über laufende und abgeschlossene Forschungsprojekte in verschiedenen europäischen Ländern. Auch wenn das Ganze nicht unbedingt für Laien gedacht ist, sind die Daten dort eine gute Möglichkeit, einen ersten Kontakt und Zugang zum Thema zu finden.

Laborjournal Online

www.laborjournal.de

Das *Laborjournal* ist eine Zeitschrift für Medizin und Biowissenschaften, die monatlich erscheint und das einzige deutschsprachige Magazin ist, das sich sicherlich in so gut wie jedem molekularbiologischen Labor findet. Auch die Online-Ausgabe bietet viele Informationsmöglichkeiten rund um die Molekularbiologie – für Profis ebenso wie für Anfänger. Hier findet man Artikel aus zurückliegenden Zeitschriftenausgaben, aber auch Labortricks, Produktübersichten, nette Comics aus dem Laboralltag oder Stellenanzeigen.

Die Enzym-Seite

`https://enzymefinder.neb.com/#!#nebheader`

Auf dieser englischsprachigen Internetseite finden Sie praktisch alles, was Sie wissen möchten, wenn es um Enzyme in der Molekularbiologie geht. Der Anbieter, die New England Biolabs NEB, ist zwar kommerziell, seine Informationen gehören aber auch in gedruckter Form als Katalog oder Poster schon seit vielen Jahren zur Standardausstattung der meisten Labors. Im Netz erfahren Sie beispielsweise, wie die Schnittstellen von Restriktionsenzymen aussehen oder welche Reaktionsbedingungen die Enzyme brauchen. Außerdem können Sie zu Ihrer Wunschsequenz das passende Enzym suchen, herausfinden, welche Enzyme gemeinsam arbeiten können, und noch vieles mehr.

Die European Molecular Biology Organisation

`www.embo.org`

Dies ist die englischsprachige Internetseite der Europäischen Organisation für Molekularbiologie EMBO, die schon seit über 40 Jahren Europas Molekularbiologen vertritt. Hier finden Sie aktuelle Informationen der Vereinigung, Veranstaltungshinweise oder kurze Beiträge von Wissenschaftlern, unter anderem auch als Podcasts.

Das National Center for Biotechnology Information

`www.ncbi.nlm.nih.gov/`

Die englischsprachige Internetseite des National Center for Biotechnology Information NCBI ist eine wichtige Informationsquelle, die auch von Profis sehr häufig genutzt wird. Hier findet man viele verschiedene, frei zugängliche Datenbanken, in denen Sie nach aktueller und nicht mehr aktueller wissenschaftlicher Literatur suchen können (Datenbank »PubMed«) und überhaupt sämtliche Informationen finden, die Ihr Molekularbiologenherz begehrt, zum Beispiel über Genomprojekte, Protein- und Gensequenzen, SNPs, Modelle dreidimensionaler Makromoleküle, Genotypen, Merkmale oder Krankheiten nicht nur für den Menschen, sondern auch für alle anderen Lebewesen – und für Viren.

Die wichtigste Proteindatenbank

`https://www.rcsb.org`

In der englischsprachigen Proteindatenbank für Profis, die vom RCSB (Research Collaboratory for Structural Bioinformatics) eingerichtet wurde, sind derzeit Informationen über mehr als 235.000 Makromoleküle gesammelt. Sie können in dieser wichtigsten Proteindatenbank praktisch alles über das Protein seiner Wahl erfahren, so zum Beispiel die Aminosäuresequenz, Funktion und Eigenschaft oder Verwandtschaft mit anderen Proteinfamilien. Außerdem können Sie sich »Ihr« Protein auch in der 3D-Struktur ansehen und werden auf die zugehörige wissenschaftliche Literatur verlinkt. Für den Anfänger vielleicht zunächst etwas unübersichtlich, aber dafür umso faszinierender.

Geben Sie doch einfach einmal in die Suchfunktion ein Protein ein, das Sie gut kennen, zum Beispiel »*Taq*-Polymerase«, und sehen Sie sich an, wie dieses Arbeitstier des Molekularbiologen im Modell aussieht.

DNA from the Beginning

`www.dnaftb.org/dnaftb/`

Sehr nett und anschaulich gemachte englischsprachige Internetseite des renommierten Cold Spring Harbor Laboratory (CSHL) zu 41 verschiedenen Themen aus klassischer Genetik und Molekularbiologie, zum Beispiel »One gene makes one protein«, »DNA words are three letters long« oder »DNA is only the beginning of understanding the human genome«. Jedes der Themen setzt sich aus einer kurzen Erklärung, sehr unterhaltsamen Animationen und Audio- und Videoclips zusammen.

DNA Learning Center des Cold Spring Harbor Laboratory

`www.dnalc.org/home.html`

Dieser englischsprachige Internetauftritt ist der Ausgangspunkt für eine ganze Menge an weiteren Seiten, in denen es um Genetik und Molekularbiologie geht und auf denen man auf sehr anschauliche Weise ausgewählte Themen aus beiden Bereichen erklärt bekommt. Sehr empfehlenswert!

Protokolldatenbank bio-protocol Exchange

`https://bio-protocol.org/bio101/Default.aspx`

In der englischsprachigen Protokolldatenbank, die vor einigen Jahren von Studenten der Universität Stanford ins Leben gerufen wurde, finden Sie grundlegende Arbeitsanleitungen und Rezepte für molekularbiologische Experimente zu einer Vielzahl an Themen rund um DNA, RNA und Proteine. Mit ihr verwandt ist die Datenbank »Bio-thing« (`http://www.bio-thing.com/Index.aspx`), in der eine Vielzahl an Geräten und Verbrauchsmaterial aufgelistet und von Wissenschaftlern bewertet ist.

Learn.Genetics Virtual Labs

`https://learn.genetics.utah.edu/content/labs/`

Im englischsprachigen virtuellen Labor des Genetic Science Learning Center der Universität Utah können Sie molekularbiologische Standardmethoden wie die DNA-Extraktion, Elektrophorese oder PCR selbst am Computer erkunden. Die übergeordnete Hauptseite (`https://learn.genetics.utah.edu`) bietet unterhaltsame und leicht verständliche Informationen zu Themen rund um die Molekularbiologie, beispielsweise kann man als »Space Doctor« interaktiv ein paar Aliens per Gentherapie behandeln.

Abbildungsverzeichnis

Stichwortverzeichnis

C

D

F

G

H

M

N

Q

R

S

T

U

V

Diese Bücher könnten Sie auch interessieren

S. Ortanderl und U. Ritgen

Chemisches Rechnen und Stöchiometrie für Dummies

Reaktionen, chemische Gleichgewichte, ph-Wert und Co. berechnen

1. Auflage 2019 **ISBN:** 978-3-527-71305-9

276 Seiten

Ladenpreis: 16,99 €*

Auch in der Chemie werden Sie Berechnungen und Formeln nicht immer vermeiden können: Sie müssen nur wissen, wie das schnell und elegant geht. Wie "das Rechnen in der Chemie" keine Zauberei ist, sondern auch für Sie einfach und verständlich sein kann, bringt Ihnen dieses Buch bei.

A. Winter

Organische Chemie für Dummies

4., vollst. überarb. u. erw. Auflage 2024 **ISBN:** 978-3-527-72175-7

416 Seiten

Ladenpreis: 20,- €*

Dieses Buch führt Einsteiger und Fortgeschrittene schnell, leicht und abwechslungsreich in die organische Chemie ein.

J. T. Moore und R. Langley

Biochemie kompakt für Dummies

2., vollständig überarbeitete Auflage 2023 **ISBN:** 978-3-527-72101-6

304 Seiten

Ladenpreis: 14,- €*

Sie haben Ihre liebe Mühe mit der Biochemie? Kein Problem! Dieses Buch erklärt Ihnen kurz und prägnant, was Sie über Biochemie wissen müssen. Erfahren Sie alles über Kohlenhydrate, Lipide, Proteine, Nukleinsäuren, Vitamine, Hormone und Co.

*Der €-Preis gilt nur für Deutschland. Preisänderungen und Irrtümer vorbehalten.